Fundamentals of
Engineering Electromagnetics

DAVID K. CHENG

김 남 · 윤영로
전석희 · 전호인 공역

전 자 기 학

Addison-Wesley

Boston San Francisco New York
London Toronto Sydney Tokyo Singapore Madrid
Mexico City Munich Paris Cape Town Hong Kong Montreal

역자

김 남
충남대학교 정보통신공학과 교수
연세대학교 전자공학 박사

윤영로
연세대학교 의용전자공학과 교수
퍼듀대학교 전기공학 박사

전석희
인천대학교 전자공학과 교수
연세대학교 전자공학 박사

전호인
경원대학교 전자공학과 교수
앨라배마대학교 전기공학 박사

전자기학

Fundamentals of Engineering Electromagnetics

1쇄 발행 : 2016년 1월 20일

지 은 이 : David K. Cheng
옮 긴 이 : 김남 · 윤영로 · 전석희 · 전호인
발 행 인 : 손영만
발 행 처 : 퍼스트 북(First Book)
등　　록 : 제312-2009-000053호
주　　소 : 서울시 서대문구 연희로 77-12, 502호(연희동 영화빌딩)
전　　화 : 02) 3141-2953
팩　　스 : 02) 3141-2955
홈페이지 : www.firstbook.kr
E-mail : first_book@naver.com

ISBN 979-11-854-7517-2 (93560)

값 : 34,000원

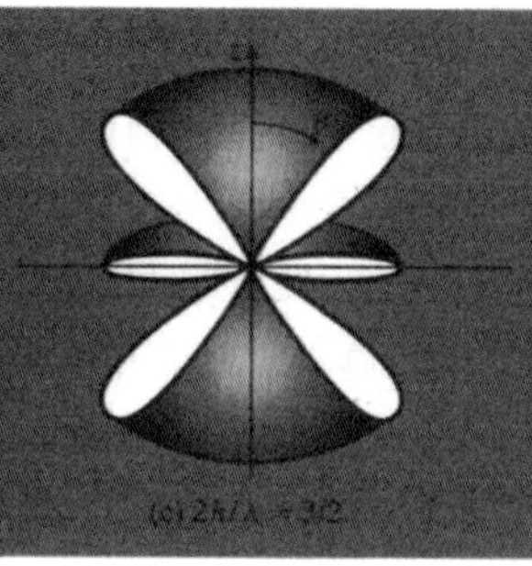

역자서문

전자기학은 전기, 전자, 정보통신, 전파통신, 제어계측 및 전파공학 등 전기전자계열학과에서 필수적으로 공부해야 할 중요한 교과목인 것은 누구나 인식하고 있다. 그러나 수년 동안 전자기학을 강의해 오면서 학생들이 이해하기 쉽게 쓰여진 교재를 찾는 데는 매번 큰 어려움이 있었다. 특히, 벡터 해석과 기울기, 발산, 회전 등의 개념과 적용, 또한 정전계, 정자계를 거쳐 Maxwell 방정식을 유도하다 보면 전자기학의 숲속에서 길을 잃고 방황하다 지쳐 나무도 보지 못하고 결국 도중하차하는 경우를 허다하게 보아 왔다. 이는 교재만의 탓으로 돌릴 수는 없겠지만 이제 막 전공을 시작한 학생들에게 있어서 교재의 선택이 무엇보다도 중요함을 실감하게 된다.

본서는 전자기학 모델을 세우고 전개해 나가는 방법에 있어서 기존의 다른 교재들에서 채택한 귀납적 방법과는 달리 연역적 접근 방법을 사용함으로써 저자가 서문에서 밝히고 있는 바와 같이 학생들로 하여금 개념적으로 쉽게 이해할 수 있도록 쓰여졌을 뿐만 아니라 간결하게 표현되어 있어서 두 학기 정도의 학부용 교재로 훌륭하게 활용될 수 있으리라 생각한다. 특히 각 장, 각 절마다 요약 및 요점정리가 되어 있고 본문 각 절마다 실제적인 문제가 예제로 많이 실려 있어 큰 도움이 되리라 믿는다.

여러 역자가 짧은 시간에 번역하다 보니 용어의 통일과 표현 방법에 미숙

한 점이 많이 있으리라 생각한다. 계속해서 이러한 오류들을 정정하고 잘못된 표현들은 보완해 나갈 것을 약속드린다. 용어의 선정은 지금까지 보편적으로 많이 사용해 오던 용어들을 주로 사용하였으며, 인명 등의 고유명사는 원어를 그대로 표기하였다. 본서가 출판되기까지 인내를 가지고 교정해 주신 피어슨 에듀케이션 코리아 편집부 여러분께 깊이 감사드린다.

1995년 4월
역 자 識

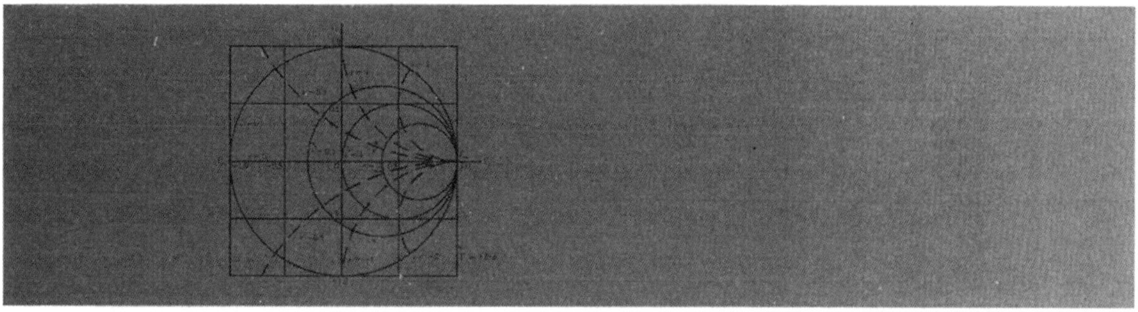

서 론

이 책은 학부학생의 전자기학 교재로 만들어졌다. 전자기학은 전기 및 전자공학의 교과 과정 중에서 가장 기본적인 과목 중의 하나이며 전계와 자계의 법칙들에 대한 이해는 전자기 장비와 기계들의 동작 원리를 이해하는 데 필수적이고, 전자기파의 기본적인 이론을 완전히 이해하는 것이 실제적으로 전자기 현상과 시스템 동작을 설명하는 데 필수불가결하다.

대부분의 전자기학 변수들은 3차원 공간좌표계의 함수일 뿐만 아니라 시간의 함수이어서, 교재 내용은 전자회로 이론보다 더 복잡하여 제대로 공부하기 위해선 두 학기 과정을 필요로 하며 1년 4학기제에서도 3학기 과정의 교육을 필요로 한다. 그러나 몇몇 전기 및 전자공학 교과 과정에서는 전자기학에 대해 충분한 시간을 배당하지 않는다. 이 책의 목적은 정확하고 논리적인 방법으로 전자기학의 기초 지식을 제공할 뿐만 아니라 전기모터, 전송선, 도파관, 안테나, 안테나 배열, 레이다 시스템 등과 같은 중요한 기술적 응용 분야를 포함하고 있다.

전자기학을 배우는 데 있어서 학생들이 가지는 기본적인 어려움 중의 하나는 전자계 모델의 개념을 파악하지 못한다는 것이다. 실험법칙으로 시작하여 그것을 점차적으로 Maxwell 방정식으로 종합하는 귀납적 접근은 단편적이고 결속력이 없다. 그리고 기울기, 발산, 회전연산자의 도입은 임기

응변적이고 자의적인 느낌이다. 반면에, 기본가정으로서, 복잡한 Maxwell 방정식 전부를 도입하여 시작하는 것은 처음 전자기학을 접하는 학생들에게 놀라움과 반감을 일으키기 쉽다. 이들 일반적인 방정식의 필요충분 문제를 설명하지 않고, 전자기학 모델의 개념들도 애매모호하게 남아 있게 한다.

이 책은 공리적 접근(axiomatic approach in steps*)을 이용해 처음에는 정전계, 다음에는 정자계 그리고 마지막으로 Maxwell 방정식을 이끌어 내게 되는 시변계에서 전자기학 모델을 만든다. 각 과정에서 수학적인 기초는 Helmholtz 이론인데 이 이론은 발산과 회전이 어디에서든지 정의되면 벡터계를 결정할 수 있다는 것을 말한다. 이 이론의 물리적인 타당성은 벡터계의 발산은 흐름 원천(flow source)의 강도를 측정하고 계의 회전은 소용돌이 원천(vortex source)의 강도를 측정한다는 사실에 기초를 둔다. 흐름 원천과 소용돌이 원천의 강도를 알면 벡터계는 결정된다.

자유공간에서 정전계 모델을 전개하기 위해 벡터의 발산과 회전을 가정함으로써 한 벡터(즉, 전계강도 **E**)를 정의하는 것만이 필요하다. Coulomb 법칙과 Gauss 법칙을 포함한 자유공간 내의 정전기학에서 모든 다른 관계들은 이들 두 개의 단순한 가정으로부터 유도된다. 매질 내에서의 관계는 극성을 가진 유전체의 등가 전하분포의 개념을 통하여 구한다.

정자계에서도 유사하게, 자유공간에서의 자계 모델에 대해서 한 벡터의 발산과 회전을 가정함으로써 자속밀도벡터 **B**를 정의하는 것이 필요하다. 모든 다른 공식들은 이들 두 개의 가정으로부터 유도된다. 매질 내에서의 관계들은 등가전류밀도의 개념을 통해 구한다. 물론, 가정의 타당성은 실험적인 증거와 일치하느냐에 달려 있다.

시변계에서 전계강도와 자계강도는 쌍을 이룬다. 정전계 모델에 대해 회전 **E**의 가정은 Faraday 법칙과 일치하도록 설정된다. 게다가, 자계 모델에 대한 회전 **B**의 가정은 연속 방정식과 일치하도록 설정되어야 한다. 따라서 전자계 모델을 구성하는 네 개의 Maxwell 방정식이 만들어진다. 이 책에서 Helmholtz 이론을 기초로 한 전자계 모델의 단계적 전개를 학생들에게 새롭고, 체계적이며,교육적으로 쉽게 받아들이도록 했다.

* D.K.Cheng, "An alternative approach for developing introductory electromagnetics," *IEEE Antennas and Propagation Society Newsletter*, pp.11-13, Feb. 1983.

이 책의 1장은 전자기학 공부를 하는 몇 가지 동기들을 다루었다. 또한 원천함수들과 기초적인 계량(field quantity), 그리고 전자기 모델에서 자유공간에 대한 세 보편상수들을 소개한다. 2장에서는 벡터 대수의 기초, 벡터 계산 그리고 직각좌표계, 원통좌표계, 구좌표계의 관계들을 복습한다. 3장은 정전계 문제들의 풀이 방법과 법칙들을 전개한다. 4장은 정전류계와 저항 계산을 다룬다. 5장은 정자계를 다룬다. 시변 전자장을 다룬 6장에서는 전자기 유도의 Faraday 법칙을 시작으로 Maxwell 방정식과 파동방정식을 유도한다. 7장에서 평면 전자파의 특성을 다룬다. 전송 선로의 이론과 응용은 8장에서 다룬다. 전자기계와 전자파의 좀더 발전된 응용은 9장(도파관과 공동공진기)과 10장(안테나, 안테나 배열, 레이다 시스템)에서 다룬다. 많은 내용들이 저자의, 「*Field and Wave Electromagnetics*†」란 책을 참고로 만들어졌다. 그러나 이 책에 새로운 것을 많이 포함시켰다.

이 책의 각 장은 다루게 될 주제들에 대해 내용적인 길잡이 역할을 위한 개요로부터 시작했다. 책을 통해 예제들은 전형적인 문제를 푸는 방법을 보여 주기 위해 중요한 공식과 양적 관계를 나타내기 위해 제시되었다. 각 단원에서는 학생들의 이해를 돕기 위해 간혹 다시 앞의 내용을 복습할 수 있는 문제들을 여러 관련된 단원 끝에 삽입하였다. 이러한 문제들은 언급된 내용을 바로 다시 확인하는 데 도움이 되며 학생들의 이해를 강화하는 데 도움을 준다. 이러한 문제들은 학생들이 지나칠지도 모르는 특별히 중요한 부분을 포함한다. 새로운 정의, 개념 또는 관계들이 도입되었을 때, 간단한 주석을 내용의 중요성을 강조하기 위해 책의 가장자리에 첨가하였다. 각 장의 끝 부분에는 그 장의 중요한 내용을 요약하였다. 이러한 교육적인 내용의 첨가가 학생들이 전자기학과 그것의 응용을 배우는 데 도움이 되길 바란다.

이 책의 출판에 헌신적으로 도움을 준 많은 사람들이 있다. 나는 이 프로젝트의 초기부터 선임 편집장 Eileen Bernadette Moran과 편집장인 Don Fowly의 관심과 지지에 깊은 감사들 드린다. 또한 기한 내에 책을 만들 수 있도록 도움을 준 제작 책임자인 Helen Wythe에게 감사를 표하며, Roberta Lewis, Amy Willcutt, Laura Michaels, 그리고 Alena Konecny의 도움에도 감사를 표한다. 삽화는 Tech-Graphics의 Jim과

Rosa Sullivan이 그렸으며 그들의 훌륭한 작업에 대해 감사를 표한다. 누구보다도 이 책을 완성하는 데 있어서 모든 면에서 이해와 용기를 준 나의 아내 Enid에게 고맙게 생각한다.

D.K.C

†D.K.Cheng, *Field and Wave Electromagnetics*, 2nd ed., Addison-Wesley Reading Mass., 1989

학생들에게 하고 싶은 말

이 책은 전자기학을 공학적인 측면에서 공부하는 안내서이다. 전자기학이 무엇이고, 왜 중요한가라는 두 가지 의문이 생길 것이다. 첫번째 질문의 대답을 짧게 하면, 전자기학은 정지해 있거나 움직이는 전하의 효과를 공부하는 학문이다. 전자기학 이론은 전자기 현상을 설명하고 전기와 자기 그리고 전자기 기구의 특성과 동작 원리를 이해하는 데 없어서는 안 되기 때문에 중요하다. 현대는 전자기 장비와 장치가 넘친다. 예를 들면, 마이크로파 오븐, 음극선 오실로스코프, 라디오, 텔레비전, 레이다, 위성통신, 자동항법 장치, 전자기 동력 변환기(모터나 발전기) 등을 생각할 수 있다.

150여년 전에 전자기의 기본적 원리가 밝혀졌다. 깊이 있는 과학적 과제를 체계적이고 논리적인 방법으로 연구하려면 타당한 이론적 모델을 만들어야 하는데, 이 모델은 보통 몇 개의 기본적인 양과 기초적인 가정(가설 또는 공리)로 이루어진다. 그 이외의 관계와 결론들도 가정으로부터 유도된다. 예를 들면 고전 역학은 질량, 속도, 가속도, 힘, 운동량 그리고 일이라는 양들을 정의하는 이론적 모델이 바탕을 이룬다. Newton의 운동 법칙, 운동량 보존 법칙, 에너지 보존 법칙이 모델의 기본 가정이다. 이들 기본 가정은 다른 이론으로부터 유도될 수 없으나, 비상대론적 역학(운동 속도가 빛의 속도에 비해 무시할 수 있을 정도로 작은 상황)에서의 다른 모든 연관성과 공식은 이러한 가정에서 유도될 수 있다.

마찬가지로, 전자기학을 연구하는 데 전자계 모델을 만드는 것이 우선 필요하다. 책의 첫번째 장에서 전자기 모델의 기본적인 양들을 정의한다. 각각의 장에서 정전계, 정자계, 시변계들을 다룰 때마다 단계적으로 기본 가정을 소개한다. 다양한 이론과 결과들은 이들 기본 가정에서부터 유도된다. 이 책에서 전개한 이론과 방법을 공학적으로 응용하는 것은 마지막 몇 장에서 소개한다.

기본 가정을 표현하고 유용한 결과를 간결하게 유도하기 위해 적절한 수학적 방법을 사용한다. 전자기학에서 벡터를 사용하는데, 이것은 크기와 방향을 함께 가진다. 그래서 벡터 대수와 벡터 미적분에 익숙해야 한다. 벡터 해석에 대해서는 2장에서 다룬다. 벡터를 다루는 데 능숙해야 하고, 벡터를 내포하는 다양한 연산자의 물리적 의미를 이해해야 한다. 전자기학을 공부하는 데 있어서 벡터 해석에 익숙치 못한 것은 물리학을 공부하는 데 있어서 대수나 계산을 못하는 것과 같다. 수학적 방법을 능숙하게 이용하는 것은 확실하고 완벽한 결과를 얻는 데 필수적이다.

이 책을 보는 여러분의 대부분은 이미 회로 이론을 공부했다. 회로 이론에서는 저항, 인덕턴스, 커패시터 같은 집중소자들로 구성된 시스템을 다룬다. 전압과 전류가 주변수이다. 직류회로에서는 주파수는 일정하며, 다루는 방정식들은 대수방정식이다. 교류회로에서의 전압, 전류는 시간에 따라 변한다 ; 그것은 스칼라 양이고 공간좌표와는 무관하다. 다루는 방정식들은 상미분 방정식이 된다. 반면에 대부분의 전자계 변수는 공간좌표와 시간의 함수이다. 많은 변수들이 벡터이다. 비록 정적인(static) 경우에서도 편미분 방정식이 쓰인다. 그러나 편미분 방정식은 일반적인 상미분 방정식으로 될 수 있는데, 이는 선형 시스템 해석이나 물리학 교과과정에도 볼 수 있다. 대칭 성분이 존재하는 간단한 경우에 편미분 방정식은 상미분 방정식으로 표현된다. 페이저를 이용하여 시간과 공간관계를 분리시켜 다룰 수 있다.

전자기학에서 새로운 양을 정의하고 새로운 수학적 풀이를 쓰기 때문에 처음에는 전자기 이론이 추상적이라는 인상을 갖게 될지 모른다. 사실, 이론이 명확한가를 실험적 측정 결과로 증명한다는 관점에서 전자기학은 회로 이론만큼 실제적이다. 우리는 단지 많은 다양한 현상들을 설명할 수 있는 논리적이고 완벽한 이론을 개발하기 위해 더 많은 작업을 해야 한다. 전자기 이론을 공부하는 것은 실제적인 문제를 추상화하는 것이 아니고 전자계 모델과 관련된 연산자 규칙을 습득하는 데 있다.

각 장에는 그 장에서 논하고자 하는 주제를 소개하는 「개요」 부분이 있다. 새로운 정의나 개념, 관계가 소개되면 짧은 주석을 쉽게 볼 수 있도록 여백에 간단히 적어 놓았다. 서로 관련된 단원 끝에 「복습문제」가 있는데, 이것은 방금 논의된 주제를 다시 생각하게 하고 구체적인 것에 대한 이해를 확고히 해 주기 위해 준비된 것이다. 이런 질문에 확신있는 답을 할 수 있어야 한다. 확실히 답할 수 없다면 의혹이 있는 부분을 확실히 이해할 때까지 그 단원을 다시 봐야 한다. 복습문제 다음에 「요점」이 있는데, 이것은 지나치기 쉬운, 그러나 반드시 이해하고 기억해야 할 특히 중요한 부분을 포함하고 있다. 각 장의 끝에 「요약」이 있는데, 여기에는 그 장에서 얻은 중요한 결론들을 조목별로 적어 놓았다. 수학 공식을 반복하지 않고서 결과의 중요성을 강조한다.

이 책에서 새로운 용어나 중요한 문장은 **굵은 고딕체**로 인쇄하였고, 중요한 공식은 사각형 안에 놓았다. 예제풀이는 전형적인 문제풀이 방법을 설명하기 위한 것이다. 적절한 곳에 해답이 있는 연습문제를 넣었다. 예제에서 주어진 기본적인 정량화 기술에 숙달했는지 알아보기 위해서 연습문제가 나오면 꼭 풀어봐야 한다. 각 장의 끝에 있는 문제들은 그 장에서 배운 것을 확장시키고, 다른 조건에 적용시키는 능력을 평가할 수 있도록 하였다. 홀수 번호 문제의 답은 책의 맨 끝에 포함시켰으니 스스로 풀이를 맞추어 보고, 학습의 결과를 재확인해 볼 수 있다.

전자기학을 배우는 것은 지적 탐구의 여행이다. 이 책이 안내서이긴 하지만, 여러분의 노력과 인내가 있어야 한다. 이제 전자기학의 영역을 탐험해 들어가는 데 있어서, 자신과 보람을 얻기 바란다.

저 자

차 례

제 10 장 안테나와 안테나 배열 478

APPENDIXES

A SYMBOLS AND UNITS

B SOME USEFUL MATERIAL CONSTANTS

BIBLIOGRAPHY

ANSWERS TO ODD-NUMBERED PROBLEMS

INDEX

BACK ENDPAPERS

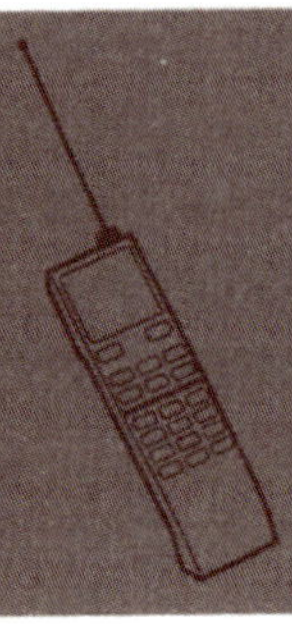

제 1 장 전자계 모델

전자기학의 정의

1-1 개 요

전자기학(electromagnetics)은 정지 또는 이동 상태에 있는 전하들에 의해 발생하는 전기, 자기적인 현상을 연구하는 학문이다. 전하의 존재는 2,500년 전 그리스의 Miletus 지방에 사는 천문학자이며, 철학자인 Thales가 호박 막대를 명주나 모직물에 문지른 후에 이것이 짚이나 작은 종이 조각을 끌어당긴다는 사실을 발견함으로써 알아냈다. 그는 이 현상이 호박 막대의 특성에 의한 것이라 생각했다. 호박의 그리이스어 elektron에서 electron, electronics, electricity 같은 단어들의 어원을 찾을 수 있다.

전하의 두 종류 : 양전하, 음전하

기초 물리학에서 우리는 양전하와 음전하의 두 가지 종류의 전하가 존재한다는 것을 알았다. 양전하와 음전하는 전계의 근원이며, 전하의 흐름이 자계의 근원이 되는 전류를 발생시킨다. 여기서 우리는 전계, 자계의 일반적인 의미를 다루며 더욱 확실한 의미는 다음 장에서 다룰 것이다.

계(field) : 물리량의 공간상의 분포

계(field)란 물리량(quantity)의 공간상의 분포이며 이것은 시간에 따라 변하거나 또는 변하지 않는다. 시간에 따라 변하는 전계가 자계를 만들고, 시간에 따라 변하는 자계가 전계를 만든다. 즉, 전계와 자계의 시간적인 변화는 전자계에서 항상 같이 존재한다. 시변의 전자계들은 특정 조건하에서 원천(source)으로부터 방사하는 파(wave)들을 방출한다.

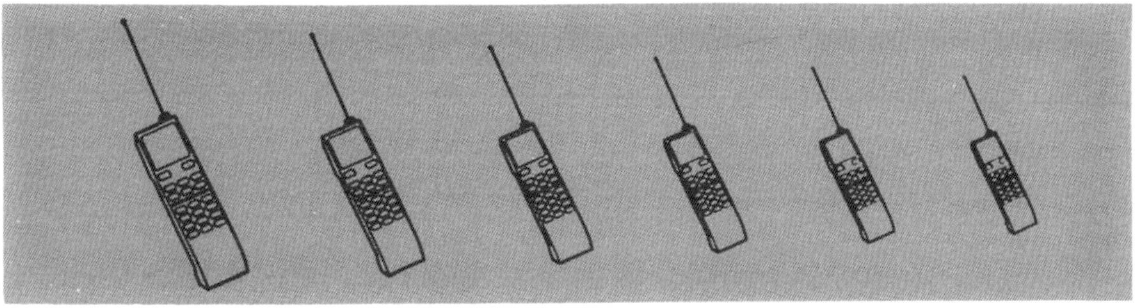

The Electromagnetic Model

계들과 파들은 먼 거리상의 활동을 설명하는 데 도움을 준다

계와 파의 개념은 거리에 따른 현상을 설명하는 데 필수적이다. 이를 테면, 우리는 기초역학에서 물체들은 서로 끌어당긴다는 사실을 배웠다. 이는 곧 물체들이 지구 표면을 향해 떨어지는 이유이다. 그러나 자유낙하하는 물체와 지구를 연결하는 고무줄 같은 것은 없다. 그렇다면 어떻게 이 현상을 설명할까? 우리는 중력계가 존재하고 있다는 가정하에서 거리에 따른 현상을 설명한다. 마찬가지로 전계, 자계, 전자파가 존재한다는 가정하에서만 위성통신의 가능성과 수백 마일의 공간으로부터 신호를 받을 가능성이 설명되어질 수 있다. 이 책에서 우리는 기본적인 전자계 법칙과 그것의 공학적 응용에 대해 공부할 것이다.

회로이론으로 이동전화 통신을 설명할 수 없다.

간단한 상황이 전자계의 개념의 필요성을 설명해 줄 것이다. 그림 1-1은 안테나가 부착된 이동 전화기를 보여 주고 있다. 전송시에 원천은 적당한 전달 주파수를 갖는 정보전달전류(message-carrying current)를 안테나에 공급한다. 회로이론의 관점으로 볼 때, 안테나의 끝은 물리적으로 어떠한 연결도 없기 때문에 전하를 개방회로로 공급을 해 주는 것이다. 그러므로 전류가 흐르지 않고 아무일도 발생하지 않는다. 물론, 이것은 휴대폰간의 통신이 어떻게 되는지도 완전히 설명할 수 없다. 여기서 전자기학의 개념이 사용된다. 반송파에 대한 적당한 안테나의 길이가 있을 때, 개방된 안테나

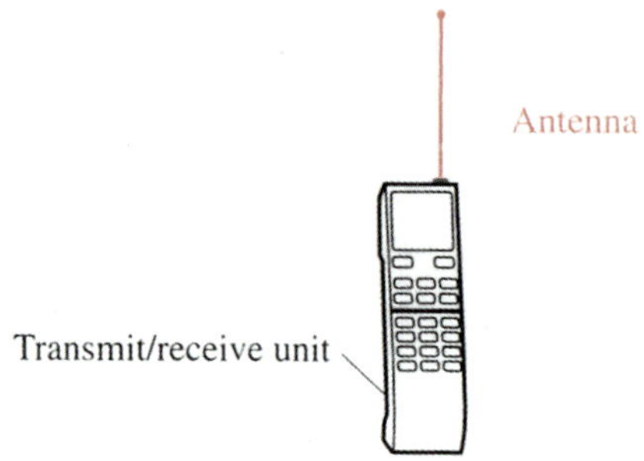

그림 1-1 이동전화기

의 끝을 따라 흐르는 것에 대해 10 장에서 다룰 것이다. 이 전류는 공간상에 전자파로 전파되며, 먼 거리의 다른 안테나에 전류를 유도시키는 시간에 따라 변하는 전자계를 발생시킨다. 정보(message)는 이 때 수신기에 의해 감지된다.

모델의 구성

이 첫장에서는 공학적 측면의 전자기학 과목에 도움이 될 전자계 모델을 세우는 일로부터 시작할 것이다.

1-2 전자계 모델

귀납적, 연역적 접근

과학적 명제에 대한 접근 방법에는 귀납적 접근 방법과 연역적 접근 방법의 두 가지 접근 방법이 있다. 귀납적 접근 방법은 명제에 대한 역사적 전개 방법을 따르는 방법이다. 어떤 단순한 실험의 관찰로 시작하여 법칙과 이론을 추론한다. 즉, 특별한 현상으로부터 일반적인 법칙을 추론하는 방법이다. 또다른 방법인 연역적 접근은 이상적인 모델에 대한 몇 개의 기본적인 관계를 가정함으로써 접근하는 방법이다. 가정된 관계들은 공리(axiom)이며 이들로부터 특별한 법칙들과 정리들이 유도된다. 모델과 공리의 타당성은 실험적인 관찰에 의해 입증되어진다. 이 책에서는 집약적이며 단계적으로 전자기학의 주제별 내용을 전개할 수 있는 연역적 접근과 공리적 접근을 사용한다.

다음 세 가지의 중요한 단계가 이상적인 모델에 근거한 이론을 세우는 데 필요하다.

이상적인 모델로부터 이론을 발전시키기 위한 단계들

단계 **1**. 학습의 주제에 밀접한 관계가 있는 기본적인 양을 정의한다.

단계 **2**. 이 양들의 수학적 연산 규칙을 구체화한다.

단계 **3**. 어떤 기본적인 관계를 가정한다(이 가정과 법칙들은 잘 제어된 조건하에 얻어지며 훌륭한 생각들에 의해 종합되어진 수많은 실험적 관찰에 기초를 두고 있다).

회로 모델

유사한 예로서 회로이론은 이상적 원천(source)과 순수한 저항(resistance), 유도용량(inductance), 정전용량(capacitance)으로 이루어진 회로 모델로 정립되었다. 이 기본적인 양들은 전압(V), 전류(I), 저항(R), 유도용량(L), 정전용량(C)이며, 연산의 규칙은 대수, 미분방정식, Laplace 변환이며, 기본적인 가정은 Kirchhoff의 전압, 전류법칙이다. 많은 관계와 공식은 이들 단순한 모델로부터 유도될 수 있으며, 복잡한 수많은 회로들의 응답들이 구해질 수 있다. 모델의 타당성과 가치들이 충분히 증명되어져 왔다.

전자기학의 모델로부터 전자계 이론을 발전시키기 위한 세 단계

이와 같은 방법으로 전자기학의 이론은 전자계 모델을 적절히 선택함으로써 세워질 수 있다. 이번 절에서는 첫단계로 전자기학의 기본적인 양을 정의할 것이다. 두번째 단계로는 연산규칙으로 벡터 대수, 벡터 미적분, 편미분 방정식을 다룬다. 2장(벡터 해석)에서 기본적인 벡터 대수와 벡터 미적분을 다룰 것이며, 편미분 방정식의 해법은 이 책 후반부에서 다룰 것이다. 세번째 단계인 기본적인 가정에 대해서는, 세 가지 소주제 즉 정전계, 정자계, 전자계에서 각각 다룰 것이다.

전자기학 모델의 기본적인 양 : 원천량, 계량

전자기학의 모델의 양은 크게 원천량(source quantity)들과 계량(field quantity)들의 두 개의 범주로 나눌 수 있다. 전자계의 원천은 정지해 있거나 움직이는 전하들이다. 그러나 전자계는 전하를 재분배하고, 차례로 계를 변화시킨다. 그러므로 원인과 결과를 항상 분리해서 생각할 수 없다.

전하

전하(electric charge)는 q(때로는 Q)로 표시한다. 전하는 물질의 기본적인 특성이며, 전자 한 개의 전하량 $(-e)$의 양의 정수배 또는 음의 정수배로서만 존재한다.

$$e = 1.60 \times 10^{-19} \quad \text{(C)}. \tag{1-1}$$

전하의 단위 : coulomb(C)

여기서 C는 Coulomb이라는 전하 단위의 약자이며,[†] 이것은 Coulomb의 법칙을 발견한 프랑스 물리학자 Charles A. de Coulomb의 이름을 따서 붙였다. Coulomb은 전하의 매우 큰 단위이다. 즉, -1(C)은 $1/(1.60\times10^{-19})$ 즉, 6.25×10^{18}개의 전자로 이루어졌다. 즉, 1C의 전하량을 갖는 두 전하가 1m 떨어졌을 때 이들 사이에 작용하는 힘의 크기는 약 100만 톤의 힘과 같다. 전자에 대한 여러 다른 물리적 상수는 부록 B-2에 열거되어 있다.

에너지 보존 법칙과 같이 **전하 보존**(conservation of electric charge)의 법칙은 물리학의 기본적인 가정 또는 법칙이며 이는 전하가 보존된다는 것을 의미한다. 즉, 그것은 생성되지도 소멸되지도 않는다. 이것은 자연의 법칙이며, 다른 법칙 또는 관계로부터 구할 수 없다.

전하 보존은 물리학의 기본 가정이다.

전하는 한 장소에서 다른 장소로 이동 가능하며, 전자계의 영향하에서 재분포될 수 있다. 그러나 독립적인(고립된) 계에서 양전하, 음전하의 대수적인 합은 변하지 않는다. **전하 보존의 법칙은 어느 때나, 어느 상황에서나 만족하여야 한다.** 전하 보존의 법칙을 위배하는 전자기학 문제의 어떤 공식이나 해답은 틀린 것이다.

미시적 의미에서 전하는 불연속적인 점으로 존재하거나 존재하지 않을지라도 우리가 큰 전하 덩어리에서의 전자기 효과를 고려할 때 원자 범위 내에서의 이러한 변화는 별로 중요하지 않다. 한편, 거시적 또는 큰 범위의 전자기적 의미로 볼 때는 평균 밀도를 사용하는 것이 합당한 결과를 얻을 수 있다(같은 접근 형식으로 역학에서 질량이 원자의 크기로서 각각의 입자들과 관련되어 있다는 사실에도 불구하고 질량밀도함수를 사용한다). 우리는 ρ_v를 **체적전하밀도**(volume charge density)라고 하며, 그 원천량을

$$\rho_v = \lim_{\Delta v \to 0} \frac{\Delta q}{\Delta v} \qquad (\mathrm{C/m^3}) \tag{1-2}$$

체적, 표면, 선전하밀도 — 거시적 의미에서 평균 밀도

로 정의한다. 여기서 Δq는 미소 체적소인 Δv가 갖는 전하량이다. Δv는 얼마나 작을까? 그것은 미소 변화를 표현할 수 있을 만큼 충분히 작아야 하고 매우 많은 불연속 전하들을 포함할 만큼 충분히 커야 한다. 예를 들어, 1면이 1micron(10^{-6}m 또는 1μm)이어서 10^{-18}(m^3)의 체적을 가지는

[†] 단위계에 대해서는 1-3 절에서 설명할 것이다.

육면체는 약 10^{11}개(100 조)의 원자들을 포함하고 있다. 그러한 작은 Δv 내에서 정의된 공간좌표함수인 ρ_v는 정확한 거시적 결과들을 얻기에 충분히 적용할 수 있다.

어떤 물리적 상태에서 미소 전하량(Δq)을 미소 면적(Δs)의 성분 또는 미소 선 $\Delta\ell$의 성분으로 나타낼 수 있다. 그러한 경우에 적절한 표현으로 **표면전하밀도(surface charge density)** ρ_s와 **선전하밀도(line charge density)** ρ_ℓ를 정의한다.

$$\rho_s = \lim_{\Delta s \to 0} \frac{\Delta q}{\Delta s} \qquad (\text{C/m}^2) \tag{1-3}$$

$$\rho_\ell = \lim_{\Delta \ell \to 0} \frac{\Delta q}{\Delta \ell} \qquad (\text{C/m}) \tag{1-4}$$

전하밀도는 점함수이다.

어떤 특별한 상황을 제외하고, 전하밀도는 한 점에서부터 다른 점까지 변한다. 그러므로 ρ_v와, ρ_s, 그리고 ρ_ℓ은 일반적으로 공간좌표의 점함수(point function)이다.

전류는 시간에 대한 전하의 변화율이다. 즉,

$$I = \frac{dq}{dt} \qquad (\text{C/s 또는 A}) \tag{1-5}$$

즉, 그 자체는 시간에 따라 변한다. 전류의 단위는 coulomb/second (C/s)이며, 이것은 암페어 (A)와 같다. 전류는 유한 영역을 통해서만 흘러야 한다. (예를 들어, 유한한 단면을 통과하는 도선) ; 그러므로 이것은 점함수가 아니다.

전류는 점함수가 아니나, 전류밀도는 점함수이다.

전자기학에서는 벡터 점함수인 **전류밀도(current density)** $\mathbf{J}$를 정의한다. 전류밀도 $\mathbf{J}$는 전류의 흐름의 방향에 수직한 단위면적을 통과하여 흐르는 전류의 양을 말한다. 고딕체 $\mathbf{J}$는 크기가 전류/단위면적(A/m²)이며, 방향은 전류 흐름의 방향인 벡터이다.

4가지 기본적인 전자계 양들 : E, B, D, H

전자기학에는 **전계강도(electric field intensity)** $\mathbf{E}$, **전속밀도((또는 전계변위)(electric flux density)(또는 electric displacement))** $\mathbf{D}$, **자속밀도(magnetic flux density)** $\mathbf{B}$, **자계강도(magnetic field intensity)** $\mathbf{H}$의 네 기본적인 **벡터계** 양들이 있다. 이들의 정의와 물리적 의미의 중요성은 나중에 설명될 것이다. 지금은 다음에 나오는 것에 대해서만 다룰 것이다. 전계강도 $\mathbf{E}$는 자유공간에서 정전계(정지전하의 효과)를 논의할 때 필요한 유일한 벡터이

며, 그것은 단위시험전하에 작용하는 힘으로 정의한다. 전계변위벡터 **D**는 3장에서 다룰 것이지만 매질에서의 전계를 공부할 때 유용하다. 유사하게, 자속밀도 **B**는 자유공간상의 정자계(정상전류의 효과)에 대해 논의할 때 필요한 유일한 벡터이며, 이것은 어떤 속도를 가지고 움직이는 전하에 작용하는 자기력과 연관되어 있다. 자계강도벡터 **H**는 매질 내에서의 자계를 공부할 때 유용하며, 자속밀도 **B**와 자계강도 **H**의 정의와 중요성은 5장에서 언급될 것이다.

네 개의 기본적인 전자계 양들을 그들의 단위와 함께 표 1-1에 나타내었다. 표 1-1에서 V/m는 단위길이당 전압이고, T는 tesla 또는 V·second/m²을 나타낸다. 시간에 대한 변화가 없을 때(정적, 정상 또는 정지의 경우와 같은), 전계량 **E**와 **D** 그리고 자계량 **B**와 **H**가 두 분리된 벡터쌍을 형성한다. 시간에 의존적인 경우, 전계량과 자계량은 서로 관련되어 있다 : 즉, 시간에 따라 변하는 **E**와 **D**는 **B**와 **H**를 일으키고, **B**와 **H**는 **E**와 **D**를 만들어 낸다. 이들 네 가지 모두 점함수이며, 매질의 성질은 **E**와 **D** 사이, 그리고 **B**와 **H** 사이의 관계를 결정한다. 이들 관계를 매질의 구성적 관계(constitutive relations)라 부르고, 후에 더 자세히 다룬다.

전자기학을 공부하는 중요한 목적는 전자계 모델을 근거로 한 얼마간 떨어진 전하들과 전류들간의 상호작용을 이해하는 것이며, 계와 파(시간, 공간 의존계)는 이 전자계 모델의 기본적인 개념상의 양이다. 다음 장에서 다루어질 기본적인 가정들은 **E**, **B**, **D**, **H**와 원천량을 연결시키고, 파생된 관계로부터 전자기학의 현상을 설명하고 예상해 보게 될 것이다.

표 1-1 기본적인 전자계의 양

구 분	계 량	기 호	단 위
전 계	전계강도	**E**	V/m
	전속밀도 (전계변위)	**D**	C/m²
자 계	자속밀도	**B**	T
	자계강도	**H**	A/m

1-3 SI 단위계와 보편상수

물리적 양의 측정은 수와 단위의 표현으로 나타내어야 한다. 따라서 3 m, 2 kg, 10 초로 길이, 질량, 시간을 표시한다. 단위계는 보편적 크기의 여러 기본 단위에 근거를 두며, 역학에서 모든 양들은 세 가지 기본 단위(길이, 질량, 시간)로 표현할 수 있다. 전자기학에서는 전류라는 네번째의 기본 단위가 필요하다. 국제단위계 **SI**(International System of Units)는 표 1-2에 열거된 4가지 기본 단위로 형성된 **MKSA** 시스템이다. 표 1-1의 단위들과 전자기학에 사용된 모든 단위들은 m, kg, 초, 암페어 등을 사용하여 표현되어진다. 예를 들어, 전하의 단위인 coulomb(C)는 ampere-second (A · s), 전계강도의 단위(V/m)는 kg · m/A · s^3, 자속밀도의 단위(T)는 kg/A · s^2이다. 그리고 보다 다양한 양들의 단위들은 부록 A에 수록되어 있다.

SI, MKSA 단위들

전자계 모델에는 표 1-1에 열거된 계량들에다 추가로 3개의 보편(universal) 상수들이 있다. 그것들은 자유공간(진공)의 특성과 관련이 있으며, 다음과 같다 ; 자유공간에서의 **전자파(빛을 포함)의 속도** c ; 자유공간의 **유전율**(permittivity) ϵ_0 ; 자유공간의 **투자율**(permeability) μ_0이다.

전자계 모델의 세 가지 보편상수

표 1-2 기본 SI 단위

구 분	단 위	약 호
길 이	미터	m
질 량	킬로그램	kg
시 간	초	s
전 류	암페어	A

빛의 속도를 정확하게 측정하기 위해 소수점 여러 자리까지 나타내는 많은 실험들이 실행되었다. 여기서 빛의 속도는

$$c \cong 3 \times 10^8 \quad (\text{m/s}). \qquad \text{(자유공간상에서)} \tag{1-6}$$

으로 표시한다. 다른 두 상수 ϵ_0와 μ_0는 각각 전기현상, 자기현상에 연관되어 있다. ϵ_0는 자유공간상에서 전속밀도 **D**와 전계강도 **E** 사이의 비례상수이다. 즉,

$$\boxed{\mathbf{D} = \epsilon_0 \mathbf{E}\,;} \quad \text{(자유공간에서)} \tag{1-7}$$

이다. μ_0는 자유공간에서 자속밀도 **B**와 자계의 강도 **H** 사이의 비례상수이다. 즉,

$$\boxed{\mathbf{H} = \frac{1}{\mu_0}\mathbf{B}.} \quad \text{(자유공간에서)} \tag{1-8}$$

이다. ϵ_0와 μ_0의 값은 단위계에 따라 결정되며 서로 연관성이 있다. 전자기학에서 사용되는 국제단위계 SI에서 자유공간의 투자율은 다음과 같다. 즉,

$$\boxed{\mu_0 = 4\pi \times 10^{-7} \quad (\text{H/m}).} \quad \text{(자유공간에서)} \tag{1-9}$$

이며, 단위 H/m은 henry/meter이다. 자유공간에서 식(1-6)과 식(1-9)와 같이 c, μ_0의 값을 가질 때, 유전율은 다음의 관계를 갖는다.

$$\boxed{c = \frac{1}{\sqrt{\epsilon_0 \mu_0}} \quad (\text{m/s}),} \quad \text{(자유공간에서)} \tag{1-10}$$

또는

$$\boxed{\begin{aligned} \epsilon_0 &= \frac{1}{c^2 \mu_0} \cong \frac{1}{36\pi} \times 10^{-9} \\ &\cong 8.854 \times 10^{-12} \quad (\text{F/m}), \end{aligned}} \quad \text{(자유공간에서)} \tag{1-11}$$

여기서 F/m는 farad/meter의 약자이다. 표 1-3에 세 개의 보편상수와 그 값을 요약하였다.

전자계 모델의 기본적인 양과 보편상수를 정의했으므로 이제 전자기학의 다양한 주제를 다룰 수 있다. 그러나 그 전에 우리가 해야 할 일은 수학에 대한 기본 지식을 갖추어야 하는 것이다. 다음 장에서 벡터 대수와 벡터 미적분의 연산규칙들에 대해서 논의할 것이다.

표 1-3 SI 단위에서 보편상수들

보편상수	기호	값	단위
자유공간에서 빛의 속도	c	3×10^8	m/s
자유공간의 투자율	μ_0	$4\pi \times 10^{-7}$	H/m
자유공간의 유전율	ϵ_0	$\frac{1}{36\pi} \times 10^{-9}$	F/m

요 약

이번 장에서는 전자기학의 기초에 대한 가장 기본적인 내용을 제시했다. 우리는 연역적인 방법과 공리적인 접근으로 전자계 모델을 구성한다. 기본적인 원천의 양들(전하, 전하밀도, 전류밀도)과 계량들을 정의하고, 단위계(SI)를 언급했으며, 자유공간에서 보편상수(μ_0, c, ϵ_0)에 대해 설명했다. 이들을 기본 골격으로 해서 다음의 여러 장에서 기본적인 가정들을 도입함으로써 다양한 주제들로 발전시킬 수 있다. 이 책에서는 점진적으로 단계를 밟을 것이다. 우선, 다른 양들을 연결하는 데 사용하는 수학과 친할 필요가 있다. 또한 벡터 해석에 대한 확실한 지식이 필요하다. 2 장에서는 벡터 대수와 벡터 미적분에 대한 내용을 설명하고자 한다.

복습문제

문 1-1 전자기학이란 무엇인가?

문 1-2 그림 1-1 에 묘사된 휴대폰에 대한 예제 외에 회로이론으로는 적절히 설명할 수 없는 두 가지의 현상 또는 상태를 기술하라.

문 1-3 과학적인 주제를 공부하기 위한 이상적인 모델을 세우는 데에 세 가지의 필요한 단계는 무엇인가?

문 1-4 전자계 모델에서 원천량들은 무엇인가?

문 1-5 점함수의 의미는?
전하밀도는 점함수인가?
전류는 점함수인가?

문 1-6 전자기학에서 네 가지 기본적인 SI 단위는 무엇인지 설명하라.

문 1-7 전자계 모델에서 네 가지 기본적인 계량들은 무엇인지 설명하고, 그들의 단위를 써라.

문 1-8 전자계 모델에서 세 가지 보편상수는 무엇이며, 그것들의 관계에 대해서 설명하라.

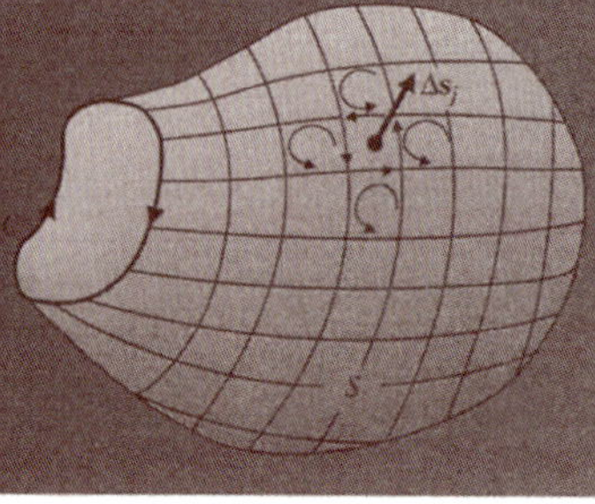

제 2 장 벡터 해석

2-1 개 요

전자계 모델에서 전하, 전류, 에너지 같은 물리량은 스칼라(scalar)이며, 전계강도, 자계강도 등은 벡터(vector)이다. 스칼라와 벡터 모두 시간과 위치의 함수이다. 시간과 위치가 주어졌을 때 **스칼라**는 그 크기(양, 음 단위)에 의해 표시된다. 그러므로 예를 들어 보면 시간 $t=0$에서 임의의 위치에 있는 $-1(\mu C)$의 전하라고 스칼라로 표시할 수 있다. 한편, 주어진 위치와 시간에서 **벡터**의 표시는 크기와 방향 모두를 필요로 한다. 어떻게 벡터의 방향을 표시할 것인가? 3차원 공간에서 세 개의 수로서 표현할 수 있으며, 이들 숫자들은 좌표계의 선택에 따라 다르다.

스칼라

벡터

좌표계는 독립적이다.

벡터량들과 스칼라량들을 관련짓는 물리법칙과 이론은 좌표계에 무관하게 성립한다. 전자기학 법칙의 일반적 표현은 특정한 좌표계만을 요구하는 것은 아니며 특정한 경우의 좌표계는 주어진 기하 구조의 문제를 해석할 때만 필요하다. 예를 들어, 전류가 흐르는 도선고리의 중앙에서 자계를 구하려고 할 때 만약 그 고리가 직사각형이라면 직각좌표계를 사용하는 것이 편리할 것이며 반면에 원형일 때는 극좌표계가 보다 더 적절할 것이다. 이러한 문제에서 전자기학의 기본적인 관계는 두 좌표계에서 같다.

다수의 전자기학의 양들은 벡터량이기 때문에 벡터의 덧셈, 뺄셈, 곱셈과 같은 연산을 쉽게 할 수 있어야 한다. 3차원 공간에서 특정 결과를 표시하

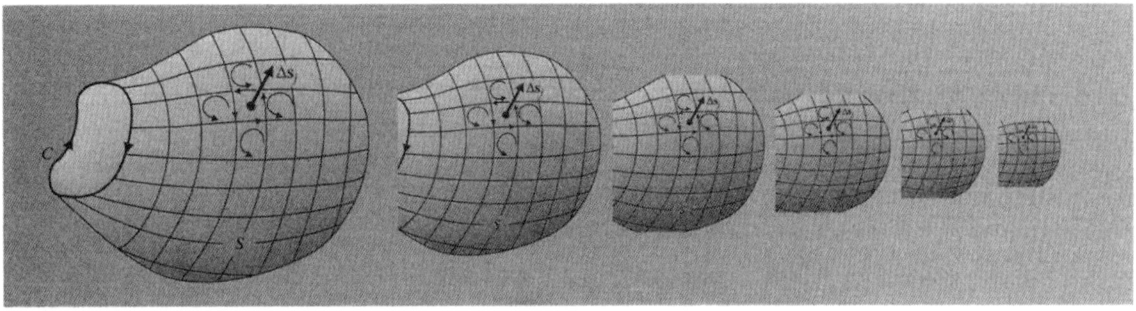

Vector Analysis

기 위해서는 적절한 좌표계를 선택한다. 이번 장에서는 가장 일반적인 세 가지 직교 좌표계(orthogonal coordinate system)에 대해서 논의할 것이다 : 직각좌표(Cartesian coordinate), 원통좌표(cylindrical coordinate), 구좌표(spherical coordinate). 여기서 우리는 주어진 벡터를 이러한 좌표계들에서 어떻게 해석하는지, 그리고 한 좌표계에서 다른 좌표계로 어떻게 변환시키는지 알게 될 것이다.

미분연산자를 사용하여 기본적인 가정들을 표현할 수 있고, 전자기학의 다른 공식들을 간결하고 일반적인 방법으로 표시할 수 있다. 2장에서는 또한 기울기(gradient), 발산(divergence)과 회전(curl) 연산자의 중요성을 다루고 발산의 정리와 Stokes 정리를 증명할 것이다.

벡터 해석에 대해서는 이 장에서 다음의 세 가지 중요한 주제를 다룰 것이다.

1. 벡터 대수－벡터의 덧셈, 뺄셈 및 곱셈

2. 직교좌표계－직각, 원통 및 구좌표

3. 벡터 미적분－벡터의 미분과 적분 ; 기울기, 발산 및 회전 연산자

또한, 두 개의 중요한 영 항등식을 증명할 것이다.

2-2 벡터의 덧셈과 뺄셈

벡터는 크기와 방향을 갖고 있으며, 벡터 $\mathbf{A}$는 다음 식으로 표현된다.

$$\mathbf{A} = \mathbf{a}_A A \tag{2-1}$$

여기서 A는 벡터 $\mathbf{A}$의 크기이며(단위와 차원을 가짐)

$$A = |\mathbf{A}| \tag{2-2}$$

로 나타낸다. 여기서 A는 스칼라량이다.

$\mathbf{a}_A$는 크기가 1인 단위벡터(unit vector)이며 $\mathbf{A}$의 방향을 표시한다. 단위벡터 $\mathbf{a}_A$는 벡터 $\mathbf{A}$를 벡터 $\mathbf{A}$의 크기 A로 나눔으로써 아래 식과 같이 얻을 수 있다.

단위벡터 구하기

$$\mathbf{a}_A = \frac{\mathbf{A}}{|\mathbf{A}|} = \frac{\mathbf{A}}{A} \tag{2-3}$$

벡터 $\mathbf{A}$는 그림 2-1에 나타낸 것같이 단위벡터 $\mathbf{a}_A$의 화살표방향과 함께 벡터크기 $|\mathbf{A}| = A$의 길이로서 도식적으로 나타낼 수 있다.

벡터표현

만약 두 개의 벡터가 같은 크기와 같은 방향을 가질 때는 비록 같은 공간상에서 같은 위치에 위치하지 않아도 두 벡터는 같다. 벡터를 표시할 때 굵은 고딕체로 쓰기가 힘들기 때문에 실제 사용시 문자의 위에 → 또는 ─ 표시를 하거나 문자 밑에 ∼표시를 함으로써 스칼라와 구분한다. 한번 이 표시가 결정된 후로는 벡터를 표현할 때 위의 부호(→, ─, ∼)들을 생략해서는 안 된다.

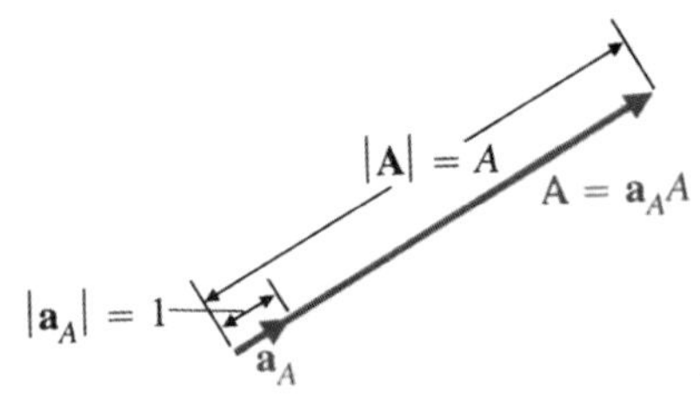

그림 2-1 그림으로 표현한 벡터 $\mathbf{A}$

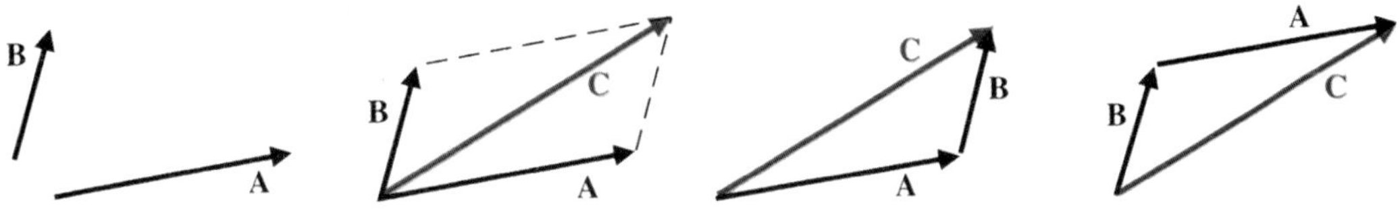

(a) 두 벡터, **A** 와 **B** (b) 평행사변형 방법 (c) 시작점-끝점 방법 **A** + **B** (d) 시작점-끝점 방법 **B** + **A**

그림 2-2 벡터의 덧셈, **C** = **A** + **B** = **B** + **A**

그림 2-2(a)에서 보는 바와 같이 두 벡터 **A** 와 **B** 의 방향이 서로 같지 않거나 서로 반대방향이 아닐 때, 이 두 벡터는 한 평면을 결정한다. 이들의 합은 동일 평면의 또 다른 벡터 **C** 가 된다. 두 벡터의 합 **C** = **A** + **B** 는 두 가지의 도식적인 방법으로 얻을 수 있다.

1. 평행사변형에 의한 방법 : **C** 는 그림 2-2(b)와 같이 같은 동일점으로부터 시작된 **A** 와 **B** 에 의해 만들어진 평행사변형의 대각선방향의 벡터이다.
2. 벡터의 시작점-끝점에 의한 방법 : **A** 의 끝점에 **B** 의 시작점을 연결하면 벡터 **C** 는 **A** 의 시작점과 **B** 의 끝점을 연결한 벡터이다. 그러면 그림 2-2(c)처럼 벡터 **A**, **B**, **C** 는 삼각형 모양이 된다. 또한 그림 2-2(d)에서 처럼 **C** = **A** + **B** = **B** + **A** 로 표현할 수 있다. 벡터 뺄셈은 식(2-4)와 같은 덧셈식으로 정의할 수 있다.

$$\mathbf{A} - \mathbf{B} = \mathbf{A} + (-\mathbf{B}) \tag{2-4}$$

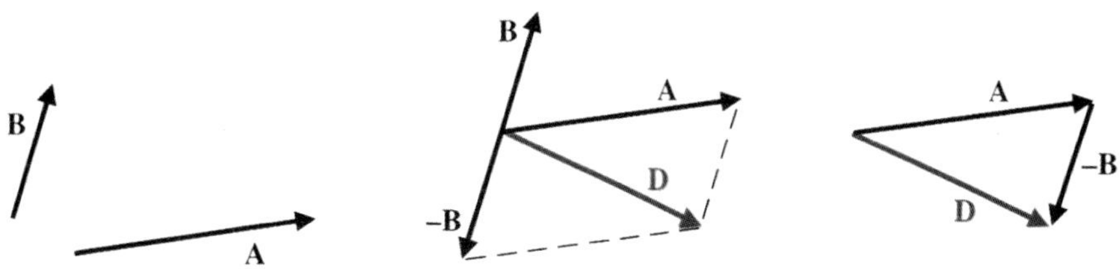

(a) 두 벡터 **A** 와 **B** (b) 평행사변형 방법 (c) 시작점-끝점 방법

그림 2-3 벡터의 뺄셈, **D** = **A** − **B** = **A** + (− **B**)

벡터 $-\mathbf{B}$는 그림 2-3에서와 같이 벡터 $\mathbf{B}$와 크기가 같고 방향이 반대인 벡터가 된다.

주의 : 벡터에서 스칼라, 그리고 스칼라에서 벡터를 서로 더하거나 뺄 수 없다.

연습문제 2.1 벡터의 시작점과 끝점을 연결하여 이루어진 세 개의 벡터 $\mathbf{A}$, $\mathbf{B}$, $\mathbf{C}$가 삼각형의 세 변을 이룬다. $\mathbf{A}+\mathbf{B}+\mathbf{C}$는 어떠한 벡터인가. 또 $\mathbf{A}+\mathbf{B}-\mathbf{C}$는 어떠한 벡터인가.

답 0, $-2\mathbf{C}$

2-3 벡터의 곱

벡터 $\mathbf{A}$에 스칼라량 k를 곱한 것은 벡터의 방향을 바꾸지 않고 벡터의 크기만 k배를 해 준 벡터가 된다.(k는 1보다 크거나 작은 값이다.)

$$k\mathbf{A} = \mathbf{a}_A(kA) \tag{2-5}$$

한 벡터에 다른 벡터를 곱(multiplication)한다든지 또는 두 벡터를 곱(product)한다는 말은 두 가지의 구분되는 곱의 형식이 있기 때문에 적절한 표현이 되지 않는다. 다음 절에서 내적(dot product)과 외적(cross product) 또는 스칼라곱(scalar product)과 벡터곱(vector product)에 대해 설명할 것이다.

2-3.1 스칼라곱 또는 내적

두 벡터 $\mathbf{A}$,$\mathbf{B}$의 스칼라곱 또는 내적(dot product)은 $\mathbf{A}\cdot\mathbf{B}$ ($\mathbf{A}$ dot $\mathbf{B}$)로 표시되며 스칼라량이다. 아래 식과 같이 내적은 두 벡터의 크기의 곱에 두 벡터의 사잇각의 코사인을 곱한 것과 같다.

두 벡터의 스칼라곱 또는 내적의 정의

$$\boxed{\mathbf{A}\cdot\mathbf{B} \triangleq AB\cos\theta_{AB}.} \tag{2-6}$$

식 2-6의 $\triangleq$은 "정의에 의해 같다"라는 표시이며, θ_{AB}는 그림 2-4에 표

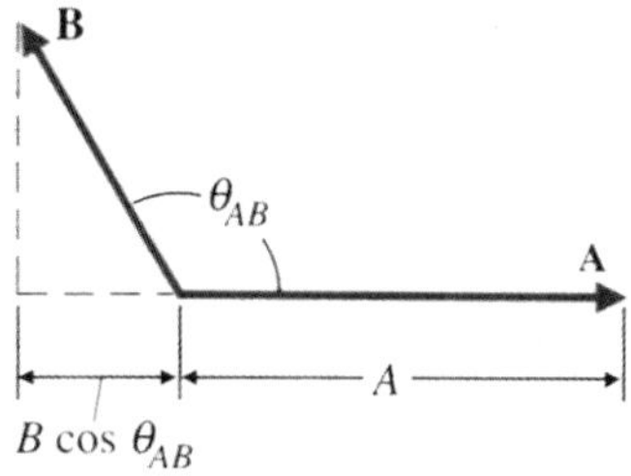

그림 2-4 벡터 **A**와 **B**의 내적을 나타냄

시된 것처럼 **A**와 **B** 사이에 이루어지는 두 각 중 작은 각이고, π라디안(180°)보다 작은 값이다.

식 2-6에 정의된 것처럼 두 벡터의 내적은, (1) 그것들의 크기의 곱보다 작거나 같고, (2) 그들 사이의 각이 $\pi/2$라디안(90°)보다 크거나 작은 것에 의해 양 또는 음의 값을 가질 수 있으며, (3) 한 벡터 위에 다른 벡터를 투영한 것에 첫번째 벡터의 크기를 곱한 것과 같고, (4) 두 벡터가 서로 직각을 이룰 때는 그 값은 영이다.

식(2-6)으로부터 다음과 같음을 알 수 있다.

내적은 교환 가능하다.

$$\mathbf{A}\cdot\mathbf{B}=\mathbf{B}\cdot\mathbf{A} \tag{2-7}$$

그러므로 벡터의 내적을 구할 때 벡터의 순서는 중요하지 않다.(내적은 교환 가능하다.) 또한

$$\mathbf{A}\cdot\mathbf{A}=A^2 \tag{2-8}$$

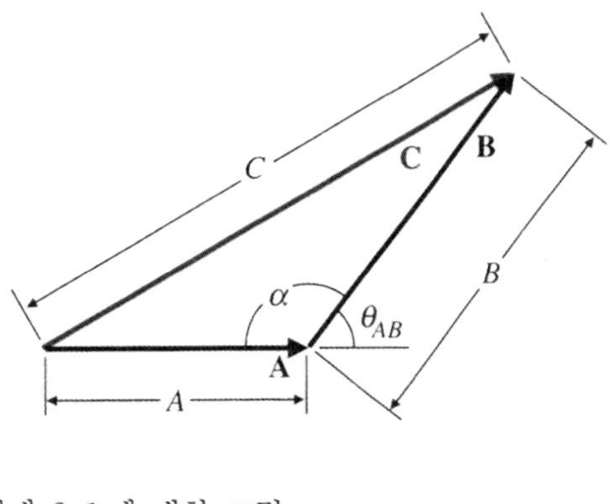

그림 2-5 예제 2-1에 대한 그림

또는

벡터의 크기 구하기

$$A = |\mathbf{A}| = +\sqrt{\mathbf{A}\cdot\mathbf{A}} \tag{2-9}$$

이다.

식(2-9)를 이용하여 임의의 좌표계에서 벡터의 크기를 구할 수 있다. 즉 벡터의 크기는 자기 자신의 벡터의 내적에 제곱근을 취하여 얻는다.

예 제 2-1

벡터들을 사용하여 삼각형의 코사인 법칙을 증명하라.

해

코사인의 법칙은 삼각형 한 변의 길이는 다른 두 변의 길이와 그 사이의 각에 의해 표현되며 스칼라량이다. 그림 2-5 에서 코사인 법칙을 이용하면

$$C = \sqrt{A^2 + B^2 - 2AB\cos\alpha} \tag{2-10}$$

여기서 우리는 각 변을 벡터로 간주하여 법칙을 증명한다. 즉, $\mathbf{C} = \mathbf{A} + \mathbf{B}$ 이다.

벡터 $\mathbf{C}$ 의 크기를 구하려면 벡터 $\mathbf{C}$ 와 그 자신의 내적으로부터 구할 수 있다. 식(2-8)로부터

$$\begin{aligned} C^2 &= \mathbf{C}\cdot\mathbf{C} = (\mathbf{A}+\mathbf{B})\cdot(\mathbf{A}+\mathbf{B}) \\ &= \mathbf{A}\cdot\mathbf{A} + \mathbf{B}\cdot\mathbf{B} + 2\mathbf{A}\cdot\mathbf{B} \\ &= A^2 + B^2 + 2AB\cos\theta_{AB} \end{aligned}$$

가 된다.

여기서, θ_{AB} 는 벡터 $\mathbf{A}$ 와 $\mathbf{B}$ 가 이루는 각 중에 작은 각이며 이것은 $(180° - \alpha)$와 같으므로 $\cos\theta_{AB} = \cos(180° - \alpha) = -\cos\alpha$로 표현된다. 그러므로

$$C^2 = A^2 + B^2 - 2AB\cos\alpha \tag{2-11}$$

이다. 식(2-11)에서 좌변과 우변의 제곱근을 취하면 식 (2-10)이 된다. 이 문제를 푸는 데 특정 좌표계로 한정할 필요는 없다.

2-3.2 벡터곱 또는 외적

두 벡터를 곱하는 데 있어서 두번째 종류는 벡터곱 또는 외적(cross product)이다. 두 벡터 $\mathbf{A}$, $\mathbf{B}$가 주어졌을 때, 외적은 $\mathbf{A}\times\mathbf{B}$ ($\mathbf{A}$ cross $\mathbf{B}$)로 표시하며

두 벡터의 벡터곱 또는 외적의 정의

$$\mathbf{A}\times\mathbf{B} \triangleq \mathbf{a}_n AB\sin\theta_{AB}. \tag{2-12}$$

로 정의되는 또 다른 벡터량이다. 여기서 θ_{AB}는 두 벡터 $\mathbf{A}$와 $\mathbf{B}$사잇각 중 작은 각이며, 이는 π보다 작거나 같다. $\mathbf{a}_n$은 그림 2-6에서처럼 $\mathbf{A}$와 $\mathbf{B}$로 이루는 평면상의 법선방향(수직방향)의 단위벡터이며 오른손 법칙의 방향으로 각 θ_{AB}를 따라 $\mathbf{A}$로부터 $\mathbf{B}$로 손을 감아쥘 때, 오른손의 엄지손가락 방향이 $\mathbf{a}_n$의 방향이다. 그림에서 보는 것처럼 $B\sin\theta_{AB}$는 두 벡터 $\mathbf{A}$, $\mathbf{B}$에 의한 평행사변형의 높이임을 알 수 있다.

음수가 아닌(양수 또는 0) $AB\sin\theta_{AB}$는 그것은 평행사변형의 넓이와 같다. 그러므로 외적 $A\times B$의 벡터방향은 A에서 B로 오른손 법칙으로 회전시켜 얻은 a_n이며 그 벡터의 크기는 A와 B로 이루는 평행사변형의 면적과 같다. 식 (2-12)와 오른손 법칙을 이용하여

외적은 서로 교환되지 않는다.

$$\mathbf{B}\times\mathbf{A} = -\mathbf{A}\times\mathbf{B} \tag{2-13}$$

이다. 그러므로 외적은 서로 교환이 되지 않으며, 두 벡터의 순서를 바꾼 경우 외적의 부호가 바뀐다.

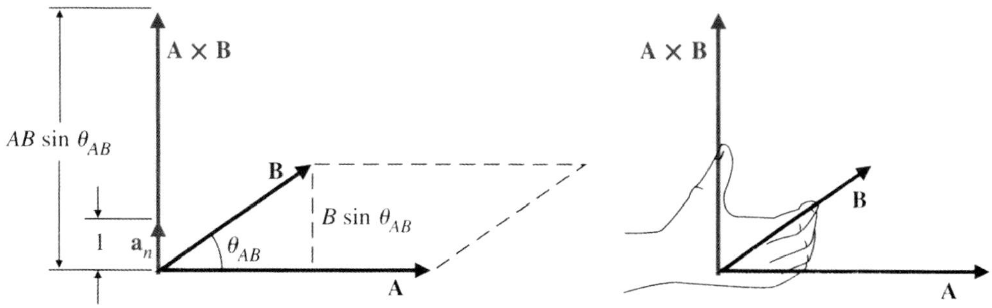

(a) $\mathbf{A}\times\mathbf{B} = \mathbf{a}_n AB\sin\theta_{AB}$.

그림 2-6 $\mathbf{A}$와 $\mathbf{B}$의 외적, $\mathbf{A}\times\mathbf{B}$

2-3.3 세 벡터의 곱

세 벡터의 곱에는 두 가지 종류가 있다 : (1) 스칼라 삼중곱 (2) 벡터 삼중곱.

1. 스칼라 삼중곱 ; 두 개의 벡터의 외적의 결과와 다른 벡터와의 내적이며

$$\mathbf{A} \cdot (\mathbf{B} \times \mathbf{C})$$

로 표현된다.

여기서 벡터 **A**, **B**, **C**는 그림 2-7(a)에 나타난 것처럼 임의의 벡터들이다.

식(2-12)에 따라 외적 $\mathbf{B} \times \mathbf{C}$의 크기는 벡터 **B**와 **C**가 이루는 평행사변형의 면적 $BC\sin\alpha$와 같고, 방향은 $\mathbf{a}_n$으로 B, C를 포함하는 평면에 대한 법선방향의 단위벡터이다. 스칼라 삼중곱은 다음과 같이 표현할 수 있다.

$$\mathbf{A} \cdot (\mathbf{B} \times \mathbf{C}) = (\mathbf{A} \cdot \mathbf{a}_n)\, BC\sin\alpha \tag{2-14}$$

식(2-14)에서처럼 $(\mathbf{A} \cdot \mathbf{a}_n)$은 벡터 **A**를 단위벡터 $\mathbf{a}_n$에 투영한 스칼라량이다. 그러므로 $(\mathbf{A} \cdot \mathbf{a}_n)$은 벡터 **A**, **B**, **C**에 의해 형성된 평행사변형에서의 높이와 수치적으로 같으며, 스칼라 삼중곱은 평행육면체의 체적과 같다.

2. 벡터 삼중곱 ; 이것은 다른 두 벡터의 외적의 결과값에 다른 한 벡터의

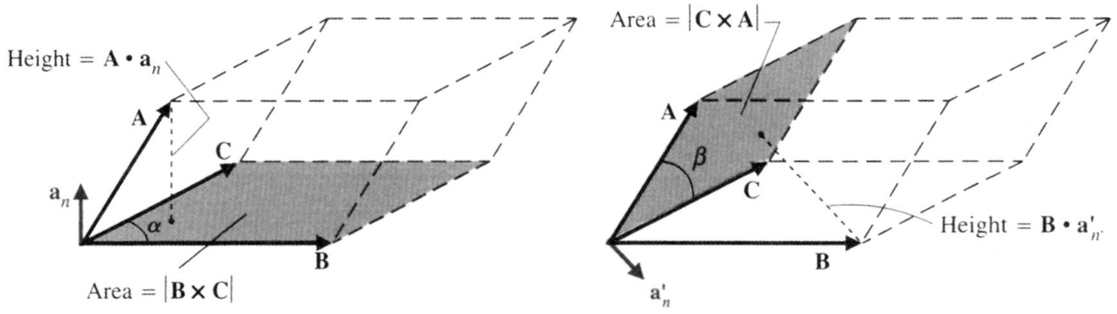

(a) $\mathbf{A} \cdot (\mathbf{B} \times \mathbf{C})$. (b) $\mathbf{B} \cdot (\mathbf{C} \times \mathbf{A})$.

그림 2-7 스칼라 삼중곱의 표현

외적을 한 결과이다. 벡터 삼중곱은

$$\mathbf{A} \times (\mathbf{B} \times \mathbf{C})$$

로 표현하며 이 식은 매우 복잡하여 여기서 사용하는 일반적인 유도 형식으로는 유도하지 않고 특정 좌표계가 주어졌을 때에(문제 2-9 참조) 쉽게 전개할 수 있다. 후반부에 이것을 사용하게 될 때 그 때 가서 다시 논의할 것이다.

예 제 2-2

세 개의 벡터 **A**, **B**, **C**가 주어질 때, 스칼라 삼중곱이 다음 식과 같은 관계를 가지고 있음을 증명하라.

$$\boxed{\mathbf{A} \cdot (\mathbf{B} \times \mathbf{C}) = \mathbf{B} \cdot (\mathbf{C} \times \mathbf{A}) = \mathbf{C} \cdot (\mathbf{A} \times \mathbf{B}).} \tag{2-15}$$

해

식(2-14)에 나타낸 것처럼 처음의 스칼라 삼중곱 $\mathbf{A} \cdot (\mathbf{B} \times \mathbf{C})$는 세 개의 벡터 **A**, **B**, **C**에 의해 형성되어진 평행육면체의 체적과 같다. 두번째 항에 있는 스칼라 삼중곱 $\mathbf{B} \cdot (\mathbf{C} \times \mathbf{A})$를 살펴보면, 그림 2-7(b)와 식(2-12)로부터 식(2-16)을 얻을 수 있다.

$$\mathbf{B} \cdot (\mathbf{C} \times \mathbf{A}) = (\mathbf{B} \cdot \mathbf{a}_n')\, CA \sin\beta \tag{2-16}$$

여기서 $\mathbf{a}_n'$과 $CA\sin\beta$는 각각 외적 $\mathbf{C} \times \mathbf{A}$의 방향과 크기를 나타낸다. 세 개의 벡터 **A**, **B**, **C**에 의해 형성된 평행육면체의 밑면의 면적은 $|\mathbf{C} \times \mathbf{A}| = CA\sin\beta$이며, 또한 평행육면체의 높이는 $(\mathbf{B} \cdot \mathbf{a}_n')$이다. 그러므로 식(2-16)의 스칼라 삼중곱은 식(2-14)에 주어진 평행육면체의 체적과 같은 크기를 가진다. 그러므로 다음과 같은 식이 성립된다.

$$\mathbf{B} \cdot (\mathbf{C} \times \mathbf{A}) = \mathbf{A} \cdot (\mathbf{B} \times \mathbf{C}) \tag{2-17}$$

위의 형태는 모두 평행육면체의 체적을 나타내기 때문에 식(2-15)의 세번째 항에 있는 스칼라 삼중곱 $\mathbf{C} \cdot (\mathbf{A} \times \mathbf{B})$에도 같은 방법을 적용할 수 있다.

주의 : 식(2-15)의 세 식이 등식이 되기 위해서는 스칼라 삼중곱의 벡터 순환 순서를 지켜야 한다. 이 의미는 두번째, 세번째 벡터의 외적의 결과

와 첫번째 벡터와 내적을 취할 경우 세 벡터는 {**A**, **B**, **C**},{**B**, **C**, **A**}, {**C**, **A**, **B**}의 순서를 유지해야만 한다. 순환 순서를 따르지 않는 $\mathbf{B} \cdot (\mathbf{A} \times \mathbf{C})$는 식(2-16)의 $\mathbf{B} \cdot (\mathbf{C} \times \mathbf{A})$와 같지 않다.

복습문제

문 2-1 어떠한 조건하에서 두 벡터의 내적이 음이 되는가?

문 2-2 다음과 같은 조건에서 $\mathbf{A} \cdot \mathbf{B}$와 $\mathbf{A} \times \mathbf{B}$의 결과를 구하라.

(a) $\mathbf{A} \parallel \mathbf{B}$

(b) $\mathbf{A} \perp \mathbf{B}$

문 2-3 식$(\mathbf{A} \cdot \mathbf{B})\mathbf{C}$와 $\mathbf{A}(\mathbf{B} \cdot \mathbf{C})$는 같은가? 그 이유를 설명하라.

문 2-4 두 개의 벡터 **A**, **B**가 주어졌을 때, 다음을 어떻게 구할 수 있는가?

(a) 벡터 **B**의 방향에 대한 벡터 **A**의 성분

(b) 벡터 **A**의 방향에 대한 벡터 **B**의 성분

문 2-5 $\mathbf{A} \cdot \mathbf{B} = \mathbf{A} \cdot \mathbf{C}$라는 것은 $\mathbf{B} = \mathbf{C}$를 뜻하는가? 그 이유를 설명하하.

문 2-6 $\mathbf{A} \times \mathbf{B} = \mathbf{A} \times \mathbf{C}$라는 것은 $\mathbf{B} = \mathbf{C}$를 뜻하는가? 그 이유를 설명하라.

요 점

1. 벡터를 나타낼 때는 스칼라와 구별하기 위해서는 벡터 표시를 반드시 해야 한다.
2. 스칼라에서 벡터 또는 벡터에서 스칼라를 더하거나 빼지 마라.
3. 벡터의 나눗셈은 정의되어 있지 않다. 따라서 벡터에서는 나눗셈을 하지 마라.
4. 두 벡터의 내적이 영이면 두 벡터는 서로 수직하다. 또한 두 벡터가 서로 수직하면 두 벡터의 내적은 영이다.
   ($\theta = \pi/2$, $\cos\theta = 0$ 식 2-6)
5. 두 벡터의 외적이 영이면 두 벡터는 서로 평행을 이룬다. 또한 두 벡터가 평행을 이루면 두 벡터의 외적은 영이다.
   ($\theta = 0$, $\sin\theta = 0$ 식 2-10)

연습문제 2.2 다음에 표시된 벡터의 스칼라 삼중곱의 값을 비교하라.

a) $(\mathbf{A} \times \mathbf{C}) \cdot \mathbf{B}$

b) $\mathbf{A} \cdot (\mathbf{C} \times \mathbf{B})$

c) $(\mathbf{A} \times \mathbf{B}) \cdot \mathbf{C}$

d) $\mathbf{B} \cdot (\mathbf{a}_A \times \mathbf{A})$

■ 연습문제 2.3 다음 중 표현이 적절하지 않은 것은?

a) $\mathbf{A} \times \mathbf{B}/|\mathbf{B}|$ b) $\mathbf{C} \cdot \mathbf{D}/(\mathbf{A} \times \mathbf{B})$

c) $\mathbf{AB}/\mathbf{CD}$ d) $\mathbf{A} \times \mathbf{B}/(\mathbf{C} \cdot \mathbf{D})$

e) $\mathbf{ABC}$ f) $\mathbf{A} \times \mathbf{B} \times \mathbf{C}$

2-4 직교좌표계(Orthogonal Coordinate Systems)

앞에서 지적한 것처럼 전자기학 법칙은 비록 좌표계에 따라 불변일지라도 실제 문제의 해는 그러한 법칙들로부터 유도된 관계식들이 주어진 문제에 적합한 좌표계에서 표현되어져야 한다. 예를 들어, 공간상의 한 점의 자계를 조사할 때 최소한 좌표계에 대한 그 점의 위치와 자계의 원천점의 위치를 표시할 필요가 있다. 3차원 공간에서의 한 점의 위치는 세 면의 교점에 위치한다. 인접한 세 개의 면이 $u_1 =$ 상수, $u_2 =$ 상수, $u_3 =$ 상수로 나타낼 수 있다고 가정하면, u는 반드시 길이로 표현될 필요는 없고 각도가 될 수도 있다.(u_1, u_2, u_3를 직각좌표계로 나타낸다면, 각각 x, y, z로 나타낼 수 있다.) 이 세 면들이 서로 상호 직교할 때 **직교좌표계**라 한다.

직교좌표계

여러 직교좌표계들이 존재한다. 그러나 이 책에서는 가장 일반적이고 유용한 세 개의 좌표계에 대해서만 고려할 것이다.

1. 직각좌표† → (Cartesian (or rectangular) coordinates)
2. 원통좌표(Cylindrical coordinates)
3. 구좌표(Spherical coordinates)

이 세 가지 좌표에 대해서는 소단원에서 자세히 논의를 할 것이다.

2-4.1 직각좌표계

직각좌표계의 한 점인 $P(x_1, y_1, z_1)$는 그림 2-8에서 보여 주는 것과 같

†직각좌표(rectangular coordinates)가 일반적으로 2차원에서 쓰이기 때문에 다차원에서는 Cartesian 좌표로 부른다. Cartesian이란 어원은 분석 기하학의 효시인, 프랑스의 철학자이며 수학자인 Renatus Cartesius(1596-1650)의 이름에서 기원되었다.
(역자주 : Cartesian 좌표계를 편의상 직각좌표계로 번역함)

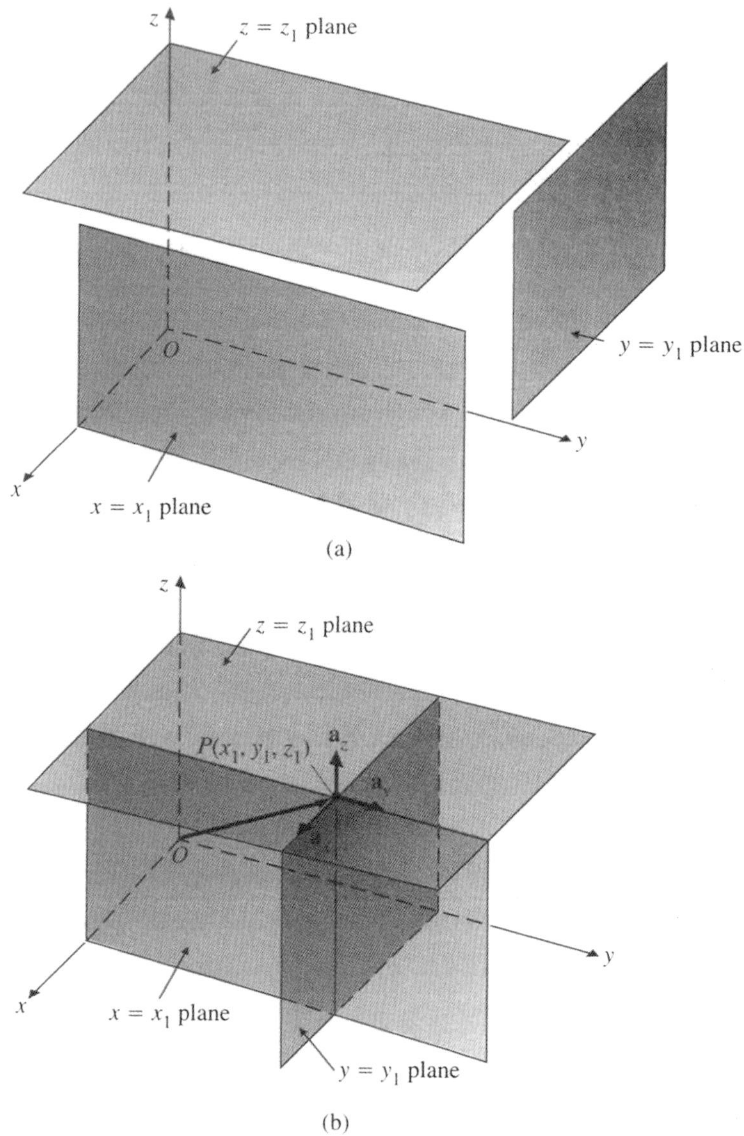

그림 2-8 직각좌표계. (a) 세 개의 서로 수직인 평면들, (b) 세 평면의 교점이 점 P 의 위치를 표시한다.

이 $x = x_1$, $y = y_1$, $z = z_1$으로 정의된 세 평면의 교차점이다. 즉, 다음과 같은 식으로 표현할 수 있다.

$$(u_1,\ u_2,\ u_3) = (x,\ y,\ z)$$

세 좌표방향에서 서로 수직관계인 세 단위벡터 $\mathbf{a}_x$, $\mathbf{a}_y$, $\mathbf{a}_z$를 **기저벡터**(base vector)라고 부른다. 오른손 법칙 시스템에 대해서 다음과 같은 순환 특성을 가진다.

$$\mathbf{a}_x \times \mathbf{a}_y = \mathbf{a}_z \tag{2-18a}$$

$$\mathbf{a}_y \times \mathbf{a}_z = \mathbf{a}_x \tag{2-18b}$$

$$\mathbf{a}_z \times \mathbf{a}_x = \mathbf{a}_y \tag{2-18c}$$

또한 다음과 같은 성질을 갖는다.

$$\mathbf{a}_x \cdot \mathbf{a}_y = \mathbf{a}_y \cdot \mathbf{a}_z = \mathbf{a}_x \cdot \mathbf{a}_z = 0 \tag{2-19}$$

그리고,

$$\mathbf{a}_x \cdot \mathbf{a}_x = \mathbf{a}_y \cdot \mathbf{a}_y = \mathbf{a}_z \cdot \mathbf{a}_z = 1 \tag{2-20}$$

한 점 $P(x_1, y_1, z_1)$에 대한 위치벡터(position vector)는 원점부터 P 점까지의 벡터이다. 위치벡터의 성분은 단위벡터 $\mathbf{a}_x, \mathbf{a}_y, \mathbf{a}_z$의 방향을 가지며, 크기가 각각 x_1, y_1, z_1[†]이다. 즉,

$$\overrightarrow{OP} = \mathbf{a}_x x_1 + \mathbf{a}_y y_1 + \mathbf{a}_z z_1 \tag{2-21}$$

스칼라 성분 A_x, A_y, A_z를 가지는 벡터 $\mathbf{A}$는 직각좌표계에서 다음과 같이 쓸 수 있다.

직각좌표에서 벡터 A의 표현

$$\boxed{\mathbf{A} = \mathbf{a}_x A_x + \mathbf{a}_y A_y + \mathbf{a}_z A_z.} \tag{2-22}$$

벡터의 미소 길이를 표현하면 ;

직각좌표에서 벡터의 미소 길이의 표현

$$\boxed{d\mathbf{l} = \mathbf{a}_x dx + \mathbf{a}_y dy + \mathbf{a}_z dz.} \tag{2-23}$$

미소 체적소는 세 좌표의 방향에 대한 미소 길이의 곱이다.

직각좌표에서 미소 체적소의 표현

$$\boxed{dv = dx\, dy\, dz.} \tag{2-24}$$

식(2-22)의 벡터 $\mathbf{A}$와 다른 벡터 $\mathbf{B} = \mathbf{a}_x B_x + \mathbf{a}_y B_y + \mathbf{a}_z B_z$와의 내적은

[†] 이 책의 벡터 표현방법은 항상 처음에 단위벡터의 방향을 표현한 후에 크기를 표현한다.

$$\mathbf{A}\cdot\mathbf{B}=(\mathbf{a}_xA_x+\mathbf{a}_yA_y+\mathbf{a}_zA_z)\cdot(\mathbf{a}_xB_x+\mathbf{a}_yB_y+\mathbf{a}_zB_z)$$

즉,식(2-19)와 (2-20)에 의해

직각좌표에서의 A와 B의 내적

$$\boxed{\mathbf{A}\cdot\mathbf{B}=A_xB_x+A_yB_y+A_zB_z.} \tag{2-25}$$

이 된다.

A, **B**의 외적은 식(2-18a,b,c)에 의해 아래와 같이 표현된다.

$$\begin{aligned}\mathbf{A}\times\mathbf{B}&=(\mathbf{a}_xA_x+\mathbf{a}_yA_y+\mathbf{a}_zA_z)\times(\mathbf{a}_xB_x+\mathbf{a}_yB_y+\mathbf{a}_zB_z)\\&=\mathbf{a}_x(A_yB_z-A_zB_y)+\mathbf{a}_y(A_zB_x-A_xB_z)+\mathbf{a}_z(A_xB_y-A_yB_x)\end{aligned} \tag{2-26}$$

식(2-26)은 쉽게 기억하기 위해 행렬식으로 편리하게 쓸 수 있다.

직각좌표에서 A와 B의 외적

$$\boxed{\mathbf{A}\times\mathbf{B}=\begin{vmatrix}\mathbf{a}_x&\mathbf{a}_y&\mathbf{a}_z\\A_x&A_y&A_z\\B_x&B_y&B_z\end{vmatrix}} \tag{2-27}$$

예 제 2-3

직각좌표에서 $\mathbf{A}=-\mathbf{a}_x+\mathbf{a}_y2-\mathbf{a}_z2$로 주어질 때 다음을 구하라.

a) $A=|\mathbf{A}|$의 크기

b) 벡터 **A**의 방향으로 단위벡터 $\mathbf{a}_A$

c) 벡터 **A**와 z축이 이루는 각

해

a) 식(2-19)와 (2-20)을 참조하고 식(2-8)과 (2-9)를 사용하여 풀 수 있다.

$$\begin{aligned}\mathbf{A}\cdot\mathbf{A}&=(-\mathbf{a}_x+\mathbf{a}_y2-\mathbf{a}_z2)\cdot(-\mathbf{a}_x+\mathbf{a}_y2-\mathbf{a}_z2)\\&=(-1)(-1)+(2)(2)+(-2)(-2)\\&=1+4+4=9\end{aligned}$$

그러므로

$$A=+\sqrt{\mathbf{A}\cdot\mathbf{A}}=+\sqrt{9}=3$$

b) 식(2-3)을 이용하여 단위벡터 $\mathbf{a}_A$를 구할 수 있다.

$$\mathbf{a}_A = \frac{\mathbf{A}}{A} = \frac{1}{3}(-\mathbf{a}_x + \mathbf{a}_y 2 - \mathbf{a}_z 2)$$
$$= -\mathbf{a}_x \frac{1}{3} + \mathbf{a}_y \frac{2}{3} - \mathbf{a}_z \frac{2}{3}$$

c) 벡터 **A** 와 z 축이 이루는 각 θ_z를 구하기 위해 단위벡터 $\mathbf{a}_z$와 **A** 의 내적을 구한다. 식(2-6)으로부터,

$$\mathbf{A} \cdot \mathbf{a}_z = A \cos \theta_z$$
$$(-\mathbf{a}_x + \mathbf{a}_y 2 - \mathbf{a}_z 2) \cdot \mathbf{a}_z = -2 = 3 \cos \theta_z$$

윗 식으로 각도를 구하면,

$$\theta_z = \cos^{-1}\left(\frac{-2}{3}\right) = 180° - 48.2° = 131.8°$$

질문 : 왜 $-48.2°$ 또는 $228.2°(180° + 48.2°)$는 답이 될 수 없는가?

예 제 2-4

$\mathbf{A} = \mathbf{a}_x 5 - \mathbf{a}_y 2 + \mathbf{a}_z$, $\mathbf{B} = -\mathbf{a}_x 3 + \mathbf{a}_z 4$ 일 때 다음을 구하라.

a) $\mathbf{A} \cdot \mathbf{B}$

b) $\mathbf{A} \times \mathbf{B}$

c) θ_{AB}

해

a) 식(2-25)로부터

$$\mathbf{A} \cdot \mathbf{B} = (5)(-3) + (-2)(0) + (1)(4) = -11$$

b) 식(2-27)로부터

$$\mathbf{A} \times \mathbf{B} = \begin{vmatrix} \mathbf{a}_x & \mathbf{a}_y & \mathbf{a}_z \\ 5 & -2 & 1 \\ -3 & 0 & 4 \end{vmatrix} = -\mathbf{a}_x 8 - \mathbf{a}_y 23 - \mathbf{a}_z 6$$

c) 식(2-6)의 $\mathbf{A} \cdot \mathbf{B}$ 정의로부터, 벡터 $\mathbf{A} \cdot \mathbf{B}$ 사이의 각 θ_{AB}를 구할 수 있다. 벡터 **A** 의 크기 A 와 **B** 의 크기 B 는

$$A = |\mathbf{A}| = +\sqrt{5^2 + (-2) + 1^2} = +\sqrt{30}$$

$$B = |\mathbf{B}| = +\sqrt{(-3)^2 + 4^2} = 5$$

식(2-6)으로부터

$$\cos\theta_{AB} = \frac{\mathbf{A}\cdot\mathbf{B}}{AB} = \frac{-11}{5\sqrt{30}} = -0.402$$

그러므로

$$\theta_{AB} = \cos^{-1}(-0.402) = 180° - 66.3° = 113.7°$$

예 제 2-5

a) 직각좌표에서 시작점이 $P_1(1, 3, 2)$이고 끝점이 $P_2(3, -2, 4)$인 벡터를 구하라.

b) 선분 $\overline{P_1P_2}$의 길이를 구하라.

c) 원점에서 선분 $\overline{P_1P_2}$까지의 수직거리를 구하라.

해

a) 그림 2-9 로부터

$$\begin{aligned}\overrightarrow{P_1P_2} &= \overrightarrow{OP_2} - \overrightarrow{OP_1} \\ &= (\mathbf{a}_x3 - \mathbf{a}_y2 + \mathbf{a}_z4) - (\mathbf{a}_x + \mathbf{a}_y3 + \mathbf{a}_z2) \\ &= \mathbf{a}_x2 - \mathbf{a}_y5 + \mathbf{a}_z2\end{aligned}$$

b) 선분 $\overline{P_1P_2}$의 길이는

$$\begin{aligned}\overline{P_1P_2} &= |\overrightarrow{P_1P_2}| \\ &= \sqrt{2^2 + (-5)^2 + 2^2} \\ &= \sqrt{33}\end{aligned}$$

c) 원점으로부터 선분까지의 수직거리(최단거리)는 $|\overrightarrow{ON}|$이다. 이것은 $|\overrightarrow{OP_2}|\sin\alpha = |\overrightarrow{OP_2} \times \mathbf{a}_{p_1p_2}|$와 같다. 그러므로

$$\begin{aligned}|\overrightarrow{ON}| &= \frac{|\overrightarrow{OP_2} \times \overrightarrow{P_1P_2}|}{|\overrightarrow{P_1P_2}|} \\ &= \frac{|(\mathbf{a}_x3 - \mathbf{a}_y2 + \mathbf{a}_z4) \times (\mathbf{a}_x2 - \mathbf{a}_y5 + \mathbf{a}_z2)|}{\sqrt{33}}\end{aligned}$$

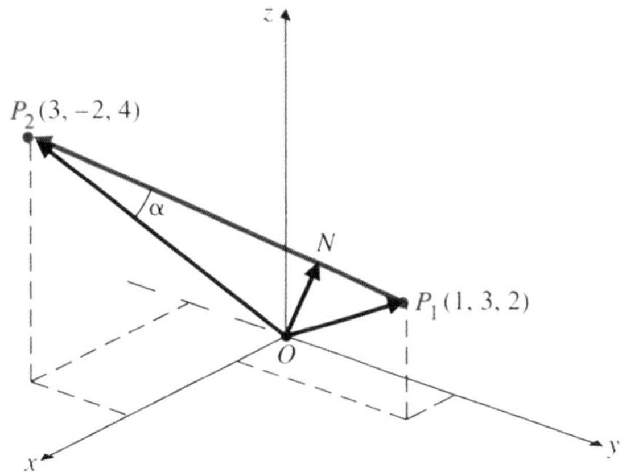

그림 2-9 예제 2-5에 대한 그림

$$= \frac{|\mathbf{a}_x 16 + \mathbf{a}_y 2 - \mathbf{a}_z 11|}{\sqrt{33}} = \frac{\sqrt{381}}{\sqrt{33}} = 3.40$$

주의 : 이 예제를 간단히 하기 위해 단위들은 생략했다.

■ **연습문제 2.4** 벡터 $\mathbf{B} = \mathbf{a}_x 2 - \mathbf{a}_y 6 + \mathbf{a}_z 3$가 주어졌을 때, 다음을 구하라.

a) **B**의 크기

b) $\mathbf{a}_B$에 대한 표현

c) 벡터 **B**와 x, y, z 축이 이루는 각

답 (a) 7 (b) $\mathbf{a}_B = \mathbf{a}_x 0.296 - \mathbf{a}_y 0.857 + \mathbf{a}_z 0.429$ (c) 73.4°, 149.0°, 64.6°

■ **연습문제 2.5** 직각좌표에서 두 점 $P_1(1, 2, 0)$, $P_2(-3, 4, 0)$가 주어질 때 다음을 구하라.

a) $\overrightarrow{OP_1}$상에 $\overrightarrow{OP_2}$의 투영 길이

b) 삼각형 OP_1P_2의 면적

답 (a) 2.236, (b) 5

2-4.2 원통좌표계

원통좌표(cylindrical coordinates)의 한 점 $P(r_1, \phi_1, z_1)$은 xy 평면에 평행인 $z = z_1$인 평면, xy 평면상에서 $\phi = \phi_1$과 z 축이 이루는 반평면, 그

리고 $r=r_1$인 원통면의 교점이다.

$$(u_1,\ u_2,\ u_3)=(r,\ \phi,\ z)$$

그림 2-10 에 나타난 것처럼 r 은 z 축으로부터 측정되어진 반지름 거리이

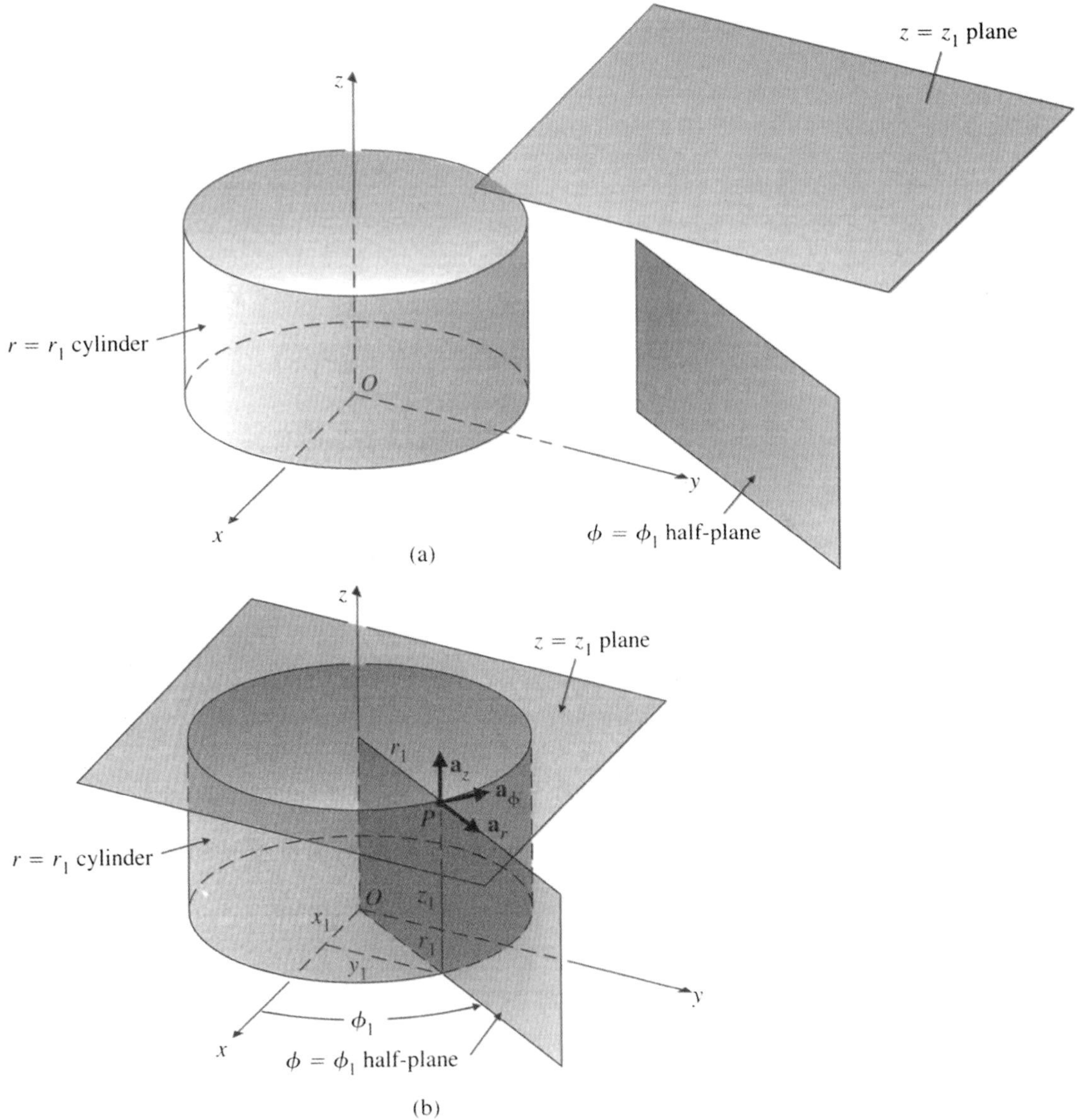

그림 2-10 원통좌표. (a) 원통표면, z 축을 한 변으로 하는 평면과 z 축에 수직인 평면, (b) (a)에서 정의된 평면들의 교점 P

며, 각 ϕ는 양의 x축으로부터 측정되는 값이다. 기저벡터 $\mathbf{a}_\phi$는 원통면에서 접선의 방향이며 $\mathbf{a}_r$, $\mathbf{a}_\phi$ 방향은 P점의 위치에 따라 변한다. $\mathbf{a}_r$, $\mathbf{a}_\phi$, $\mathbf{a}_z$는 오른손 법칙을 따른다.

$$\mathbf{a}_r \times \mathbf{a}_\phi = \mathbf{a}_z \tag{2-28a}$$

$$\mathbf{a}_\phi \times \mathbf{a}_z = \mathbf{a}_r \tag{2-28b}$$

$$\mathbf{a}_z \times \mathbf{a}_r = \mathbf{a}_\phi \tag{2-28c}$$

미터식 계수

세 좌표 중 두 개의 좌표 r과 z(u_1과 u_3)는 그들 자신의 길이를 가지고 있다. 그러나 각 $\phi(u_2)$는 미소 각 변화 $d\phi$를 미소 길이의 변화로 바꾸기 위해서는 그림 2-11에서와 같이 계수 r(미터식 계수)을 ϕ에 곱해야 한다. dr과 dz의 미터식 계수는 1이다. 세 좌표방향 $\mathbf{a}_r$, $\mathbf{a}_\phi$, $\mathbf{a}_z$의 미터식 계수를 각각 h_1, h_2, h_3라 하면, 원통좌표에서 $h_1=1$, $h_2=r$, $h_3=1$이 되며 표 2-1에 정리되어 있다. 직각좌표에서 미터식 계수는 세 좌표방향 모두에서 1이다. 왜냐하면 모든 세 좌표(x, y, z) 그 자체가 길이를 나타내기 때문이다. 원통좌표에서 미소 길이에 대한 벡터는 세 좌표에 대한 미소 길이 변화의 벡터합이다.

표 2-1 기본적인 세 개의 직교좌표계

		직각좌표계 (x, y, z)	원통좌표계 (r, ϕ, z)	구좌표계 (R, θ, ϕ)
기저벡터	$\mathbf{a}_{u1}$	$\mathbf{a}_x$	$\mathbf{a}_r$	$\mathbf{a}_R$
	$\mathbf{a}_{u2}$	$\mathbf{a}_y$	$\mathbf{a}_\phi$	$\mathbf{a}_\theta$
	$\mathbf{a}_{u3}$	$\mathbf{a}_z$	$\mathbf{a}_z$	$\mathbf{a}_\phi$
미터식 계수	h_1	1	1	1
	h_2	1	r	R
	h_3	1	1	$R\sin\theta$
미소 체적	dv	$dx\,dy\,dz$	$r\,dr\,d\phi\,dz$	$R^2\sin\theta\,dR\,d\theta\,d\phi$

원통좌표에서의 벡터의 미소 길이의 표현

$$d\mathbf{l} = \mathbf{a}_r dr + \mathbf{a}_\phi r d\phi + \mathbf{a}_z dz. \tag{2-29}$$

미소 체적은 세 좌표의 방향에서 미소 길이의 변화에 대한 곱이다. 원통좌표계에서 다음과 같이 표현할 수 있다.

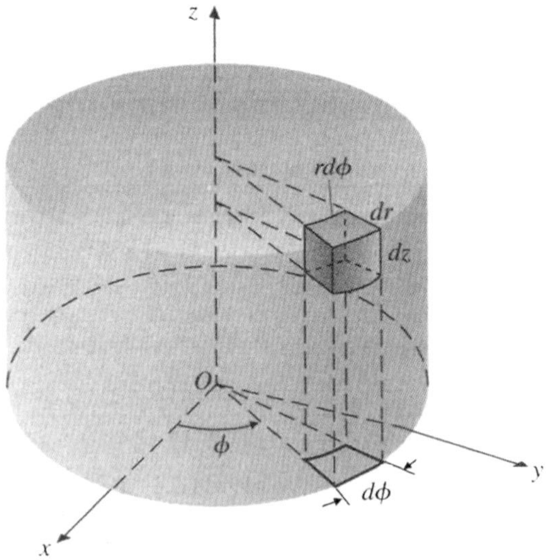

그림 2-11 원통좌표계에서 미소 체적소

원통좌표에서의 미소 체적의 표현

$$dv = r\,dr\,d\phi\,dz. \tag{2-30}$$

원통좌표는 무한선(long line)의 선전하(line charge) 또는 전류 문제를 풀 때 그리고 원통모양의 경계면이 존재할 때 사용되는 중요한 좌표계이다. 원통좌표에서의 벡터는 다음과 같이 표현한다.

원통좌표에서의 벡터 A의 표현

$$\mathbf{A} = \mathbf{a}_r A_r + \mathbf{a}_\phi A_\phi + \mathbf{a}_z A_z. \tag{2-31}$$

원통좌표에서 주어진 벡터는 직각좌표로 표현 가능하며, 직각좌표로 주어진 벡터는 원통좌표로 표현할 수 있다. 만약 $\mathbf{A} = \mathbf{a}_r A_r + \mathbf{a}_\phi A_\phi + \mathbf{a}_z A_z$를 직각좌표계로 표현하기를 원한다면, 즉 $\mathbf{a}_x A_x + \mathbf{a}_y A_y + \mathbf{a}_z A_z$의 형식으로 표현하려고 하면, A_x, A_y, A_z를 구해야 한다. 이 표현을 하기 위해서는 무엇보다도 원통좌표에서 직각좌표로 변형시에도 벡터 $\mathbf{A}$의 z 성분인 A_z는 변하지 않는다는 것을 알아야 하며, A_x는 벡터 $\mathbf{A}$를 나타낸 양변을 $\mathbf{a}_x$로 내적을 취함으로 구할 수 있다. 즉,

$$A_x = \mathbf{A} \cdot \mathbf{a}_x = A_r \mathbf{a}_r \cdot \mathbf{a}_x + A_\phi \mathbf{a}_\phi \cdot \mathbf{a}_x \tag{2-32}$$

여기서, $\mathbf{a}_z \cdot \mathbf{a}_x = 0$ 이기 때문에 식(2-32)에 A_z의 항은 없어진다. 그림 2-12에 보여지는 것처럼, xy 평면에서 기저벡터 $\mathbf{a}_x$, $\mathbf{a}_y$, $\mathbf{a}_r$, $\mathbf{a}_\phi$의 상대위치에 대한 관계를 알 수 있다.

$$\mathbf{a}_r \cdot \mathbf{a}_x = \cos\phi \tag{2-33}$$

그리고,

$$\mathbf{a}_\phi \cdot \mathbf{a}_x = \cos\left(\frac{\pi}{2} + \phi\right) = -\sin\phi \tag{2-34}$$

식(2-33)과 (2-34)를 식(2-32)에 대입하면

$$A_x = A_r \cos\phi - A_\phi \sin\phi \tag{2-35}$$

이 된다.

또한, A_y의 값을 알기 위해서는 벡터 $\mathbf{A}$를 나타낸 양변을 $\mathbf{a}_y$로 내적을 취한다. 즉,

$$\begin{aligned} A_y &= \mathbf{A} \cdot \mathbf{a}_y \\ &= A_r \mathbf{a}_r \cdot \mathbf{a}_y + A_\phi \mathbf{a}_\phi \cdot \mathbf{a}_y \end{aligned}$$

그림 2-12로부터

$$\mathbf{a}_r \cdot \mathbf{a}_y = \cos\left(\frac{\pi}{2} - \phi\right) = \sin\phi \tag{2-36}$$

그리고,

$$\mathbf{a}_\phi \cdot \mathbf{a}_y = \cos\phi \tag{2-37}$$

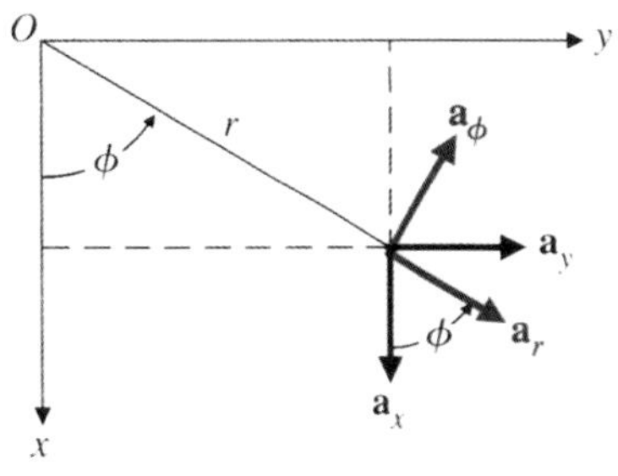

그림 2-12 $\mathbf{a}_x$, $\mathbf{a}_y$, $\mathbf{a}_r$과 $\mathbf{a}_\phi$ 사이의 관계

이다. 따라서

$$A_y = A_r \sin\phi + A_\phi \cos\phi \tag{2-38}$$

직각좌표와 원통좌표에서 벡터 성분간의 관계는 행렬식으로 표현하면 편리하다.

원통좌표에서 직각좌표의 벡터 성분으로의 변환

$$\begin{bmatrix} A_x \\ A_y \\ A_z \end{bmatrix} = \begin{bmatrix} \cos\phi & -\sin\phi & 0 \\ \sin\phi & \cos\phi & 0 \\ 0 & 0 & 1 \end{bmatrix} \begin{bmatrix} A_r \\ A_\phi \\ A_z \end{bmatrix}. \tag{2-39}$$

그림 2-12 에 의해 원통좌표에서의 한 점$(r,\ \phi,\ z)$을 직각좌표$(x,\ y,\ z)$의 형태로 다음과 같은 형식에 의해 변환할 수 있다.

원통좌표의 한 점의 위치를 직각좌표로 변환

$$x = r\cos\phi \tag{2-40a}$$

$$y = r\sin\phi \tag{2-40b}$$

$$z = z. \tag{2-40c}$$

예 제 2-6

원통좌표계로 표현된 벡터계 $\mathbf{A} = \mathbf{a}_r(3\cos\phi) - \mathbf{a}_\phi 2r + \mathbf{a}_z z$ 가 있을 때,

a) $P(4,\ 60°,\ 5)$인 점에서의 계를 나타내라.

b) 직각좌표계로 P 에서의 계 $\mathbf{A}_P$ 를 나타내라.

c) 직각좌표계로 점 P 의 위치를 나타내라.

해

a) 점 $P(4,\ 60°,\ 5)$에서의 계는

$$\begin{aligned} \mathbf{A}_p &= \mathbf{a}_r(3\cos 60°) - \mathbf{a}_\phi(2\times 4) + \mathbf{a}_z 5 \\ &= \mathbf{a}_r(3/2) - \mathbf{a}_\phi 8 + \mathbf{a}_z 5 \end{aligned}$$

b) 식(2-39)에 의하여

$$\begin{bmatrix} A_x \\ A_y \\ A_z \end{bmatrix} = \begin{bmatrix} \cos 60° & -\sin 60° & 0 \\ \sin 60° & \cos 60° & 0 \\ 0 & 0 & 1 \end{bmatrix} \begin{bmatrix} 3/2 \\ -8 \\ 5 \end{bmatrix}$$

$$=\begin{bmatrix} 1/2 & -\sqrt{3}/2 & 0 \\ \sqrt{3}/2 & 1/2 & 0 \\ 0 & 0 & 1 \end{bmatrix}\begin{bmatrix} 3/2 \\ -8 \\ 5 \end{bmatrix}=\begin{bmatrix} 7.68 \\ -2.70 \\ 5 \end{bmatrix}$$

따라서

$$\mathbf{A}_p=\mathbf{a}_x 7.68-\mathbf{a}_y 2.70+\mathbf{a}_z 5$$

c) 식(2-40a, b, c)를 사용하여 직각좌표의 점 $P(4\cos 60°,\ 4\sin 60°,\ 5)$ 즉 $(2,\ 2\sqrt{3},\ 5)$를 얻을 수 있다.

연습문제 2.6 원통좌표계에서 원점으로부터 점 $Q(3,\ 4,\ 5)$까지의 위치벡터 $\overrightarrow{OQ}$를 표현하라.

답 $\mathbf{a}_r 5+\mathbf{a}_z 5$

연습문제 2.7 원통좌표계에서 두 점 $P_1(4,\ 60°,\ 1)$과, $P_2(3,\ 180°,\ -1)$ 사이의 거리를 계산하라.

답 $\sqrt{41}$

2-4.3 구좌표계

구좌표(spherical coordinates)에서의 한 점 $P(R_1,\ \theta_1,\ \phi_1)$은 다음과 같은 세 면의 교점으로 구한다 : 원점으로부터 반지름이 $R=R_1$인 구표면, $+z$축으로부터 반각 $\theta=\theta_1$을 이루며 원점을 꼭지점으로 하고 z축을 축으로 갖는 원추면과, xz평면상에 대해 $\phi=\phi_1$을 이루며 z축을 한 변으로 하는 반평면이다.

$$(u_1,\ u_2,\ u_3)=(R,\ \theta,\ \phi)$$

$\mathbf{a}_R$과 $\mathbf{a}_r$은 다르다.

세 교차면은 그림 2-13과 같으며 P점에서의 기저벡터 $\mathbf{a}_R$은 원점으로부터 방사형이며, 원통좌표에서의 $\mathbf{a}_r$과는 다르다. 원통좌표에서의 $\mathbf{a}_r$은 z축에 수직이다. 기저벡터 $\mathbf{a}_\theta$는 $\phi=\phi_1$인 평면에 있으며, 구표면의 접선방향이다. 반면에 기저벡터 $\mathbf{a}_\phi$는 원통좌표의 기저벡터 $\mathbf{a}_\phi$와 같다. 그림 2-13에 이들을 나타내었다. 오른손 법칙에 의하여

$$\mathbf{a}_R\times\mathbf{a}_\theta=\mathbf{a}_\phi \tag{2-41a}$$

이다. $$\mathbf{a}_\theta \times \mathbf{a}_\phi = \mathbf{a}_R \tag{2-41b}$$

$$\mathbf{a}_\phi \times \mathbf{a}_R = \mathbf{a}_\theta \tag{2-41c}$$

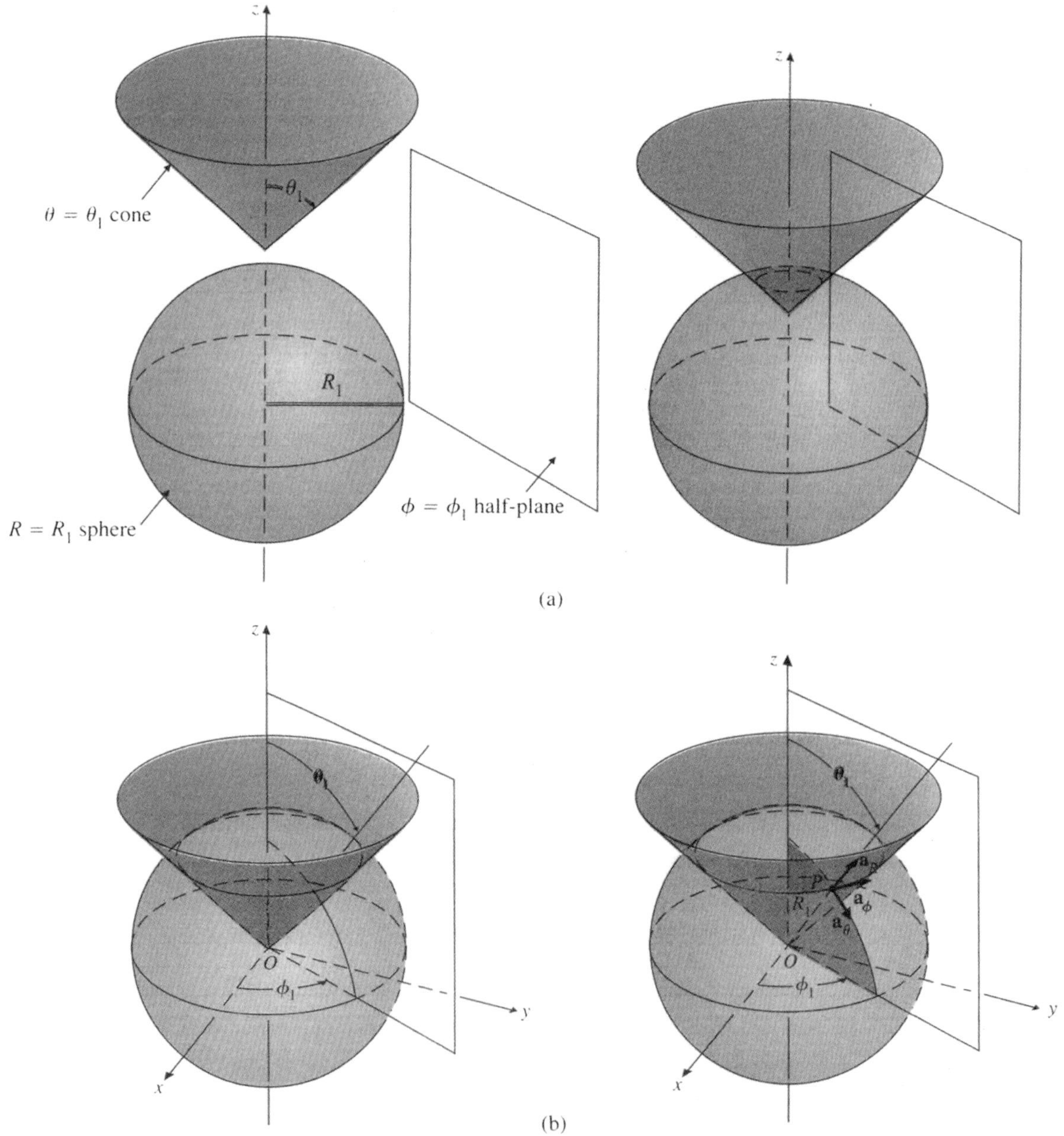

그림 2-13 (a) 구표면, 원추, z 축을 포함하는 반평면

(b) (a)에서 표현된 평면이 교차하는 점이 P 를 나타냄

구좌표는 원천점과 구경계를 가지는 영역을 포함하는 문제를 풀 때 필요하다. 관찰자가 한정된 크기의 원천으로부터 멀리 떨어져 있을 때 원천을 거의 점으로 간주할 수 있으며, 간단한 근사로써 그것을 구좌표계의 원점으로 선택할 수 있다. 이러한 이유로 구좌표는 멀리 떨어져 있는 계에서 안테나 문제를 풀 때 유용하다. 구좌표에서 벡터는

구좌표에서 벡터 A의 표현

$$\mathbf{A} = \mathbf{a}_R A_R + \mathbf{a}_\theta A_\theta + \mathbf{a}_\phi A_\phi. \qquad (2\text{-}42)$$

으로 표현한다.

구좌표에서 오직 R만 길이이며 다른 두 좌표 θ, ϕ는 각도이다. 그림 2-14를 참고로 하여 일반적인 미소 체적소를 볼 수 있다. 그리고 미터식 계수 $h_2 = R$, $h_3 = R\sin\theta$는 $d\theta$, $d\phi$를 각각 미소 길이 $(R)\,d\theta$, $(R\sin\theta)\,d\phi$로 변환시킬 때 필요하다. 일반적인 미소길이의 벡터에 대한 식은,

구좌표에서 미소 길이의 표현

$$d\mathbf{l} = \mathbf{a}_R dR + \mathbf{a}_\theta R\, d\theta + \mathbf{a}_\phi R\sin\theta\, d\phi. \qquad (2\text{-}43)$$

미소 체적소는 세 좌표방향의 미소 길이 변화의 곱이다.

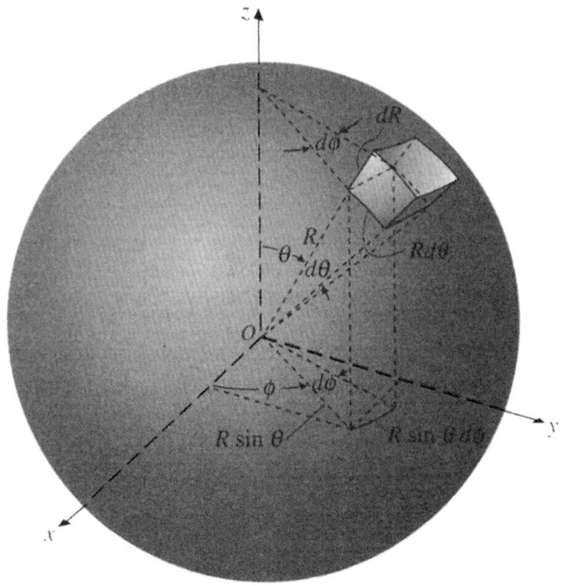

그림 2-14 구좌표에서 미소 체적소

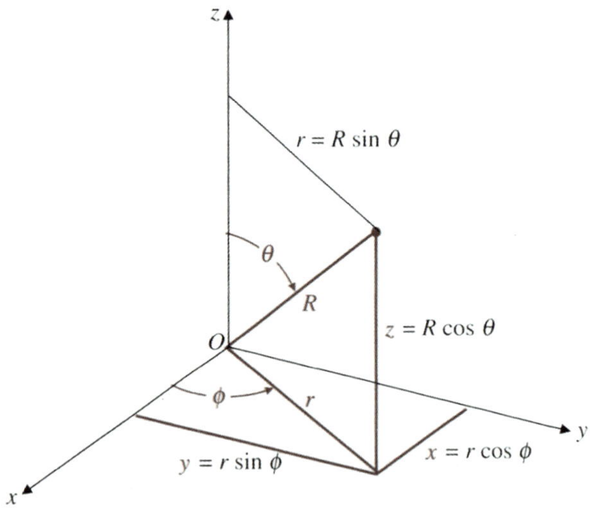

그림 2-15 공간 변수$(x,\ y,\ z)$, $(r,\ \phi,\ z)$, $(R,\ \theta,\ \phi)$들의 관계

구좌표에서 미소 체적의 표현

$$dv = R^2 \sin\theta\, dR\, d\theta\, d\phi. \quad (2\text{-}44)$$

표 2-1은 세 가지 기본 직교좌표계에 의한 기저벡터, 미터식 계수, 미소 체적을 나타낸다.

그림 2-15는 점 P의 위치에서 공간변수$(x,\ y,\ z)$, $(r,\ \phi,\ z)$, $(R,\ \theta,\ \phi)$의 상호관계를 보여 주고 있다. 다음의 등식은 구좌표의 좌표변수를 직각좌표로 변환하는 식이다.

구좌표의 한 점을 직각좌표로 변환

$$x = R\sin\theta\cos\phi \quad (2\text{-}45a)$$
$$y = R\sin\theta\sin\phi \quad (2\text{-}45b)$$
$$z = R\cos\theta. \quad (2\text{-}45c)$$

■ **연습문제 2.8** 직각좌표 (4, −6, 12)를 구좌표로 변환하라.
답 (14, 31°, 303.7°)

예 제 2-7

구좌표계로 단위벡터 $\mathbf{a}_z$를 표현하라.

해

먼저, 여기서 $\mathbf{a}_z$는 $\mathbf{a}_R$과 방향($\mathbf{a}_z \neq \mathbf{a}_R$), 크기 둘 다 다르기 때문에($1 \neq R \cos\theta$ 또는 모든 θ에 대한 $\cos\theta$) $\mathbf{a}_R R\cos\theta$ 또는 $\mathbf{a}_R\cos\theta$와 같이 $\mathbf{a}_z$를 식(2-45c)을 이용해서 관계식을 세울 수 없다. 구좌표의 기저벡터는 $\mathbf{a}_R$, $\mathbf{a}_\theta$, $\mathbf{a}_\phi$이므로 이들의 방향에 대해 $\mathbf{a}_z$의 성분을 구해서 문제를 풀 수 있다. 그림 2-13과 2-14로부터

$$\mathbf{a}_z \cdot \mathbf{a}_R = \cos\theta \tag{2-46a}$$

$$\mathbf{a}_z \cdot \mathbf{a}_\theta = -\sin\theta \tag{2-46b}$$

$$\mathbf{a}_z \cdot \mathbf{a}_\phi = 0 \tag{2-46c}$$

그러므로,

$$\mathbf{a}_z = \mathbf{a}_R\cos\theta - \mathbf{a}_\theta\sin\theta \tag{2-47}$$

예 제 2-8

반지름이 2와 5(cm)인 구 사이의 영역에 전자구름이 분포되어 있고 다음과 같은 전하밀도를 가진다고 가정하면

$$\frac{-3\times10^{-8}}{R^4}\cos^2\phi \quad (\mathrm{C/m^3})$$

이 영역에 포함된 총 전하를 구하라.

해

$$\rho_v = -\frac{3\times10^{-8}}{R^4}\cos^2\phi$$

$$Q = \int \rho_v dv$$

이 문제는 당연히 구좌표를 사용해야 하며, 식(2-44)의 dv 관계식을 사용하여 삼중적분 형태로 나타낸다.

$$Q = \int_0^{2\pi}\int_0^{\pi}\int_{0.02}^{0.05} \rho_v R^2 \sin\theta \, dR\, d\theta\, d\phi$$

여기에는 두 가지 주의해야 할 것이 있다.

첫째, 여기서 ρ_v는 coulomb/m^{3}의 단위를 가지며 R에 대한 적분구간의 수치들은 미터로 바꾸어야만 한다.

둘째, θ에 대한 적분의 범위는 0에서 2π가 아니라 0에서 π까지이다. 반원을 z축에 대해 2π만큼 회전시켜서 구를 생성시킬 수 있으며, 위의 조건들을 고려하여 구하면 다음과 같다.

$$
\begin{aligned}
Q &= -3\times10^{-8}\int_0^{2\pi}\int_0^{\pi}\int_{0.02}^{0.05}\frac{1}{R^2}\cos^2\phi\sin\theta\,dR\,d\theta\,d\phi \\
&= -3\times10^{-8}\int_0^{2\pi}\int_0^{\pi}\left(-\frac{1}{0.05}+\frac{1}{0.02}\right)\sin\theta\,d\theta\cos^2\phi\,d\phi \\
&= -0.9\times10^{-6}\int_0^{2\pi}(-\cos\theta)\Big|_0^{\pi}\cos^2\phi\,d\phi \\
&= -1.8\times10^{-6}\left(\frac{\phi}{2}+\frac{\sin2\phi}{4}\right)\Bigg|_0^{2\pi} = -1.8\pi \quad (\mu\text{C})
\end{aligned}
$$

연습문제 2.9 구좌표에서 미소 표면적을 적분함으로써 반지름 R_0를 가진 구 표면을 구하는 공식을 유도하라.

답 $4\pi R_0^2$

복습문제

문 2-7 좌표계를 만드는 것은 무엇인가? (a) 직교성? (b) 오른손 법칙?

문 2-8 미터식 계수의 의미는 무엇인가?

문 2-9 $d\mathbf{l}$과 dv를 구하라. (a) 직각좌표에서 (b) 원통좌표에서 (c) 구좌표에서

문 2-10 직각좌표에 두 점 $P_1(1, 2, 3)$, $P_2(-1, 0, 2)$가 주어졌을 때 벡터 $\overrightarrow{P_1P_2}$, $\overrightarrow{P_2P_1}$의 식을 구하라.

문 2-11 직각좌표에서 $\mathbf{A}\cdot\mathbf{B}$, $\mathbf{A}\times\mathbf{B}$에 대한 식을 구하라.

요 점

1. 각을 길이로 변환시킬 때 적절한 미터식 계수를 사용해야만 한다.
2. z축으로부터 측정되어진 원통거리 r과 원점으로부터 측정되어진 구형거리 R을 서로 혼동하지 마라.
3. 각 좌표계에서 기저벡터의 외적은 오른손 법칙의 순환순서를 따른다.

2-5 스칼라계의 기울기

전자기학에서는 종종 시간과 위치에 의존하는 양들을 다룬다. 세 가지 좌표 변수는 3차원 공간을 포함하기 때문에 스칼라계와 벡터계는 4가지 변수들(t, u_1, u_2, u_3)로 표현할 수 있다. 일반적으로 계는 네 변수 중 어느 한 변수에 의해 변할 것이다. 지금부터는 주어진 시간에서 스칼라계의 공간 변화율을 설명하는 데 역점을 둘 것이다. 여기에는 세 공간좌표 변수에 대한 편도함수를 고려하고, 서로 다른 방향의 변화율 때문에 벡터는 주어진 점과 주어진 시간에 대한 스칼라계의 공간 변화율에 대한 정의가 필요하다.

빌딩의 온도 분포, 산악지역의 고도와 일정영역 내의 전위차와 같은 공간좌표에서 스칼라함수 $V(u_1, u_2, u_3)$를 보면 V의 크기는 일반적으로 공간 내의 한 점의 위치에 의존한다. 그러나 V는 임의의 선들 또는 표면을 따라서는 일정한 값을 갖는다. 그림 2-16은 V의 크기가 일정한 두 평면 즉, V_1, $V_1 + dV$를 보여 준다. 여기서 dV는 V에 대한 작은 변화를 가리킨다. 여기서 일정한 표면 V는 특정 좌표계를 지정하는 표면들과 일치할 필요가 없음을 주시하라. 한 점 P_1이 V_1 평면 위에 있고 점 P_2는 V_1 평면에 대해 수직인 $d\mathbf{n}$ 벡터를 따라 평면 $V_1 + dV$ 상에 있다. $d\mathbf{n}$과는

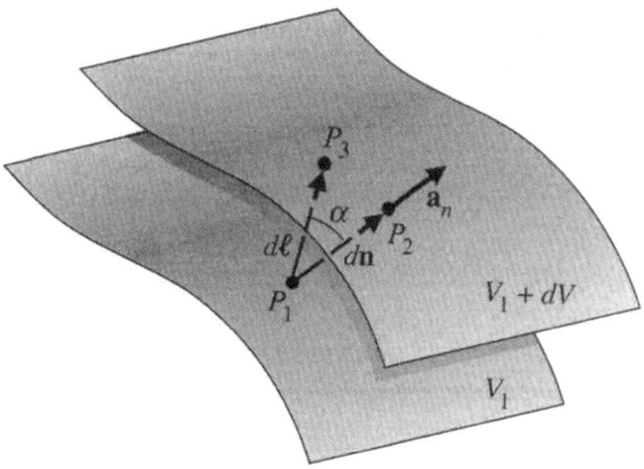

그림 2-16 스칼라의 기울기 개념

다른 $d\mathbf{l}$ 벡터를 따라 P_2에 근접한 점 P_3가 있다. V 에서 dV 변화가 같을 때, 공간 변화율, $dV/d\ell$은 $d\mathbf{n}$의 거리가 두 평면 사이에서 가장 짧기 때문에 $d\mathbf{n}$에서 가장 크다.† 또한 $dV/d\ell$의 크기는 $d\ell$의 방향에 따라 다르기 때문에, $dV/d\ell$은 방향성을 갖는 미분이다. 스칼라의 최대 공간 증가율에 대한 크기와 방향을 표현하는 벡터를 스칼라의 기울기(gradient)로 정의한다.

스칼라계의 기울기 : 물리적 정의

스칼라계의 기울기 : 수학적 정의

$$\boxed{\textbf{grad}\ V \triangleq \mathbf{a}_n \frac{dV}{dn}.} \tag{2-48}$$

여기서 ∇††로 표시되는 연산자 del을 사용함으로써, gradV 대신 ∇V로 쓸 수 있다.

$$\boxed{\nabla V \triangleq \mathbf{a}_n \frac{dV}{dn}} \tag{2-49}$$

여기서 dV는 양(V가 증가)으로 가정한다. 만약 dV가 음이면(P_1에서 P_2로 V가 감소), ∇V는 $\mathbf{a}_n$의 음의 방향 성분을 갖는다. $d\ell$을 따라 방향성 미분은

$$\begin{aligned}\frac{dV}{d\ell} &= \frac{dV}{dn}\frac{dn}{d\ell} = \frac{dV}{dn}\cos\alpha \\ &= \frac{dV}{dn}\mathbf{a}_n \cdot \mathbf{a}_\ell = (\nabla V)\cdot \mathbf{a}_\ell\end{aligned} \tag{2-50}$$

이다.

식(2-50)의 의미는 $\mathbf{a}_\ell$방향에서 V의 공간 증가율은 그 방향으로의 V의 기울기의 투영과 같다. 식(2-50)을 다음과 같이 나타낼 수 있다.

V의 증가에 따른 공간 변화율, ∇V

$$\boxed{dV = (\nabla V)\cdot d\mathbf{l}} \tag{2-51}$$

† 일반적인 표현으로 ΔV, $\Delta\ell$을 사용하며 $\Delta\ell$이 0에 가까워질 때 $\Delta V/\Delta\ell$은 $dV/d\ell$로 쓴다

†† nabla 연산자라 부른다(역자주 : 연산자 ∇을 벡터 기호로 굵게 나타내어야 하지만 적당한 기호가 없으므로 양지하기 바람).

여기서 $d\mathbf{l}=\mathbf{a}_\ell d\ell$ 이다. 또 식(2-51)의 dV 는 그 위치에 대한 변화의 결과로서, (그림 2-16 처럼 P_1 에서 P_3 로의 변화) V 의 전미분이다. 식으로 표현하면,

$$dV=\frac{\partial V}{\partial \ell_1}d\ell_1+\frac{\partial V}{\partial \ell_2}d\ell_2+\frac{\partial V}{\partial \ell_3}d\ell_3 \tag{2-52}$$

여기서, $d\ell_1$, $d\ell_2$, $d\ell_3$ 는 선택한 좌표계에서 미분변위 $d\mathbf{l}$ 벡터의 성분이다.

직각좌표에서 $(u_1, u_2, u_3)=(x, y, z)$ 그리고 $d\ell_1$, $d\ell_2$, $d\ell_3$ 는 각각 dx, dy, dz 로 표현한다.(식 2-23 을 참조하시오.)

식(2-52)에서 dV 를 두 벡터의 내적으로 표시할 수 있다.

$$\begin{aligned}dV&=\left(\mathbf{a}_x\frac{\partial V}{\partial x}+\mathbf{a}_y\frac{\partial V}{\partial y}+\mathbf{a}_z\frac{\partial V}{\partial z}\right)\cdot(\mathbf{a}_x dx+\mathbf{a}_y dy+\mathbf{a}_z dz)\\&=\left(\mathbf{a}_x\frac{\partial V}{\partial x}+\mathbf{a}_y\frac{\partial V}{\partial y}+\mathbf{a}_z\frac{\partial V}{\partial z}\right)\cdot d\mathbf{l}\end{aligned} \tag{2-53}$$

식(2-53)과 식(2-51)을 비교하면

직각좌표에서의 ∇V

$$\boxed{\nabla V=\mathbf{a}_x\frac{\partial V}{\partial x}+\mathbf{a}_y\frac{\partial V}{\partial y}+\mathbf{a}_z\frac{\partial V}{\partial z}} \tag{2-54}$$

또는

$$\nabla V=\left(\mathbf{a}_x\frac{\partial}{\partial x}+\mathbf{a}_y\frac{\partial}{\partial y}+\mathbf{a}_z\frac{\partial}{\partial z}\right)V \tag{2-55}$$

가 된다. 식(2-55)를 편리하게 직각좌표에서 ∇를 벡터 미분연산으로 표시할 수 있다.

$$\boxed{\nabla\equiv\mathbf{a}_x\frac{\partial}{\partial x}+\mathbf{a}_y\frac{\partial}{\partial y}+\mathbf{a}_z\frac{\partial}{\partial z}.} \tag{2-56}$$

미터식 계수(h_1, h_2, h_3)와 함께 일반적인 직교좌표(u_1, u_2, u_3)에서 ∇은

$$\boxed{\nabla\equiv\left(\mathbf{a}_{u1}\frac{\partial}{h_1\partial u_1}+\mathbf{a}_{u2}\frac{\partial}{h_2\partial u_2}+\mathbf{a}_{u3}\frac{\partial}{h_3\partial u_3}\right).} \tag{2-57}$$

로 정의된다.

원통좌표 및 구좌표에서 ∇V 에 대한 표현식은 이 책의 뒷 표지 안쪽에 열거되어 있다.

예 제 2-9

정전계 강도 $\mathbf{E}$ 는 스칼라량의 정전위 V 의 기울기에 대한 음의 값을 취함으로써, 즉, $\mathbf{E} = -\nabla V$ 로 나타낸다. 다음과 같이 V 가 주어질 때 한 점 (1, 1, 0)에서의 $\mathbf{E}$ 를 구하라.

a) $V = V_0 e^{-x} \sin \frac{\pi y}{4}$

b) $V = E_0 R \cos \theta$

해

a) 식 (2-54)를 이용하여, 직각좌표에서의 $\mathbf{E} = -\nabla V$ 를 구한다.

$$\mathbf{E} = -\left[\mathbf{a}_x \frac{\partial}{\partial x} + \mathbf{a}_y \frac{\partial}{\partial y} + \mathbf{a}_z \frac{\partial}{\partial z}\right] V_0 e^{-x} \sin \frac{\pi y}{4}$$
$$= \left(\mathbf{a}_x \sin \frac{\pi y}{4} - \mathbf{a}_y \frac{\pi}{4} \cos \frac{\pi y}{4}\right) V_0 e^{-x}$$

그러므로, $\mathbf{E}(1,\ 1,\ 0) = \left(\mathbf{a}_x - \mathbf{a}_y \frac{\pi}{4}\right) \frac{V_0}{\sqrt{2}} = \mathbf{a}_E E$

여기서,

$$E = V_0 \sqrt{\frac{1}{2}\left(1 + \frac{\pi^2}{16}\right)}$$
$$\mathbf{a}_E = \frac{1}{\sqrt{1 + (\pi^2/16)}} \left(\mathbf{a}_x - \mathbf{a}_y \frac{\pi}{4}\right)$$

b) 여기서 V 는 구좌표의 θ 함수로 주어진다. 구좌표에서, 표 2-1 에서 볼 수 있는 것처럼 $(u_1,\ u_2,\ u_3) = (R,\ \theta,\ \phi)$와, $(h_1,\ h_2,\ h_3) = (1,\ R,\ R \sin \theta)$를 갖는다. 식 (2-57)로부터

$$\mathbf{E} = -\nabla V = -\left[\mathbf{a}_R \frac{\partial}{\partial R} + \mathbf{a}_\theta \frac{\partial}{R \partial \theta} + \mathbf{a}_\phi \frac{\partial}{R \sin \theta \partial \phi}\right] E_0 R \cos \theta$$
$$= -(\mathbf{a}_R \cos \theta - \mathbf{a}_\theta \sin \theta) E_0$$

식(2-47)에 의해 위의 결과 값을 직각좌표에서 $\mathbf{E} = -\mathbf{a}_z E_0$로 간단히 변환할 수 있다. 이것은 자세히 보면 $E_0 R \cos\theta$는 직각좌표로 $E_0 z$가 되므로

$$\mathbf{E} = -\nabla V = -\mathbf{a}_z \frac{\partial}{\partial z}(E_0 z) = -\mathbf{a}_z E_0$$

으로 구할 수도 있다.

■ **연습문제 2.10** $V = xy - 2yz$로 주어질 때 한 점 $P(2,\ 3,\ 6)$에서 다음 값을 구하라.

a) V의 최대 증가의 방향과 크기

b) 원점을 향한 방향에서 V의 공간 감소율

답 (a) $\mathbf{a}_x 3 - \mathbf{a}_y 10 - \mathbf{a}_z 6$, (b) $-60/7$

2-6 벡터계의 발산

이 앞 단원에서 스칼라계의 공간미분을 이용하여 기울기를 정의했다. 여기서는 벡터계의 미분에 대해 살펴보고 벡터의 **발산**(divergence)과 **회전**(curl)을 유도한다. 이 단원에서는 발산의 의미에 대해 논의할 것이며, 2-8 단원에서는 회전의 의미에 대해 논의할 것이다. 이 두 가지의 의미는 전자기학을 공부하는 데 매우 중요하다.

벡터계를 배우는 데는 **유속선**(flux lines)이라 불리는 방향을 나타내는 선들을 그림으로 나타내어 계의 변화를 쉽게 표시할 수 있다. 그림 2-17에 도시된 것과 같이 유속선은 각 점에서 벡터계의 방향을 나타내는 방향 선이나 곡선이다. 한 점에서 계의 크기는 그 점을 주위로 근접한 방향 선들의 길이 또는 밀도에 의해 표시되어진다. 그림 2-17(a)는 A 지역의 계가 B 지역의 계보다 강하다는 것을 보여 준다. A 지역의 계가 강한 이유는 A 지역의 같은 길이의 방향 선의 밀도가 B 지역에서보다 높기 때문이다. 그림 2-17(b)에서와 같은 방사성 계는 표시된 q 점으로부터 멀어질 수록 화살표의 길이가 감소하며 q와 근접한 지역이 가장 길이가 길고 계의 강도가 크다. 그림 2-17(c)는 균일한 계를 보여 준다.

그림 2-17(c)에서 벡터계의 강도는 벡터에 수직한 단일 평면을 통과하는

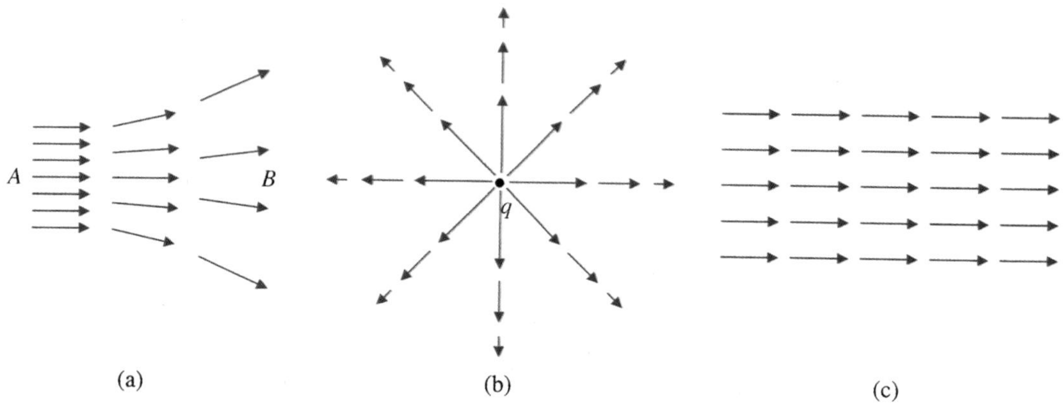

그림 2-17 벡터계의 유속선

유속선의 수에 의해 측정되어진다. 벡터계의 유속선은 물과 같은 비압축 액체의 흐름과 비슷하다. 폐곡면으로 이루어진 체적에서는 체적 안에 원천점(source) 또는 종점(sink)을 담고 있을 때에만 표면을 통해 유출 또는 유입될 것이다. 즉, 순수 양의 발산일 때는 체적 안에 유체의 원천점이 존재하고, 순수 음의 발산일 때는 체적 안에 유체의 종점이 존재한다는 것을 나타낸다. 원천점의 세기의 측정은 단위체적당 유체에 대한 체적 밖으로 흐르는 순수 유체의 흐름으로 나타낸다. 그림 2-17(c)의 균일한 계는 원천점 또는 종점을 포함하는 폐곡면체 안으로와 밖으로 유입, 유출되는 양이 같기 때문에 발산 결과는 영이다.

벡터계 A의 발산 : 물리적 의미

한 점에서 벡터계 **A**의 발산(div **A**)을 미소 체적소의 크기가 영으로 접근할 때 단위체적당에서 유출되는 순수 유속량으로 정의한다.

A의 발산 : 수학적 의미

$$\operatorname{div}\mathbf{A} \triangleq \lim_{\Delta v \to 0} \frac{\oint_s \mathbf{A}\cdot d\mathbf{s}}{\Delta v}. \tag{2-58}$$

식(2-58)에서 분자는 표면에 대한 적분 형태로 되어 있다. 이 적분 형식은 2차원상의 이중적분 형태이다. 그러나 간단히 단일적분 형식으로 표현한다. 적분기호의 작은 원은 체적을 둘러싸고 있는 전체 폐표면에 대해 적분하라는 표시이다. 적분할 때 벡터의 미소 면적소 $d\mathbf{s} = \mathbf{a}_n ds$는 크기가 ds

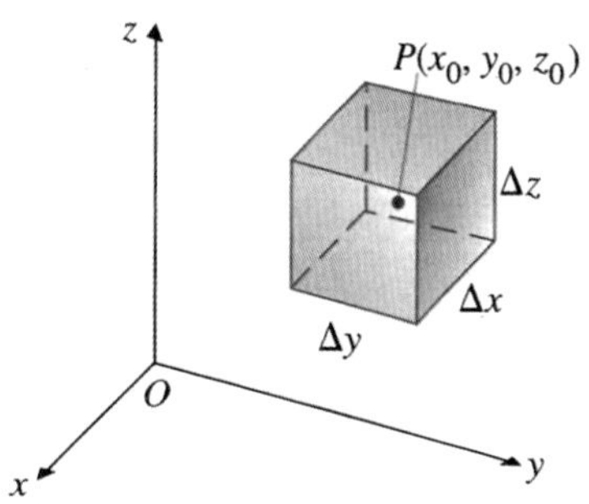

그림 2-18 직각좌표에서 미소 체적소

이고 방향은 폐표면으로부터 바깥쪽을 향하는 수직인 단위벡터 $\mathbf{a}_n$의 방향과 같다. 폐표면에 대한 적분은 벡터계 $\mathbf{A}$의 총유출 유속을 나타낸다. 식(2-58)은 일반적인 div $\mathbf{A}$의 정의이며 이것은 $\mathbf{A}$ 자체가 변함에 따라 한 점에서 다른 한 점으로 변하는 크기를 갖는 스칼라량이다. 이 정의는 어느 좌표계에서나 성립하며, div $\mathbf{A}$의 표현은 좌표계에 따라 다르다. 여기서는 직각좌표에서 div $\mathbf{A}$의 수식을 유도하도록 한다.

그림 2-18에서와 같이, 벡터 $\mathbf{A}$의 계에서 한 점 $P(x_0,\ y_0,\ z_0)$를 중심으로 Δx, Δy, Δz의 면을 가지는 미소 체적을 고려해 보자. 직각좌표에서 $\mathbf{A} = \mathbf{a}_x A_x + \mathbf{a}_y A_y + \mathbf{a}_z A_z$이다. 여기서, 한 점 $P(x_0,\ y_0,\ z_0)$의 div $\mathbf{A}$를 구하고자 한다. 미소 체적이 6면으로 이루어졌기 때문에, 식(2-58)의 분자에서의 표면 적분은 6개의 적분 형태로 나눌 수 있다.

$$\oint_s \mathbf{A} \cdot d\mathbf{s} = \left[\int_{\text{앞면}} + \int_{\text{뒷면}} + \int_{\text{우측면}} + \int_{\text{좌측면}} + \int_{\text{윗면}} + \int_{\text{아랫면}}\right] \mathbf{A} \cdot d\mathbf{s} \tag{2-59}$$

앞면에 대해선,

$$\begin{aligned}\int_{\text{앞면}} \mathbf{A} \cdot d\mathbf{s} &= \mathbf{A}_{\text{앞면}} \cdot \Delta \mathbf{s}_{\text{앞면}} = \mathbf{A}_{\text{앞면}} \cdot \mathbf{a}_x (\Delta y\ \Delta z) \\ &= A_x\!\left(x_0 + \frac{\Delta x}{2},\ y_0,\ z_0\right) \Delta y\ \Delta z \end{aligned} \tag{2-60}$$

$A_x(x_0 + \dfrac{\Delta x}{2},\ y_0,\ z_0)$는 $(x_0,\ y_0,\ z_0)$의 값에 대해 Taylor 급수로 다음과 같이 전개시킬 수 있다.

$$A_x\left(x_0+\frac{\Delta x}{2},\ y_0,\ z_0\right)=A_x(x_0,\ y_0,\ z_0)+\frac{\Delta x}{2}\frac{\partial A_x}{\partial x}\bigg|_{(x_0,y_0,z_0)}$$
$$+\ \text{고차항} \tag{2-61}$$

여기서 고차항은 $(\Delta x/2)^2$, $(\Delta x/2)^3$ 등과 같은 인자를 포함한다. 유사하게, 뒷면은 다음과 같이 나타낼 수 있다.

$$\int_{\text{뒷면}}\mathbf{A}\cdot d\mathbf{s}=\mathbf{A}_{\text{뒷면}}\cdot\Delta\mathbf{s}_{\text{뒷면}}=\mathbf{A}_{\text{뒷면}}\cdot(-\mathbf{a}_x\Delta y\ \Delta z)$$
$$=-A_x\left(x_0-\frac{\Delta x}{2},\ y_0,\ z_0\right)\Delta y\ \Delta z \tag{2-62}$$

$A_x\left(x_0-\frac{\Delta x}{2},\ y_0,\ z_0\right)$의 Taylor 급수 전개는

$$A_x\left(x_0-\frac{\Delta x}{2},\ y_0,\ z_0\right)=A_x(x_0,\ y_0,\ z_0)-\frac{\Delta x}{2}\frac{\partial A_x}{\partial x}\bigg|_{(x_0,\ y_0,\ z_0)}+\text{고차항} \tag{2-63}$$

식(2-60)에 식(2-61)을, 식 (2-62)에 식 (2-63)을 대입하고 난 뒤 그것을 더하면,

$$\left[\int_{\text{앞면}}+\int_{\text{뒷면}}\right]\mathbf{A}\cdot d\mathbf{s}=\left(\frac{\partial A_x}{\partial x}+\text{고차항}\right)\bigg|_{(x_0,\ y_0,\ z_0)}\Delta x\ \Delta y\ \Delta z \tag{2-64}$$

이 된다. 여기서 식(2-61)와, (2-63)의 고차항은 Δx를 포함하지 않으나 식(2-64)의 고차항은 Δx의 모든 항을 포함한다.

우측, 좌측면에 대해 똑 같은 순서를 따르면, 여기서 좌표의 변화는 각각 $+\Delta y/2$, $-\Delta y/2$이고 $\Delta s=\Delta x\ \Delta z$가 되어서 다음과 같이 쓸 수 있다.

$$\left[\int_{\text{우측면}}+\int_{\text{좌측면}}\right]\mathbf{A}\cdot d\mathbf{s}=\left(\frac{\partial A_y}{\partial y}+\text{고차항}\right)\bigg|_{(x_0,y_0,z_0)}\Delta x\ \Delta y\ \Delta z \tag{2-65}$$

여기서 고차항은 Δy, $(\Delta y)^2$ 등의 인자를 포함한다. 윗면과 아랫면의 식에 대해선 다음과 같이 표현할 수 있다.

$$\left[\int_{\text{윗면}}+\int_{\text{아랫면}}\right]\mathbf{A}\cdot d\mathbf{s}=\left(\frac{\partial A_z}{\partial z}+\text{고차항}\right)\bigg|_{(x_0,y_0,z_0)}\Delta x\ \Delta y\ \Delta z \tag{2-66}$$

여기서 고차항들은 Δz, $(\Delta z)^2$ 등의 인자를 포함한다. 식(2-64), (2-65),

(2-66)의 결과를 식(2-59)에 대입하면,

$$\oint_s \mathbf{A}\cdot d\mathbf{s} = \left(\frac{\partial A_x}{\partial x} + \frac{\partial A_y}{\partial y} + \frac{\partial A_z}{\partial z}\right)\bigg|_{(x_0,\ y_0,\ z_0)} \Delta x\ \Delta y\ \Delta z$$

$$+ \Delta x,\ \Delta y,\ \Delta z \text{ 를 포함한 고차항들} \qquad (2\text{-}67)$$

여기서 $\Delta v = \Delta x\ \Delta y\ \Delta z$ 이므로, 식(2-58)에 식(2-67)을 대입하여 직각좌표에서 div **A** 에 대한 수식을 표현하면,

직각좌표에서 ∇·A

$$\text{div}\ \mathbf{A} = \frac{\partial A_x}{\partial x} + \frac{\partial A_y}{\partial y} + \frac{\partial A_z}{\partial z}. \qquad (2\text{-}68)$$

여기서 고차항들은 미소 체적의 크기 $\Delta x\ \Delta y\ \Delta z$ 가 영에 근접하므로 무시할 수 있다. 일반적으로 div **A** 의 값은 구하고자 하는 위치에 따라 달라진다. 여기서 식(2-68)의 (x_0, y_0, z_0)의 기호는 임의의 한 점에서 벡터 **A** 와 그것의 편미분이 정의되는 곳에서 적용되므로 생략할 수 있다. 식(2-56)에 정의된 벡터 미분 연산자 ∇과 함께 식(2-68)은 ∇·**A**(del dot **A** 로 읽는다.)로도 바꾸어 표현할 수 있다.

$$\nabla\cdot\mathbf{A} \equiv \text{div}\,\mathbf{A}. \qquad (2\text{-}69)$$

일반적으로 직교좌표계(u_1, u_2, u_3)에서 식(2-58)은 다음과 같이 나타낼 수 있다.

직교좌표계에서 ∇·A 의 일반식

$$\nabla\cdot\mathbf{A} = \frac{1}{h_1h_2h_3}\left[\frac{\partial}{\partial u_1}(h_2h_3A_1) + \frac{\partial}{\partial u_2}(h_1h_3A_2) + \frac{\partial}{\partial u_3}(h_1h_2A_3)\right]. \qquad (2\text{-}70)$$

원통좌표와 구좌표에서의 ∇·**A** 는 책 뒷표지 안쪽에 나타내었다.

예 제 2-10

임의의 점까지의 위치벡터에 대한 발산을 구하라.

해

직각좌표와 구좌표에서 각각 구해 보자.

a) 직각좌표에서 임의의 한 점$(x,\ y,\ z)$의 위치벡터에 대한 수식은

$$\overrightarrow{OP} = \mathbf{A} = \mathbf{a}_x x + \mathbf{a}_y y + \mathbf{a}_z z \tag{2-71}$$

이다. 식(2-68)을 이용하여

$$\nabla \cdot \overrightarrow{OP} = \nabla \cdot \mathbf{A} = \frac{\partial x}{\partial x} + \frac{\partial y}{\partial y} + \frac{\partial z}{\partial z} = 3$$

b) 구좌표에서 위치벡터는 간단히

$$\overrightarrow{OP} = \mathbf{A} = \mathbf{a}_R R \tag{2-72}$$

이다. 구좌표(R, θ, ϕ)에서의 발산은 표 2-1을 사용하여 식(2-70)으로부터 구할 수 있다.

구좌표에서의 $\nabla \cdot \mathbf{A}$

$$\nabla \cdot \mathbf{A} = \frac{1}{R^2}\frac{\partial}{\partial R}(R^2 A_R) + \frac{1}{R\sin\theta}\frac{\partial}{\partial\theta}(A_\theta \sin\theta) + \frac{1}{R\sin\theta}\frac{\partial A_\phi}{\partial\phi}. \tag{2-73}$$

식(2-73)에 식(2-72)를 대입하면, 예상했던 것과 같이 동일한 $\nabla \cdot (\overrightarrow{OP}) = 3$을 얻는다.

연습문제 2.11 원통좌표에 대해서 예제 2-10을 풀어라.

예 제 2-11

매우 긴 전류가 흐르는 도선의 바깥쪽의 자속밀도 $\mathbf{B}$는 원주형태이고, 도선의 축으로부터의 거리에 반비례한다. 이 때 $\nabla \cdot \mathbf{B}$를 구하라.

해

긴 도선이 원통좌표의 z축과 일치한다고 하자. 그러면

$$\mathbf{B} = \mathbf{a}_\phi \frac{k}{r}$$

이다. 여기서 k는 상수이다.

원통좌표$(r,\ \phi,\ z)$에서 벡터의 발산은 표 2-1을 사용하여 식(2-70)으로

부터 구할 수 있다.

원통좌표의 ∇ · A

$$\nabla \cdot \mathbf{B} = \frac{1}{r}\frac{\partial}{\partial r}(rB_r) + \frac{1}{r}\frac{\partial B_\phi}{\partial \phi} + \frac{\partial B_z}{\partial z}. \qquad (2\text{-}74)$$

이 문제에서 $B_\phi = k/r$, $B_r = B_z = 0$ 이다.

식(2-74)로부터

$$\nabla \cdot \mathbf{B} = 0$$

이 된다.

솔레노이드계

상수가 아니며 그것의 발산이 영인 벡터가 있다. 이러한 무발산계를 **솔레노이드계**(solenoidal field)라고 한다. 자계가 솔레노이드 형태임을 5장에서 다루게 된다.

2-7 발산 정리

발산 정리

이 앞 단원에서 벡터계의 발산을 단위체적당 순수 유출 유속으로 정의하였다. 여기서 **벡터계의 발산에 대한 체적적분은 그 체적을 둘러싸고 있는 표면을 통하여 밖으로 향하는 선속의 합과 같다**는 것을 직관적으로 알 수 있다. 즉,

$$\int_V \nabla \cdot \mathbf{A}\, dv = \oint_S \mathbf{A} \cdot d\mathbf{s}. \qquad (2\text{-}75)$$

다음 절에서 증명될 이 식을 **발산 정리**(divergence theorem)라고 부른다. 이 식은 표면에 의해 둘러싸여진 임의의 체적 V에 적용된다. $d\mathbf{s}$의 방향은 ds의 표면에 수직이고, 체적으로부터 밖으로 향하는 수직벡터이다.

s_j의 표면으로 둘러싸여진 매우 작은 미소 체적소 Δv_j에서 식(2-58)의 $\nabla \cdot \mathbf{A}$에 대한 정의로부터

$$(\nabla \cdot \mathbf{A})_j \Delta v_j = \oint_{s_j} \mathbf{A} \cdot d\mathbf{s} \qquad (2\text{-}76)$$

로 쓸 수 있다.

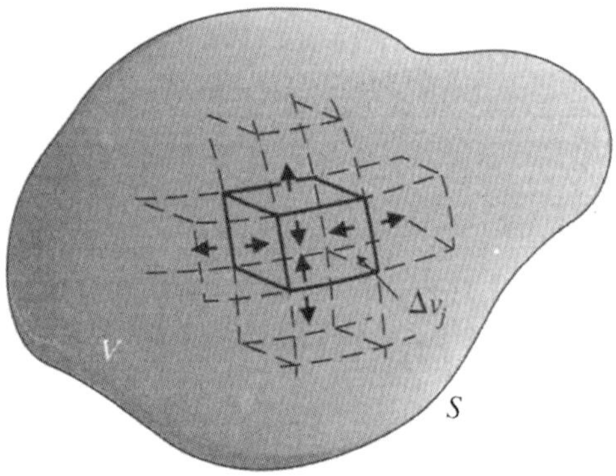

그림 2-19 발산 정리를 증명하기 위해 나뉘어진 체적

그림 2-19에서와 같이 임의의 체적 V를 N개의 작은 미소 체적들로 나눌 수 있다. 식(2-76)의 양 변에 이러한 미소 체적들이 미치는 영향을 모두 고려하면

$$\lim_{\Delta v_j \to 0}\left[\sum_{j=1}^{N}(\nabla \cdot \mathbf{A})_j \Delta v_j\right] = \lim_{\Delta v_j \to 0}\left[\sum_{j=1}^{N}\oint_{S_j}\mathbf{A} \cdot d\mathbf{s}\right] \tag{2-77}$$

정의에 의하면 식(2-77)의 왼쪽 식은 $\nabla \cdot \mathbf{A}$의 체적적분과 같다.

$$\lim_{\Delta v_j \to 0}\left[\sum_{j=1}^{N}(\nabla \cdot \mathbf{A})_j \Delta v_j\right] = \int_V (\nabla \cdot \mathbf{A})\, dv \tag{2-78}$$

식(2-77) 우변의 면적분은 모든 미소 체적소의 표면에 대한 합이다. 그러나 체적소의 내부표면에 기인한 것은, 공통 내부면에서 인접요소의 바깥으로 향하는 수직성분이 서로 반대이므로 상쇄된다. 그러므로 식(2-77)의 우변은 체적 V를 둘러싸는 바깥표면 S에 대해서만 적분하면 된다. 즉,

$$\lim_{\Delta v_j \to 0}\left[\sum_{j=1}^{N}\oint_{S_j}\mathbf{A} \cdot d\mathbf{s}\right] = \oint_S \mathbf{A} \cdot d\mathbf{s} \tag{2-79}$$

식(2-77)에 식(2-78), (2-79)를 대입하면 식(2-75)의 발산 정리를 유도할 수 있다.

발산 정리는 벡터 해석에 있어서 중요한 관계식이며, 이것은 벡터의 발산에 대한 체적적분을 벡터의 폐표면적분으로 또는 벡터의 폐표면적분을 벡터의 발산에 대한 체적적분으로 변환할 수 있다. 발산 정리는 전자기학에서

다른 정리와 관계들을 세울 때 자주 사용된다. 식(2-75)의 적분기호는 단일 적분 표시이지만 이것은 각각 삼중적분과 이중적분을 표현하는 것이라는 것을 주의해야 한다.

예 제 2-12

벡터 $\mathbf{A} = \mathbf{a}_x x^2 + \mathbf{a}_y xy + \mathbf{a}_z yz$ 가 있다. 정육면체의 각 단위면에 대해 발산 정리를 증명하라. 정육면체는 직각좌표계의 1 상한에 위치하며 한 꼭지점이 직각좌표계의 원점과 일치한다.

해

그림 2-20 을 참고하여 정육면체의 각 면에 대한 면적분을 구한다.

1. 앞면 : $x = 1$, $d\mathbf{s} = \mathbf{a}_x dydz$;

$$\int_{\text{앞면}} \mathbf{A} \cdot d\mathbf{s} = \int_0^1 \int_0^1 dydz = 1$$

2. 뒷면 : $x = 0$, $d\mathbf{s} = -\mathbf{a}_x dydz$;

$$\int_{\text{뒷면}} \mathbf{A} \cdot d\mathbf{s} = 0$$

3. 좌측면 : $y = 0$, $d\mathbf{s} = -\mathbf{a}_y dxdz$;

$$\int_{\text{좌측면}} = \mathbf{A} \cdot d\mathbf{s} = 0$$

4. 우측면 : $y = 1$, $d\mathbf{s} = \mathbf{a}_y dxdz$;

$$\int_{\text{우측면}} \mathbf{A} \cdot d\mathbf{s} = \int_0^1 \int_0^1 xdxdz = \frac{1}{2}$$

5. 윗면 : $z = 1$, $d\mathbf{s} = \mathbf{a}_z dxdy$

$$\int_{\text{윗면}} \mathbf{A} \cdot d\mathbf{s} = \int_0^1 \int_0^1 ydxdy = \frac{1}{2}$$

6. 아랫면 : $z = 0$, $d\mathbf{s} = -\mathbf{a}_z dxdy$

$$\int_{\text{아랫면}} \mathbf{A} \cdot d\mathbf{s} = 0$$

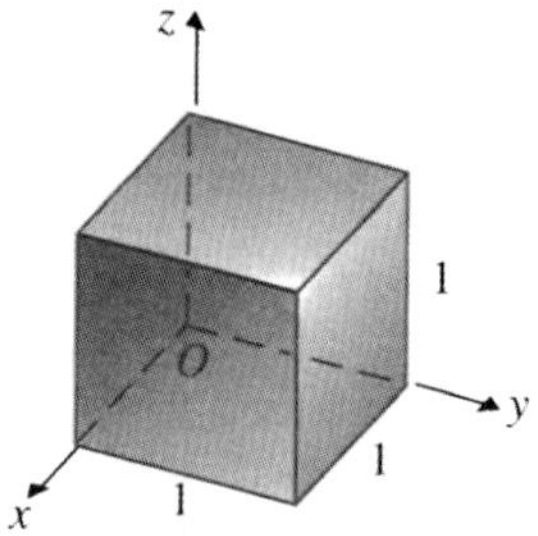

그림 2-20 한 변의 길이가 1 인 정육면체(예제 2-12)

위의 여섯 개 값을 더하면,

$$\oint_s \mathbf{A} \cdot d\mathbf{s} = 1 + 0 + 0 + \frac{1}{2} + \frac{1}{2} + 0 = 2 \tag{2-80}$$

이 된다.

벡터 **A** 의 발산은

$$\nabla \cdot \mathbf{A} = \frac{\partial}{\partial x}(x^2) + \frac{\partial}{\partial y}(xy) + \frac{\partial}{\partial z}(yz) = 3x + y$$

따라서

$$\int_V \nabla \cdot \mathbf{A}\, dv = \int_0^1 \int_0^1 \int_0^1 (3x + y)\, dxdydz = 2 \tag{2-81}$$

이 값은 식(2-80)의 폐표면의 적분값과 같다. 그러므로 발산 정리가 증명되었다.

예 제 2-13

$\mathbf{F} = \mathbf{a}_R kR$ 이 주어질 때, 그림 2-21 에서 보여지는 것과 같이, 원점에 중심을 둔 $R = R_1$과, $R = R_2 (R_2 > R_1)$로 둘러싸인 체적에 발산 정리가 성립하는지를 알아보라.

해

$R = R_1$과, $R = R_2$로 이루는 두 표면에 대해,

외표면에서 : $R = R_2$, $d\mathbf{s} = \mathbf{a}_R R_2^2 \sin\theta \, d\theta d\phi$;

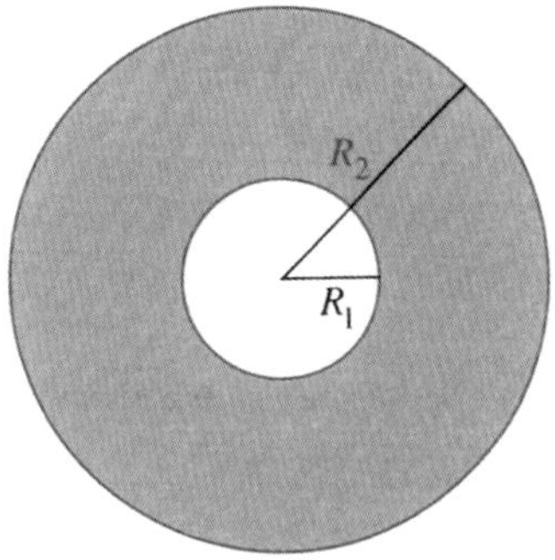

그림 2-21 속이 빈 구형 체적(예제 2-13)

$$\int_{\text{외표면}} \mathbf{F} \cdot d\mathbf{s} = \int_0^{2\pi}\int_0^{\pi} (kR_2)\, R_2^2 \sin\theta\, d\theta\, d\phi = 4\pi k R_2^3$$

내표면에서 : $R = R_1$, $d\mathbf{s} = -\mathbf{a}_R R_1^2 \sin\theta\, d\theta\, d\phi$;

$$\int_{\text{내표면}} \mathbf{F} \cdot d\mathbf{s} = -\int_0^{2\pi}\int_0^{\pi} (kR_1)\, R_1^2 \sin\theta\, d\theta\, d\phi = -4\pi k R_1^3$$

실제로 이 두 적분은 θ와 ϕ에는 무관하므로, 구표면에 대한(외표면에서 $4\pi R_2^2$과 내표면에서 $4\pi R_1^2$) 표면적을 곱함으로써 단순화할 수 있기 때문에 적분이 필요하지 않다. 두 결과 값을 더하면,

$$\oint_S \mathbf{F} \cdot d\mathbf{s} = 4\pi k (R_2^3 - R_1^3) \tag{2-82}$$

체적적분을 구하기 위해 먼저 F_R 성분만을 가지는 $\mathbf{F}$에 대한 $\nabla\cdot\mathbf{F}$의 값을 구한다. 식(2-73)으로부터

$$\nabla\cdot\mathbf{F} = \frac{1}{R^2}\frac{\partial}{\partial R}(R^2 F_R) = \frac{1}{R^2}\frac{\partial}{\partial R}(kR^3) = 3k$$

$\nabla\cdot\mathbf{F}$는 상수이기 때문에, 그것의 체적적분은 상수와 체적의 곱과 같다. R_1의 반지름을 가지는 구표면과, R_2의 반지름을 가지는 구표면 사이의 체적은 $4\pi(R_2^3 - R_1^3)/3$이다. 그러므로,

$$\int_V \nabla\cdot\mathbf{F}\, dv = (\nabla\cdot\mathbf{F})\, V = 4\pi k (R_2^3 - R_1^3) \tag{2-83}$$

이것은 식(2-82)의 결과 값과 같다.

이 예제는 발산 정리가 내부에 구멍을 가지는 체적에도 적용할 수 있음을 보여 준다. 즉 체적이 여러 겹으로 연결된 표면에 둘러싸인 경우에 대한 발산 정리를 보여 준다.

연습문제 2.12 벡터계 $\mathbf{A} = \mathbf{a}_r r + \mathbf{a}_z z$ 가 주어질 때,

a) 반지름 2 와 높이 4 를 가지고 z 축을 중심으로 하는 원통형으로부터 밖으로 향하는 선속의 총합을 구하라.

b) 밑면이 xy 평면에 위치한 동일한 원통에 대해 a)의 문제를 반복하라.

c) $\nabla \cdot \mathbf{A}$ 를 구하고, 발산 정리를 증명하라.

답 (a) 48π, (c) 3

2-8 벡터계의 회전

$\nabla \cdot \mathbf{A}$ 는 벡터 $\mathbf{A}$ 의 원천의 흐름에 대한 강도를 측정한다.

체적의 표면을 통해 유출되는 순(net) 선속은 원천점이 존재한다는 것을 2-6 절에서 언급했다. 이 원천을 흐름원(flow source)이라고 부르며, div **A** 는 흐름원의 강도를 측정한다. 또 다른 원천의 종류에는 **소용돌이 원천**(vortex source)이 있다. 소용돌이 원천은 원천의 주위에 회전을 이루는 벡터계를 만든다. 폐경로 주위의 벡터계의 **순수순환**(net circulation)은 폐경로를 통해 흐르는 벡터의 스칼라 선적분으로 정의된다.

$$\text{경로 } C \text{ 로 둘러싸인 } \mathbf{A} \text{ 의 순환 } C \triangleq \oint_C \mathbf{A} \cdot d\mathbf{l} \tag{2-84}$$

식(2-84)는 수학적인 정의이며, 물리적 의미는 벡터 **A** 가 표시하는 계의 종류에 따라 다르다. 만약 **A** 가 물체에 가하여지는 힘이면 그것의 순환은 폐경로를 따라 한 번 물체를 움직이는 데 행한 일이 될 것이다. **A** 가 전계강도를 나타내면 그것의 순환은 폐경로 주위의 기전력일 것이다. 물이 빙빙 돌면서 배수되는 현상은 액체 속도의 회전에 의해 일어나는 소용돌이 종점(vortex sink)의 한 예이다. 벡터 **A** 의 순환은 div $\mathbf{A} = 0$(흐름원이 없을 때)일 때에도 존재할 수 있다.

예 제 2-14

벡터계 $\mathbf{F} = \mathbf{a}_x xy - \mathbf{a}_y 2x$ 가 주어졌을 때, 그림 2-22 의 폐경로 $OABO$ 를

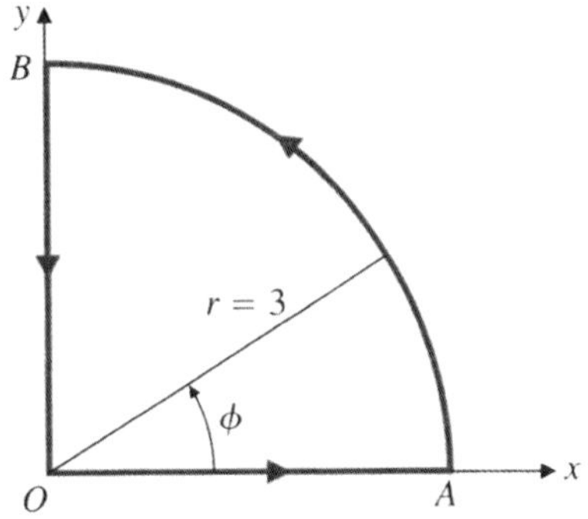

그림 2-22 선적분의 경로(예제 2-14, 2-16)

따라 순환을 구하라.

해

순환을 구하는 적분을 세 부분으로 나눈다.

$$\oint_{OABO} \mathbf{F} \cdot d\mathbf{l} = \int_0^A \mathbf{F} \cdot d\mathbf{l} + \int_A^B \mathbf{F} \cdot d\mathbf{l} + \int_B^O \mathbf{F} \cdot d\mathbf{l}$$

OA 경로를 따라 : $y=0$, $\mathbf{F} = -\mathbf{a}_y 2x$, $d\mathbf{l} = \mathbf{a}_x dx$, $\mathbf{F} \cdot d\mathbf{l} = 0$

$$\int_O^A \mathbf{F} \cdot d\mathbf{l} = 0$$

BO 경로를 따라 : $x=0$, $\mathbf{F}=0$, $\int_B^O \mathbf{F} \cdot d\mathbf{l} = 0$

AB 경로를 따라 : $d\mathbf{l} = \mathbf{a}_x dx + \mathbf{a}_y dy$ (식 2-23 을 참고)

$$\mathbf{F} \cdot d\mathbf{l} = xydx - 2xdy$$

1/4 원의 방정식은 $x^2 + y^2 = 9(0 \leqq x,\ y \leqq 3)$이다. 그러므로,

$$\begin{aligned}\int_A^B \mathbf{F} \cdot d\mathbf{l} &= \int_3^0 x\sqrt{9-x^2}\,dx - 2\int_0^3 \sqrt{9-y^2}\,dy \\ &= -\frac{1}{3}(9-x^2)^{3/2}\Big|_3^0 - \left[y\sqrt{9-y^2} + 9\sin^{-1}\frac{y}{3}\right]_0^3 \\ &= -9\left(1+\frac{\pi}{2}\right)\end{aligned}$$

그러므로

$$\oint_{OABO} \mathbf{F} \cdot d\mathbf{l} = -9\left(1+\frac{\pi}{2}\right)$$

■ 연습문제 2-13 원점을 중심으로 하는 xy 평면상의 정사각형 경로를 따라 예제 2-14의 주어진 벡터계 $\mathbf{F}$의 시계방향의 순환을 구하시오. 정사각형 각 변의 길이는 4이다. $(-2 \leq x \leq 2,\ -2 \leq y \leq 2)$

답 32

식 (2-84)에 정의된 순환은 내적의 선적분이기 때문에, 이것의 값은 명백히 벡터 $\mathbf{A}$에 대한 폐경로 C의 회전방향에 의존한다. 소용돌이 원천의 강도를 측정하는 점함수(point function)를 정의하기 위해 C를 매우 작게 하며 순환이 최대가 되도록 방향을 정해야 한다. 그것을 정의하면†

벡터계 A의 회전의 수학적 정의

$$\text{curl }\mathbf{A} \equiv \nabla \times \mathbf{A} \triangleq \lim_{\Delta s \to 0} \frac{1}{\Delta s}\left[\mathbf{a}_n \oint_C \mathbf{A} \cdot d\mathbf{l}\right]_{\max} \tag{2-85}$$

A의 소용돌이 원천의 강도를 측정하는 ∇×A의 물리적 정의

즉 (2-85)는 회전 $\mathbf{A}$ 또는 $\nabla \times \mathbf{A}$로 표시되는 벡터계 $\mathbf{A}$의 회전은 크기가 면적이 0에 접근하는 미소 면적에 대한 최대 순수 순환이며 방향은 최대 순수 순환을 갖는 면적에 대해 수직인 벡터량이다. 면에 대해 수직방향은 두 방향이기 때문에 오른손가락이 $d\mathbf{l}$의 방향을 따르고 있을 때 엄지손가락이 가리키는 방향이 $\mathbf{a}_n$인 오른손 법칙을 따른다. 그림 2-23에서 이것을 보여준다. curl $\mathbf{A}$는 벡터점함수(vector point function)이다. 임의의 $\mathbf{a}_u$ 벡터 방향에서의 성분은 $\mathbf{a}_u \cdot (\nabla \times \mathbf{A})$이며, 그것은 면적이 거의 영에 근접할 때 $\mathbf{a}_u$에 수직인 단위면적당의 순환으로부터 구한다.

$$(\nabla \times \mathbf{A})_u = \mathbf{a}_u \cdot (\nabla \times \mathbf{A}) = \lim_{\Delta s_u \to 0} \frac{1}{\Delta s_u}\left(\oint_{C_u} \mathbf{A} \cdot d\mathbf{l}\right). \tag{2-86}$$

여기서, 면적 Δs_u의 경계 경로 C_u에 대한 선적분방향과 $\mathbf{a}_u$의 방향은 오른손 법칙을 따른다.

† 유럽쪽에서는 curl $\mathbf{A}$를 rot $\mathbf{A}$로 나타내기도 한다.
$\nabla \times \mathbf{A}$는 'del cross $\mathbf{A}$'로 읽는다.

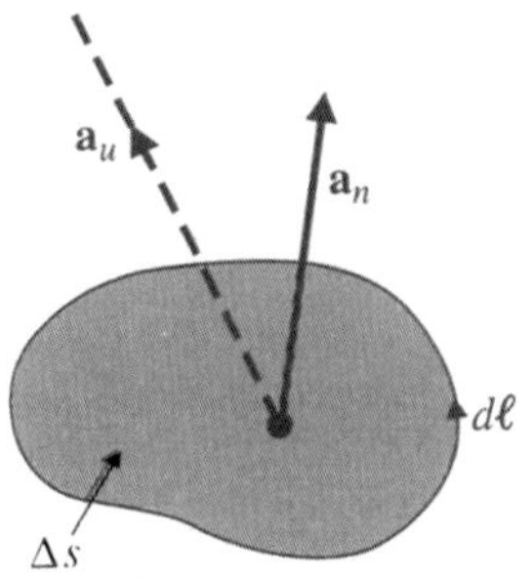

그림 2-23 회전을 정의할 때 $\mathbf{a}_n$과 $d\mathbf{l}$의 관계

식(2-86)을 사용하여, 직각좌표 $\nabla\times\mathbf{A}$의 세 가지 성분을 구할 수 있다. 그림 2-24에서와 같이 yz 평면에 평행하며 각 변이 Δy와 Δz인 미소 직사각형과 그 위의 한 점 $P(x_0, y_0, z_0)$를 생각해 보자. 여기서 $\mathbf{a}_u = \mathbf{a}_x$, $\Delta s_u = \Delta y\,\Delta z$, 그리고 경로 C_u는 네 변 1, 2, 3, 4로 구성된다. 그러므로,

$$(\nabla\times\mathbf{A})_x = \lim_{\Delta y\,\Delta z\to 0}\frac{1}{\Delta y\ \Delta z}\left(\oint_{\substack{\text{변}\\1,\,2,\,3,\,4}}\mathbf{A}\cdot d\mathbf{l}\right) \tag{2-87}$$

직각좌표에서 $\mathbf{A} = \mathbf{a}_x A_x + \mathbf{a}_y A_y + \mathbf{a}_z A_z$이다. 네 변에 대한 선적분은 다음과 같다.

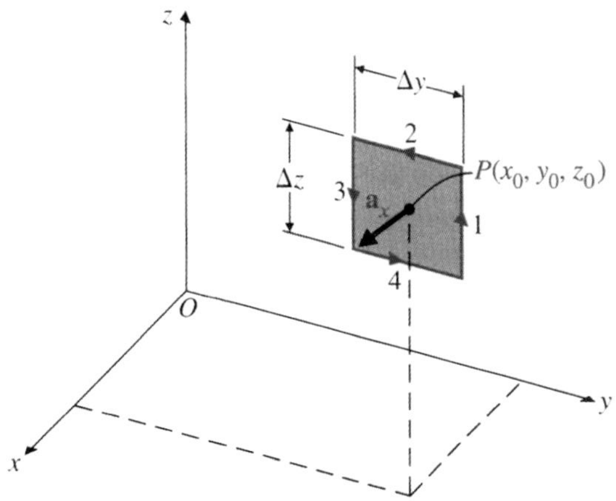

그림 2-24 $(\nabla\times\mathbf{A})_x$ 구하기

변 1 : $d\mathbf{l}=\mathbf{a}_z\Delta z$, $\mathbf{A}\cdot d\mathbf{l}=A_z\left(x_0,\ y_0+\frac{\Delta y}{2},\ z_0\right)\Delta z$

여기서 $A_z\left(x_0,\ y_0+\frac{\Delta y}{2},\ z_0\right)$는 Taylor 급수로 전개할 수 있다.

$$A_z\left(x_0,\ y_0+\frac{\Delta y}{2},\ z_0\right)$$
$$=A_z(x_0,\ y_0,\ z_0)+\frac{\Delta y}{2}\frac{\partial A_z}{\partial y}\bigg|_{(x_0,y_0,z_0)}+\text{고차항} \tag{2-88}$$

여기서 고차항은 $(\Delta y)^2$, $(\Delta y)^3$ 등의 인자들을 포함한다. 그러므로,

$$\int_{\text{변 1}}\mathbf{A}\cdot d\mathbf{l}=\left\{A_z(x_0,\ y_0,\ z_0)+\frac{\Delta y}{2}\frac{\partial A_z}{\partial y}\bigg|_{(x_0,y_0,z_0)}+\text{고차항}\right\}\Delta z \tag{2-89}$$

변 3 : $d\mathbf{l}=-\mathbf{a}_z\Delta z$, $\mathbf{A}\cdot d\mathbf{l}=A_z\left(x_0,\ y_0-\frac{\Delta y}{2},\ z_0\right)\Delta z$

여기서

$$A_z\left(x_0,\ y_0-\frac{\Delta y}{2},\ z_0\right)=A_z(x_0,\ y_0,\ z_0)-\frac{\Delta y}{2}\frac{\partial A_z}{\partial y}\bigg|_{(x_0,y_0,z_0)}+\text{고차항} \tag{2-90}$$

$$\int_{\text{변 3}}\mathbf{A}\cdot d\mathbf{l}=\left\{A_z(x_0,\ y_0,\ z_0)-\frac{\Delta y}{2}\frac{\partial A_z}{\partial y}\bigg|_{(x_0,y_0,z_0)}+\text{고차항}\right\}(-\Delta z) \tag{2-91}$$

식(2-89)와 식(2-91)에 의해

$$\int_{\text{변 1, 3}}\mathbf{A}\cdot d\mathbf{l}=\left(\frac{\partial A_z}{\partial y}+\text{고차항}\right)\bigg|_{(x_0,\ y_0,\ z_0)}\Delta y\ \Delta z \tag{2-92}$$

식(2-92)의 고차항은 여전히 Δy의 모든 차수를 포함한다. 2, 4 변에 대해 위의 식과 유사하게 쓰면,

$$\int_{\text{변 2, 4}}\mathbf{A}\cdot d\mathbf{l}=\left(-\frac{\partial A_y}{\partial z}+\text{고차항}\right)\bigg|_{(x_0,y_0,z_0)}\Delta y\ \Delta z \tag{2-93}$$

이다. 식(2-92)와 (2-93)을 식(2-87)에 대입하고, Δx, $\Delta y\to 0$이 되면 고차항은 0이 되며, $\nabla\times\mathbf{A}$의 x 성분을 얻을 수 있다.

$$(\nabla\times\mathbf{A})_x=\frac{\partial A_z}{\partial y}-\frac{\partial A_y}{\partial z} \tag{2-94}$$

식(2-94)로부터 x, y, z의 순환 순서를 알 수 있으며, $\nabla \times \mathbf{A}$의 y, z 성분도 구할 수 있다. 직각좌표에서 회전 $\mathbf{A}$에 대한 전체 식은

직각좌표에서의 $\nabla \times \mathbf{A}$의 식

$$\nabla \times \mathbf{A} = \mathbf{a}_x\left(\frac{\partial A_z}{\partial y} - \frac{\partial A_y}{\partial z}\right) + \mathbf{a}_y\left(\frac{\partial A_x}{\partial z} - \frac{\partial A_z}{\partial x}\right) + \mathbf{a}_z\left(\frac{\partial A_y}{\partial x} - \frac{\partial A_x}{\partial y}\right). \tag{2-95}$$

이며 벡터이다. 식(2-95)를 식(2-27)에 표시된 외적의 방법처럼 행렬식으로 표현하면 좀 더 쉽게 기억할 수 있다.

직각좌표에서의 $\nabla \times \mathbf{A}$의 다른 표현

$$\nabla \times \mathbf{A} = \begin{vmatrix} \mathbf{a}_x & \mathbf{a}_y & \mathbf{a}_z \\ \dfrac{\partial}{\partial x} & \dfrac{\partial}{\partial y} & \dfrac{\partial}{\partial z} \\ A_x & A_y & A_z \end{vmatrix} \tag{2-96}$$

다른 좌표계에서 $\nabla \times \mathbf{A}$를 구하는 것은 위와 같은 과정을 거쳐 구하는데 더욱 복잡하다. 일반 직교좌표(u_1, u_2, u_3)에서의 $\nabla \times \mathbf{A}$는 다음과 같다.

일반 직교좌표계에서 $\nabla \times \mathbf{A}$의 식

$$\nabla \times \mathbf{A} = \frac{1}{h_1 h_2 h_3}\begin{vmatrix} \mathbf{a}_{u1}h_1 & \mathbf{a}_{u2}h_2 & \mathbf{a}_{u3}h_3 \\ \dfrac{\partial}{\partial u_1} & \dfrac{\partial}{\partial u_2} & \dfrac{\partial}{\partial u_3} \\ h_1A_1 & h_2A_2 & h_3A_3 \end{vmatrix} \tag{2-97}$$

원통좌표, 구좌표에서의 $\nabla \times \mathbf{A}$의 식은 표 2-1에 열거된 미터식 계수 h_1, h_2, h_3와 적절한 u_1, u_2, u_3를 사용함으로써, 식(2-97)로부터 구할 수 있다. 이 식들은 이 책 뒤에 나타내었다.

예 제 2-15

다음과 같은 조건하에서 $\nabla \times \mathbf{A}$를 구하라.

a) 원통좌표에서 $\mathbf{A} = \mathbf{a}_\phi(k/r)$, 여기서 k는 상수이다.

b) 구좌표에서 $\mathbf{A} = \mathbf{a}_R f(R)$, 여기서 $f(R)$는 반지름 R을 갖는 임의의 함수이다.

해

a) 원통좌표에서는 다음을 적용한다. $(u_1,\ u_2,\ u_3) = (r,\ \phi,\ z)$; $h_1 = 1$,

$h_2 = r$, $h_3 = 1$. 식(2-97)로부터

원통좌표계에서 $\nabla \times \mathbf{A}$ 의 식

$$\nabla \times \mathbf{A} = \frac{1}{r}\begin{vmatrix} \mathbf{a}_r & \mathbf{a}_\phi r & \mathbf{a}_z \\ \frac{\partial}{\partial r} & \frac{\partial}{\partial \phi} & \frac{\partial}{\partial z} \\ A_r & rA_\phi & A_z \end{vmatrix} \tag{2-98}$$

주어진 벡터 **A** 에 대해

$$\nabla \times \mathbf{A} = \frac{1}{r}\begin{vmatrix} \mathbf{a}_r & \mathbf{a}_\phi r & \mathbf{a}_z \\ \frac{\partial}{\partial r} & \frac{\partial}{\partial \phi} & \frac{\partial}{\partial z} \\ 0 & k & 0 \end{vmatrix} = 0$$

b) 구좌표에서는 다음을 적용한다. $(u_1, u_2, u_3) = (R, \theta, \phi)$; $h_1 = 1$, $h_2 = R$, $h_3 = R\sin\theta$. 그러므로,

구좌표계에서 $\nabla \times \mathbf{A}$ 의 식

$$\nabla \times \mathbf{A} = \frac{1}{R^2\sin\theta}\begin{vmatrix} \mathbf{a}_R & \mathbf{a}_\theta R & \mathbf{a}_\phi R\sin\theta \\ \frac{\partial}{\partial R} & \frac{\partial}{\partial \theta} & \frac{\partial}{\partial \phi} \\ A_R & RA_\theta & (R\sin\theta)A_\phi \end{vmatrix} \tag{2-99}$$

주어진 벡터 **A** 에 대해

$$\nabla \times \mathbf{A} = \frac{1}{R^2\sin\theta}\begin{vmatrix} \mathbf{a}_R & \mathbf{a}_\theta R & \mathbf{a}_\phi R\sin\theta \\ \frac{\partial}{\partial R} & \frac{\partial}{\partial \theta} & \frac{\partial}{\partial \phi} \\ f(R) & 0 & 0 \end{vmatrix} = 0$$

보존계와 비회전계의 정의

회전력이 없는 벡터계를 **비회전(irrotational)** 또는 **보존계(conservative field)**라고 부른다. 그래서 이 예제에서 주어진 두 가지 형태의 계는 모두 보존적이다. 다음 장에서 정전계는 보존계라는 것을 알게 될 것이다.

2-9 Stokes 정리

경로 c_j에 의해 경계되어진 매우 작은 미소 면적소 Δs_j에 대해 식(2-86)의 $\nabla\times\mathbf{A}$ 의 정의로부터 다음과 같이 표현할 수 있다.

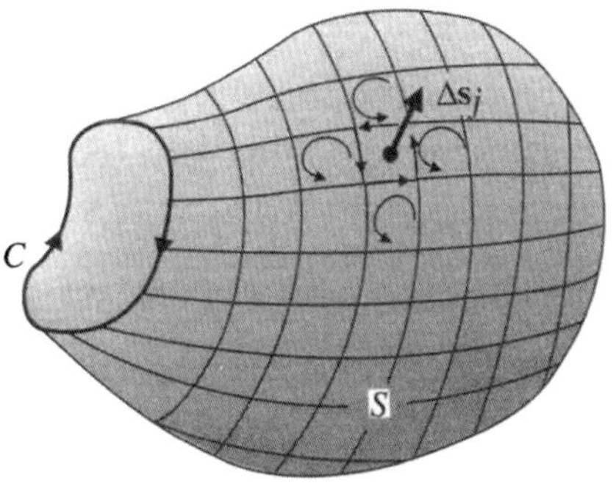

그림 2-25 Stokes 정리를 증명하기 위해 분할된 면적

$$(\nabla\times\mathbf{A})_j\cdot(\Delta\mathbf{s}_j)=\oint_{C_j}\mathbf{A}\cdot d\mathbf{l} \tag{2-100}$$

식(2-100)을 얻기 위해 식(2-85)의 양변을 $\mathbf{a}_n\Delta s_j$ 즉 $\Delta\mathbf{s}_j$으로 내적을 하였다. 임의의 표면 S를 N개의 매우 작은 미소 면적으로 잘게 나눌 수 있다. 그림 2-25는 그중에 하나인 미분소 Δs_j의 그림을 보여 준다. 식(2-100)의 왼쪽 식은 면적 $\Delta\mathbf{s}_j$를 통한 $\nabla\times\mathbf{A}$의 벡터 선속이다. 미소 면적에 대한 유선속을 모두 더하면, 다음과 같다.

$$\lim_{\Delta s_j\to 0}\sum_{j=1}^{N}(\nabla\times\mathbf{A})_j\cdot(\Delta s_j)=\int_s(\nabla\times\mathbf{A})\cdot d\mathbf{s} \tag{2-101}$$

식(2-100)의 오른쪽 식을 모든 미소 요소의 둘레를 따라 선적분한 값을 모두 더한다. 두 인접한 경로의 공통 부분은 서로 반대방향으로 놓여 있기에 내부의 모든 공통 부분에 대한 총 선적분의 합은 0이다. 그리고 전체 면적 S를 경계짓는 맨바깥 경로 C에 대한 적분만이 남게 된다.

$$\lim_{\Delta s_j\to 0}\sum_{j=1}^{N}\left(\oint_{C_j}\mathbf{A}\cdot d\mathbf{l}\right)=\oint_C\mathbf{A}\cdot d\mathbf{l} \tag{2-102}$$

식(2-101)과 (2-102)를 결합하면 **Stokes 정리**를 얻을 수 있다.

$$\boxed{\int_s(\nabla\times\mathbf{A})\cdot d\mathbf{s}=\oint_C\mathbf{A}\cdot d\mathbf{l}.} \tag{2-103}$$

Stokes 정리

이것은 **개표면(open surface)에 대한 벡터계의 회전의 면적분은 그 표면의 경계 경로를 따라 벡터의 폐선적분과 같다**는 것을 의미한다.

Stokes 정리는 벡터의 회전에 대한 면적분을 벡터의 선적분으로, 벡터의 선적분을 벡터의 면적분으로 변환한다. 발산이론처럼, Stokes 정리는 벡터 해석에서 중요하며, 이 이론은 전자기학의 다른 이론과 관계를 세울 때 자주 사용된다.

$\nabla \times \mathbf{A}$의 면적분을 폐표면에 적용하면, 표면을 경계하는 외부경로가 존재하지 않아 식(2-103)은 임의의 폐표면 S에 대해서 다음과 같이 된다.

$$\oint (\nabla \times \mathbf{A}) \cdot d\mathbf{s} = 0 \tag{2-104}$$

그림 2-25의 임의의 기하구조는 Stokes 이론의 중요한 응용은 항상 경계를 가진 개표면(open surface)을 내포한다는 사실을 강조하기 위해 선택하였다. 가장 간단한 개표면은 원주를 가진 2차원 면 또는 원판이다. 여기서 $d\mathbf{l}$과 $d\mathbf{s}$($d\mathbf{s}$의 방향은 $\mathbf{a}_n$으로 정의한다.)의 상대적 방향은 오른손 법칙에 따른다. 즉, $d\mathbf{l}$의 방향이 오른손 손가락의 방향을 따르면 $\mathbf{a}_n$의 방향은 엄지손가락의 방향이다.

예 제 2-16

$\mathbf{F} = \mathbf{a}_x xy - \mathbf{a}_y 2x$가 주어질 때, 그림 2-22와 같은 반지름 3을 가지는 일사분면의 1/4 원판에서 Stokes 정리를 증명하라.

해

식(2-96)을 사용하여 직각좌표에서 $\nabla \times \mathbf{F}$를 구할 수 있다.

$$\nabla \times \mathbf{F} = \begin{vmatrix} \mathbf{a}_x & \mathbf{a}_y & \mathbf{a}_z \\ \dfrac{\partial}{\partial x} & \dfrac{\partial}{\partial y} & \dfrac{\partial}{\partial z} \\ xy & -2x & 0 \end{vmatrix} = -\mathbf{a}_z(2+x)$$

주어진 기하구조와 $d\mathbf{l}$의 방향표시에 의해 $d\mathbf{s} = \mathbf{a}_n ds = \mathbf{a}_z dxdy$이다.

$$\begin{aligned} \int_S (\nabla \times \mathbf{F}) \cdot d\mathbf{s} &= \int_0^3 \int_0^{\sqrt{9-y^2}} (\nabla \times \mathbf{F}) \cdot (\mathbf{a}_z dxdy) \\ &= \int_0^3 \left[\int_0^{\sqrt{9-y^2}} -(2+x)\, dx \right] dy \\ &= -\int_0^3 \left[2\sqrt{9-y^2} + \tfrac{1}{2}(9-y^2) \right] dy \end{aligned}$$

$$= -\left[y\sqrt{9-y^2} + 9\sin^{-1}\frac{y}{3} + \frac{9}{2}y - \frac{y^3}{6}\right]_0^3$$
$$= -9\left(1+\frac{\pi}{2}\right)$$

두 변수의 적분에 대해 적절한 적분구간을 사용하는 것이 중요하다. 다음과 같이 적분 순서를 교환할 수 있다.

$$\int_S (\nabla \times \mathbf{F}) \cdot d\mathbf{s} = \int_0^3 \left[\int_0^{\sqrt{9-x^2}} -(2+x)\,dy\right] dx$$

이는 위의 식 결과와 같다. 그러나 만약 x와 y에 대한 적분 구간으로 0에서 3까지 사용한다면 이 식은 적절하지가 않다.(이유를 아는가?)

$OABO$의 경로를 따라 1/4 원판에 대한 $\mathbf{F}$의 선적분, $\int \mathbf{F} \cdot d\mathbf{l}$은 예제 2-14에서 구한 순환인데, 이는 위의 식에서 얻은 $\nabla \times \mathbf{F}$의 면적분과 같다. 그러므로 Stokes 정리가 증명되었다.

연습문제 2.14 $\mathbf{F} = \mathbf{a}_r \sin\phi + \mathbf{a}_\phi 3\cos\phi$가 주어졌다. 그림 2-22의 1/4 원판에 대해

a) $\oint_{OABO} \mathbf{F} \cdot d\mathbf{l}$을 구하라.

b) $\nabla \times \mathbf{F}$를 구하고, Stokes 정리를 증명하라.

답 (a) 6, (b) $\mathbf{a}_z\left(\frac{2}{r}\cos\phi\right)$

2-10 두 개의 영 항등식

del 연산자를 사용하는 두 등식은 전자기학을 공부할 때 매우 중요하며, 특히 전위함수를 도입할 때 중요하다. 이 절에서는 이 두 가지 등식에 대해 논의할 것이다.

2-10.1 항등식 I

$$\boxed{\nabla \times (\nabla V) \equiv 0.} \tag{2-105}$$

중요한 영 항등식

임의의 **스칼라계의 기울기의 회전은** 0 이라는 의미이다(모든 구간에서 V 와 V 의 1 차 미분이 존재한다는 것을 암시함).

식(2-105)는 ∇에 대한 식(2-56)을 사용하여 표시된 연산을 수행함으로써 직각좌표에서 쉽게 증명될 수 있다. 일반적으로, 임의의 표면상에서 $\nabla\times(\nabla V)$에 대해 면적분을 하면 이 결과는 Stokes 정리에서 설명한 것처럼 표면경계의 폐경로 주위로 ∇V 를 선적분한 값과 같다.

$$\int_S[\nabla\times(\nabla V)]\cdot d\mathbf{s}=\oint_C(\nabla V)\cdot d\mathbf{l} \tag{2-106}$$

그러나 식(2-51)로부터

$$\oint_C(\nabla V)\cdot d\mathbf{l}=\oint_C dV=0 \tag{2-107}$$

이 된다. 식(2-106)과 (2-107)을 결합한 상태는 어떠한 표면에 대해서도 $\nabla\times(\nabla V)$의 면적분은 0 이 된다는 것을 의미한다. 피적분함수는 0 이어야 하므로 식(2-105)의 등식이 유도된다. 위의 등식은 특별한 좌표계에서 유도된 것이 아니기 때문에 보편성을 갖고 있으며 특정 좌표계에 대하여 불변이다.

등식 I 에 대해 다르게 표현하면 다음과 같다 : **만약 벡터계가 무회전이라면(curl-free) 그 벡터는 스칼라계의 기울기로써 표현할 수 있다.** 벡터계를 $\mathbf{E}$ 라고 하자. 이 때 만일 $\nabla\times\mathbf{E}=0$ 이면

$$\mathbf{E}=-\nabla V \tag{2-108}$$

인 스칼라계를 정의할 수 있다. 여기서 음의 부호는 항등식 I 이 관련되어 있는 한 중요하지 않다.(이것은 식(2-108)에 포함된다. 왜냐하면 이 관계는 전자기학의 전계강도 $\mathbf{E}$ 와 전기적 스칼라량인 전위 V 의 기본적인 관계에 따르기 때문이다. 그리고 이것은 다음 장에서 다룰 것이다. 여기서는 $\mathbf{E}$ 와 V 가 무엇을 나타내는지는 별로 중요하지 않다.) 2-8 절에서 회전량이 없는 벡터계는 보존계라는 것을 알았다. 그러므로, **비회전(보존) 벡터계는 항상 어떤 스칼라계의 기울기로 표현할 수 있다.**

■ **연습문제 2.15** 직각좌표에서 식(2-105)의 항등식을 증명하라.

2-10.2 항등식 II

$$\boxed{\nabla\cdot(\nabla\times\mathbf{A})\equiv 0} \tag{2-109}$$

또 하나의 중요한 영 항등식

이 식은 **임의의 벡터계 회전의 발산은 0이다**라는 의미이다.

이 등식에 대한 증명은 좌표계를 고려할 필요없이 왼쪽식 $\nabla\cdot(\nabla\times\mathbf{A})$의 체적 적분에 의해 증명할 수 있으며 발산 이론을 적용하여 다음을 얻을 수 있다.

$$\int_V \nabla\cdot(\nabla\times\mathbf{A})\,dv = \oint_S (\nabla\times\mathbf{A})\cdot d\mathbf{s} \tag{2-110}$$

그림 2-26에서 표면 S로 둘러싸인 임의의 체적 V를 선택하자. 폐표면 S는 두 개표면 S_1, S_2로 쪼갤 수 있으며, C_1과, C_2로 그려진 공동 경계선에 의해 연결되어 있다. C_1에 의해 경계된 표면 S_1과 C_2에 의해 경계된 표면 S_2에 Stokes 정리를 적용하면 식(2-110)의 오른쪽 식은 다음과 같다.

$$\oint_S (\nabla\times\mathbf{A})\cdot d\mathbf{s} = \int_{S1}(\nabla\times\mathbf{A})\cdot\mathbf{a}_{n1}ds + \int_{S2}(\nabla\times\mathbf{A})\cdot\mathbf{a}_{n2}ds$$
$$= \oint_{C1}\mathbf{A}\cdot d\mathbf{l} + \oint_{C2}\mathbf{A}\cdot d\mathbf{l} \tag{2-111}$$

표면 S_1과, S_2의 수직벡터 $\mathbf{a}_{n1}$, $\mathbf{a}_{n2}$는 표면의 밖을 향하는 수직벡터이며 C_1, C_2의 경로방향은 오른손 법칙을 따른다. 경로 C_1과 C_2는 사실 하나이

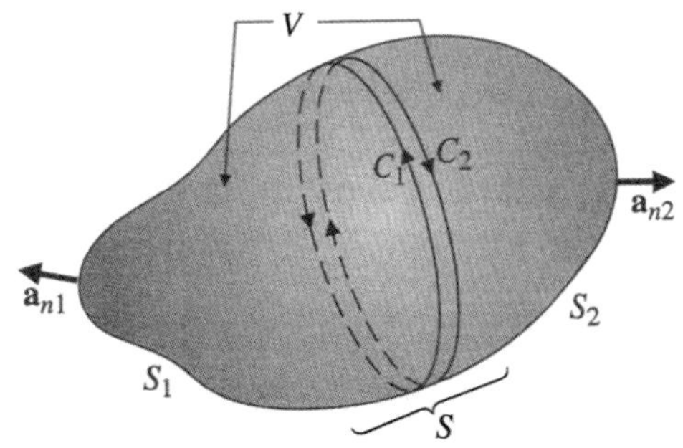

그림 2-26 표면 S에 의해 둘러싸인 임의의 체적 V

고, S_1과 S_2 사이의 공통 경계이기 때문에 식(2-111)의 우변의 두 선적분은 같은 경로이나 서로 반대인 방향으로 놓여 있다. 그래서 그들의 합은 0이고 식(2-110)의 왼쪽 식 $\nabla \cdot (\nabla \times \mathbf{A})$의 체적적분도 0이 된다. 임의의 체적에 대해 위의 사실이 성립하기 때문에 식(2-109)에 등식으로 되어 있는 것처럼 피적분함수는 영이어야 한다.

등식 II를 다르게 표현하면 다음과 같다 : **만약 벡터계가 발산이 없으면 솔레노이드하며, 또다른 벡터계의 회전으로 표현된다.** 벡터계 $\mathbf{B}$에 대해 $\nabla \cdot \mathbf{B} = 0$이면, 벡터계 $\mathbf{A}$를

$$\mathbf{B} = \nabla \times \mathbf{A} \tag{2-112}$$

로 정의할 수 있다.

연습문제 2.16 직각좌표계에서 식(2-109)를 증명하라.

2-11 계의 분류와 Helmholtz 이론

무발산계 ↔ 솔레노이드계

이 앞 단원에서 무발산계는 솔레노이드하고 무회전계는 비회전성(보존적)이라는 것을 언급하였다. 벡터계를 솔레노이드 또는 비회전성에 따라 다음과 같이 분류할 수 있다.

무회전계 ↔ 비회전성 보존계

1. $\nabla \cdot \mathbf{F} = 0$이고 $\nabla \times \mathbf{F} = 0$이면 솔레노이드하고 비회전성이다.
예 : 자유전하 영역 내의 정전계

2. $\nabla \cdot \mathbf{F} = 0$이고 $\nabla \times \mathbf{F} \neq 0$이면 솔레노이드하나 비회전성이 아니다.
예 : 전류가 흐르는 도체 내의 정자계

3. $\nabla \times \mathbf{F} = 0$이고 $\nabla \cdot \mathbf{F} \neq 0$이면 비회전성이나 솔레노이드하지는 않다.
예 : 대전된 영역 내의 정전계

4. $\nabla \cdot \mathbf{F} \neq 0$이고 $\nabla \times \mathbf{F} \neq 0$이면 솔레노이드, 비회전성 모두 아니다.
예 : 시변 자계와 함께 대전된 매질에서의 전계

대부분의 일반적인 벡터계는 0이 아닌 발산과 회전을 갖고 있으며 솔레노이드계와 비회전계의 합으로 생각할 수 있다.

Helmholtz 이론

Helmholtz 이론 : 만약 발산과 회전을 어느 곳에서나 규정할 수 있다면 어떤 벡터계를 결정할 수 있다.[†]

Helmholtz 이론은 일반적으로 수학적 이론으로 증명할 수 있다.[††] 2-8절에서 벡터의 발산은 흐름원천 강도의 측정치이고, 흐름원천과 소용돌이 원천의 강도를 구체화하면 벡터계를 결정할 수 있다.

전자기학의 공리적 전개

다음 장에서는 전자기학을 전개해 나가는 데 기본 요소로서 Helmholtz 이론에 근거를 두어 나갈 것이다. 공부하게 되는 각 주제(정전계, 정자계, 시변 전자계)에 대해서 전자계 모델에 필요한 기본 벡터들의 가정을 설명할 것이다(발산과 회전을 규정한다). 다른 이론과 관계는 이러한 기본 가정으로부터 발전시킬 수 있다.

연습문제 2.17 다음에 주어진 벡터계들이 비회전성인지, 솔레노이드한지 또는 둘 다인지 둘 다 아닌지를 조사하라.

a) $\mathbf{A} = \mathbf{a}_x xy - \mathbf{a}_y y^2 + \mathbf{a}_z xz$

b) $\mathbf{B} = r(\mathbf{a}_r \sin\phi + \mathbf{a}_\phi 2\cos\varphi)$

c) $\mathbf{C} = \mathbf{a}_x x - \mathbf{a}_y 2y + \mathbf{a}_z z$

d) $\mathbf{D} = \mathbf{a}_R k/R$

답 (a) 둘 다 아니다 (b) 솔레노이드
(c) 비회전성이며 솔레노이드하다. (d) 비회전성

복습문제

문 2-12 스칼라량과 스칼라계의 차이는 무엇인가? 벡터량과 벡터계의 차이는 무엇인가?

문 2-13 스칼라계의 기울기의 물리적 정의는 무엇인가?

문 2-14 주어진 방향에서 스칼라의 공간 변화율을 기울기 형태로 표현하라.

문 2-15 직각좌표에서 미분 연산자 ∇에 대한 식은 무엇인가?

문 2-16 벡터계에서 발산의 물리적 정의는 무엇인가?

문 2-17 발산 정리에 대해 설명하라.

문 2-18 벡터계에서 회전의 물리적 정의는 무엇인가?

[†] 좀더 정확하게는, 무한정 큰 영역에서는 벡터계의 발산과 회전은 무한대에서 사라진다. 벡터계가 표면에 의해 경계된 부분 내에 있다면, 그 영역에 대한 발산과 회전, 또한 경계표면에 대한 수직 성분을 안다면 벡터계를 결정할 수 있다.

[††] G. Arfken, *Mathematical Methods for Physics*, Academic Press, New York, 1966, 1.15 단원을 보시오.

문 2-19 Stokes 정리에 대해 설명하라.

문 2-20 비회전성계와 솔레노이드계 사이의 차이는 무엇인가?

문 2-21 Helmholtz 이론에 대해 설명하라.

요 점

1. 벡터 대수(벡터 합, 뺄셈, 내적, 외적)의 기본적 법칙은 좌표계와 무관하다.
2. 스칼라계의 기울기는 벡터 점함수(point function)이다.
3. 벡터계의 발산은 스칼라 점함수이다.
4. 벡터계의 회전은 벡터 점함수이다.
5. 폐선적분 또는 폐표면의 면적분을 할 때는 적분 기호에 조그마한 원($\oint$)을 표시해야만 한다.
6. 식(2-105)와 (2-109)의 두 가지 영 항등식과 그들의 함축적 의미는 다음 장에서 다룰 전위함수를 정의할 때 기본이 된다. 이들의 관계를 숙지하도록 하자.

요 약

벡터 해석은 전자기학에서 필수적인 수학적 도구이다. 이것은 전자계 모델에서 여러가지 다양한 양의 관계를 표현하는 데 아주 간단한 방법을 제공한다. 이 장에서 다음과 같은 내용을 배웠다.

- 벡터의 덧셈, 뺄셈, 그리고 곱셈의 기본적인 법칙을 복습해 보았다.
- 직각, 원통, 구좌표계의 특성을 설명했다.
- 미분 연산자 ∇을 소개했고, 스칼라계의 기울기, 벡터계의 발산과 회전을 정의했다.
- 벡터계의 발산에 대한 체적적분을 벡터계의 폐표면적분으로 변환하고 그 역도 성립되는 발산 정리를 설명했다.
- 벡터계의 회전에 대한 면적분을 벡터계의 폐선적분으로 변환하고 그 역도 성립되는 Stokes 정리를 설명했다.
- 벡터계에서 두 개의 중요한 영 항등식을 소개했다.

● 벡터의 분류에 대해 논의했고, 전자기학에서 다양한 주제에 대한 공리적 전개의 기본 요소로 사용되는 Helmholtz 이론을 소개했다.

문　제

문 2-1 마름모는 네 변이 같은 평행사변형이다. 벡터 **A**, **B**로 마름모의 두 변을 표시한다면,

a) **A** + **B**, **A** − **B**가 두 대각선이 됨을 증명하라.

b) 대각선이 서로 수직됨을 증명하라.

문 2-2 임의의 삼각형의 세 변을 시계방향 또는 반시계방향으로 표시하는 벡터 **A**, **B**, **C**가 있을 때 **A** + **B** + **C** = 0이다. 사인법칙을 증명하라.

힌트 : **A**와 **B**를 각각 방정식에 외적으로 곱해서 그 두 곱의 크기 관계를 조사한다.

문 2-3 벡터 **A**, **B**, **C**가 다음과 같이 주어질 때

$$\mathbf{A} = \mathbf{a}_x6 + \mathbf{a}_y2 - \mathbf{a}_z3$$
$$\mathbf{B} = \mathbf{a}_x4 - \mathbf{a}_y6 + \mathbf{a}_z12$$
$$\mathbf{C} = \mathbf{a}_x5 - \mathbf{a}_z2$$

다음을 구하라.

a) $\mathbf{a}_B$

b) $|\mathbf{B} - \mathbf{A}|$

c) **B**의 방향에 대한 **A**의 성분

d) $\mathbf{B} \cdot \mathbf{A}$

e) **A**의 방향에 대한 **B**의 성분

f) θ_{AB}

g) $\mathbf{A} \times \mathbf{C}$

h) $\mathbf{A} \cdot (\mathbf{B} \times \mathbf{C})$ 그리고 $(\mathbf{A} \times \mathbf{B}) \cdot \mathbf{C}$

문 2-4 단위벡터 $\mathbf{a}_A$, $\mathbf{a}_B$를 x축에 대해 각각 α, β의 각을 가지는 xy 평면 내에 있는 벡터 **A**, **B**의 방향이라고 하자.

a) 스칼라 곱 $\mathbf{a}_A \cdot \mathbf{a}_B$를 취함으로써 두 각 사이의 차 $\alpha - \beta$의 코사인 값 즉, $\cos(\alpha - \beta)$의 전개 공식을 구하라.

b) 벡터 곱 $\mathbf{a}_A \times \mathbf{a}_B$을 취함으로써 $\sin(\alpha - \beta)$의 공식을 유도하라.

문 2-5 직각삼각형의 세 모서리 점이 $P_1(1, 0, 2)$, $P_2(-3, 1, 5)$ 그리고 $P_3(3, -4, 6)$일 때

a) 직각이 되는 모서리를 구하라.

b) 삼각형의 면적을 구하라.

문 2-6 두 점 $P_1(-2, 0, 3)$과 $P_2(0, 4, -1)$이 주어질 때 다음을 구하라.

a) P_1, P_2을 연결하는 선분의 길이

b) $P_3(3, 1, 3)$에서 선분 P_1, P_2까지의 수직 거리

문 2-7 벡터 $\mathbf{A} = \mathbf{a}_x 5 - \mathbf{a}_y 2 + \mathbf{a}_z$가 주어질 때, 다음 식의 값을 구하라.

a) $\mathbf{a}_B \| \mathbf{A}$ 가 되는 단위벡터 $\mathbf{a}_B$

b) $\mathbf{a}_C \perp \mathbf{A}$ 가 되는 xy 평면에서의 단위벡터 $\mathbf{a}_C$

문 2-8 벡터 $\mathbf{A} = \mathbf{a}_x 2 - \mathbf{a}_y 5 + \mathbf{a}_z 3$를 다른 벡터 $\mathbf{B} = -\mathbf{a}_x + \mathbf{a}_y 4$에 각각 수직과 평행이 되는 $\mathbf{A}_1$과 $\mathbf{A}_2$의 성분으로 분해하라.

문 2-9 예제 2-2의 식(2-15)는 세 개의 벡터 **A**, **B**, **C**의 스칼라 삼중곱이다. 다음 식은 세 벡터의 삼중곱의 중요한 형태이다. 즉, 벡터 삼중곱, $\mathbf{A} \times (\mathbf{B} \times \mathbf{C})$이다. 직각좌표에서 다음 관계를 증명하라.

$$\mathbf{A} \times (\mathbf{B} \times \mathbf{C}) = \mathbf{B}(\mathbf{A} \cdot \mathbf{C}) - \mathbf{C}(\mathbf{A} \cdot \mathbf{B}). \tag{2-113}$$

(2-113)은 "***BAC* − *CAB***" 법칙으로 알려져 있다.

문 2-10 한 점 $P_1(-1, 0, -2)$에서 점 $P_2(\sqrt{3}, 150°, 1)$로 향하는 벡터 $\mathbf{A} = \mathbf{a}_x z - \mathbf{a}_z x$의 성분을 구하라.

문 2-11 원통좌표에서 한 점의 위치가$(3, 4\pi/3, -4)$로 주어졌다. 다음과 같은 좌표에서 그 점의 위치를 구하라.

a) 직각좌표에서

b) 구좌표에서

문 2-12 아래의 단위 벡터의 곱을 구하라.

a) $\mathbf{a}_\phi \cdot \mathbf{a}_x$

b) $\mathbf{a}_R \cdot \mathbf{a}_y$

c) $\mathbf{a}_z \cdot \mathbf{a}_R$

d) $\mathbf{a}_\phi \times \mathbf{a}_x$

e) $\mathbf{a}_r \times \mathbf{a}_R$

f) $\mathbf{a}_\theta \times \mathbf{a}_z$

문 2-13 (r_1, ϕ_1, z_1)에서 벡터 **A**의 r성분 즉 A_r을 표현하라.

a) 직각좌표에서 A_x, A_y를 사용하여

b) 구좌표에서 A_R, A_θ를 사용하여

문 2-14 $(R_1,\ \theta_1,\ \phi_1)$에서 벡터 $\mathbf{E}$의 θ성분 즉 E_θ를 표현하라.

a) 직각좌표에서 E_x, E_y, E_z를 사용하여

b) 원통좌표에서 E_r, E_z를 사용하여

문 2-15 구좌표에서 벡터계가 $\mathbf{F}=\mathbf{a}_R(12/R^2)$로 주어질 때,

a) 한 점 $P(-2,-4,4)$에서 F_y와 $\mathbf{F}$를 구하라.

b) 점 P에서 $\mathbf{F}$가 벡터 $\mathbf{A}=\mathbf{a}_x2-\mathbf{a}_y3-\mathbf{a}_z6$와 이루는 각을 구하라.

문 2-16 벡터계 $\mathbf{F}=\mathbf{a}_xy+\mathbf{a}_yx$가 주어질 때, $P_1(2,\ 1,\ -1)$에서 $P_2(8,\ 2,-1)$로의 적분 $\int \mathbf{F}\cdot d\mathbf{l}$을 계산하라.

a) 두 점을 잇는 직선을 따라서

b) 포물선 $x=2y^2$을 따라서

벡터 $\mathbf{F}$는 보존계인가? 설명하라.

문 2-17 점 $P(x,\ y,\ z)$의 위치 벡터를 $\mathbf{R}$이라고 하자. $\nabla(1/R)$을 구하라.

a) 직각좌표에서

b) 구좌표에서

문 2-18 스칼라계 $V=2xy-yz+xz$이면

a) 점 $P(2,\ -1,\ 0)$에서 V의 최대 증가율의 크기와 방향을 나타내는 벡터를 구하라.

b) 점 P에서 한 점 $Q(0,\ 2,\ 6)$로 향하는 방향에서의 V의 증가율을 구하라.

문 2-19 곡선(curvilinear) 좌표계에서 기저벡터의 미분은 다른 방향에서 새로운 벡터를 유추할 수 있다.

a) 원통좌표에서 $\partial\mathbf{a}_r/\partial\phi$과 $\partial\mathbf{a}_\phi/\partial\phi$의 값을 구하라.

b) **a)**의 결과와 식(2-57)과 (2-31)을 이용하여 원통좌표에서 $\nabla\cdot\mathbf{A}$에 대한 공식을 구하라.

문 2-20 다음의 방사형 구계에서 발산을 구하라.

a) $f_1(\mathbf{R})=\mathbf{a}_RR^n$

b) $f_2(\mathbf{R})=\mathbf{a}_Rk/R^2$, 여기서 k는 상수

문 2-21 벡터 $\mathbf{F}=\mathbf{a}_xxy+\mathbf{a}_yyz+\mathbf{a}_zzx$ 라면

a) 원점을 한 모서리로 하고 1사분면에 있는 단위입방체의 표면으로부터 밖으로 향하는 선속의 총합을 구하라.

b) $\nabla\cdot\mathbf{F}$를 구하고, 발산 정리를 증명하라.

문 2-22 벡터함수 $\mathbf{A}=\mathbf{a}_rr^2+\mathbf{a}_z2z$에서 $r=5$, $z=0$ 그리고 $z=4$에 의해 형성된 원형 원통 영역에 대해 발산 정리를 증명하라.

문 2-23 벡터함수 $\mathbf{A} = \mathbf{a}_z z$ 에서

a) 밑면은 xy 평면과 일치하고 원점에서 반경 3 을 가지는 반구의 표면 상에서 $\oint \mathbf{A} \cdot d\mathbf{s}$ 를 구하라.

b) $\nabla \cdot \mathbf{A}$ 를 구하라.

c) 발산 정리를 증명하라.

문 2-24 벡터계 $\mathrm{D} = \mathbf{a}_R(\cos^2\phi)/R^3$ 가 $R=2$, $R=3$ 사이의 구형 영역에 존재할 때, 다음을 계산하라.

a) $\oint \mathbf{D} \cdot d\mathbf{s}$

b) $\int \nabla \cdot \mathbf{D} dv$

문 2-25 스칼라함수 f 와 벡터함수 $\mathbf{A}$ 가 주어질 때, 직각좌표에서 다음을 증명하라.

$$\nabla \cdot (f\mathbf{A}) = f\,\nabla \cdot \mathbf{A} + \mathbf{A} \cdot \nabla f. \tag{2-114}$$

문 2-26 벡터계 $\mathbf{A} = \mathbf{a}_x(2x^2 + y^2) + \mathbf{a}_y(xy - y^2)$ 이면

a) 그림 2-27 에 보이는 삼각형의 경로 주위로 적분 $\oint \mathbf{A} \cdot d\mathbf{l}$ 을 구하라.

b) 삼각형 영역에서 $\oint (\nabla \times \mathbf{A}) \cdot d\mathbf{s}$ 를 구하라.

c) 벡터 $\mathbf{A}$ 를 스칼라의 기울기로 표현할 수 있는가? 설명하라.

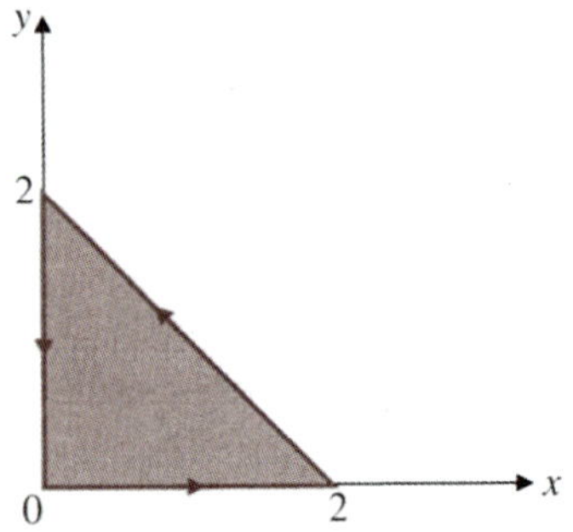

그림 2-27 문제 2-26 에 대한 그림

문 2-27 벡터함수 $\mathbf{F} = \mathbf{a}_r 5r\sin\phi + \mathbf{a}_\phi r^2\cos\phi$ 일 때

a) 그림 2-28 에 표시된 방향으로 경로 $ABCDA$ 를 따라 적분 $\oint \mathbf{F} \cdot d\mathbf{l}$ 을 구하라.

b) $\nabla \times \mathbf{F}$를 구하라.

c) 표시된 면적에 대해 $\int (\nabla \times \mathbf{F}) \cdot d\mathbf{s}$를 계산하고 a)에서 얻은 결과값과 비교하라.

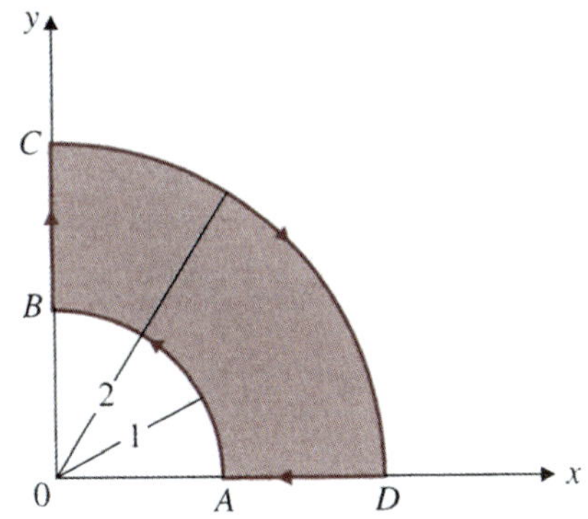

그림 2-28 문제 2-27에 대한 그림

문 2-28 벡터함수 $\mathbf{A} = \mathbf{a}_\phi 3\sin(\phi/2)$가 주어질 때, 반지름 4를 가지는 반구의 표면과 반구의 가장자리 원주에서 Stokes 정리를 증명하라.

문 2-29 스칼라함수 f와 벡터함수 $\mathbf{G}$에 대하여, 직각좌표에서 다음을 증명하라.

$$\nabla \times (f\mathbf{G}) = f(\nabla \times \mathbf{G}) + (\nabla f) \times \mathbf{G}. \tag{2-115}$$

문 2-30 벡터함수 $\mathbf{F} = \mathbf{a}_x(x + 3y - c_1 z) + \mathbf{a}_y(c_2 x + 5z) + \mathbf{a}_z(2x - c_3 y + c_4 z)$가 주어질 때

a) 만약 $\mathbf{F}$가 비회전성이면 c_1, c_2, c_3를 구하라.

b) 또한 만약 $\mathbf{F}$가 솔레노이드하기도 하다면 c_4를 구하라.

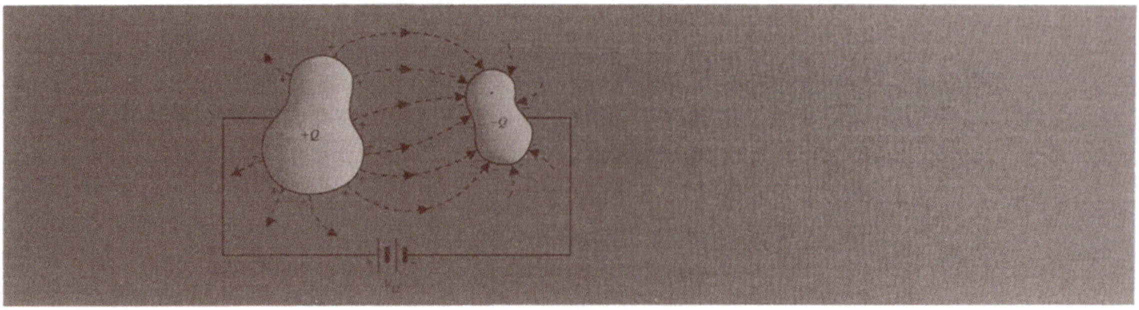

제 3 장 정전계

정전기 발생의 예

3-1 개 요

정전계(static electric field)는 정전하(stationary electric charge)에 의해 형성된다. 건조한 방안의 카페트 위를 걸을 때 금속으로 만든 손잡이를 만지면 종종 스파크가 발생한다. 이는 구두 바닥과 카페트 사이의 마찰로 인하여 우리 몸에 생긴 정전하가 손가락 끝 같은 날카로운 곳으로 모이고 대기를 통하여 손잡이로 전달되는 경향이 있기 때문이다. 발생되는 전위차는 수천 볼트될 수 있으나, 대부분 내포된 전하량이 아주 작아서 작은 놀람 외에는 아무런 심각한 해가 일어나지 않는다. 정전기(static electricity)의 다른 예로는 운동과 마찰 관계로 인하여 서로 반대 전하가 발생하여 얇은 겉옷이 다른 옷감의 속옷과 달라붙는 현상을 들 수 있다.

정전계학(electrostatics)은 정지상태에 있는 전하의 효과를 연구하는 학문이며 전계들이 시간에 따라 변하지 않는다. 비록 전자기학에서 가장 간단한 현상일지라도 이것을 숙달하는 것은 더 복잡한 전자계 모델을 이해하기 위해서는 기본적인 것이다. 많은 자연현상(번개, 코로나 같은)의 설명과 산업에 이용되는 장치들(오실로스코프, 잉크젯 프린트, 건조 인쇄술, capacitance keyboards, 액정디스플레이)의 원리는 정전기학에 그 기초를 두고

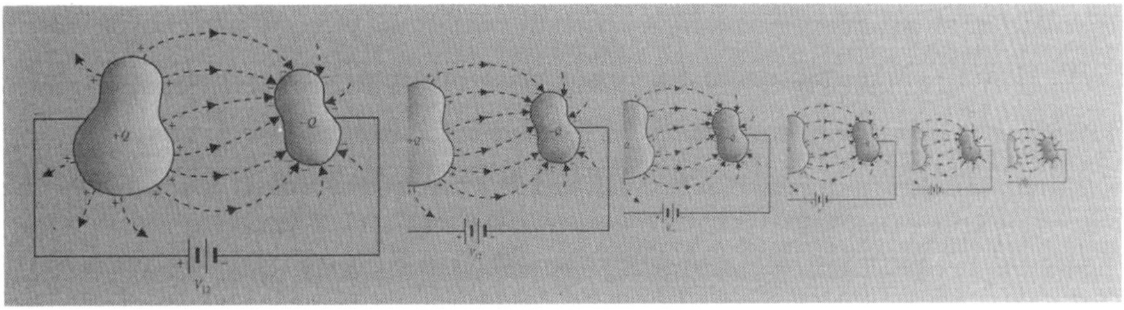

Static Electric Fields

있다. 정전기학의 특별한 응용에 관한 다수의 책들이 발표된 바 있다.[†]

역사적으로 정전기학에서 양적인 관계는 1785년에 현재 Coulomb 법칙이라고 알려져 있는, Charles Augustin de Coulomb의 실험에서부터 시작되었다. 후에 Karl F. Gauss는 Gauss 법칙을 전개시켰고 다른 과학자와 공학자들이 정전하에 관한 여러 부수적인 중요한 결과들에 기여하면서 정전계 이론은 점차적으로 발전되었다. 실험 법칙들로 시작하여 Maxwell 방정식 형태로 종합하는 방법을 귀납적 접근방법이라 한다. 이것은 보통 기초물리 강좌에서 접근하는 방법이다.

연역적 접근

다양한 결과들이 다른 시대에서 각각의 개인들에 의하여 얻어졌기 때문에 귀납적인 접근은 단편적이고 응집력이 없는 것처럼 보인다. 이 책에서는 1

[†] A.Klinkenberg and J. L. van der Minne, *Electrostatics in the Petroleum Industry*, Elsevier, Amsterdam, 1958. J. H. Dessauer ad H. E. Clark, *Xerography and Related Processes*, Focal Press, London, 1965. A. D. Moore (Ed.), *Electrostatics and Its Applications*, John Wiley, New York, 1973. C. E. Jewett, *Electrostatics in the Electronics Environment*, John Wiley, New York, 1976. J. C. Crowley, *Fundamentals of Applied Electrostatics*, John Wiley, New York, 1986.

-2 절에서 설명한 것과 같이 더 간결하고 논리적인 연역적 접근을 사용한다. 이 방법은 전자기학을 체계적으로 전개시켜 나갈 수 있게 한다.

자유공간상에서 정전계를 연구하기 위해 발산과 회전을 규정함으로써 전계밀도벡터를 정의한다. 이것들은 기본적인 가정으로 구성되어 있는데, 이로부터 다양한 전하분포에 의해 발생하는 전계를 구하는 데 사용될 수 있는 Coulomb 법칙과 Gauss 법칙을 얻어 낸다. 그리고 나서 정전계에서의 도체와 유전체의 효과를 다루며, 또 정전위(electrostatic potential)의 개념을 소개하며, 정전에너지와 힘 사이의 관계도 설명하고자 한다. 모든 영역에서 정확한 전하의 분포는 알 수 없어도 어떤 경계 조건이 만족되어야 할 경우에 이를 위한 부가적인 해결 방법이 필요하다. 이 장에서는 또한 Poisson 과 Laplace 방정식을 푸는 과정과 영상법을 설명할 것이다.

3-2 자유공간에서 정전계의 기본 가정

자유공간에서의 정전계에 대하여 1-2 절에서 논의된 전자계 모델의 네 가지 기본적인 벡터계량 중 전계강도(electric field intensity) **E** 만을 고려하도록 한다. 또한 1-3 절에서 언급한 세 개의 상수 중 자유공간의 유전율 ϵ_0 를 공식에 포함시킨다.

전계강도

전계강도는 전계가 존재하는 곳에 있는 매우 작은 정지되어 있는 시험 전하가 단위전하당 받는 힘으로 정의된다. 그것은,

$$\mathbf{E} = \lim_{q \to 0} \frac{\mathbf{F}}{q} \quad (\text{V/m}). \tag{3-1}$$

이다.

E 에 대한 SI 단위는 (V/m)

전계강도 **E** 는 힘 **F** 에 비례하고 **F** 와 같은 방향이다. 만약 **F** 가 newtons(N)로, 전하 q 는 coulombs(C)로 측정된다면 **E** 는 newtons/coulomb(N/C)이 된다. 이는 V/m 와 같다. 물론 시험 전하 q 는 실제로 0 이 될 수 없으며 사실상 이는 전자의 전하보다 더 작을 수 없다. 하지만 만일 시험 전하가 원천의 전하분포를 방해하지 못할 정도로 충분히 작다면 시험 전하의 유한성은 측정된 **E** 값과 계산한 값에 차이가 없다. 힘 **F** 는 식

(3-1)에 의해 다음과 같이 된다.

$$\boxed{\mathbf{F} = q\mathbf{E} \quad (\mathrm{N}).} \tag{3-2}$$

자유공간에서 정전계의 두 가지 기본 가정은 **E**의 발산과 회전을 다음과 같이 명시한다.

자유공간에서 정전계 E의 발산

$$\boxed{\nabla \cdot \mathbf{E} = \frac{\rho_v}{\epsilon_0}.} \qquad (\text{자유공간에서}) \tag{3-3}$$

그리고,

정전계 E의 회전은 0이다.

$$\boxed{\nabla \times \mathbf{E} = 0.} \tag{3-4}$$

식(3-3)에서 ρ_v는 자유전하의 체적 전하밀도(volume charge density, $\mathrm{C/m^3}$)이고 ϵ_0는 식(1-11)에서 주어진 자유공간에서의 유전율이다. 식(3-3)은 $\rho_v = 0$이 아니면 정전계가 솔레노이드하지 않는다는 것을 의미하며, 식(3-4)는 **정전계는 비회전성이다**라는 것을 의미한다. 이 두 가정은 간결하고 단순하며 임의의 좌표계와도 독립적이며 정전계에서 다른 모든 관계, 법칙, 이론을 이끌어 내는 데 사용될 수 있다.

식(3-3)과 (3-4)는 공간에 있는 모든 점에서 적용할 수 있는 관계를 나타낸다. 발산과 회전 연산은 공간상에서의 미분을 뜻하기 때문에 두 식은 정전계 가정에 대한 미분형이라고 한다. 실제 적용에 있어서는 집합체 또는 전하의 분포에 의한 계에 더 관심을 갖는다. 이것은 식(3-3)의 적분형으로부터 편리하게 구할 수 있다. 식(3-3)의 양변에 임의의 체적 V로 체적적분을 취함으로써 다음을 얻을 수 있다.

$$\int_V \nabla \cdot \mathbf{E}\, dv = \frac{1}{\epsilon_0}\int_V \rho_v\, dv \tag{3-5}$$

식(2-75)에 있는 발산의 정리에 의해 식(3-5)는 다음과 같이 된다.

$$\boxed{\oint_S \mathbf{E} \cdot d\mathbf{s} = \frac{Q}{\epsilon_0},} \tag{3-6}$$

여기서 Q는 표면 S로 둘러싸인 체적 V에 내포된 총전하이다. 윗 식은 정전계에서 가장 중요한 식 중의 하나인 **Gauss 법칙**(Gauss's law)이다. 3-4 절에서 이것을 실예를 통하여 자세히 설명하고자 한다.

식(3-4)는 또한 식(2-103)의 Stokes 정리와 개표면에 대해서 $\nabla \times \mathbf{E}$를 적분함으로 회전 관계식에 대한 적분형을 얻을 수 있다.

$$\oint_C \mathbf{E} \cdot d\mathbf{l} = 0. \qquad \text{(자유공간에서)} \tag{3-7}$$

선적분은 임의의 폐곡선 C를 따라서 적분한다. 식(3-7)은 **정전계강도를 그 주위의 임의의 폐경로를 따라 스칼라 선적분한 양은 0이다**라는 의미이다. 임의의 경로를 따라 선적분한 스칼라적 $\mathbf{E} \cdot d\mathbf{l}$은 그 경로를 따르는 전압이다. 이 식(3-7)은 **임의의 폐회로 주위를 흐르는 전압 강하의 대수적 합은 0이다**라는 회로이론 중 하나인 **Kirchhoff의 전압법칙**을 표현한 것이다.

Kirchhoff의 전압 법칙

식(3-7)은 또한 임의의 경로를 따라 한 점(P_1)에서 다른 점(P_2)까지의 비회전 전계 $\mathbf{E}$의 스칼라 선적분이 점 P_2에서부터 점 P_1까지의 임의의 경로를 따르는 선적분에 의해 상쇄됨을 의미한다. 즉 정전계의 선적분 값은 오직 끝점들에 의해 정해진다. 3-5 절에서 다루게 되겠지만 점 P_1에서 점 P_2까지의 $\mathbf{E}$의 선적분은 $\mathbf{E}$에 의한 P_1에서 P_2까지 단위전하가 한 일을 의미한다. 그러므로 식(3-7)은 정전계에서 폐경로를 따라 단위전하가 한 일은 0이라는 의미이다. 이것은 정전계에서 일 또는 에너지 보존의 법칙을 말하고 있다. 이것이 비회전계는 보존계라고 말하는 이유이다.[†1)]

자유공간에서의 정전계의 두 가지 기본 가정은 정전계 구조를 세워 나가는 데 기본이 되기 때문에 아래에 다시 정리하였다.

자유공간에서 두 기본 가정

자유공간에서 정전계의 가정	
미분형	적분형
$\nabla \cdot \mathbf{E} = \dfrac{\rho_v}{\epsilon_0}$	$\oint_S \mathbf{E} \cdot d\mathbf{s} = \dfrac{Q}{\epsilon_0}$
$\nabla \times \mathbf{E} = 0$	$\oint_C \mathbf{E} \cdot d\mathbf{l} = 0.$

[†]중력계는 보존계라는 것을 상기한다.

전하 보존의 원리와 같이 이러한 가정들을 자연법칙에 대한 표현으로 간주한다. 다음 절에서 Coulomb의 법칙을 유도할 것이다.

3-3 Coulomb의 법칙

Gaussian 표면이란 Gauss 법칙이 적용되는 가상면이다.

우리는 경계가 없는 자유공간에서 정지상태의 단일 점전하 q를 갖는 가장 간단한 정전계 문제를 생각해 보자. 전하 q로 인한 전계강도를 구하기 위하여 q를 중심으로 하는 임의의 반지름 R의 구면을 그린다—가상 폐표면(Gaussian surface), 여기에서 Gauss 법칙이 적용된다. 점전하는 특정한 방향이 없으므로 이것의 전계는 어디에서나 방사형태이고 같은 세기를 가진다. 식(3-6)을 그림 3-1(a)에 적용하면 아래 식들을 얻는다.

$$\oint_S \mathbf{E}\cdot d\mathbf{s} = \oint_S (\mathbf{a}_R E_R)\cdot \mathbf{a}_R ds = \frac{q}{\epsilon_0}$$

또는

$$E_R \oint_S ds = E_R(4\pi R^2) = \frac{q}{\epsilon_0}$$

따라서,

원점에 위치한 고립된 전하의 전계강도

$$\boxed{\mathbf{E} = \mathbf{a}_R E_R = \mathbf{a}_R \frac{q}{4\pi\epsilon_0 R^2} \quad (\text{V/m}).} \tag{3-8}$$

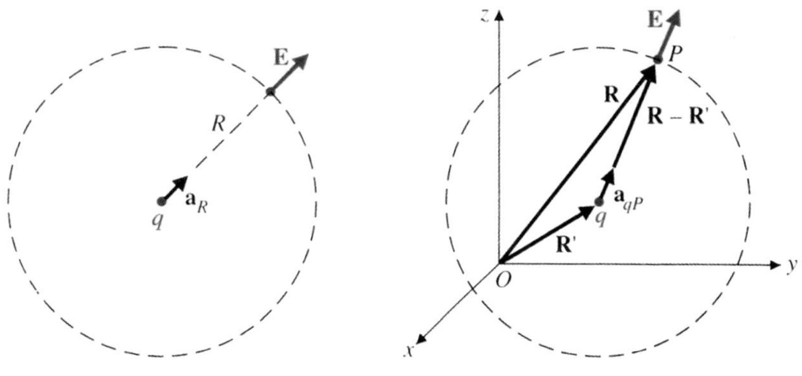

그림 3-1 점전하에 의한 전계강도. (a) 원점에 있는 점전하 (b) 원점이 아닌 곳에 있는 점전하

이 된다.

식(3-8)은 **양 점전하의 전계강도는 외부 방사방향으로, 전하에 비례하는 크기를 가지고 전하로부터의 거리의 제곱에 반비례한다.** 이것은 정전계에 있어서 매우 중요한 기본 법칙이다. 양 점전하 q의 전계강도에 대한 유선(flux line)은 그림 2-17(b)와 같다.

■ **연습문제 3.1** 식(3-8)의 전계 $\mathbf{E}$는 식(3-4)를 만족하며, 따라서 보존된다는 것을 증명하라.

만일 전하 q가 선택된 좌표계의 원점에 위치하지 않는다면 전계 $\mathbf{E}$가 존재하는 점의 위치와 전하의 위치를 반영하기 위해 단위벡터 $\mathbf{a}_R$과 거리 $\mathbf{R}$의 적절한 변화가 필요하다. 그림 3-1(b)에서 보여진 것처럼 q의 위치벡터를 $\mathbf{R}'$으로 하고 계점(field point) P 점의 위치벡터를 $\mathbf{R}$이라 하면 식(3-8)로부터

$$\mathbf{E}_P = \mathbf{a}_{qP}\frac{q}{4\pi\epsilon_0|\mathbf{R}-\mathbf{R}'|^2} \tag{3-9}$$

이다. $\mathbf{a}_{qP}$는 q로부터 P까지 단위벡터이다.

$$\mathbf{a}_{qP} = \frac{\mathbf{R}-\mathbf{R}'}{|\mathbf{R}-\mathbf{R}'|} \tag{3-10}$$

이므로,

임의의 위치에 있는 고립된 전하의 전계강도

$$\boxed{\mathbf{E}_P = \frac{q(\mathbf{R}-\mathbf{R}')}{4\pi\epsilon_0|\mathbf{R}-\mathbf{R}'|^3} \quad (\text{V/m}).} \tag{3-11}$$

이 된다.

예 제 3-1

대기 중에서 $Q(0.2,\ 0.1,\ -2.5)$에 있는 $+5$(nC)의 점전하에 의한 $P(-0.2,\ 0, -2.3)$에서의 전계강도를 구하라. 모든 단위는 미터이다.

해

계점 P에 대한 위치벡터는

$$\mathbf{R} = \overrightarrow{OP} = -\mathbf{a}_x 0.2 - \mathbf{a}_z 2.3$$

이다. 점전하 Q 에 대한 위치벡터는

$$\mathbf{R}' = \overrightarrow{OQ} = \mathbf{a}_x 0.2 + \mathbf{a}_y 0.1 - \mathbf{a}_z 2.5$$

이다. $\mathbf{R}$ 과 $\mathbf{R}'$의 차는

$$\mathbf{R} - \mathbf{R}' = -\mathbf{a}_x 0.4 - \mathbf{a}_y 0.1 + \mathbf{a}_z 0.2$$

이고, 크기는

$$|\mathbf{R} - \mathbf{R}'| = [(-0.4)^2 + (-0.1)^2 + (0.2)^2]^{1/2} = 0.458(\mathrm{m})$$

이다. 식(3-11)에 대입하면

$$\begin{aligned}\mathbf{E}_P &= \left(\frac{1}{4\pi\epsilon_0}\right)\frac{Q(\mathbf{R} - \mathbf{R}')}{|\mathbf{R} - \mathbf{R}'|^3} \\ &= (9 \times 10^9)\frac{5 \times 10^{-9}}{0.458^3}(-\mathbf{a}_x 0.4 - \mathbf{a}_y 0.1 + \mathbf{a}_z 0.2) \\ &= 214.5(-\mathbf{a}_x 0.873 - \mathbf{a}_y 0.218 + \mathbf{a}_z 0.437)\ (\mathrm{V/m})\end{aligned}$$

이 된다. 괄호 안의 양은 단위벡터 $\mathbf{a}_{QP} = (\mathbf{R} - \mathbf{R}')/|\mathbf{R} - \mathbf{R}'|$이고, $\mathbf{E}_P$의 크기는 214.5(V/m)이다.

주의 : 공기 중의 유전율은 본질적으로 자유공간의 유전율과 같다. $1/(4\pi\epsilon_0)$ 인자는 정전계에서 자주 사용된다. 식(1-11)로부터 $\epsilon_0 = 1/(c^2\mu_0)$이고 SI 단위에서 $\mu_0 = 4\pi \times 10^{-7}\mathrm{H/m}$ 이다 ; 따라서

$$\frac{1}{4\pi\epsilon_0} = \frac{\mu_0 c^2}{4\pi} = 10^{-7}c^2 \quad (\mathrm{m/F}) \tag{3-12}$$

이다. 만약 c 의 근사값이 $3 \times 10^8(\mathrm{m/s})$이면 $1/(4\pi\epsilon_0) = 9 \times 10^9(\mathrm{m/F})$이다.

점전하 q_2가 다른 점전하 q_1의 전계 내에 놓여 있을 때 힘 $\mathbf{F}_{12}$는 q_1의 전계강도 $\mathbf{E}_{12}$로 인하여 q_2에 미치는 힘이다. 식(3-2)와 (3-9)에 의해

$$\boxed{\mathbf{F}_{12} = q_2\mathbf{E}_{12} = \mathbf{a}_{12}\frac{q_1 q_2}{4\pi\epsilon_0 R_{12}^2} \quad (\mathrm{N}).} \tag{3-13}$$

Coulomb 법칙

이다. 식(3-13)은 Coulomb **법칙**의 수학적 표현이다. 이는 **두 점전하 사이**

의 힘은 전하의 곱에 비례하고 떨어진 거리의 제곱에 반비례한다는 말이다. 식(3-13)으로부터 $\mathbf{F}_{12}$는 q_1, q_2가 모두 양 또는 음일 때 반발력이고($\mathbf{a}_{12}$의 방향은 q_1에서 q_2이고 q_1과 q_2의 곱은 양수이다), q_1과 q_2가 반대 부호일 때(곱 q_1q_2는 음수이다) 인력이 된다.

연습문제 3.2 두 점전하 : $(2, 0, -4)$에서 $q_1 = 10(\mu\text{C})$과 $(0, -1, -2)$에서 $q_2 = -60(\mu\text{C})$가 주어질 때 다음을 구하라.

a) q_2에 의한 q_1에서의 전계강도

b) q_1에 의해 미치는 힘의 크기

모든 단위는 m이다.

답 (a) $-20(\mathbf{a}_x 2 + \mathbf{a}_y - \mathbf{a}_z 2)$ (kV/m), (b) 0.6(N), 인력

예 제 3-2

CRO에서의 정전계 편향 시스템

그림 3-2에 음극선 오실로스코프(CRO)의 정전계 편향 시스템이 있다. 가열된 음극으로부터 전자는 양으로 대전된 양극에 의해 초기속도 $\mathbf{u}_0 = \mathbf{a}_z u_0$를 갖는다. 전자는 $z = 0$에서 폭이 w, 균일한 전계 $\mathbf{E}_d = -\mathbf{a}_y E_d$를 유지하는 편향판 사이로 입사된다. 중력의 영향을 무시하고 $z = L$에 있는 스크린에서 전자의 수직편향을 구하라.

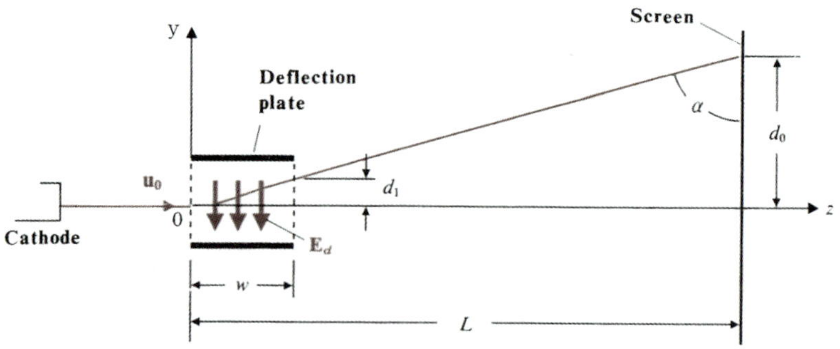

그림 3-2 음극선 오실로스코프의 정전계 편향 시스템(예제 3-2)

해

$z>0$ 영역에서 z 축방향으로 어떠한 힘도 존재하지 않으므로 수평속도 u_0 는 유지된다. 전계 $\mathbf{E}_d$는 전하 $-e$를 가지는 전자에 y 방향으로의 편향을 일으키는 힘을 발생시킨다.

$$\mathbf{F}=(-e)\mathbf{E}_d=\mathbf{a}_y eE_d$$

수직방향에서 Newton의 제 2 운동법칙으로부터

$$m\frac{du_y}{dt}=eE_d$$

가 된다. m은 전자의 질량이며 양변을 적분하면

$$u_y=\frac{dy}{dt}=\frac{e}{m}E_d t$$

이다. 여기서 $t=0$일 때 $u_y=0$이기 때문에 적분상수는 0이 되며, 다시 적분을 하면

$$y=\frac{e}{2m}E_d t^2$$

이 된다. $t=0$일 때 $y=0$이므로 적분상수는 0이다. 전자는 편향판 사이에서 포물선 모양의 궤도를 갖는다. 편향판으로부터 빠져나온 곳에서 즉, $t=w/u_0$일 때

$$d_1=\frac{eE_d}{2m}\left(\frac{w}{u_0}\right)^2$$

그리고,

$$u_{y1}=u_y\left(t=\frac{w}{u_0}\text{일 때}\right)=\frac{eE_d}{m}\left(\frac{w}{u_0}\right)$$

이 된다. 전자가 편향판을 빠져나와 $(L-w)$의 거리를 진행하는 데 걸리는 시간은 $(L-w)/u_0$가 된다. 그 시간 동안, 또 한 번의 수직편향이 있다.

$$d_2=u_{y1}\left(\frac{L-w}{u_0}\right)=\frac{eE_d}{m}\frac{w(L-w)}{u_0^2}$$

따라서 스크린에서의 편향은

$$d_0 = d_1 + d_2 = \frac{eE_d}{mu_0^2} w\left(L - \frac{w}{2}\right)$$

이다.

잉크젯 프린터의 동작 원리

음극선 오실로스코프처럼 컴퓨터 출력에 사용되는 잉크젯 프린터도 충전된 입자 흐름의 정전기 편향 원리에 기초한 장치이다. 미소한 잉크 방울들은 압전 변환기에 의해 제어되는 진동하는 노즐을 통하여 끌어내어진다. 다양한 전하량은 컴퓨터 출력에 의해 결정되어 미소 잉크 방울에 전해진다. 대전된 잉크 방울은 그 때 균일한 정전계가 존재하는 한 쌍의 편향판을 통하여 통과한다. 방울 편향의 정도는 그것이 운반하는 전하량에 의존한다. 수평방향으로 프린터 헤드가 움직일 때 잉크 방울은 노즐로부터 다양한 위치에서 프린트 판을 때려서 인쇄된 영상을 형성한다.

3-3.1 이산 전하그룹에 의한 전계

정전계가 다른 지점에 위치하는 서로 다른 n개의 점전하의 그룹에 의해 만들어진다고 가정한다. 전계강도는 $\mathbf{a}_R q/R^2$에 비례하는 선형함수이므로 중첩의 원리를 적용한다. 그리고 한 점에서 총전계 $\mathbf{E}$는 모든 각각의 전하에 의해 발생되는 전계의 벡터 합이다. 전하 q_1, q_2, . . . , q_n의 위치는 위치벡터 $\mathbf{R}'_1$, $\mathbf{R}'_2$, . . . , $\mathbf{R}'_n$로 표시하기로 한다. 그리고 전계강도가 계산되어지는 계점의 위치는 $\mathbf{R}$로 표시한다.† 식(3-11)로부터

$$\mathbf{E} = \frac{1}{4\pi\epsilon_0}\left[\frac{q_1(\mathbf{R}-\mathbf{R}'_1)}{|\mathbf{R}-\mathbf{R}'_1|^3} + \frac{q_2(\mathbf{R}-\mathbf{R}'_2)}{|\mathbf{R}-\mathbf{R}'_2|^3} + \cdots + \frac{q_n(\mathbf{R}-\mathbf{R}'_n)}{|\mathbf{R}-\mathbf{R}'_n|^3}\right]$$

또는

이산 점전하 그룹의 전계강도

$$\boxed{\mathbf{E} = \frac{1}{4\pi\epsilon_0}\sum_{k=1}^{n}\frac{q_k(\mathbf{R}-\mathbf{R}'_k)}{|\mathbf{R}-\mathbf{R}'_k|^3} \quad \text{(V/m)}.} \tag{3-14}$$

† 원천점과 계점의 위치에 대한 기호를 구분하는 것이 필요할 때 전자에는 prime 기호(′)를 붙이고 후자에는 기호를 사용하지 않는다.

로 쓸 수 있다. 비록 식(3-14)는 간결한 식이지만 이것은 크기와 방향이 다른 벡터의 합을 필요로 하기 때문에 사용하기에 편리하지 못하다. 더 간단한 접근 방법은 전위로부터 **E**를 구하는 것이다. 이는 3-5절에서 다루기로 한다.

3-3.2 연속적인 전하분포에 의한 전계

연속적인 전하의 분포에 의한 전계는 각 전하 성분의 기여도를 전체 전하분포에 대해 적분함으로써 얻어진다. 그림 3-3는 체적 전하분포를 보여 준다. 체적 전하밀도 ρ_v(C/m³)는 일반적으로 좌표함수이다. 전하의 미소 성분은 점전하처럼 생각할 수 있기 때문에 계점 P에서 미소 체적 성분 dv'의 전하 $\rho_v dv'$에 의한 전계강도는

$$d\mathbf{E} = \mathbf{a}_R \frac{\rho_v dv'}{4\pi\epsilon_0 R^2} \tag{3-15}$$

이다. 따라서

체적전하분포의 전계강도

$$\mathbf{E} = \frac{1}{4\pi\epsilon_0}\int_{V'} \mathbf{a}_R \frac{\rho_v}{R^2} dv' \quad \text{(V/m)}. \tag{3-16}$$

이 된다. 만일 전하가 면전하밀도 ρ_s(C/m²)인 면에 분포되어 있다면

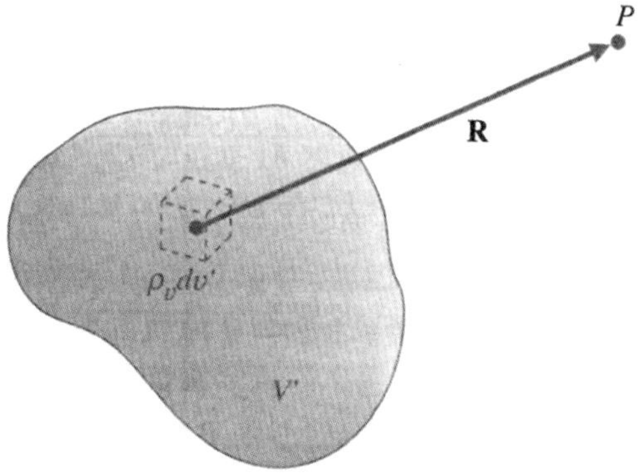

그림 3-3 연속적인 전하분포에 의한 전계

면전하분포의 전계강도

$$\mathbf{E}=\frac{1}{4\pi\epsilon_0}\int_{S'}\mathbf{a}_R\frac{\rho_s}{R^2}ds' \quad (\mathrm{V/m}). \tag{3-17}$$

이 된다. 선전하에 대하여는

선전하의 전계강도

$$\mathbf{E}=\frac{1}{4\pi\epsilon_0}\int_{L'}\mathbf{a}_R\frac{\rho_\ell}{R^2}d\ell' \quad (\mathrm{V/m}). \tag{3-18}$$

이 된다. ρ_ℓ(C/m)은 선전하밀도이고, L'은 전하가 분포되어 있는 선분이다(직선일 필요는 없다).

예 제 3-3

대기 중에서 균일한 밀도 ρ_ℓ(C/m)을 갖는 무한히 긴 직선 선전하의 전계강도를 구하라.

해

그림 3-4에서 보는 바와 같이 선전하가 z'축을 따라 놓여 있다고 가정하자. 전계는 선분을 어떻게 선정하느냐에 의존하지 않기 때문에 이런 가정을

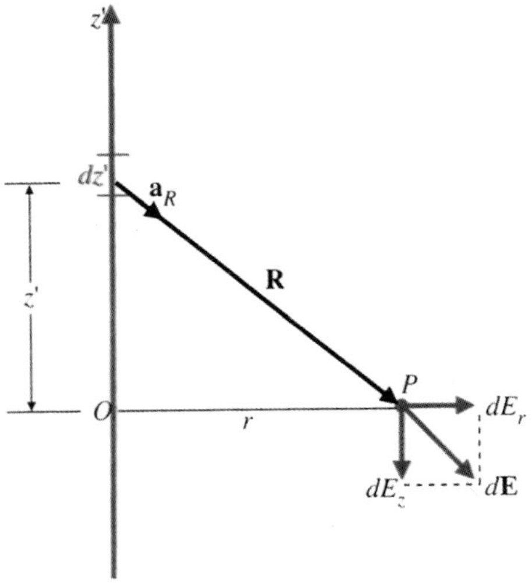

그림 3-4 무한히 긴 직선 선전하

세우는 것이 가능하다. 원천점에 대해서는, prime 기호를 사용한 좌표계를, 계점에 대해서는 prime 기호를 사용하지 않은 좌표계를 사용한다.

문제는 선분으로부터 거리 r만큼 떨어진 점 P에서 전계강도를 구하는 것이다. 이 문제는 원통대칭(즉, 전계는 방위각과 관계 없다)이기 때문에 원통 좌표계로 구하는 것이 가장 편리하다. 식(3-18)은 다음과 같이 다시 쓸 수 있다.

$$\mathbf{E} = \frac{1}{4\pi\epsilon_0}\int_{L'} \rho_\ell \frac{\mathbf{R}}{R^3} d\ell' \quad (\text{V/m}). \tag{3-18a}$$

주어진 문제에서 ρ_ℓ은 일정하고 원점으로부터 가변거리 z'에서 선분 $d\ell' = dz'$으로 한다. R이 원천점에서 계점까지 연결하는 거리벡터임을 기억하는 것이 중요하다. 따라서 다음과 같이 된다.

$$\mathbf{R} = \mathbf{a}_r r - \mathbf{a}_z z' \tag{3-19}$$

미소 선전하성분 $\rho_\ell d\ell' = \rho_\ell dz'$에 의한 전계 dE는

$$\begin{aligned} d\mathbf{E} &= \frac{\rho_\ell dz'}{4\pi\epsilon_0} \frac{\mathbf{a}_r r - \mathbf{a}_z z'}{(r^2 + z'^2)^{3/2}} \\ &= \mathbf{a}_r dE_r + \mathbf{a}_z dE_z \end{aligned} \tag{3-20}$$

이다. 여기에서

$$dE_r = \frac{\rho_\ell r dz'}{4\pi\epsilon_0 (r^2 + z'^2)^{3/2}} \tag{3-21}$$

이고

$$dE_z = \frac{-\rho_\ell z' dz'}{4\pi\epsilon_0 (r^2 + z'^2)^{3/2}} \tag{3-22}$$

이다. 식(3-22)에서 $d\mathbf{E}$는 $\mathbf{a}_r$과 $\mathbf{a}_z$방향 성분으로 나누어진다. $+z'$에 있는 모든 $\rho_\ell dz'$에 대하여 대칭적으로 성분 $d\mathbf{E}_r$과 $-d\mathbf{E}_z$로 구성된 $d\mathbf{E}$를 이루는 전하 성분 $\rho_\ell dz'$가 $-z'$에도 존재한다. 그러므로 $\mathbf{a}_z$ 성분은 적분 과정에서 서로 상쇄될 것이다. 그러므로 식(3-21)에서 dE_r 성분의 적분만 필요하다 :

$$\mathbf{E} = \mathbf{a}_r E_r = \mathbf{a}_r \frac{\rho_\ell r}{4\pi\epsilon_0}\int_{-\infty}^{\infty} \frac{dz'}{(r^2 + z'^2)^{3/2}}$$

즉,

균일전하분포의 무한선 전하에 의한 전계강도

$$\mathbf{E} = \mathbf{a}_r \frac{\rho_\ell}{2\pi\epsilon_0 r} \quad (\mathrm{V/m}). \tag{3-23}$$

이 된다.

식(3-23)은 무한 선전하에 대한 전계이며, 실제의 선전하는 결코 무한히 길지 않다. 그럼에도 불구하고 식(3-23)은 선전하에 가까운 한 점에서 길게 뻗은 선전하의 근사치 전계로 주어진다.

■ **연습문제 3.3** 50(pC/m)의 무한히 긴 선전하가 $x=2$(m), $z=1$(m)에서 y축과 평행이다. 점 $(-1, 5, -3)$에서 전계강도를 구하라.

답 $-0.18(\mathbf{a}_x 0.6 + \mathbf{a}_z 0.8)$ (V/m)

3-4 Gauss 법칙과 응용

Gauss 법칙은 발산 정리를 적용하여 정전계의 발산가정 식(3-3)으로부터 곧바로 유도된다. 이는 식(3-6)과 같이 유도되며 그것의 중요성 때문에 여기에 다시 적는다.

$$\oint_S \mathbf{E} \cdot d\mathbf{s} = \frac{Q}{\epsilon_0}. \tag{3-24}$$

Gauss 법칙

Gauss 법칙은 자유공간에서 임의의 폐곡면을 통하여 전계 E의 외부로 나가는 총 전속은 면으로 둘러싸인 총 전하를 ϵ_0로 나눈 것과 같다는 것이다. 평면 S는 편리하게 가정한(수학적 의미로) 폐표면으로 생각할 수 있으나, 이는 실제적으로 존재하는 물리적 표면은 아니다.

Gauss 법칙은 특히 어떤 대칭 조건을 가진, 즉 전계강도의 수직성분이 폐곡면에 대해 일정한 값을 가질 때, 전하분포에 대한 전계 $\mathbf{E}$를 결정하는데 유용하다. 그러한 경우에 식(3-24)의 왼쪽 면적분은 계산하기에 매우 쉽다. Gauss 법칙은 식(3-16)부터 (3-18 a)를 이용하는 것보다 전계강도를 구하는 데 더 효과적이다.

Gauss 표면의 적절한 선택

이에 반하여 대칭 조건이 없을 때에는 Gauss 법칙이 많은 도움을 주지 못한다. Gauss 법칙을 적용하는 기준 원리는 첫째, 대칭 조건에 있고, 둘째로 주어진 전하분포에서 생기는 **E**의 수직 성분이 일정하도록 적당한 면을 선택하는 데에 있다. 이와 같은 면을 **Gauss 표면(Gaussian surface)**이라 한다. 이 기본 원리는 구면 대칭을 가지는 점전하에 대해 식(3-8)을 얻기 위해 사용되어졌다. 그 때에 적당한 Gauss 표면은 점전하를 중심으로 갖는 구의 면이다.

예 제 3-4

Gauss 법칙을 사용하여 대기 중에서 균일한 밀도 ρ_ℓ을 갖는 무한히 긴 선전하의 전계강도를 구하라.

해

이 문제는 식(3-18)을 사용하여 예제 3-3에서 풀었었다. 선전하는 무한히 길기 때문에 전계 **E**는 선전하에 대하여 방사형이며 수직이어야 한다 ($\mathbf{E} = \mathbf{a}_r E_r$). 그리고 선전하에 평행한 **E**의 성분은 존재하지 않는다. 원통 대칭을 이용하면 그림 3-5 처럼 선전하를 축으로 하는 임의의 길이 L과 반

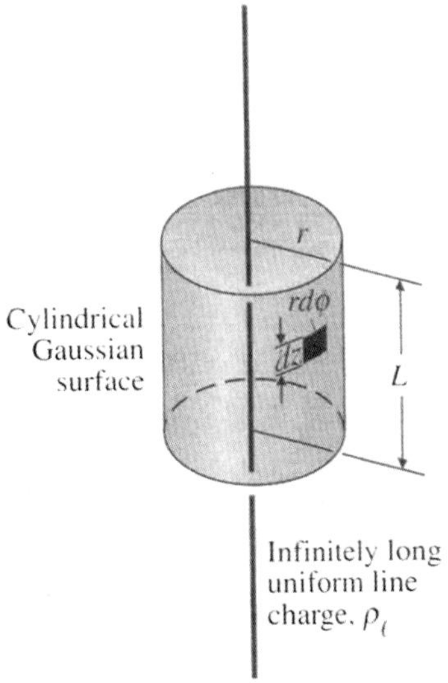

그림 3-5 무한히 긴 선전하에서의 Gauss 법칙 적용

지름 r 을 가진 원통 모양의 Gauss 표면을 구성할 수 있다. 이 면에서 E_r 은 일정하고 $d\mathbf{s}=\mathbf{a}_r r d\phi dz$ 이다.

$$\oint_S \mathbf{E}\cdot d\mathbf{s}=\int_0^L\int_0^{2\pi} E_r r d\phi dz = 2\pi r L E_r$$

이 된다. 원통의 윗면에서 $d\mathbf{s}=\mathbf{a}_z r dr d\phi$ 이지만 $\mathbf{E}$ 의 z 성분이 없어서 $\mathbf{E}\cdot d\mathbf{s}=0$ 이 되기 때문에 원통의 윗면과 밑면으로부터의 전계의 기여분은 없다. 원통으로 둘러싸인 내부의 총 전하는 $Q=\rho_\ell L$ 이다. 식(3-24)를 적용하면,

$$2\pi r L E_r=\frac{\rho_\ell L}{\epsilon_0}$$

따라서

$$\mathbf{E}=\mathbf{a}_r E_r=\mathbf{a}_r\frac{\rho_\ell}{2\pi\epsilon_0 r}$$

을 구할수 있다. 이 결과는 식(3-23)에 주어진 것과 같다. 그러나 여기서는 매우 간단한 방법으로 유도했다. 원통 Gauss 표면의 길이 L 은 마지막 식에서는 나타나지 않기 때문에 단위길이의 원통을 선택할 수 있다.

주의 : 만일 선전하가 유한한 길이를 갖는 선전하라면 원통형의 가우스 표면을 적용하여 풀 수 없다. 왜 그럴까?

예 제 3-5

균일한 면전하밀도 ρ_S 를 갖는 무한 판전하의 전계강도를 구하라.

해

무한히 대전된 면에 의해 발생된 전계는 대전 면에 대해 수직이다. 식(3-17)을 전계 $\mathbf{E}$ 를 구하는 데 사용할 수 있다. 그러나 이것은 $1/R^2$ 의 일반식의 무한 극한 사이에서 이중적분을 포함하게 된다. 이러한 경우에는 Gauss 법칙을 이용하는 것이 유리하다.

그림 3-6 에서처럼 판전하로부터 등거리에 있는 임의의 영역 A 의 윗면과 아랫면을 가진 육면체를 Gauss 표면으로 선택한다. 육면체의 측면은 대전된 판에 수직이다. 만일 대전된 판이 xy 평면에 있다고 한다면 윗면에서는

$$\mathbf{E} \cdot d\mathbf{s} = (\mathbf{a}_z E_z) \cdot (\mathbf{a}_z ds) = E_z ds$$

이고, 아랫면에서는

$$\mathbf{E} \cdot d\mathbf{s} = (-\mathbf{a}_z E_z) \cdot (-\mathbf{a}_z ds) = E_z ds$$

측면들로부터는 영향이 없으므로

$$\oint_S \mathbf{E} \cdot d\mathbf{s} = 2E_z \int_A ds = 2E_z A$$

가 된다. 육면체로 둘러싸인 내부의 총 전하는 $Q = \rho_S A$ 이다. 그러므로

$$2E_z A = \frac{\rho_S A}{\epsilon_0}$$

이고, 이로부터

$$\boxed{\mathbf{E} = \mathbf{a}_z E_z = \mathbf{a}_z \frac{\rho_S}{2\epsilon_0}, \quad z > 0.} \tag{3-25a}$$

와

$$\boxed{\mathbf{E} = -\mathbf{a}_z E_z = -\mathbf{a}_z \frac{\rho_S}{2\epsilon_0}, \quad z < 0.} \tag{3-25b}$$

를 얻는다. 대전된 판이 항상 xy 평면에 있는 것은 아니다.(그래서 항상

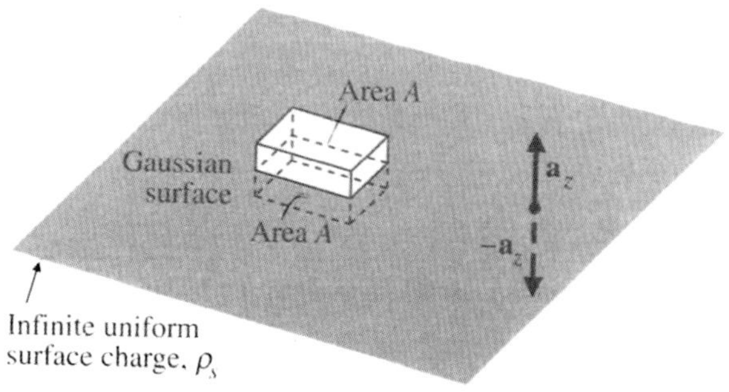

그림 3-6 무한 판전하에 Gauss 법칙 적용

"윗면" "아랫면"의 형태로 말하지 않는다) 그러나 전계 **E**는 ρ_S가 양수이면 항상 판으로부터 멀어짐을 가리킨다. 선택한 Gauss 면이 반드시 사각 모양이 아닌 임의의 둥근 상자 모양을 가질 수도 있다.

주의 : 만약 판전하가 양쪽으로 무한히 확정되지 않는다면 이 예에서 적당한 Gauss 표면을 선택할 수 없다. 왜 그럴까?

조명기구의 비교

사무실이나 교실의 조명기구는 백열전구, 긴 형광등, 또는 천장에 부착된 사각등으로 되어 있다. 이는 각각 점 원천, 선 원천, 그리고 면 원천과 대략 일치한다. 식(3-8), (3-23), 그리고 (3-25)로부터 조명강도는 백열전구의 경우에 원천인 백열전구로부터 거리의 제곱에 따라 급격히 떨어지고 긴 형광등에서는 덜 급격하고, 천장에 부착된 사각등의 경우는 전혀 그렇지 않다는 것을 알 수 있다.

예 제 3-6

체적전하밀도가 $0 \le R \le b$ 에서는 $\rho_v = -\rho_0$ 이고(ρ_0와 b는 양수) $R > b$ 에서는 $\rho_v = 0$ 인 구형의 전자구름에 의해 생기는 전계 **E**를 구하라.

해

먼저 주어진 원천 조건이 구대칭을 가지므로 Gauss 표면은 동심 구면이어야 한다. 그림 3-7 에서처럼 두 구역에서 전계 **E**를 구해야 한다.

a) $0 \le R \le b$

$R < b$ 에서 가상의 구형 Gauss 표면 S_i는 전자구름 내에 있다. 이 표면에서 전계 **E**는 방사성을 이루며 일정한 크기를 갖는다.

$$\mathbf{E} = \mathbf{a}_R E_R, \qquad d\mathbf{s} = \mathbf{a}_R ds$$

외부로 향하는 총 전속은

$$\oint_{Si} \mathbf{E} \cdot d\mathbf{s} = E_R \int_{Si} ds = E_R 4\pi R^2$$

이다. Gauss 표면으로 둘러싸인 총전하는

$$Q = \int_V \rho_v dv$$

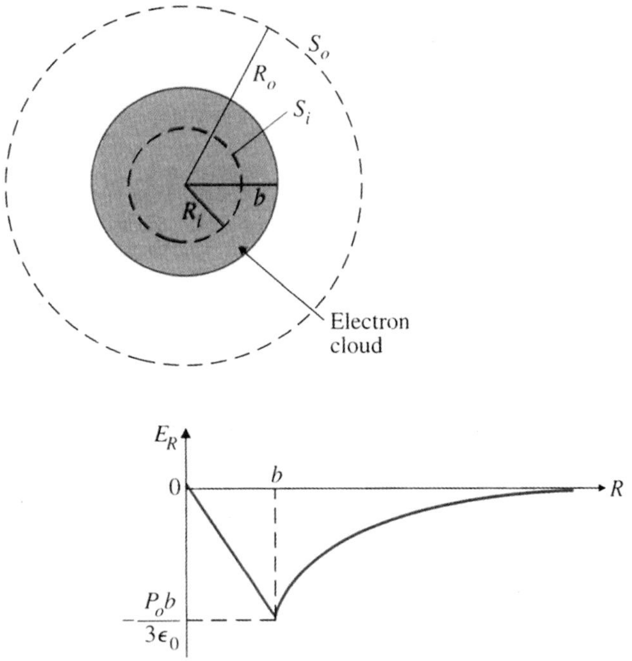

그림 3-7 구형 전자구름의 전계강도

$$= -\rho_o \int_V dv = -\rho_o \frac{4\pi}{3} R^3$$

이다. 식(3-6)에 대입하면

$$\mathbf{E} = -\mathbf{a}_R \frac{\rho_o}{3\epsilon_0} R, \qquad 0 \le R \le b$$

가 된다. 균일 전자구름 안에서 전계 $\mathbf{E}$는 전자 구름의 중심을 향하고 중심으로부터의 거리에 비례하는 크기를 갖는다는 것을 알 수 있다.

b) $R \ge b$

이 경우 전자구름 외부에 $R > b$를 가진 구형 Gauss면 S_0를 만든다. (**a**)의 경우처럼 $\oint_{So} \mathbf{E} \cdot d\mathbf{s}$에 대해 같은 식을 얻을 수 있다. 둘러싸인 총 전하는

$$Q = -\rho_o \frac{4\pi}{3} b^3$$

이다. 결과적으로

$$\mathbf{E} = -\mathbf{a}_R \frac{\rho_o b^3}{3\epsilon_0 R^2}, \qquad R \geq b$$

이 관계식은 역자승법을 따르며 식(3-8)로부터 바로 얻을 수 있다. 대전된 전자구름의 외부 전계 **E**는 총 전하가 중앙에 단일 점전하로 집중되어 있을 때와 같다. 일반적으로 이 결과는 ρ_v가 R의 함수일 때에도 구대칭성을 갖는 대전된 영역에 적용된다.

연습문제 3.4 자유공간에서 $\mathbf{E} = \mathbf{a}_r(20/r^2)$ (mV/m)로 주어질 때 점 (3, −4, 1) (cm)에서 ρ_v를 구하라.

답 -1.42 (nC/m³)

연습문제 3.5 양전하 Q가 대기중에서 반지름이 b인 매우 얇은 구껍질에 균일하게 분포되어 있다. 모든 구간에서 전계 **E**를 구하라. $|\mathbf{E}|$와 R의 관계를 도시하라.

답 $0 < R < b$에서 0;

$R > b$에서 $\mathbf{a}_R\left(\frac{Q}{4\pi\epsilon_0 R^2}\right)$

3-5 전위

식(2-105)의 영 항등식의 관계로부터 회전이 없는 벡터계는 스칼라계의 기울기로 표현 가능하므로 식(3-4)로부터 아래와 같은 스칼라 전위(electric potential) V를 정의할 수 있다.

전위로부터 정전계강도

$$\boxed{\mathbf{E} = -\nabla V.} \tag{3-26}$$

이는 스칼라량이 벡터량보다 다루기가 더 편하기 때문이며, 만일 더 쉽게 V를 결정할 수 있다면 **E**는 간단한 미분과정인 기울기 식에 의해 구할 수 있다. 식(3-26)에서 음의 부호를 포함하는 이유는 곧 설명될 것이다.

전위는 물리적 중요성을 갖는다. 이는 한 점에서 다른 점으로 전하를 움직이는 데 행한 일과 연관된다. 3-2 절에서 단위점전하에 작용하는 힘으로 전계강도를 정의하였다. 그러므로 전계 내에서 점 P_1에서 P_2로 단위전하를 움직일 때 한 일은 전계에 반대로 행하여지며

$$\frac{W}{q} = -\int_{P1}^{P2} \mathbf{E} \cdot d\mathbf{l} \quad (\text{J/C 또는 V}) \tag{3-27}$$

와 같다. P_1에서 P_2로 까지는 많은 경로가 있다. 그림 3-8에 두 경로가 그려져 있다. P_1과 P_2 사이의 경로는 식(3-27)에 명시되어 있지 않았기 때문에 자연적으로 의문이 생긴다. 일은 주어진 경로에 어떻게 관련되겠는가? 약간만 생각해 보면 식(3-27)의 W/q는 경로에 의존하지 않는다는 결론이 나온다. 만일 W/q가 경로에 의존한다면 일 또는 에너지의 순이익을 얻기 위해 W를 작게 할 수 있는 경로 P_1에서 P_2를 취한 후 다른 경로를 통해 P_1으로 돌아올 수 있다. 이 결과는 에너지 보존 원리에 위배된다. 식(3-7)을 논의하면서 비회전성(보존력 있는)의 전계 $\mathbf{E}$의 스칼라 선적분은 경로와 무관하다는 것을 언급하였다.

역학에서 위치에너지의 개념과 유사한 식(3-27)은 점 P_2와 P_1 사이의 점전하의 전위에너지 차이로 표현한다. 단위전하당 전위에너지를 V(**전위**)로 표현한다면

P_2에서 P_1 사이의 정전위 차는 P_1으로부터 P_2로 정전하가 움직이는데 하는 일과 같다.

$$V_2 - V_1 = -\int_{P1}^{P2} \mathbf{E} \cdot d\mathbf{l} \quad (\text{V}) \tag{3-28}$$

를 얻는다. 식(3-28)은 점 P_2와 P_1 사이의 **전위차(정전계 전압)**이다. 지리적 위치의 절대 고도나 페이저(phasor)의 절대 위상은 말할 수 있으나 어느

기준 영 전위의 선택

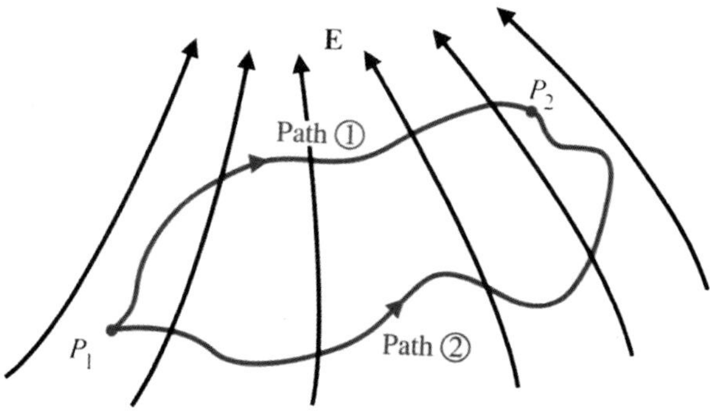

그림 3-8 전계 내에서 P_1에서 P_2까지의 두 경로

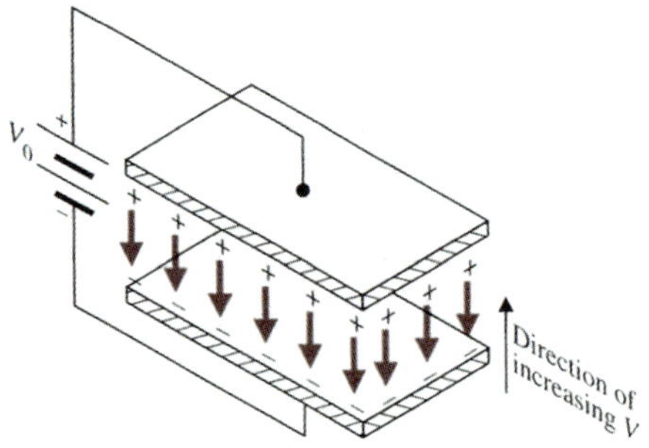

그림 3-9 **E** 와 증가하는 상대적 방향 관계

한 점의 절대 전위를 말할 수는 없다. 기준 영 전위점, 기준 영 위상(보통 $t=0$ 에서) 또는 기준 영 고도(해수면에 대해)는 먼저 명시되어야 한다. 대부분의 경우(항상 그렇지는 않다) 기준 영 전위점은 무한거리에 있다고 한다. 기준 영 전위점이 무한 거리에 있지 않으면(예를 들면, 지표면에 있을 때) 특별히 명시되어야 한다.

식(3-28)에 대해 여기서 두 가지 중요한 사실을 주시해야 한다. 첫째는 전계 **E** 에 반대방향이면 전위 V 가 증가하기 위해서는 음의 부호가 반드시 포함되어야 한다는 사실이다. 이를테면 전압 V_0의 직류전원이 그림 3-9 처럼 두 평형 도체판에 연결되어 있을 때 양, 음 전하는 각각 윗판과 아랫 판에 모인다. 전계 **E** 가 양전하로부터 음전하로 향할 때 전위는 반대방향으로 증가한다.

전계선은 등전위선과 면에 수직이다.

둘째로, 2-5 절에서 스칼라계의 기울기를 정의할 때 ∇V 의 방향은 일정한 V 의 면에 대해 법선방향이다. 그러므로 만일 전계 **E** 의 방향을 나타내기 위하여 방향성의 **계선**(field lines) 또는 **유속선**(flux lines)을 사용한다면, 그것은 어느 곳에서나 **등전위선**(equipotential lines)과 **등전위면**(equipotential surfaces)에 항상 수직이 된다.

연습문제 3.6 단위 양 전하가 $P_1(-2,0,0)$에서 $P_2(5,-1,3)$로 움직일 때 전계 $\mathbf{E}=\mathbf{a}_x x-\mathbf{a}_y 2y$ 에 대해서 한 일을 구하라.

답 9.5(J)

3-5.1 전하분포에 의한 전위

무한거리 점을 기준으로 할 때 점전하 q 로부터 거리 R 의 위치에서 전위는 식(3-28)로부터 쉽게 얻을 수 있다 :

$$V = -\int_{\infty}^{R}\left(\mathbf{a}_R \frac{q}{4\pi\epsilon_0 R^2}\right)\cdot(\mathbf{a}_R dR)$$

무한거리 점을 기준으로 할 때 점전하의 정전위

$$\boxed{V = \frac{q}{4\pi\epsilon_0 R} \quad (\text{V})} \tag{3-29}$$

이 주어진다. 이것은 스칼라량이며 q 외에는 오직 거리 R 에 의해 변한다. q 로부터 각각 거리 R_2, R_1 만큼 떨어진 두 점 P_2와 P_1 사이의 전위차는

$$V_{21} = V_{P2} - V_{P1} = \frac{q}{4\pi\epsilon_0}\left(\frac{1}{R_2} - \frac{1}{R_1}\right) \tag{3-30}$$

이다.

$\mathbf{R}'_1$, $\mathbf{R}'_2$, . . . , $\mathbf{R}'_n$ 에 위치한 n 개의 이산 전하 q_1, q_2, . . . , q_n에 의한 $\mathbf{R}$ 에서의 전위차는 각 전하에 의한 전위의 합이다 :

$$\boxed{V = \frac{1}{4\pi\epsilon_0}\sum_{k=1}^{n}\frac{q_k}{|\mathbf{R} - \mathbf{R}'_k|} \quad (\text{V}).} \tag{3-31}$$

이것은 스칼라 합이기 때문에 $\mathbf{E}$ 를 구할 때 식(3-14)와 같이 벡터 합으로 직접 구하는 것보다 V 에 음의 기울기를 취함으로써 $\mathbf{E}$ 를 구하는 것이 일반적으로 더 쉽다.

예 제 3-7

미소 거리 d 만큼 떨어진, 크기는 같고 부호는 서로 다른 점전하 $+q$ 와 $-q$ 로 구성된 전기쌍극자(electric dipole)가 그림 3-10 에 나타나 있다. 쌍극자로부터 거리 $R \gg d$ 인 거리에 있는 임의의 점 P 에서의 전위 V 와 전계 $\mathbf{E}$ 를 구하라.

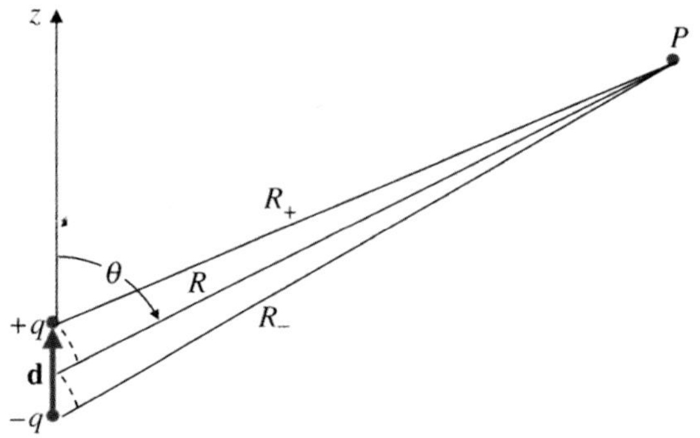

그림 3-10 전기쌍극자

해

전하 $+q$와 $-q$로부터 전계점 P까지의 거리는 각각 R_+와 R_-라 하면, P에서의 전위는 식(3-31)로부터 바로 쓸 수 있다.

$$V = \frac{q}{4\pi\epsilon_0}\left(\frac{1}{R_+} - \frac{1}{R_-}\right) \tag{3-32}$$

만일 $d \ll R$이면

$$R_+ \cong \left(R - \frac{d}{2}\cos\theta\right) \tag{3-33}$$

이고

$$R_- \cong \left(R + \frac{d}{2}\cos\theta\right) \tag{3-34}$$

이다. 식(3-32)에 식(3-33)과 (3-34)를 대입하면

$$V = \frac{q}{4\pi\epsilon_0}\left(\frac{1}{R - \frac{d}{2}\cos\theta} - \frac{1}{R + \frac{d}{2}\cos\theta}\right)$$

$$= \frac{q}{4\pi\epsilon_0}\left(\frac{d\cos\theta}{R^2 - \frac{d^2}{4}\cos^2\theta}\right) \cong \frac{qd\cos\theta}{4\pi\epsilon_0 R^2} \tag{3-35}$$

가 된다. 식(3-35)는

전기쌍극자 모멘트로부터 정전위를 구한다.

$$\boxed{V=\frac{\mathbf{p}\cdot\mathbf{a}_R}{4\pi\epsilon_0 R^2}\quad(\mathrm{V})} \tag{3-36}$$

과 같이 쓰여질 수 있다. 여기서 $\mathbf{p}=q\mathbf{d}$ 로서 **전기쌍극자 모멘트(electric dipole moment)** 이다(SI 단위 : C·m)(근사부호(~)는 간소화하기 위해 생략한다). 전계 $\mathbf{E}$ 는 $-\nabla V$ 로부터 구할 수 있다. 구좌표계에서

$$\mathbf{E}=-\nabla V=-\mathbf{a}_R\frac{\partial V}{\partial R}-\mathbf{a}_\theta\frac{\partial V}{R\partial\theta}$$
$$=\frac{p}{4\pi\epsilon_0 R^3}(\mathbf{a}_R 2\cos\theta+\mathbf{a}_\theta\sin\theta) \tag{3-37}$$

이다. V 와 $\mathbf{E}$ 모두 예상대로 ϕ 와는 무관하다.

■ 연습문제 3.7 원점에서 전기쌍극자는 쌍극자 모멘트 $\mathbf{a}_z 0.1$(nC·m)를 갖는다. (a) (0,0,5(m)) 와 (b) (2(m), $\pi/3$, $\pi/8$)에서 V 와 $\mathbf{E}$ 를 구하라.

답 (a) 36(mV), $\mathbf{a}_z 14.4$(mV/m) ; (b) 113(mV), $\mathbf{a}_R 113+\mathbf{a}_\theta 97.4$(mV/m)

주어진 영역에 있는 연속적인 전하분포에 의한 전위는 대전된 영역에 대해 영향을 갖는 전하 성분들을 적분함으로써 얻을 수 있다. 체적 전하분포에 대하여

연속 전하분포에 의한 전위

$$\boxed{V=\frac{1}{4\pi\epsilon_0}\int_{V'}\frac{\rho_v}{R}dv'\quad(\mathrm{V}).} \tag{3-38}$$

이다. 면전하분포에 대하여는

$$\boxed{V=\frac{1}{4\pi\epsilon_0}\int_{S'}\frac{\rho_s}{R}ds'\quad(\mathrm{V}).} \tag{3-39}$$

그리고 선전하분포에 대하여는

$$\boxed{V=\frac{1}{4\pi\epsilon_0}\int_{L'}\frac{\rho_\ell}{R}d\ell'\quad(\mathrm{V}).} \tag{3-40}$$

이다. 여기에서 식(3-38)과 (3-39)에서의 적분은 각각 3중 또는 2중 적분을 의미한다.

예 제 3-8

균일 면전하밀도 ρ_s를 갖는 반지름 b의 원판의 축상에서 전계강도에 대한 식을 구하라.

해

비록 판이 원대칭일지라도 판의 주위로 **E**의 수직 성분이 일정한 표면을 설정할 수 없다. 그러므로 Gauss 법칙은 이 문제의 해결에 적절하지 않다. 식(3-39)를 사용하여 그림 3-11에 나타낸 원통좌표계를 이용하면

$$ds' = r'dr'd\phi'$$

이고

$$R = \sqrt{z^2 + r'^2}$$

이다. 무한원점에 대한 $P(0,0,z)$에서의 전위는

$$V = \frac{\rho_s}{4\pi\epsilon_0}\int_0^{2\pi}\int_0^b \frac{r'}{(z^2 + r'^2)^{1/2}}\, dr'd\phi'$$

$$= \frac{\rho_s}{2\epsilon_0}[(z^2 + b^2)^{1/2} - |z|] \tag{3-41}$$

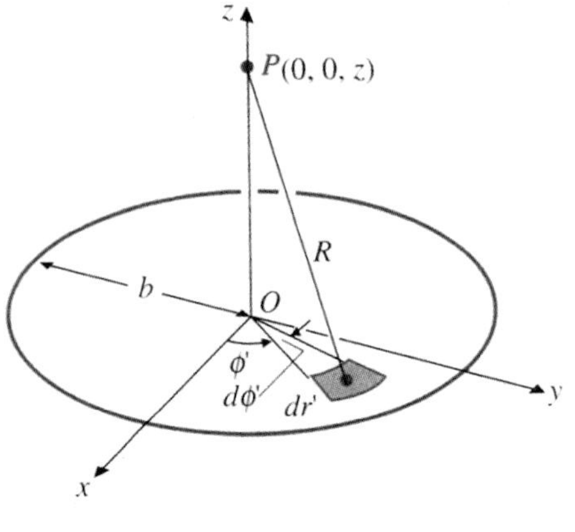

그림 3-11 균일 전하 원판(예제 3-8)

이다. 여기서 절대치는 z 가 양수(판의 윗점)이거나 음수(판의 아랫점)이거나 V 가 같다는 사실을 말한다. 따라서,

$$\mathbf{E} = -\nabla V = -\mathbf{a}_z \frac{\partial V}{\partial z}$$

$$= \begin{cases} \mathbf{a}_z \dfrac{\rho_s}{2\epsilon_0}[1 - z(z^2 + b^2)^{-1/2}], & z > 0 \quad \text{(3-42a)} \\ -\mathbf{a}_z \dfrac{\rho_s}{2\epsilon_0}[1 + z(z^2 + b^2)^{-1/2}], & z < 0 \quad \text{(3-42b)} \end{cases}$$

이다.

복습문제

문 3-1 자유공간에서 정전계의 기본 가정의 미분형을 써라.

문 3-2 전계강도는 어떤 조건에서 솔레노이드하면서 비회전성이 되는가?

문 3-3 자유공간에서 정전계의 기본 가정의 적분형을 쓰고 그 의미를 말하라.

문 3-4 비회전계가 보존계로 알려진 이유를 설명하라.

문 3-5 (a) 점전하 (b) 전기쌍극자에 대해 거리에 따라 전계강도가 어떻게 변하는가?

문 3-6 Coulomb 법칙을 설명하라.

문 3-7 Gauss 법칙을 설명하라. 특별히 어떤 조건이 전하분포에 대한 전계강도를 구하는 데 Gauss 법칙을 적용할 수 있겠는가?

문 3-8 균일 밀도를 가진 무한히 곧게 뻗은 선전하의 전계강도가 거리에 따라 어떻게 변하는지 설명하라.

문 3-9 한 점에서 전위가 0이면 그 점에서 전계강도도 0이 되느냐? 설명하라.

문 3-10 한 점에서 전계강도가 0이면 전위도 0이 되느냐? 설명하라.

요 점

1. 전하분포의 전계강도 **E**를 구하려 할 때 전계의 수직 성분이 일정한 전하를 둘러싼 대칭 Gauss 표면이 존재한다면 Gauss 법칙을 적용하는 것이 가장 간단하다.
2. 적당한 가우스 표면이 존재하지 않으면 먼저 V 를 구하고 $-\nabla V$ 로부터 **E**를 구하는 것이 그 다음으로 간단하다.
3. 방향성 계선(유속선)은 어디에서나 등전위 선과 등전위 면에 수직이다.

3-6 정전계 내에서의 매질

도체, 반도체, 절연체

지금까지 오직 자유공간 또는 대기 중에서 정전하 분포에 대한 전계를 논의하였다. 이제 매질에서의 전계 특성을 고찰하자. 일반적으로 물질은 그들의 전기적 특성에 따라 **도체**(conductors), **반도체**(semiconductors) 그리고 **절연체**(insulators) 또는 **유전체**(dielectrics) 세 가지로 구분한다. 궤도 전자와 양으로 대전된 핵으로 구성된 원자의 모델에서 **도체**의 원자에 있는 최외각 전자는 매우 느슨하게 잡혀 있어 한 원자에서 다른 원자로 쉽게 옮겨 간다. 대부분의 금속은 이 그룹에 속한다. 그러나 **절연체** 또는 유전체의 원자 안의 전자는 그들의 궤도에 구속되어 있다. 그들은 정상상태에서 또는 외부 전계가 주어지더라도 궤도에서 벗어날 수 없다. **반도체**의 전기적 특성은 도체와 절연체 중간에 있어서 자유롭게 움직이는 전하의 수가 상대적으로 작다.

고체의 띠이론(band theory)에 의하면 전자에 대해 에너지 띠가 허용되는데, 각 띠는 많은 조밀하고 불연속인 에너지 상태를 구성한다. 이 에너지 띠 사이에는 고체 원자의 전자가 전혀 없는 금지구역 즉, 갭(gap)이 있다. 도체는 부분적으로 전자로 채워진 상위 에너지 띠 또는 이 띠에 작은 에너지 변화에도 다른 곳으로 움직일 수 있는 전자로 채워진 상위 중복 띠로 되어 있다. 절연체 또는 유전체는 상위 띠가 완전히 채워진 물질이라서, 다음의 높은 띠까지는 에너지 차가 너무 크기에 전도가 일어나지 않는다. 금지구역의 에너지 갭이 상대적으로 작으면, 채워진 상위 띠에 있는 전자를 다음 띠로 이동할 수 있게 하여 전도를 일어나게 하는 데에는 적은 양의 외부 에너지라도 충분하다. 그런 물질을 반도체라 한다. 매개 물질의 거시적인 전기적 특성은 4 장에서 정의될 **도전율**(conductivity)이라 불리는 구조적 변수에 의해 규정된다.

3-6.1 정전계 내의 도체

도체의 내부에 양(또는 음) 전하가 주입되었다고 가정하자. 도체 내에 전계가 형성되고 이것은 전하에 힘을 미치게 되어 그들을 서로 다른 곳으로 이동시키게 된다. 이 움직임은 모든 전하가 도체 표면에 도착할 때까지 계속되고 전하와 전계가 내부에서 0이 될 때까지 스스로 재배치된다. 따라서 다음과 같이 된다.

도체 안에서 (정적 조건하에)	
$\rho_v = 0$	(3-43)
$\mathbf{E} = 0$	(3-44)

정적 상태에서 도체 안에 있는 자유전하와 전계강도는 0이 된다.

도체의 내부에 자유전자가 없을 때($\rho_v = 0$) Gauss 법칙에 따라 도체 내부에 형성된 임의의 폐표면을 통해 외부로 향하는 총 전속은 없기 때문에 $\mathbf{E}$는 0이다.

도체의 표면에서 전하분포는 면의 형태에 따라 다르다. 명백하게, 만일 접선방향 힘을 일으키며 전하를 움직이는 전계강도의 접선 성분이 있다면 전하들은 평형상태에 있지 않을 것이다. 그러므로 **정적 상태(static condition)에서, 도체 표면에서 전계 E는 도체 표면의 모든 곳에서 법선방향이다. 즉 도체의 표면은 정적상태에서 등전위 면이다.** 사실 도체 내부의 모든 곳에서 $\mathbf{E} = 0$이기 때문에 도체 전체는 같은 정전위를 갖는다.

그림 3-12는 도체와 자유공간 사이의 경계를 보여 준다. 폭이 $ab =$

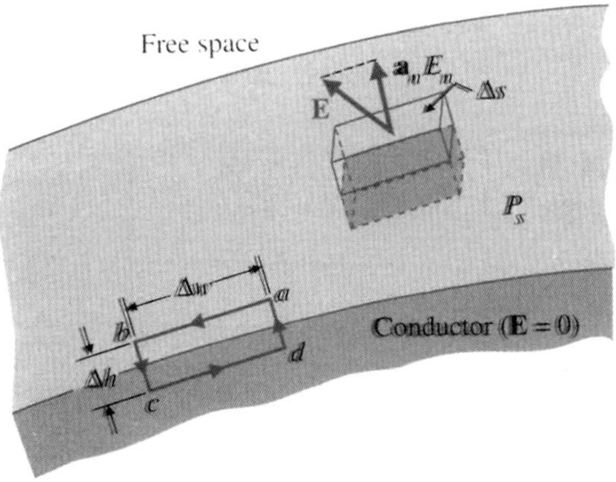

그림 3-12 도체와 자유공간 사이의 경계면

$cd = \Delta w$ 이고 높이가 $bc = da = \Delta h$ 인 폐곡선 $abcda$ 를 생각하자. 측면 ab 와 cd 는 경계와 평행하다. 식(3-7)을 이용하고 $\Delta h \to 0$ 로, 또한 도체 내에서 $\mathbf{E}$ 는 0 이므로

$$\oint_{abcda} \mathbf{E} \cdot d\mathbf{l} = E_t \Delta w = 0$$

즉,

$$E_t = 0 \tag{3-45}$$

가 된다. 이것은 **도체 표면에서 전계 E 의 접선 성분은 정적 상태에서 0 이라는 것을 의미한다.** 도체의 표면에서 $\mathbf{E}$ 의 법선 성분 E_n 을 알기 위하여 자유공간 내에 윗면과 도체($\mathbf{E} = 0$) 내에 아랫면을 갖는 얇은 약상자 형태로 가우스 표면을 구성한다. 식(3-6)을 사용하여

$$\oint_S \mathbf{E} \cdot d\mathbf{s} = E_n \Delta s = \frac{\rho_s \Delta s}{\epsilon_0}$$

즉

$$E_n = \frac{\rho_s}{\epsilon_0} \tag{3-46}$$

을 얻는다. 그러므로 **도체와 자유공간의 경계에서 전계 E 의 법선 성분은 도체에서 면전하밀도를 자유공간의 유전율로 나눈 것과 같다.** 도체 표면에서 경계 조건을 요약하면

정적 상태에서 도체 면에서의 전계는 등전위면에 대해 수직이다.

도체와 자유공간의 경계면에서의 경계조건	
$E_t = 0$	(3-45)
$E_n = \dfrac{\rho_s}{\epsilon_0}$	(3-46)

이 된다.

예 제 3-9

양 점전하 Q 가 내경이 R_i 이고 외경이 R_0 인 구형 도체각(shell)의 중심에

있다. 반지름 R의 함수로 $\mathbf{E}$와 V를 구하라.

해

그림 3-13(a)에서 보는 바와 같이 구대칭이기 때문에 Gauss 법칙을 사용하여 $\mathbf{E}$를 구한 다음 적분에 의하여 V를 쉽게 구할 수 있다. 서로 다른 세 영역 (a) $R > R_0$, (b) $R_i < R < R_0$, (c) $R < R_i$이 있다. 이 영역 안에 적당한 구형태의 Gauss 표면을 만든다. 대칭성 때문에 세 영역 모두에서 $\mathbf{E} = \mathbf{a}_R E_R$이다.

a) $R > R_0$(Gauss 표면 S_1) :

$$\oint_S \mathbf{E} \cdot d\mathbf{s} = E_{R1} 4\pi R^2 = \frac{Q}{\epsilon_0}$$

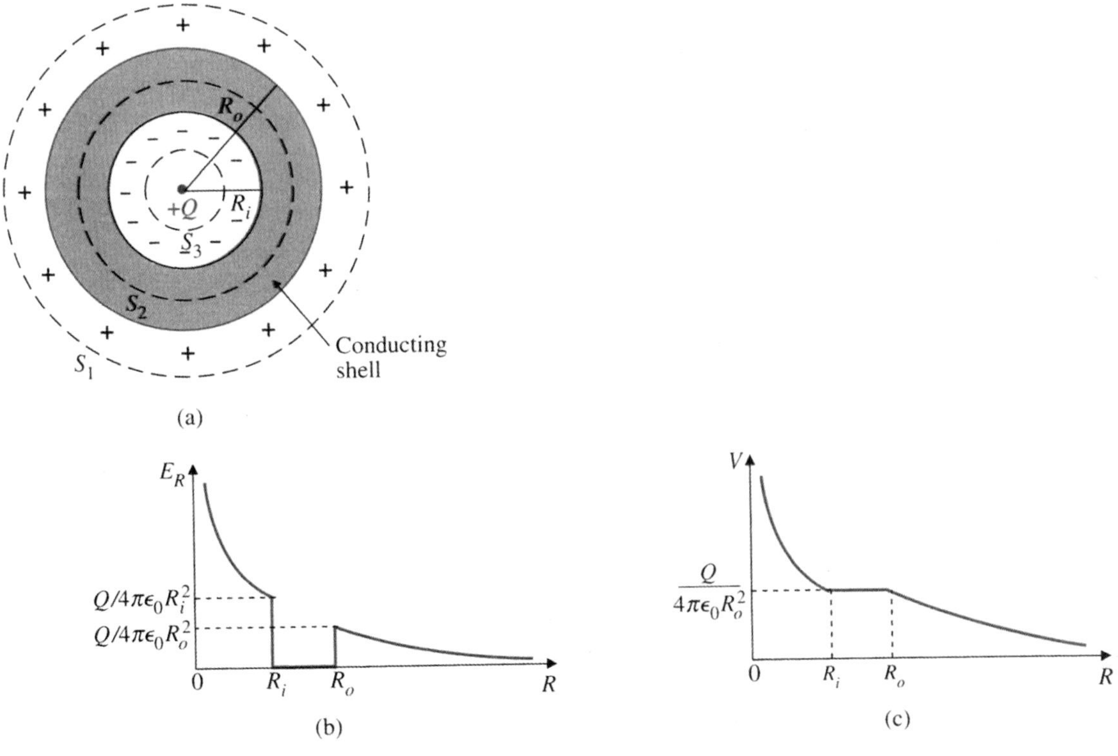

그림 3-13 구형 도체각의 중앙에 있는 점전하 Q의 전계강도와 전위 변화(예제 3-9)

즉

$$E_{R1}=\frac{Q}{4\pi\epsilon_0 R^2} \tag{3-47}$$

이 된다. 전계 **E**는 그림에서와 같은 구형 도체가 없을 때 점전하 Q에 의한 전계 **E**와 같다 ; 이 관계식은 식(3-8)에 주어졌다. 무한점에 대한 전위는

$$V_1=-\int_{\infty}^{R}(E_{R1})\,dR=\frac{Q}{4\pi\epsilon_0 R} \tag{3-48}$$

이다. 이는 식(3-29)에 주어진 것과 같다.

b) $R_i < R < R_0$(Gauss 표면 S_2) :
식(3-44)로부터

$$E_{R2}=0 \tag{3-49}$$

임을 알 수 있다. 도체 내에서 $\rho_v=0$이고 면 S_2로 둘러싸인 총 전하는 0이어야 하기 때문에 $R=R_i$인 내경에 $-Q$인 음전하가 유도된다(이는 또한 $+Q$인 양전하가 $R=R_0$인 외경에 유도됨을 의미한다). 구형 도체는 등전위체이다. 그러므로,

$$V_2=V_1\Big|_{R=R_0}=\frac{Q}{4\pi\epsilon_0 R_0} \tag{3-50}$$

이다.

c) $R < R_i$(Gauss 표면 S_3) :
Gauss 법칙에 의해 첫 영역에서의 E_{R1}을 구할 때와 같은 방법으로 구한다.

$$E_{R3}=\frac{Q}{4\pi\epsilon_0 R^2} \tag{3-51}$$

이 영역에서 전위는

$$V_3=-\int E_{R3}\,dR+K=\frac{Q}{4\pi\epsilon_0 R}+K$$

이다. 여기서 적분상수 K는 $R=R_i$에서의 V_3를 식(3-50)에서 V_2와

같게 함으로써 구한다.

$$K = \frac{Q}{4\pi\epsilon_0}\left(\frac{1}{R_o} - \frac{1}{R_i}\right) \tag{3-52}$$

이고 따라서

$$V_3 = \frac{Q}{4\pi\epsilon_0}\left(\frac{1}{R} + \frac{1}{R_o} - \frac{1}{R_i}\right) \tag{3-53}$$

전위는 경계면에서 연속이다

이다. 세 영역에서 R에 대한 E_R과 V의 변화는 그림 3-13(b)와 3-13(c)에 나타나 있다. 그런데 전계강도는 불연속인 반면에 전위는 연속적임을 주목하라. 전위의 불연속은 전계강도가 무한한 것을 의미한다.

■ 연습문제 3.8 외경 3(cm), 내경 2(cm)인 매우 긴 동관이 그것의 축에 있는 60(pC/m)의 선전하를 둘러싸고 있다고 가정하자. 다음을 구하라.

a) $r = 1$(m), 2.5(cm), 1.5(cm)에서 전계 **E**

b) 내면과 외면 사이의 전위차

답 (a) 1.08(V/m), 71.90(V/m) ; (b) 0(V)

3-6.2 정전계에서 유전체

모든 매질은 음으로 대전된 전자들로 둘러싸인 양으로 대전된 원자핵들로 구성되어 있다. 비록 유전체의 분자가 거시적으로 중립일지라도 외부에 존재하는 전계가 각 대전된 입자에 영향을 주고 반대방향으로 양 음 전하의 작은 이동을 일으킨다. 이를 **구속전하**(bound charge)라고 한다. 원자의 크기보다 작을 만큼의 작은 이동에도 불구하고 결국 유전체는 분극을 하게 되고 전기쌍극자가 생긴다. 그림 3-14 에 이 상황이 묘사되어 있으며 전기쌍극자는 0 이 아닌 전위와 전계강도를 가지므로(예제 3-7 참조) **유도 전기쌍극자**(induced electric dipoles)는 유전체의 내부와 외부에서의 전계를 변화시킨다.

어떤 유전체의 분자는 비록 외부 전계가 없을지라도 영구적인 쌍극자 모멘트를 갖고 있다. 어떤 분자들은 보통 둘 또는 그 이상의 서로 다른 원자로 되어 있고 영구적인 전기쌍극자를 갖지 않는 **무분극 분자**(nonpolar

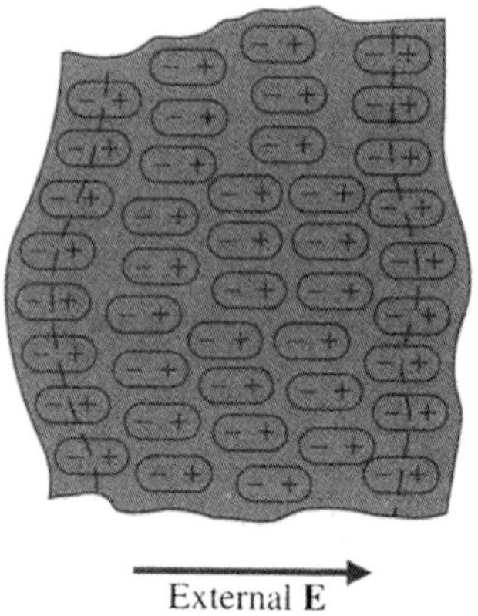

그림 3-14 분극된 유전체 단면

molecules)와는 달리 **분극 분자**(polar molecules)라 불린다. 한 예로 물분자 H_2O는 두 수소원자와 한 산소원자로 구성되어 있다. 원자는 쌍극자 모멘트가 0이 되도록 배열하지 않는다. 즉, 수소원자는 반드시 산소원자의 정반대에 놓여 있는 것은 아니다.

분극 분자의 쌍극자 모멘트는 약 10^{-30}(C · m)정도이다. 외부 전계가 없을 때 분극 유전체 내에서 각각의 쌍극자들은 임의의 방향으로 향한다. 그래서, 거시적으로 순수 쌍극자 모멘트는 발생되지 않는다. 가해진 전계가 각각의 쌍극자들에 토크를 주면 그림 3-14에 보여진 것과 비슷한 방법으로 전계에 대하여 쌍극자들이 정렬하려는 경향이 있다.

유도된 쌍극자의 거시적 효과를 검토하기 위하여 **분극벡터**(polarization vector) $\mathbf{P}$를 다음과 같이 정의한다.

분극벡터는 전기쌍극자의 체적밀도

$$\mathbf{P} = \lim_{\Delta v \to 0} \frac{\sum_{k=1}^{n\Delta v} \mathbf{p}_k}{\Delta v} \quad (\mathrm{C/m^2}) \tag{3-54}$$

여기에서 n은 단위체적당 분자수이다. 식(3-54)의 분자는 미소 체적 Δv에 포함된 유도 쌍극자 모멘트들의 벡터 합을 표현한다. 벡터 $\mathbf{P}$는 전기 쌍극자의 체적밀도이다. 미소 체적 dv'의 쌍극자 모멘트 $d\mathbf{p}$는 $d\mathbf{p} = \mathbf{P}dv'$로 이는 정전위를 발생시킨다.(식 3-36 참조)

$$dV = \frac{\mathbf{P} \cdot \mathbf{a}_R}{4\pi\epsilon_0 R^2} dv' \tag{3-55}$$

유전체의 체적 V'에 대해 적분을 하면 분극 유전체에 의한 전위를 얻을 수 있다.

분극벡터로부터 정전위를 구한다

$$V = \frac{1}{4\pi\epsilon_0}\int_{V'} \frac{\mathbf{P}\cdot\mathbf{a}_R}{R^2}dv' \tag{3-56}$$

여기에서 R은 미소 체적 dv'에서부터 고정된 계점까지의 거리이다.

유도된 전기쌍극자 효과의 유용한 물리적 해석은 다음의 분극벡터 $\mathbf{P}$의 면과 체적에서의 효과를 살펴봄으로써 알 수 있다.†

1. 등가 분극 면전하밀도, ρ_{ps}.

그림 3-14로부터 분자들은 우측 경계에서 양(+)인 면전하를, 왼쪽경계에서 음(−)인 면전하를 효과적으로 분포시킨다. 면전하밀도는 면에서 점선 밖으로 튀어나온 전기쌍극자의 밀도에 의존하기 때문에 등가 **분극 면전하밀도**(polarization surface charge density)는

등가 분극 면전하밀도

$$\boxed{\rho_{ps} = \mathbf{P}\cdot\mathbf{a}_n \quad (\mathrm{C/m^2}).} \tag{3-57}$$

이다.

2. 등가 분극 체적전하밀도, ρ_{pv}.

체적 V를 둘러싸고 있는 표면 S에 대하여 분극으로 인해 V 밖으로 흐르는 순 총전하는 식(3-57)을 적분함으로써 구한다. 체적 V 안에 보존된 순 전하는 식(3-57) 적분에 음을 취한 값이다.

$$\begin{aligned} Q &= -\oint_S \mathbf{P}\cdot\mathbf{a}_n ds \\ &= \int_V (-\nabla\cdot\mathbf{P})\,dv = \int_V \rho_{pv} dv \end{aligned} \tag{3-58}$$

여기에서 폐곡면에서의 면적분을 체적적분으로 바꾸기 위해 발산 정리를 적용하였다. 등가 **분극 체적전하밀도**(polarization volume charge density)는 아래 식과 같이 정의된다.

† 좀더 일반적인 유도는 D.K.Cheng, *Field and Wave Electromagnetics*, Second Edition, Subsection 3-7.1, Addison-Wesley Publishing Co., Reading Mass., 1989.에서 얻을 수 있다.

등가 분극 체적전하 밀도

$$\boxed{\rho_{pv} = -\nabla \cdot \mathbf{P} \quad (\mathrm{C/m^3}).} \tag{3-59}$$

그러므로 **P** 의 발산이 0 이 되지 않는 곳에서 분극 유전체는 대전되어 나타난다. 그러나 전기적으로 중립인 유전체를 가정했기 때문에 분극 후 유전체의 총 전하는 영이다. 임의의 형태를 갖는 유전체에 대하여

$$\begin{aligned} \text{총 전하} &= \oint_S \rho_{ps} ds + \int_V \rho_{pv} dv \\ &= \oint_S \mathbf{P} \cdot \mathbf{a}_n ds - \int_V \nabla \cdot \mathbf{P}\, dv = 0 \end{aligned}$$

이라는 사실을 쉽게 증명할 수 있다. 분극 전하밀도 ρ_{ps} 와 ρ_{pv} 는 분극 유전체에 의해 발생하는 전위와 전계강도를 구하는 데 사용된다.

$$V = \frac{1}{4\pi\epsilon_0}\oint_{S'} \frac{\rho_{ps}}{R} ds' + \frac{1}{4\pi\epsilon_0}\int_{V'} \frac{\rho_{pv}}{R} dv' \tag{3-60}$$

관계는 식(3-56)과 같고 정전계에서 $\mathbf{E} = -\nabla V$ 이다.

예 제 3-10

반지름 R_0 인 구형 유전체에서 분극벡터 **P** 는 $\mathbf{a}_x P_0$ 이다.

a) 등가 분극 면전하밀도, 체적전하밀도와

b) 구의 내면과 외면에서 총 등가 전하를 구하라.

해

a) 구의 표면($R = R_0$)에서 분극 표면전하밀도는

$$\begin{aligned} \rho_{ps} &= \mathbf{P} \cdot \mathbf{a}_R = P_0(\mathbf{a}_x \cdot \mathbf{a}_R) \\ &= P_0 \sin\theta \cos\phi \end{aligned}$$

이다. 분극 체적전하밀도는

$$\rho_{pv} = -\nabla \cdot \mathbf{P} = -\nabla \cdot (\mathbf{a}_x P_0) = 0$$

이다.

b) 총 표면전하는

$$Q_s = \oint \rho_{ps} ds = \int_0^{\pi} \int_0^{2\pi} P_0 \sin\theta \cos\phi \, d\phi \, d\theta = 0$$

이고, 내부 총 전하는

$$Q_v = \int \rho_{pv} dv = 0$$

이다. 따라서 구에서 총 전하는 예상한 대로 $Q_s + Q_v = 0$ 이다.

3-7 전속밀도와 유전상수

분극 유전체는 등가 체적전하밀도 ρ_{pv}를 갖기 때문에 유전체에서의 전하 분포에 기인한 전계강도는 자유공간에서와는 다르다. 특히 식(3-3)에서의 발산 가정은 ρ_{pv}의 영향을 포함하기 때문에 수정되어야 한다 ; 즉,

$$\nabla \cdot \mathbf{E} = \frac{1}{\epsilon_0}(\rho_v + \rho_{pv}) \tag{3-60}$$

식(3-59)를 이용하면

$$\nabla \cdot (\epsilon_0 \mathbf{E} + \mathbf{P}) = \rho_v \tag{3-61}$$

이다. 이제 새로운 기본적인 전계량, 즉 **전속밀도**(flux density), 또는 **전기 변위**(electric displacement)인, $\mathbf{D}$를 정의하면

전기 변위 D의 정의

$$\boxed{\mathbf{D} = \epsilon_0 \mathbf{E} + \mathbf{P} \quad (\mathrm{C/m^2}).} \tag{3-62}$$

이다.

벡터 $\mathbf{D}$는 분극벡터 $\mathbf{P}$ 또는 분극 전하밀도 ρ_{pv} 대신 임의의 매질에서 전계와 자유전하들의 분포 사이의 발산 관계를 나타낸다. 식(3-61)과 (3-62)로 새로운 식

$$\boxed{\nabla \cdot \mathbf{D} = \rho_v \quad (\mathrm{C/m^3}).} \tag{3-63}$$

를 얻는다. 여기에서 ρ_v는 자유전하의 체적밀도이다. 식(3-63)과 (3-4)는

임의의 매질에서 정전계에 관한 두 기본적인 미분식이다. 자유공간의 유전율 ϵ_0은 이 두 식에서 나타나지 않음을 유의하라.

식(3-63)에 대응하는 적분형은 양쪽에 체적적분을 취하여 얻어진다.

$$\int_V \nabla \cdot \mathbf{D}\, dv = \int_V \rho_v\, dv \tag{3-64}$$

또는

일반화된 Gauss 법칙–유전체뿐만 아니라 자유공간에도 적용

$$\boxed{\oint_S \mathbf{D} \cdot d\mathbf{s} = Q \quad \text{(C)}.} \tag{3-65}$$

가 된다. Gauss 법칙의 또다른 형태인 식(3-65)는 **임의의 폐표면을 통과하는 전기 변위의 외부로 흘러나가는 유속(또는 간단히 외부로의 총 전속)은 폐표면 안에 포함되어 있는 총 자유전하와 같다는 것을 의미한다.**

매질의 유전체 성질이 선형(linear)이고 등방성(isotropic)일 때 분극은 전계강도와 비례하고 비례상수는 전계의 방향과는 무관하다. 이는

전기 감수율

$$\mathbf{P} = \epsilon_0 \chi_e \mathbf{E} \tag{3-66}$$

선형 유전체와 균질 유전체의 정의

로 쓴다. 여기에서 χ_e는 **전기 감수율**(electric susceptibility)이라 불리는 단위가 없는 양이다. 만일 χ_e가 전계 E와 무관하면 유전체 매질을 선형이라 하고 공간좌표에 대해 무관하면 균질(homogeneous)이라고 한다. 식(3-62)에 식(3-66)을 대입하면

$$\boxed{\begin{aligned} \mathbf{D} &= \epsilon_0(1+\chi_e)\,\mathbf{E} \\ &= \epsilon_0\epsilon_r \mathbf{E} = \epsilon \mathbf{E} \quad (\text{C/m}^2). \end{aligned}} \tag{3-67}$$

이 된다. 여기에서

$$\epsilon_r = 1 + \chi_e = \frac{\epsilon}{\epsilon_0} \tag{3-68}$$

유전상수(비유전율)

ϵ_r은 매질의 **비유전율**(relative permittivity) 또는 **유전상수**(dielectric constant)라 불리는 단위가 없는 양이다. 계수 $\epsilon = \epsilon_0\epsilon_r$은 절대 유전율(간단히 **유전율**(permittivity)이라고 부른다)이고 단위 (F/m)로 측정된다. 대기의 유전상수는 1.00059이다; 그러므로 이 유전율은 보통 자유공간의 유전율로 사용된다. 잘 알려진 매질의 유전상수를 표 3-1과 부록 B-3에 나타

내었다.

단순 매질

ϵ_r 은 공간좌표의 함수일 수 있음에 유의하라. 만일 ϵ_r 이 위치와 무관하다면 매질은 **균질**(homogeneous)이라고 말한다. 선형이며 균질이며 등방성 매질이면 **단순 매질**(simple medium)이라 부른다. 단순 매질의 비유전율은 일정하다. **이방성**(anisotropic) 물질(수정과 같은)에 대한 유전상수는 전계의 방향에 따라 다르다. 그리고 **D** 와 **E** 벡터들도 다른 방향성을 갖는다.

표 3-1 일반적인 물질의 유전상수와 유전체강도

물질	유전상수	유전체강도(V/m)
공기	1.0	3×10^6
광물유	2.3	15×10^6
종이	2-4	15×10^6
폴리스틸렌	2.6	20×10^6
고무	2.3-4.0	25×10^6
유리	4-10	30×10^6
운모	6.0	200×10^6

3-7.1 유전체강도

전계는 유전체 내의 구속 전하를 움직이게 해서 결국에는 분극 현상을 일으킨다. 만일 전계가 매우 강하면 분자들로부터 전자를 완전히 분리시키며 전자는 전계의 영향 아래서 가속되어 분자의 격자구조(lattice structure)와 강력히 충돌하여 물질의 영구적인 어긋남과 손상을 일으킨다. 충돌에 의한 이온화의 눈사태(avalanche)효과가 일어난다. 물질은 도전되고 큰 전류가 흐르게 된다. 이 현상은 **유전체의 파괴 현상**(dielectric breakdown)이라 불린다. 유전체 물질이 파괴없이 견딜 수 있는 최대 전계강도를 물질의 **유전체강도**(dielectric strength)라 한다. 여러 물질들의 유전체강도의 근사값이 표 3-1 에 주어졌다. 물질의 유전체강도는 유전상수와 혼동되어서는 안 된다.

유전체강도

공기의 유전체강도는 3 (kV/mm)이다.

대기 압력에서 공기의 유전체강도는 3(kV/mm)이다. 전계강도가 이 값을 넘어설 때 공기는 파괴되며, 정량 이상의 이온화가 이루어지고 스파크

피뢰침의 원리

현상(코로나 방전)이 따른다. 전하는 날카로운 점에 모이는 경향이 있으며 높은 빌딩의 꼭대기에 피뢰침을 설치하는 것도 이 때문이다. 많은 전하가 포함된 구름이 땅에 연결된 피뢰침을 갖춘 높은 빌딩에 접근할 때 반대 전하가 땅으로부터 전계밀도가 가장 강한 피뢰침의 끝까지 끌어당겨진다. 그러므로 전계강도가 습한 공기의 유전체강도를 넘어서면 파괴 현상이 발생하고 피뢰침 끝 부분의 공기는 이온화되고 도전된다. 구름에 있는 전하는 그때 도전 경로를 통하여 땅으로 안전하게 방전된다.

도체 표면에서의 전계강도는 곡률이 큰 곳에서 더 크다.

전계강도는 큰 곡률 반경을 갖는 대전된 도체의 표면 주위에서 더 큰 경향이 있다는 사실을 다음의 예제에서 정량적으로 설명한다.

예 제 3-11

도선으로 연결된 반경 b_1과 $b_2(b_2 > b_1)$인 두 구 도체를 생각하자. 도체 사이의 간격은 b_2보다 상대적으로 매우 크다고 간주하고 구 도체의 전하는 균일하게 분포되었다고 가정한다. 총 전하 Q가 구에 분포되어 있다. 다음을 구하라.

a) 두 구에서 전하

b) 구표면에서의 전계강도

해

a) 그림 3-15를 참조하라. 구 도체는 같은 전위에 있으므로

$$\frac{Q_1}{4\pi\epsilon_0 b_1} = \frac{Q_2}{4\pi\epsilon_0 b_2}$$

즉,

$$\frac{Q_1}{Q_2} = \frac{b_1}{b_2}$$

이다. 그러므로 구에서 전하는 반경에 정비례한다. 그러나

$$Q_1 + Q_2 = Q$$

이므로

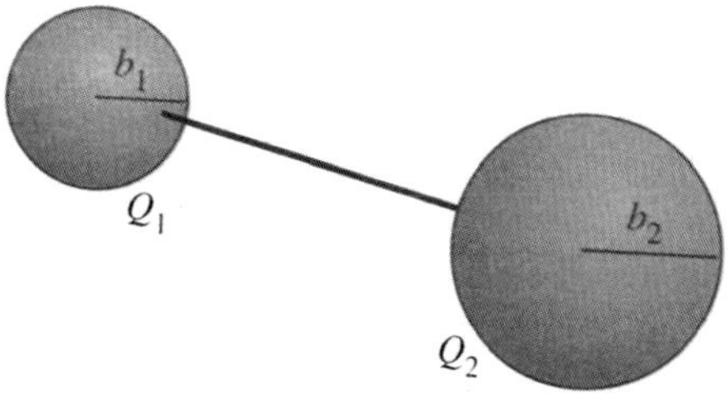

그림 3-15 연결된 두 대전된 구(예제 3-11)

$$Q_1 = \frac{b_1}{b_1 + b_2} Q \quad \text{이고} \quad Q_2 = \frac{b_2}{b_1 + b_2} Q$$

이다.

b) 두 도체 구의 면에서 전계밀도는

$$E_{1n} = \frac{Q_1}{4\pi\epsilon_0 b_1^2} \quad \text{이고} \quad E_{2n} = \frac{Q_2}{4\pi\epsilon_0 b_2^2}$$

이다. 따라서

$$\frac{E_{1n}}{E_{2n}} = \left(\frac{b_2}{b_1}\right)^2 \frac{Q_1}{Q_2} = \frac{b_2}{b_1} \tag{3-69}$$

이다.

전계강도는 결국 반경에 반비례하며 곡률이 큰, 즉 작은 구면에서 더 크다.

예 제 3-12

동축 케이블이 전력 전달에 사용될 때 내부 도체의 반경은 부하 전류에 의해 결정된다. 그리고 동축 케이블의 전체 크기는 전압과 사용된 절연 물질의 종류에 의해 결정된다. 내부 도체의 반경이 $r_i = 2$(mm)이고 절연 물질은 폴리스틸렌일 때. 10(kV)의 전압률(voltage rating)에서 동작하는 케이블의 외부 도체의 내경 r_0를 구하라. 번개나 비정상적 외부 상태에 의해 발생되는 전압 급증에 의한 파괴 현상을 피하기 위해 절연체에서 최대 전계강도는 유전체강도의 25%를 넘지 않는다.

해

표 3-1로부터 폴리스틸렌의 유전상수와 유전강도는 각각 2.6과 20×10^6 (V/m)임을 알 수 있다. 선전하밀도 ρ_ℓ에 의한 전계강도는 식(3-23)으로부터

$$\mathbf{E} = \mathbf{a}_r E_r = \mathbf{a}_r \frac{\rho_\ell}{2\pi\epsilon_0\epsilon_r r} \tag{3-70}$$

이 된다. 케이블은 내부와 외부 도체 사이의 전위차가 10^4(V)에서 동작하므로

$$10^4 = -\int_{r_0}^{r_i} E_r dr = \frac{\rho_\ell}{2\pi\epsilon_0(2.6)} \ln\frac{r_0}{r_i}$$

또는

$$\ln\frac{r_0}{r_i} = \left(\frac{5.2\pi\epsilon_0}{\rho_\ell}\right) \times 10^4 \tag{3-71}$$

이 된다. 최대 전계강도를 20×10^6의 25%로 제한하기 위하여 식(3-70)으로부터

$$\text{최대치 } E_r = 0.25 \times (20 \times 10^6) = \frac{\rho_\ell}{2\pi\epsilon_0(2.6)\, r_i}$$

또는

$$\begin{aligned}\left(\frac{\rho_\ell}{5.2\pi\epsilon_0}\right) &= (0.25 \times 20 \times 10^6)\, r_i = (5 \times 10^6) \times (2 \times 10^{-3}) \\ &= 10^4\end{aligned}$$

을 얻는다. 식(3-71)에 위의 값을 대입하면 $\ln(r_0/r_i) = 1$ 또는

$$\begin{aligned}\ln r_o &= 1 + \ln r_i = 1 + \ln(2 \times 10^{-3}) \\ &= 1 - 6.215 = -5.215\end{aligned}$$

를 얻는다. 그러므로

$$r_o = 0.0054(\text{m}) \text{ 또는 } 5.4(\text{mm})$$

가 된다.

연습문제 3.9 만일 예제 3-12에서 동축 케이블의 폴리스틸렌이 공기로 대치되면 케이블의 허용 가능한 최대 동작 전압은? (최대 전계강도는 유전체강도의 25%를 넘지 않도록 제한한다)

답 1.5(kV)

연습문제 3.10 내부 도체의 반경이 $r_i = 2$(mm)인 공기로 가득 찬 동축 케이블의 동작 전압을 예제 3-9처럼 10(kV)로 유지하게 하려면 r_0은 얼마이어야 하나?

답 1.571(m)

3-8 정전계의 경계 조건

전자기학 문제는 종종 다른 물리적 특성을 갖는 매질들은 포함하고 있고 두 매질 사이의 경계에서 계들간의 관계를 알아야 한다. 이를테면 경계를 통하여 **E**와 **D**가 어떻게 변하는지를 알고자 한다. 이미 도체-자유공간 경계에서 만족되어야 하는 경계 조건을 알고 있다. 이 조건은 식(3-45)와 (3-46)에 주어졌다. 이제 그림 3-16에서와 같이 두 일반적인 매질 사이의 경계를 생각해 보자.

매질 1과 2에서 경계에 평행이고 길이가 Δw인 ab와 cd 면을 갖는 작은 경로 $abcda$를 그려서, 식(3-7)을 적용시켜 보자. 만일 면 $bc = da = \Delta h$를 0으로 접근시키면 경로를 통한 **E**의 선적분에 대해 그들의 영향을

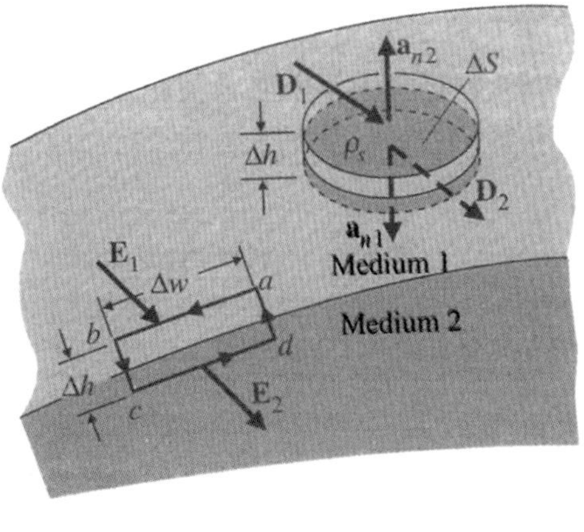

그림 3-16 두 매질 사이의 경계

무시할 수 있다. 따라서

$$\oint_{abcda} \mathbf{E} \cdot d\mathbf{l} = \mathbf{E}_1 \cdot \Delta\mathbf{w} + \mathbf{E}_2 \cdot (-\Delta\mathbf{w}) = E_{1t}\Delta w - E_{2t}\Delta w = 0$$

이 된다. 그러므로

E의 접선 성분에 대한 경계 조건

$$\boxed{E_{1t} = E_{2t} \quad (\text{V/m}).} \tag{3-72}$$

이다. 이것은 **전계 E의 접선 성분은 경계를 통하여 연속**이라는 것을 의미한다. 매질 1과 2가 각각 유전률 ϵ_1, ϵ_2인 유전체일 때

$$\frac{D_{1t}}{\epsilon_1} = \frac{D_{2t}}{\epsilon_2} \tag{3-73}$$

이 된다.

경계에서 전계의 법선 성분들의 관계식을 알기 위해 그림 3-16에 나타낸 것처럼 매질 1에 윗면과 매질 2에 밑면을 갖는 작은 상자를 그린다. 면은 면적 Δs를 갖고 상자의 높이 Δh는 매우 작은 값을 갖는다. 이 상자에 식 (3-65)의 Gauss 법칙을 적용하면

$$\begin{aligned}\oint_S \mathbf{D} \cdot d\mathbf{s} &= (\mathbf{D}_1 \cdot \mathbf{a}_{n2} + \mathbf{D}_2 \cdot \mathbf{a}_{n1})\Delta S \\ &= \mathbf{a}_{n2} \cdot (\mathbf{D}_1 - \mathbf{D}_2)\Delta S \\ &= \rho_s \Delta S \end{aligned} \tag{3-74}$$

이 된다. 여기에서 관계식 $\mathbf{a}_{n2} = -\mathbf{a}_{n1}$을 이용하였다. 단위벡터 $\mathbf{a}_{n1}$과 $\mathbf{a}_{n2}$는 각각 매질 1과 2로부터 밖으로 향하는 단위법선벡터이다. 식(3-74)로부터

$$\boxed{\mathbf{a}_{n2} \cdot (\mathbf{D}_1 - \mathbf{D}_2) = \rho_s.} \tag{3-75a}$$

또는

$$\boxed{D_{1n} - D_{2n} = \rho_s \quad (\text{C/m}^2).} \tag{3-75b}$$

를 얻으며 기준 단위법선벡터는 매질 2로부터 밖을 향한다.

D의 법선 성분에 대한 경계 조건

식(3-75b)는 **D의 법선 성분은 면전하가 존재하는 경계를 통하여 불연속이다-불연속 양은 면전하밀도와 같다**는 의미이다. 만일 매질 2가 도체이면 $\mathbf{D}_2=0$ 이고 식(3-75b)는

$$D_{1n}=\epsilon_1 E_{1n}=\rho_s \tag{3-76}$$

이며 매질 1이 자유공간일 때 식(3-46)으로 단순화된다.

두 유전체가 경계에서 자유전하가 없이 접촉되어 있을 때 $\rho_s=0$ 이고

$$D_{1n}=D_{2n} \tag{3-77}$$

또는

$$\epsilon_1 E_{1n}=\epsilon_2 E_{2n} \tag{3-78}$$

이 된다. 요약하면 정전계를 만족하는 경계 조건은 다음과 같다.

정전계의 경계 조건

$$\text{접선 성분 :}\quad E_{1t}=E_{2t} \tag{3-79}$$

$$\text{법선 성분 :}\quad \mathbf{a}_{n2}\cdot(\mathbf{D}_1-\mathbf{D}_2)=\rho_s. \tag{3-80}$$

■ **연습문제 3.11** 유전상수 ϵ_{r1}과 ϵ_{r2}인 완전 유전체 사이의 경계에서 전위가 만족하는 경계 조건을 쓰고 설명하라.

답 $\epsilon_{r1}\partial V_1/\partial n=\epsilon_{r2}\partial V_2/\partial n$, $V_1=V_2$

예 제 3-13

투명 합성수지판($\epsilon_r=3.2$)이 자유공간에서 균일한 전계 $\mathbf{E}_0=\mathbf{a}_x E_0$에 수직으로 놓여 있다. 합성수지판 내부에서 $\mathbf{E}_i$, $\mathbf{D}_i$와 $\mathbf{P}_i$를 구하라.

해

그림 3-17에서처럼 합성수지판을 전계 $\mathbf{E}_0$에 삽입했을 때 원래의 균일 전계 $\mathbf{E}_0$를 교란하지 않는다고 가정하자. 경계는 전계와 수직이므로 오직 법선 전계 성분만을 고려할 필요가 있으며, 자유전하는 존재하지 않는다. 왼쪽 경계에서 경계 조건인 식(3-77)은

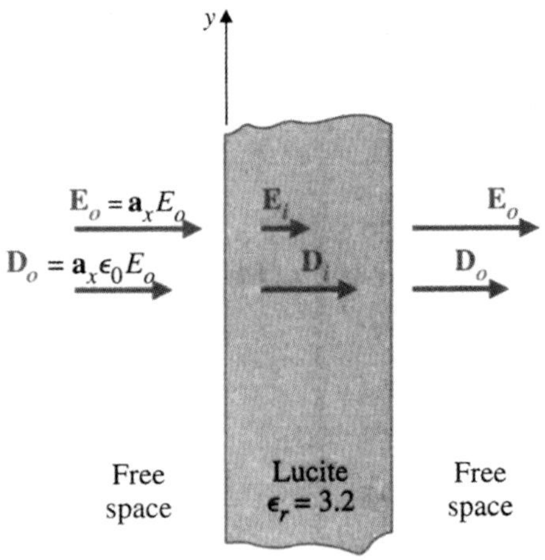

그림 3-17 균일 전계 내에서 투명 합성수지판(예제 3-13)

$$\mathbf{D}_i = \mathbf{a}_x D_i = \mathbf{a}_x D_o$$

또는

$$\mathbf{D}_i = \mathbf{a}_x \epsilon_0 E_o$$

로 주어진다. 여기에서 경계를 통한 전속밀도의 변화는 없다. 합성수지판 내부에서 전계강도는

$$\mathbf{E}_i = \frac{1}{\epsilon}\mathbf{D}_i = \frac{1}{\epsilon_o \epsilon_r}\mathbf{D}_i = \mathbf{a}_x \frac{E_0}{3.2}$$

이다. 그러므로 유전체의 영향은 전계강도를 감소시킨다. 분극벡터는 투명 수지판의 외부에서 0 이고($\mathbf{P}_o = 0$) 내부에서는

$$\mathbf{P}_i = \mathbf{D}_i - \epsilon_0 \mathbf{E}_i = \mathbf{a}_x\left(1 - \frac{1}{3.2}\right)\epsilon_0 E_o$$
$$= \mathbf{a}_x 0.6875 \epsilon_0 E_0 \quad (\mathrm{C/m^2})$$

이다. 우측 경계에서도 경계 조건인 식(3-77)로부터 투명 수지판의 우측의 자유공간에서 $\mathbf{E}_0$와 $\mathbf{D}_0$를 같은 방법으로 구할 수 있다.

만일 원래의 전계가 균일하지 않으면, 즉 $\mathbf{E}_0 = \mathbf{a}_x E(y)$이면 이 문제의 해는 변하게 될까?

예 제 3-14

유전율 ϵ_1과 ϵ_2인 두 유전체는 그림 3-18에서 보여진 것처럼 전하가 없는 경계에 의해 구분된다. 점 P_1에서 매질 1의 전계강도는 크기가 E_1이고 법선 방향과 이루는 각은 α_1이다. 매질 2내의 P_2에서 전계강도의 크기와 방향을 구하라.

해

두 미지수 E_{2t}와 E_{2n}을 구하는 데 두 식이 필요하다. E_{2t}와 E_{2n}을 구하면 E_2와 α_2는 바로 구할 수 있다. 식(3-72)와 (3-77)을 사용하여

$$E_2 \sin \alpha_2 = E_1 \sin \alpha_1 \tag{3-81}$$

와

$$\epsilon_2 E_2 \cos \alpha_2 = \epsilon_1 E_1 \cos \alpha_1 \tag{3-82}$$

를 얻는다. 식(3-81)을 식(3-82)로 나누면

$$\boxed{\frac{\tan \alpha_2}{\tan \alpha_1} = \frac{\epsilon_2}{\epsilon_1}.} \tag{3-83}$$

이 주어진다. $\mathbf{E}_2$의 크기는

$$E_2 = \sqrt{E_{2t}^2 + E_{2n}^2} = \sqrt{(E_2 \sin \alpha_2)^2 + (E_2 \cos \alpha_2)^2}$$

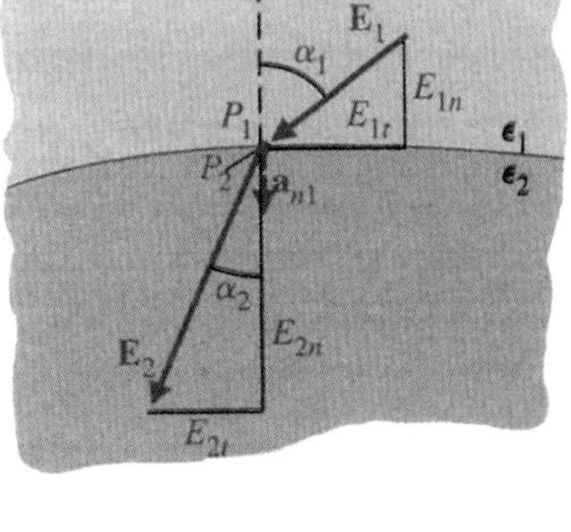

그림 3-18 두 유전체 사이에서 경계 조건(예제 3-14)

$$= \left[(E_1 \sin \alpha_1)^2 + \left(\frac{\epsilon_1}{\epsilon_2} E_1 \cos \alpha_1 \right)^2 \right]^{1/2}$$

즉,

$$E_2 = E_1 \left[\sin^2 \alpha_1 + \left(\frac{\epsilon_1}{\epsilon_2} \cos \alpha_1 \right)^2 \right]^{1/2}. \tag{3-84}$$

이다. 그림 3-18을 보면 ϵ_1이 ϵ_2보다 더 큰지 또는 더 작은지를 알 수 있을까?

만일 매질 2가 도체이면 정적 상태에서 매질 2 내에서의 전계는 존재하지 않으며 경계에서 $\mathbf{E}_1$은 오직 법선 성분만 갖는다.($\alpha_1 = 0$), $\mathbf{E}_1 = \mathbf{a}_n E_{1n} = \mathbf{a}_n D_{1n}/\epsilon_1 = \mathbf{a}_n \rho_s/\epsilon_1$이다. ρ_s는 면전하밀도이고 $\mathbf{a}_n$은 도체표면으로부터 밖을 향하는 법선방향이다.

연습문제 3-12 유전상수가 $\epsilon_{r1} = 3$과 $\epsilon_{r2} = 2$인 균질이며 등방성인 두 유전체가 xy 평면에 의해 분리가 되어 있다고 가정하자. 임의의 점에서 $\mathbf{E}_1 = \mathbf{a}_x - \mathbf{a}_y 5 - \mathbf{a}_z 4$이다. $\mathbf{E}_2$와 $\mathbf{D}_2$, α_1, α_2를 구하라.

답 $\mathbf{D}_2 = 2\epsilon_0 \mathbf{E}_2 = 2\epsilon_0(\mathbf{a}_x - \mathbf{a}_y 5 - \mathbf{a}_z 6)$, 51.9°, 40.4°

복습문제

문 3-11 정적 상태에서 양도체의 내부에 왜 자유전자가 존재하지 않을까?

문 3-12 분극벡터를 정의하라. 이것의 SI 단위는 무엇인가?

문 3-13 분극전하밀도란 무엇인가? $\mathbf{P} \cdot \mathbf{a}_n$과 $\nabla \cdot \mathbf{P}$에 대한 SI 단위는?

문 3-14 단순 매질은 무엇을 의미하느냐?

문 3-15 전기변위벡터를 정의하라. SI 단위는?

문 3-16 전기 감수율을 정의하라. 단위는?

문 3-17 유전체의 유전체상수와 유전강도 사이의 차이는?

문 3-18 피뢰기의 동작원리를 설명하라.

문 3-19 유전상수 ϵ_{r1}와 ϵ_{r2}인 두 다른 유전체 경계에서 $\mathbf{E}$와 $\mathbf{D}$에 대한 일반적인 경계 조건은?

문 3-20 도체와 유전율 ϵ인 유전체 사이의 경계에서 정전계에 대한 경계 조건은?

문 3-21 다른 두 유전체 사이의 경계에서 정전위에 대한 경계 조건은?

요 약

1. 정적 상태에서 도체 내부의 전계 $\mathbf{E}$는 0이다.
2. 정적 상태에서 도체의 표면은 등전위 면이고 전계 $\mathbf{E}$는 표면 어디서나 법선방향이다.
3. 다른 두 유전체 사이의 경계에서 전위는 연속이다.
4. 매질의 유전상수 ϵ_r과 유전율 ϵ를 혼동하면 안 된다. 전자는 단위가 없다. 후자는 SI 단위로 (F/m)이다.

3-9 정전용량과 커패시터

3-6 절로부터 정전계에서 도체는 등전위체이고 도체에 있는 전하는 전계가 내부에서는 0이 되도록 스스로 도체 표면에 분포된다. 전하 Q에 의한 전위가 V라고 하면 정전위상태에서 도체는 등전위를 이루기 때문에 전하 분포에 영향을 주지 않으면서 총 전하가 k배만큼 증가하면 면전하밀도 ρ_s도 k배만큼 증가한다.

식(3-39)로부터 고립된 도체의 전위는 총 전하에 비례한다. 이는 또한 k배만큼 증가한 V는 k의 인수에 의해 $\mathbf{E} = -\nabla V$를 증가시킨다는 사실로부터 알 수 있다.

그러나 식(3-46)으로부터 $\mathbf{E} = \mathbf{a}_n\rho_s/\epsilon_0$이다. 이는 ρ_s, 즉 총 전하 Q 또한 k배만큼 증가할 것이다. 결국 Q/V 비는 변하지 않는다. 따라서

$$Q = CV. \tag{3-85}$$

이고 비례상수 C는 고립된 도체의 **정전용량(capacitance)**이라 부르며 SI 단위는 C/V 또는 F(farad)이다. 자유공간 또는 유전체로 분리된 두 도체로 구성된 **커패시터(capacitor)** 또는 **콘덴서(condenser)**는 실제적으로 매우

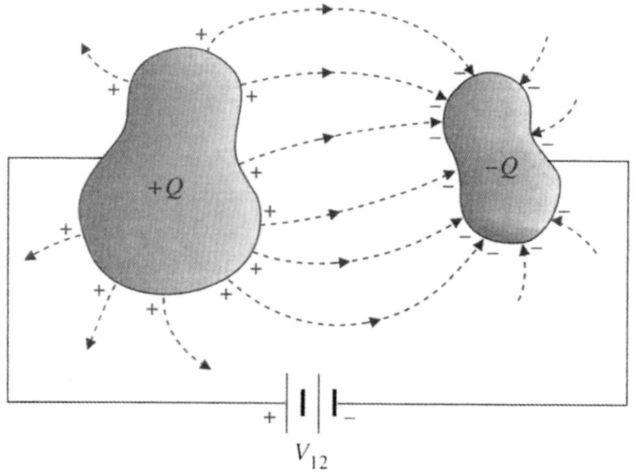

그림 3-19 두 도체로 된 커패시터

중요하다. 그림 3-19 에서처럼 도체는 임의의 형태를 가질 수 있다. *dc* 전압을 도체 사이에 연결하였을 때 전하 이동이 일어난다. 전계선은 등전위면인 도체 표면에 수직이다. 만일 V 가 두 도체 사이의 전위차, V_{12} 를 의미한다면 식(3-85)을 적용할 수 있다.

정전용량의 정의

$$C=\frac{Q}{V_{12}} \quad \text{(F)}. \tag{3-86}$$

커패시터의 정전용량은 두 도체의 물리적 성질이다. 이는 커패시터의 기하적 구조와 매질의 유전율에 달려 있다. 두 도체 사이의 정전용량 C 는 다음 절차에 따라 식(3-86)으로부터 구할 수 있다.

C 를 구하는 과정

1. 주어진 기하구조에 대한 적당한 좌표계 선택
2. 도체에서 전하 $+Q$ 와 $-Q$ 를 가정한다.
3. 식(3-76), Gauss 법칙 또는 다른 관계식에 의해 Q 로부터 $\mathbf{E}$ 를 구한다.
4. $-Q$ 인 도체로부터 $+Q$ 인 도체까지 전위

   $$V_{12}=-\int_{2}^{1}\mathbf{E}\cdot d\mathbf{l}$$

   를 계산한다.
5. Q/V_{12} 비를 취함으로써 C 를 구한다.

예 제 3-15

평행판 커패시터는 균일한 거리 d 만큼 떨어진 면적 S 를 가진 두 평행 도체판으로 구성된다. 평행판 사이의 공간은 일정한 유전율 ϵ 의 유전체로 채워져 있다. 정전용량을 구하라.

해

그림 3-20 에서 커패시터의 단면을 볼 수 있다. 여기서 사용하는 적절한 좌표계는 직각좌표계이다. 위에서 제시한 절차를 따라, 상하 도체판에 각각 $+Q$ 와 $-Q$ 를 대전시킨다. 전하가 면전하밀도 $+\rho_s$ 와 $-\rho_s$ 를 가진 도체판에 균일하게 분포되었다고 가정하면

$$\rho_s = \frac{Q}{S}$$

이다. 식(3-76)으로부터

$$\mathbf{E} = -\mathbf{a}_y \frac{\rho_s}{\epsilon} = -\mathbf{a}_y \frac{Q}{\epsilon S}$$

가 된다. 만일 평행판 끝에서의 전계를(fringing) 무시하면 유전체 내에서 전계는 일정하다.

$$V_{12} = -\int_{y=0}^{y=d} \mathbf{E} \cdot d\mathbf{l} = -\int_0^d \left(-\mathbf{a}_y \frac{Q}{\epsilon S}\right) \cdot (\mathbf{a}_y dy) = \frac{Q}{\epsilon S} d$$

그러므로 평행판 커패시터에 대하여

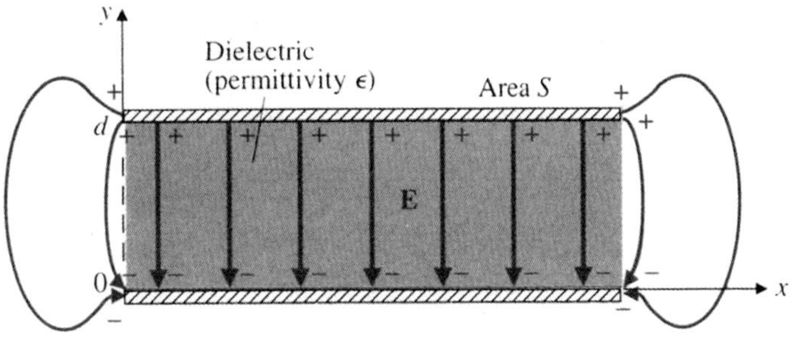

그림 3-20 평행판 커패시터의 단면

평행판 커패시터의 정전용량

$$\boxed{C = \frac{Q}{V_{12}} = \epsilon \frac{S}{d}.} \tag{3-87}$$

이다. 이는 Q 또는 V_{12}와는 무관하다.

■ **연습문제 3-13** 그림 3-20에서 상하판 전위차를 V_{12}로 가정하는 것으로부터 시작해서 Q와 Q/V_{12}를 취함으로써 평행판 커패시터의 정전용량을 구하라.

예 제 3-16

그림 3-21에 보여진 원통 커패시터는 반경 a인 내부 도체와 내경이 b인 외부 도체로 구성된다. 도체 사이의 공간은 유전율 ϵ의 유전체로 채워졌으며 커패시터의 길이는 L이다. 이 커패시터의 정전용량을 구하라.

해

이 문제를 위해 원통좌표계를 사용하자. 먼저 내부 도체의 외면과 외부 도체의 내면에서 각각 전하 $+Q$와 $-Q$를 가정한다. 유전체에서 전계 $\mathbf{E}$는 $a < r < b$의 유전체 안의 원통 Gauss 표면에 Gauss 법칙을 적용하여 얻을 수 있다.

$\rho_\ell = Q/L$에 의해 식(3-23)으로부터

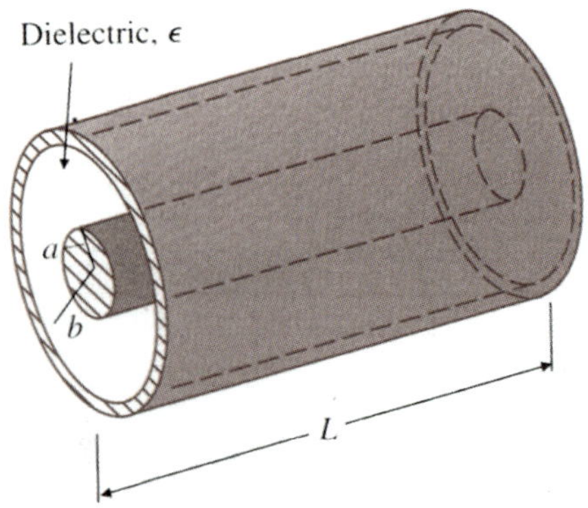

그림 3-21 원통 커패시터(예제 3-16와 예제 3-19)

$$\mathbf{E} = \mathbf{a}_r E_r = \mathbf{a}_r \frac{Q}{2\pi\epsilon L r} \tag{3-88}$$

가 된다. 다시 도체의 가장자리에서 전계 현상을 무시하면 내부와 외부 도체 사이의 전위차는

$$V_{ab} = -\int_{r=b}^{r=a} \mathbf{E} \cdot d\mathbf{l} = -\int_b^a \left(\mathbf{a} \frac{Q}{2\pi\epsilon L r}\right) \cdot (\mathbf{a}_r dr)$$

$$= \frac{Q}{2\pi\epsilon L} \ln\left(\frac{b}{a}\right) \tag{3-89}$$

이다. 그러므로 원통 커패시터에 대하여

원통 커패시터의 정전 용량

$$C = \frac{Q}{V_{ab}} = \frac{2\pi\epsilon L}{\ln\left(\frac{b}{a}\right)} \tag{3-90}$$

이 된다.

연습문제 3.14 지구를 공기로 둘러싸인 큰 도체(반지름 $= 6.37 \times 10^3$km)라고 가정하자. 무한거리에서의 정전용량을 구하라.

답 7.08×10^{-4}(F)

3-10 정전 에너지와 힘

3-5절에서 전계 안의 한 점의 전위는 무한대 점(영전위)으로부터 그 점까지 단위양전하를 이동하는 데 필요한 일이라는 것을 설명했다. 자유공간에서 전하 Q_1에 의한 전계에 반대하여 무한대로부터 거리 R_{12}까지 전하 Q_2를 이동하기 위해 필요한 일(운동에너지와 방사효과는 무시된다)은

$$W_2 = Q_2 V_2 = Q_2 \frac{Q_1}{4\pi\epsilon_0 R_{12}} \tag{3-91}$$

이다. 정전계는 보존되기 때문에 W_2는 Q_2의 경로에 무관하다. 식(3-91)의 또다른 형태는

$$W_2 = Q_1 \frac{Q_2}{4\pi\epsilon_0 R_{12}} = Q_1 V_1 \qquad (3\text{-}92)$$

이다. 이 일은 위치에너지처럼 두 전하들 사이에 저장된다. (3-91)과 (3-92)로부터

$$W_2 = \frac{1}{2}(Q_1 V_1 + Q_2 V_2) \qquad (3\text{-}93)$$

가 된다.

이제 다른 전하 Q_3를 무한점에서 Q_1으로부터 거리가 R_{13} 이고, Q_2로부터 거리가 R_{23}인 한 점까지 이동시키려면 필요한 부가적인 일은

$$\Delta W = Q_3 V_3 = Q_3\left(\frac{Q_1}{4\pi\epsilon_0 R_{13}} + \frac{Q_2}{4\pi\epsilon_0 R_{23}}\right) \qquad (3\text{-}94)$$

가 된다. 식(3-94)에서 ΔW 와 식(3-91)에서 W_2의 합은 세 전하 Q_1, Q_2, Q_3 사이에 축적된 위치에너지 W_3이다. 즉

$$W_3 = W_2 + \Delta W = \frac{1}{4\pi\epsilon_0}\left(\frac{Q_1 Q_2}{R_{12}} + \frac{Q_1 Q_3}{R_{13}} + \frac{Q_2 Q_3}{R_{23}}\right) \qquad (3\text{-}95)$$

가 된다. W_3를 다음의 형태로 고쳐 쓸 수 있다.

$$\begin{aligned} W_3 &= \frac{1}{2}\left[Q_1\left(\frac{Q_2}{4\pi\epsilon_0 R_{12}} + \frac{Q_3}{4\pi\epsilon_0 R_{13}}\right) + Q_2\left(\frac{Q_1}{4\pi\epsilon_0 R_{12}} + \frac{Q_3}{4\pi\epsilon_0 R_{23}}\right)\right. \\ &\qquad \left. + Q_3\left(\frac{Q_1}{4\pi\epsilon_0 R_{13}} + \frac{Q_2}{4\pi\epsilon_0 R_{23}}\right)\right] \\ &= \frac{1}{2}(Q_1 V_1 + Q_2 V_2 + Q_3 V_3) \qquad (3\text{-}96) \end{aligned}$$

식(3-96)에서 Q_1위치의 전위 V_1은 전하 Q_2와 Q_3에 의해 일어난다. 이것은 두 전하의 경우인 식(3-92)에 있는 V_1과는 다르다. 마찬가지로 V_2와 V_3는 각각 세 전하 집합에서 Q_2와 Q_3위치에서의 전위이다.

더 많은 전하를 무한대에서 끌어옴으로써, 정지상태에 있는 N 개의 이산 점전하 그룹의 위치에너지의 일반적 표현을 얻는다.(W_e에서 첨자 e는 에너지가 전기적 성질을 가지고 있음을 나타내기 위함이다.)

이산 점전하 그룹에 축적된 전기에너지

$$\boxed{W_e = \frac{1}{2}\sum_{k=1}^{N} Q_k V_k \quad \text{(J)}.} \qquad (3\text{-}97)$$

여기서, Q_k 위치에서 전위 V_k는 Q_k를 제외한 모든 다른 전하에 기인한 것이다. 에너지에 대한 SI 단위인 줄(J)은 입자 물리학에서는 아주 큰 단위이므로 전자볼트(eV)라 불리는 훨씬 더 작은 단위를 쓴다. 전자볼트는 1V의 전위차에 대항해서 전자를 이동시키는 데 드는 에너지나 일을 뜻한다.

줄과 전자볼트의 관계

$$1(\text{eV}) = (1.60 \times 10^{-19}) \times 1 = 1.60 \times 10^{-19}(\text{J}) \quad (3\text{-}98)$$

(eV)로 나타낸 에너지는 단위전하당 줄(J)로 나타낸 에너지와 같다.

연습문제 3.15 강력한 고에너지 입자 가속기에서 나오는 양자빔이 가지는 2(TeV) 운동에너지를 줄로 변환하여라.

답 3.20×10^{-7}(J)

연습문제 3.16 자유공간에서 한 변이 10cm인 정삼각형의 모서리에 세 점전하 $-1\,\mu$C, $2\,\mu$C, $3\,\mu$C을 배치하기 위해 필요한 에너지량을 구하라.

답 0.09(J)

예 제 3-17

반경이 b이고 체적 전하밀도 ρ_v인 균일한 전하구를 모으는 데 필요한 에너지를 구하라.

해

대칭성 때문에 전하구를 두께 dR인 구형 층을 연속적으로 붙인 것으로 가정하는 것이 가장 간단한 방법이다. 그림 3-22에 보여진 거리 R에서,

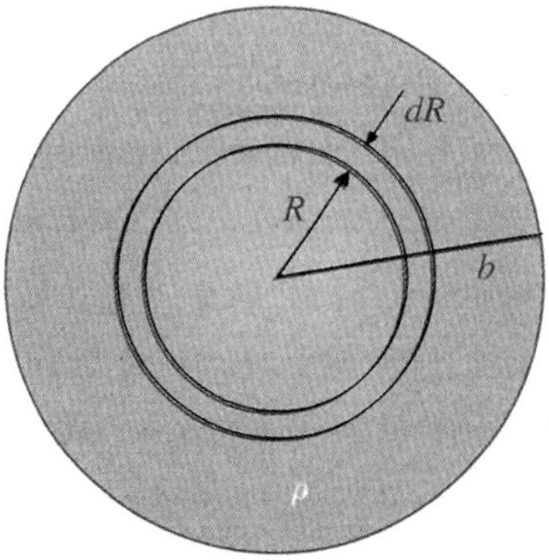

그림 3-22 균일한 전하구의 형태(예제 3-17)

전위는

$$V_R = \frac{Q_R}{4\pi\epsilon_0 R}$$

이다. 여기서 반경 R 인 구의 총 전하 Q_R 은 :

$$Q_R = \rho_v \tfrac{4}{3}\pi R^3$$

두께 dR 의 구형 층에서 미소 전하는

$$dQ_R = \rho_v 4\pi R^2 dR$$

이고, dQ_R 을 가져오기 위한 일 또는 에너지는

$$dW_e = V_R dQ_R = \frac{4\pi}{3\epsilon_0}\rho_v^2 R^4 dR$$

이다. 그러므로 반경 b 이고 전하밀도 ρ_v 인 균일 전하구를 모으기 위해 필요한 총 일 또는 에너지는

$$W_e = \int dW_e = \frac{4\pi}{3\epsilon_0}\rho_v^2 \int_0^b R^4 dR = \frac{4\pi\rho_v^2 b^5}{15\epsilon_0} \quad \text{(J)} \tag{3-99}$$

이다. 총 전하

$$Q = \rho_v \frac{4\pi}{3} b^3$$

이므로

$$W_e = \frac{3Q^2}{20\pi\epsilon_0 b} \quad \text{(J)} \tag{3-100}$$

이 된다. 식(3-100)에서 에너지는 총 전하의 제곱에 정비례함을 보여 준다. 한 예로서 그림 3-22 에서 전하구는 전자구름일 수 있다.

밀도 ρ_v 의 연속 전하분포에 대해서는 이산 전하에 대한 식(3-97)의 W_e 에 관한 식을 수정해야 한다. 따로 증명을 하지 않아도 Q_k 을 $\rho_v dv$ 로 대치하고 합을 적분으로 바꾸면

연속 전하분포에 축적된 전기에너지

$$\boxed{W_e = \frac{1}{2}\int_{V'} \rho_v V dv \quad \text{(J)}.} \tag{3-101}$$

을 얻는다. 식(3-101)에서 V는 체적 전하밀도가 ρ_v인 곳에서 전위이며 V'은 ρ_v가 존재하는 영역의 체적이다. 식(3-101)에서 W_e는 거시적 전하 분포를 모으는 데 필요한 일(자체 에너지)을 내포하는데 이것은 모든 미소 전하가 다른 미소 전하들과 상호작용하는 데 필요한 에너지이다.

3-10.1 전계량으로 나타낸 정전에너지

식(3-101)에서는 전하분포에 대한 정전에너지는 원천 전하밀도 ρ_v와 전위함수 V로 표현됨을 보여 준다. ρ_v를 알 필요없이 전계량, $\mathbf{E}$와 $\mathbf{D}$로 W_e를 표현하는 것이 편리하다. 식(3-101)에서 ρ_v 대신 $\nabla\cdot\mathbf{D}$를 대입한다.

$$W_e=\frac{1}{2}\int_{V}(\nabla\cdot\mathbf{D})\,V dv \tag{3-102}$$

벡터 정의(문제 2-25)를 이용하면 식(2-114)로부터

$$\nabla\cdot(V\mathbf{D})=V\,\nabla\cdot\mathbf{D}+\mathbf{D}\cdot\nabla V \tag{3-103}$$

으므로 식(3-102)를

$$\begin{aligned}W_e&=\frac{1}{2}\int_{V'}\nabla\cdot(V\mathbf{D})\,dv-\frac{1}{2}\int_{V'}\mathbf{D}\cdot\nabla V dv\\&=\frac{1}{2}\oint_{S'}V\mathbf{D}\cdot\mathbf{a}_n ds+\frac{1}{2}\int_{V'}\mathbf{D}\cdot\mathbf{E}dv\end{aligned} \tag{3-104}$$

처럼 쓸 수 있는데 여기에서 발산 정리로부터 우변 첫항의 체적적분을 폐곡면에 대한 면적분으로, 두번째 항의 체적적분에서 $-\nabla V$를 $\mathbf{E}$로 대치하였다. V'은 모든 전하를 포함하는 임의의 체적이므로 반경 R인 매우 큰 구를 선택해도 무방하다. $R\rightarrow\infty$로 하면 전위 V와 전기 변위 D의 크기는 각각 $1/R, 1/R^2$의 함수로 빨리 감소한다.† 경계면 S'의 면적은 R^2의 함수로 증가한다. 그러므로 식(3-104)에서 면적분은 $\frac{1}{R}$의 함수로 감소하여 $R\rightarrow\infty$이면 0이 된다. 그러면 식(3-104)의 우측 두번째 적분만 남게 되어서

† 점전하에 대해 $V\propto\frac{1}{R}$, $D\propto\frac{1}{R^2}$이고 쌍극자에 대해서는 $V\propto\frac{1}{R^2}$, $D\propto\frac{1}{R^3}$이다.

E와 D로 나타낸 전기 에너지

$$W_e = \frac{1}{2}\int_{V'} \mathbf{D} \cdot \mathbf{E} dv \quad \text{(J)}. \tag{3-105}$$

이 된다. 선형이고 등방성인 매질에 대하여 관계식 $\mathbf{D} = \epsilon \mathbf{E}$ 를 사용하면 W_e를 오직 $\mathbf{E}$의 형태로만 쓸 수 있다.

E와 ϵ로 나타낸 전기 에너지

$$W_e = \frac{1}{2}\int_{V'} \epsilon E^2 dv \quad \text{(J)}. \tag{3-106}$$

또한 **정전에너지밀도(electrostatic energy density)** w_e를 정의할 수 있는데 그것의 체적적분은 총 정전에너지와 같다.

$$W_e = \int_{V'} w_e dv \tag{3-107}$$

여기에서

$$w_e = \frac{1}{2} \epsilon E^2 \quad (\text{J/m}^3) \tag{3-108}$$

이다.

예 제 3-18

그림 3-23에서 면적 S와 간격 d인 평행판 커패시터가 전압 V로 대전되어 있고 유전체의 유전율이 ϵ일 때 축적된 정전에너지를 구하라.

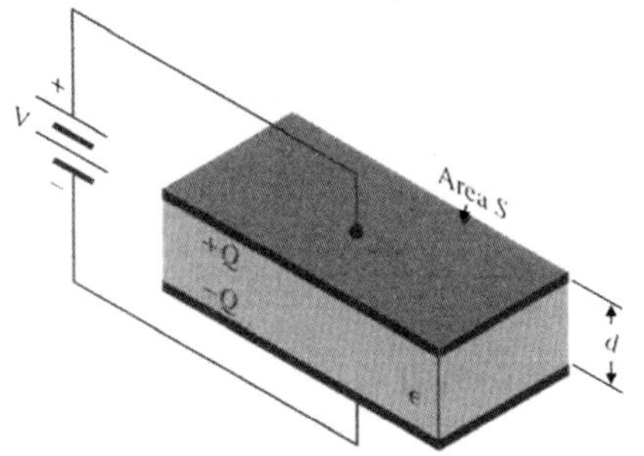

그림 3-23 대전된 평행판 커패시터(예제 3-18)

해

dc 전원(전지)이 그림처럼 연결되었을 때 상하판은 각각 양·음 전하로 대전되어 있다. 가장자리에서의 전계를 무시할 수 있다면 유전체의 전계는 커패시터의 판 위에서 균일하고 유전체 안에서는 일정하게 분포되어 있다. 그것의 크기는

$$E=\frac{V}{d}$$

이다. 식(3-106)으로부터

$$W_e=\frac{1}{2}\int_{V'}\epsilon\left(\frac{V}{d}\right)^2 dv=\frac{1}{2}\epsilon\left(\frac{V}{d}\right)^2(Sd)=\frac{1}{2}\left(\epsilon\frac{S}{d}\right)V^2 \tag{3-109}$$

이 된다. 마지막 식의 괄호 안의 양 $\epsilon\frac{S}{d}$는 평행판 커패시터의 정전용량이다(식 3-87 참조). 그래서

커패시터에 축적된 전기에너지

$$\boxed{W_e=\frac{1}{2}CV^2 \quad (\mathrm{J}).} \tag{3-110}$$

이 된다. 다음의 예제는 식(3-110)가 정전용량을 구하는 데 어떻게 식(3-106)과 함께 사용될 수 있는지 보여 준다.

예 제 3-19

그림 3-21과 같이 길이가 L, 내부도체 반경이 a, 외부도체의 내경이 b, 도체 사이의 유전율이 ϵ인 원통형 커패시터의 정전용량을 에너지식(3-106)과 (3-110)을 이용하여 구하라.

해

Gauss 법칙을 적용하면

$$\mathbf{E}=\mathbf{a}_r E_r=\mathbf{a}_r\frac{Q}{2\pi\epsilon Lr}, \quad a<r<b$$

가 된다. 유전체 영역에 축적된 정전에너지는 식(3-106)으로부터

$$W_e = \frac{1}{2}\int_a^b \epsilon\left(\frac{Q}{2\pi\epsilon Lr}\right)^2 (L2\pi r dr)$$

$$= \frac{Q^2}{4\pi\epsilon L}\int_a^b \frac{dr}{r} = \frac{Q^2}{4\pi\epsilon L}\ln\left(\frac{b}{a}\right) \tag{3-111}$$

가 된다. W_e는 또한 정전용량 C로 표현할 수 있다. 식(3-110)과 (3-111)로부터

$$W_e = \frac{C}{2}\left(\frac{Q}{C}\right)^2 = \frac{Q^2}{2C} = \frac{Q^2}{4\pi\epsilon L}\ln\left(\frac{b}{a}\right)$$

이다. C에 대하여 풀면

$$C = \frac{2\pi\epsilon L}{\ln\left(\frac{b}{a}\right)}$$

을 얻는다. 이것은 식(3-90)의 결과와 같다.

연습문제 3.17 정전용량 $20\mu F$과 $40\mu F$인 두 커패시터가 60V 전지를 통하여 직렬로 연결되어 있다. 각 커패시터에 축적된 에너지를 계산하라.

답 16(mJ), 8(mJ)

3-10.2 정전력(Electrostatic Forces)

Coulomb의 법칙은 두 점전하 사이의 힘을 결정한다. 대전된 물체들의 복잡한 시스템에서 한 대전된 물체가 다른 대전된 물체에 미치는 힘을 구하기 위해 Coulomb의 법칙을 사용하는 것은 매우 복잡하다. 이는 대전된 평행판 커패시터의 판 사이의 힘을 구하는 간단한 경우에도 마찬가지이다. 이제 대전된 시스템에서 물체에 미치는 힘을 정전에너지로부터 계산하기 위한 방법을 논의한다. 이 방법은 **가상 변위의 원리**(principle of virtual displacement)에 기초를 두고 있다.

외부와 연결이 없어 서로 분리되어 있는 유전체와 대전도체의 고립된 시스템을 생각하자. 물체의 전하는 일정하며, 전기력이 물체들 중 하나를 미소 거리 $d\mathbf{l}$(가상 변위)만큼 움직인다고 가정하면 시스템에 의하여 행해진

역학적 일은

$$dW = \mathbf{F}_Q \cdot d\mathbf{l} \tag{3-112}$$

이다. 여기서 $\mathbf{F}_Q$는 일정 전하의 조건하에서 물체에 작용하는 총 전기력이다. 에너지의 외부 공급이 없는 고립된 시스템에서 이 역학적인 일은 축적된 정전에너지가 소모되면서 행하여진다. 즉,

$$dW = -dW_e = \mathbf{F}_Q \cdot d\mathbf{l} \tag{3-113}$$

이다. 2-5절의 식(2-51)로부터 위치 변화 $d\mathbf{l}$로 인한 미소 스칼라 변화는 스칼라의 기울기와 $d\mathbf{l}$의 내적으로서, 아래와 같이 구해진다.

$$dW_e = (\nabla W_e) \cdot d\mathbf{l} \tag{3-114}$$

식(3-113)과 (3-114)을 비교하면 다음의 식이 유도된다.

가상 변위 방법에 의해 대전된 물체의 정전력 구하기

$$\boxed{\mathbf{F}_Q = -\nabla W_e \quad (\text{N}).} \tag{3-115}$$

3차원 공간에서 벡터 식(3-115)는 실제로 세 개의 식이 된다. 이를테면, 직각좌표계에서 x 방향 힘은

$$(F_Q)_x = -\frac{\partial W_e}{\partial x} \tag{3-116}$$

이다. 다른 방향에 대해서도 마찬가지다.

예 제 3-20

도체판의 면적이 S이고 x만큼 떨어져 있는 두 도체판 사이가 공기로 채워져 대전된 평행판 커패시터의 도체판에 미치는 힘을 구하라.

해

각 판에 고정된 전하 $\pm Q$가 대전되어 있다고 가정하면 식(3-110)으로부터 축적된 전기에너지는

$$W_e = \frac{1}{2}CV^2 = \frac{1}{2}QV \tag{3-117}$$

이다. 만일 평행판 끝에서 전계의 영향이 무시되면 판 사이에 일정한 전계 강도 **E**가 존재한다.

$$\mathbf{E} = -\mathbf{a}_x \frac{\rho_s}{\epsilon_0} = -\mathbf{a}_x \frac{Q}{\epsilon_0 S} \qquad (3\text{-}118)$$

상하판 사이의 전위차는

$$V = -\int_{\text{아랫판}}^{\text{윗판}} \mathbf{E} \cdot \mathbf{a}_x \, dx = \frac{Q}{\epsilon_0 S} x \qquad (3\text{-}119)$$

이다. 식(3-119)로부터 V를 식(3-117)에 대입하고 식(3-116)을 이용하면

$$(F_Q)_x = -\frac{Q}{2}\frac{\partial V}{\partial x} = -\frac{Q^2}{2\epsilon_0 S} \qquad (3\text{-}120)$$

을 얻는다. 식(3-120)에서 음수(−) 부호는 힘이 x의 증가방향과 반대임을 나타낸다.

복습문제

문 3-22 정전용량과 커패시터를 정의하라.

문 3-23 두께가 d이고 유전상수가 ϵ_r인 유전체에 의해 분리된 평행판 커패시터(판의 면적은 S)의 정전용량식을 써라.

문 3-24 전자볼트의 정의는? 이는 줄과 어떻게 구분되느냐?

문 3-25 **E**의 형태로 정전 에너지에 대한 식을 나타내라.

문 3-26 가상 변위 원리의 의미와 이용에 대해 설명하라.

요 점

1. 커패시터의 정전용량은 도체들의 전하 또는 그들 사이의 전위차와는 무관하다.

2. 이산 전하들로 이루어진 시스템에서 축적된 정전에너지는 양(+) 또는 음(−)일 수 있다.

3. 에너지 식(3-105)는 일반 매질에 적용된다. 그러나 식(3-106)은 오직 선형이며 등방성 매질에서만 적용된다.

4. 식(3-110)에서 축적된 정전에너지에 대한 식은 평행판 커패시터뿐만 아니라 임의의 두 도체 시스템에서도 적용된다.

3-11 정전계 경계값 문제의 풀이

이 장의 앞부분에서 주어진 전하분포에 대한 전계강도, 전위 그리고 전속밀도를 구하는 방법을 배웠다. 그러나 많은 실제 문제에서 정확한 전하분포는 알 수 없으며 지금까지 유도한 식들을 곧바로 사용할 수 없다. 이를테면 공간상의 어떤 점들에서의 전하와 도체에 대한 전위가 주어진다면 도체의 면전하분포와 공간에서의 전계강도를 각각 또는 동시에 아는 것은 오히려 어렵다. 이 절에서는 도체 또는 자유공간(또는 유전체)의 경계에서 조건들이 특수한 문제를 푸는 방법에 대해 논한다. 이런 문제의 형태를 **경계값 문제(boundary-value problem)**라고 부른다. 먼저 정전상태에서 전위를 다루는 미분방정식을 공식화 하도록 하자.

3-11.1 Poisson 과 Laplace 방정식

3-7 절에서 식(3-63)과 (3-4)는 임의의 매질에서 성립하는 정전계의 두 기본적인 미분방정식임을 지적했다. 이 방정식을 편의상 다시 쓰면

$$\text{식(3-63)} : \nabla\cdot\mathbf{D} = \rho_v \tag{3-121}$$

$$\text{식(3-4)} : \nabla\times\mathbf{E} = 0 \tag{3-122}$$

식(3-122)에 의해 표시된 $\mathbf{E}$의 비회전성은 식(3-26)처럼 스칼라 전위 V를 정의할 수 있게 한다.

$$\text{식(3-26)} : \mathbf{E} = -\nabla V \tag{3-123}$$

선형이며 등방성 매질에서 $\mathbf{D} = \epsilon\mathbf{E}$이고 식(3-121)은

$$\nabla\cdot\epsilon\mathbf{E} = \rho_v \tag{3-124}$$

이 된다. 식(3-124)에 식(3-123)을 대입하면

$$\nabla\cdot(\epsilon\nabla V) = -\rho_v \tag{3-125}$$

이 된다. ϵ는 위치의 함수일 수 있다. 단순 매질에 대하여 즉, 균질이기도 한 매질에 대하여 ϵ는 상수이고 발산 연산자 바깥으로 나올 수 있다. 따라서

미분형 Poisson 방정식

$$\boxed{\nabla^2 V = -\frac{\rho_v}{\epsilon}.} \tag{3-126}$$

을 얻는다. 식(3-126)에서 새로운 연산자 ∇^2(del 제곱)를 사용하였다. 이는 기울기의 발산 또는 $\nabla \cdot \nabla$을 나타내며 **Laplacian 연산자**라 한다. 식(3-126)을 **Poisson 방정식**이라 하며 직각좌표계에서

$$\nabla^2 V = \nabla \cdot \nabla V = \left(\mathbf{a}_x \frac{\partial}{\partial x} + \mathbf{a}_y \frac{\partial}{\partial y} + \mathbf{a}_z \frac{\partial}{\partial z}\right) \cdot \left(\mathbf{a}_x \frac{\partial V}{\partial x} + \mathbf{a}_y \frac{\partial V}{\partial y} + \mathbf{a}_z \frac{\partial V}{\partial z}\right)$$

이고 식(3-126)은

직각좌표계에서 Poisson 방정식

$$\boxed{\frac{\partial^2 V}{\partial x^2} + \frac{\partial^2 V}{\partial y^2} + \frac{\partial^2 V}{\partial z^2} = -\frac{\rho_v}{\epsilon} \quad (\mathrm{V/m^2}).} \tag{3-127}$$

이 된다. 마찬가지로 식(2-70)과 (2-57)을 이용하여 원통과 구좌표계에서 $\nabla^2 V$ 에 대한 다음 식을 증명할 수 있다.

원통좌표계 :

$$\nabla^2 V = \frac{1}{r}\frac{\partial}{\partial r}\left(r\frac{\partial V}{\partial r}\right) + \frac{1}{r^2}\frac{\partial^2 V}{\partial \phi^2} + \frac{\partial^2 V}{\partial z^2} \tag{3-128}$$

구좌표계 :

$$\nabla^2 V = \frac{1}{R^2}\frac{\partial}{\partial R}\left(R^2\frac{\partial V}{\partial R}\right) + \frac{1}{R^2 \sin\theta}\frac{\partial}{\partial \theta}\left(\sin\theta\frac{\partial V}{\partial \theta}\right) + \frac{1}{R^2 \sin^2\theta}\frac{\partial^2 V}{\partial \phi^2} \tag{3-129}$$

경계 조건을 필요로 하는 3차원에서 Poisson 방정식의 해를 구하는 것이 쉽지는 않다.

자유전하가 없는 단순 매질에서 $\rho_v = 0$ 이고 식(3-126)은

미분형 Laplace 방정식

$$\boxed{\nabla^2 V = 0.} \tag{3-130}$$

으로 줄어들며, 이를 **Laplace 방정식**이라 한다. Laplace 방정식은 전자기

학에서 매우 중요하며, 직각좌표계에서

직각좌표계에서 Laplace 방정식

$$\frac{\partial^2 V}{\partial x^2}+\frac{\partial^2 V}{\partial y^2}+\frac{\partial^2 V}{\partial z^2}=0 \tag{3-131}$$

이 된다.

3-11.2 직각좌표계에서 경계값 문제

가장 간단한 경우는 V가 오직 한 좌표의 함수일 때이며 이 경우를 예를 들어 설명한다.

예 제 3-21

두 큰 평행 도체판은 그림 3-24 처럼 거리 d에 의해 분리되었고 전위 0과 V_0를 갖는다. 판 사이는 체적밀도 $\rho_v=-\rho_0 y/d$인 전자의 연속 분포로 채워져 있다. 가장자리에서의 전계의 영향을 무시할 때 다음을 구하라.

a) 판 사이의 임의의 점에서 전위

b) 판 위에서의 표면전하밀도

해

a) 여기에서 적용되는 식은 (3-127)의 Poisson 방정식이다. 이는

$$\frac{d^2 V(y)}{dy^2}=\frac{\rho_0}{\epsilon_0 d}y \tag{3-132}$$

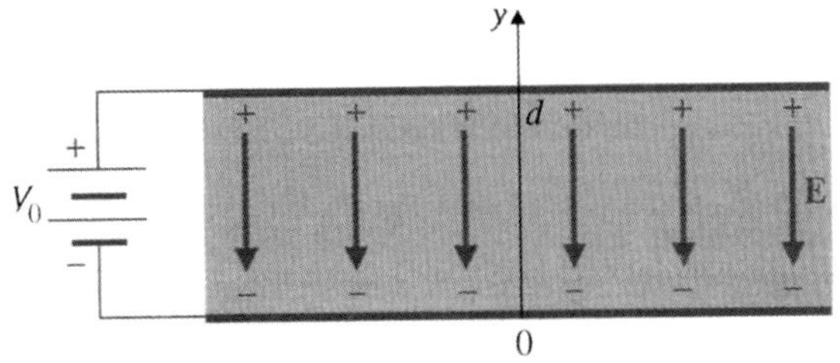

그림 3-24 평행판 커패시터(예제 3-21)

로 간단히 된다. 식(3-132)를 두 번 적분하면

$$V(y) = \frac{\rho_0}{6\epsilon_0 d} y^3 + C_1 y + C_2 \tag{3-133}$$

가 된다. 두 도체판에서의 경계 조건은

$y = 0$ 에서 $V = 0 = C_2$

$y = d$ 에서 $V = V_0 = \frac{\rho_0 d^2}{6\epsilon_0} + C_1 d, \quad C_1 = \frac{V_0}{d} - \frac{\rho_0 d}{6\epsilon_0}$

식(3-133)에 위의 C_1과 C_2의 값을 대입하면 Possion 방정식 (3-132)의 해를 얻는다.

$$V(y) = \frac{\rho_0}{6\epsilon_0 d} y^3 + \left(\frac{V_0}{d} - \frac{\rho_0 d}{6\epsilon_0}\right) y \tag{3-134}$$

전계강도는 $-\nabla V$ 이기 때문에,

$$\mathbf{E}(y) = -\mathbf{a}_y \frac{\partial V}{\partial y} = -\mathbf{a}_y \left[\frac{\rho_0}{2\epsilon_0 d} y^2 + \left(\frac{V_0}{d} - \frac{\rho_0 d}{6\epsilon_0}\right)\right] \tag{3-135}$$

b) 도체판에서 표면전하밀도는 식(3-46)에 주어진 경계 조건으로부터 구할 수 있다.

아래판, $y = 0$ 에서

$$\mathbf{a}_n = \mathbf{a}_y, \quad \rho_{sl} = \epsilon_0 E_{y\ell} = -\frac{\epsilon_0 V_0}{d} + \frac{\rho_0 d}{6}$$

윗판, $y = d$ 에서

$$\mathbf{a}_n = -\mathbf{a}_y, \quad \rho_{su} = -\epsilon_0 E_{yu} = \frac{\epsilon_0 V_0}{d} + \frac{\rho_0 d}{3}$$

이 경우 $\rho_{su} \neq -\rho_{s\ell}$ 이고 정전용량을 계산하는 것은 더 이상 의미있는 일이 아니다.

연습문제 3.18 다음의 전위함수가 2 차원 Laplace 방정식을 만족함을 보여라.

a) $Ae^{-kx}\sin ky$

b) $A\sin\left(\frac{n\pi}{b}x\right)\cosh\left[\frac{n\pi}{b}(a-y)\right]$

여기에서 A, k, a와 b는 상수이다.

3-11.3 원통좌표계에서 경계값 문제

원통좌표계에서 스칼라 전위 V에 대한 Laplace 방정식은 식(3-128)로부터

원통좌표계에서 Laplace 방정식

$$\frac{1}{r}\frac{\partial}{\partial r}\left(r\frac{\partial V}{\partial r}\right)+\frac{1}{r^2}\frac{\partial^2 V}{\partial \phi^2}+\frac{\partial^2 V}{\partial z^2}=0 \tag{3-136}$$

이 된다. 식(3-136)의 일반해는 복잡하다. 원통 대칭($\partial^2 V/\partial\phi^2=0$)이 존재하고 길이가 반경에 비해 매우 큰 경우$\left(\frac{\partial^2 V}{\partial z^2}\cong 0\right)$ 식(3-136)은

$$\frac{d}{dr}\left(r\frac{dV}{dr}\right)=0 \tag{3-137}$$

으로 간단히 되고 V는 오직 반지름 r만의 함수이다. 식(3-137)을 두 번 적분하면

$$V(r)=C_1\ln r+C_2 \tag{3-138}$$

이 되는데, 여기서 적분상수 C_1과 C_2는 문제의 경계 조건에 의해 결정된다.

■ **연습문제 3.19** 긴 동축 케이블의 내부 도체의 반경은 a이며, 외부 도체의 내경은 b이다. 만일 내외부 도체가 각각 전위 V_0와 0을 유지한다면 Laplace 방정식에 의해 절연체에서 전위와 전계강도를 구하라.

답 $V=V_0\ln(b/r)/\ln(b/a)$, $\mathbf{E}=\mathbf{a}_r V_0/r\cdot\ln(b/a)$

만일 전위가 r과 z방향이 아닌 오직 원주방향으로 변하는 문제이면 식(3-136)은

$$\frac{1}{r^2}\frac{\partial^2 V}{\partial \phi^2}=0 \tag{3-139}$$

으로 간단히 된다. 다음 문제에서 이 경우를 설명한다.

예 제 3-22

그림 3-25처럼 전위 0과 V_0인 두 무한한 절연된 도체판이 쐐기모양을 하고 있다. 다음 두 영역에 대한 전위분포를 구하라.

a) $0 < \phi < \alpha$

b) $\alpha < \phi < 2\pi$

해

여기에서 $\partial V/\partial r = 0$이고 $\partial V/\partial z = 0$이다. $r = 0$의 영역은 제외되었기 때문에 식(3-139)는

$$\frac{d^2 V}{d\phi^2} = 0 \tag{3-140}$$

이 된다. V는 오직 ϕ에 의해 변하고 식(3-140)을 두 번 적분하여

$$V(\phi) = K_1\phi + K_2 \tag{3-141}$$

가 된다. 두 적분상수 K_1과 K_2는 경계 조건으로부터 결정된다.

a) $0 \leq \phi \leq \alpha$에 대하여 :

$\alpha = 0$에서 $V(0) = 0 = K_2$ (3-142a)

$\phi = \alpha$에서 $V(\alpha) = V_0 = K_1\alpha$, $K_1 = V_0/\alpha$ (3-142b)

그러므로 식(3-141)로부터

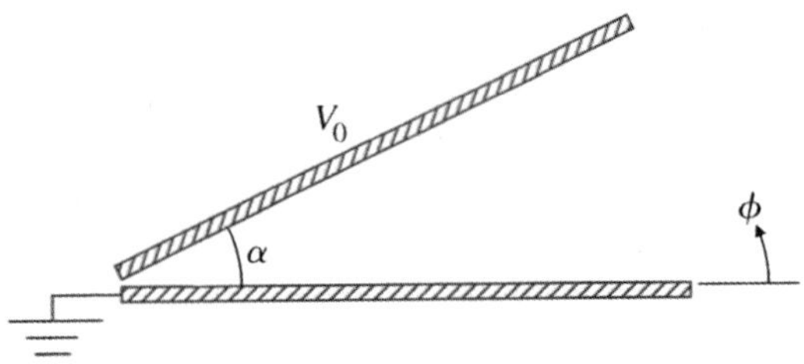

그림 3-25 일정 전위를 유지하고 있는 두 무한 도체판

$$V(\phi) = \frac{V_0}{\alpha}\phi, \quad 0 \leq \phi \leq \alpha \tag{3-143}$$

가 된다.

b) $\alpha \leq \phi \leq 2\pi$에 대하여 :

$\phi = \alpha$에서 $V(\alpha) = \alpha K_1 + K_2$ (3-144a)

$\phi = 2\pi$에서 $V(2\pi) = 2\pi K_1 + K_2$ (3-144b)

식(3-144a)와 (3-144b)를 풀면

$$K_1 = -\frac{V_0}{2\pi - \alpha} \tag{3-145a}$$

이고

$$K_2 = \frac{2\pi V_0}{2\pi - \alpha} \tag{3-145b}$$

가 된다. 끝으로 식(3-141)로부터

$$V(\phi) = \frac{V_0}{2\pi - \alpha}(2\pi - \phi), \quad \alpha \leq \phi \leq 2\pi \tag{3-146}$$

을 얻는다.

3-11.4 구좌표계에서 경계값 문제

구좌표계에서 스칼라 전위 V에 대한 Poisson과 Laplace 방정식은 식(3-129)를 이용하여 얻어진다. 다음의 예제에서 간단한 일차원 경우를 다루어 보자.

예 제 3-23

중심이 같은 얇은 구도체 각(shell)의 내외경은 각각 R_i와 R_0이다. 내외구각 사이는 절연체로 채워져 있으며, 내부 구는 전위 V_1, 외부 구는 전위 V_2를 가질 때, Laplace 방정식을 이용하여 절연체 내에서 전위분포를 구하라.

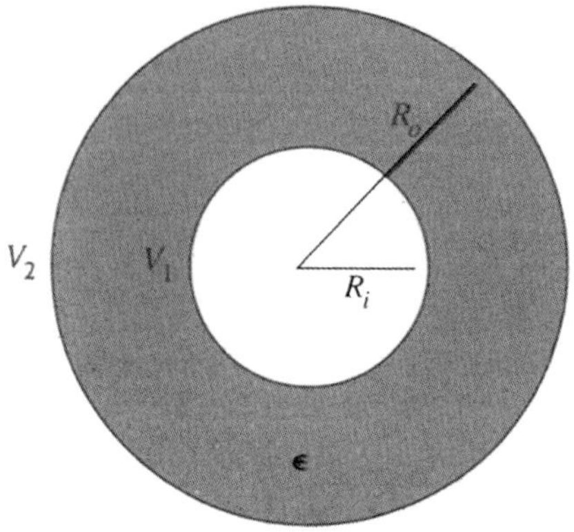

그림 3-26 일정 전위를 유지하는 동심의 두 도체각

해

그림 3-26 에 나타낸 바와 같이 구대칭이므로 전위는 θ 또는 ϕ 와는 무관하다. 식(3-130)에 식(3-129)를 대입하여 간단한 일차원 Laplace 방정식을 얻는다.

$$\frac{d}{dR}\left(R^2\frac{dV}{dR}\right)=0 \tag{3-147}$$

R 에 관하여 적분하면

$$\frac{dV}{dR}=\frac{C_1}{R^2} \tag{3-148}$$

이 된다. 두번째 적분하면

$$V=-\frac{C_1}{R}+C_2 \tag{3-149}$$

가 된다.

두 적분상수 C_1과 C_2는 두 도체 구각의 경계 조건으로부터 구한다. $R=R_i$ 에서

$$V_1=-\frac{C_1}{R_i}+C_2 \tag{3-150a}$$

$R = R_0$에서

$$V_2 = -\frac{C_1}{R_0} + C_2 \tag{3-150b}$$

식(3-150a)와 (3-150b)를 풀면

$$C_1 = -\frac{R_0 R_i (V_1 - V_2)}{R_0 - R_i} \tag{3-151a}$$

$$C_2 = \frac{R_0 V_2 - R_i V_1}{R_0 - R_i} \tag{3-151b}$$

을 얻는다. 그러므로 두 구각 사이의 전위분포는 식(3-149), (3-151a), (3-151b)로부터

$$V(R) = \frac{1}{R_o - R_i}\left[\frac{R_i R_o}{R}(V_1 - V_2) + R_o V_2 - R_i V_1\right], \quad R_i \le R \le R_o \tag{3-152}$$

가 된다. 식(3-152)로부터 V는 절연체의 유전상수와 무관함을 알 수 있다.

■ **연습문제 3.20** 예제 3-23에서 $R \ge R_o$ 영역에서 전위분포를 구하라.

답 $V = R_o V_2 / R$

3-11.5 영상법

영상법은 특정 문제의 풀이를 단순화 한다.

이 절에서는 Poisson 또는 Laplace 방정식으로 바로 풀기 어려운 경계 조건을 가진 정전계 문제를 다룬다. 그러나 이들 문제에서는 경계면 조건에 적절한 **영상전하(image charges)** 개념을 도입하여 전위분포를 간단한 방법으로 구할 수 있다. Poisson 또는 Laplace 방정식의 일반적 해를 구하는 대신에 경계면을 적절한 영상전하로 대치하는 방법을 **영상법(method of images)**이라 부른다.

유일성 정리

영상법을 다루기 전에 **Poisson 방정식**(Laplace 방정식은 이것의 특별한 경우이다)**의 해는 주어진 경계 조건을 만족하는 유일한 해**라는 것을 알아야 한다. 또한 이것을 **유일성 정리(uniqueness theorem)**라 부른다. 유일성 정

리 때문에 경계 조건을 만족하는 정전계 문제의 해는 해를 얻는 방법에 상관없이 얻어지는 유일하게 가능한 해(the only possible solution)이다. 심지어 재치있는 짐작으로 얻은 해도 유일한 옳은 해이다. 유일성 정리는 공식적[†]으로 증명될 수 있으나 여기서는 단지 그 결과를 이용한다.

다음에 영상법의 몇 가지 중요한 응용을 설명할 것이다.

A. 도체판 근처에 있는 점전하

이 문제의 형태를 예제로 설명한다.

예 제 3-24

양(+)점전하 Q는 그림 3-27(a)에 보이는 것처럼 접지된(0 전위) 큰 도체판 위의 거리 d인 곳에 위치해 있다. (a) $y>0$인 영역에서 임의의 점 $P(x, y, z)$에서의 전위와 (b) 도체판 표면에 유도된 전하분포를 구하라.

해

a) 일반적으로 $y=0$에서와 무한대에서 $V=0$라는 경계 조건을 만족하는 Poisson 방정식을 직접 이용하여 이 문제를 풀기는 어렵다. 그러므로 만일 도체판을 제거하고 그림 3-27(b)처럼 $y=-d$ 지점에 영상 전하 $-Q$를 놓으면 $y>0$인 영역의 상황과 경계 조건은 변하지 않을 것이다. 두 전하에 의한 점 $P(x,y,z)$에서 전위는

대형 도체판 가까이에 있는 점전하의 영상

$$\begin{aligned} V(x,y,z) &= \frac{Q}{4\pi\epsilon_0}\left(\frac{1}{R_+}-\frac{1}{R_-}\right) \\ &= \frac{Q}{4\pi\epsilon_0}\left[\frac{1}{\sqrt{x^2+(y-d)^2+z^2}}\right. \\ &\quad \left. -\frac{1}{\sqrt{x^2+(y+d)^2+z^2}}\right],\ y\geq 0 \end{aligned} \tag{3-153a}$$

이며

$$V(x,y,z)=0,\ y\leq 0 \tag{3-153b}$$

이 된다. 주어진 경계 조건을 만족하기 때문에 식(3-153a)와 (3-153b)

[†] 예를들어 다음을 참조하라. D.K.Cheng, *Field and Wave Electromagnetics*, Second edition, pp.158-159, Addison-Wesley Publishing Co., Reading, Mass, 1989.

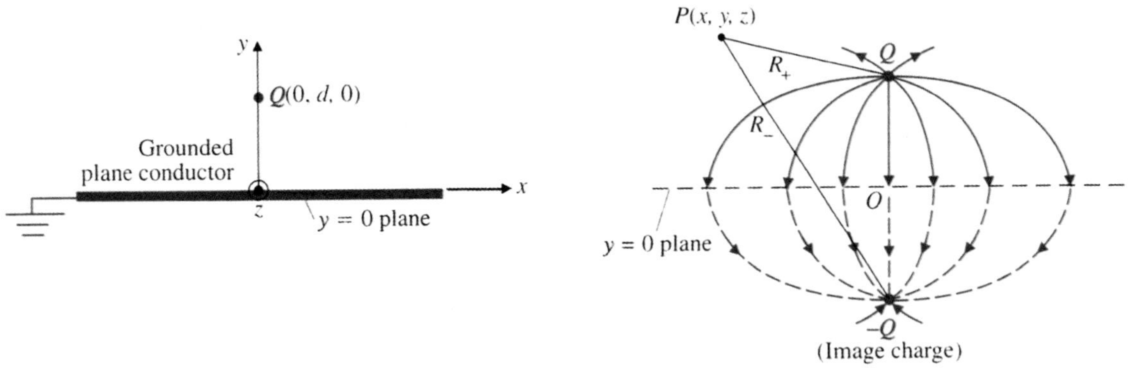

그림 3-27 점전하와 접지된 도체판(예제 3-24)
(a) 물리적 배치 (b) 영상전하와 전계선

는 유일성 정리에 의해 바른 해를 나타낸다.

b) 도체 표면에 유도된 전하분포를 구하기 위해 먼저 전계강도를 구한다. 식(3-153a)로부터

$$\mathbf{E} = -\nabla V$$
$$= \frac{Q}{4\pi\epsilon_0}\left\{\frac{\mathbf{a}_x x + \mathbf{a}_y(y-d) + \mathbf{a}_z z}{[x^2+(y-d)^2+z^2]^{3/2}} - \frac{\mathbf{a}_x + \mathbf{a}_y(y+d) + \mathbf{a}_z z}{[x^2+(y+d)^2+z^2]^{3/2}}\right\},$$
$$y \geq 0$$

가 된다. 유도된 표면전하밀도는 식(3-46)과 (3-154)로부터

$$\rho_s = \epsilon_0 E_y\Big|_{y=0} = -\frac{Qd}{2\pi(x^2+d^2+z^2)^{3/2}}$$ 154

가 된다.

영상법은 오직 영상전하가 존재하지 않는 영역에서 전계를 구하기 위해 사용될 수 있다는 것을 강조한다. 그러므로 예제 3-24 에서 점전하 $+Q$ 와 $-Q$ 는 $y<0$ 인 영역에서 V 또는 $\mathbf{E}$ 를 구하는 데 사용될 수 없다. 사실 V 와 $\mathbf{E}$ 모두는 $y<0$ 영역에서 0 이 된다.

■ **연습문제 3.21** 예제 3-24 에서 무한 도체판의 표면에 유도된 총 전하량을 구하라.

답 $-Q$

B. 평행 원통도체 근처의 선전하

이제 평행하고 반경 a인 원통도체의 축으로부터 거리 d에 있는 선전하 밀도 ρ_ℓ(C/m)의 문제를 생각해 보자.

선전하와 도체원통 모두 무한히 긴 것으로 가정한다. 그림 3-28(a)는 이 배열의 단면을 보여 준다. 영상법에 의해 이 문제에 접근하기 전에 다음을 고려한다 : (1) 영상은 $r=a$에서 원통면을 등전위 면으로 만들기 위해 원통 내부의 평행 선전하이어야 한다. 이 영상을 선전하 ρ_i라고 하자. (2) 선 OP에 대해 대칭이기 때문에 영상 선전하는 OP 선상에 있어야 하며, 축으로부터 거리 d_i만큼 떨어진 점 P_i에 있다. 두 미지수 ρ_i와 d_i를 구해야 한다. 먼저 다음을 가정하자.

영상 선전하

$$\boxed{\rho_i = -\rho_\ell.} \tag{3-156}$$

여기에서 식(3-156)은 경험적으로 얻은 해(재치있는 짐작)이며, 이것이 진짜 해인지에 대해선 자신할 수 없다. 이 시험해가 경계 조건을 만족하지 않을 때까지는 계속 인정할 것이다. 그러나 만일 식(3-156)이 모든 경계 조건을 만족하는 해로 유도되면 유일성 정리에 의해 이것은 유일한 해가 된다. 다음에 해야 할 일은 d_i를 구할 수 있는지 알아보는 것이다.

선전하밀도 ρ_ℓ로부터 거리 r인 곳에서 전위는 식(3-23)에서 주어진 전계강도 $\mathbf{E}$를 적분하여 얻을 수 있다.

$$V = -\int_{r_0}^{r} E_r dr = -\frac{\rho_\ell}{2\pi\epsilon_0}\int_{r_0}^{r}\frac{1}{r}dr = \frac{\rho_\ell}{2\pi\epsilon_0}\ln\frac{r_0}{r} \tag{3-157}$$

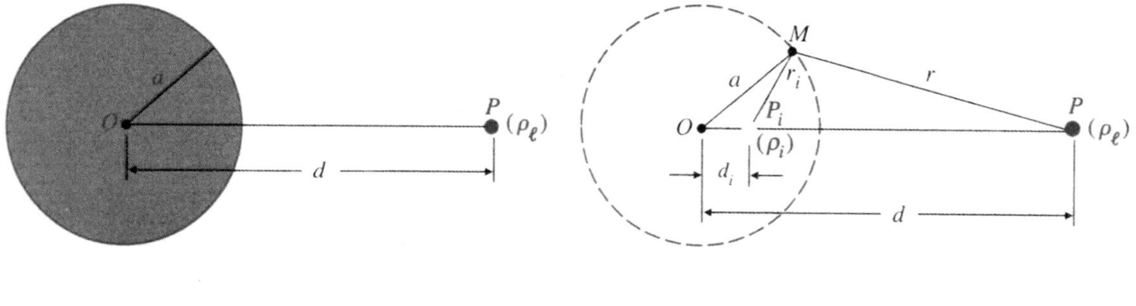

그림 3-28 선전하와 평행한 원통형 도체 내의 영상의 단면
(a) 선전하와 평행한 원통도체 (b) 선전하와 그것의 영상

식(3-157)에서 $r_0 = \infty$로 놓으면 모든 곳에서 V가 무한대가 되므로 영전위에 대한 기준점 r_0를 무한대로 놓을 수 없다. r_0를 당분간 그대로 놓아두자. 원통면 또는 외부의 한 점에서의 전위는 ρ_ℓ과 ρ_i 각각에 기인한 것을 더하여 얻는다. 특히 그림 3-28(b)처럼 원통면의 한 점 M에서는

$$V_M = \frac{\rho_\ell}{2\pi\epsilon_0}\ln\frac{r_0}{r} - \frac{\rho_\ell}{2\pi\epsilon_0}\ln\frac{r_0}{r_i} = \frac{\rho_\ell}{2\pi\epsilon_0}\ln\frac{r_i}{r} \tag{3-158}$$

이 된다. 식(3-158)에서 간단히 하기 위해 ρ_ℓ과 ρ_i로부터 등거리인 점을 영전위에 대한 기준점으로 선택함으로써 $\ln r_0$ 항이 소거되었다. 그렇지 않으면 식(3-158)의 우측에 상수항을 포함시켜야 한다. 그러나 그것은 다음 과정에 영향을 주지 못한다. 등전위 면은

$$\frac{r_i}{r} = \text{상수} \tag{3-159}$$

으로 명시된다. 만일 등전위 면이 원통면($\overline{OM} = a$)과 일치하면 점 P_i는 삼각형 OMP_i와 OPM이 닮은 꼴이 되는 곳에 위치해야만 한다. 이 두 삼각형은 이미 하나의 공통각 $\angle MOP_i$를 갖고 있다. 점 P_i는 $\angle OMP_i = \angle OPM$이 되도록 선택되어야 한다.

$$\frac{\overline{P_iM}}{\overline{PM}} = \frac{\overline{OP_i}}{\overline{OM}} = \frac{\overline{OM}}{\overline{OP}}$$

또는

$$\frac{r_i}{r} = \frac{d_i}{a} = \frac{a}{d} = \text{일정} \tag{3-160}$$

이어야 한다. 식(3-160)으로부터 만일

$$\boxed{d_i = \frac{a^2}{d}.} \tag{3-161}$$

이면 ρ_ℓ과 함께 영상 선전하 $-\rho_\ell$은 그림 3-28(b)에서처럼 점선 원통면을 등전위로 만들게 된다. 점선원 위에서 M의 위치가 변할 때 r_i와 r 모두 변한다. 그러나 그들의 비는 a/d와 같도록 일정하게 유지된다. 점 P_i는 반경 a의 원에 대해 P의 **반대쪽의 점**(inverse point)이라 부른다.

영상 선전하 $\rho_i = -\rho_\ell$은 원통 도체면을 대치할 수 있다. 그리고 원통면 외부의 임의의 점에서 V와 $\mathbf{E}$는 선전하 ρ_ℓ과 $-\rho_\ell$로부터 구할 수 있다. 대칭성에 의해 P의 오른쪽으로 d_i만큼 떨어진 곳에서 반경 a를 갖는 원래의 선전하 ρ_ℓ을 둘러싸는 평행 원통면을 찾을 수 있다. 이것으로부터 원형 단면의 두 평행 도체로 이루어진 전송선로의 단위 길이당 정전 용량을 계산할 수 있다.

예 제 3-25

거리 D만큼 떨어져 있는, 두 개의 길고 평행인 반경 a의 원형 도체 선로 사이의 단위길이당 정전용량을 구하라.

해

그림 3-29에 나타낸 두 전송 선로의 단면을 보라. 두 선로의 등전위 면은 간격$(D-2d_i) = d - d_i$만큼 떨어진 선전하 $+\rho_\ell$과 $-\rho_\ell$의 쌍에 의해 생긴 것으로 생각할 수 있다. 두 선로 사이의 전위차는 각 선로 위에 있는 임의의 두 점들 사이의 전위차이다. 첨자 1과 2는 각각 등가 선전하 $+\rho_\ell$과 $-\rho_\ell$로 둘러싸인 선로를 의미한다. 식(3-158)과 (3-160)으로부터

$$V_2 = \frac{\rho_\ell}{2\pi\epsilon_0}\ln\frac{a}{d}$$

이고, 같은 방법으로

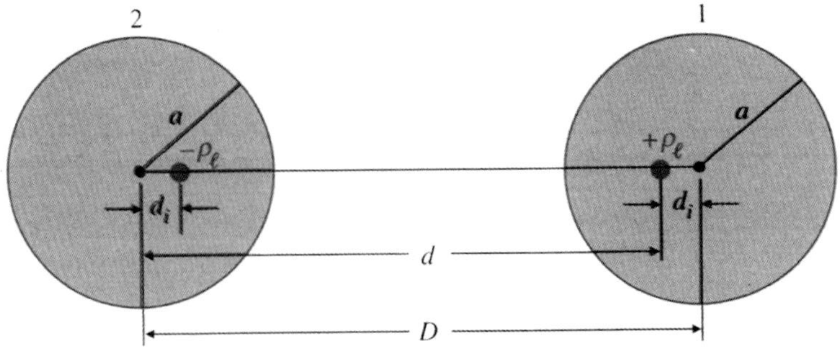

그림 3-29 두 전송 선로의 단면과 등가 선전하(예제 3-25)

$$V_1 = -\frac{\rho_\ell}{2\pi\epsilon_0}\ln\frac{a}{d}$$

가 된다. $a < d$ 이므로 V_2가 음수인 반면 V_1은 양수값이 된다. 단위길이당 정전용량은

$$C = \frac{\rho_\ell}{V_1 - V_2} = \frac{\pi\epsilon_0}{\ln(d/a)} \tag{3-162}$$

이다. 여기에서

$$d = D - d_i = D - \frac{a^2}{d}$$

이로부터†

$$d = \frac{1}{2}(D + \sqrt{D^2 - 4a^2}) \tag{3-163}$$

이 된다. 식(3-162)에 식(3-163)을 대입하여

평행 선로의 단위길이당 정전용량

$$\boxed{C = \frac{\pi\epsilon_0}{\ln[(D/2a) + \sqrt{(D/2a)^2 - 1}]} \quad \text{(F/m)}.} \tag{3-164}$$

가 된다.

$x > 1$ 에 대해 $\ln[x + \sqrt{x^2 - 1}] = \cosh^{-1}x$

이므로 식(3-164)는 또한

$$\boxed{C = \frac{\pi\epsilon_0}{\cosh^{-1}(D/2a)} \quad \text{(F/m)}.} \tag{3-165}$$

형태로도 쓸 수 있다. 선로의 직경이 서로 떨어질 간격에 비하여 매우 작을 때 $(D/2a) \gg 1$, 식(3-164)는

$$\boxed{C = \frac{\pi\epsilon_0}{\ln(D/a)} \quad \text{(F/m)}.} \tag{3-166}$$

† D와 d가 a보다 크기 때문에 다른 해 $d = \frac{1}{2}(D - \sqrt{D^2 - 4a^2})$은 무시된다.

으로 간단히 나타낼 수 있다.

연습문제 3.22 반경 2(cm)인 긴 전력 전송선이 평행하게 땅 위 10(m)에 있다. 땅을 무한히 평평한 도체판으로 가정하고 땅에 대한 선의 길이(m)당 정전용량을 구하라.

답 8.04(pF/m)

복습문제

문 3-27 단순 매질에 대한 Poisson과 Laplace 방정식을 벡터 표기법으로 써라.

문 3-28 단순 매질에 대해 직각좌표계에서 Poisson과 Laplace 방정식을 써라.

문 3-29 만일 $\nabla^2 U = 0$이면 왜 U는 동일하게 0이 되지 않느냐?

문 3-30 일정한 전압이 평행판 커패시터에 연결되어 있다.

a) 판 사이 공간에서 전계강도는 매질의 유전율에 따라 변하는가?

b) 전속밀도가 매질의 유전율에 따라 변하는가? 설명하라.

문 3-31 일정한 전하 $+Q$와 $-Q$가 분리된 평행 커패시터에 대전되어 있다고 가정하자.

a) 판 사이 공간에서 전계강도는 매질의 유전율에 따라 변하는가?

b) 전속밀도가 매질의 유전율에 따라 변하는가? 설명하라.

문 3-32 정전계의 유일성 정리를 설명하라.

문 3-33 무한 도체판에 대한 구형 전자구름의 영상은 무엇인가?

문 3-34 평행도체 원통에 대해 밀도가 ρ_ℓ인 무한히 긴 선전하의 영상은 어떤 것인가?

문 3-35 그림 3-29에서 두 전송 선로의 영전위 면은 어디인가?

요 점

1. 만일 매질이 비선형, 비균질성, 또는 이방성이면 Poisson 방정식(3-126)과 Laplace 방정식(3-130)을 그대로 사용할 수 없다.
2. 영상법은 영상전하가 위치하지 않는 영역에서만의 전계를 구하는 데 사용될 수 있다.

요 약

이 장은 정지상태이며 시간에 따라 변하지 않는 전하의 정전계를 다루었다. 전계강도 **E** 를 단위전하당 힘으로 정의한 후에

- 자유공간에서 **E** 의 발산과 회전을 명시화한 정전계의 두 기본 가정을 제시하였다.
- 이산 전하 및 연속 전하분포에 의한 전계를 결정할 수 있는 Coulomb 의 법칙과 Gauss 법칙을 유도하였다.
- 스칼라 전위의 개념을 도입하였다.
- 정전계에서 매질의 효과를 고려하였다.
- 등가 분극 전하밀도를 구함으로써 유도 쌍극자의 거시적 효과에 대해 언급하였다.
- 전속밀도 또는 전기변위 **D** 와 유전상수를 정의했다.
- 정전계에 대한 경계 조건을 논했다.
- 정전용량을 정의하고 이를 구하기 위한 절차를 설명했다.
- 축적된 정전에너지에 대한 공식을 구했다.
- 대전된 시스템에서 물체에 미치는 힘을 계산하기 위해 가상 변위의 원리를 사용했다.
- Poisson 과 Laplace 방정식을 소개했고 간단한 문제에 대한 풀이 방법을 설명했다.
- 정전계 경계값 문제 해결을 위한 영상법을 설명했다.

문 제

문 3-1 그림 3-2 에 보여진 음극선 오실로스코프(CRO)는 평행 편향판의 전압을 측정하는 데 사용된다.

a) 유전체에 파괴 현상이 없다고 가정하고 판 사이의 간격이 h 이면 측정될 수 있는 최대 전압은?

b) 만일 스크린의 지름이 D 라면 거리 L 의 제한은?

c) CRO 의 최대 측정 전압을 두 배로 하기 위해서는 고정된 기하구조를

갖고 어떻게 해결할 수 있을까?

문 3-2 대기 중에 2(μC)인 세 점전하가 한 쪽 변이 10(cm)인 정삼각형의 모퉁이에 위치되어 있다. 각 전하에 의한 힘의 크기와 방향을 구하라.

문 3-3 두 점전하 Q_1과 Q_2가 각각 (0,5,−1)과 (0,−2,6)에 있다. 점 $P(0,2,3)$에 있는 시험 전하에 미치는 총 힘이 다음과 같게 되는 경우 Q_1과 Q_2 사이의 관계를 구하라.

a) y 성분이 없게 되는 경우

b) z 성분이 없게 되는 경우

문 3-4 세 점전하 $Q_1 = -9$ (μC), $Q_2 = 4$ (μC) 그리고 $Q_3 = -36$ (μC) 이 직선상에 정렬되어 있다. Q_1과 Q_3 사이의 거리는 9(cm)이다. 각 전하가 받는 힘이 0이 되도록 하는 Q_2의 위치를 구하라.

문 3-5 예제 3-8에서 만일 **E**의 계산 오차가 1%를 넘지 않는다면 원판을 점전하로 간주할 수 있는 z축에서 점 P의 위치를 구하라.

문 3-6 균일 전하밀도 ρ_ℓ의 선전하가 공기 중의 xy 평면에서 원점을 중심으로 갖는 반경 b의 원형을 이루고 있을 때

a) 점(0, 0, h)에서 전계강도 **E**를 구하라.

b) (a)에서 **E**는 h의 어떤 점에서 최대가 되느냐? 이 최대값은?

c) 그 위치에서 **E**가 왜 최대가 되는지 설명하라.

문 3-7 균일 밀도 ρ_ℓ의 선전하가 xy 평면 위에 반경 b의 반원형 형태를 이루고 있다. 반원의 중심에서 전계강도의 크기와 방향을 구하라.

문 3-8 전하의 구형분포 $\rho = \rho_0[1-(R^2/b^2)]$이 $0 \le R \le b$ 영역에 존재한다. 이 전하분포는 내경 $R_i(>b)$와 외경 R_0인 구형 도체각에 의해 동심원 형태로 둘러싸여 있다. 모든 곳에서 **E**를 구하라.

문 3-9 $r = a$와 $r = b(b > a)$인 무한히 긴 동축 원통면이 각각 면전하 밀도 ρ_{sa}와 ρ_{sb}를 가진다.

a) 모든 곳에서 **E**를 구하라.

b) $r > b$ 영역에서 **E**가 0이 되기 위해서는 a와 b 사이의 관계는 어떠해야 하는가?

문 3-10 전계 $\mathbf{E} = \mathbf{a}_x y + \mathbf{a}_y x$에서 $P_1(1,2,-4)$로부터 $P_2(-2,8,-4)$로 $+5$(μC) 전하를 이동시키는 데 필요한 일을 구하라.

a) 포물선 $y = 2x^2$을 따라서

b) P_1과 P_2 사이를 연결하는 직선을 따라서

문 3-11 전계 $\mathbf{E} = \mathbf{a}_x y - \mathbf{a}_y x$ 일 때 문제 3-10 을 반복하라.

문 3-12 균일 선전하밀도 ρ_ℓ를 가지는 길이 L의 유한 선전하가 x 축과 일치하게 놓여 있다.

a) 선전하를 이등분하는 평면에서 V를 구하라.

b) Coulomb 의 법칙을 이용해 ρ_ℓ로부터 $\mathbf{E}$를 구하라.

c) (b)에서의 답을 $-\nabla V$와 비교하라.

문 3-13 원점에 중심을 둔 길이 L의 정육면체 유전체에서 분극이 $\mathbf{P} = P_0(\mathbf{a}_x x + \mathbf{a}_y y + \mathbf{a}_z z)$로 주어졌다.

a) 면 전하밀도와 체적 구속전하밀도를 구하라.

b) 총 구속전하가 0 임을 보여라.

문 3-14 반경 b의 유전체 구에서 분극벡터, $\mathbf{P} = \mathbf{a}_x P_0$이다.

a) 표면전하밀도와 체적전하밀도를 구하라.

b) 총 구속전하가 0 임을 보여라.

문 3-15 내경 r_i와 외경 r_0의 긴 유전체관의 축이 z 축과 일치하게 놓여 있다. 분극벡터 $\mathbf{P} = P_0(\mathbf{a}_x 3x + \mathbf{a}_y 4y)$가 유전체에 존재한다.

a) 표면전하밀도와 체적전하밀도를 구하라.

b) 총 구속전하가 0 임을 보여라.

문 3-16 양(+) 점전하 Q가 내경 R_i와 외경 R_0의 구형 유전체 구각의 중심에 있다. 구각의 유전상수는 ϵ_r이다. 반경 R의 함수로 $\mathbf{E}$, V, $\mathbf{P}$를 구하라.

문 3-17 다음 문제를 풀어라.

a) 평행판 커패시터가 50(mm) 떨어져 있고 그들 사이의 매질이 공기라고 가정하면 평행판 도체의 파괴 전압을 구하라.

b) 도체판 사이의 전 공간이 유전상수가 3 이고 유전체강도가 20(kV/mm)인 플렉시 유리(plexiglass)로 채워져 있다고 할 때 파괴 전압을 구하라.

c) 만일 10(mm) 두께의 플렉시 유리가 판 사이에 삽입되어졌을 때 파괴 현상이 일어나지 않고 판에 인가될 수 있는 최대 전압은?

문 3-18 $z = 0$ 평면이 $\epsilon_{r1} = 2$, $\epsilon_{r2} = 3$인 두 무손실 유전영역을 나눈다고 가정하자. 만일 영역 1 에서 $\mathbf{E}_1$이 $\mathbf{a}_x 2y - \mathbf{a}_y 3x + \mathbf{a}_z(5 + z)$이면 영역 2 에

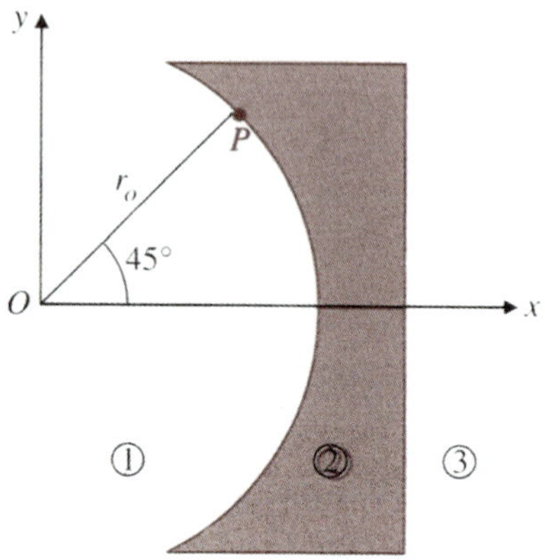

그림 3-30 유전체 렌즈(문 3-19)

서 $\mathbf{E}_2$와 $\mathbf{D}_2$에 대하여 무엇을 알 수 있는가? 영역 2의 임의의 점에서 $\mathbf{E}_2$와 $\mathbf{D}_2$를 구할 수 있느냐? 설명하라.

문 3-19 유전체 렌즈는 전자계를 평행하게 하는 데 사용할 수 있다. 그림 3-30에서 렌즈의 왼쪽면은 원통면이고 우측면은 평면이다. 만일 영역 1의 점 $P(r_0, 45°, z)$에서 $\mathbf{E}_1$이 $\mathbf{a}_r5 - \mathbf{a}_\phi 3$이면 영역 3에서 $\mathbf{E}_3$가 x축에 평행하기 위해 렌즈의 유전상수는 어떠한 값을 가져야 하는가?

문 3-20 면적 S를 가진 평행판 커패시터 사이의 공간은 한쪽 판 $(y=0)$에서 다른쪽 판$(y=d)$까지 유전율이 ϵ_1에서 ϵ_2까지 선형으로 변하는 유전체로 채워져 있다. 평행판 끝에서 전계효과를 무시할 때 정전용량을 구하라.

문 3-21 예제 3-16에서 원통 모양의 커패시터의 외부 도체가 접지되었고 내부 도체는 전위 V_0를 유지한다고 하자.

a) 내부 도체 면에서 전계강도 $\mathbf{E}(a)$를 구하라.

b) 외부 도체의 내경이 b로 고정되어 있을 때 $E(a)$가 최소값을 갖기 위한 a를 구하라.

c) 이 최소값 $E(a)$를 구하라.

d) (b)의 조건에서 정전용량을 구하라.

문 3-22 매우 긴 동축 전송선의 심(core)의 반경과 외부 도체의 내경이 각각 r_i,

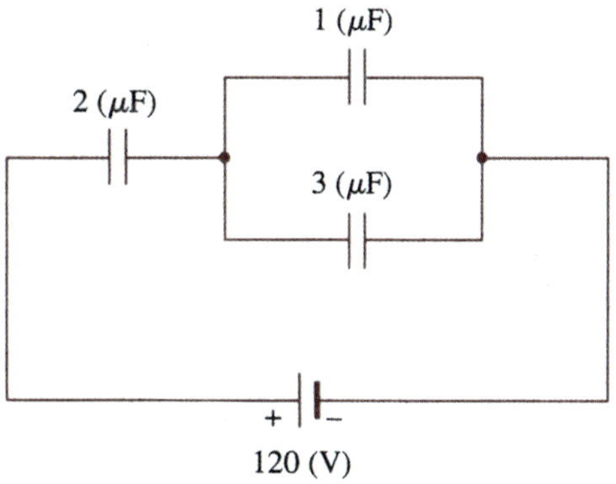

그림 3-31 전지에 연결된 커패시터(문 3-24)

r_0이다. 도체 사이의 공간은 두 개의 유전체 층으로 채워져 있다. 유전체의 유전상수는 $r_i < r < b$ 에서는 ϵ_{r1}이고, $b < r < r_0$에서는 ϵ_{r2}이다. 단위길이당 정전용량을 구하라.

문 3-23 구형 커패시터는 내부 반경이 R_i인 구와 내경 R_0인 외부 도체 구로 되어 있다. 사이의 공간은 유전율 ϵ인 유전체로 채워져 있다. 정전용량을 구하라.

문 3-24 세 커패시터 1(μF), 2(μF), 3(μF)가 그림 3-31 처럼 120 볼트 전원에 연결되어 있다. 각 커패시터에 축적된 전기에너지를 계산하여라.

문 3-25 전계 $\mathbf{E} = \mathbf{a}_r 6r\sin\phi + \mathbf{a}_\phi 3r\cos\phi$(V/m)하에서 점 $P_1(2, \pi/3, -1)$에서 점 $P_2(4, -\pi/2, -1)$로 점전하 500(pC)을 다음의 경로를 따라 이동하는 데 필요한 에너지를 구하라.

a) 먼저 $r = 2$ 에서 $\phi = \pi/3$ 로부터 $-\pi/2$ 까지 이동하고, 다음 $\phi = -\pi/2$ 에서 $r = 2$ 로부터 4 까지 이동한다.

b) 먼저 $\phi = \pi/3$ 에서 $r = 2$ 로부터 4 까지, 다음은 $r = 4$ 에서 $\phi = \pi/3$ 부터 $-\pi/2$ 까지 이동한다.

문 3-26 길이 L 의 동축 커패시터에 대하여 각각 전하 $+Q$ 와 $-Q$ 를 갖는 내부 도체(반경 a)와 외부 도체(반경 b) 사이의 힘을 구하기 위해서 가상 변위법을 사용하라. 유전체의 유전율은 ϵ이다.

힌트 : 먼저 내, 외경을 각각 a 와 $a + r$ 로 가정하고 r 에 대하여 미분

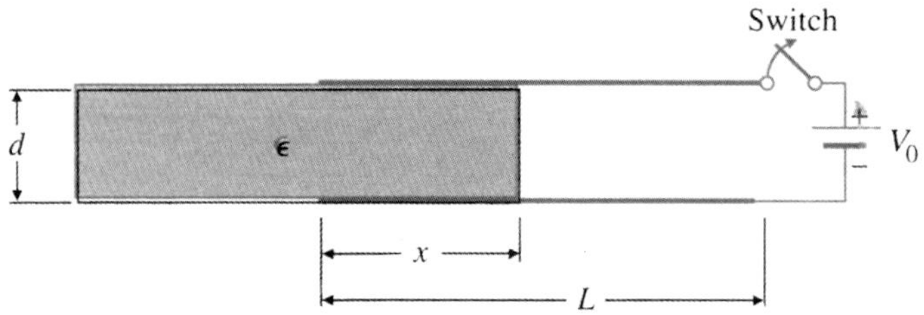

그림 3-32 부분적으로 유전체가 채워져 있는 평행판 커패시터(문 3-27)

한다.

문 3-27 폭 w, 길이 L, 간격 d를 갖는 평행판 커패시터가 판 사이 공간에서 유전율 ϵ인 유전판을 가진다. 커패시터는 그림 3-32에 나타난 것처럼 전지에 의해 V_0로 대전되었다. 보여진 위치로 유전판을 끌어내고, 스위치를 연다. 판에 가해진 힘을 구하라.

문 3-28 큰 평행판 커패시터의 상하 도체판은 거리 d만큼 분리되었고 각각 전위 V_0와 0을 유지한다. 유전상수가 6.0이고 균일 두께 $0.8d$인 유전판(slab)이 아래판 위에 놓여 있다. Laplace 방정식을 이용해 다음을 구하라.

a) 유전판에서 전위와 전계분포

b) 유전판과 위판 사이의 공기로 된 공간에서 전위와 전계분포

c) 상하판 위의 표면전하밀도

문 3-29 긴 동축 원통구조의 내외 도체 사이의 공간은 $a < r < b$에 대해 체적전하밀도 $\rho_v = A/r$을 갖는 전자구름으로 되어 있다고 하자. 여기에서 a와 b는 각각 내, 외부 도체의 반경이다. 내부 도체는 전위 V_0를 유지하고 외부 도체는 접지되었다. Poisson 방정식을 이용해서 영역 $a < r < b$에서 전위분포를 구하라.

문 3-30 만일 문 3-29에서 동축 구조의 내외 도체 사이의 공간이 자유공간이라면 Laplace 방정식에 의해 구역 $a \leq r \leq b$에서 $V(r)$에 대한 표현식을 구하라. $V(r)$로부터 도체에서 면전하밀도와 이 구조의 단위길이당 정전용량을 구하라. 결과를 식(3-90)과 비교하라.

문 3-31 그림 3-33과 같이 반각 α의 원추형 무한 도체가 전위 V_0를 유지하고

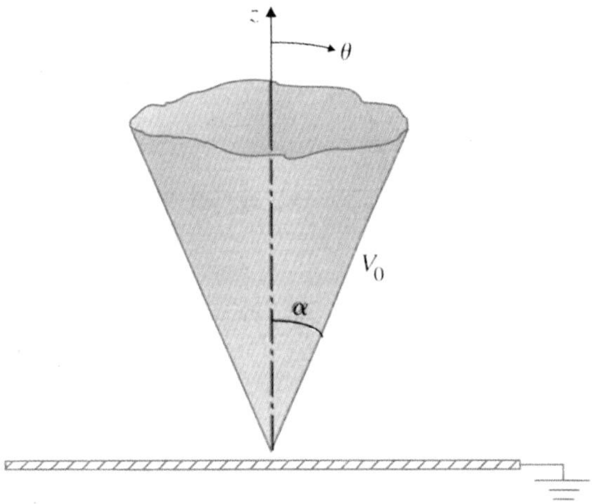

그림 3-33 원추형 무한 도체와 접지된 도체 평면(문 3-31)

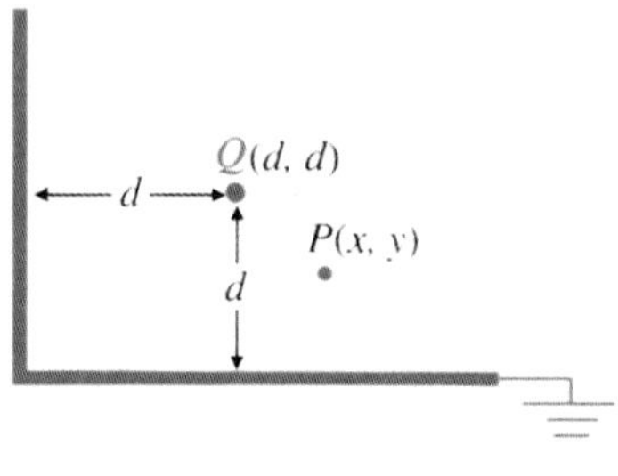

그림 3-34 두 직각 도체에서 같은 거리에 있는 점전하 Q

접지된 도체판과 절연되어 있다. 다음을 구하라.

a) 영역 $\alpha < \theta < \pi/2$ 에서 전위분포 $V(\theta)$

b) 영역 $\alpha < \theta < \pi/2$ 에서 전계강도

c) 원추면과 접지 평면에서 전하밀도

문 3-32 그림 3-34 에 보여진 것처럼 두 접지된 수직 도체의 각각으로부터 거리 d 에 위치한 양(+) 점전하 Q 에 대하여 아래 조건에 대한 표현식을 구하라.

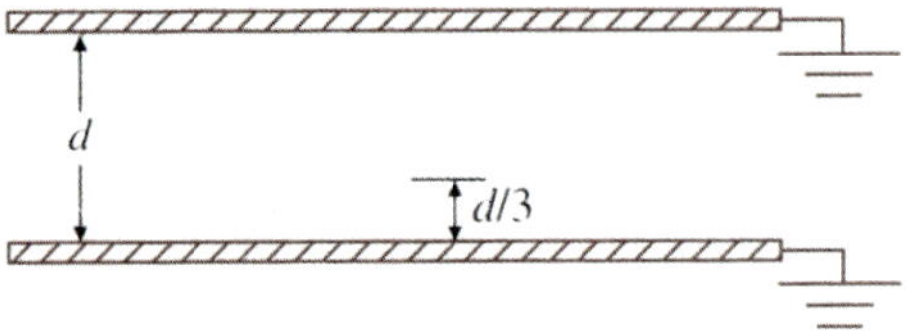

(a) 접지된 평행판 사이의 점전하

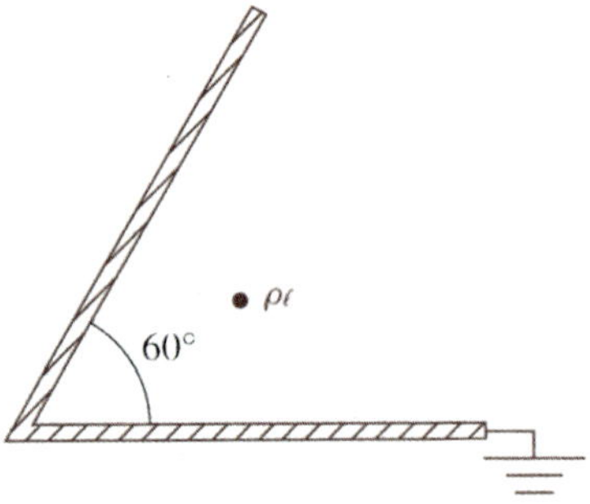

(b) 접지된 교차면 사이의 선전하

그림 3-35 문 3-33에 대한 그림

a) 임의의 점 $P(x, y)$에서 전위와 전계강도

b) 두 수직면에 유도된 표면전하밀도

문 3-33 다음에 대하여 영전위를 유지하는 도체 경계를 대신하는 영상전하 시스템을 구하라.

a) 그림 3-35(a)에 보여진 것처럼 두 개의 크고 접지된 평행 도체판 사이에 위치한 점전하 Q에 대하여

b) 그림 3-35(b)에 보여진 것처럼 각도 60° 형태를 이루는 두 도체판 사이의 중간에 위치한 무한 선전하 ρ_ℓ에 대하여

문 3-34 50(nC/m)의 무한 선전하가 영전위인 지상 위 3(m)에 있다. xy 평면을 접지로 하고 x축과 평행한 선전하를 선택하여 다음을 영상법을 이용하여 구하라.

a) (0, 4, 3)에서 $\mathbf{E}$

b) (0, 4, 0)에서 $\mathbf{E}$와 ρ_s

문 3-35 긴 두 평행 전송 선로의 축이 2(cm) 떨어져 있다. 선로는 반경 3(mm)이고 전위 +100(V)와 −100(V)를 유지한다. 다음을 구하라.

a) 선로축에 관련한 등가 선전하의 위치

b) 각 선로의 등가 선전하밀도

c) 선로 사이의 중간 지점에서 전계강도

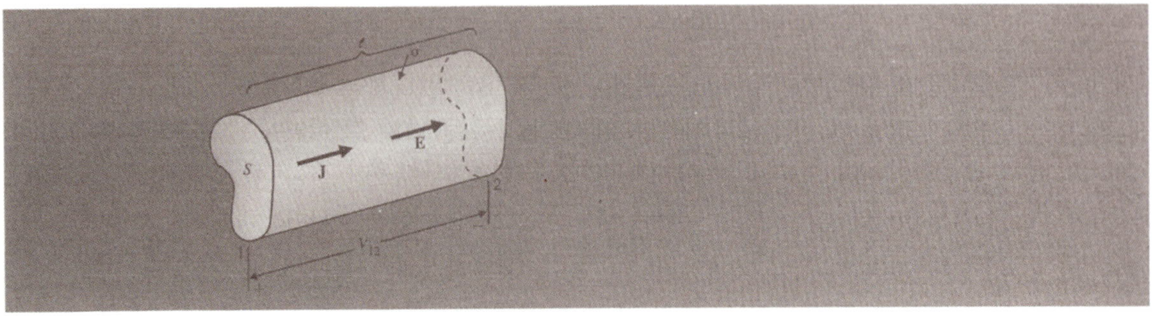

제 4 장 정상전류

Ohm 의 법칙

4-1 개 요 3 장에서는 정지 상태에 있는 전하와 관련된 정전계 문제를 다루었다. 이제 전류흐름에 기여하는 이동전하들에 대해 생각해 보도록 할 것이다. 독자들은 이미 직류회로 이론으로부터 금속도선과 같은 도체에 흐르는 전류에 매우 익숙해 있을 것이다. 이런 경우에 지배하는 법칙은 **Ohm 의 법칙**(Ohm's law)으로서 두 단자 사이의 전압은 단자 사이의 저항과 전류의 곱과 같다는 것을 말한다. 전압이 만일 절연체 양단에 인가된다면 큰 저항으로 인하여 전류는 거의 흐르지 않을 것이다. 그러면 음극선관(그림 3-2 에 보인 것과 같은)에 전류가 흐른다는 사실은 어떻게 설명할 것인가? 매질은 진공이고 개방회로인데 이 경우에 Ohm 의 법칙은 분명히 적용되지 않는다.

자유전하의 이동에 기인한 두 종류의 전류

대류전류는 Ohm 의 법칙이 성립되지 않는다.

자유전하의 이동으로 인한 두 종류의 전류가 있다 : 즉, 대류전류(convection current)와 전도전류(conduction current)이다. 대류전류는 진공이나 희박한 가스 내에서 양이나 음으로 대전된 입자의 이동에 기인한 것이다. 비근한 예로는 음극선관에서의 전자빔과 번개칠 때 대전된 전하입자의 격렬한 움직임 등을 들 수 있다.

질량 이동을 포함하는 유체역학 (hydrodynamic)운동의 결과인 대류전

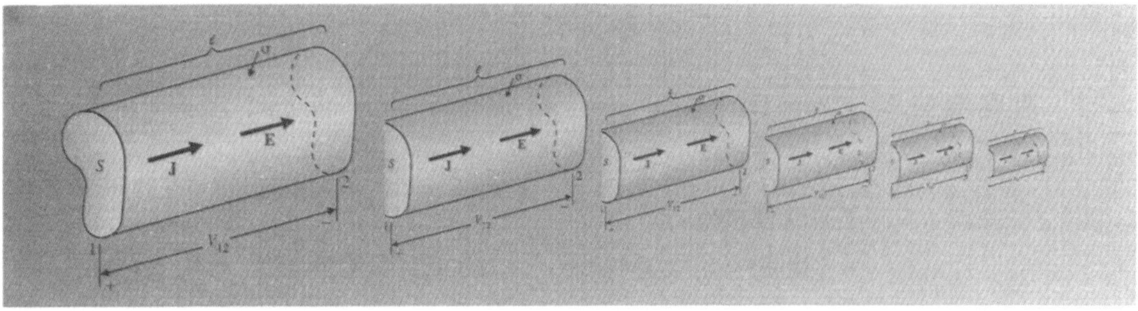

Steady Electric Currents

류는 Ohm의 법칙이 성립되지 않는다.

전도전류의 과정은 대류전류와는 다르다. 보통 상태에서는 결정구조에서 도체의 원자들은 규칙적인 위치를 점유하고 있다. 원자들은 양전하인 핵과 그 주위를 둘러싸고 있는 전자들로 구성되어 있다. 안쪽 궤도에 있는 전자들은 핵에 강하게 구속되어 있어서 자유롭게 벗어날 수 없다. 바깥쪽 궤도에 있는 전자들은 허용 상태를 완전히 채우지 않는다. 그들은 도체원자의 가전자대 또는 전도대 전자들이며 핵의 구속에 매우 약하게 구속되어 있다. 이 후자의 전자들은 자유롭게 한 원자로부터 다른 원자로 이동할 수 있다. 평균적으로 원자는 전기적으로 중성이며 전자들의 순 이동(drift)은 없다. 도체에 외부 전계가 가해지면 전도대 전자들의 유기적 이동이 전류를 발생시킨다. 전자들의 평균 트리프트 속도는 양도체일지라도 매우 느리다(10^{-4} 또는 10^{-3} m/s 정도). 이것은 이동하는 동안에 원자들과 충돌하기 때문이며 운동에너지의 일부가 열로서 소비된다.

전도전류는 Ohm의 법칙이 성립한다.

이 현상은 전류흐름에 제동력 또는 저항으로 분명히 나타난다. 전도전류 밀도와 전계 사이의 관계는 Ohm의 법칙을 제공한다. 본 장에서는 이들 두 종류의 전류에 대해 논의하게 될 것이다.

4-2 전류밀도와 Ohm 의 법칙

(1) 대류전류

전하량 q인 전하캐리어가 그림 4-1과 같이 미소 면적 Δs를 가로질러 속도 $\mathbf{u}$로서 정상(steady)운동을 하고 있는 경우에 대해 생각해 보자. 단위 체적당 전하캐리어 수를 N이라고 하면 Δt 시간 후에 각 전하들은 $\mathbf{u}\Delta t$ 만큼 거리를 이동하게 되며, 면적 Δs를 통과하는 전하량은

$$\Delta Q = Nq\mathbf{u}\cdot\mathbf{a}_n\Delta s\,\Delta t \quad \text{(C)} \tag{4-1}$$

이 된다. 전류는 전하의 시간변화율이므로

$$\Delta I = \frac{\Delta Q}{\Delta t} = Nq\mathbf{u}\cdot\mathbf{a}_n\,\Delta s = Nq\mathbf{u}\cdot\Delta\mathbf{s} \quad \text{(A)} \tag{4-2}$$

전류밀도의 정의

가 된다. 윗 식에서 벡터량으로서 $\Delta\mathbf{s} = \mathbf{a}_n\Delta s$를 나타내었다. 벡터 점함수(point function)인 **체적전류밀도**(volume current density) 또는 간단히 **전류밀도**(current density) $\mathbf{J}$를 다음과 같이 정의하는 것이 편리하다.(단위 : A/m^2)

$$\mathbf{J} = Nq\mathbf{u} \qquad (\text{A/m}^2) \tag{4-3}$$

따라서 식 (4-2)를

$$\Delta I = \mathbf{J}\cdot\Delta\mathbf{s} \tag{4-4}$$

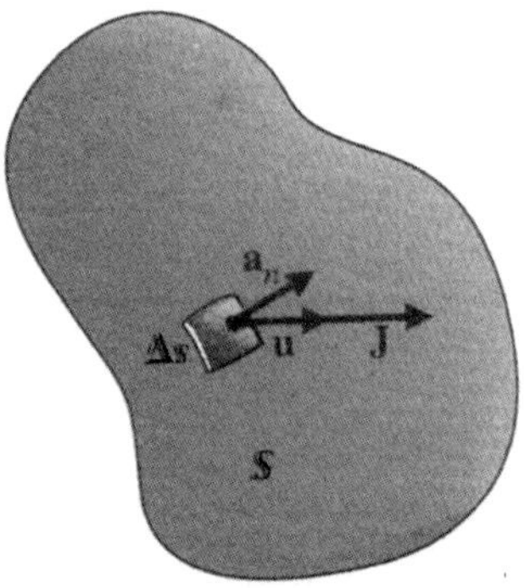

그림 4-1 표면을 가로질러 드리프트 이동하는 전하캐리어에 의한 대류전류

로 쓸 수 있다. 그러면 임의의 면적 S를 통과하는 전체 전류 I는 S를 통과하는 $\mathbf{J}$벡터의 유속(flux)이다.

$$\boxed{I=\int_S \mathbf{J}\cdot d\mathbf{s} \quad (\mathrm{A}).} \tag{4-5}$$

사실, Nq는 단위체적당 자유전하이므로 식 (4-3)은 다음과 같이 다시 쓸 수 있다.

대류전류밀도와 전하캐리어 속도와의 관계

$$\boxed{\mathbf{J}=\rho_v\mathbf{u} \quad (\mathrm{A/m^2}),} \tag{4-6}$$

이것이 **대류전류밀도**(convection current density)와 전하캐리어 속도와의 관계이다.

예 제 4-1

진공관 내에 자유전하밀도가 $-0.3(\mathrm{nC/mm^3})$이라고 하자. 전류밀도가 $-\mathbf{a}_z 2.4(\mathrm{A/mm^2})$이라면 (a) $R=5(\mathrm{mm})$, $0\le\theta\le\pi/2$, $0\le\phi\le 2\pi$인 반구 뚜껑을 통과하는 총 전류를 구하라. (b) 자유전하의 속도를 구하라.

해

다음과 같이 주어졌으므로

$$\rho_v=-0.3 \quad (\mathrm{nC/mm^3})$$
$$\mathbf{J}=-\mathbf{a}_z 2.4 \quad (\mathrm{A/mm^2})$$
$$R=5 \quad (\mathrm{mm})$$

a) $$I=\int \mathbf{J}\cdot d\mathbf{s}=-\int 2.4(\mathbf{a}_z\cdot\mathbf{a}_R)\,ds$$
$$=\int_0^{2\pi}\int_0^{\pi/2}-2.4(\cos\theta)(5^2\sin\theta\,d\theta\,d\phi)$$
$$=-2\pi\int_0^{\pi/2}60\sin\theta\,d(\sin\theta)$$
$$=-120\pi\left(\frac{\sin^2\theta}{2}\right)_0^{\pi/2}=-60\pi=-188.5 \quad (\mathrm{A})$$

b) $$\mathbf{u}=\frac{\mathbf{J}}{\rho_v}=\mathbf{a}_z\frac{-2.4}{-0.3\times10^{-9}}=\mathbf{a}_z 8\times10^9 \quad (\mathrm{mm/s})$$

$$= \mathbf{a}_z 8 \quad (\text{Mm/s})$$

(2) 전도전류

전도전류인 경우에는 다른 속도로 드리프트 이동하는 한 종류 이상의 전하들이(전자, 정공, 이온) 있을 수 있다. 식 (4-3)은 다음과 같이 일반화되어야 한다.

$$\mathbf{J} = \sum_i N_i q_i \mathbf{u}_i \quad (\text{A/m}^2) \tag{4-7}$$

4-1절에서 언급한 바와 같이 전도전류는 인가 전계의 영향하에 전하캐리어의 드리프트 이동의 결과이다. 원자들은 중성으로 남아 있는다($\rho_v = 0$). 대부분의 도체에서 평균 드리프트 속도는 인가된 전계강도에 정비례한다. 금속도체에서

$$\mathbf{u}_e = -\mu_e \mathbf{E} \quad (\text{m/s}) \tag{4-8}$$

와 같이 쓸 수 있다. 여기에서 μ_e는 전자의 **이동도(mobility)**이다(단위 : $\text{m}^2/\text{V}\cdot\text{s}$). 구리의 전자 이동도는 $3.2\times10^{-3}(\text{m}^2/\text{V}\cdot\text{s})$이다. 알루미늄은 $1.4\times10^{-4}(\text{m}^2/\text{V}\cdot\text{s})$, 은은 $5.2\times10^{-3}(\text{m}^2/\text{V}\cdot\text{s})$이다. 식 (4-3)과 (4-8)로부터

$$\mathbf{J} = -\rho_e \mu_e \mathbf{E} \tag{4-9}$$

가 된다. 여기서 $\rho_e = -Ne$는 드리프트 전자들의 전하밀도이며 음수이다. 식 (4-9)는 다음과 같이 다시 쓸 수 있다.

Ohm의 법칙의 점(point) 관계식

$$\boxed{\mathbf{J} = \sigma \mathbf{E} \quad (\text{A/m}^2)} \tag{4-10}$$

도전율의 정의

여기서 비례상수 $\sigma = -\rho_e \mu_e$는 매질의 거시적 구성 파라미터로서 **도전율(conductivity)**이라고 불린다. 식 (4-10)이 Ohm의 법칙의 점(point) 관계식이다. 반도체에서는 도전율은 전자와 정공 모두의 농도와 이동도에 의존한다 :

$$\sigma = -\rho_e \mu_e + \rho_h \mu_h \tag{4-11}$$

여기서 첨자 h는 정공을 나타낸다. 일반적으로 $\mu_e \neq \mu_h$이다. 게르마늄에서

는 $\mu_e = 0.38$, $\mu_h = 0.18$이고 실리콘에서는 $\mu_e = 0.12$, $\mu_h = 0.03(\text{m}^2/\text{V}\cdot\text{s})$이다.

도전율의 SI 단위

식 (4-10)은 도체의 구성적(constitutive) 관계이다. σ의 단위는 A/V·m 또는 S/m† 이다. 실리콘은 1.6×10^{-3}(S/m)이다. 반도체의 도전율은 온도 의존성이 매우 크다. 양호한 절연체인 고무는 단지 10^{-15}(S/m)의 도전율을 갖는다. 부록 B-4에 자주 사용되는 몇몇 재료의 도전율을 나타내었다. 도전율의 역수를 **저항률(resistivity)**이라고 한다(단위 : Ω·m). 도전율과 저항률을 둘 다 사용해야만 하는 강제성은 없다.

연습문제 4.1 구리에서 전류밀도가 7(A/mm²)이라면

a) 전계강도와

b) 전자의 드리프트 속도를 구하라.

답 (a) 0.121(V/m) (b) 3.57×10^{-4}(m/s)

회로 이론으로부터 Ohm의 법칙은 점 1로부터 2로 전류 I가 흐를 때 저항 R 양단에 나타나는 전압 V_{12}는 RI와 같다는 것을 알고 있다.

$$V_{12} = RI \tag{4-12}$$

여기서 R은 대개 주어진 길이의 도체 한 부분에 해당하고, V_{12}는 단자 1과 2사이의 전압, I는 단면을 통해서 흐르는 총 전류를 말한다. 식 (4-12)는 점 관계식은 아니다.

그림 4-2에서 보는 바와 같이 도전율 σ, 길이 ℓ, 균일한 단면 S인 균질매질의 한 부분에서 전압-전류 관계를 유도하기 위해서 Ohm의 법칙의 점 관계식 (4-10)을 이용하자. 도체 내에서 $\mathbf{J} = \sigma\mathbf{E}$이며 여기서 $\mathbf{J}$와 $\mathbf{E}$는 모두 전류흐름과 같은 방향이다. 단자 1과 2사이의 전위차 즉, 전압은 다음과 같다.

$$V_{12} = E\ell$$

† S : 지멘스(siemens)

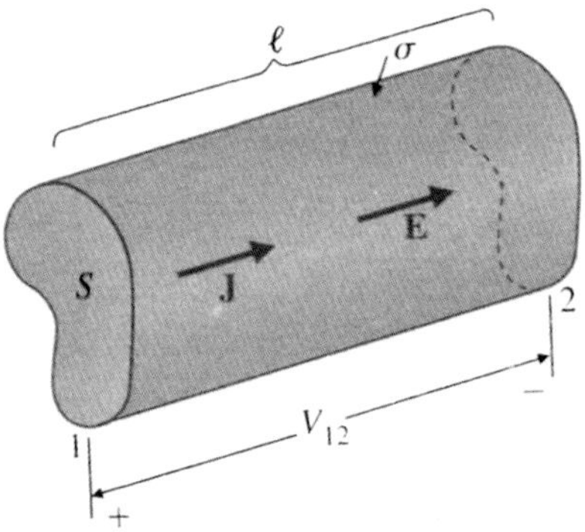

그림 4-2 일정한 단면을 갖는 균질 도체

즉,

$$E = \frac{V_{12}}{\ell} \tag{4-13}$$

총 전류는

$$I = \int_S \mathbf{J} \cdot d\mathbf{s} = JS$$

이므로

$$J = \frac{I}{S} \tag{4-14}$$

가 된다. 식 (4-10)에 (4-13)과 (4-14)를 이용하면

$$\frac{I}{S} = \sigma \frac{V_{12}}{\ell}$$

가 되어서

$$V_{12} = \left(\frac{\ell}{\sigma S}\right) I = RI \tag{4-15}$$

를 얻을 수 있으며 이것은 식 (4-12)와 같다.

식 (4-15)로부터 정상전류(d.c)에 대해서 일정한 단면을 갖는 균질 직선 부분의 **저항**(resistance)에 대한 공식을 얻을 수 있다.

일정한 단면을 갖는 균질 직선 부분의 저항

$$R = \frac{\ell}{\sigma S} \quad (\Omega). \tag{4-16}$$

예 제 4-2

a) 1(mm)반경을 갖는 1(km)구리 도선의 직류저항을 구하라.

b) 같은 길이의 알루미늄 도선이 같은 저항값을 가지려면 반경이 얼마가 되어야 하겠는가?

해

균일한 단면을 갖는 도체를 다루고 있기 때문에 식 (4-16)을 적용한다.

a) 구리도선에 대해서 $\sigma_{cu} = 5.80 \times 10^7 (\text{S/m})$:

$$\ell = 10^3 (\text{m}), \quad S_{cu} = \pi (10^{-3})^2 = 10^{-6}\pi \ (\text{m}^2)$$

따라서

$$R_{cu} = \frac{\ell}{\sigma_{cu} S_{cu}} = \frac{10^3}{5.80 \times 10^7 \times 10^{-6}\pi} = 5.49 \ (\Omega)$$

b) 알루미늄 도선에 대해서, $\sigma_{al} = 3.54 \times 10^7 (\text{S/m})$:

$$R_{al} = \frac{\ell}{\sigma_{al} S_{al}} = R_{cu}$$

$$S_{al} = \frac{\sigma_{cu}}{\sigma_{al}} S_{cu} = \frac{5.80}{3.54} (10^{-6}\pi) = \pi r^2$$

$$r = 1.28 \times 10^{-3} (\text{m}), \text{ 또는 } 1.28(\text{mm})$$

콘덕턴스와 SI 단위

저항의 역수인 **콘덕턴스(conductance)** G는 병렬로 저항들을 합성하는 데 유용하다. 콘덕턴스의 단위는 (Ω^{-1}) 또는 지멘스(S)이다.

$$G = \frac{1}{R} = \sigma \frac{S}{\ell} \quad (\text{S}) \tag{4-17}$$

■ **연습문제 4.2** 1(MΩ), 2(MΩ), 4(MΩ)의 저항들이 병렬로 연결되어 있다. 전체 콘덕턴스와

저항을 계산하라.

답 1.75(μS), 0.571(MΩ)

복습문제

문 4-1 전도전류와 대류전류의 차이점을 설명하라.

문 4-2 대류전류밀도와 전하캐리어 속도와의 관계는 무엇인가?

문 4-3 도체에서 전자의 이동도를 정의하라. 그것의 SI 단위는 무엇인가?

문 4-4 도전율을 정의하라. 그것의 SI 단위는 무엇인가?

문 4-5 반지름이 두 배가 되면 원형 도선의 저항은 어떻게 되겠는가?

요 점

1. 전도전류는 Ohm의 법칙의 지배를 받으나 대류전류는 그렇지 않다.
2. 도전율은 콘덕턴스와 다르며 저항률은 저항과 다르다.
3. 식 (4-16)의 저항공식은 균일한 단면을 갖는 직선의 균질 매질에서만 적용할 수 있다.

4-3 연속방정식과 Kirchhoff 전류법칙

전하보존의 원리

전하보존의 원리(principle of conservation of charge)는 물리학에서 가장 기본적인 가정 중의 하나이다. 전하는 생성되거나 소멸될 수 없다; 모든 전하들은 정지상태에 있거나 이동하거나 언제든지 설명 가능할 수 있어야 한다. 표면 S로 둘러싸인 임의의 체적 V를 생각해 보자. 이 영역 내에 순전하 Q가 존재하고 있다. 만일 표면을 가로질러 이 영역 밖으로 전류 I가 흐른다면 체적 내의 전하는 전류와 동일하게 같은 비율로 감소되어야만 한다. 반대로, 만일 순전류가 표면을 통하여 이 영역 안으로 흐른다면 체적 내의 전하는 전류와 같은 율로 증가하여야만 한다. 영역을 떠나는 전류는 표면 S를 통과하는 전류밀도벡터의 바깥으로 흘러나가는 총 유속(flux)이다.

$$I = \oint_S \mathbf{J} \cdot d\mathbf{s} = -\frac{dQ}{dt} = -\frac{d}{dt}\int_V \rho_v dv \qquad (4\text{-}18)$$

$\mathbf{J}$의 면적분을 $\nabla \cdot \mathbf{J}$의 체적적분으로 바꾸기 위해 발산정리 식 (2-69)를 적

용하면 정지된 체적에 대해서

$$\int_V \nabla \cdot \mathbf{J}\, dv = -\int_V \frac{\partial \rho_v}{\partial t} dv \qquad (4\text{-}19)$$

가 된다. ρ_v의 시간미분이 적분 안으로 들어갈 때 ρ_v는 시간의 함수일 뿐 아니라 공간좌표의 함수일 수도 있으므로 편미분 기호를 사용할 필요가 있다. 식 (4-19)는 V의 선택에 관계없이 성립해야 하므로 피적분함수는 같아야 한다. 따라서

연속방정식

$$\boxed{\nabla \cdot \mathbf{J} = -\frac{\partial \rho_v}{\partial t} \quad (\mathrm{A/m^3}).} \qquad (4\text{-}20)$$

을 얻을 수 있다. 전하보존의 원리로부터 유도된 이 점 관계식을 **연속방정식(equation of continuity)**이라고 한다.

전류밀도가 시간에 따라 변하지 않는 정상전류에 대해서 $\partial\rho_v/\partial t = 0$ 이므로 식 (4-20)은

$$\boxed{\nabla \cdot \mathbf{J} = 0.} \qquad (4\text{-}21)$$

이 된다.

정상전류는 솔레노이드하다.

따라서, 정상전류는 무발산 또는 솔레노이드하다. 식 (4-21)은 점 관계식이며 $\rho_v = 0$ 인(흐름원이 없는) 점에서도 성립한다. 이것은 정상전류의 계선 또는 유선은 그 자체에 닫혀(close) 있음을 의미하며 이것은 정전계의 계선이 전하로부터 시작되고 끝나는 것과는 다르다. 임의의 둘러싸인 표면에 대해서 식 (4-21)은 다음과 같은 적분형으로 나타낼 수 있다.

$$\oint_S \mathbf{J} \cdot d\mathbf{s} = 0 \qquad (4\text{-}22)$$

이것은 다시 다음과 같이 쓸 수 있으며

$$\boxed{\sum_j I_j = 0 \quad (\mathrm{A}).} \qquad (4\text{-}23)$$

Kirchhoff 전류법칙

이 식은 **Kirchhoff 전류법칙**의 표현이다. 이는 **회로에서 접합(junction)으로부터 흘러나가는 모든 전류의 대수합은 0**이라는 것을 말한다.

3-6.1 절에서 설명하였듯이 도체 내부에 들어온 전하들은 도체 표면으로 이동하게 되며 이는 평형조건하에서 내부가 $\rho_v = 0$, $\mathbf{E} = 0$이 되도록 재분포하게 된다고 하였다. 이 시점에서 이것을 증명하고 평형상태에 도달할 때까지 걸리는 시간을 계산해 보도록 하자. 식 (4-10)의 Ohm의 법칙과 연속방정식을 결합하면

$$\sigma \nabla \cdot \mathbf{E} = -\frac{\partial \rho_v}{\partial t} \tag{4-24}$$

이 되고 단순매질에서 $\nabla \cdot \mathbf{E} = \rho_v/\epsilon$이므로 이 식은

$$\frac{\partial \rho_v}{\partial t} + \frac{\sigma}{\epsilon}\rho_v = 0 \tag{4-25}$$

이 된다. 이것의 해는

$$\boxed{\rho_v = \rho_0 e^{-(\sigma/\epsilon)t} \quad (\mathrm{C/m^3}).} \tag{4-26}$$

전하의 체적밀도는 시간에 따라 지수적으로 감소한다.

이다. 여기서 ρ_0는 $t = 0$ 시간에서의 초기 전하밀도이다. ρ_v와 ρ_0는 둘 다 공간좌표의 함수일 수 있으며 식 (4-26)은 주어진 위치에서 전하밀도는 시간에 따라 지수적으로 감소함을 나타내고 있다. 초기 전하밀도 ρ_0는 다음과 같은 시간 후에는 $1/e$ 즉, 36.8%로 감소하게 된다.

$$\tau = \frac{\epsilon}{\sigma} \quad (\mathrm{s}) \tag{4-27}$$

완화시간의 정의

이 시간상수 τ를 **완화시간**(relaxation time)이라고 한다. 구리와 같은 양도체에서 $\sigma = 5.80 \times 10^7(\mathrm{S/m})$, $\epsilon \cong \epsilon_0 = 8.85 \times 10^{-12}(\mathrm{F/m})$이므로 τ는 $1.53 \times 10^{-19}(\mathrm{s})$가 되어 매우 짧은 시간이 된다.

■ 연습문제 4.3 고무의 유전상수와 도전율은 각각 3.0과 $10^{-15}(\mathrm{S/m})$이다.

a) 완화시간과

b) 전하밀도가 초기값의 1%로 감소하는 데 걸리는 시간을 구하라.

답 (a) 7.38 시간 (b) 1일 10 시간

4-4 전력소비와 Joule의 법칙

전계의 영향하에서 도체 내의 전자들은 거시적으로 드리프트 운동을 하게 된다고 말하였다. 미시적인 관점에서는, 이들 전자들은 격자구조를 하고 있는 원자들과 충돌하게 된다. 따라서 에너지는 전계로부터 열적 진동을 하게 되는 원자들에게로 전달된다. 전계 $\mathbf{E}$에 의해서 전하 q를 $\Delta\ell$만큼 이동시키는 데 한 일 Δw는 $q\mathbf{E}\cdot(\Delta\mathbf{l})$이며 이는 다음과 같이 전력

$$p=\lim_{\Delta t\to 0}\frac{\Delta w}{\Delta t}=q\mathbf{E}\cdot\mathbf{u} \tag{4-28}$$

에 대응한다. 여기서 $\mathbf{u}$는 드리프트 속도이다. 체적 dv 내에 있는 모든 전하들에게 전달되는 총전력은

$$dP=\sum_i p_i=\mathbf{E}\cdot\left(\sum_i N_i q_i \mathbf{u}_i\right)dv$$

가 된다. 식 (4-7)로부터

$$dP=\mathbf{E}\cdot\mathbf{J}\,dv$$

즉,

$$\frac{dP}{dv}=\mathbf{E}\cdot\mathbf{J}\quad(\mathrm{W/m^3}) \tag{4-29}$$

가 된다. 따라서 점 함수 $\mathbf{E}\cdot\mathbf{J}$는 정상전류 조건하에서 **전력밀도(power density)**가 된다. 주어진 체적 V에 대해서 열로 변환된 총전력은 다음과 같다.

Joule의 법칙

$$P=\int_V \mathbf{E}\cdot\mathbf{J}\,dv\quad(\mathrm{W}). \tag{4-30}$$

이것이 알려진 **Joule의 법칙**이다(P에 대한 SI 단위는 와트(W)이지 에너지 또는 일의 단위인 주울이 아니다). 식 (4-29)는 대응하는 점 관계식이다.

일정한 단면을 갖는 도체에서 $dv = ds d\ell$이다. $d\ell$이 $\mathbf{J}$의 방향으로 정해진다면 식 (4-30)은 다음과 같이 쓸 수 있다.

$$P = \int_L E d\ell \int_S J ds = VI$$

$V = RI$이므로

$$\boxed{P = I^2 R \quad (\mathrm{W}).} \tag{4-31}$$

을 얻을 수 있다. 물론, 이 식은 단위시간당 저항 R에서 열로 소비되는 오옴성 전력에 대한 잘 알려진 표현이다.

4-5 정상전류밀도에 대해 성립하는 식

지금까지 살펴본 바와 같이 전류밀도벡터 $\mathbf{J}$는 정상전류를 공부하는 데 있어서 기본량이 된다. Helmholtz 이론에 의하면 $\mathbf{J}$를 나타내기 위해서는 그것의 회전과 발산 특성이 명시되어야 한다. 식 (4-21)과 같이 정상전류에 대해서 $\nabla \cdot \mathbf{J} = 0$이다. 회전방정식은 Ohm의 법칙($\mathbf{J} = \sigma\mathbf{E}$)과 $\nabla \times \mathbf{E} = 0$을 결합함으로써 $\nabla \times (\mathbf{J}/\sigma) = 0$을 얻을 수 있다. 정상전류밀도에 대해 성립하는 미분형과 대응하는 적분형은 다음과 같다.

정상전류밀도에 대해 성립하는 식		
미분형	적분형	
$\nabla \cdot \mathbf{J} = 0$	$\oint_S \mathbf{J} \cdot d\mathbf{s} = 0$	(4-32)
$\nabla \times \left(\dfrac{\mathbf{J}}{\sigma}\right) = 0$	$\oint_C \dfrac{1}{\sigma}\mathbf{J} \cdot d\mathbf{l} = 0$	(4-33)

3-8절에서 언급한 바와 같이 두 매질 사이의 경계면에서 : (ⅰ) 무발산계는 연속하는 법선 성분을 갖는다(식 3-77 참고). (ⅱ) 무회전계는 연속하는 접선 성분을 갖는다(식 3-72 참고). (ⅰ)과 식 (4-32)의 결과로서

전류밀도의 법선 성분에 대한 경계조건

$$\boxed{J_{1n} = J_{2n} \quad (\mathrm{A/m^2}).} \tag{4-34}$$

이다. 도전율이 각각 σ_1, σ_2인 오옴성 매질의 경계면에서 (ii)와 식 (4-33)의 결과로서

$$\frac{J_{1t}}{\sigma_1} = \frac{J_{2t}}{\sigma_2}$$

즉,

전류밀도의 접선 성분에 대한 경계조건

$$\boxed{\frac{J_{1t}}{J_{2t}} = \frac{\sigma_1}{\sigma_2}.} \tag{4-35}$$

가 된다.

■ **연습문제 4.4** 두 개의 도전 매질이 $z=0$ 평면에서 서로 접촉해 있다. 경계면상의 점 P에서 전류밀도는 매질 1(도전율 σ_1)에서는 $\mathbf{J}_1 = 10(\mathbf{a}_y 3 + \mathbf{a}_z 4)$ $(\mathrm{A/m^2})$이다. $\sigma_2 = 2\sigma_1$이라면 매질 2에서 $\mathbf{J}_2$를 구하라.

답 $20(\mathbf{a}_y 3 + \mathbf{a}_z 2)$ $(\mathrm{A/m^2})$

복습문제

문 4-7 연속방정식의 물리적 중요성은 무엇인가?

문 4-8 Kirchhoff 전류법칙을 설명하라.

문 4-9 완화시간을 정의하라. 구리의 완화시간은 어느 정도의 크기를 갖는가?

문 4-10 Joule의 법칙을 설명하라. 체적 내에서 소비되는 전력을, (a) $\mathbf{E}$와 σ의 형태로, (b) $\mathbf{J}$와 σ의 형태로 나타내라.

문 4-11 서로 다른 도전율을 갖는 두 매질의 경계면에서 정상전류의 법선과 접선 성분의 경계조건은 무엇인가?

요 점

1. 식 (4-24)와 (4-26)은 단순 매질에서만 성립한다.
2. 정상전류 $\mathbf{J}$는 솔레노이드하다.
3. 정상전류밀도 $\mathbf{J}$는 비균질 매질에서는 보존적이 아니다.

4-6 저항 계산

3-9 절에서 유전체에 의해 분리되어 있는 두 도체 사이의 정전용량을 구하는 과정에 대해 논의한 바 있다. 이 도체들은 그림 3-19 에서처럼 임의의 형태를 가질 수 있다. 그림 4-3 에 다시 나타내었다. 정전용량에 관한 기본 공식을 전계량으로 나타내면

$$C=\frac{Q}{V}=\frac{\oint_S \mathbf{D}\cdot d\mathbf{s}}{-\int_L \mathbf{E}\cdot d\mathbf{l}}=\frac{\oint_S \epsilon\mathbf{E}\cdot d\mathbf{s}}{-\int_L \mathbf{E}\cdot d\mathbf{l}} \qquad (4\text{-}36)$$

이 된다. 여기서 분자의 면적분은 양의 도체를 둘러싸고 있는 표면에 걸쳐 행해지는 것이며 분모의 선적분은 음의 도체(낮은 전위)로부터 양의 도체(높은 전위)까지이다.

유전체가 손실이 있을 때(작지만 0 이 아닌 도전율을 가질 때) 전류는 양의 도체로부터 음의 도체로 흐르게 될 것이고 전류밀도가 매질 내에 형성될 것이다. Ohm 의 법칙 $\mathbf{J}=\sigma\mathbf{E}$는 $\mathbf{J}$와 $\mathbf{E}$의 유선(streamlines)은 등방성 매질에서는 같아질 것임을 말해 주고 있다. 도체 사이의 저항은

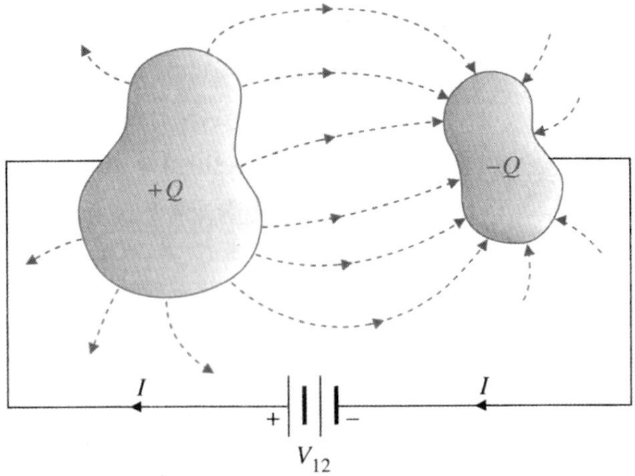

그림 4-3 손실성 유전체 내의 두 도체

$$R=\frac{V}{I}=\frac{-\int_L \mathbf{E}\cdot d\mathbf{l}}{\oint_S \mathbf{J}\cdot d\mathbf{s}}=\frac{-\int_L \mathbf{E}\cdot d\mathbf{l}}{\oint_S \sigma\mathbf{E}\cdot d\mathbf{s}} \tag{4-37}$$

이다. 여기서 선적분과 면적분은 식 (4-36)에서 행해지는 L, S와 같이 취해진다. 식 (4-36)과 (4-37)을 비교하면 다음과 같은 흥미로운 관계를 얻을 수 있다.

두 도체 사이의 C와 R (또는 G)의 관계

$$RC=\frac{C}{G}=\frac{\epsilon}{\sigma}. \tag{4-38}$$

식 (4-38)은 매질의 ϵ과 σ가 동일한 공간함수를 갖거나 매질이 균질할 때 (공간좌표에 무관) 성립한다. 이 경우에 두 도체 사이의 정전용량을 알면 저항(또는 콘덕턴스)은 ϵ/σ비로서 직접 얻을 수 있게 된다.

예 제 4-3

다음의 경우에 단위길이당 누설저항(leakage resistance)을 구하라.

a) 내부 도체의 반경이 a, 외부 도체의 내경이 b, 도전율이 σ인 동축케이블의 내부와 외부 도체 사이

b) 도전율 σ인 매질에서 거리 D 만큼 떨어진 반경 a의 두 평행 전송 선로 사이

해

a) 동축케이블의 단위길이당 정전용량은 예제 3-16의 식 (3-90)으로부터 얻을 수 있다.

$$C_1=\frac{2\pi\epsilon}{\ln(b/a)} \quad (\mathrm{F/m})$$

이다. 따라서 식 (4-38)의 관계를 이용하면 단위길이당 누설저항은

$$R_1=\frac{\epsilon}{\sigma}\left(\frac{1}{C_1}\right)=\frac{1}{2\pi\sigma}\ln\left(\frac{b}{a}\right) \quad (\Omega\cdot\mathrm{m}) \tag{4-39}$$

가 된다. 단위길이당 콘덕턴스는 $G_1=1/R_1$이다.

b) 평행 전송 선로에 대해서는, 예제 3-25의 식 (3-165)로부터 단위길이당 정전용량은

$$C_1' = \frac{\pi\epsilon}{\cosh^{-1}\left(\frac{D}{2a}\right)} \quad (\text{F/m})$$

이다. 따라서 식 (4-38)의 관계를 이용하면 단위길이당 누설저항은

$$R_1' = \frac{\epsilon}{\sigma}\left(\frac{1}{C_1'}\right) = \frac{1}{\pi\sigma}\cosh^{-1}\left(\frac{D}{2a}\right)$$
$$= \frac{1}{\pi\sigma}\ln\left[\frac{D}{2a} + \sqrt{\left(\frac{D}{2a}\right)^2 - 1}\right] \quad (\Omega \cdot \text{m}) \tag{4-40}$$

이 된다. 단위길이당 콘덕턴스는 $G_1' = 1/R_1'$ 이다.

어떤 상황에서는 정전계 문제와 정상전류 문제는 유사하지 않다. 이것은 전류는 도체 안에서만(주위 매질과 비교해서 매우 큰 σ를 갖는다.) 한정되어 흐르기 때문이다. 그런데 반하여 전속은 대개 유한한 치수의 유전체 판 내에만 한정될 수 없다. 널리 사용되는 재료의 유전상수는 매우 제한된 범위에 있고 도체 끝단 주위에서 전속의 가장자리(fringing) 효과는 정전용량에 대한 계산의 정확성을 떨어뜨린다.

등전위면과 면(또는 단자) 사이의 도체의 저항을 구하는 과정은 다음과 같다.

1. 주어진 기하구조에 따라 적절한 좌표계를 선정한다.
2. 두 도체 단자들 사이의 전위차 V_0를 가정한다.
3. 도체에서 전계강도 $\mathbf{E}$를 구한다.(만일 매질이 일정한 도전율을 갖는 균질체라면 V에 대한 Laplace 방정식 $\nabla^2 V = 0$을 풀고 이로부터 $\mathbf{E} = -\nabla V$를 구하는 것이 일반적인 방법이다.)
4. 총 전류를 다음과 같이 구한다.

$$I = \int_S \mathbf{J} \cdot d\mathbf{s} = \int_S \sigma\mathbf{E} \cdot d\mathbf{s}$$

여기서 S는 전류 I가 흐르는 면의 단면적이다.

5. V_0/I를 취함으로써 R을 구한다.

예 제 4-4

일정한 두께 h와 도전율 σ인 도전체가 그림 4-4와 같이 원형 워셔의 1/4의 모양을 하고 있다. 내부 반경은 a이고 외부 반경은 b이다. 양쪽 끝단 사이의 저항을 구하라.

해

분명히 원통좌표계를 취하는 것이 좋을 것이다. 앞서의 진행과정을 따라서 먼저 양쪽 끝단 사이의 전위차 V_0를 가정한다. 즉, $y=0(\phi=0)$인 끝단은 $V=0$이고 $x=0(\phi=\pi/2)$인 끝단에서는 $V=V_0$라고 하자. 그러면 Laplace 방정식을 풀 때 경계조건은 다음과 같다.

$$V=0 \quad 일\ 때 \quad \phi=0 \tag{4-41a}$$

$$V=V_0 \quad 일\ 때 \quad \phi=\pi/2 \tag{4-41b}$$

전위 V는 ϕ만의 함수이므로 원통좌표계에서 Laplace 방정식은

$$\frac{d^2V}{d\phi^2}=0 \tag{4-42}$$

과 같이 간단히 표현되고 이것의 일반해는

$$V=c_1\phi+c_2$$

가 된다. 위의 경계조건을 대입하여 풀면

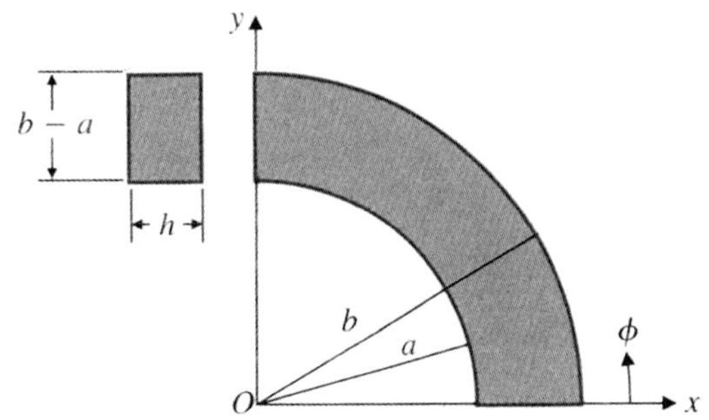

그림 4-4 원형 도전 워셔의 1/4을 도시한 그림

$$V = \frac{2V_0}{\pi}\phi \tag{4-43}$$

가 된다. 전류밀도는

$$\begin{aligned}\mathbf{J} &= \sigma\mathbf{E} = -\sigma\nabla V \\ &= -\mathbf{a}_\phi \sigma \frac{\partial V}{r\partial\phi} = -\mathbf{a}_\phi \frac{2\sigma V_0}{\pi r}\end{aligned} \tag{4-44}$$

이다. 총 전류 I 는 $\phi = \frac{\pi}{2}$인 면, $d\mathbf{s} = -\mathbf{a}_\phi h dr$ 에 걸쳐 $\mathbf{J}$ 를 적분함으로써 구할 수 있다.

$$\begin{aligned}I &= \int_S \mathbf{J} \cdot d\mathbf{s} = \frac{2\sigma V_0}{\pi} h \int_a^b \frac{dr}{r} \\ &= \frac{2\sigma h V_0}{\pi} \ln\frac{b}{a}\end{aligned} \tag{4-45}$$

따라서

$$R = \frac{V_0}{I} = \frac{\pi}{2\sigma h \ln(b/a)} \tag{4-46}$$

가 된다.

총 전류 I 로부터 쉽게 $\mathbf{J}$ 를 구할 수 있는 구조를 하고 있을 때에는 I 를 가정함으로써 문제를 풀 수도 있다. I 로부터 $\mathbf{J}$ 와 $\mathbf{E} = \mathbf{J}/\sigma$를 구하고 다음의 관계로부터 전위차 V_0를 구한다.

$$V_0 = -\int \mathbf{E} \cdot d\mathbf{l}$$

여기서 적분은 낮은 전위 단자로부터 높은 전위 단자까지 선적분이다. 저항 $R = V_0/I$ 는 가정한 I 와 무관하게 되어 과정 중에서 소거된다.

■ **연습문제 4.5** 동축케이블에서 내부와 외부 도체의 반경이 각각 a 와 b 이고 그들 사이 매질의 도전율은 σ이다. 내부 도체로부터 외부 도체로 누설전류 I 가 흐른다고 가정함으로써 출발하여 $\mathbf{J}$, $\mathbf{E}$, V_0, $R_1 = V_0/I$ 를 구하라. 그 결과를 식 (4-39)와 비교하라.

복습문제 문 4-12 유전율이 ϵ이고 도전율이 σ인 손실성 유전체 매질 내에 있는 두 도체 사이의 콘덕턴스와 정전용량 사이의 관계는 무엇인가?

문 4-13 유전상수가 ϵ_r이고 도전율이 σ인 손실성 유전체 내에 있는 두 도체 사이의 저항과 정전용량 사이의 관계는 무엇인가?

요 점

길이 ℓ인 두 평행 도체 사이의 총 누설저항은 단위길이당 누설저항을 ℓ로 나눈 것(곱하는 것이 아니라)과 같다.

요 약

본 장에서는

- 두 종류의 정상전류에 대해 생각해 보았다 : 대류전류(Ohm의 법칙이 성립하지 않음)와 전도전류.
- Ohm의 법칙의 점(point) 관계식을 이루는 도전율을 정의하였다.
- 연속방정식과 완화시간의 개념을 소개하였다.
- Joule의 법칙과 전력 소비를 공부하였다.
- 정상전류밀도에 대해 성립하는 방정식을 얻었다.
- 전류밀도에 대한 경계 조건을 살펴보았다.
- 저항계산 방법에 대해 논의하였다

문 제

문 4-1 반경 0.5(mm)의 도선 1(km) 끝단에 직류전압 6(V)를 인가하였더니 전류 1/6(A)가 흐르게 되었다. 다음을 구하라.

a) 도선의 도전율

b) 도선에서 전계강도

c) 도선에서 소비된 전력

d) 도선에서 전자의 이동도가 $1.4 \times 10^{-3}(\mathrm{m^2/V \cdot s})$라면 드리프트 속도

문 4-2 도전율이 σ이고 반경이 a인 긴 도선이 도전율 0.1σ인 매질로 코팅이 되어 있다.

a) 코팅되지 않은 도선의 단위길이당 저항이 50%로 감소되려면 코팅 두께는 얼마가 되어야 하겠는가?

b) 코팅된 도선에서 총 전류는 I라고 하면 코어와 코팅된 매질 모두에서

J 와 **E** 를 구하라.

문 4-3 $t=0$ 인 시간에 반경이 0.1(m)인 손실성 유전체구 — $\epsilon=1.2\epsilon_0$, $\sigma=10$(S/m) — 에 번개가 쳐서 구안에 균일하게 전하 1(mC)이 충전되었다. 모든 t 에 대해서 다음을 구하라.

a) 구의 내부와 외부에서 전계강도

b) 구에서의 전류밀도

문 4-4 문 4-3 에서

a) 구에서의 전하밀도가 초기값의 1%로 감소하는 데 걸리는 시간을 구하라.

b) 전하밀도가 초기값의 1%로 감소함에 따라 구에서 저장된 정전에너지의 변화를 구하라. 이 에너지는 어떻게 되었겠는가?

c) 구 바깥에서 공간상에 저장된 정전에너지를 구하라. 이 에너지는 시간에 따라 변하겠는가?

문 4-5 그림 4-5 와 같은 회로망에서 다섯 개의 저항 각각에 흐르는 전류와 소비전력을 구하라.

$R_1=\frac{1}{3}(\Omega)$, $R_2=20(\Omega)$, $R_3=30(\Omega)$, $R_4=8(\Omega)$, $R_5=10(\Omega)$,

이고 단자 1 은 0.7(V)의 이상적인 직류 전원의 양의 단자이다. 단자 1-2 쪽에서 바라본 합성 저항은 얼마인가?

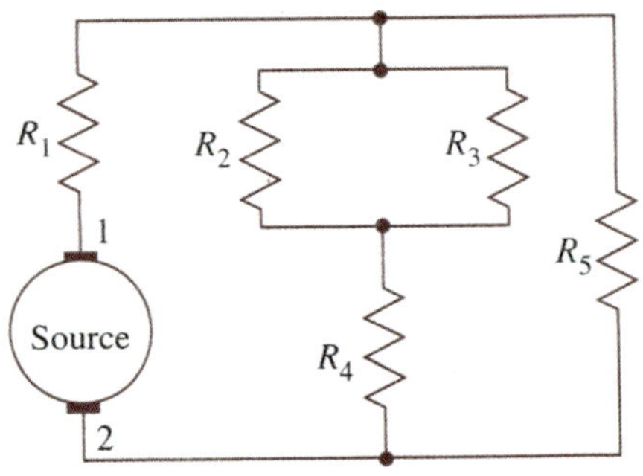

그림 4-5 회로망 문제(문 4-5)

문 4-6 유전상수가 각각 $\epsilon_{r1}=2$, $\epsilon_{r2}=3$ 이고 도전율이 각각 $\sigma_1=15$(mS), $\sigma_2=10$(mS)인 두 개의 손실성 균질 유전체가 $z=0$ 평면에서 접촉되어 있다. $z>0$ 영역(매질 1)에서 균일한 전계 $\mathbf{E}_1=\mathbf{a}_x 20-\mathbf{a}_z 50$(V/m)이 존재한다. 다음을 구하라.

a) 매질 2 에서 $\mathbf{E}_2$, (b) $\mathbf{J}_1$과 $\mathbf{J}_2$, (c) $z=0$ 평면과 $\mathbf{J}_1$, $\mathbf{J}_2$가 이루는 각,

b) 경계면에서 표면전하밀도

문 4-7 면적 S인 두 평행 도체판 사이 공간에 비균질 오옴성 매질이 차 있다. 그것의 도전율은 한 쪽 평판($y=d$)에서는 σ_1으로부터 다른 평판($y=0$)에서는 σ_2까지 선형적으로 변하는 것이다. 평판 사이에 직류전압 V_0가 인가될 때 다음을 구하라.

a) 평판 사이의 총 저항

b) 평판 위의 표면전하밀도

문 4-8 면적 S인 평행판 커패시터 양단에 직류전압 V_0가 인가되었다. 도체판 사이 공간에는 그림 4-6과 같이 두께가 d_1, d_2이고 유전율이 ϵ_1과 ϵ_2, 도전율이 σ_1과 σ_2인 다른 손실성 유전체로 차 있다. 다음을 구하라.

a) 평판 사이 전류밀도

b) 각 유전체에서의 전계강도

c) 단자 a와 b 사이의 등가 R-C 회로

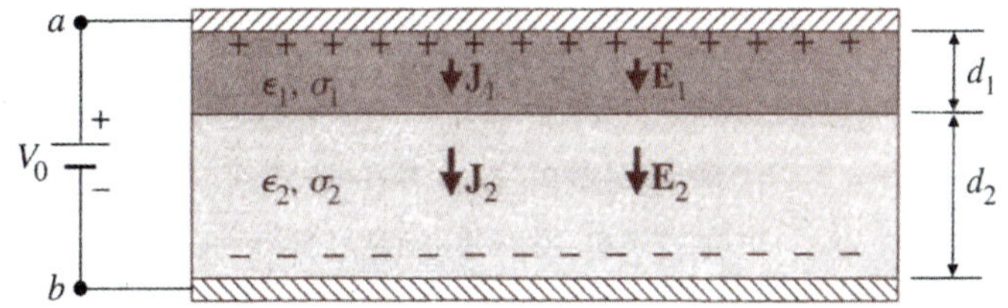

그림 4-6 두 개의 손실성 유전체를 가진 평행판 커패시터(문 4-8)

문 4-9 길이 L의 원통형 커패시터에 직류전압 V_0가 인가되었다. 내부와 외부 도체의 반경은 각각 a와 b이다. 도체 사이의 공간은 두 개의 다른 손실성 유전체로 차 있는데 그들은 $a<r<c$ 영역에서는 유전율 ϵ_1, 도전율 σ_1이고 $c<r<b$ 영역에서는 유전율 ϵ_2, 도전율 σ_2이다. 다음을 구하라.

a) 내부와 외부 도체 사이의 등가 RC 회로

b) 각 영역에서 전류밀도

힌트 : 예제 4-3(a)의 결과를 이용하라.

문 4-10 예제 4-4와 그림 4-4의 1/4 원형 도체 와셔를 참고로 하라. 윗평면과 아랫평면 사이의 저항을 구하라.

문 4-11 예제 4-4와 그림 4-4의 1/4 원형 도체 와셔를 참고로 하라. 굽어진 면들 사이의 저항을 구하라.

문 4-12 반지름이 R_1과 $R_2(R_1<R_2)$인 두 동심 구면 사이의 저항을 구하라. 둘 사이의 공간은 도전율이 σ인 등방성이고 균질한 매질로 차 있다.

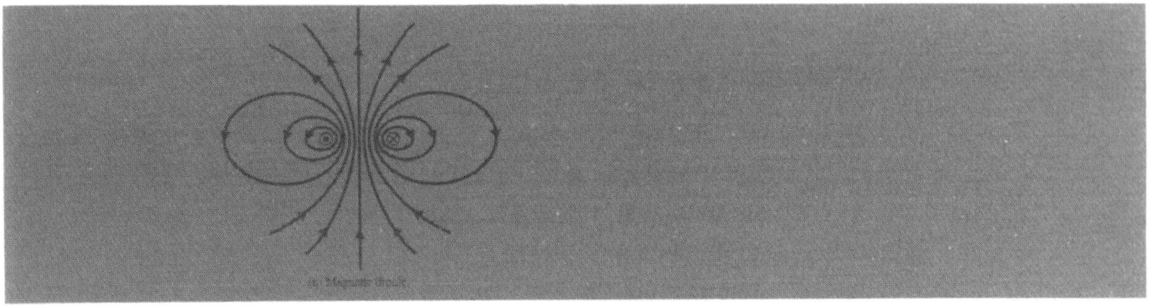

제 5 장 정자계

5-1 개 요 이미 우리는 전계의 개념을 소개하면서 정지상태에 있는 전하간의 상호작용에 대해 논의하였다. 제 3 장에서 전계강도 **E** 는 자유공간에서 정전계를 공부하는 데 필요한 기본 벡터량이라는 사실을 알아보았다. 매질 내에서는 전속밀도(또는 전기변위) **D** 라는 두번째 벡터량을 정의하는 것이 분극의 효과를 설명하는 데 편리하다는 것을 알아보았다. 다음의 두 방정식은 정전계 모델의 기본을 이루는 식이다.

정전계 모델의 두 기본 방정식

$$\nabla \cdot \mathbf{D} = \rho_v \tag{5-1}$$

$$\nabla \times \mathbf{E} = 0 \tag{5-2}$$

매질의 전기적 성질은 **D** 와 **E** 사이의 관계를 결정해 준다. 만일 매질이 선형이고 등방성이면 $\mathbf{D} = \epsilon \mathbf{E}$ 라는 간단한 기본식을 이루게 된다. 여기서 유전율 ϵ 은 스칼라이다.

자기의 현상은 천연자석 조각이 신기하게도 끌어당기는 힘을 보인다는 것을 발견하게 되었을 때 알려지게 되었다. 이 천연자석 조각이 Magnesia 라고 하는 고대 그리이스 도시 근처에서 발견되었기 때문에 자석(magnet), 자기(magnetism), 자화(magnetization), 마그네트론(magnetron) 등의 용어가 파생되어 나왔다. 이제 우리는 자계(magnetic field)의 개념을 소개함으로써 자기학에 대해 공부해 보도록 하겠다. 자계는 영구자석(자화된

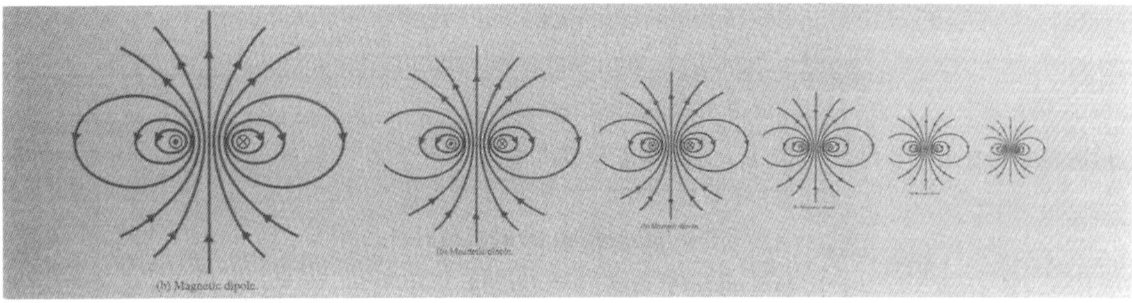

Static Magnetic Fields

천연자석과 같은)에 의해, 이동전하에 의해, 또는 전류의 흐름에 의해 형성될 수 있다.

미소 실험전하 q가 전계 $\mathbf{E}$ 내에 놓여 있을 때 그것은 **전기력**(electric force) $\mathbf{F}_e$를 받게 되며 q의 위치의 함수이다.

정지전하에 미치는 힘으로서 정의된 전계강도

$$\mathbf{F}_e = q\mathbf{E} \quad (\mathrm{N}). \tag{5-3}$$

시험전하가 **자속밀도**(magnetic flux density) $\mathbf{B}$† 인 자계 내에서 움직일 때 전하 q는 또한 아래 식과 같은 **자기력**(magnetic force) $\mathbf{F}_m$을 받게 됨을 실험에 의해 알게 되었다.

이동전하에 미치는 힘의 형태로서 정의된 자속밀도

$$\mathbf{F}_m = q\mathbf{u} \times \mathbf{B} \quad (\mathrm{N}). \tag{5-4}$$

B에 대한 SI 단위

여기서 $\mathbf{u}$(m/s)는 이동전하의 속도이고 $\mathbf{B}$는 Wb/m^2 또는 테스라(T)†† 의 단위를 갖는다. 전하 q에 미치는 총 **전자기력**(electromagnetic force)은

† 자속밀도는 물리교과서에서는 주로 **자기유도**(magnetic induction)라고도 불린다.

†† 1 Wb/m^2 또는 1 테스라는 CGS 단위로 10^4가우스와 같다. 지구의 자계는 약 $\frac{1}{2}$가우스 또는 0.5×10^{-4}T 이다(웨버는 볼트-초와 같다).

$\mathbf{F} = \mathbf{F}_e + \mathbf{F}_m$ 즉,

Lorentz 힘의 방정식

$$\boxed{\mathbf{F} = q(\mathbf{E} + \mathbf{u} \times \mathbf{B}) \quad (\mathrm{N}).} \tag{5-5}$$

가 된다. 이것을 **Lorentz 힘의 방정식**이라고 한다. 이 식의 타당성은 의심할 여지 없이 실험에 의해 수립된 결과식이다.

미소 q 에 대해서 $\mathbf{F}_e/q$ 를 전계강도 $\mathbf{E}$ 에 대한 정의(식 3-1 에서 했던 것처럼)로서 그리고 $\mathbf{F}_m/q = \mathbf{u} \times \mathbf{B}$ 를 전속밀도 $\mathbf{B}$ 에 대한 정의로서 생각해 볼 수 있다. 또 다른 방법으로는 Lorentz 힘의 방정식을 전자계 모델의 기본 가정으로 생각해 볼 수 있다 ; 이것은 다른 가정들로부터는 파생되어질 수 없다.

이동전하들이 이번에는 자계를 일으키는 전류를 발생시킨다. 정상전류는 정자계에 의해 수반되어 일어난다. 이것이 이 장의 공부할 주제이다. 자유공간에서 $\mathbf{B}$ 의 솔레노이드 특성으로부터 벡터 자기퍼텐셜(vector magnetic potential)이 정의되고 이것은 벡터 Poisson 방정식을 따르게 됨을 보이게 된다. 다음으로는 전류가 흐르는 회로의 자계를 구하는 데 사용될 수 있는 Biot-Savart 법칙을 유도하게 된다. 가정한 회전관계로부터 직접 Ampére 의 주회 법칙이 유도된다. 이것은 대칭적일 때 더욱 유용한 법칙이다.

자계 내에서 자성체의 거시적 효과는 자화벡터를 정의함으로써 알아보게 된다. 여기에서 또다른 벡터량인 자계강도 $\mathbf{H}$ 가 소개된다. $\mathbf{B}$ 와 $\mathbf{H}$ 의 관계로부터 매질의 투자율을 정의하게 되고 자성체의 동작에 대해 논의하게 된다. 그리고 난 후 두 개의 다른 자성 매질의 경계에서 발생하는 경계조건을 검토하고 자기(self)유도용량, 상호유도용량, 자기에너지, 자기력, 토크 등에 대해서 다루게 될 것이다.

5-2 자유공간 내에서 정자계의 기본 가정

자유공간 또는 비자성체† 에서 정자계(magnetostatics) (정상자계

† 강자성체(니켈, 코발트, 철 또는 그들의 합금)를 제외하고 재료의 투자율이 자유공간의 투자율 μ_0에 매우 근사한(0.01% 이내) 매질(부록 B-5 의 표 참조). 본서에서는 간단히 하기 위해 공기, 물, 구리, 알루미늄과 같은 비강자성체에서의 자계를 다룰 때에는 그들을 자유공간에서와 같은 것으로 간주하겠다.

(steady magnetic fields))를 공부하기 위해서 자속밀도벡터 **B** 만을 고려할 필요가 있다. 비자성 매질에서 **B** 의 발산과 회전을 설명하기 위한 정자계의 두 기본 가정은 다음과 같다.

B 의 회전은 0 이 된다.

$$\boxed{\nabla \cdot \mathbf{B} = 0,} \tag{5-6}$$

비자성 매질에서 정자계 **B** 의 회전

$$\boxed{\nabla \times \mathbf{B} = \mu_0 \mathbf{J}.} \quad \text{(비자성 매질에서)} \tag{5-7}$$

식(5-7)에서 μ_0 는 자유공간의 투자율(permeability)로서 :

$$\mu_0 = 4\pi \times 10^{-7} \quad (\mathrm{H/m})$$

이며(식 1-9 참조), **J** 는 전류밀도($\mathrm{A/m^2}$)이다. 임의의 벡터계의 회전의 발산은 0 이므로 식(5-7)로부터 다음의 관계를 얻을 수 있다.

$$\nabla \cdot \mathbf{J} = 0 \tag{5-8}$$

이것은 정상전류에 대한 식(4-21)과 일치하는 것이다.

식(5-6)에 체적적분을 취하고 발산 정리를 적용하면

자기흐름원천은 존재하지 않는다(어떠한 고립된 자하는 없다).

$$\boxed{\oint_S \mathbf{B} \cdot d\mathbf{s} = 0} \tag{5-9}$$

이 된다. 여기서 면적분은 임의의 체적을 둘러싸고 있는 표면에 대해 실행된다. 식(5-9)를 식(3-6)과 비교해 보면 전하에 대해서 어떠한 자기적 유사점이 없다는 결론을 얻게 된다. **어떠한 자기흐름 원천(flow source)은 있지 않으며 자속선은 항상 그들 자신에 대해 닫혀 있다.** 식(5-9)는 또한 임의의 폐표면을 통해 밖으로 흘러나간 총 자속은 0 이라는 **자속 보존의 법칙(the law of conservation of magnetic flux)** 에 대한 표현을 나타내고 있다.

임의의 폐표면 밖으로 흘러나가는 순 자속의 합은 0 이다.

북극과 남극은 따로 고립될 수 없다.

영구 막대자석에서 북극(north pole)과 남극(south pole)이라는 전통적인 명칭은 북극에 고립된 양 자하(magnetic charge)가 있고 남극에는 그에 대응하는 고립된 음의 자하가 있다는 것을 의미하지는 않는다. 그림 5-1(a)에서 북극과 남극으로 된 막대자석을 생각해 보자. 이 자석이 만일 두 부분으로 나뉘게 된다면 새로운 북극과 남극이 생길 것이고 그림 5-1(b)와 같이 두 개의 짧은 자석을 얻게 된다. 만일 이들 두 개의 자석의 각각을 다

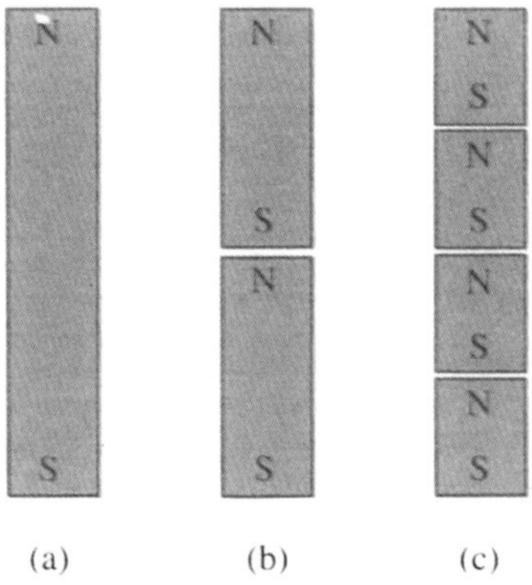

그림 5-1 막대자석의 연속분할

시 두 개의 조각으로 나눈다면 그림 5-1(c)와 같이 각각이 북극과 남극을 갖는 네 개의 자석을 얻을 수 있게 된다. 이 과정은 자석이 원자 차원의 크기가 될 때까지 계속될 수 있다; 그러나 미소의 각 자석들은 여전히 북극과 남극을 갖게 될 것이다. 이제 분명한 것은 자극은 따로 고립될 수 없다는 것이다. 자속선은 자석의 한쪽 끝으로부터 다른 한 쪽 끝까지 폐경로를 따르게 되고 자석 내부를 따라 시작된 끝쪽으로 연결되어진다. 북극과 남극에 대한 명칭은 지구의 자계하에 자유롭게 매달린 각각의 자석 끝단이 북극과 남극 방향으로 향하는 것에 따른 것이다.†

식(5-7)에 대한 회전 관계식의 적분형은 개표면(open surface)에 대해 양변을 적분하고 Stokes 정리를 적용하면

$$\int_S (\nabla \times \mathbf{B}) \cdot d\mathbf{s} = \mu_0 \int_S \mathbf{J} \cdot d\mathbf{s}$$

즉

† 잠시 생각해 봅시다.
선사시대 암석 형성에 대한 조사로부터 알게 된 것으로는 천만년 정도마다 한 번씩 지자계의 극적인 반전이 있어 왔다고 믿게 되었다. 지자계는 지구 외핵에 있는 용해된 철의 회전운동에 의해 생기는 것이라고 생각하고 있다. 그러나 지자계의 반전에 대한 정확한 원인은 밝혀지지 않고 있다. 다음의 반전은 지금으로부터 약 2000년 후가 될 것이라고 예측하고 있다. 어느 누구도 그러한 반전의 결과로부터 오는 엄청난 재앙들을 예측할 수는 없다. 그러나 그것들 가운데는 지구항해에 엄청난 혼란과 철새들의 이동 패턴에 대한 예상치 못한 변화가 있을 것이다.

$$\oint_C \mathbf{B}\cdot d\mathbf{l} = \mu_0 I, \qquad \text{(비자성 매질에서)} \qquad (5\text{-}10)$$

비자성 매질에서 Ampère의 주회 법칙

이 된다. 여기서 선적분에 대한 경로 C는 표면 S를 경계짓고 있는 곡선이며 I는 S를 통과하는 총 전류를 나타낸다. C의 방향과 전류의 방향은 오른손 법칙에 따른다. 명심할 것은 식(5-10)은 $\mathbf{B}$의 회전에 대한 가정으로부터 파생된 관계식이라는 것이다. 이것이 **Ampère의 주회 법칙**(Ampère's circuital law)이며 이는 **비자성체에서 임의의 폐경로를 따른 자속밀도의 순환(circulation)은 경로에 의해 둘러싸인 표면을 통해 흘러나가는 총 전류에 μ_0를 곱한 것과 같다**는 것을 말한다. Ampère의 주회법칙은 전류 주위에 폐경로 C가 있어서 $\mathbf{B}$의 크기가 경로를 따라 일정할 때 전류 I에 의한 자속밀도 $\mathbf{B}$를 구할 때 매우 유용한 법칙이다.

다음은 자유공간에서 정자계의 두 기본 가정을 요약한 것이다.

비자성 매질에서 정자계의 두 기본 가정

비자성 매질에서 정자계의 가정	
미분형	적분형
$\nabla\cdot\mathbf{B}=0$	$\oint_S \mathbf{B}\cdot d\mathbf{s}=0$
$\nabla\times\mathbf{B}=\mu_0\mathbf{J}$	$\oint_C \mathbf{B}\cdot d\mathbf{l}=\mu_0 I$

예 제 5-1

반경 b의 원형 단면을 갖는 무한히 긴 비자성 도체에 정상전류 I가 흐르고 있다. 도체 내부와 외부에서 자속밀도를 구하라.

해

먼저, 이것은 원통대칭형에 대한 문제이며 따라서 Ampère의 주회 법칙이 보다 유리하게 적용될 수 있다. 도체를 z축을 따라 놓게 되면 자속밀도 $\mathbf{B}$는 ϕ방향이 될 것이고 z축을 따른 임의의 원형 폐경로에 대해서 일정하게 될 것이다. 그림 5-2(a)는 도체의 단면과 전류가 흐르는 도체의 내부와 외

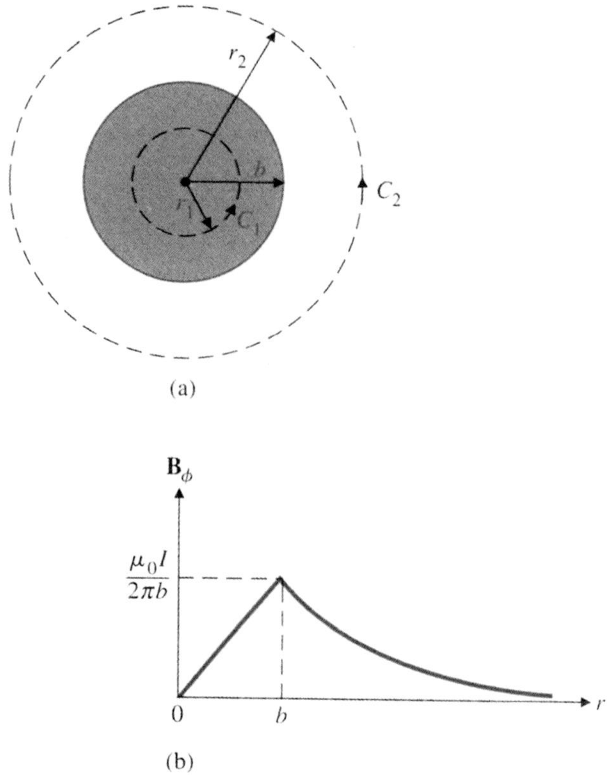

그림 5-2 지면 밖으로 전류 I 가 흐르는 무한히 긴 원통도체의 자속밀도(예제 5-1)

부 각각의 두 원형 적분경로 C_1과 C_2를 보여 주고 있다. C_1과 C_2의 방향과 I 의 방향이 오른손 법칙을 따르고 있는지 다시 한번 유의하여 보라(오른손 손가락들이 C_1과 C_2의 방향을 가질 때 엄지손가락이 I 의 방향을 나타낸다).

a) 도체 내부 :

$$\mathbf{B}_1 = \mathbf{a}_\phi B_{\phi 1}, \qquad d\mathbf{l} = \mathbf{a}_\phi r_1 d\phi$$

$$\oint_{C_1} \mathbf{B}_1 \cdot d\mathbf{l} = \int_0^{2\pi} B_{\phi 1} r_1 d\phi = 2\pi r_1 B_{\phi 1}$$

C_1에 의해 둘러싸인 면을 통과하는 전류는

$$I_1 = \frac{\pi r_1^2}{\pi b^2} I = \left(\frac{r_1}{b}\right)^2 I$$

이다. 따라서 Ampère의 주회 법칙으로부터

$$\mathbf{B}_1 = \mathbf{a}_\phi B_{\phi 1} = \mathbf{a}_\phi \frac{\mu_0 r_1 I}{2\pi b^2}, \qquad r_1 \le b \tag{5-11}$$

가 된다.

b) 도체 외부 :

$$\mathbf{B}_2 = \mathbf{a}_\phi B_{\phi 2}, \qquad d\mathbf{l} = \mathbf{a}_\phi r_2 d\phi$$

$$\oint_{C2} \mathbf{B}_2 \cdot d\mathbf{l} = 2\pi r_2 B_{\phi 2}$$

도체 외부의 경로 C_2 내에는 총 전류 I를 다 포함하고 있다. 따라서

$$\mathbf{B}_2 = \mathbf{a}_\phi B_{\phi 2} = \mathbf{a}_\phi \frac{\mu_0 I}{2\pi r_2}, \qquad r_2 \ge b \tag{5-12}$$

가 된다. 식(5-11)과 (5-12)를 주의 깊게 살펴보면 $\mathbf{B}$의 크기는 r_1이 0으로부터 b까지는 선형적으로 증가하고 그 후 r_2에 따라서는 반비례로 감소한다는 것을 알 수 있다. r에 대한 B_ϕ의 변화를 그림 5-2(b)에 나타내었다.

연습문제 5.1 반경 b의 무한히 길고 매우 얇은 원통형 도체관이 일정한 표면전류 $\mathbf{J}_s = \mathbf{a}_z J_s$(A/m)를 운반하고 있다. 모든 곳에서의 $\mathbf{B}$를 구하라.

답 $r < b$에서 0, $r > b$에서 $\mathbf{a}_\phi \mu_0 J_s b/r$

예 제 5-2

코어(core)가 공기로 되어 있고 권선수 N를 갖는 촘촘히 감긴 토로이드 코일(toroidal coil) 내부의 자속밀도를 구하라. 전류는 I이다. 토로이드는 평균 반경 b이고 각 권선의 감긴 반경은 a이다.

해

그림 5-3은 이 문제에 대한 기하구조를 보여 주고 있다. 원통대칭형이므로

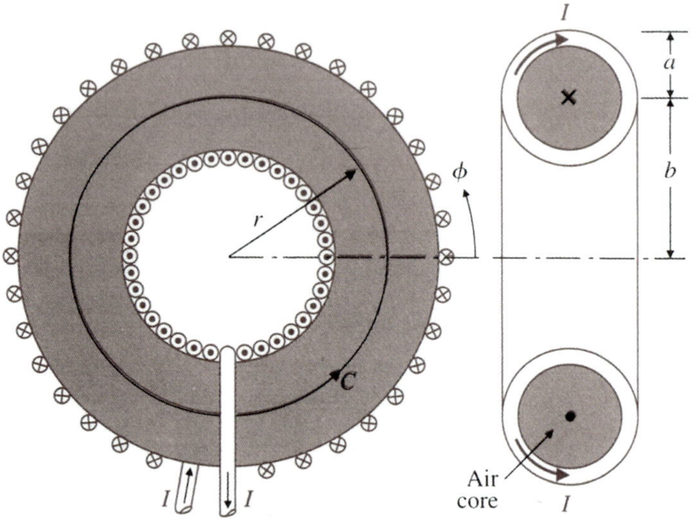

그림 5-3 전류가 흐르는 토로이드 코일(예제 5-2)

$\mathbf{B}$는 ϕ 성분만을 갖고 토로이드 축 주위의 임의의 원형 경로에 대해 일정함을 보장하고 있다. 그림에서 보이는 바와 같이 반경 r에 따른 원형 경로 C를 설정해 보자. $(b-a)<r<(b+a)$에 대해서 식(5-10)으로부터 직접

$$\oint \mathbf{B}\cdot d\mathbf{l} = 2\pi r B_\phi = \mu_0 NI$$

을 구할 수 있다. 여기서 토로이드는 투자율 μ_0의 공기 코어로 되어 있음을 가정하였다. 따라서

$$\mathbf{B} = \mathbf{a}_\phi B_\phi = \mathbf{a}_\phi \frac{\mu_0 NI}{2\pi r}, \qquad (b-a)<r<(b+a) \tag{5-13}$$

$r<(b-a)$와 $r>(b+a)$에서는 $\mathbf{B}=0$이다. 왜냐하면 이들 두 영역에서 설정된 경로에 둘러싸인 면을 통한 순전류는 0이기 때문이다.

연습문제 5.2 미터당 권선수 n을 갖고 코어가 공기로 된 매우 긴 원통형 솔레노이드 내부의 자속밀도를 구하라. 전류는 I이다.

답 $\mu_0 nI$

복습문제

문 5-1 자속밀도 **B**를 갖는 자계 내에 속도 **u**를 갖고 이동하는 시험전하 q에 미치는 힘은 어떻게 표현될 수 있는가?

문 5-2 자속밀도에 대한 단위 테스라(T)가 $V \cdot s/m^2$과 같은 단위인가 증명해 보라.

문 5-3 Lorentz 힘의 방정식을 써라.

문 5-4 정자계의 두 기본 가정은 무엇인가?

문 5-5 고립된 자하의 존재를 부인하는 정자계의 가정은 어떤 것인가?

문 5-6 자속 보존의 법칙을 설명하라.

문 5-7 Ampère의 주회 법칙을 설명하라.

문 5-8 직류 I가 흐르는 무한히 긴 직선 필라멘트의 **B**는 어떤 식으로 거리에 따라 변하겠는가?

요 점

1. 자계 **B** 내에서 속도 **u**를 갖고 이동하는 전하 q에 미치는 자기력은 **u**와 **B**에 대해 모두 수직이다; **u**가 **B**에 평행하다면 q에는 어떠한 힘도 미치지 않는다.
2. 어떠한 고립된 자하도 존재하지 않는다.
3. 자계가 솔레노이드하다면 자속선은 항상 그것들 자체에 닫혀 있다.

5-3 벡터 자기퍼텐셜

식(5-6)에서 **B**에 대한 무발산 가정인 $\nabla \cdot \mathbf{B} = 0$은 **B**가 솔레노이드하다는 것을 말해 주고 있다. 결과적으로 **B**는 다른 벡터 즉, **A**의 회전으로서 나타낼 수 있다.

벡터 자기퍼텐셜에 대한 부분적인 정의

$$\mathbf{B} = \nabla \times \mathbf{A} \qquad (\mathrm{T}). \tag{5-14}$$

A에 대한 SI 단위

이와 같이 정의된 벡터계 **A**를 **벡터 자기퍼텐셜**(vector magnetic potential)이라고 한다.† 이것의 SI 단위는 Wb/m이다. 만일 전류분포에 대한 **A**를

† 역자주 : 스칼라 전기퍼텐셜(scalar electric potential)을 전위로 번역하였다. 이에 대응하는 것으로 벡터 자기퍼텐셜도 자위라고 번역되어도 무방하다.

구할 수 있다면 미분(회전)연산에 의해 **A** 로부터 **B** 를 얻을 수 있다. 이것은 정전계에서(3-5 절) 무회전 **E** 에 대한 스칼라 전위 V 를 도입하고 $\mathbf{E} = -\nabla V$ 로부터 **E** 를 얻는 과정과 유사하다. 그러나 벡터를 정의하는 데 있어서는 그에 대한 발산과 회전 모두에 대한 특성이 요구된다. 따라서 식 (5-14)는 **A** 를 정의하는 데 충분하지 않다 ; 여전히 그에 대한 발산 특성을 명시하여야 한다.

어떻게 $\nabla \cdot \mathbf{A}$ 를 선택하는가 ? 이 물음에 답하기 전에 식(5-14)에 회전을 취하고 식(5-7)에 대입해 보자. 그러면

$$\nabla \times \nabla \times \mathbf{A} = \mu_0 \mathbf{J} \tag{5-15}$$

이 된다. 이제 주제에서 약간 벗어나 벡터의 회전의 회전† 에 대한 공식을 도입해 보자.

$$\nabla \times \nabla \times \mathbf{A} = \nabla(\nabla \cdot \mathbf{A}) - \nabla^2 \mathbf{A} \tag{5-16a}$$

즉,

$$\nabla^2 \mathbf{A} = \nabla(\nabla \cdot \mathbf{A}) - \nabla \times \nabla \times \mathbf{A} \tag{5-16b}$$

이 된다. 식 (5-16a) 또는 식 (5-16b) = **A** 의 라플라시안 $\nabla^2 \mathbf{A}$ 에 대한 정의로 볼 수 있다. 직각좌표계에서 이것을 직접 대입함으로써 쉽게 증명할 수 있다.

$$\nabla^2 \mathbf{A} = \mathbf{a}_x \nabla^2 A_x + \mathbf{a}_y \nabla^2 A_y + \mathbf{a}_z \nabla^2 A_z \tag{5-17}$$

따라서 직각좌표계에서 벡터계 **A** 의 라플라시안은 **A** 의 대응하는 성분들의 라플라시안(기울기의 발산)을 성분으로 하는 또다른 벡터계가 된다. 그러나 이것은 다른 좌표계에서는 성립되지 않는다.

■ 연습문제 5.3 직각좌표계에서 식(5-17)을 증명하라

이제 식(5-16a)에 따라 식(5-15)의 $\nabla \times \nabla \times \mathbf{A}$ 를 전개하면 다음과 같이

† 이 공식은 직접 대입함으로써 직각좌표계에서 쉽게 증명된다.

된다.

$$\nabla(\nabla \cdot \mathbf{A}) - \nabla^2 \mathbf{A} = \mu_0 \mathbf{J} \tag{5-18}$$

윗식을 간단히 할 목적으로 가장 큰 가능성으로서 다음이 되도록 선택하면

A의 발산에 대한 Coulomb 조건

$$\boxed{\nabla \cdot \mathbf{A} = 0,} \tag{5-19†}$$

식(5-18)은

벡터 Poisson 방정식에 대한 연산자 형

$$\boxed{\nabla^2 \mathbf{A} = -\mu_0 \mathbf{J}.} \tag{5-20}$$

이 된다. 이것이 **벡터 Poisson 방정식**이다. 직각좌표계에서 식(5-20)은 세 개의 스칼라 Poisson 방정식과 같으며;

$$\nabla^2 A_x = -\mu_0 J_x \tag{5-21a}$$

$$\nabla^2 A_y = -\mu_0 J_y \tag{5-21b}$$

$$\nabla^2 A_z = -\mu_0 J_z \tag{5-21c}$$

세 개의 방정식의 각각은 정전계에서 스칼라 Poisson 방정식 식(3-126)과 수학적으로 같은 것이다. 자유공간에서 방정식

$$\nabla^2 V = -\frac{\rho_v}{\epsilon_0}$$

은 하나의 특수해를 갖는다(식 3-38을 보라).

$$V = \frac{1}{4\pi\epsilon_0}\int_{V'} \frac{\rho_v}{R}\, dv'$$

그러므로 식(5-21a)에 대한 해는

$$A_x = \frac{\mu_0}{4\pi}\int_{V'} \frac{J_x}{R} dv'$$

이 된다. A_y와 A_z에 대해서도 비슷한 해를 얻을 수 있으며 세 성분을 결합하면 다음과 같이 식(5-20)에 대한 해를 얻을 수 있다.

† 이 관계를 Coulomb 조건 또는 Coulomb gauge라고 부른다.

전류밀도로부터 벡터 자기퍼텐셜을 구함

$$\mathbf{A}=\frac{\mu_0}{4\pi}\int_{V'}\frac{\mathbf{J}}{R}dv' \qquad (\text{Wb/m}). \tag{5-22}$$

식(5-22)는 체적전류밀도 **J** 로부터 벡터 자기퍼텐셜 **A** 를 구할 수 있도록 해 준다. 지속밀도 **B** 는 미분에 의해 $\nabla\times\mathbf{A}$ 로부터 얻을 수 있다.

벡터퍼텐셜 **A** 는 경로 C 에 의해 둘러싸인 면적 S 를 통하는 자속 (magnetic flux) Φ 와 관계가 있으므로 간단히 :

$$\Phi=\int_S\mathbf{B}\cdot d\mathbf{s} \tag{5-23}$$

자속에 대한 SI 단위

으로 나타낼 수 있다. 자속에 대한 SI 단위는 웨버(Wb)이며 이것은 테스라 · 제곱미터(T · m²)와 같다. 식(5-14)와 Stokes 정리를 이용하면

$$\Phi=\int_S(\nabla\times\mathbf{A})\cdot\mathbf{ds}=\oint_C\mathbf{A}\cdot d\mathbf{l} \qquad (\text{Wb}) \tag{5-24}$$

벡터 자기퍼텐셜과 자속과의 관계

이 된다. 따라서 벡터 자기퍼텐셜 **A** 는 임의의 폐경로 주위에 대한 그것의 선적분은 경로에 의해 둘러싸인 면적을 통해 나가는 총자속과 같다는 중요한 물리적 의미를 갖고 있다.

5-4 Biot-Savart 법칙과 응용

많은 응용분야에 있어서 전류가 흐르는 회로에 기인한 자계를 구해야 할 필요가 있다. 단면적 S 를 갖는 얇은 도선에 대해서 dv' 은 $S\,d\ell'$ 과 같고 전류는 도선을 따라서만 흐른다고 하자. 그러면

$$\mathbf{J}\,dv'=JS\,d\mathbf{l}'=I\,d\mathbf{l}' \tag{5-25}$$

이 되고 식(5-22)는

폐회로에서 전류로부터 벡터 자기퍼텐셜을 구함

$$\mathbf{A}=\frac{\mu_0 I}{4\pi}\oint_{C'}\frac{d\mathbf{l}'}{R} \qquad (\text{Wb/m}), \tag{5-26}$$

이 된다. 여기서 전류 I 는 C'으로 표현된 폐경로로 흐르기 때문에† 적분기호 위에 원으로 나타내었다. 이때 자속밀도는

$$\mathbf{B} = \nabla \times \mathbf{A} = \nabla \times \left[\frac{\mu_0 I}{4\pi}\oint_{C'}\frac{d\mathbf{l}'}{R}\right]$$

$$= \frac{\mu_0 I}{4\pi}\oint_{C'}\nabla \times \left(\frac{d\mathbf{l}'}{R}\right) \tag{5-27}$$

이 된다.

식(5-27)은 프라임 부호(′)가 붙지 않은 회전연산은 계점(field point)의 공간 좌표에 대한 미분을 포함하고 있고 적분은 프라임 부호가 붙은 원천(source)좌표에 대한 것으로 나타나 있다. 식(5-27)에서 피적분항은 다음의 항등식(식 2-115 를 참조)을 사용함으로써 두 항으로 전개할 수 있다.

$$\nabla \times (f\mathbf{G}) = f\,\nabla \times \mathbf{G} + (\nabla f) \times \mathbf{G} \tag{5-28}$$

$f = 1/R$ 이고 $\mathbf{G} = d\mathbf{l}'$에 대응하는 것으로 하면

$$\mathbf{B} = \frac{\mu_0 I}{4\pi}\oint_{C'}\left[\frac{1}{R}\nabla \times d\mathbf{l}' + \left(\nabla\frac{1}{R}\right) \times d\mathbf{l}'\right] \tag{5-29}$$

가 된다. 이제 프라임 부호가 붙은 좌표계와 붙지 않은 좌표계는 무관하므로 $\nabla \times d\mathbf{l}'$은 0이 되고 식(5-29)의 우변에서 첫째항은 없어진다. R은 (x', y', z')에서 계점(x, y, z)까지의 거리이다. 따라서

$$\frac{1}{R} = [(x-x')^2 + (y-y')^2 + (z-z')^2]^{-1/2};$$

$$\nabla\left(\frac{1}{R}\right) = \mathbf{a}_x\frac{\partial}{\partial x}\left(\frac{1}{R}\right) + \mathbf{a}_y\frac{\partial}{\partial y}\left(\frac{1}{R}\right) + \mathbf{a}_z\frac{\partial}{\partial z}\left(\frac{1}{R}\right)$$

$$= -\frac{\mathbf{a}_x(x-x') + \mathbf{a}_y(y-y') + \mathbf{a}_z(z-z')}{[(x-x')^2 + (y-y')^2 + (z-z')^2]^{3/2}}$$

$$= -\frac{\mathbf{R}}{R^3} = -\mathbf{a}_R\frac{1}{R^2} \tag{5-30}$$

† 우리는 현재 정상자계를 발생시키는 직류전류(시간에 따라 변하지 않는)를 다루고 있다. 그러나 시변 전원은 개방회로를 따라 시변 전류를 보낼 수 있고 그것의 끝단에서 전하를 저장할 수도 있다. 안테나를 그 예로 들 수 있다.

이 된다. 여기서 $\mathbf{a}_R$ 은 원천점으로부터 계점으로 향하는 단위벡터이다. 식(5-30)을 식(5-29)에 대입하므로

폐회로에서 전류로부터 자속밀도를 구하기 위한 Biot-Savart 법칙

$$\mathbf{B}=\frac{\mu_0 I}{4\pi}\oint_{C'}\frac{d\mathbf{l}'\times\mathbf{a}_R}{R^2}\qquad (\mathrm{T}). \tag{5-31}$$

을 얻을 수 있다. 이것이 **Biot-Savart 법칙**으로 알려져 있다. 이것은 폐경로 C'에서 전류 I로 기인한 $\mathbf{B}$를 구하기 위한 공식이며 $\mathbf{B}$에 대한 발산 가정으로부터 파생되어 나온 것이다. 많은 책들에서는 정자계를 전개하기 위한 출발점으로서 Biot-Savart 법칙을 사용한다. 그러나 식(5-31)과 같은 세밀하고 복잡한 관계를 세우기 위해 사용되는 실험적 과정을 이해하기란 매우 어렵다. 우리는 $\mathbf{B}$의 발산과 회전에 대한 간단한 가정으로부터 Ampère의 주회 법칙과 Biot-Savart 법칙을 유도하는 편을 택하였다.

식(5-31)은 간혹 다음과 같이 두 단계로 나타내는 것이 편리할 때도 있다.

$$\mathbf{B}=\oint_{C'} d\mathbf{B}\qquad (\mathrm{T}), \tag{5-32a}$$

여기에서

$$d\mathbf{B}=\frac{\mu_0 I}{4\pi}\left(\frac{d\mathbf{l}'\times\mathbf{a}_R}{R^2}\right)\qquad (\mathrm{T}), \tag{5-32b}$$

으로서 미소 전류소 $I\,d\mathbf{l}'$에 기인한 자속밀도를 나타낸다. 식(5-32b)에 대한 또다른 편리한 표현은 다음과 같다.

$$d\mathbf{B}=\frac{\mu_0 I}{4\pi}\left(\frac{d\mathbf{l}'\times\mathbf{R}}{R^3}\right)\qquad (\mathrm{T}). \tag{5-32c}$$

예 제 5-3

길이 $2L$의 직선도선에 직류전류 I가 흐르고 있다. 도선의 이등분점에서 수직으로 r 만큼 떨어진 점에서의 자속밀도 $\mathbf{B}$를 (a) 먼저 벡터 자기퍼텐셜 $\mathbf{A}$를 구함으로써 (b) Biot-Savart 법칙으로부터 각각 구하라.

해

직류전류는 폐회로 내에만 존재한다. 그러므로 이 문제에서 도선은 전류 운반 폐루프의 한 부분임에 틀림이 없다. 회로의 나머지 부분을 모르기 때문에 Ampère의 주회 법칙을 이용할 수 없다. 그림 5-4와 같이 전류가 흐르는 도선의 한 부분이 z축을 따라 놓여 있다고 하자. 도선상의 임의의 미소 부분은

$$d\mathbf{l}' = \mathbf{a}_z dz'$$

이다. 계점 P의 공간좌표는 $(r, 0, 0)$이다.

a) $\nabla \times \mathbf{A}$로부터 $\mathbf{B}$를 구하는 방법.

$R = \sqrt{z'^2 + r^2}$을 식(5-26)에 대입하면 다음과 같이 된다.

$$\mathbf{A} = \mathbf{a}_z \frac{\mu_0 I}{4\pi} \int_{-L}^{L} \frac{dz'}{\sqrt{z'^2 + r^2}}$$

$$= \mathbf{a}_z \frac{\mu_0 I}{4\pi} \left[\ln(z' + \sqrt{z'^2 + r^2})\right]\Big|_{-L}^{L}$$

$$= \mathbf{a}_z \frac{\mu_0 I}{4\pi} \ln \frac{\sqrt{L^2 + r^2} + L}{\sqrt{L^2 + r^2} - L} \tag{5-33}$$

따라서,

$$\mathbf{B} = \nabla \times \mathbf{A} = \nabla \times (\mathbf{a}_z A_z) = \mathbf{a}_r \frac{1}{r} \frac{\partial A_z}{\partial \phi} - \mathbf{a}_\phi \frac{\partial A_z}{\partial r}$$

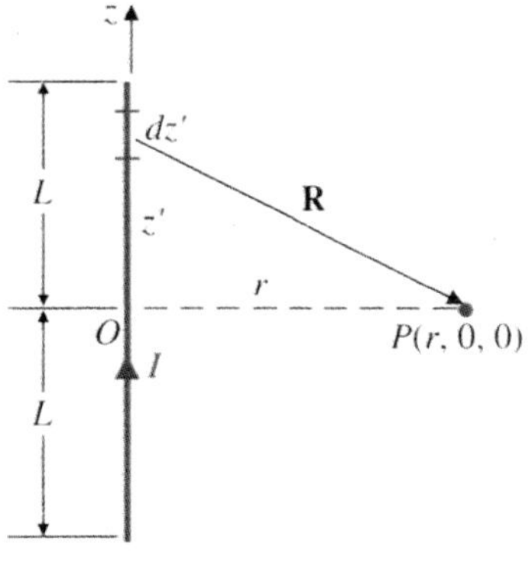

그림 5-4 전류가 흐르는 직선도선(예제 5-3)

도선 주위를 따라 원통대칭이므로 $\partial A_z/\partial\phi = 0$ 이다. 따라서

$$\mathbf{B} = -\mathbf{a}_\phi \frac{\partial}{\partial r}\left[\frac{\mu_0 I}{4\pi}\ln\frac{\sqrt{L^2+r^2}+L}{\sqrt{L^2+r^2}-L}\right]$$
$$= \mathbf{a}_\phi \frac{\mu_0 IL}{2\pi r\sqrt{L^2+r^2}} \qquad (5\text{-}34)$$

이 된다.

$r \ll L$ 일 때 식(5-34)는

$$\mathbf{B}_\phi = \mathbf{a}_\phi \frac{\mu_0 I}{2\pi r} \qquad (5\text{-}35)$$

으로 간단히 줄어들게 되며 이것은 식(5-12)와 같이 전류 I 가 흐르는 무한히 긴 직선도체로부터 r 만큼 떨어진 곳에서의 **B** 에 대한 식과 동일하게 된다.

b) Biot-Savart 법칙으로부터 구하는 방법.

그림 5-4 에 의하면 원천의 미소 길이 dz' 으로부터 계점 P 까지의 길이 벡터는

$$\mathbf{R} = \mathbf{a}_r r - \mathbf{a}_z z'$$
$$d\mathbf{l}' \times \mathbf{R} = \mathbf{a}_z dz' \times (\mathbf{a}_r r - \mathbf{a}_z z') = \mathbf{a}_\phi r dz'$$

식(5-32 c)에 대입하면

$$\mathbf{B} = \int d\mathbf{B} = \mathbf{a}_\phi \frac{\mu_0 I}{4\pi}\int_{-L}^{L}\frac{r dz'}{(z'^2+r^2)^{3/2}}$$
$$= \mathbf{a}_\phi \frac{\mu_0 IL}{2\pi r\sqrt{L^2+r^2}}$$

이 된다. 이것은 식(5-34)의 결과와 같다.

예 제 5-4

직류전류 I 가 흐르는 한 변의 길이가 w 인 정사각형 평면 루프의 중앙에서 자속밀도를 구하라.

해

그림 5-5 와 같이 루프가 xy 평면상에 놓여 있다고 가정하자. 정사각형 루

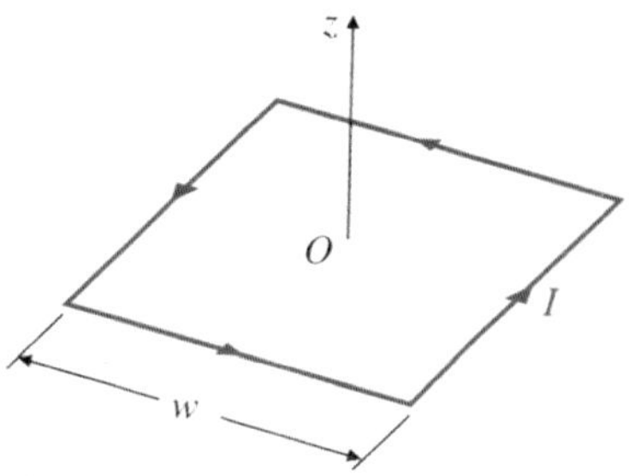

그림 5-5 전류 I가 흐르는 정사각형 루프(예제 5-4)

프의 중앙에서 자계밀도는 길이 w인 한 변에 의한 것의 4배가 될 것이다. 따라서 식(5-34)에서 $L = r = w/2$로 놓아서

$$\mathbf{B} = \mathbf{a}_z \frac{\mu_0 I}{\sqrt{2}\pi w} \times 4 = \mathbf{a}_z \frac{2\sqrt{2}\mu_0 I}{\pi w} \tag{5-36}$$

이 된다. 여기서 $\mathbf{B}$와 전류의 방향은 오른손 법칙에 따른다.

연습문제 5.4 8(cm) × 6(cm) 직사각형 도체 루프가 xy 평면상에 놓여 있다. 위에서 보았을 때 시계방향으로 5(A)의 직류전류가 흐른다. 루프의 중앙에서 $\mathbf{B}$를 구하라.

답. $-\mathbf{a}_z 83.3(\mu\text{T})$

예 제 5-5

직류전류 I가 흐르는 반경 b의 원형 루프의 축상의 임의의 점에서 자속밀도를 구하라.

해

그림 5-6에 보이는 원형 루프에 Biot-Savart 법칙을 적용하자.

$$d\mathbf{l}' = \mathbf{a}_\phi b d\phi'$$

$$\mathbf{R} = \mathbf{a}_z z - \mathbf{a}_r b$$

$$R = (z^2 + b^2)^{1/2}$$

다시 한번 기억할 것은 $\mathbf{R}$은 원천의 미소길이 $d\mathbf{l}'$으로부터 계점 P까지의

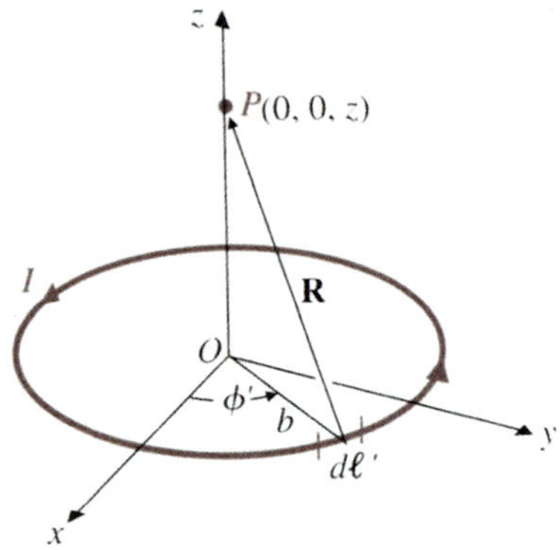

그림 5-6 전류 I 가 흐르는 원형 루프(예제 5-5)

벡터이므로

$$d\mathbf{l}' \times \mathbf{R} = \mathbf{a}_\phi b d\phi' \times (\mathbf{a}_z z - \mathbf{a}_r b)$$
$$= \mathbf{a}_r bz d\phi' + \mathbf{a}_z b^2 d\phi'$$

이다. 원통대칭이므로 $\mathbf{a}_r$ 성분들은 루프를 한 바퀴 돌며 생각할 때 상쇄되어 없어지고 $\mathbf{a}_z$ 성분만 남게 되어 식(5-32 a)와 (5-32 c)로부터

$$\mathbf{B} = \frac{\mu_0 I}{4\pi} \int_0^{2\pi} \mathbf{a}_z \frac{b^2 d\phi'}{(z^2 + b^2)^{3/2}}$$

또는

$$\boxed{\mathbf{B} = \mathbf{a}_z \frac{\mu_0 I b^2}{2(z^2 + b^2)^{3/2}} \quad (\mathrm{T})\,.} \qquad (5\text{-}37)$$

이 된다.

■ **연습문제 5.5** 그림 5-6 을 참고로 해서 **B** 를 구하시오 :

a) 직류전류 2(A)가 흐르는 반경 5(cm)의 원형 루프 중앙에서

b) 직류전류 4(A)가 흐르는 반경 8(cm)의 반원형 루프 중앙에서

답. (a) $8\pi(\mu\mathrm{T})$, (b) $5\pi(\mu\mathrm{T})$

5-5 자기쌍극자(Magnetic Dipole)

이 절은 예제로부터 시작을 해 보자.

예 제 5-6

전류 I가 흐르는 반경 b의 작은 원형 루프(**자기쌍극자**)로부터 떨어진 곳에서 자속밀도를 구하라.

해

그림 5-7에서 보는 바와 같이 루프의 중앙을 구좌표계의 원점이 되도록 하자. 원천 좌표계는 프라임 부호를 붙인다. 먼저 벡터자기퍼텐셜 **A**를 구하고 그 다음에 $\nabla \times \mathbf{A}$로서 **B**를 구해 보자.

$$\mathbf{A} = \frac{\mu_0 I}{4\pi} \oint_{C'} \frac{d\mathbf{l}'}{R_1} \tag{5-38}$$

여기서 R_1은 P'에서 원천 미소 길이 $d\mathbf{l}'$과 계점 P 사이의 거리이다. 대칭이기 때문에 자계는 계점의 각도 ϕ에는 무관하다. 간단히 하기 위해서 yz 평면상에 $P(R, \theta, \pi/2)$가 있다고 해 보자.

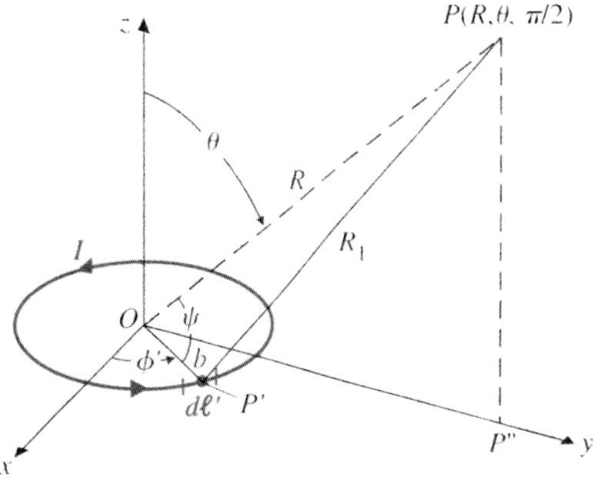

그림 5-7 전류 I가 흐르는 미소 원형 루프(예제 5-6)

$d\mathbf{l}'$에서 $\mathbf{a}_\phi$는 P 점에서 $\mathbf{a}_\phi$와는 다르다는 것을 주의하라. 사실 그림 5-7에서 보는 바와 같이 P에서 $\mathbf{a}_\phi$는 $-\mathbf{a}_x$이고

$$d\mathbf{l}' = (-\mathbf{a}_x \sin\phi' + \mathbf{a}_y \cos\phi')\, b\, d\phi' \tag{5-39}$$

이다. 모든 $Id\mathbf{l}'$에 대해서 y축의 반대편상에 대칭적으로 미소 전류소가 있고 그것은 $-\mathbf{a}_x$ 방향에서는 $\mathbf{A}$에 동일한 양으로 기여하게 될 것이나 $\mathbf{a}_y$ 방향에서는 $Id\mathbf{l}'$의 기여분은 상쇄될 것이다. 식(5-38)은 다음과 같이 나타낼 수 있다.

$$\mathbf{A} = -\mathbf{a}_x \frac{\mu_0 I}{4\pi} \int_0^{2\pi} \frac{b \sin\phi'}{R_1}\, d\phi'$$

또는

$$\mathbf{A} = \mathbf{a}_\phi \frac{\mu_0 I b}{2\pi} \int_{-\pi/2}^{\pi/2} \frac{\sin\phi'}{R_1}\, d\phi' \tag{5-40}$$

삼각형 OPP'에 코사인 법칙을 적용하면

$$R_1^2 = R^2 + b^2 - 2bR\cos\psi$$

이 된다. 여기서 $R\cos\psi$는 반경 OP' 상에 R의 투영이고 그것은 OP' 상에 $OP''(OP'' = R\sin\theta)$의 투영과 같다. 따라서

$$R_1^2 = R^2 + b^2 - 2bR\sin\theta\sin\phi'$$

이고

$$\frac{1}{R_1} = \frac{1}{R}\left(1 + \frac{b^2}{R^2} - \frac{2b}{R}\sin\theta\sin\phi'\right)^{-1/2}$$

이다. $R^2 \gg b^2$일 때 b^2/R^2은 1과 비교해서 무시할 수 있으므로

$$\begin{aligned}\frac{1}{R_1} &\cong \frac{1}{R}\left(1 - \frac{2b}{R}\sin\theta\sin\phi'\right)^{-1/2} \\ &\cong \frac{1}{R}\left(1 + \frac{b}{R}\sin\theta\sin\phi'\right)\end{aligned} \tag{5-41}$$

이 된다. 식(5-40)에 대입하면

$$\mathbf{A} = \mathbf{a}_\phi \frac{\mu_0 I b}{2\pi R} \int_{-\pi/2}^{\pi/2} \left(1 + \frac{b}{R}\sin\theta\sin\phi'\right)\sin\phi'\, d\phi'$$

이 되어서

$$\mathbf{A} = \mathbf{a}_\phi \frac{\mu_0 I b^2}{4R^2} \sin\theta \tag{5-42}$$

를 얻을 수 있다.

자속밀도는 $\mathbf{B} = \nabla \times \mathbf{A}$ 이다. 식(2-97)이나 책 뒤의 공식을 이용하면 원하는 답을 얻을 수 있다.

$$\mathbf{B} = \frac{\mu_0 I b^2}{4R^3}(\mathbf{a}_R 2\cos\theta + \mathbf{a}_\theta \sin\theta) \tag{5-43}$$

이 시점에서 우리는 식(5-43)과 식(3-37)로 주어진 전기쌍극자의 원거리계에서 전계강도의 표현식과의 유사성을 인식할 필요가 있겠다. 따라서 멀리 떨어진 점에서 그림 5-7과 같은 (xy 평면상에 놓인)자기쌍극자의 자속선들은 전기쌍극자(z 방향에 놓인)의 전속선과 같은 형태를 갖는다. 그러나 쌍극자의 근처에서 자기쌍극자의 자속선은 연속인 데 반해 전기쌍극자의 전속선은 항상 양전하로부터 출발해 음전하로 그 끝을 이루고 있다. 이것이 그림 5-8에 나타나 있다.

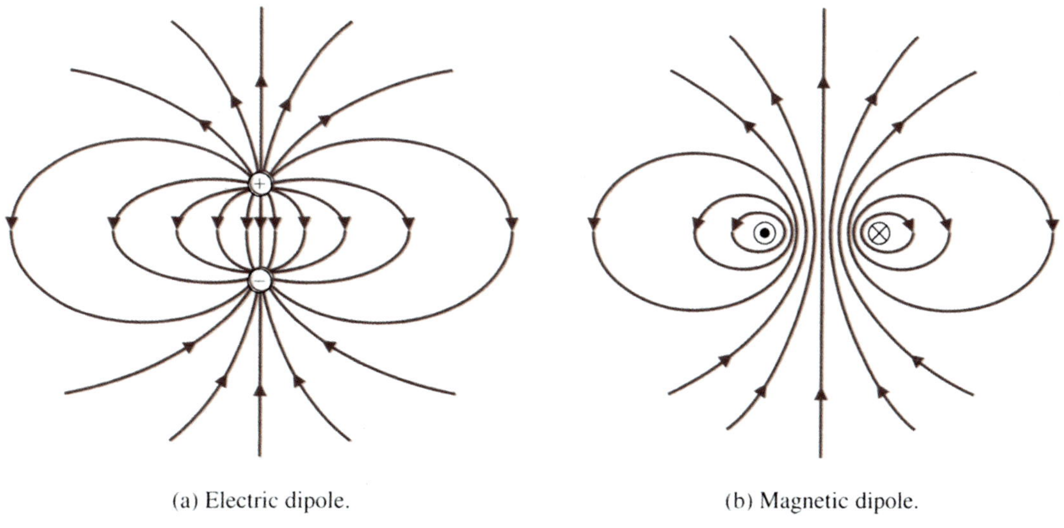

그림 5-8 전기쌍극자의 전속선과 자기쌍극자의 자속선

이제 식(5-42)에서 벡터 자기퍼텐셜에 대한 표현을 다시 정리해 보자.

$$\mathbf{A} = \mathbf{a}_\phi \frac{\mu_0(I\pi b^2)}{4\pi R^2}\sin\theta$$

또는

자기쌍극자 모멘트로부터 벡터 자기퍼텐셜을 구하기

$$\boxed{\mathbf{A} = \frac{\mu_0 \mathbf{m} \times \mathbf{a}_R}{4\pi R^2} \qquad (\text{Wb/m}),} \tag{5-44}$$

이 된다. 여기서

$$\mathbf{m} = \mathbf{a}_z I\pi b^2 = \mathbf{a}_z IS = \mathbf{a}_z m \qquad (\text{A} \cdot \text{m}^2) \tag{5-45}$$

은 **자기쌍극자 모멘트**(magnetic dipole moment)로 정의되며 이것의 크기는 흐르는 전류와 루프 면적의 곱이고 방향은 전류의 흐르는 방향으로 루프를 오른손에 거머쥘 때 엄지손가락이 향하는 방향인 벡터이다. 식(3-36)에서의 전기쌍극자의 스칼라 전위에 대한 표현과 식(5-44)를 비교하면

$$V = \frac{\mathbf{p} \cdot \mathbf{a}_R}{4\pi\epsilon_0 R^2} \qquad (\text{V}) \tag{5-46}$$

으로서 $\mathbf{A}$는 V와 유사하다는 것을 알게 된다. 전류가 흐르는 작은 루프를 **자기쌍극자**(magnetic dipole)라고 부른다. 이와 같은 방법으로 식(5-43)을 다시 쓰면

자기쌍극자에 기인한 자속밀도

$$\boxed{\mathbf{B} = \frac{\mu_0 m}{4\pi R^3}(\mathbf{a}_R 2\cos\theta + \mathbf{a}_\theta \sin\theta) \qquad (\text{T}).} \tag{5-47}$$

로 표현할 수 있다. p가 m으로, ϵ_0가 $1/\mu_0$로 바뀐 것을 제외하고는 식(5-47)은 전기쌍극자의 먼 거리에서 $\mathbf{E}$에 대한 표현식(3-37)과 같은 모양을 갖는다. 비록 예제 5-6에서 자기쌍극자는 작은 원형 루프에 대해 구해졌지만 다른 모양을 갖는 루프에서도 원거리에서 동일한 표현식 (5-44)와 (5-47)으로 나타낼 수 있다.

복습문제

문 5-9 벡터 자기퍼텐셜 $\mathbf{A}$를 정의하라. 그것의 SI 단위는 무엇인가?

문 5-10 벡터 자기퍼텐셜 $\mathbf{A}$와 주어진 면적을 통과하는 자속과의 관계는?

문 5-11 Biot-Savart 법칙을 설명하라.

문 5-12 자기쌍극자란 무엇인가? 자기쌍극자 모멘트를 정의하라. 그것의 SI 단위는 무엇인가?

요 점

1. 전류 분포에 기인한 **B**를 구하는 데 있어서 **B**가 일정한 크기를 갖는 폐경로를 찾을 수 있다면 Ampère의 주회 법칙을 적용하는 것이 가장 간편한 방법이다.
2. 위의 조건이 존재하지 않는다면 주어진 회로에서 전류로부터 기인한 **B**를 구하기 위해 Biot-Savart 법칙이 적용되어야 할 것이다.
3. 전기쌍극자에 의한 전계와 자기쌍극자(작은 전류 루프)에 의한 자계의 유사량 비교:

전기쌍극자	자기쌍극자
$\mathbf{p} = q\mathbf{d}$	$\mathbf{m} = \mathbf{a}_n IS$
$\mathbf{E}$	$\mathbf{B}$
ϵ_0	$1/\mu_0$

5-6 자화와 등가 전류밀도

물질의 기본적 원자모델에 의하면 모든 물질은 원자들로 구성되어 있으며 그들은 양전하의 핵과 그 둘레를 돌고 있는 많은 음의 전자로 되어 있다. 궤도전자는 회전전류를 일으키며 미시적 자기쌍극자를 발생시킨다. 또한 전자와 원자핵은 어떤 자기쌍극자 모멘트를 갖고 자신의 축에 대해서도 회전(스핀)한다. 스핀(spin)하는 핵의 자기쌍극자 모멘트는 핵의 질량이 무겁고 각속도가 작기 때문에 스핀 전자에 의한 것과 비교해서 무시할 수 있다.

외부 자계가 없을 때에 대부분 매질(영구자석은 제외)의 원자의 자기쌍극자들은 무작위방향을 갖기 때문에 순(net)자기 모멘트는 없다. 외부 자계의 인가는 전자들의 궤도운동의 변화에 의한 유도 자기 모멘트와 스핀 전자들의 자기 모멘트의 배열을 일으키게 한다. 자성체에 의한 자속밀도의 변화를 정량적으로 구하는 공식을 얻기 위해 $\mathbf{m}_k$를 원자의 자기쌍극자 모멘트라고 하자. 만일 단위체적당 n개의 원자가 있다면 **자화벡터**(magnetization vector) $\mathbf{M}$을 다음과 같이 정의한다.

자화벡터는 자기쌍극자 모멘트의 체적밀도이다.

$$\mathbf{M} = \lim_{\Delta v \to 0} \frac{\sum_{k=1}^{n\,\Delta v} \mathbf{m}_k}{\Delta v} \qquad (\mathrm{A/m}) \tag{5-48}$$

이것은 자기쌍극자 모멘트의 체적밀도이다. 미소 체적소 dv'의 자기쌍극자 모멘트 $d\mathbf{m}$은 $d\mathbf{m} = \mathbf{M}dv'$이고 식(5-44)에 의하면 이것은 벡터 자기퍼텐셜을 일으키게 될 것이다.

$$d\mathbf{A} = \frac{\mu_0 \mathbf{M} \times \mathbf{a}_R}{4\pi R^2} dv' \tag{5-49}$$

전체 $\mathbf{A}$는 식(5-49)에서 $d\mathbf{A}$를 체적 적분하면 되고 자속밀도 $\mathbf{B}$에 대한 자화의 기여는 $\nabla \times \mathbf{A}$가 된다. 식(5-49)는 분극 유전체에 의한 전위 V와 $-\nabla V$로부터 $\mathbf{E}$를 얻기 위해 필요한 식(3-55)의 dV 표현과 유사하다.

3-6.2절에서 논의한 바와 같이 유도 전기쌍극자에 대한 $\mathbf{P}$의 등가를 분극 표면전하밀도 $\rho_{ps} = \mathbf{P} \cdot \mathbf{a}_n$과 분극 체적전하밀도 $\rho_{pv} = -\nabla \cdot \mathbf{P}$로 나타내었듯이 유사하게 자기쌍극자에 대한 $\mathbf{M}$의 등가를 **자화 표면전류밀도**(magnetization surface current density)

등가자화 표면전류밀도

$$\boxed{\mathbf{J}_{ms} = \mathbf{M} \times \mathbf{a}_n \qquad (\mathrm{A/m}),} \tag{5-50}$$

와 **자화 체적전류밀도**(magnetization volume current density)

등가자화 체적전하밀도

$$\boxed{\mathbf{J}_{mv} = \nabla \times \mathbf{M} \qquad (\mathrm{A/m^2}).} \tag{5-51}$$

로 나타낼 수 있다. 여기서 $\mathbf{a}_n$은 경계에서 수직으로 바깥쪽을 향하는 단위벡터이다.

정량적 설명을 그림 5-9를 통해서 해 보면, 임의의 두께를 갖는 자화된 매질의 단면에서 표면에 있는 자기쌍극자들은 점선 너머로 표면 전류에 효과적으로 기여하는 것을 알게 된다. 표면 전류의 크기는 자기쌍극자 모멘트의 체적밀도에 정비례하고 양쪽 경계에서 전류의 방향은 식(5-50)에 명기된 바와 같이 그림에서 $\mathbf{M} \times \mathbf{a}_n$ 으로 정확히 주어진다.

식(5-51)에 주어진 등가 자화 체적전류밀도 $\mathbf{J}_{mv}$ 는 구체화시켜 눈으로 보이기에는 다소 어렵다. 그러나 자기모멘트밀도 $\mathbf{M}$ 은 내부 자속밀도 $\mathbf{B}_i$ 를 발생시키고 그것은 $\mathbf{M}$ 에 비례한다는 것을 받아들일 수 있다. 따라서 다음과 같이 쓸 수 있다.

$$\mathbf{B}_i = \mu_0 \mathbf{M} \tag{5-52}$$

또는

$$\frac{\mathbf{B}_i}{\mu_0} = \mathbf{M} \tag{5-53}$$

식(5-7)로부터

$$\nabla \times \left(\frac{\mathbf{B}_e}{\mu_0}\right) = \mathbf{J} \tag{5-54}$$

가 된다. 여기서 $\mathbf{B}_e$ 는 자유전류밀도 $\mathbf{J}$ 에 기인한 외부 자속밀도를 나타낸다. 식(5-53)으로부터 다음과 같이 쓸 수 있다.

$$\nabla \times \frac{\mathbf{B}_i}{\mu_0} = \nabla \times \mathbf{M} = \mathbf{J}_{mv} \tag{5-55}$$

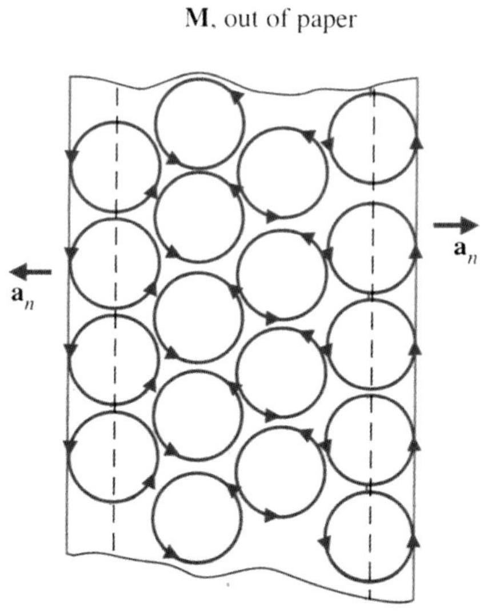

그림 5-9 자화된 매질의 단면, $\mathbf{M}$ 은 지면 밖으로 나오는 방향

여기서 $\mathbf{J}_{mv}$ 는 등가 체적전류밀도이다. 식(5-54)와 (5-55)를 더하면 아래와 같이 된다.

$$\nabla \times \mathbf{B} = \mu_0(\mathbf{J} + \mathbf{J}_{mv}) \tag{5-56}$$

여기서 $\mathbf{B} = \mathbf{B}_{total} = \mathbf{B}_e + \mathbf{B}_i$. 따라서 자화된 재료에서 결과로서 생기는 자속밀도는 $\mathbf{B}_i$ 만큼 변하게 된다. 만일 $\mathbf{M}$ 이 매질 내에서 균일하다면 반대방향으로 흐르는 이웃하는 원자쌍극자로부터의 전류는 모든 곳에서 상쇄되어 내부에서 순전류는 없게 된다. 이것은 상수 $\mathbf{M}$ 의 공간미분(즉, 회전)은 0이 되기 때문에 식(5-51)로부터도 예견할 수 있다. 그러나 만일 $\mathbf{M}$ 이 공간적 변화를 가져 $\nabla \times \mathbf{M} \neq 0$ 이라면 내부의 원자적 전류는 완전히 상쇄되지 않으므로 순체적전류밀도 $\mathbf{J}_{mv}$ 를 갖게 된다.

예 제 5-7

균일하게 자화된 원통형 자성체의 축상에서 자속밀도를 구하라. 원통은 반경 b, 길이 L, 축방향 자화 $\mathbf{M} = \mathbf{a}_z M_0$ 를 갖는다.

해

원통형 막대 자석과 관련된 이 문제에서 그림 5-10 과 같이 자화된 원통 축을 원통좌표계의 z 축에 놓자. 자석 내에서 자화 $\mathbf{M}$ 은 일정하므로 $\mathbf{J}_m = \nabla' \times \mathbf{M} = 0$ 이고 등가 체적전류밀도는 없다. 옆면 벽에서 등가 자화 표면전류밀도는

$$\begin{aligned}\mathbf{J}_{ms} &= \mathbf{M} \times \mathbf{a}'_n = (\mathbf{a}_z M_0) \times \mathbf{a}_r \\ &= \mathbf{a}_\phi M_0\end{aligned} \tag{5-57}$$

이다. 이때 자석은 마치 선모양의 원주전류밀도(lineal circumferential current density) M_0(A/m)를 갖는 원통판과 같다. 윗면과 아랫면 상에는 표면전류가 없다. $P(0, 0, z)$에서 $\mathbf{B}$ 를 구하기 위해 전류 $\mathbf{a}_\phi M_0 dz'$ 를 갖는 미소 길이 dz' 를 고려하고 식(5-37)을 이용하면

$$d\mathbf{B} = \mathbf{a}_z \frac{\mu_0 M_0 b^2 dz'}{2[(z-z')^2 + b^2]^{3/2}}$$

이고

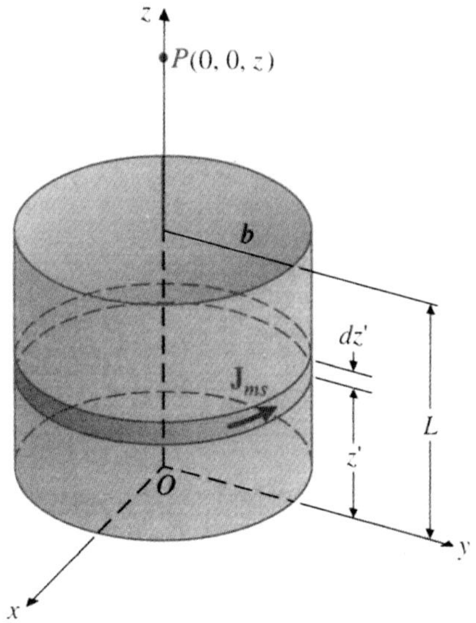

그림 5-10 균일하게 자화된 원통(예제 5-7)

$$\mathbf{B} = \int d\mathbf{B} = \mathbf{a}_z \int_0^L \frac{\mu M_0 b^2 dz'}{2[(z-z')^2 + b^2]^{3/2}}$$
$$= \mathbf{a}_z \frac{\mu_0 M_0}{2}\left[\frac{z}{\sqrt{z^2+b^2}} - \frac{z-L}{\sqrt{(z-L)^2+b^2}}\right] \quad (5\text{-}58)$$

이 된다.

연습문제 5.6 반경 5(cm), 길이 12(cm)의 원통형 자석이 축방향 자화 $\mathbf{a}_z 130$(A/cm)를 갖는다. 아래의 위치에서 **B**를 구하라.

a) 윗면의 중앙에서
b) 아랫면의 중앙에서
c) 자석의 중앙에서

답 (a)와 (b) $\mathbf{a}_z 7.54$(mT), (c) $\mathbf{a}_z 12.55$(mT)

5-7 자계강도와 비투자율

외부 자계의 인가는 자성체 내에서 내부 쌍극자 모멘트와 유도 자기쌍극자의 정렬을 일으키기 때문에 자성체가 있는 상황에서 결과적인 자속밀도는 자유공간에서의 값과 다르다. 자화의 거시적 효과는 식(5-51)에 있는 등가 자화 체적전류밀도 $\mathbf{J}_{mv}$를 기본적인 회전방정식(5-7) 안으로 통합시킴으로써 알 수 있다.

$$\frac{1}{\mu_0}\nabla \times \mathbf{B} = \mathbf{J} + \mathbf{J}_{mv} = \mathbf{J} + \nabla \times \mathbf{M}$$

또는

$$\nabla \times \left(\frac{\mathbf{B}}{\mu_0} - \mathbf{M}\right) = \mathbf{J} \tag{5-59}$$

이제 새로운 기본 자계량인 **자계강도**(magnetic field intensity) $\mathbf{H}$를 다음과 같이 정의한다.

자계강도 H의 정의

$$\boxed{\mathbf{H} = \frac{\mathbf{B}}{\mu_0} - \mathbf{M} \qquad (\text{A/m}).} \tag{5-60}$$

식(5-59)와 (5-60)을 합치면 새로운 방정식

$$\boxed{\nabla \times \mathbf{H} = \mathbf{J} \qquad (\text{A/m}^2),} \tag{5-61}$$

을 얻게 된다. 여기서 $\mathbf{J}$(A/m²)는 자유전류(free current)의 체적 밀도이다. 식(5-6)과 (5-61)은 정자계에 대한 두 개의 기본적인 미분방정식이다. 매질의 투자율은 이들 두 방정식에서 분명하게 나타나지 않는다.

식(5-61)의 적분형은 양변에 스칼라 면적분을 취함으로써 얻어진다.

$$\int_S (\nabla \times \mathbf{H}) \cdot d\mathbf{s} = \int_S \mathbf{J} \cdot d\mathbf{s} \tag{5-62}$$

또는 Stokes 정리로부터

정상전류에 대한 일반화된 Ampère의 주회 법칙—자성체와 비자성체에 모두 적용 가능

$$\boxed{\oint_C \mathbf{H} \cdot d\mathbf{l} = I \qquad (\text{A}),} \tag{5-63}$$

이 된다. 여기서 C는 면적 S를 둘러싸는 폐경로이고 I는 S를 통해 흐르는 총 자유전류이다. C와 전류흐름 I의 상대적인 방향은 오른손 법칙에 따른다. 식(5-63)은 Ampère의 주회 법칙의 또 다른 형태로서 비자성체뿐

만 아니라 자성체에서도 성립하는 식이다. 이는 **임의의 폐경로 주위를 따라 자계의 회전은 경로에 둘러싸인 면적을 통해 흐르는 자유전류와 같다**는 것을 말하고 있다.

매질의 자기적 성질이 선형(linear)이고 등방성(isotropic)일 때 자화는 자계강도에 정비례한다:

자화율의 정의

$$\mathbf{M} = \chi_m \mathbf{H} \tag{5-64}$$

여기서 χ_m은 단위 없는 양으로서 **자화율**(magnetic susceptibility)이라고 한다. 식(5-64)를 식(5-60)에 대입하면 다음과 같은 관계를 얻는다.

$$\begin{aligned}\mathbf{B} &= \mu_0(1 + \chi_m)\mathbf{H} \\ &= \mu_0\mu_r\mathbf{H} = \mu\mathbf{H} \qquad (\text{Wb/m}^2),\end{aligned} \tag{5-65}$$

또는

$$\mathbf{H} = \frac{1}{\mu}\mathbf{B} \qquad (\text{A/m}), \tag{5-66}$$

여기서

$$\mu_r = 1 + \chi_m = \frac{\mu}{\mu_0} \tag{5-67}$$

매질의 비투자율과 절대 투자율

이다. 이것은 단위 없는 양으로서 **비투자율**(relative permeability)이라고 한다. 파라미터 $\mu = \mu_0\mu_r$은 매질의 **절대 투자율**(absolute permeability) (또는 그냥 **투자율**)이며 H/m의 단위를 갖는다; χ_m과 μ_r은 공간좌표의 함수일 수 있다. 단순매질(simple medium)—선형이며, 등방성이며, 균질한 매질—에 대해서 χ_m과 μ_r은 상수이다.

단순매질의 정의

대부분 매질의 투자율은 자유공간의 투자율(μ_0)과 거의 같다. 철, 니켈, 코발트와 같은 강자성체에 대해서는 μ_r은 매우 크다(50−5000, 특수합금인 경우는 10^6 또는 그 이상); 투자율은 **H**의 크기뿐만 아니라 재료의 이전상태(history)에 좌우된다. 5-8 절에서 자성체의 거시적 성질에 대해 다루도록 한다.

5-8 자성체의 성질

전 절의 식(5-64)에서 자화 **M**과 자계강도 **H** 사이의 차원 없는 비례상수인 자화율을 정의함으로써 선형, 등방성 매질의 거시적 자기 특성을 설명하였다. 비투자율 μ_r은 간단히 $1+\chi_m$이다. 자성체는 μ_r 값에 따라서 크게 세 그룹으로 분류할 수 있다.

자성체의 세 종류

반자성체(Diamagnetic), $\mu_r \lesssim 1$일 때(χ_m은 매우 작은 음수)
상자성체(Paramagnetic), $\mu_r \gtrsim 1$일 때(χ_m은 매우 작은 양수)
강자성체(Ferromagnetic), $\mu_r \gg 1$일 때(χ_m은 매우 큰 양수)

미시적 자기 현상을 완전히 이해한다는 것은 양자 이론에 대한 지식들을 요구하게 된다. 여기서는 간단히 반자성은 원자 내에 전자들의 궤도운동으로부터 주로 발생하며 반면에 상자성은 스핀 전자들의 자기쌍극자 모멘트로부터 주로 발생한다는 것으로만 언급하고자 한다. 잘 알려진 반자성체(구리, 게르마늄, 은, 금)에 대한 자화율은 -10^{-5} 정도의 크기를 갖고 알루미늄, 마그네슘, 텅스텐 같은 상자성체는 10^{-5} 정도의 크기를 갖는다.

강자성체의 자화는 상자성 매질보다 매우 크다(대표적인 비투자율의 값은 부록 B-5를 보라). 강자성은 **자구**(magnetized domain)들로서 설명될 수 있다. 이 모델에 따르면, 물론 실험적으로 입증된 것이지만, 강자성체(코발트, 니켈, 철 등)는 크기가 수 μm로부터 약 1 mm의 크기를 갖는 아주 많은 작은 자구들로 구성되어 있다. 각각 10^{15}에서 10^{16}개의 원자를 포함하고 있는 이들 자구들은 인가자계가 없는 상황에서도 스핀전자들로부터 기인한 정렬된 자기쌍극자들을 포함하고 있는 형태로서 자화되어 있다. 양자 이론에 의하면 한 자구 내에서는 쌍극자 모멘트를 평행하게 유지하는 자기쌍극자 모멘트들 사이에 강한 결합력이 존재한다. 인접한 자구 사이에는 **자벽**(domain wall)이라고 불리는 약 100원자 두께의 천이영역(transition region)이 존재한다. 강자성체는 자화되지 않은 상태에서 인접하는 자구들의 자기 모멘트는 그림 5-11에 예시되어 있는 바와 같이 다른 방향을 향하고 있다. 전체로서 보면 많은 자구들에서 정렬방향의 무작위 형태로 인하여 순자화(net magnetization)는 없다.

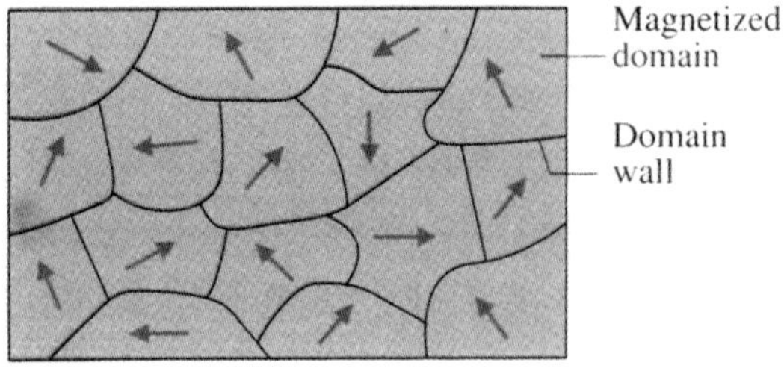

그림 5-11 다결정 강자성 시료의 자구 구조

자기이력 현상

강자성체에 외부 자계가 인가될 때 자기 모멘트를 갖는 자구들의 벽은 자구의 영역을 확장시키려는 형태로 인가자계를 향해 정렬하게 된다. 그 결과로서 자속밀도가 증가된다. 약한 인가자계에 대해서 예를 들어 그림 5-12의 B-H 곡선상의 점 P_1이라면 자벽의 이동은 복귀 가능하다. 그러나 인가자계가 강하면(P_1를 지나) 자벽 이동은 더 이상 복귀되지 않고 인가자계의 방향을 향해 자구회전이 일어나게 된다. 예를 들어 인가자계가 P_2점에서 0으로 줄어들면 B-H 관계는 더 이상 곡선 P_2P_1O를 따르지 않고 그림에서 점선으로 표시한 것과 같이 P_2로부터 P_2'으로 떨어지게 될 것이다. 이러한

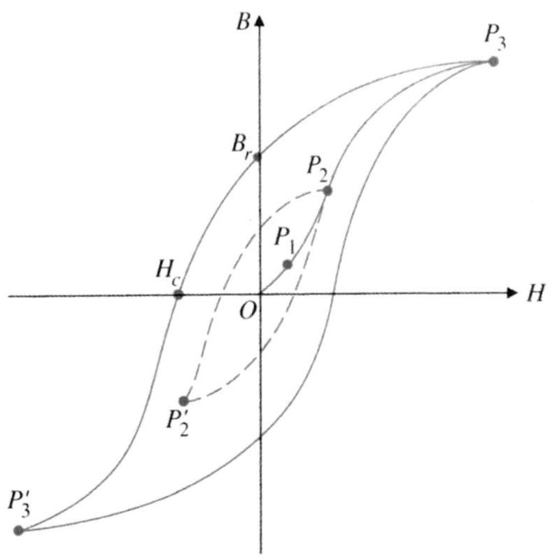

그림 5-12 강자성체에 대한 B-H 평면에서 자기이력 곡선.

자화의 현상이 그것을 발생시키는 자계에 늦어지는 현상을 **자기이력**(hysteresis)이라고 한다. 이것은 '지체한다(to lag)'라는 그리스어로부터 파생된 용어이다. 인가된 자계가 더 강하게 되면(P_2를 지나 P_3까지) 자벽 이동과 자구 회전은 미시적으로 자기 모멘트들이 인가자계에 완전히 정렬하도록 하게 하며 그 점에서 자성체는 포화에 이르게 된다. B-H 평면상의 곡선 $OP_1P_2P_3$를 **정규 자화곡선**(normal magnetization curve)이라고 한다.

영구자석은 잔류자속밀도를 갖고 있다.

만일 인가자계가 P_3에서 0으로 줄어들게 되면 자속밀도는 0으로 떨어지지 않고 B_r 값을 갖게 된다. 이 값을 **잔류자속밀도**(residual or remanent flux density)(단위 : $\mathrm{Wb/m^2}$)라고 하고 최대로 인가되는 자계강도에 의존한다. 강자성체에서 잔류자속밀도가 존재하므로 영구자석을 만드는 것이 가능케 된다.

시료의 자속밀도를 0으로 만들기 위해서는 반대방향으로 H_c의 자계강도를 인가해야 한다. 이 H_c를 항자력(coercive force)이라 한다. 그러나 보다 적절한 이름은 **항자계강도**(coercive field intensity)(단위 : A/m)이다. B_r과 같이 H_c도 인가자계강도의 최대값에 의존한다.

자기이력 손실

발전기, 모터, 변압기 등에 사용하기 위한 강자성체는 매우 작은 인가자계에서도 큰 자화를 가져야 한다 ; 그것은 높고 좁은 자기이력 특성을 갖는 것을 말한다. 인가자계강도가 $\pm H_{max}$ 사이에서 주기적으로 변할 때 자기이력 곡선은 한 주기에 대해서 궤적을 그리게 된다. 곡선의 면적은 단위체적당 에너지 손실(**자기이력 손실**)에 대응한다. 자기이력 손실은 자벽 이동과 자구 회전 동안에 맞게 되는 마찰을 극복하는 데 있어서 열의 형태로 나타나는 에너지 손실이다. 작은 곡선 면적을 가지며 높고, 좁은 자기이력 특성을 갖는 강자성체를 '무른(soft)' 강자성체라고 한다. 이들은 대개 자벽들이 쉽게 움직일 수 있도록 하기 위해서 약간의 변위를 주고 불순물을 갖도록 잘 달구어 식힌 재료들이다.

무른, 굳은 강자성체

반면에 좋은 영구자석들은 소(消)자화(demagnetization)되는데 큰 저항을 가져야 한다. 이는 매우 큰 항자력 H_c를 갖고 따라서 넓은 자기이력 곡선 특성을 갖는 재료로 만들어진다. 이러한 재료를 '굳은(hard)' 강자성체라고 한다. 굳은 강자성체(Alnico 합금 등)의 항자력은 10^5(A/m) 정도 이상이며 반면에 무른 강자성체는 50(A/m) 정도 이하이다.

큐리온도의 정의

강자성체의 온도가 높아져서 열에너지가 자기쌍극자 모멘트의 결합에너지를 넘게 될 때에는 자구들은 무질서하게 된다. 이 임계온도를 **큐리온도**(curie temperature)라고 하며 강자성체는 상자성체와 같은 동작을 하게 된다. 대부분 강자성체의 큐리온도는 섭씨 수백 도에서 1천 도 사이이다(철의 경우 770℃ 이다).

페라이트의 특성

자성체의 또다른 분류에 속하는 페라이트(ferrite)가 있다. 어떤 페라이트들은 매우 낮은 도전율(예를 들어 철은 10^7(S/m)인 데 비해 10^{-4}에서 1(S/m)정도)을 갖는 세라믹 같은 화합물로 되어 있다. 따라서 페라이트들은 FM 안테나의 코어, 고주파 변압기, 위상천이기(phase shifter) 등과 같은 고주파, 마이크로파 응용분야에 널리 사용되고 있다. 페라이트 재료는 컴퓨터 자기코어와 자기디스크 기억소자에도 폭넓게 이용되고 있다.

5-9 정자계에 대한 경계 조건

서로 다른 물리적 성질을 갖는 매질의 영역에서 자계에 관련된 문제를 풀기 위해서 매질의 경계면에서 **B**와 **H** 벡터가 만족해야 하는 경계 조건을 공부할 필요가 있다. 정자계에 대한 경계 조건을 얻기 위해 3-8절에서 전개한 방식과 비슷하게 두 개의 기본 방정식을 적용함으로써 정자계에 대한 경계조건을 유도해 낼 수 있다. 즉, 경계면을 포함하는 작은 상자 모양과 작은 폐경로에 대해 각각 식(5-6)과 (5-61)을 적용한다. 식(5-6)에서 **B**의 무발산 성질로부터 식(4-34)처럼 **경계면을 가로질러 B의 법선 성분은 연속이다**라는 결론을 직접 내릴 수 있다. 즉,

경계면을 가로질러 **B**의 법선 성분은 연속이다.

$$B_{1n} = B_{2n} \quad \text{(T)}. \tag{5-68}$$

선형이고 등방성인 매질에서는 $\mathbf{B}_1 = \mu_1\mathbf{H}_1$이고 $\mathbf{B}_2 = \mu_2\mathbf{H}_2$이므로 식(5-68)은

$$\mu_1 H_{1n} = \mu_2 H_{2n}. \tag{5-69}$$

이 된다. 경계면을 따라서 표면전류가 있다면 자계의 접선 성분은 연속이

아니다. **H** 의 접선 성분에 대한 경계 조건식은 그림 5-13 에 보인 바와 같이 두 매질의 경계면 주위에 *abcda* 의 폐경로에 대해 식(5-63)을 적용함으로써 얻을 수 있다. 옆면 $bc = da = \Delta h$ 가 0 에 접근한다고 놓으면

$$\int_{abcda} \mathbf{H}_i \cdot d\mathbf{l} = \mathbf{H}_1 \cdot \Delta\mathbf{w} + \mathbf{H}_2 \cdot (-\Delta\mathbf{w}) = \mathbf{J}_{sn},$$

이 되고 이것은

$$H_{1t} - H_{2t} = J_{sn} \qquad (\mathrm{A/m}), \tag{5-70}$$

이 된다. 여기서 J_{sn} 은 *abcda* 경로에 수직인 경계면상의 표면전류밀도이다.

J_{sn} 의 방향은 경로의 방향으로 오른손가락을 감아쥘 때 엄지손가락이 향하는 방향이다. 그림 5-13 에서 선정된 경로에 대한 J_{sn} 의 양의 방향은 지면으로부터 나오는 방향이다. 식(5-70)의 좀 더 일반적인 형태는

H 의 접선 성분에 대한 경계 조건

$$\mathbf{a}_{n2} \times (\mathbf{H}_1 - \mathbf{H}_2) = \mathbf{J}_s \qquad (\mathrm{A/m}), \tag{5-71}$$

가 된다. 여기서 $\mathbf{a}_{n2}$ 는 경계에서 매질 2 로부터 바깥으로 향하는 수직방향의 단위벡터이다.

양쪽 매질의 도전율이 유한한 값일 때 전류는 체적전류밀도에 의해 특정하게 되고 표면자유전류는 경계면에서 정의되지 않는다. 따라서 $\mathbf{J}_s$ 는 0 이 되고 **H 의 접선 성분은 거의 모든 물리적 매질의 경계면을 가로질러 연속이다 ; 이상적인 완전도체나 초전도체를 갖는 경계면이라고 가정할 때에만**

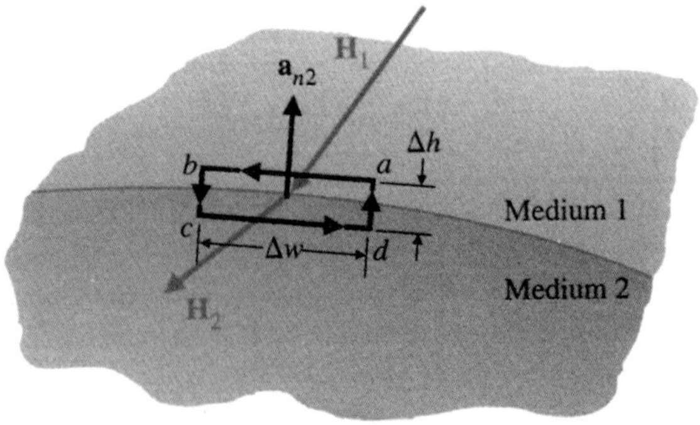

그림 5-13 **H** 의 경계 조건을 구하기 위해 두 매질의 경계면에서의 폐경로.

불연속이다. 따라서 정자계에 대해 일반적으로는 다음과 같이 된다.

$$\boxed{\mathbf{H}_{1t} = \mathbf{H}_{2t}.} \tag{5-72}$$

연습문제 5.7 투자율 μ_1을 갖는 매질 1에서 자계강도 $\mathbf{H}_1$이 투자율 μ_2를 갖는 매질 2와 경계면에서 법선과 α_1의 각도를 이루고 있다. α_1과 α_2($\mathbf{H}_2$와 법선이 이루는 각도) 사이의 관계를 구하라.

답 $\tan\alpha_2/\tan\alpha_1 = \mu_2/\mu_1$

복습문제

문 5-13 자화벡터를 정의하라. 이것의 SI 단위는 무엇인가?

문 5-14 "등가 자화 전류밀도"란 무엇을 의미하는가? $\nabla \times \mathbf{M}$과 $\mathbf{M} \times \mathbf{a}_n$의 SI 단위는 무엇인가?

문 5-15 자계강도벡터를 정의하라. 이것의 SI 단위는 무엇인가?

문 5-16 정자계에 대한 두 개의 기본 방정식을 쓰시오.

문 5-17 자화율과 비투자율을 정의하라. 이것들의 SI 단위는 무엇인가?

문 5-18 전류 분포에 기인한 자계강도는 매질의 성질에 의존하는가? 자속밀도는 어떠한가?

문 5-19 반자성체, 상자성체, 강자성체를 정의하라.

문 5-20 자기이력 곡선이란 무엇인가?

문 5-21 잔류자속밀도와 항자력을 정의하라.

문 5-22 무른 강자성체와 굳은 강자성체 간의 차이점을 말하라.

문 5-23 큐리온도란 무엇인가?

문 5-24 두 개의 다른 자성체 사이의 경계면에서 정자계의 경계 조건을 말하라.

요 점

1. 균일하게 자화된 원통형 영구자석은 일정한 원주 표면전류를 갖는 원통관과 같다.
2. 매질의 비투자율 μ_r과 (절대)투자율 μ를 혼동하지 않아야 한다. μ_r은 $1+\chi_m$과 같고 단위가 없는 양이다. 반면에 μ에 대한 SI 단위는 H/m이다.
3. 비강자성체에 대한 μ_r은 거의 1로서 간주될 수 있다. 강자성체(니켈, 코발트, 철과 그들의 합금)는 매우 큰 μ_r을 가지며 비선형(**B**는 **H**에 비례하지 않는다)이다.

5-10 유도용량과 인덕터

그림 5-14와 같이 각각 면적 S_1과 S_2를 경계로 하고 있는 인접한 폐루프 C_1과 C_2에 대해 생각해 보자. 만일 전류 I_1이 C_1에 흐른다면 자계 $\mathbf{B}_1$이 생성될 것이며 $\mathbf{B}_1$에 기인한 자속의 일부는 C_2에 결합이 될 것이다. 즉, C_2에 둘러진 면 S_2를 통과하게 될 것이다. 이것을 상호자속(mutual flux) Φ_{12}라고 하자. 그러면

$$\Phi_{12}=\int_{S_2}\mathbf{B}_1\cdot d\mathbf{s}_2 \qquad \text{(Wb)} \tag{5-73}$$

이 된다.

Biot-Savart 법칙 식(5-31)로부터 B_1은 I_1에 정비례한다는 것을 알고 있다. 따라서 Φ_{12}도 I_1에 정비례한다. 이것을 다음과 같이 쓴다.

$$\Phi_{12}=L_{12}I_1 \tag{5-74}$$

여기서 비례상수 L_{12}를 루프 C_1과 C_2 사이의 **상호유도용량**[†](mutual inductance)이라고 하고 SI 단위로는 헨리(H)이다. C_2가 N_2권선수(turns)를 갖는 경우 Φ_{12}에 기인한 **쇄교자속**(flux linkage) Λ_{12}는

$$\Lambda_{12}=N_2\Phi_{12} \qquad \text{(Wb)} \tag{5-75}$$

이다. 이 때 식(5-74)는 일반적으로

$$\Lambda_{12}=L_{12}I_1 \qquad \text{(Wb)} \tag{5-76}$$

즉,

$$\boxed{L_{12}=\frac{\Lambda_{12}}{I_1}=\frac{N_2}{I_1}\int_{S_2}\mathbf{B}_1\cdot d\mathbf{s}_2 \qquad \text{(H)}.} \tag{5-77}$$

상호유도용량

으로 나타낼 수 있다. **두 회로 사이의 상호유도용량**은 한 회로에서 단위전류당 다른 회로에 쇄교되는 자속이다. 식(5-77)은 매질의 투자율은 I_1에 따

[†] 회로 이론 책에서는 기호 M으로서 상호유도용량을 나타내곤 한다. 여기서 우리는 M은 자화를 나타내기 위해 사용했기 때문에 L_{12}를 사용한다.

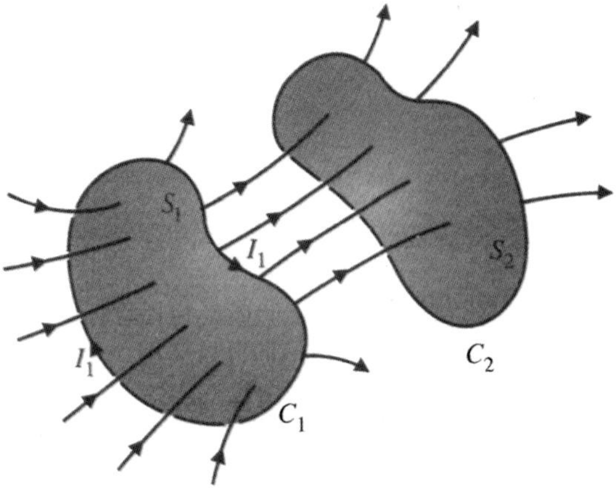

그림 5-14 자기적으로 결합된 두 개의 루프

라 변하지 않는다는 것을 암시하고 있다. 다시 말하면 식(5-74)와 식(5-77)은 선형 매질에만 적용된다.

I_1에 의해 생성된 자속의 일부는 C_1 자신에만 결합되고 C_2에는 결합되지 않는다. I_1에 의해 C_1과 결합되는 총 쇄교자속은

$$\Lambda_{11} = N_1 \Phi_{11} > N_1 \Phi_{12} \tag{5-78}$$

자기유도용량

이다. 루프 C_1의 **자기유도용량**(self inductance)은 루프 자체 내에서 단위 전류당 쇄교하는 자속으로 정의된다. 즉, 선형 매질에 대해서

$$\boxed{L_{11} = \frac{\Lambda_{11}}{I_1} = \frac{N_1}{I_1}\int_{S_1} \mathbf{B}_1 \cdot d\mathbf{s}_1 \qquad \text{(H)},} \tag{5-79}$$

이다. 루프 또는 회로의 자기유도용량은 루프나 회로를 구성하고 있는 도체의 기하적 구조와 물리적 배열 및 매질의 투자율에 의존한다. 선형 매질에 대해서 자기유도용량은 루프나 회로의 전류에 의존하지 않는다.

어느 정도의 자기유도용량을 제공하기 위해서 적절한 모양(코일처럼 도선이 감겨 있는 것 같은)으로 정렬된 도체를 **인덕터**(inductor)라고 한다. 커패시터가 전기에너지를 저장할 수 있는 것처럼 인덕터도 자기에너지를 저장할 수 있다. 하나의 루프 또는 하나의 코일을 다룰 때는 식(5-79)에서 첨자를 붙일 필요가 없고, 종속된 것이 없는 유도용량은 자기유도용량으로서 취급

할 수 있다. 인덕터의 자기유도용량을 구하는 과정은 다음과 같다 :

자기유도용량을 구하는 과정

1. 주어진 기하구조에 대해 적절한 좌표계를 선정한다.
2. 도선에서 전류 I 를 가정한다.
3. 대칭성이 있다면 식(5-10)의 Ampère의 주회법칙에 의해 I 로부터 $\mathbf{B}$ 를 구한다. 만일 그렇지 않다면 식(5-31) Biot-Savart 법칙이 사용되어야 한다.
4. $\mathbf{B}$ 로부터 적분에 의해 각 권선과 결합되는 자속 Φ 를 구한다.

$$\Phi = \int_S \mathbf{B} \cdot d\mathbf{s}$$

여기서 S 는 $\mathbf{B}$ 가 존재하며 가정한 전류와 결합되는 면적을 말한다.

5. 권선수를 Φ 에 곱함으로써 쇄교자속 Λ 를 구한다.
6. $L = \Lambda/I$ 를 취함으로써 L 를 구한다.

이 과정에서 약간 변경하면 두 회로 사이의 상호유도용량 L_{12} 를 구할 수 있다. 적절한 좌표계를 선정한 후에 다음과 같이 하면 된다 : I_1 을 가정→$\mathbf{B}_1$ 을 구함→면적 S_2 에 대해 $\mathbf{B}_1$ 를 적분함으로써 Φ_{12} 를 구함→쇄교자속 $\Lambda_{12} = N_2\Phi_{12}$ 를 구함→$L_{12} = \Lambda_{12}/I_1$ 을 구함.

예 제 5-8

그림 5-15 와 같은 치수를 갖는 직사각형 단면의 토로이드형 프레임 위에 권선수 N 의 도선이 촘촘히 감겨 있다. 매질의 투자율을 μ_0 라고 할 때 이 토로이드 코일의 자기유도용량을 구하라.

해

토로이드가 그 축에 대해서 대칭이므로 이 문제는 원통좌표계가 선정되어야 한다. 도선에 전류 I 가 흐른다고 가정하면 반경 $r(a < r < b)$의 원형 경로에 식(5-10)을 적용해서

$$\mathbf{B} = \mathbf{a}_\phi B_\phi$$

$$d\mathbf{l} = \mathbf{a}_\phi r d\phi$$

$$\oint_C \mathbf{B} \cdot d\mathbf{l} = \int_0^{2\pi} B_\phi r d\phi = 2\pi r B_\phi$$

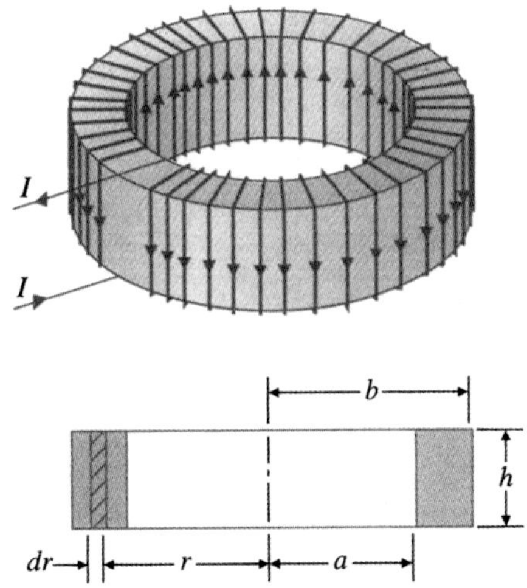

그림 5-15 촘촘히 감긴 토로이드 코일(예제 5-8)

을 얻을 수 있다. 이 결과는 경로 C를 따라 B_ϕ와 r은 일정하기 때문에 얻어진 것이다. 경로 내에 포함된 총 전류는 NI 이므로

$$2\pi r B_\phi = \mu_0 NI$$

가 되고

$$B_\phi = \frac{\mu_0 NI}{2\pi r} \tag{5-80}$$

가 된다. 이것은 원형 단면을 갖는 토로이드 코일에 대한 예제 5-2의 식(5-13)과 같다.

다음으로

$$\begin{aligned}\Phi &= \int_S \mathbf{B}\cdot d\mathbf{s} = \int_S \left(\mathbf{a}_\phi \frac{\mu_0 NI}{2\pi r}\right)\cdot(\mathbf{a}_\phi h\,dr)\\ &= \frac{\mu_0 NIh}{2\pi}\int_a^b \frac{dr}{r} = \frac{\mu_0 NIh}{2\pi}\ln\frac{b}{a}\end{aligned}$$

쇄교자속 Λ는 $N\Phi$ 이므로

$$\Lambda = \frac{\mu_0 N^2 Ih}{2\pi}\ln\frac{b}{a}$$

가 되고 따라서

권선수 N인 토로이드 코일의 유도용량

$$L=\frac{\Lambda}{I}=\frac{\mu_0 N^2 h}{2\pi}\ln\frac{b}{a} \qquad \text{(H)}. \tag{5-81}$$

를 구할 수 있다.

알아야 할 것은 자기유도용량은 I의 함수가 아니며(투자율이 일정한 매질에 대해서) 권선수의 제곱에 비례한다는 것이다. 토로이드상에 코일이 촘촘히 감기는 것이 개개의 권선 둘레에 쇄교하는 자속을 최소화시킨다.

예 제 5-9

단위길이당 권선수 n을 갖는 매우 긴 솔레노이드의 단위길이당 유도용량을 구하라. 코어의 투자율은 μ이다.

해

매우 긴 솔레노이드 내부의 자속밀도는 솔레노이드를 무한대 반경을 갖는 토로이드 코일로 생각함으로써 식(5-80)으로부터

$$B=\mu\left(\frac{N}{2\pi r}\right)I=\mu nI \tag{5-82}$$

가 된다. 여기서 n은 단위길이당 권선수이다.

따라서 $B=\mu nI$이고 솔레노이드 내부에서는 일정하다. 따라서

$$\Phi=BS=\mu nSI \tag{5-83}$$

여기서 S는 솔레노이드의 단면적이다. 단위길이당 쇄교자속은†

$$\Lambda'=n\Phi=\mu n^2 SI \tag{5-84}$$

가 되므로 단위길이당 유도용량은

매우 긴 솔레노이드의 단위길이당 유도용량

$$L'=\mu n^2 S \qquad \text{(H/m)}. \tag{5-85}$$

† 프라임 기호는 단위길이당 어떤 양을 나타낼 때 사용하기로 한다.

가 된다.

식(5-85)는 솔레노이드의 길이가 단면의 길이 치수보다 매우 크다는 가정하에 계산된 근사식이다. 유한한 길이의 솔레노이드 끝단에서 단위길이당 자속밀도와 쇄교자속에 대한 보다 정확한 계산이 되어진다면 식(5-82)와 (5-84)보다 작은 값이 될 것이다. 따라서 유한한 길이의 솔레노이드의 전체 유도용량은 식(5-85)에 주어진 L'에 길이를 곱한 값보다 다소 작아지게 된다.

예 제 5-10

공기로 차 있는 동축 선로의 내부 도체 반경은 a이고 매우 얇은 외부 도체의 안쪽 반경이 b이다. 선로의 단위길이당 유도용량을 구하라.

해

그림 5-16을 보라. 내부 도체에 전류 I가 흐르고 외부 도체를 통해서 반대방향으로 돌아온다고 가정하자. 원통대칭이기 때문에 $\mathbf{B}$는 ϕ성분만을 가진다. 또한 전류 I는 내부 도체의 단면 전체에 균일하게 분포되어 있다고 가정하자. 먼저 $\mathbf{B}$의 값을 구하면

a) 내부 도체 안에서

$$0 \le r \le a$$

식(5-11)로부터

$$\mathbf{B}_1 = \mathbf{a}_\phi B_{\phi 1} = \mathbf{a}_\phi \frac{\mu_0 r I}{2\pi a^2} \tag{5-86}$$

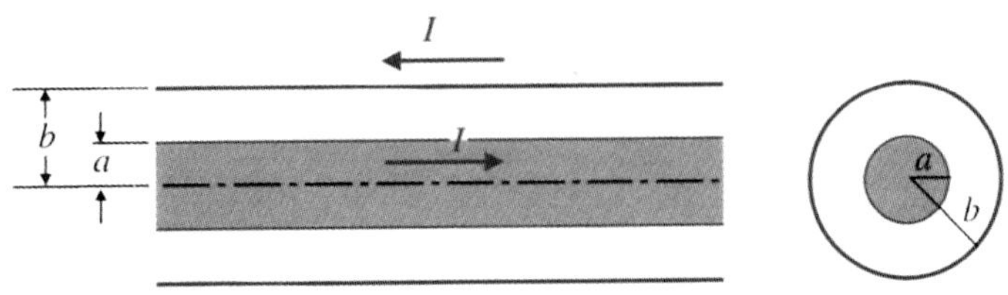

그림 5-16 동축 선로의 단면(예제 5-10)

이다.

b) 내부 도체와 외부 도체 사이에서

$a \leq r \leq b$

식(5-12)로부터

$$\mathbf{B}_2 = \mathbf{a}_\phi B_{\phi 2} = \mathbf{a}_\phi \frac{\mu_0 I}{2\pi r} \tag{5-87}$$

가 된다.

이제 내부 도체에서 반경 r과 $r+dr$ 사이의 환형 고리(annular ring)를 생각해 보자. 이 고리의 단위길이에 있어서 전류는 식(5-86)과 (5-87)을 적분함으로써 얻는 자속에 의해 결합된다. 이를 구해 보면

$$\begin{aligned} d\Phi' &= \int_r^a B_{\phi 1} dr + \int_a^b B_{\phi 2} dr \\ &= \frac{\mu_0 I}{2\pi a^2} \int_r^a r dr + \frac{\mu_0 I}{2\pi} \int_a^b \frac{dr}{r} \\ &= \frac{\mu_0 I}{4\pi a^2}(a^2 - r^2) + \frac{\mu_0 I}{2\pi} \ln \frac{b}{a} \end{aligned} \tag{5-88}$$

그러나 환형 고리에서 전류는 전체 전류 I의 한 부분($2\pi r dr/\pi a^2 = 2rdr/a^2$)만 흐르므로 이 환형 고리에 대한 쇄교자속은

$$d\Lambda' = \frac{2rdr}{a^2} d\Phi' \tag{5-89}$$

이다. 단위길이당 총 쇄교자속은

$$\begin{aligned} \Lambda' &= \int_{r=0}^{r=a} d\Lambda' \\ &= \frac{\mu_0 I}{\pi a^2} \left[\frac{1}{2a^2} \int_0^a (a^2 - r^2) r dr + \left(\ln \frac{b}{a} \right) \int_0^a r dr \right] \\ &= \frac{\mu_0 I}{2\pi} \left(\frac{1}{4} + \ln \frac{b}{a} \right) \end{aligned}$$

이다. 따라서 동축 선로의 단위길이당 유도용량은

동축 선로의 단위길이당 유도용량

$$\boxed{L' = \frac{\Lambda'}{I} = \frac{\mu_0}{8\pi} + \frac{\mu_0}{2\pi} \ln \frac{b}{a} \qquad (\text{H/m}).} \tag{5-90}$$

가 된다.

첫째 항 $\mu_0/8\pi$는 내부 도체에서의 쇄교자속으로부터 기인한 것으로 내부 도체의 단위길이당 **내부 유도용량**(internal inductance)으로 알려진다. 둘째 항은 내부와 외부 도체 사이에 존재하는 쇄교자속으로부터 기인한 것으로 동축 선로의 단위길이당 **외부 유도용량**(external inductance)으로 알려진다. 만일 내부 도체가 텅빈 가는 튜브형태라면 $\mu_0/8\pi$항은 없어지고 외부 유도용량만을 갖게 된다.

예 제 5-11

서로 반대방향으로 전류가 흐르는 반경 a의 두 평행도선으로 구성된 전송 선로의 단위길이당 내부와 외부 유도용량을 구하라. 선로의 축은 d만큼 떨어져 있고 a보다 매우 크다.

해

식(5-90)으로부터 각 도선의 단위길이당 자기유도용량은 $\mu_0/8\pi$이다. 두 도선에 대해서

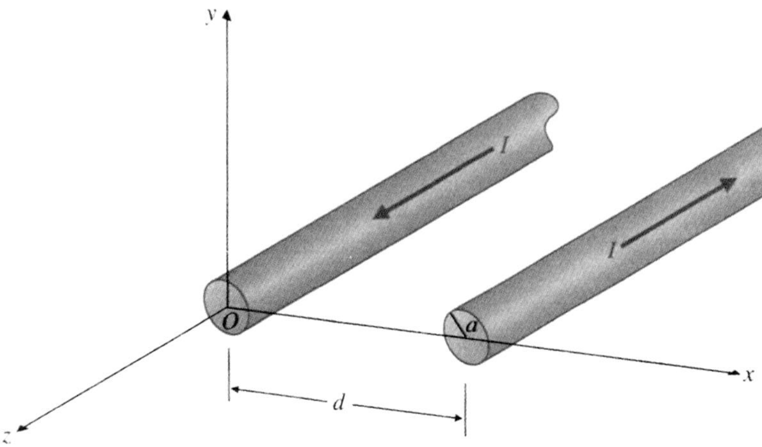

그림 5-17 2선 전송 선로

$$L_i' = 2 \times \frac{\mu_0}{8\pi} = \frac{\mu_0}{4\pi} \qquad (\mathrm{H/m}) \tag{5-91}$$

가 된다.

단위길이당 외부 자기유도용량을 구하기 위해서 먼저 전류 I 가 흐른다고 할 때 전송 선로의 단위길이에 대해서 결합되는 자속을 구한다.

그림 5-17 과 같이 두 도선이 놓여 있는 xz 평면에서, 두 도선이 크기는 같고 방향이 반대인 전류에 기인한 **B** 벡터는 y 성분만을 갖는다.

$$B_{y1} = \frac{\mu_0 I}{2\pi x} \tag{5-92}$$

$$B_{y2} = \frac{\mu_0 I}{2\pi(d-x)} \tag{5-93}$$

이때 단위길이당 쇄교자속은

$$\begin{aligned}\Phi' &= \int_a^{d-a} (B_{y1} + B_{y2})\, dx \\ &= \int_a^{d-a} \frac{\mu_0 I}{2\pi}\left[\frac{1}{x} + \frac{1}{d-x}\right] dx \\ &= \frac{\mu_0 I}{\pi} \ln\left(\frac{d-a}{a}\right) \cong \frac{\mu_0 I}{\pi} \ln\frac{d}{a} \qquad (\mathrm{Wb/m})\end{aligned}$$

이므로

$$L_e' = \frac{\Phi'}{I} = \frac{\mu_0}{\pi} \ln\frac{d}{a} \qquad (\mathrm{H/m}) \tag{5-94}$$

이 되고 2 선 선로의 단위길이당 자기유도용량은

평행도선의 단위길이당 유도용량

$$\boxed{L' = L_i' + L_e' = \frac{\mu_0}{\pi}\left(\frac{1}{4} + \ln\frac{d}{a}\right) \qquad (\mathrm{H/m})\,.} \tag{5-95}$$

가 된다.

두 회로 C_1과 C_2 사이에서, C_1에서의 단위전류에 기인한 C_2에서의 쇄교자속으로부터 얻은 상호유도용량 L_{12}와 C_2에서의 단위전류에 기인한 C_1에서의 쇄교자속으로부터 얻은 상호유도용량 L_{21}이 같다는 것은 논리적으로 증명할 수 있다 ; 즉, $L_{12} = L_{21}$이다. 그러므로 상호유도용량을 구하는 문제를 푸는 첫번째 단계는 주어진 기하구조를 살피고 두 가지 방법 중에서 쉬운 쪽을 이용해 구하는 것이 좋다.

예 제 5-12

그림 5-18과 같은 매우 긴 직선도선과 직사각형 도체 루프 사이의 상호 유도용량을 구하라.

해

이 문제에 있어서는, 긴 직선도선에서 전류를 가정하고 자속밀도를 구한 후에 직사각형 루프에 결합되는 자속을 구하는 것이 보다 간단하다. 그러나 직사각형 루프에서 전류를 가정하고 이로부터 기인한 자속밀도와 직선도선에 결합되는 자속을 구하는 것은 보다 복잡하게 될 것이다.

긴 직선도선을 회로 1, 직사각형 루프를 회로 2라고 하자. 도선에서 전류 I_1에 기인한 자속밀도 $\mathbf{B}_1$은 Ampère의 주회 법칙을 적용하면

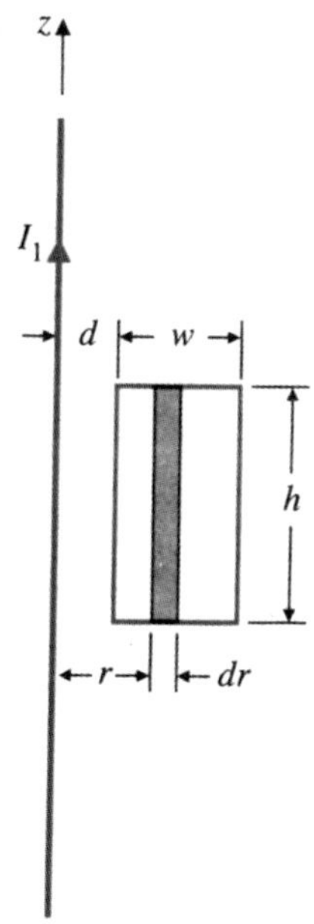

그림 5-18 직사각형 루프와 긴 직선도선(예제 5-12)

$$\mathbf{B}_1 = \mathbf{a}_\phi \frac{\mu_0 I_1}{2\pi r} \tag{5-96}$$

이 된다. 쇄교자속은 $\Lambda_{12} = \Phi_{12}$이므로

$$\Lambda_{12} = \int_{S_2} \mathbf{B}_1 \cdot d\mathbf{s}_2 \tag{5-97}$$

이다. 여기서 $d\mathbf{s}_2 = \mathbf{a}_\phi h dr$ 이다. 식(5-96)과 (5-97)을 결합하면

$$\begin{aligned} \Lambda_{12} &= \frac{\mu_0 I_1}{2\pi} h \int_d^{d+w} \frac{dr}{r} \\ &= \frac{\mu_0 h I_1}{2\pi} \ln\left(1 + \frac{w}{d}\right) \end{aligned} \tag{5-98}$$

가 된다. 따라서 상호유도용량은

$$L_{12} = \frac{\Lambda_{12}}{I_1} = \frac{\mu_0 h}{2\pi} \ln\left(1 + \frac{w}{d}\right) \quad \text{(H)} \tag{5-99}$$

가 된다.

5-11 자기에너지

지금까지는 정적인 상태에서 자기, 상호유도용량에 대해서 논의하였다. 그러나 아는 바와 같이 무저항 인덕터는 정상전류(dc)에서는 단락회로로서 나타나게 된다 ; 회로상에서 유도용량과 자계의 효과가 관심사항일 때는 교류 전류를 고려하는 것이 필요하다. 시변 전자계에 대한 일반적인 논의는 다음 장까지 유보하도록 하겠다.

3-10 절에서 전하 그룹들을 모으기 위해서는 일이 요구된다는 것과 그 일이 전기에너지로서 저장된다는 사실을 배웠다. 마찬가지로 도체 루프 안으로 전류를 보내는 데 일이 필요한 것과 그것이 자기에너지로 저장된다는 사실을 예상할 수 있다.

초기 전류가 0 이고 자기유도용량 L_1을 갖는 단일 폐루프를 생각해 보자. 전류 발생기가 루프에 연결되어서 전류 i가 0 부터 I_1까지 증가한다. 물리학에서 전류의 변화에 반대되는 방향으로 유도기전력(electromotive force : emf)이 발생한다는 사실을 배워서 알고 있다. 이 유도기전력을 극복하기 위해 어느 정도 일을 해야만 한다. $v_1 = L_1 di_1/dt$ 를 유도용량 양단의 전압이라고 하자. 요구되는 일은

$$W_1 = \int v_1 i_1 dt = L_1 \int_0^{I_1} i_1 di_1 = \frac{1}{2} L_1 I_1^2 \tag{5-100}$$

이다. 이것이 자기에너지(magnetic energy)로서 저장된다.

이제 각각 전류 i_1과 i_2가 흐르는 두 개의 폐루프 C_1과 C_2를 생각해 보자. 전류가 초기에는 0이고 각각 I_1과 I_2까지 증가한다. 필요한 일의 양을 구하기 위해 먼저 $i_2 = 0$으로 유지하고 i_1을 0부터 I_1까지 증가시킨다. 이것은 식(5-100)으로 주어진 것과 같이 C_1루프에서 W_1의 일을 요구하게 된다 ; $i_2 = 0$이므로 루프 C_2에는 아무런 일도 행해지지 않았다. 다음으로 i_1을 I_1으로 유지시키고 i_2를 0으로부터 I_2까지 증가시킨다. 상호 결합 때문에 i_2에 기인한 자속의 일부는 C_1루프에 결합되고 i_1을 I_1으로 일정하게 유지시키기 위해 $v_{21} = \pm L_{21} di_2/dt$ 만큼 극복되어야 하는 유도기전력을 발생시킨다. 수반되는 일은

$$W_{21} = \int v_{21} I_1 dt = \pm L_{21} I_1 \int_0^{I_2} di_2 = \pm L_{21} I_1 I_2 \tag{5-101}$$

이다. 이 식에서, C_1과 C_2에서 I_1과 I_2가 그들의 자계를 서로 강화시키는 방향이면 플러스, 그들의 자계가 서로 반대방향이면 마이너스 부호가 적용된다. 동시에, i_2가 0부터 I_2로 증가됨에 따라 유도기전력과 반대로 작용하기 위해서 루프 C_2에서 일 W_{22}가 행해져야 한다.

$$W_{22} = \frac{1}{2} L_2 I_2^2 \tag{5-102}$$

루프 C_1과 C_2에서 전류가 각각 0에서 I_1, I_2로 증가시키는 데 있어서 행해진 전체 일의 양은 W_1, W_{21}, W_{22}의 합이 된다 :

두 개의 결합된 전류가 흐르는 도선에 저장된 자기에너지

$$\boxed{W_2 = \frac{1}{2} L_1 I_1^2 \pm L_{21} I_1 I_2 + \frac{1}{2} L_2 I_2^2,} \tag{5-103}$$

이것이 두 개의 결합된 전류가 흐르는 도선 사이의 자계에 저장된 에너지이다.

유도용량 L을 갖는 단일 인덕터에 흐르는 전류 I에 대해서 저장된 자기에너지는

하나의 유도용량에 저장된 자기에너지

$$W_m = \frac{1}{2}LI^2 \quad (\text{J}). \tag{5-104}$$

이다.

■ **연습문제 5.8** 유도용량 L을 갖는 인덕터에서 쇄교자속 Φ와 전류 I로서 저장된 자기에너지를 나타내라.

답 $\Phi I/2$

5-11.1 자계량(Field Quantities)으로 나타낸 자기에너지

3-10.1절에서 정전에너지를 논의할 때 식(3-105)와 (3-106)처럼 전계량 **E**와 **D**로서 W_e를 나타내는 것이 편리하다는 것을 알았다. 지금까지 공부하면서 정전계에서의 전계량과 정자계에서의 자계량 사이에 다음과 같은 유사한 관계가 있음을 주목하게 된다.

정전계	정자계
E	**B**
D	**H**
ϵ	$1/\mu$

위의 유사 관계를 이용해서 식(3-105)와 같이 **B**와 **H**의 형태로서 선형 매질에서의 자기에너지 W_m을 바로 쓸 수 있다. 따라서

B와 H의 형태로 나타낸 자기에너지

$$W_m = \frac{1}{2}\int_{V'} \mathbf{H}\cdot\mathbf{B}\,dv \quad (\text{J}). \tag{5-105}$$

가 된다. 선형 매질에 대해서 $\mathbf{H}=\mathbf{B}/\mu$ 관계를 이용하면

B와 μ의 형태로 나타낸 자기에너지

$$W_m = \frac{1}{2}\int_{V'} \frac{B^2}{\mu}\,dv \quad (\text{J}) \tag{5-106}$$

으로 나타낼 수 있다. 식(5-105)와 (5-106)에 대한 공식적인 유도과정은 여기에는 포함시키지 않았다. 7-5절에서 전자기 전력의 흐름에 대해 논의할 때 이 전기에너지와 자기에너지를 다루게 될 것이다.

자기에너지밀도(magnetic energy density) w_m을 이것의 체적적분이 총 자기에너지와 같도록 다음과 같이 정의한다.

$$W_m = \int_{V'} w_m dv \tag{5-107}$$

따라서 w_m을 다음과 같이 쓸 수 있다.

$$w_m = \frac{1}{2}\mathbf{H} \cdot \mathbf{B} \qquad (\text{J/m}^3) \tag{5-108a}$$

또는

$$w_m = \frac{B^2}{2\mu} \qquad (\text{J/m}^3) \tag{5-108b}$$

식(5-105) 또는 (5-106)과 식(5-104)를 이용함으로써 쇄교하는 자속으로부터보다는 **B** 또는 **H**로 계산된 자기에너지로부터 보다 쉽게 자기유도용량을 구할 수 있다.

$$\boxed{L = \frac{2W_m}{I^2} \qquad (\text{H}).} \tag{5-109}$$

예 제 5-13

저장된 자기에너지를 이용하여 내부 도체 반경이 a, 얇은 외부 도체의 안쪽 반경이 b인 공기로 차 있는 동축 선로의 단위길이당 유도용량을 구하라.

해

이 문제는 쇄교자속으로부터 자기유도용량을 구하는 예제 5-10과 같은 문제이다. 다시 그림 5-16을 보라. 일정한 전류 I가 내부 도체로 흐르고 외부 도체로 돌아온다고 가정하자. 내부 도체에 저장된 단위길이당 자기에너지는 식(5-86)과 (5-106)으로부터

$$W'_{m1} = \frac{1}{2\mu_0}\int_0^a B_{\phi1}^2 \, 2\pi r dr$$

$$= \frac{\mu_0 I^2}{4\pi a^4}\int_0^a r^3 dr = \frac{\mu_0 I^2}{16\pi} \quad \text{(J/m)} \qquad (5\text{-}110)$$

이 된다. 내부 도체와 외부 도체 사이의 영역에서 저장된 단위길이당 자기에너지는 식(5-87)과 (5-106)으로부터

$$W'_{m2} = \frac{1}{2\mu_0}\int_a^b B_{\phi2}^2 \, 2\pi r dr$$

$$= \frac{\mu_0 I^2}{4\pi}\int_a^b \frac{1}{r} dr = \frac{\mu_0 I^2}{4\pi}\ln\frac{b}{a} \quad \text{(J/m)} \qquad (5\text{-}111)$$

가 된다. 따라서 식(5-109)로부터

$$L' = \frac{2}{I^2}(W'_{m1} + W'_{m2})$$

$$= \frac{\mu_0}{8\pi} + \frac{\mu_0}{2\pi}\ln\frac{b}{a} \quad \text{(H/m)} \qquad (5\text{-}112)$$

를 얻을 수 있으며 식(5-90)과 같은 결과를 갖는다. 이 과정은 예제 5-10에서 사용했던 과정보다 비교적 쉽게 구할 수 있는 방법이다.

연습문제 5.9 그림 5-15와 같은 권선수 N의 토로이드 코일에 전류 I가 흐른다.

a) 저장된 자기에너지에 대한 표현을 나타내라.

b) 자기유도용량을 구하기 위해서 식(5-109)를 이용하고 식(5-81) 결과와 확인해 보라.

답 (a) $[\mu_0(NI)^2 h \ln(b/a)]/4\pi$ (J)

복습문제

문 5-25 다음을 정의하라. (a) 두 회로 사이의 상호유도용량, (b) 단일 코일의 자기유도용량

문 5-26 도체의 내부 유도용량이란 무엇을 의미하는가?

문 5-27 두 개의 결합된 전류 루프에 저장된 자기에너지에 대한 식을 써라.

문 5-28 자계량의 형태로 저장된 자기에너지에 대한 식을 써라.

요 점

1. 도선으로 감겨 있는 솔레노이드와 토로이드 코일의 자기유도용량은 권선수의 제곱에 정비례한다.
2. 길고 가는 도체 튜브의 내부 유도용량은 거의 0이고 비강자성 도체의 내부 유도용량은 $\mu_0/8\pi$(H/m)이다.
3. 결합된 두 회로 사이의 상호유도용량은 $L_{12}=L_{21}$인 특성을 갖는다.
4. d.c.무저항 인덕터는 단락회로로서 나타나기 때문에 유도용량을 고려할 때는 교류전류를 포함시켜야 할 필요가 있다.
5. 고주파에서 도체의 전류 분포는 균일하지 않고 표면으로 집중되려는 경향이 있다(표피효과 때문, 제 7 장에서 다루게 될 것임). 이 현상은 유도용량을 계산하는 데 고려되어야 한다.

5-12 자기력과 토크

자속 $\mathbf{B}$를 갖는 자계 내에 속도 $\mathbf{u}$로서 이동하는 전하 q는 식(5-4)에 주어진 것과 같은 자기력 $\mathbf{F}_m$를 받게 된다는 것을 이미 밝힌 바 있다. 이것을 다시 쓰면 아래와 같다.

$$\mathbf{F}_m = q\mathbf{u}\times\mathbf{B} \qquad \text{(N)} \tag{5-113}$$

본 절에서는 정자계 내에서 도전전류 회로상에 미치는 다양한 힘과 토크(torque)에 대해 다루기로 한다.

5-12.1 전류가 흐르는 도체상에 미치는 힘과 토크

단면적 S를 갖는 도체의 미소 길이 $d\mathbf{l}$을 생각해 보자. $d\mathbf{l}$의 방향으로 속도 $\mathbf{u}$로서 이동하는 단위체적당 N개의 전하(전자)가 있다면 이 때 미소 길이에 미치는 자기력(magnetic force)은 식(5-113)으로부터

$$\begin{aligned} d\mathbf{F}_m &= -NeS|d\mathbf{l}|\mathbf{u}\times\mathbf{B} \\ &= -NeS|\mathbf{u}|d\mathbf{l}\times\mathbf{B} \end{aligned} \tag{5-114}$$

가 된다. 여기서 e는 전자의 전하량이다. 윗식에서 $\mathbf{u}$와 $d\mathbf{l}$은 같은 방향을

갖기 때문에 두 식은 동등하다. 이제 $-NeS|\mathbf{u}|$는 도체에서 흐르는 전류와 같기 때문에 식(5-115)를 다음과 같이 쓸 수 있다.

$$d\mathbf{F}_m = I\, d\mathbf{l} \times \mathbf{B} \qquad \text{(N)}. \tag{5-115}$$

따라서 자계 $\mathbf{B}$에서 전류 I가 흐르는 경로 C의 완전한 (폐)회로상에 미치는 자기력은

자계 내에서 전류가 흐르는 도체상에 미치는 자기력

$$\mathbf{F}_m = I \oint_C d\mathbf{l} \times \mathbf{B} \qquad \text{(N)}. \tag{5-116}$$

가 된다.

두 회로에 각각 전류가 I_1, I_2가 흐를 때 어느 한 쪽 회로의 자계 내에 다른 회로가 놓여 있는 상황이 된다. C_1에서 전류 I_1에 의한 자속 $\mathbf{B}_{12}$가 있을 때 회로 C_2 상에 미치는 힘 $\mathbf{F}_{12}$는

$$\mathbf{F}_{12} = I_2 \oint_{C_2} d\mathbf{l}_2 \times \mathbf{B}_{12} \tag{5-117a}$$

로 나타낼 수 있다. 여기서 $\mathbf{B}_{12}$는 식(5-31)의 Biot-Savart 법칙에 따라

$$\mathbf{B}_{12} = \frac{\mu_0 I_1}{4\pi} \oint_{C_1} \frac{d\mathbf{l}_1 \times \mathbf{a}_{R_{12}}}{R_{12}^2} \tag{5-117b}$$

가 된다. 식(5-117a)와 (5-117b)를 결합하면

전류가 흐르는 두 회로 사이의 Ampère 힘의 법칙

$$\mathbf{F}_{12} = \frac{\mu_0}{4\pi} I_2 I_1 \oint_{C_2}\oint_{C_1} \frac{d\mathbf{l}_2 \times (d\mathbf{l}_1 \times \mathbf{a}_{R_{12}})}{R_{12}^2} \qquad \text{(N)}, \tag{5-118}$$

를 얻을 수 있다. 이것을 전류가 흐르는 두 회로 사이의 **Ampère 힘의 법칙** (Ampère's law of force)이라고 한다. 이것은 거리 제곱에 반비례하는 관계를 갖고 있으며 식(3-13)과 같이 두 정상전하 사이에 작용하는 Coulomb 법칙과 비교될 수 있다. 전류가 흐르는 회로에 대한 힘의 공식은 정상전하에 대한 것보다 훨씬 복잡하다. 실제 계산에 있어서는 만만치 않게 보이는 식(5-118)을 식(5-117a)와 (5-117b) 두 단계로 나누어 계산하는 것이 편리하다.

C_2에서 전류 I_2에 의한 자속으로부터 기인하는 회로 C_1상의 힘 $\mathbf{F}_{21}$은 첨자 1과 2를 서로 바꿈으로써 식(5-118)로부터 쉽게 얻을 수 있다. 작용과 반작용에 대한 Newton의 제3법칙은 $\mathbf{F}_{21}=-\mathbf{F}_{12}$임을 분명하게 해 준다.

예 제 5-14

같은 방향으로 각각 전류 I_1과 I_2가 흐르는 무한대의 가는 두 평행도선 사이에서 단위길이당 힘을 구하라. 두 도선의 간격은 d이다.

해

그림 5-19처럼 yz평면상에 도선들을 놓고 왼쪽 도선을 회로 1로 나타내 보자. 이 문제는 식(5-117a)를 곧바로 적용할 수 있다. 도선 2에 미치는 단위길이당 힘을 $\mathbf{F}'_{12}$로 표기하면 이것은

$$\mathbf{F}'_{12}=I_2(\mathbf{a}_z\times\mathbf{B}_{12}) \tag{5-119}$$

가 된다. 여기서 $\mathbf{B}_{12}$는 도선 1에 흐르는 전류 I_1에 의해 형성된 도선 2에서의 자속밀도로서 도선 2에 걸쳐서 일정하다. 도선은 무한대로 길고 원통대칭형이므로 $\mathbf{B}_{12}$를 구하기 위해서 식(5-117b)를 이용할 필요는 없다. Ampère의 주회법칙을 적용하면 식(5-12)로부터

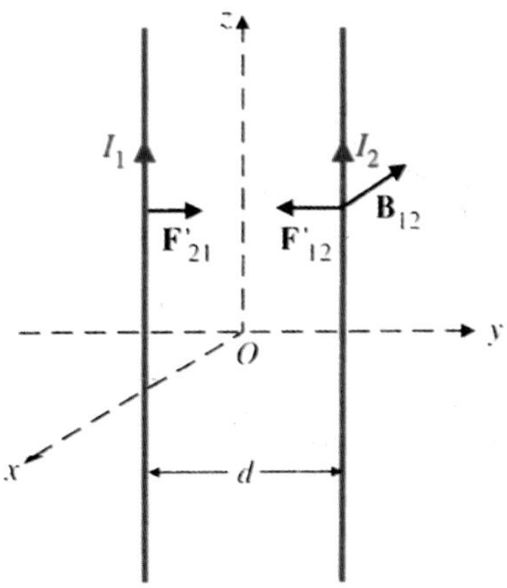

그림 5-19 두 평행 도선 사이에 작용하는 힘(예제 5-14)

$$\mathbf{B}_{12} = -\mathbf{a}_x \frac{\mu_0 I_1}{2\pi d} \tag{5-120}$$

이 된다. 식(5-120)을 (5-119)에 대입하면

$$\mathbf{F}'_{12} = -\mathbf{a}_y \frac{\mu_0 I_1 I_2}{2\pi d} \quad (\mathrm{N/m}) \tag{5-121}$$

같은 방향(반대방향)으로 전류가 흐르는 두 도선 사이의 인력(반발력)

가 된다. 도선 2에 미치는 이 힘은 도선 1을 향해서 끌린다는 것을 알게 된다. 따라서 같은 방향으로 전류가 흐르는 두 도선 사이에는 서로 끌어당기는 힘이 작용한다(이것은 같은 극성을 갖는 두 전하 사이의 반발력과 다르다).

연습문제 5.10 그림 5-18과 같이 시계방향으로 전류 I_2가 흐르는 직사각형 루프를 생각해 보자. 루프상에 작용하는 힘을 구하라.

답 $-\mathbf{a}_r \mu_0 I_1 I_2 hw / 2\pi d(d+w)$

이제 자속밀도 **B**인 균일한 자계 내에 전류 I가 흐르는 반경 b의 작은 원형 루프를 생각해 보자. **B**를 두 성분 $\mathbf{B} = \mathbf{B}_\perp + \mathbf{B}_\parallel$으로 나누어 생각하는 것이 편리하다. 즉 $\mathbf{B}_\perp$와 $\mathbf{B}_\parallel$는 각각 루프 평면에 수직과 수평인 방향이다. 그림 5-20(a)에 나타낸 바와 같이 수직 성분 $\mathbf{B}_\perp$는 루프를 확장시키려는 힘

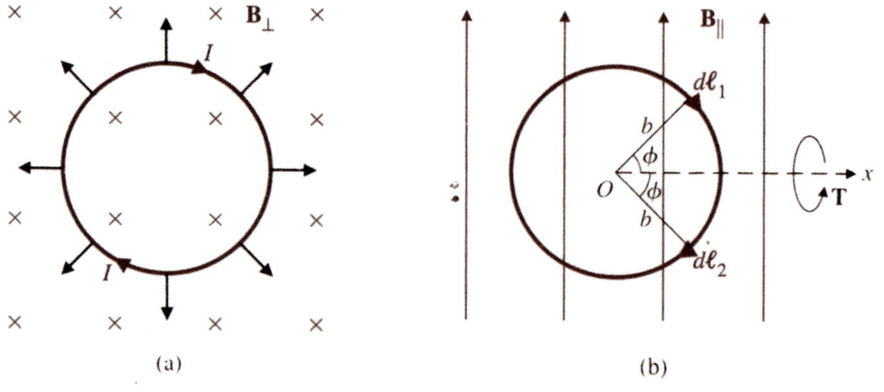

그림 5-20 균일한 자계 $\mathbf{B} = \mathbf{B}_\perp + \mathbf{B}_\parallel$ 내에 놓인 원형 루프

을 받는다(I 방향이 반대이면 수축하려는 힘을 받는다). 그러나 루프를 움직이는 순수한 힘은 존재하지 않는다. 평행한 성분 $\mathbf{B}_{\|}$는 미소 부분 $d\mathbf{l}_1$상에 앞으로 향하는 힘 $d\mathbf{F}_1$(지면 밖으로 나오려는)을 받고 대칭되는 위치의 미소 부분 $d\mathbf{l}_2$는 뒤로 향하는(지면 안으로 들어가는)힘 $d\mathbf{F}_2 = -d\mathbf{F}_1$을 받게 된다(그림 5-20(b) 참고). $\mathbf{B}_{\|}$에 의해 전체 루프에 미치는 힘은 0이라 하더라도 자계를(I에 기인한) 외부 자계 $\mathbf{B}_{\|}$과 같은 방향으로 정렬시키려는 방향으로 x축에 대해 루프를 회전시키려는 토크를 발생시킨다. $d\mathbf{F}_1$과 $d\mathbf{F}_2$에 의해 발생되는 미분 토크는

$$\begin{aligned} d\mathbf{T} &= \mathbf{a}_x(dF)2b\sin\phi \\ &= \mathbf{a}_x(I\ d\mathbf{l}\ B_{\|}\sin\phi)2b\sin\phi \\ &= \mathbf{a}_x 2Ib^2 B_{\|}\sin^2\phi d\phi \end{aligned} \tag{5-122}$$

이다. 여기서 $dF = |d\mathbf{F}_1| = |d\mathbf{F}_2|$이고 $d\ell = |d\ell_1| = |d\ell_2| = bd\phi$이다. 따라서, 루프에 작용하는 전체 토크는

$$\begin{aligned} \mathbf{T} &= \int d\mathbf{T} = \mathbf{a}_x 2Ib^2 B_{\|}\int_0^{\pi}\sin^2\phi d\phi \\ &= \mathbf{a}_x I(\pi b^2)B_{\|} \end{aligned} \tag{5-123}$$

이 된다.

만일 식(5-45)에 있는 자기쌍극자 모멘트의 정의를 이용한다면

$$\mathbf{m} = \mathbf{a}_n I(\pi b^2) = \mathbf{a}_n IS$$

이다. 여기서 $\mathbf{a}_n$는 전류의 방향을 따라 오른손을 감아쥘 때 오른손 엄지손가락이 향하는 단위벡터이다(루프 평면에 수직). 따라서 식(5-123)은 다음과 같이 쓸 수 있다.

자계 내에서 전류가 흐르는 도선에 작용하는 토크

$$\boxed{\mathbf{T} = \mathbf{m} \times \mathbf{B} \qquad (\mathrm{N \cdot m}).} \tag{5-124}$$

윗식에서 $\mathbf{m} \times (\mathbf{B}_{\perp} + \mathbf{B}_{\|}) = \mathbf{m} \times \mathbf{B}_{\|}$이므로 벡터 $\mathbf{B}$($\mathbf{B}_{\|}$ 대신에)가 사용되었다. 이것이 바로 자성체에서 미시적 자기쌍극자를 정렬시키고 인가자계에 의해 매질을 자화시키는 토크가 된다. 식(5-124)는 도전 루프에 걸쳐서 $\mathbf{B}$가 균일하지 않다면 성립되지 않는다는 사실을 주의할 필요가 있다.

예 제 5-15

균일한 자계 $\mathbf{B} = \mathbf{a}_x B_x + \mathbf{a}_y B_y + \mathbf{a}_z B_z$ 내에 전류 I가 흐르는 직사각형 루프가 xy 평면상에 놓여 있다(직사각형의 각 변은 b_1, b_2이다). 루프에 작용하는 힘과 토크를 구하라.

해

$\mathbf{B}$를 수직성분 $\mathbf{B}_\perp$과 수평성분 $\mathbf{B}_\parallel$로 나누면

$$\mathbf{B}_\perp = \mathbf{a}_z B_z \tag{5-125a}$$

$$\mathbf{B}_\parallel = \mathbf{a}_x B_x + \mathbf{a}_y B_y \tag{5-125b}$$

가 된다. 그림 5-21과 같이 시계방향으로 전류가 흐른다면 수직 성분 $\mathbf{a}_z B_z$는 (1)과 (3)변에 Ib_1B_z의 힘을 발휘하며 (2)와 (4)변에는 Ib_2B_z의 힘을 발휘하게 된다. 이들은 모두 루프의 중앙을 향하는 방향이 된다. 이들 네 개의 수축하는 힘의 벡터합은 0이 되고 토크는 발생하지 않는다.

자속밀도의 평행한 성분 $\mathbf{B}_\parallel$는 네 변에 다음과 같은 힘을 발휘한다.

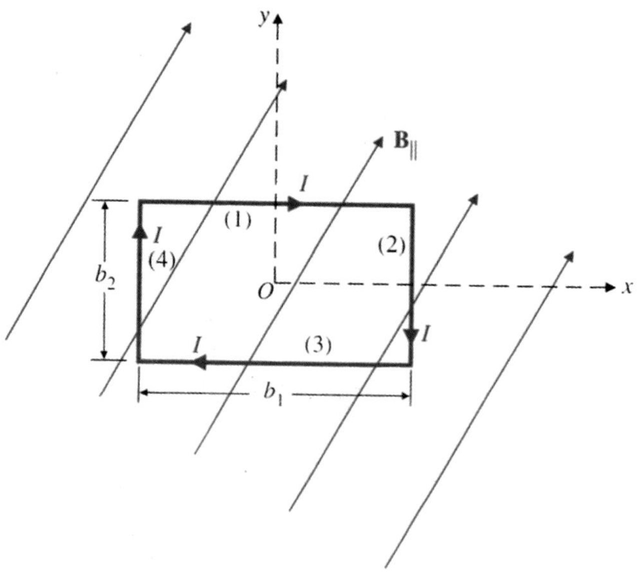

그림 5-21 균일한 자계 내에 놓인 직사각형 루프(예제 5-15)

$$\mathbf{F}_1 = Ib_1\mathbf{a}_x \times (\mathbf{a}_x B_x + \mathbf{a}_y B_y)$$
$$= \mathbf{a}_z Ib_1 B_y = -\mathbf{F}_3 \tag{5-126a}$$
$$\mathbf{F}_2 = Ib_2(-\mathbf{a}_y) \times (\mathbf{a}_x B_x + \mathbf{a}_y B_y)$$
$$= \mathbf{a}_z Ib_2 B_x = -\mathbf{F}_4 \tag{5-126b}$$

역시 루프상의 순수한 힘, $\mathbf{F}_1 + \mathbf{F}_2 + \mathbf{F}_3 + \mathbf{F}_4$는 0이다. 그러나 이들 힘은 순수 토크를 발생시키게 된다. (1)과 (3)변상에 미치는 힘 $\mathbf{F}_1$과 $\mathbf{F}_3$에 의한 토크 $\mathbf{T}_{13}$는

$$\mathbf{T}_{13} = \mathbf{a}_x Ib_1 b_2 B_y \tag{5-127a}$$

가 되고

(2)와 (4)변상에 미치는 힘 $\mathbf{F}_2$과 $\mathbf{F}_4$에 의한 토크 $\mathbf{T}_{24}$는

$$\mathbf{T}_{24} = -\mathbf{a}_y Ib_1 b_2 B_x \tag{5-127b}$$

가 된다. 따라서 직사각형 루프에 미치는 전체 토크는

$$\mathbf{T} = \mathbf{T}_{13} + \mathbf{T}_{24} = Ib_1 b_2(\mathbf{a}_x B_y - \mathbf{a}_y B_x) \qquad (\text{N} \cdot \text{m}) \tag{5-128}$$

가 된다.

루프의 자기 모멘트는 $\mathbf{m} = -\mathbf{a}_z Ib_1 b_2$이므로 식(5-128)의 결과는 정확히 $\mathbf{T} = \mathbf{m} \times (\mathbf{a}_x B_x + \mathbf{a}_y B_y) = \mathbf{m} \times \mathbf{B}$가 된다. 따라서 식(5-124)가 원형 루프로부터 유도된 것이라 하더라도 직사각형 루프에 대해서도 토크 공식은 동일하게 된다. 사실, 식(5-124)는 균일한 자계 내에 루프가 놓인 이상 어떠한 모양의 평면 루프에 대해서도 성립하는 식이다.

5-12.2 직류모터

직류모터의 동작원리

직류(dc)모터의 동작 원리는 식(5-124)에 기초를 두고 있다. 그림 5-22(a)는 이러한 모터의 구조를 보여 주고 있다. 자계 $\mathbf{B}$는 극편 주위에 감겨 있는 도선의 전류 I_f로부터 발생된다. 직사각형 루프를 통해 전류 I가 흐를 때 토크는 $+x$ 방향으로부터 볼 때 시계방향으로 루프를 회전시키게 한다. 이것을 그림 5-22(b)에 나타내었다. 브러쉬가 달린 분리된 고리(ring)

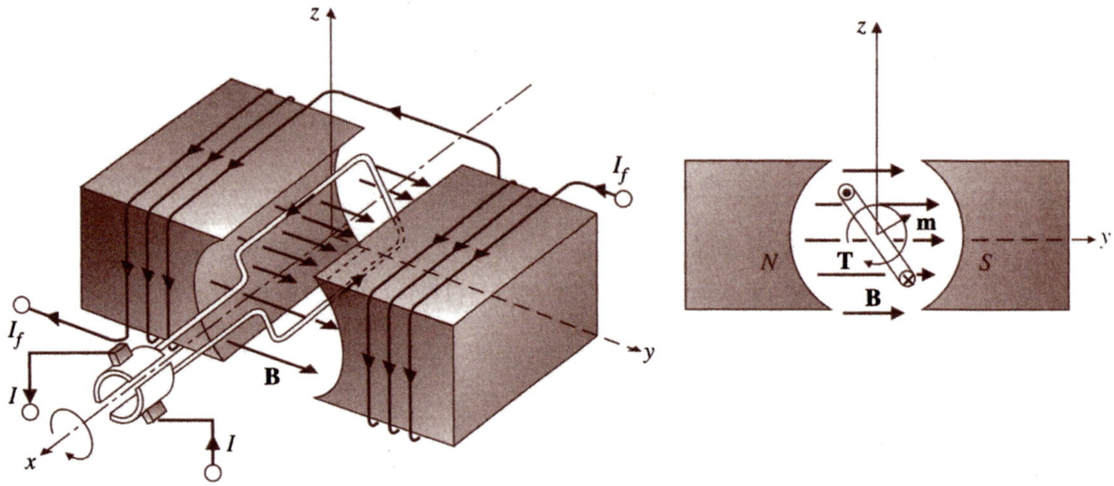

그림 5-22 직류모터의 동작 원리를 보여 주는 그림
(a) 투시도 (b) $+x$ 방향으로부터 본 모형도

는 토크가 항상 같은 방향으로 발생하도록 유지하기 위한 것으로 코일의 두 단자가 매 회전의 반에서 전류의 방향을 바꾸기 위해 필요하다 ; 루프의 자기 모멘트 **m** 은 양의 z 성분을 가져야만 한다.

원만하고 효과적인 동작을 얻기 위해서 실제 dc 모터는 강자성체 코어로 된 회전자(armature) 위에 이러한 많은 직사각형 루프들을 감고 있다. 각 루프의 끝은 **정류자**(commutator)라고 불리는 작은 원통형 드럼 위에 정렬된 한 쌍의 도체 바에 부착되어 있다.

5-12.3 저장된 자기에너지의 형태로 나타낸 자기력과 토크

전류가 흐르는 모든 도체와 회로는 자계 내에 놓이게 될 때 자기력을 받게 된다. 그들은 자기력과 크기가 같고 반대되는 방향으로 기계력이 존재한다면 그 자리에 그대로 있게 된다. 특별한 대칭적인 경우(예제 5-14 의 무한대의 긴 두 평행 도선의 경우처럼)를 제외하고는 Ampère 힘의 법칙에 의해 도전회로들 사이의 자기력을 구하는 것은 간혹 지루하고 따분한 일이다.

이제 **가상 변위의 원리**(principle of virtual displacement)에 기초한 자기력과 토크를 구하는 또 다른 방법을 살펴보도록 한다.

도전회로 하나의 가상 미소 변위 $d\mathbf{l}$로부터 쇄교자속의 어떤한 변화도 없다면 유도기전력이 없게 되므로 시스템에 어떤한 에너지도 공급하지 못하게 된다. 시스템에 대해 행해진 기계적 일 $\mathbf{F}_\Phi \cdot d\mathbf{l}$은 저장된 자기에너지 W_m가 감소되는 대가를 치루는 것이다. 여기서 $\mathbf{F}_\Phi$는 일정한 자속 조건하에서 힘을 나타낸다. 따라서

$$\mathbf{F}_\Phi \cdot d\mathbf{l} = -dW_m = -(\nabla W_m) \cdot d\mathbf{l} \tag{5-129}$$

이 되고 이것은 다음과 같이 된다.

가상 변위법에 의해 도전회로상의 자기력을 구함.

$$\boxed{\mathbf{F}_\Phi = -\nabla W_m \qquad (\text{N}).} \tag{5-130}$$

3차원 공간에서 벡터방정식(5-130)은 실제로 세 개의 방정식이다. 예를 들어 직각좌표계으로의 x 방향으로의 힘은

$$(F_\Phi)_x = -\frac{\partial W_m}{\partial x} \tag{5-131}$$

이 된다. 다른 방향에서도 비슷한 형태로 나타낼 수 있다.

만일 회로가 축에 대해, 예를 들어 z축에 대해 회전하도록 힘을 받는다면 시스템에 의해 행해진 기계적인 일은 $(T_\Phi)_z d\phi$가 되고

가상 변위법에 의해서 자계 내에서 도전회로상에 작용하는 축 주위의 토크

$$\boxed{(T_\Phi)_z = -\frac{\partial W_m}{\partial \phi} \qquad (\text{N} \cdot \text{m}),} \tag{5-132}$$

이 된다. 이것은 일정한 쇄교자속이라는 조건하에 회로에 작용하는 토크의 z성분을 나타내고 있다.

예 제 5-16

그림 5-23과 같이 권선수 N의 코일에 흐르는 전류 I가 자기회로에서 자속 Φ를 발생시킨다고 하자. 코어의 단면은 S이다. 접극자(armature)에 작용하는 끌어올리는 힘을 구하라.

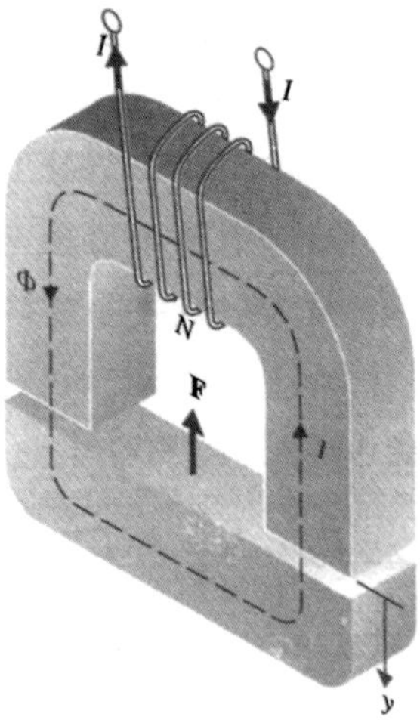

그림 5-23 전자석(예제 5-16)

해

접극자는 가상 변위 dy(y 방향으로 미소 증가)를 갖고 원천자계는 자속 Φ가 일정하도록 조정되어 있다. 접극자의 변위는 오직 간극의 길이만큼만 변화한다 ; 결국, 변위는 두 간극에 저장된 자기에너지만큼 변화한다. 식(5-106)으로부터

$$dW_m = d(W_m)_{\substack{\text{air}\\ \text{gap}}} = 2\left(\frac{B^2}{2\mu_0} S\, dy\right)$$
$$= \frac{\Phi^2}{\mu_0 S}\, dy \tag{5-133}$$

가 된다.

간극 길이의 증가(양의 dy)는 Φ가 일정하면 저장된 자기에너지를 증가시킨다. 식(5-130)을 이용하면 y 방향에서 다음과 같은 힘을 얻는다.

$$\mathbf{F}_\Phi = \mathbf{a}_y (F_\Phi)_y = \mathbf{a}_y\left(-\frac{\partial W_m}{\partial y}\right) = -\mathbf{a}_y \frac{\Phi^2}{\mu_0 S} \quad \text{(N)} \tag{5-134}$$

여기서 음의 부호는 간극의 길이를 감소시키려는 힘을 나타내는 것이다. 즉, 끌어당기는 힘을 말한다.

복습문제

문5-29 자계 **B** 하에서 전류 I 가 흐르는 폐회로상에 미치는 힘을 적분형으로 나타내라.

문5-30 자계 내에서 도전전류에 미치는 토크 공식을 써라.

문5-31 직류 모터의 동작 원리를 설명하라.

문5-32 일정한 쇄교자속하에 있는 도전전류의 시스템에서 힘과 저장된 자기에너지 사이의 관계는 무엇인가?

요 점

1. 전류가 흐르는 두 도선 사이의 자기력은 전류방향이 같으면 끌어당기는 힘이고 반대방향이면 서로 밀어내는 힘이다.

2. 도전루프(미시적 자기쌍극자를 포함)에서 토크는 인가자계에 루프의 자기 모멘트가 정렬하려는 방향으로 작용한다.

3. 만일 외부 자계가 도전루프 전체에 걸쳐서 균일하기만 하다면 토크 공식 $\mathbf{T}=\mathbf{m}\times\mathbf{B}$ 는 항상 성립한다.

요 약

전계와 자계가 존재하는 영역에서 이동전하는 전기력과 자기력 모두를 받는다. 총 전자기력은 Lorentz 힘의 방정식으로 주어진다. 자계 내에서 이동 전하에 미치는 자기력에 대한 공식을 소개한 이후 다음의 내용들을 공부하였다.

- **B** 의 발산과 회전을 명시하는 자유공간에서 정자계의 기본 두 가정을 제시하였다.
- Ampère 의 주회 법칙을 유도하였다. 이것은 대칭조건하에서 전류 분포에 기인한 자속밀도를 구할 수 있도록 해 준다.
- 벡터 자기퍼텐셜의 개념을 소개하였다.
- 전류의 흐름에 기인한 **B** 를 구하는 데 폐경로에서 Biot-Savart 법칙을 유도하였다.
- 등가 자화 전류밀도를 구함으로써 유도 쌍극자 모멘트의 미시적 효과를 논의하였다.
- 자계강도 **H** 와 비투자율을 정의하였다.

- 다른 종류의 자성체들에 대한 성질을 비교하였다.
- 정자계에 대한 경계조건을 구하였다.
- 자기유도용량과 상호유도용량을 정의하고 그것들을 구하는 과정을 설명하였다.
- 저장된 자기에너지에 대한 공식을 구하였다.
- 자계하에 있는 도전전류에 미치는 힘과 토크에 대해 논의하였으며
- 직류 모터의 동작 원리를 설명하였다.

문 제

문 5-1 균일한 자계 $\mathbf{B} = \mathbf{a}_x B_x + \mathbf{a}_y B_y + \mathbf{a}_z B_z$ 인 영역에 속도 $\mathbf{u} = \mathbf{a}_x u_0$ 로서 점전하 Q 가 입사되었다. 속도의 변화 없이 전하가 진행하도록 하기 위해서 얼마만큼의 전계 $\mathbf{E}$ 가 이 영역에 있어야만 하겠는가?

문 5-2 높이 h 의 직사각형 단면을 갖는 원형 토로이드를 통하는 총 자속을 구하라. 토로이드의 내부와 외부 반경은 각각 a, b 이다. 토로이드는 촘촘히 권선수 N 으로 감겨 있고 전류 I 가 흐른다. 자속을 중앙 반경에서 자속밀도 곱하기 단면적으로 구한다면 오차는 몇 퍼센트가 되겠는가? $b/a = 5$ 라면 오차는 얼마인가?

문 5-3 실 모양의 직선도체 P_1P_2에 직류전류 I 가 흐른다.

a) P 점에서 $\mathbf{B}$ 가 아래와 같음을 증명하라. P 점은 수직거리 r 과 각 점

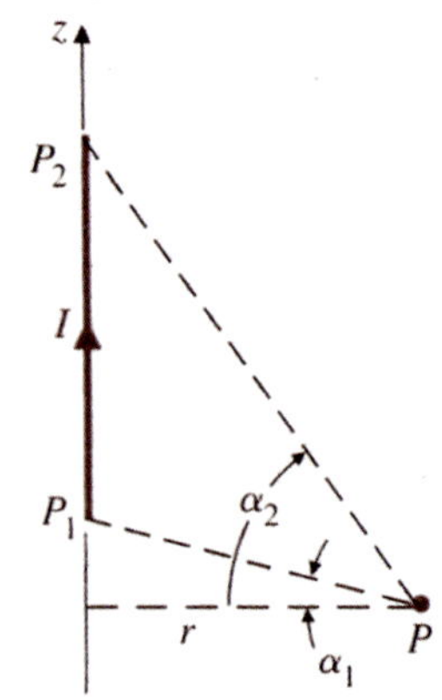

그림 5-24 전류 I 가 흐르는 유한한 직선도체(문 5-3)

사이의 이루는 각이 그림 5-24에 보이는 바와 같이 각각 α_1, α_1이다.

$$\mathbf{B}_P = \mathbf{a}_\phi \frac{\mu I}{4\pi r}(\sin\alpha_2 - \sin\alpha_1) . \tag{5-135}$$

b) 도선이 무한히 길 때 식(5-135)는 식(5-35)로 줄어들게 됨을 보여라.

문 5-4 그림 5-25에 보는 바와 같이 넓이가 w인 매우 긴 얇은 도체판에 길이 방향으로 전류 I가 흐른다. 전류는 지면 안으로 들어가는 방향으로 흐른다고 할 때 $P_1(0, d)$점에서 자속밀도 $\mathbf{B}_1$을 구하라.

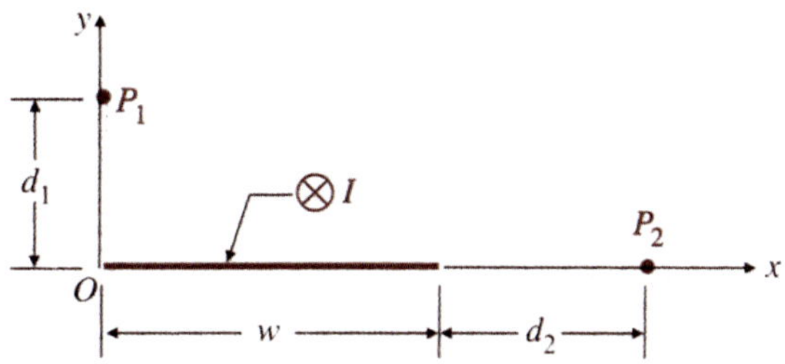

그림 5-25 전류 I가 흐르는 얇은 도체판(문 5-4, 5-5)

문 5-5 문 5-4와 그림 5-25를 참고로 해서 $P_2(w+d_2, 0)$점에서 자속밀도 $\mathbf{B}_2$를 구하라.

문 5-6 무한히 긴 동축 선로의 내부 도체에 전류 I가 흐르고 외부 도체를 통해 돌아오고 있다. 내부 도체의 반경을 a, 외부 도체의 안쪽 반경과 바깥쪽 반경은 각각 b, c이다. 모든 영역에서 자속밀도 $\mathbf{B}$를 구하고 r에 대한 $|\mathbf{B}|$를 그래프로 그려라.

문 5-7 길이가 $3w$인 가는 도선으로 정삼각형을 만들었다. 도선에 전류 I가 흐른다고 할 때 삼각형의 중앙에서 자속밀도를 구하라.

문 5-8 그림 5-26을 참고하라. 반경이 b, 길이는 L, 권선수 N으로 촘촘히 감긴 솔레노이드에 전류 I가 흐른다. 축상의 점 P에서의 자속밀도를 구하라. 이 결과는 L이 무한대로 갈 때 식(5-82)로 줄어들게 됨을 보여라. 힌트 : 식(5-37)을 이용하라.

문 5-9 z축을 따라 반경 2(mm)인 무한히 긴 도선에 전류 I가 흐른다.

a) 식(5-12)의 $\mathbf{B}$에 대한 표현식으로부터 $r > 2$(mm)에서 벡터 자기퍼텐셜 $\mathbf{A}$를 구하라. 도선 표면을 기준 영퍼텐셜(reference zero

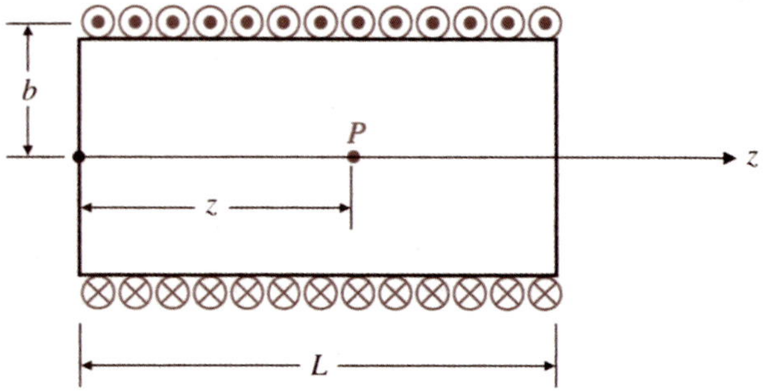

그림 5-26 원형 단면을 갖는 솔레노이드(문 5-8)

potential)로 선택하라.

b) $I = 10(A)$이라면 $z = \pm 0.3$(m)이고 $y = 0.1$(m)와 0.7(m)로 된 사각형 루프를 통과하는 총 자속을 $\mathbf{A}$로부터 구하라.

문 5-10 전류밀도가 $\mathbf{a}_x J_{s0}$인 직류 표면전류가 xy 평면의 무한 도체판에 흐른다.

a) $(0, 0, z)$와 $(0, 0, -z)$에서 자속밀도 $\mathbf{B}$를 구하라.

b) $\mathbf{B}$로부터 $(0, 0, z)$에서 벡터 자기퍼텐셜 $\mathbf{A}$를 구하라. 임의의 점 $z = z_0$를 기준 영 퍼텐셜로 선택하라.

문 5-11 두께 d인 매우 넓은 판이 균일한 자계강도 $\mathbf{H}_0 = \mathbf{a}_z H_0$에 수직하게 놓여 있다. 끝단효과(edge effect)를 무시한다면 다음과 같은 판에서의 자계강도를 구하라:

a) 판의 재료가 투자율 μ를 가질 때

b) 판이 자화벡터 $\mathbf{M}_i = \mathbf{a}_z M_i$를 갖는 영구자석일 때

문 5-12 투자율 μ인 원형 봉 자성체가 매우 긴 솔레노이드 안에 공동축으로 하여 삽입되었다. 봉의 반경 a는 솔레노이드 반경 b보다 작다. 솔레노이드의 단위길이당 권선수는 n이고 전류는 I가 흐른다.

a) 솔레노이드 내부 $r < a$와 $a < r < b$에서 $\mathbf{B}$, $\mathbf{H}$, $\mathbf{M}$ 값을 구하라.

b) 자화된 봉에 대해서 등가 자화 전류밀도 $\mathbf{J}_{mv}$와 $\mathbf{J}_{ms}$는 얼마인가?

문 5-13 반경 b인 강자성체 구가 자화 $\mathbf{M} = \mathbf{a}_z M_0$로서 균일하게 자화되었다.

a) 등가 자화 전류밀도 $\mathbf{J}_{mv}$와 $\mathbf{J}_{ms}$를 구하라.

b) 구의 중앙에서 자속밀도를 구하라.

문 5-14 공기(영역 1, $\mu_{r1} = 1$)와 철(영역 2, $\mu_{r2} = 5000$) 사이의 평면 경계($y = 0$)에서

a) $\mathbf{B}_1 = \mathbf{a}_x 2 - \mathbf{a}_y 10$(mT)이라면 $\mathbf{B}_2$를 구하고 경계면과 $\mathbf{B}_2$가 이루는 각을 구하라.

b) $\mathbf{B}_2 = \mathbf{a}_x 10 + \mathbf{a}_y 2$(mT)이라면 $\mathbf{B}_1$을 구하고 경계면의 법선과 $\mathbf{B}_1$이 이

루는 각을 구하라.

문 5-15 원형 단면의 반경이 b 이고 평균반경이 r_0인 토로이드 코일이 공기 프레임 위에 권선수 N 으로서 감겨 있다. 자기유도용량을 구하라. $b \ll r_0$로 가정하고 근사적으로 표현하라.

문 5-16 그림 5-27 에 보는 바와 같이 매우 긴 직선도선과 정삼각형 도체 루프 사이의 상호유도용량을 구하라.

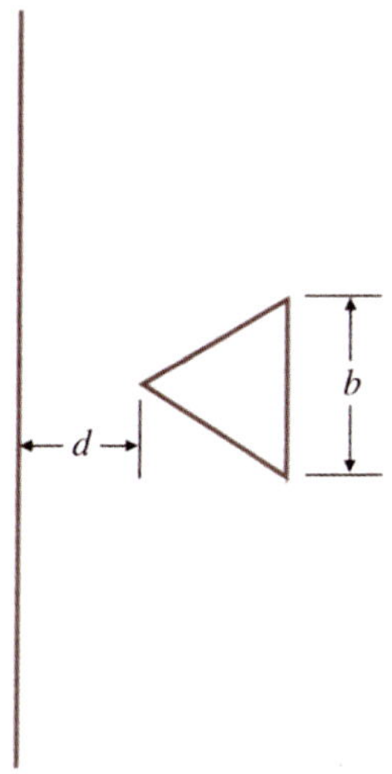

그림 5-27 길고 곧은 도선과 정삼각형 도전 루프(문 5-16)

문 5-17 그림 5-28 에 보는 바와 같이 서로 평행한 두 개의 직사각형 루프 사이의 상호유도용량을 구하라. $h_1 \gg h_2 (h_2 > w_2 > d)$라고 가정하라.

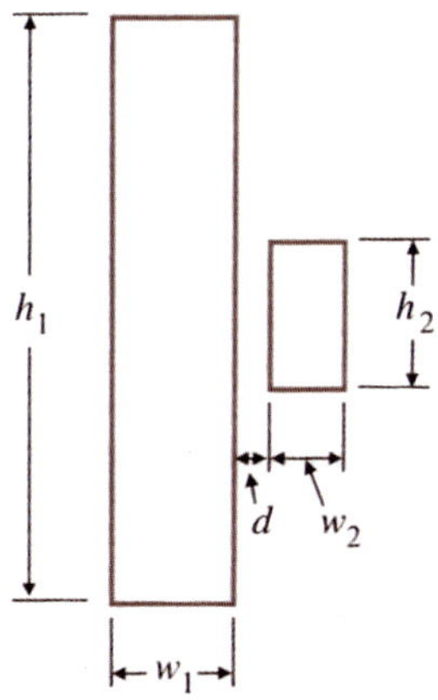

그림 5-28 서로 평행한 두 개의 직사각형 루프, $h_1 \gg h_2$(문 5-17)

문 5-18 무한히 긴 세 개의 평행 도선이 동일한 간격 10(cm)씩 떨어져 있다. 같은 방향으로 25(A)의 전류가 흐를 때 단위길이당 힘을 구하라. 그림 5-29에 이들 배열의 단면을 보여 주고 있다. 힘의 방향을 자세히 밝혀라.

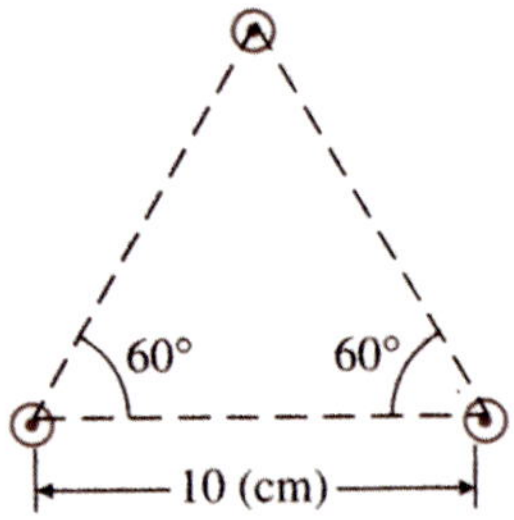

그림 5-29 무한히 긴 세 개의 도선 단면(문 5-18)

문 5-19 가늘고 긴 금속 스트립과 평행 도선의 단면이 그림 5-30에 나타나 있다. 도체 내에는 크기는 같고 반대방향으로 전류 I가 흐른다. 도체들에 미치는 단위길이당 힘을 구하라.

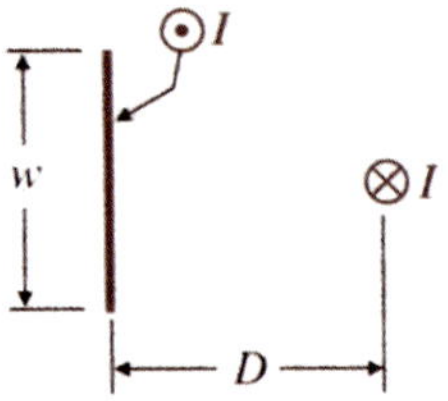

그림 5-30 서로 평행한 스트립과 도선의 단면(문 5-19)

문 5-20 그림 5-31에서 AA' 도체 막대기(회로 차단기의 블레이드 같은)가 매우 긴 두 개의 평행 선로 사이에 전류 I를 흐르게 하는 도전 경로의 역할을

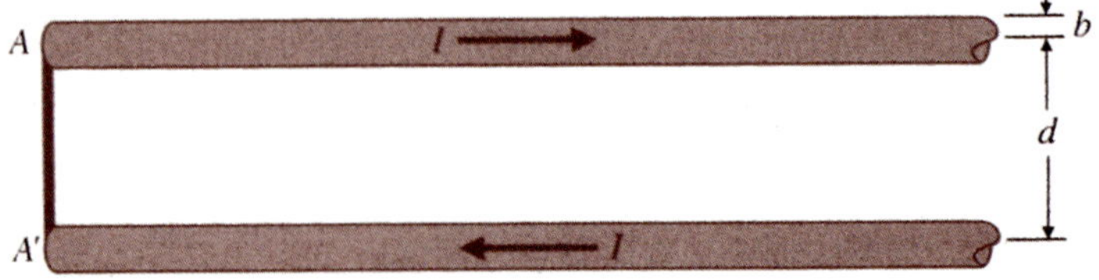

그림 5-31 끝에 있는 도체 막대기에 미치는 힘(문 5-20)

하고 있다. 선로 반경은 b 이고 서로 d 만큼 떨어져 있다. 막대기에 미치는 자기력의 크기와 방향을 구하라.

문 5-21 그림 5-32 처럼 xy 평면 위에 놓인 삼각형 루프에 전류 $I=10$(A)가 흐른다. 이 영역에서 균일한 자속밀도 $\mathbf{B}=\mathbf{a}_y 6$(mT)를 가정한다면 루프상에 미치는 힘과 토크를 구하라. 치수는 cm 단위이다.

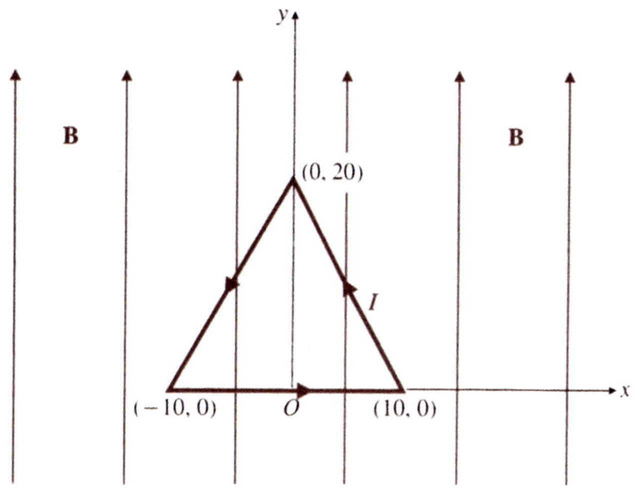

그림 5-32 균일한 자계 내에 있는 삼각형 루프(문 5-21)

문 5-22 정상전류 I_1이 흐르고 있는 반경 r_1의 작은 원형 도선이 같은 방향으로 정상전류 I_2가 흐르는 반경 $r_2(r_2 \gg r_1)$의 보다 큰 원형 도선의 중앙에 놓여 있다. 두 회로의 수직방향 사이의 각도는 θ이고 작은 원형 도선은 그 지름에 대해서 자유로이 회전할 수 있다. 작은 원형 도선에 미치는 힘과 토크의 방향을 구하라.

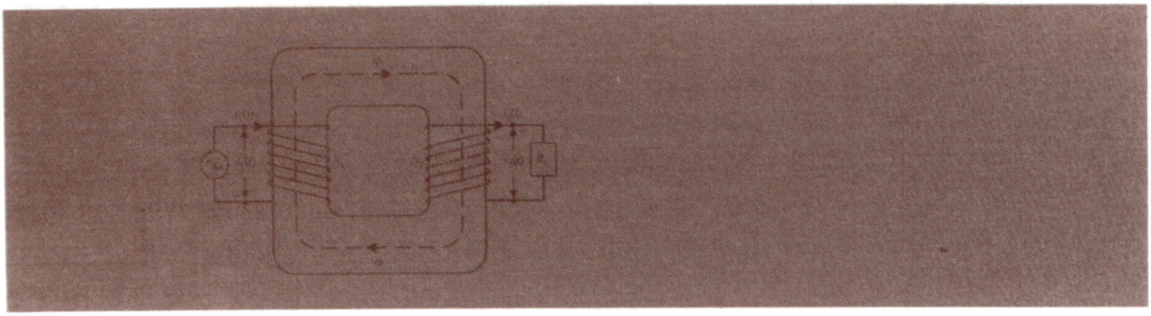

제 6 장 시변계와 Maxwell 방정식

6-1 개 요 지금까지 우리는 시간에 대해 변하지 않는 계에 대해 다루었다. 정전계 모델을 구성하는 데 있어서 전계강도벡터 **E**와 전속밀도(전기변위)벡터 **D**를 정의하였다. 기본적으로 성립하는 미분방정식들은 다음과 같다.

정전계에 대해 성립하는 두 기본 방정식

$$\nabla \times \mathbf{E} = 0 \qquad (3\text{-}4)\,(6\text{-}1)$$

$$\nabla \cdot \mathbf{D} = \rho_v \qquad (3\text{-}63)\,(6\text{-}2)$$

선형이고 등방성(균질일 필요는 없다)매질에서 **E**와 **D**는 구성적 관계에 의해서 다음과 같이 연관지어진다.

전계모델에서의 구조적 관계

$$\mathbf{D} = \epsilon \mathbf{E} \qquad (3\text{-}67)\,(6\text{-}3)$$

정자계 모델에 대해서는 자속밀도벡터 **B**와 자계강도벡터 **H**를 정의하였다. 기본적으로 성립하는 두 미분방정식은 다음과 같다.

정자계에 대해 성립하는 두 기본 방정식

$$\nabla \cdot \mathbf{B} = 0 \qquad (5\text{-}6)\,(6\text{-}4)$$

$$\nabla \times \mathbf{H} = \mathbf{J} \qquad (5\text{-}61)\,(6\text{-}5)$$

선형이고 등방성인 매질에서 **B**와 **H**의 구성적 관계는 다음과 같다.

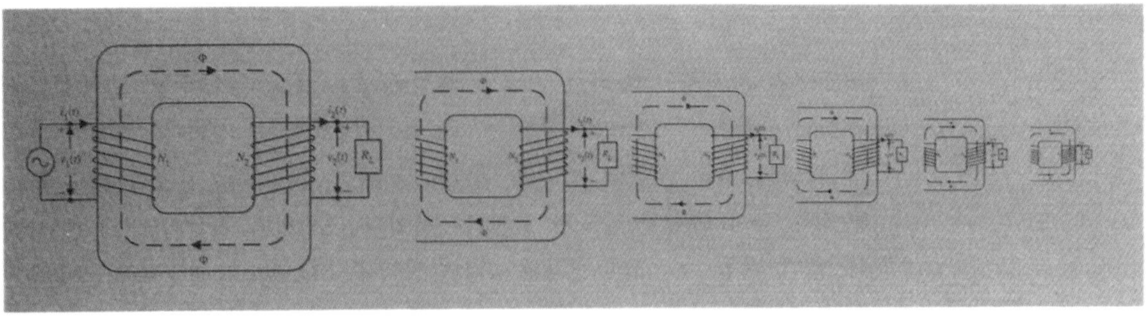

Time-Varying Fields and Maxwell's Equations

자계모델에서의 구성적 관계

$$\mathbf{H} = \frac{1}{\mu}\mathbf{B} \qquad (5\text{-}66)\,(6\text{-}6)$$

정전자계

정전계 모델에서 **E** 와 **D** 는 정자계 모델에서 **B** 나 **H** 와는 관계가 없다는 것을 관찰할 수 있다. 도체에서는 정전계와 정자계가 둘 다 존재하고 **정전자계**(electromagnetostatic field)를 형성한다. 도체에서 정전계는 정상 전류를 흐르도록 하고 이것이 정자계를 일으킨다. 그러나 전계는 정상 전하나 전위 분포로부터 완전하게 구할 수 있다. 다만 자계는 하나의 결과로서 나타날 뿐이지 전계를 구하는 데 들어가지 않는다.

정상 모델은 간단하지만 시변(time-varying) 전자기 현상을 설명하는 데는 부적합하다. 정전계와 정자계는 에너지와 정보를 운반하고 전파해 나가는 파동(wave)을 일으키지 못한다. 파동은 얼마간 떨어져 있는 곳에서 전자기 동작의 필연적 현상이다. 본 장에서는 시간에 따라 변화하는 자계가 전계를 유도하고 또 그 반대로도 성립한다는 사실을 알게 될 것이다. 시변 조건하에서 전계벡터 **E**, **D** 가 자계벡터 **B**, **H** 와 적절한 관계를 이루는 전자계 모델을 세워야 할 필요가 있다.

이제 기본 가정으로부터 시작할 것이다. 그것은 식(6-1)에 있는 $\nabla \times \mathbf{E}$

방정식을 변경시킨 것이고 전자기 유도의 Faraday 법칙으로 이끌어 내는 것이다. 변압기 기전력과 운동 기전력을 논의하게 될 것이다. 새로운 가정에 대해서 전하 보존의 법칙을 유지하기 위한 방정식을 만들기 위해 $\nabla \times \mathbf{H}$ 식은 다시 변경될 필요가 있게 될 것이다. 두 개의 발산식(6-2)와 (6-4)와 함께 이들 두 개의 변경된 회전방정식은 Maxwell 방정식으로 알려져 있고 전자기 이론의 기본을 이루고 있는 것이다. 정전계와 정자계에 대해 성립하는 방정식들은 시간에 대해 무관한 경우의 Maxwell 방정식의 특수한 형태이다. Mexwell 방정식은 빛의 속도로 전파하는 전자파의 존재를 예측케 하는 파동방정식을 세우도록 서로 결합될 수 있다. 특별히 시정현계(time-harmonic field)에 대한 파동방정식의 해를 본 장에서 다루게 될 것이다.

6-2 전자기 유도의 Faraday 법칙

전자기 이론에서의 중요한 진전은 1831년 Michael Faraday에 의해 이루어진 것으로 그는 루프에 결합되는 자속이 변할 때 도체 루프에 전류가 유도된다는 사실을 실험적으로 밝혀 내었다. 실험적 관측에 기초하여 유도 기전력과 결합자속의 변화율간의 정량적 관계가 **Faraday 법칙**으로 잘 알려져 있다. 이것은 실험에 의한 법칙이고 하나의 가정으로서 생각될 수 있다. 그러나 우리는 전자기 유도 이론을 전개해 나가는 데 첫 단계로서 유한 루프에 관한 실험적 관계를 취하지는 않겠다. 대신에 정전계에 대한 3장에서의 접근방식과 정자계에 대한 5장에서의 접근방식과 같이 기본 가정으로부터 출발해서 그것으로부터 Faraday 법칙의 적분형으로 전개해 나가는 방식을 따르도록 하겠다.

전자기 유도에 관한 기본 가정은 다음과 같다.

전자기 유도에 대한 기본 가정

$$\boxed{\nabla \times \mathbf{E} = -\frac{\partial \mathbf{B}}{\partial t}.} \tag{6-7}$$

식(6-7)은 점 함수(point-function)관계를 나타낸다. 즉, 자유공간이든 매질 내이든 공간상의 모든 점에 적용된다. 시변 자속밀도의 영역에서 전계강도는 비보존적(nonconservative)이고 스칼라 전위의 음의 기울기로서 표현할 수 없다.

식(6-7)의 양변을 개방 표면에 대해 면적분을 취하고 Stokes 정리를 적용하면

$$\oint_C \mathbf{E} \cdot d\mathbf{l} = -\int_S \frac{\partial \mathbf{B}}{\partial t} \cdot d\mathbf{s} \tag{6-8}$$

가 된다. 이 식은 C 둘레에 어떤 물리적 회로가 있든 없든 경계선(contour) C 를 갖고 있는 어떤 표면 S 에 대해서도 타당하다. 물론, 시간 변화가 없는 계에서는 $\partial\mathbf{B}/\partial t = 0$ 이므로 식(6-7)과 (6-8)은 정전계에 관한 식(6-1)과 (3-7)로 각각 줄어들게 된다. 다음 절에서는 시변 자계에 있는 정지회로, 정자계 내에 있는 이동회로, 그리고 시변 자계 내의 이동회로의 경우를 나누어 각각 살펴보도록 하겠다.

6-2.1 시변 자계 내의 정지회로

경계선 C 와 표면 S 를 갖는 정지회로에 대해서 식(6-8)은 다음과 같이 쓸 수 있다.

$$\oint_C \mathbf{E} \cdot d\mathbf{l} = -\frac{d}{dt}\int_S \mathbf{B} \cdot d\mathbf{s} \tag{6-9}$$

만일 정의하기를

$$\mathcal{V} = \oint_C \mathbf{E} \cdot d\mathbf{l} = \text{경계선 } C \text{ 를 갖는 회로에 유도된 기전력(V)} \tag{6-10}$$

$$\Phi = \int_S \mathbf{B} \cdot d\mathbf{s} = \text{단면 } S \text{ 를 통과하는 자속(Wb)} \tag{6-11}$$

이라고 하면 식(6-9)는 다음과 같이 된다.

$$\boxed{\mathcal{V} = -\frac{d\Phi}{dt} \quad \text{(V)}.} \tag{6-12}$$

전자기 유도의 Faraday 법칙

식(6-12)는 **정지 폐회로 내에 유도된 기전력은 회로와 결합되는 자속 증가율의 마이너스와 같다**는 것을 말하고 있다. 이것이 **전자기 유도의 Faraday**

법칙(Faraday's law of electromagnetic induction)을 설명하고 있는 것이다. 식(6-12)에서 마이너스 부호는 유도기전력은 결합되는 자속의 변화에 반대하려는 방향으로 폐회로에 전류를 흐르게 한다는 것을 주장하고 있다. 이 주장은 **Lenz 법칙**(Lenz's law)으로 알려져 있다. 시변 자계에 의해 정지 루프에서 유도된 기전력을 **변압기 기전력**(transformer emf)이라고 한다.

변압기 기전력에 대한 Lenz 법칙

예 제 6-1

권선수 N 인 원형 도체 루프가 xy 평면상에 놓여 있고 그 중심은 $\mathbf{B} = \mathbf{a}_z B_0 \cos(\pi r/2b) \sin \omega t$ 인 자계 원점에 놓여 있다. 여기서 b 는 루프의 반경이고 ω는 각주파수이다. 루프에 유도된 기전력을 구하라.

해

시변 자계에 놓여 있는 정지 루프에 관한 문제이다. 따라서 식(6-12)를 직접 적용해서 유도기전력 $\mathcal{V}$를 구할 수 있다. 원형 루프의 각 권선에 결합되는 자속은

$$\begin{aligned}\Phi &= \int_S \mathbf{B} \cdot d\mathbf{s} \\ &= \int_0^b \left[\mathbf{a}_z B_0 \cos\left(\frac{\pi r}{2b}\right) \sin \omega t\right] \cdot (\mathbf{a}_z 2\pi r dr) \\ &= \frac{8b^2}{\pi}\left(\frac{\pi}{2} - 1\right) B_0 \sin \omega t\end{aligned}$$

이다. 권선수가 N 이므로 총 쇄교자속은 $N\Phi$ 이고 따라서

$$\begin{aligned}\mathcal{V} &= -N\frac{d\Phi}{dt} \\ &= -\frac{8N}{\pi} b^2 \left(\frac{\pi}{2} - 1\right) B_0 \omega \cos \omega t \quad \text{(V)}\end{aligned}$$

가 된다. $\cos \omega t$ 의 위상이 $\sin \omega t$ 보다 90° 앞서므로 유도기전력의 위상은 쇄교자속보다 90° 늦게 된다.

연습문제 6.1 예제 6-1에서 자속밀도가 $\mathbf{B} = \mathbf{a}_z B_0 (b - r) \cos \omega t$ 라면 반경 b 이고 권선수 N 인 원형 루프에 유도되는 기전력을 구하라. 유도기전력과 자계 사이의 위상은 어떻게

되는가?

답 $\mathcal{V} = N\frac{\pi}{3}\omega b^3 B_0 \sin \omega t$, **B** 보다 위상이 90° 늦게 된다.

6-2.2 변압기

변압기의 기능

변압기(transformer)는 전압, 전류 및 임피던스를 변환시키는 교류 소자이다. 이것은 대개 그림 6-1에 도시한 바와 같이 강자성체 코어를 공통으로 해서 두 개 또는 그 이상의 코일들이 자기적으로 결합되어 있다. 자속 Φ로 궤적을 나타낸 바와 같이 자기회로에 대한 폐경로에서

$$N_1 i_1 - N_2 i_2 = \mathcal{R}\Phi, \tag{6-13}$$

이 된다. 여기서 N_1, N_2와 i_1, i_2는 각각 1차측 회로와 2차측 회로의 권선수와 전류를 말한다. 식(6-13)의 좌변은 변압기 코어 주위의 폐경로 선적분 $\oint \mathbf{H} \cdot d\mathbf{l}$이므로 식(5-63)에 표현되었듯이 Ampère 주회 법칙의 결과이며 순 기자력(mmf : magnetomotive force) (SI 단위 : ampere-turn)을 나타내고 있다. Lenz 법칙과 관련해서 알고 있듯이 2차 회로의 유도기자력은 1차 회로의 기자력에 의해 형성된 자속의 방향과 반대방향으로 흐른다.

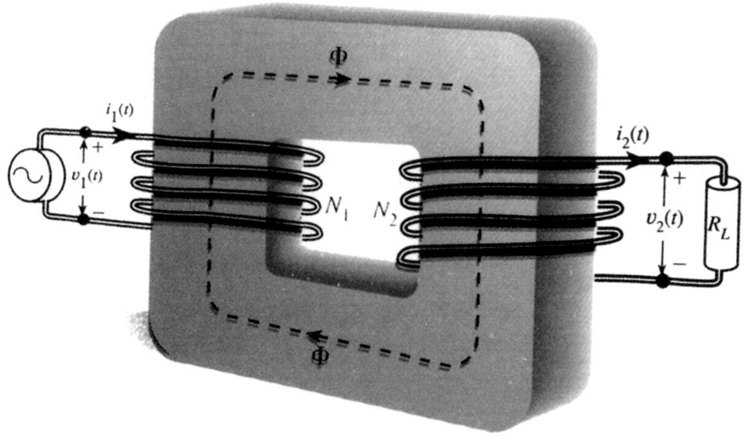

그림 6-1 변압기 구조도

식(6-13)의 우변에서 $\mathcal{R}$은 자기회로의 리럭턴스(reluctance)라고 하며 기하적 구조와 관련되며 코어재료의 투자율에 반비례한다.[†] 자기회로에 대한 식(6-13)은 d.c.전기회로에서의 Kirchhoff 전압 법칙에 대한 표현과 유사하다. 이것은 폐회로 주위의 순수 기전력은 저항과 전류곱의 합과 같다는 것을 말한다. 여기에서 $\mathcal{R}$과 ϕ는 각각 저항과 전류와 유사하게 볼 수 있다.

이상적 변압기의 조건

이상적인 변압기에서 누설자속이 없다고 가정하면 $\mu \to \infty$, $\mathcal{R}=0$이 된다. 이때 식(6-13)은

$$\boxed{\frac{i_1}{i_2}=\frac{N_2}{N_1}.} \tag{6-14}$$

이상적 변압기에 대한 전류관계

이 된다. 식(6-14)는 **이상적인 변압기의 1차측과 2차측 전류의 비는 권선수에 반비례 한다**는 것을 말하고 있다. Faraday 법칙에 따르면

$$v_1=N_1\frac{d\Phi}{dt} \tag{6-15}$$

와

$$v_2=N_2\frac{d\Phi}{dt} \tag{6-16}$$

가 된다. v_1과 v_2에 대한 부호는 그림 6-1에 나타낸 극성으로서 주의를 요하고 있다. 식(6-15)와 (6-16)으로부터

$$\boxed{\frac{v_1}{v_2}=\frac{N_1}{N_2}.} \tag{6-17}$$

이상적 변압기에 대한 전압관계

이 된다. 따라서 **이상적인 변압기의 1차측과 2차측 권선 양단의 전압의 비는 권선수에 비례한다.**

[†] 자기회로의 리럭턴스 계산은 전기회로의 저항과 비슷하다. 그러나 누설자속이 있고 변압기 코어의 단면이 불균일하므로 그 결과는 근사적인 값이 될 것이다(누설자속은 완전히 자기회로와 결합되지 못하는 자속의 일부분이다). 여기서는 $\mathcal{R}$을 구하는 과정을 상세히 설명하지는 않겠다. 리럭턴스에 대한 SI 단위는 헨리의 역수 (H^{-1})이다(역자주 : 리럭턴스는 자기저항으로 번역된 교재들도 있음).

그림 6-1과 같이 2차측 권선이 부하저항 R_L로 종단되었을 때 1차 측에 연결된 소스쪽으로부터 바라본 유효저항은

$$(R_1)_{\text{eff}} = \frac{v_1}{i_1} = \frac{(N_1/N_2)\,v_2}{(N_2/N_1)\,i_2} \tag{6-18}$$

즉,

이상적 변압기에 의한 임피던스 변환

$$\boxed{(R_1)_{\text{eff}} = \left(\frac{N_1}{N_2}\right)^2 R_L,} \tag{6-19}$$

이 된다. 이것은 부하저항은 권선비의 제곱을 곱한 것과 같다는 것이다. 정현 소스 $v_1(t)$와 부하 임피던스 Z_L에 대해서 소스쪽에서 본 유효부하는 $(N_1/N_2)^2 Z_L$로 임피던스 변환이 된다. 즉,

$$\boxed{(Z_1)_{\text{eff}} = \left(\frac{N_1}{N_2}\right)^2 Z_L,} \tag{6-20}$$

이 된다.

5-10절에서 설명한 바와 같이 코일의 유도용량은 매질의 투자율에 비례한다. 따라서 이상적인 변압기에서 μ가 무한대라면 무한대의 유도용량을 갖는다는 것을 암시한다.

현실적으로 변압기의 정확한 분석이 왜 어려운가

실제의 변압기에 대해서는 다음과 같은 현실적 조건을 갖는다 : 누설자속의 존재, 유한한 유도용량, 권선저항이 0이 아님, 자기이력의 존재, 와전류 손실 등이다. 강자성체 코어의 비선형 특성은 실제 변압기의 정확한 해석을 더욱 복잡하게 한다.

와전류의 정의

시변 자속이 강자성체 코어에 흐를 때 유도기전력이 Faraday 법칙의 결과에 따라 발생하게 된다. 이 유도기전력은 자속에 수직한 도전 코어 내에 국부 전류를 발생시킨다. 이들 전류를 **와전류**(eddy current)라고 한다. 와전류는 오옴성 전력 손실을 일으키고 국부적으로 열을 발생시킨다. 사실상 이것은 유도가열(induction heating)의 원리이다. 유도가열로는 금속을 녹일 수 있을 정도의 높은 온도를 발생시키고 있다. 변압기에서 이 와전류 전력 손실은 원치 않는 것이며 큰 투자율을 갖고 작은 도전율(큰 μ와 작은 σ)을 갖는 재료를 코어로 사용함으로써 줄일 수 있다. 페라이트가 이러한 재료에 속한다. 저주파, 고전력 응용에 있어서 와전류 전력 손실을 줄이는 경

유도가열의 원리

와전류 전력 손실을 줄이기 위한 적층판 코어

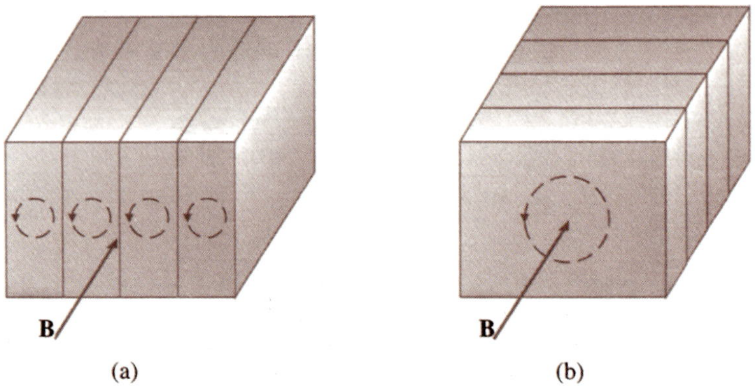

그림 6-2 시변 자계에 있는 적층판 코어

제적인 수단으로는 적층판으로 된(laminated) 코어를 이용하는 것이다. 즉, 잘 쌓아진 강자성(철) 판들로 변압기 코어를 만들고 각각의 판들은 유약을 바르거나 산화코팅을 함으로써 전기적으로 절연되게 한다. 절연된 코팅들은 그림 6-2(a)와 같이 자속의 방향과 평행하게 해 줌으로써 자속에 수직인 와전류들은 각 적층판에만 제한되도록 한다. 절연된 코팅들은 그림 6-2(b)와 같이 자속방향에 수직으로 적층판을 구성하면 와전류 손실을 줄이는 효과를 거의 얻을 수 없다. 이들 적층판의 수가 증가하면 전체 와전류 손실은 감소됨을 증명할 수 있다. 전력 손실의 감소량은 단면의 모양과 크기뿐만 아니라 적층방법에 따라 달라지게 된다.

연습문제 6.2 75(Ω)의 저항이 이상적인 변압기에 의해서 300(Ω)으로 변환되기를 원한다. 변압기의 권선비는 얼마가 되어야 하는가?

답 2 : 1

6-2.3 정자계에서의 이동도체

그림 6-3과 같이 정자계(시변계가 아닌) **B** 내에 속도 **u**로서 도체가 이동할 때 힘 $\mathbf{F}_m = q\mathbf{u} \times \mathbf{B}$가 발휘되어서 도체 내의 자유전자를 도체의 한 쪽 끝단으로 이동시키게 되고 다른 한 쪽은 양으로 대전된다. 이러한 양전하와 음전하의 분리는 Coulomb의 끌어당기는 힘을 발생시킨다. 따라서

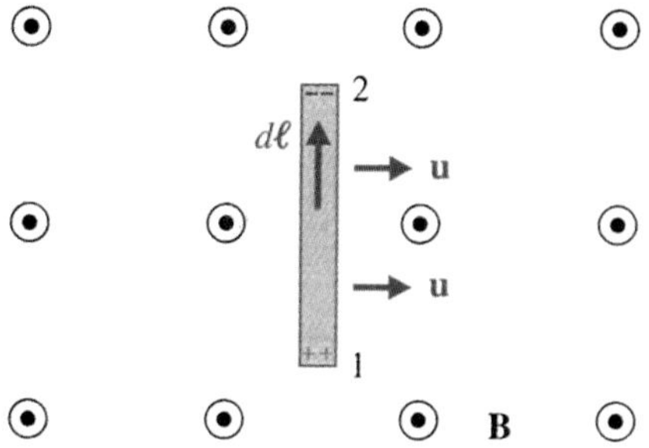

그림 6-3 자계 내에서 이동하는 도체 막대기

전하 분리의 과정은 전기력과 자기력이 서로 균형을 맞추어 평형상태가 될 때까지 계속된다. 아주 빠른 속도로 도달하게 되는 이 평형상태에서 이동도체의 자유전하에 작용하는 순수한 힘은 0이 된다.

도체와 함께 이동하는 관측자에게는 상대적인 운동은 없으며, 단위전하당 자기력 $\mathbf{F}_m/q = \mathbf{u} \times \mathbf{B}$는 도체를 따라서 작용하는 유도전계로서 설명될 수 있으며 다음과 같은 전압을 발생시킨다.

$$V_{21} = \int_1^2 (\mathbf{u} \times \mathbf{B}) \cdot d\mathbf{l} \tag{6-21}$$

만일 이동도체가 폐회로 C의 일부분이라면 회로 주위에 발생된 기전력은

$$\mathcal{V}' = \oint_C (\mathbf{u} \times \mathbf{B}) \cdot d\mathbf{l} \qquad (\text{V}). \tag{6-22}$$

이 된다.

운동 기전력의 정의

이것을 **자속절단 기전력**(flux-cutting emf) 또는 **운동 기전력**(motional emf)이라고 한다. 분명히 자속에 평행하지 않은 방향으로 이동하는(따라서 비유적으로 '절단한다'는) 회로의 부분만이 식(6-22)에서처럼 $\mathcal{V}'$에 기여하게 될 것이다.

예 제 6-2

그림 6-4와 같이 균일한 자계 $\mathbf{B} = \mathbf{a}_z B_0$ 내에서 한 쌍의 도체레일 위를 금속 막대기가 $\mathbf{u}$의 속도로 이동하고 있다.

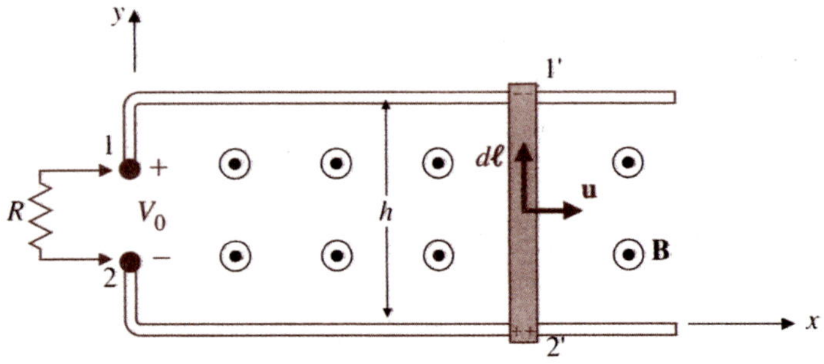

그림 6-4 도체레일 위를 이동하는 금속 막대기

a) 단자 1과 2 양단에 나타나는 개방회로 전압 V_0를 구하라.

b) 저항 R이 단자 사이에 연결되었다면 R에서 소비되는 전력을 구하라.

c) 이 전력은 속도 $\mathbf{u}$로서 막대기를 이동시키기 위해 필요한 기계력과 같음을 보여라. 금속 막대기와 도체레일의 전기저항은 무시하라. 또한 접촉점들에서의 기계적 마찰도 무시하라.

해

a) 이동 막대기는 자속절단 기전력을 발생시킨다. 식(6-22)를 이용해서 개방회로 전압 V_0를 구하면

$$V_0 = V_1 - V_2 = \oint_C (\mathbf{u} \times \mathbf{B}) \cdot d\mathbf{l}$$

$$= \int_{2'}^{1'} (\mathbf{a}_x u \times \mathbf{a}_z B_0) \cdot (\mathbf{a}_y dl)$$

$$= -uB_0 h \qquad \text{(V)} \tag{6-23}$$

가 된다.

b) 단자 1과 2 사이에 저항 R을 연결하면 전류 $I = uB_0h/R$이 단자 2로부터 단자 1로 흐른다. 따라서 R에 소비되는 전력 P_e는

$$P_e = I^2 R = \frac{(uB_0h)^2}{R} \qquad \text{(W)} \tag{6-24}$$

이 된다.

c) 막대기를 이동시키기 위해 필요한 기계력은

$$P_m = \mathbf{F} \cdot \mathbf{u} \qquad \text{(W)} \tag{6-25}$$

이다. 여기서 $\mathbf{F}$는 자기력 $\mathbf{F}_m$에 대항하는 데 필요한 기계력이며 자계가 도전 금속 막대기에 발휘된다. 식(5-116)으로부터

$$\mathbf{F}_m = I \int_{2'}^{1'} d\mathbf{l} \times \mathbf{B} = -\mathbf{a}_x IB_0 h \qquad \text{(N)} \tag{6-26}$$

가 된다. 식(6-26)에서 음의 부호는 전류 I는 $d\mathbf{l}$ 방향과 반대로 흐르기 때문에 붙여진 것이다. 따라서

$$\mathbf{F} = -\mathbf{F}_m = \mathbf{a}_x IB_0 h = \mathbf{a}_x uB_0^2 h^2/R \qquad \text{(N)} \tag{6-27}$$

이 된다. 이것을 식(6-25)에 대입하면 $P_m = P_e$가 되고 에너지 보존의 원리가 성립함을 알 수 있다.

예 제 6-3

Faraday 원판 발전기

Faraday **원판 발전기**(Faraday disk generator)는 균일한 자속밀도(회전축과 평행한) $\mathbf{B} = \mathbf{a}_z B_0$ 내에 일정한 각속도 ω로 회전하는 원형 금속판으로 되어 있다. 브러쉬 접점은 그림 6-5에 보이는 바와 같이 축 위와 원판 가장

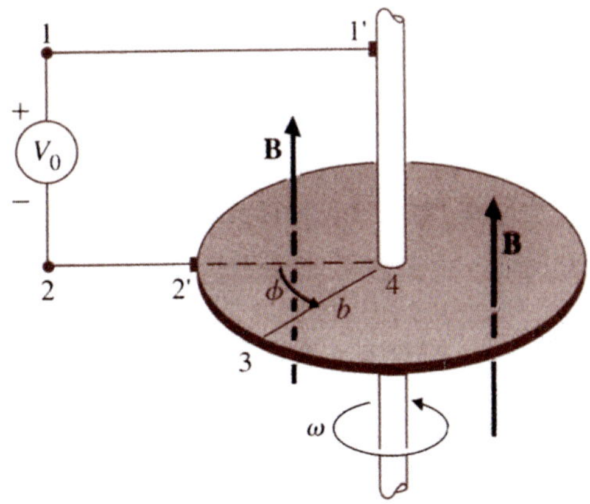

그림 6-5 Faraday 원판 발전기(예제 6-3)

자리에 달려 있다. 원판의 반경이 b 라면 이 발전기의 개방회로 전압을 구하라.

해

회로 122′341′1 을 생각해 보자. 원판과 함께 회전하는 2′34 중에서 직선 부분 34 만이 자속을 절단하게 된다. 식(6-22)로부터

$$\begin{aligned} V_0 &= \oint (\mathbf{u} \times \mathbf{B}) \cdot d\mathbf{l} \\ &= \int_3^4 [(\mathbf{a}_\phi r\omega) \times \mathbf{a}_z B_0] \cdot (\mathbf{a}_r dr) \\ &= \omega B_0 \int_b^0 r\, dr = -\frac{\omega B_0 b^2}{2} \qquad \text{(V)} \end{aligned} \tag{6-28}$$

이 된다. 이것이 Faraday 원판 발전기의 기전력이다. V_0를 측정하기 위해서는 큰 입력 저항을 갖는 전압계를 이용해야만 한다. 이는 어떠한 미소 전류도 회로에 흘러서 외부 인가자계를 변화시키지 않도록 하기 위함이다.

6-2.4 시변 자계 내의 이동회로

전계 $\mathbf{E}$ 와 자계 $\mathbf{B}$ 가 동시에 존재하는 영역에서 전하 q 가 속도 $\mathbf{u}$ 서 이동할 때 q 에 미치는 전자기력 $\mathbf{F}$ 는 실험적으로 관측된 것으로서 Lorentz 힘의 방정식으로 주어진다.

Lorentz 힘의 방정식

$$\mathbf{F} = q(\mathbf{E} + \mathbf{u} \times \mathbf{B}) \tag{5-5)(6-29}$$

q 와 함께 이동하는 관측자에게는 상대적인 운동은 없으며, q 에 미치는 힘은 전계 $\mathbf{E}'$에 의해 기인된 것으로 설명될 수 있다. 여기서

$$\mathbf{E}' = \mathbf{E} + \mathbf{u} \times \mathbf{B} \tag{6-30}$$

또는

$$\mathbf{E} = \mathbf{E}' - \mathbf{u} \times \mathbf{B} \tag{6-31}$$

이다.

따라서 계($\mathbf{E}$, $\mathbf{B}$) 내에서 경계선 C 와 표면 S 를 갖는 도전회로가 속도 $\mathbf{u}$

로 이동할 때 식(6-31)을 식(6-8)에 적용함으로써 다음의 관계를 얻을 수 있다.

Faraday 법칙의 일반형

$$\oint_C \mathbf{E}' \cdot d\mathbf{l} = -\int_S \frac{\partial \mathbf{B}}{\partial t} \cdot d\mathbf{s} + \oint_C (\mathbf{u} \times \mathbf{B}) \cdot d\mathbf{l} \quad \text{(V)}. \tag{6-32}$$

식(6-32)는 시변계에서 이동회로에 대한 Faraday 법칙의 일반형이다. 좌변의 선적분은 기준되는 이동 프레임에 유도된 기전력이다. 우변의 첫째항은 **B** 의 시간 변화에 기인한 변압기 기전력이고 둘째 항은 **B** 내에서 회로의 이동에 기인한 운동 기전력을 나타내고 있다.

식(6-32)의 좌변을 다음과 같이 나타내면

$$\mathcal{V}' = \oint_C \mathbf{E}' \cdot d\mathbf{l} \tag{6-33}$$

= 이동 프레임에서 측정된 회로 C 에 유도된 기전력

일반적으로 식(6-32)는 아래식과 등가라는 것을 입증할 수 있다.

Faraday 법칙의 다른 형태

$$\begin{aligned} \mathcal{V}' &= -\frac{d}{dt}\int_S \mathbf{B} \cdot d\mathbf{s} \\ &= -\frac{d\Phi}{dt} \quad \text{(V)}. \end{aligned} \tag{6-34}$$

이것은 식(6-12)와 같은 형태이다. 물론 회로가 이동하지 않는다면 $\mathcal{V}'$는 $\mathcal{V}$로 줄어들게 된다. 따라서 폐회로에서 유도된 기전력은 정지회로뿐만 아니라 이동회로에 인가된 결합 자속의 시간 증가율에 마이너스 부호를 붙인 것과 같다. 식(6-32) 또는 식(6-34)는 일반적인 경우에 유도기전력을 구하는 데 사용될 수 있다.

예 제 6-4

예제 6-3의 Faraday 원판 발전기에서 개방회로 전압을 식(6-34)를 이용하여 구하라.

해

이 문제는 예제 6-3에서 식(6-22)를 이용해 풀어보았다. 이것은 식(6-32)

에서 $\partial \mathbf{B}/\partial t = 0$ 에 해당하는 것이다. 식(6-34)를 이용하기 위해서, 먼저 그림 6-5 에서 회로 122′341′1 에 결합되는 자속을 구하여야 한다. 이것은 쐐기형 영역 2′342′을 통과하는 자속으로서

$$\Phi = \int_S \mathbf{B} \cdot d\mathbf{s} = B_0 \int_0^b \int_0^{\omega t} r d\phi dr$$
$$= B_0(\omega t)\frac{b^2}{2} \tag{6-35}$$

이 되고

$$V_0 = \mathcal{V}' = -\frac{d\Phi}{dt} = -\frac{\omega B_0 b^2}{2} \tag{6-36}$$

이 된다. 식(6-28)의 결과와 같음을 알 수 있다.

■ 연습문제 6.3 예제 6-2 에서 단자 1 과 2 사이에 나타나는 개방회로 전압을 식(6-34)를 이용하여 구하라.

답 $-uB_0h$

예 제 6-5

$h \times w$ 인 직사각형 루프가 시변 계 $\mathbf{B} = \mathbf{a}_y B_0 \sin \omega t$ 내에 놓여 있다. 그림 6-6 과 같이 초기에 루프의 수직방향은 $\mathbf{a}_y$ 와 α 의 각도를 이루고 있다. (a) 루프가 정지상태에 있을 때, (b) x 축에 대해 각속도 ω 로 회전할 때 루프에 유도되는 기전력을 구하라.

해

a) 루프가 정지상태에 있을 때,

식(6-12)를 이용하면

$$\Phi = \int \mathbf{B} \cdot d\mathbf{s}$$
$$= (\mathbf{a}_y B_0 \sin \omega t) \cdot (\mathbf{a}_n hw)$$
$$= B_0 hw \sin \omega t \cos \alpha$$

따라서

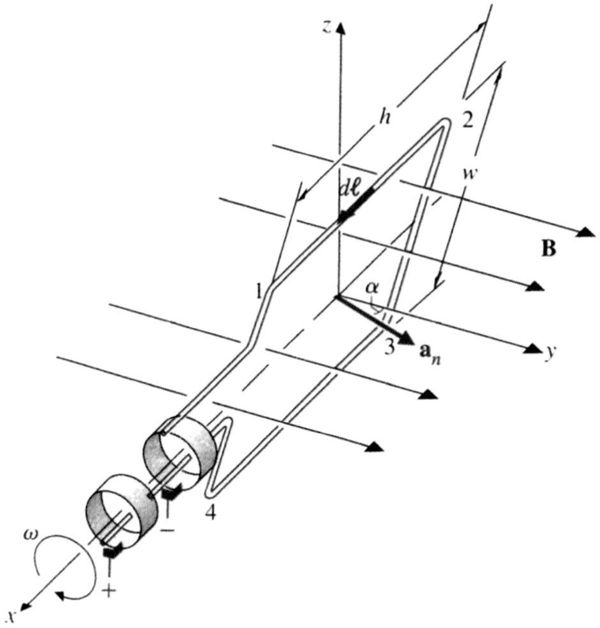

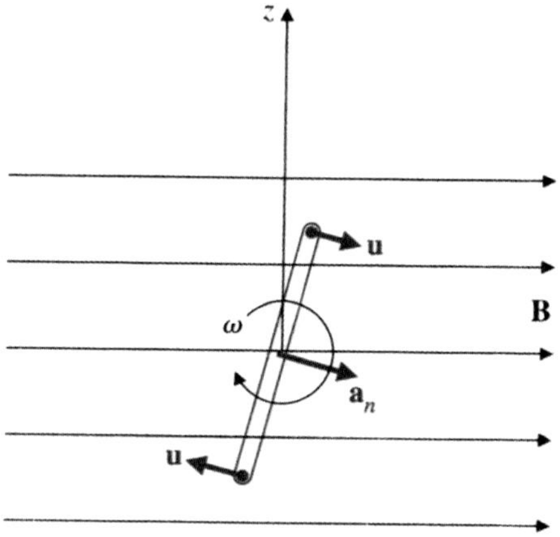

그림 6-6 변화하는 자계 내에서 회전하는 직사각형 도체 루프
(a) 투시도 (b) x 방향에서 볼 때

$$\mathcal{V}_a = -\frac{d\Phi}{dt} = -B_0 S\omega \cos \omega t \cos \alpha \tag{6-37}$$

가 된다. 여기서 $S = hw$ 는 루프의 면적이다. 단자의 상대 극성은 그림에 나타내었다. 만일 회로가 외부 부하와 완전히 연결되어 있다면 $\mathcal{V}_a$는 Φ의 변화와 반대되는 방향으로 전류를 발생시킬 것이다.

b) 루프가 x 축에 대해 회전할 때
식(6-32)의 두 항이 모두 기여하게 된다 : 첫째항은 식(6-37)과 같은 변압기 기전력 $\mathcal{V}_a$를 제공하고 둘째 항은 운동 기전력 $\mathcal{V}'_a$을 제공한다. 여기서

$$\mathcal{V}'_a = \oint_C (\mathbf{u} \times \mathbf{B}) \cdot d\mathbf{l}$$

$$= \int_2^1 \left[\left(\mathbf{a}_n \frac{w}{2}\omega\right) \times (\mathbf{a}_y B_0 \sin\omega t)\right] \cdot (\mathbf{a}_x dx)$$
$$+ \int_4^3 \left[\left(-\mathbf{a}_n \frac{w}{2}\omega\right) \times (\mathbf{a}_y B_0 \sin\omega t)\right] \cdot (\mathbf{a}_x dx)$$
$$= 2\left(\frac{w}{2}\omega B_0 \sin\omega t \sin\alpha\right) h$$

이다. 알아야 할 것은 변 23과 41은 $\mathcal{V}'_a$에 기여하지 못하며 변 12와 34는 동일한 방향의 같은 크기로서 기여하게 된다. 만일 $t=0$일 때 $\alpha=0$이면 $\alpha=\omega t$이므로

$$\mathcal{V}'_a = B_0 S\omega \sin\omega t \sin\omega t \tag{6-38}$$

로서 쓸 수 있다. 회전하는 루프에 유도된 또는 발생된 전체 기전력은 식(6-37)의 $\mathcal{V}_a$와 식(6-38) $\mathcal{V}'_a$의 합으로서 다음과 같이 된다.

$$\mathcal{V}'_t = -B_0 S\omega(\cos^2\omega t - \sin^2\omega t) = -B_0 S\omega \cos 2\omega t \tag{6-39}$$

이것은 각주파수 2ω를 갖는다. 따라서 그림 6-6과 같은 배치는 2차 고조파 발전을 일으킬 수 있다.

식(6-34)를 적용함으로써 전체 유도 기전력 $\mathcal{V}'_t$을 직접 구할 수도 있다. 임의의 시간 t에 대해서 루프에 결합되는 자속은

$$\Phi(t) = \mathbf{B}(t) \cdot [\mathbf{a}_n(t) S] = B_0 S \sin\omega t \cos\alpha$$
$$= B_0 S \sin\omega t \cos\omega t = \frac{1}{2} B_0 S \sin 2\omega t$$

이므로

$$\mathcal{V}'_t = -\frac{d\Phi}{dt} = -\frac{d}{dt}\left(\frac{1}{2} B_0 S \sin 2\omega t\right)$$
$$= -B_0 S\omega \cos 2\omega t$$

가 되어서 이전 방법에 의해 구한 것과 같다.

복습문제

문 6-1 무엇이 정전자계를 구성하고 있는가? 정적 조건하에서 도체에는 어떤 식으로 **E**와 **B**가 관련되어 있는가?

문 6-2 전자기 유도에 대한 기본 가정을 써라.

문 6-3 Lenz 법칙을 설명하라.

문 6-4 변압기 기전력에 대한 표현식을 써라.

문 6-5 이상적인 변압기에서 1차측과 2차측의 전압, 전류비는 권선비와 어떤 관계가 있는가?

문 6-6 와전류란 무엇인가?

문 6-7 유도가열의 원리란 무엇인가?

문 6-8 큰 투자율과 작은 도전율을 갖는 재료가 왜 변압기 코어로서 선호되고 있는가?

문 6-9 왜 전력 변압기의 코어는 적층판으로 되어 있는가?

문 6-10 Faraday 법칙의 일반형을 써라.

문 6-11 Faraday 원판 발전기란 무엇인가?

요 점

1. 시변 자계 영역에서 **E**는 보존계가 아니다. 따라서 스칼라 전위의 기울기만으로는 표현될 수 없다.
2. 회로와 결합되는 시변 자계는 회로에 기전력을 발생시킨다.
3. 변압기는 본질적으로 교류 소자이다.
4. 이상적인 변압기는 코어의 투자율이 무한대이고 무한대의 유도용량을 갖는 것이다.
5. 와전류로부터의 전력 손실을 줄이기 위한 변압기의 절연 적층판은 자속의 방향과 평행하게 되어야 한다.

6-3 Maxwell 방정식

전자기 유도에 대한 기본 가정은 시변 자계가 전계를 일으킨다는 사실을 확인해 주고 있다. 이러한 확신은 수많은 실험을 통해 증명되었다. 그러므로 식(6-1) $\nabla \times \mathbf{E} = 0$는 시변 상황에서는 식(6-7)로 대치되어야 한다. 이제 두 개의 회전방정식 (6-7)과 (6-5), 두 개의 발산방정식 (6-2)와 (6-4)를 종합해 보면 다음과 같다.

$$\nabla \times \mathbf{E} = -\frac{\partial \mathbf{B}}{\partial t} \qquad (6\text{-}7)\,(6\text{-}40\text{a})$$

$$\nabla \times \mathbf{H} = \mathbf{J} \tag{6-5)(6-40b}$$

$$\nabla \cdot \mathbf{D} = \rho_v \tag{6-2)(6-40c}$$

$$\nabla \cdot \mathbf{B} = 0 \tag{6-4)(6-40d}$$

여기에 덧붙여서 전하 보존의 원리는 항상 성립한다는 것을 알고 있다. 전하 보존에 대한 수학적 표현은 연속방정식(equation of continuity)으로서 다음과 같다.

$$\nabla \cdot \mathbf{J} = -\frac{\partial \rho_v}{\partial t} \tag{4-20)(6-41}$$

여기서 중요한 질문 하나는 식(6-40 a,b,c,d)으로 주어진 네 개의 방정식이 시변 상황에서 식(6-41)의 요구에 일관성을 그대로 유지해야 하는 것이다. 그러나 그렇지 않다는 대답은 간단히 식(6-40 b)에 발산을 취해 봄으로써 금방 알 수 있다.

$$\nabla \cdot (\nabla \times \mathbf{H}) = 0 = \nabla \cdot \mathbf{J} \tag{6-42}$$

식(6-42)는 영 항등식 (2-109)를 따른 것이고 이는 어떤 벡터계 회전의 발산은 0이라는 것이었다. 그러나 식(6-41)은 시변 상황에서 $\nabla \cdot \mathbf{J}$는 0이 아니라고 말해 주고 있기 때문에 식(6-40 b)는 일반적으로 사실이 아니다.

그러면 식(6-40 a,b,c,d)가 식(6-41)을 일관성 있게 유지할 수 있도록 어떻게 변경되어야만 하겠는가? 먼저 $\partial \rho_v/\partial t$ 항이 양변에 더해져야 한다. 그러면

$$\nabla \cdot (\nabla \times \mathbf{H}) = 0 = \nabla \cdot \mathbf{J} + \frac{\partial \rho_v}{\partial t} \tag{6-43}$$

가 되고, 식(6-40 c)를 식(6-43)에 이용하면

$$\nabla \cdot (\nabla \times \mathbf{H}) = \nabla \cdot \left(\mathbf{J} + \frac{\partial \mathbf{D}}{\partial t}\right)$$

가 된다. 이것은

$$\boxed{\nabla \times \mathbf{H} = \mathbf{J} + \frac{\partial \mathbf{D}}{\partial t}.} \tag{6-44}$$

가 됨을 말해 주고 있다.

식(6-44)는 시변 전계는 자계를 발생시킨다는($\mathbf{J}=0$ 인 자유전류의 흐름이 없는 상황에서도) 사실을 말해 주고 있다. 추가된 항 $\partial \mathbf{D}/\partial t$ 는 식(6-44)가 전하 보존의 원리를 그대로 견지하도록 하는 데 필요한 것이다.

D의 시간 변화율은 변위전류밀도를 일으킨다.

$\partial \mathbf{D}/\partial t$ 가 전류밀도의 단위(SI 단위로 $\mathrm{A/m^2}$)를 갖는다는 것을 증명하는 것은 아주 쉽다. 이 $\partial \mathbf{D}/\partial t$ 를 **변위전류밀도**(displacement current density)라고 하며, $\nabla \times \mathbf{H}$ 방정식에 이것을 도입하게 된 것은 James Clerk Maxwell(1831-1879)의 중요한 기여 중의 하나라고 할 수 있다. 시변 상황에서 연속방정식을 일관성있게 유지하기 위해서 식(6-1)과 (6-5) 회전방정식은 둘 다 일반화되어야 한다. 이들을 대신하는 올바른 네 개의 방정식 조합은 다음과 같다.

Maxwell 방정식의 미분(연산자)형

$$\nabla \times \mathbf{E} = -\frac{\partial \mathbf{B}}{\partial t}, \tag{6-45a}$$

$$\nabla \times \mathbf{H} = \mathbf{J} + \frac{\partial \mathbf{D}}{\partial t}, \tag{6-45b}$$

$$\nabla \cdot \mathbf{D} = \rho_v, \tag{6-45c}$$

$$\nabla \cdot \mathbf{B} = 0. \tag{6-45d}$$

이것들을 **Maxwell 방정식**이라고 한다. 식(6-45 c)에서 ρ_v 는 자유전하의 체적밀도이고 식(6-45 b)에서 $\mathbf{J}$ 는 자유전류(free current)로서 대류전류($\rho_v \mathbf{u}$)와 전도전류($\sigma \mathbf{E}$) 모두를 포함하고 있다. 연속방정식(6-41)과 Lorentz 힘의 방정식(5-5)와 함께 네 개의 방정식들은 전자기 이론의 기본을 이루고 있는 것이다. 이들 방정식은 모든 거시적인 전자기 현상을 설명하고 예측하는 데 사용될 수 있다.

네 개의 Maxwell 방정식은 모두 독립적이지는 않다.

비록 네 개의 Maxwell 방정식(6-45 a,b,c,d)이 일관성이 있다 하더라도 그들 모두가 서로 독립적인 것도 아니다. 사실상 두 개의 발산방정식(6-45 c,d)은 연속방정식(6-41)을 이용해서 두 개의 회전방정식(6-45 a,b)으로부터 이끌어 낼 수 있다. 아래 연습문제 6.4를 보라.

■ **연습문제 6.4** 두 회전방정식 (6-45a)와 (6-45b)의 발산을 취하고 연속방정식(6-41)을 이용해서 두 발산방정식 (6-45c)와 (6-45d)를 유도하라.

6-3.1 Maxwell 방정식의 적분형

네 개의 Maxwell 방정식은 공간상의 모든 점에서 성립하는 미분방정식이다. 물리적 환경에서 전자기 현상을 설명하는 데 있어서는 특정한 모양과 경계를 갖는 유한한 대상을 다루어야 한다. 미분형을 등가적인 적분형태로 바꾸는 것이 편리하다. 경계선 C 를 갖는 개방표면(open surface) S 에 대해서 회전방정식 (6-45a)와 (6-45b)의 양변에 면적분을 취하고 Stokes 정리를 적용하면

Maxwell 방정식의 적분형

$$\oint_C \mathbf{E} \cdot d\mathbf{l} = -\int_S \frac{\partial \mathbf{B}}{\partial t} \cdot d\mathbf{s} \tag{6-46a}$$

와

$$\oint_C \mathbf{H} \cdot d\mathbf{l} = \int_S \left(\mathbf{J} + \frac{\partial \mathbf{D}}{\partial \mathbf{t}}\right) \cdot d\mathbf{s} \tag{6-46b}$$

가 된다.

폐표면(closed surface) S 를 갖는 체적 V 에 대해서 발산방정식 (6-45c)와 (6-45d)의 양변에 체적적분을 취하고 발산 정리를 적용하면

$$\oint_S \mathbf{D} \cdot d\mathbf{s} = \int_V \rho_v dv. \tag{6-46c}$$

와

$$\oint_S \mathbf{B} \cdot d\mathbf{s} = 0. \tag{6-46d}$$

이 된다.

이 네 개의 방정식(6-46 a,b,c,d)은 Maxwell 방정식의 적분형이다. Maxwell 방정식의 미분형과 적분형뿐만 아니라 그들의 의미를 표 6-1에 정리하였다.

표 6-1 Maxwell 방정식과 그 의미

미분형	적분형	의미
$\nabla \times \mathbf{E} = -\dfrac{\partial \mathbf{B}}{\partial t}$	$\oint_C \mathbf{E} \cdot d\mathbf{l} = -\dfrac{d\Phi}{dt}$	Faraday 법칙
$\nabla \times \mathbf{H} = \mathbf{J} + \dfrac{\partial \mathbf{D}}{\partial t}$	$\oint_C \mathbf{H} \cdot d\mathbf{l} = I + \int_S \dfrac{\partial \mathbf{D}}{\partial t} \cdot d\mathbf{s}$	Ampère 의 주회 법칙
$\nabla \cdot \mathbf{D} = \rho_v$	$\oint_S \mathbf{D} \cdot d\mathbf{s} = Q$	Gauss 법칙
$\nabla \cdot \mathbf{B} = 0$	$\oint_S \mathbf{B} \cdot d\mathbf{s} = 0$	고립된 자하는 없다.

예 제 6-6

진폭이 V_0, 각주파수가 ω인 교류전원 $v_C = V_0 \sin \omega t$가 그림 6-7(a)에 보는 바와 같이 평행판 커패시터 C_1 양단에 연결되어 있다. (a) 커패시터에서 변위전류는 도선에서의 전도전류와 같음을 보여라. (b) 도선으로부터 r 만큼 떨어진 곳에서의 자계강도를 구하라.

해

a) 도선에서의 전도전류는

$$i_C = C_1 \frac{dv_C}{dt} = C_1 V_0 \omega \cos \omega t$$

면적이 A, 판 간격이 d, 유전체의 유전율이 ϵ인 평행판 커패시터에서 정전용량은

$$C_1 = \epsilon \frac{A}{d}$$

이다. 판 사이에 전압 v_C가 인가될 때 유전체 내에서 균일한 전계강도 E는(가장자리 효과를 무시하면) $E = v_C/d$ 이므로

$$D = \epsilon E = \epsilon \frac{V_0}{d} \sin \omega t$$

가 된다. 따라서 변위전류는

$$i_D = \int_A \frac{\partial \mathbf{D}}{\partial t} \cdot d\mathbf{s} = \left(\epsilon \frac{A}{d}\right) V_0 \omega \cos \omega t$$
$$= C_1 V_0 \omega \cos \omega t = i_C$$

와 같게 된다.

(b) 도선으로부터 r 만큼 떨어진 곳에서의 자계강도는 그림 6-7 의 경로 C 에 대해서 Ampère 의 주회 법칙 식(6-46 b)를 적용함으로써 쉽게 구할 수 있다. 가장자리선 C 를 갖는 두 개의 개방표면을 선택할 수 있다 :

(1) 원판평면 S_1 또는 (2) 유전체를 통과하는 곡면 S_2이다. 경로 C 를 따라 도선 주위는 대칭이므로 H_ϕ는 일정하다는 것을 알 수 있다. 식(6-46b)의 좌변에서 적분은

$$\oint_C \mathbf{H} \cdot d\mathbf{l} = 2\pi r H_\phi$$

이다. 표면 S_1에 대해서 도선을 따라 전하의 축적은 없어서 결국 $\mathbf{D} = 0$ 이므로 식(6-46b)의 우변 첫째 항만이 0 이 아니다.

$$\int_{S_1} \mathbf{J} \cdot d\mathbf{s} = i_C = C_1 V_0 \omega \cos \omega t$$

표면 S_2는 유전체를 통과하기 때문에 S_2를 통해서는 어떠한 전도전류도 흐르지 않는다. 만일 두번째 면적분이 없더라면 식(6-46b)의 우변은 0 이 되었을 것이다. 이것은 모순된 결과를 낳는다. Maxwell 에 의해서 변위전류항이 포함됨으로 인해 이러한 모순은 없어지게 된다. (a)에서

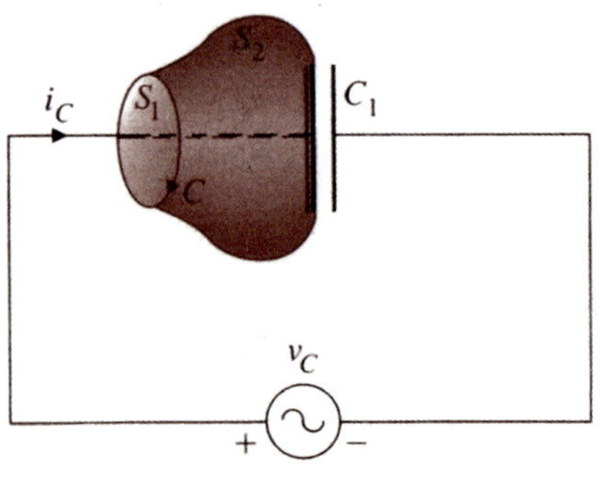

그림 6-7 교류전원에 연결된 평행판 커패시터(예제 6-6)

구했듯이 $i_D = i_C$ 이다. 따라서 표면을 S_1 으로 택하든 S_2 를 택하든 결과는 같아지게 된다. 이전의 두 개의 결과를 같다고 놓으면

$$H_\phi = \frac{C_1 V_0}{2\pi r}\omega \cos \omega t$$

를 얻을 수 있게 된다.

6-3.2 전자기 경계 조건

서로 다른 파라미터를 갖는 연속된 영역에서 전자기 문제를 풀기 위해서는 경계면에서 **E**, **D**, **B**, **H** 가 만족하는 경계 조건을 알아야만 한다. 정전계와 정자계에 대한 경계 조건을 구할 때 이용했던 방법과 비슷하게 두 영역의 경계면의 좁은 영역에서 Maxwell 방정식의 적분형 식(6-46 a, b, c, d)를 적용해서 유도해 낼 수 있다. 적분식은 불연속한 매질을 포함하는 영역에 대해서도 성립한다고 가정한다(3-8 절과 5-9 절의 과정을 복습할 필요가 있음). 일반적으로 서로 접촉하는 두 개의 매질에서 회전방정식의 적분형을 윗면과 아랫면을 포함하는 경계에 적용함으로써 접선성분의 경계 조건을 얻는다. 또 하나는, 경계면에서 두 매질을 포함하는 얇은 상자 모양에 발산방정식을 적용함으로써 법선 성분에 대한 경계 조건을 얻는다. **E** 와 **H** 의 접선 성분에 대한 경계 조건은 각각 식(6-46a)와 (6-46b)로부터 얻는다.

E 의 접선성분에 대한 경계 조건

$$E_{1t} = E_{2t} \quad (\text{V/m}); \tag{6-47a}$$

H 의 접선성분에 대한 경계 조건

$$\mathbf{a}_{n2} \times (\mathbf{H}_1 - \mathbf{H}_2) = \mathbf{J}_s \quad (\text{A/m}). \tag{6-47b}$$

여기서 알 것은 이들은 식(6-47a)와 (6-47b)에 시변 항이 존재함에도 불구하고 정전계에 대한 식(3-72)와 정자계에 관한 식(5-71)과 완전히 같다는 것이다.

비슷한 방법으로 **D** 와 **B** 에 대한 법선 성분도 식(6-46c)와 (6-46d)로부터 얻을 수 있다.

D 의 법선 성분에 대한 경계 조건

$$D_{1n} - D_{2n} = \rho_s \quad (\text{C/m}^2), \tag{6-47c}$$

B의 법선 성분에 대한 경계 조건

$$B_{1n} = B_{2n} \quad \text{(T)}. \tag{6-47d}$$

여기서 기준 법선방향은 매질 2로부터 바깥으로 향하는 수직방향이다. 역시 이 식들도 정전계에 대한 식(3-75b)와 정자계에 대한 식(5-68)과 같다. 이는 동일한 발산방정식으로부터 출발하였기 때문이다.

중요한 두 경우에 대해서 경계 조건을 아래에 요약해 놓았다.

A. 두 개의 무손실 매질 사이의 경계면

무손실 선형 매질은 유전율 ϵ, 투자율 μ, $\sigma = 0$의 특성을 갖는다. 두 매질 사이의 경계면에서 자유전하와 표면전류는 없다. 식(6-47c)와 (6-47b)에 $\rho_s = 0$, $\mathbf{J}_s = 0$으로 하면 표 6-2와 같은 경계 조건을 얻는다. 이 경우에 E_t, H_t, D_n, B_n은 경계면에서 모두 연속이다.

표 6-2 두 무손실 매질 사이의 경계 조건

$$E_{1t} = E_{2t} \longrightarrow \frac{D_{1t}}{D_{2t}} = \frac{\epsilon_1}{\epsilon_2} \tag{6-48a}$$

$$H_{1t} = H_{2t} \longrightarrow \frac{B_{1t}}{B_{2t}} = \frac{\mu_1}{\mu_2} \tag{6-48b}$$

$$D_{1n} = D_{2n} \longrightarrow \epsilon_1 E_{1n} = \epsilon_2 E_{2n} \tag{6-48c}$$

$$B_{1n} = B_{2n} \longrightarrow \mu_1 H_{1n} = \mu_2 H_{2n} \tag{6-48d}$$

B. 유전체와 완전도체 사이의 경계면

완전도체는 도전율이 무한대이다. 실제로 은, 구리, 금, 알루미늄과 같은 '양도체'가 많이 있으며 이들의 도전율은 10^7(S/m)(부록 B-4를 참조) 정도의 값을 갖는다. 실제 문제에 대한 해를 간단히 구하기 위해서 양도체들은 경계 조건에 있어서는 완전도체로 간주하기도 한다. 완전도체의 내부에서 전계는 0이며(그렇지 않다면 무한대의 전류밀도를 일으키게 될 것이다), 또한 도체가 갖고 있는 어떤 전하들도 표면에만 존재한다. Maxwell 방정식을 통하여 (**E**, **D**)와 (**B**, **H**)의 관계로부터 시변상황에서 도체의 내부에서 **B**와 **H**도 0이 된다는 것을 확인할 수 있다. 무손실 유전체(매질 1)와 완전도체(매질 2) 사이의 경계면을 생각해 보자. 매질 2에서 $\mathbf{E}_2 = 0$, $\mathbf{H}_2 = 0$, $\mathbf{D}_2 = 0$, $\mathbf{B}_2 = 0$이다. 일반식(6-47 a,b,c,d)은 표 6-3과 같이 줄어들게 된다. 이 경우에 E_t와 B_n은 연속이며 H_t와 D_n은 각각 표면전류밀도 J_s와 표면전하밀도 ρ_s

만큼 불연속하게 된다. 중요한 것은, 식(6-49b)와 (6-49c)를 적용함에 있어서 기준 법선방향은 도체(매질 2) 표면으로부터 바깥으로 향하는 방향이다.

표 6-3 유전체(매질 1)와 완전도체(매질 2) 사이의 경계 조건(시변상황에서)

매질 1 쪽에서	매질 2 쪽에서	
$E_{1t} = 0$	$E_{2t} = 0$	(6-49a)
$\mathbf{a}_{n2} \times \mathbf{H}_1 = \mathbf{J}_s$	$H_{2t} = 0$	(6-49b)
$D_{1n} = \rho_s$	$D_{2n} = 0$	(6-49c)
$B_{1n} = 0$	$B_{2n} = 0$	(6-49d)

연습문제 6.5 $y=0$ 인 면 위는 공기이고 그 아래는 완전도체이다. 표면전하밀도 $\rho_s = C_1 \sin \beta x$, 표면전류밀도 $\mathbf{J}_s = \mathbf{a}_x C_2 \cos \beta x$ 가 경계면에 존재한다고 가정하면(C_1, C_2, β 는 상수) 경계에서 공기 쪽의 **E** 와 **H** 를 구하라.

답 $\mathbf{E} = \mathbf{a}_y (C_1/\epsilon_0) \sin \beta x$, $\mathbf{H} = \mathbf{a}_z C_2 \cos \beta x$

복습문제

문 6-12 Maxwell 방정식의 미분형을 써라.

문 6-13 변위전류의 중요성을 설명하라.

문 6-14 Maxwell 방정식의 적분형을 쓰고 각 방정식과 그에 맞는 실험 법칙을 확인하라.

문 6-15 E_t 와 B_n 에 대한 경계 조건을 설명하라.

문 6-16 H_t 와 D_n 에 대한 경계 조건을 설명하라.

문 6-17 왜 완전도체의 표면과 수직하게 **E** 가 있는가?

문 6-18 왜 완전도체의 표면과 접선방향으로 **H** 가 있는가?

문 6-19 완전도체의 내부에 정자계가 존재할 수 있는가 설명하라. 시변 자계는 존재할 수 있는가 설명하라.

요 점

1. 변화하는 자계는 전계를 발생시키고 변화하는 전계는 자계에 기여하게 되는 변위전류를 발생시킨다. 시변 상황에서 전계와 자계는 Maxwell 회전방정식을 통해서 서로 결합된다.
2. 네 개의 Maxwell 방정식이 모두 독립적인 것은 아니다.
3. **E** 의 접선 성분과 **B** 의 법선 성분은 어떤 두 매질 사이의 경계에서도 연속적이다.

6-4 퍼텐셜함수

5-3 절에서 $\mathbf{B}$ 의 솔레노이드한 성질($\nabla \cdot \mathbf{B} = 0$) 때문에 벡터 자기퍼텐셜 $\mathbf{A}$ 의 개념을 도입할 수 있었다.

$$\boxed{\mathbf{B} = \nabla \times \mathbf{A} \qquad (\text{T}).} \tag{6-50}$$

식(6-50)을 Faraday 법칙의 미분형 식(6-7)에 대입하면

$$\nabla \times \mathbf{E} = -\frac{\partial}{\partial t}(\nabla \times \mathbf{A}) \tag{6-51}$$

즉,

$$\nabla \times \left(\mathbf{E} + \frac{\partial \mathbf{A}}{\partial t}\right) = 0 \tag{6-52}$$

이 된다. 식(6-52)의 괄호 안에 두 벡터량의 합이 무회전(curl-free)계라면 이것은 스칼라의 기울기로서 표현할 수 있다. 정전계에서 스칼라 전위 V 의 정의와 일관성을 갖도록 쓰면

$$\mathbf{E} + \frac{\partial \mathbf{A}}{\partial t} = -\nabla V$$

이와 같이 쓸 수 있고

시변계에서는 E는 스칼라 전위 V와 벡터 자기퍼텐셜 A 모두의 함수가 된다

$$\boxed{\mathbf{E} = -\nabla V - \frac{\partial \mathbf{A}}{\partial t} \qquad (\text{V/m}).} \tag{6-53}$$

를 얻게 된다.

정상상태에서 $\partial \mathbf{A}/\partial t = 0$ 이므로 식(6-53)은 $\mathbf{E} = -\nabla V$ 로 줄여지게 된다. 따라서 $\mathbf{E}$ 는 V 만으로부터 구할 수 있고 $\mathbf{B}$ 는 식(6-50)에 의해 $\mathbf{A}$ 로부터 구할 수 있다. 시변계에서는 $\mathbf{E}$ 는 V 와 $\mathbf{A}$ 모두에 의존한다. 즉, 전계강도는 $-\nabla V$ 항으로 인하여 전하 축적으로부터뿐만 아니라 $-\partial \mathbf{A}/\partial t$ 항으로 인하여 시변 자계의 결과로 생기게 된다. $\mathbf{B}$ 는 $\mathbf{A}$ 에 관련되기 때문에 $\mathbf{E}$ 와 $\mathbf{B}$ 는 결합된다. 식(6-50)과 (6-53)을 (6-45 b)에 대입하고 구성적 관계식 $\mathbf{H} = \mathbf{B}/\mu$와 $\mathbf{D} = \epsilon\mathbf{E}$ 를 이용하면 다음과 같이 된다.

$$\nabla \times \nabla \times \mathbf{A} = \mu\mathbf{J} + \mu\epsilon \frac{\partial}{\partial t}\left(-\nabla V - \frac{\partial \mathbf{A}}{\partial t}\right) \tag{6-54}$$

여기서 매질은 균질한 것으로 가정하였다. $\nabla \times \nabla \times \mathbf{A}$에 대한 벡터 항등식 (5-16 a)를 이용하면 식(6-54)는 다음과 같이 된다.

$$\nabla(\nabla \cdot \mathbf{A}) - \nabla^2\mathbf{A} = \mu\mathbf{J} - \nabla\left(\mu\epsilon\frac{\partial V}{\partial t}\right) - \mu\epsilon\frac{\partial^2 \mathbf{A}}{\partial t^2}$$

또는

$$\nabla^2\mathbf{A} - \mu\epsilon\frac{\partial^2 \mathbf{A}}{\partial t^2} = -\mu\mathbf{J} + \nabla\left(\nabla \cdot \mathbf{A} + \mu\epsilon\frac{\partial V}{\partial t}\right) \tag{6-55}$$

벡터를 정의하는 데 있어서 그것의 회전과 발산 모두를 명시할 필요가 있다. 비록 식(6-50)에서 **A**의 회전은 **B**를 가리킨다고 하더라도 **A**의 발산을 택하는 데에는 아직까지 자유가 있었다. 이제

퍼텐셜에 대한 Lorentz 조건

$$\boxed{\nabla \cdot \mathbf{A} + \mu\epsilon\frac{\partial V}{\partial t} = 0,} \tag{6-56}$$

이라고 놓자. 이것은 식(6-55)의 우변 둘째항을 0으로 만들게 되고 간단한 형태로 줄어들게 되어서

벡터퍼텐셜 A에 대한 파동방정식

$$\boxed{\nabla^2\mathbf{A} - \mu\epsilon\frac{\partial^2 \mathbf{A}}{\partial t^2} = -\mu\mathbf{J}.} \tag{6-57}$$

이 된다. 식(6-57)을 **벡터퍼텐셜 A에 대한 비동차 파동방정식**(nonhomogeneous wave equation)이라고 한다. 파동방정식이라고 부르는 이유는 이것의 해가 $1/\sqrt{\mu\epsilon}$의 속도로 진행하는 파동을 나타내기 때문이다. 이것은 파동방정식의 해를 논의하게 되는 6-4.1절에서 분명하게 밝혀질 것이다. 식(6-56)은 **퍼텐셜에 대한 Lorentz 조건**(또는 Lorentz gauge)라고 한다. 정전계에서 이것은 식(5-19)와 같이 $\nabla \cdot \mathbf{A} = 0$으로 줄여진다.

스칼라 전위 V에 대해 이에 대응하는 파동방정식은

스칼라 전위 V에 대한 파동방정식

$$\boxed{\nabla^2 V - \mu\epsilon\frac{\partial^2 V}{\partial t^2} = -\frac{\rho_v}{\epsilon},} \tag{6-58}$$

이다. 이것을 **스칼라 전위 V에 대한 비동차 파동방정식**이라고 한다. 따라

서 식 (6-56)에 있는 Lorentz 조건은 $\mathbf{A}$ 와 V 에 대한 파동방정식 문제를 풀어 준다. 식(6-57)과 (6-58)에서 유사성을 살펴보고 다음의 관계를 주의하여 보라 : $\mathbf{A} \sim V$, $\mathbf{J} \sim \rho_v$, $\mu \sim 1/\epsilon$

■ **연습문제 6.6** 식(6-40 c)에 (6-53)을 이용하여 V 에 대한 파동방정식 (6-58)을 유도하라.

복습문제 문 6-20 스칼라 전위 V 와 벡터퍼텐셜 $\mathbf{A}$ 는 어떻게 정의되는가?
문 6-21 파동방정식이란 무엇인가?

요 점

시변 퍼텐셜함수 V 와 $\mathbf{A}$ 는 파동방정식을 만족한다.

6-4.1 파동방정식의 해

이제, 제한된 영역에서 전하분포 ρ_v 에 기인한 스칼라 전위 V 에 대한 파동방정식(6-58)의 해를 생각해 보자. 시간 t 에서 미소 점전하 $\rho_v dv'$ 이 원점에 놓여 있다고 하자. 원점으로부터 R 만큼 멀리 떨어진 점에서 구대칭이라고 가정한다(즉, V 는 R 과 t 만의 함수이고 θ 와 ϕ 의 함수는 아니다). 식(3-129)을 이용하면 식(6-58)은 다음과 같이 쓸 수 있다.

$$\frac{1}{R^2}\frac{\partial}{\partial R}\left(R^2\frac{\partial V}{\partial R}\right) - \mu\epsilon\frac{\partial^2 V}{\partial t^2} = 0 \tag{6-59}$$

새 변수를 다음과 같이 도입하면

$$V(R, t) = \frac{1}{R}U(R, t) \tag{6-60}$$

식(6-59)는 간단히

$$\frac{\partial^2 U}{\partial R^2} - \mu\epsilon\frac{\partial^2 U}{\partial t^2} = 0 \tag{6-61}$$

으로 된다. 식(6-61)은 1 차원 동차 파동방정식이다. 어떤 두 번 미분 가능한 함수$(t - R\sqrt{\mu\epsilon})$도 식(6-61)의 해라는 것을 직접 대입함으로써(문제 6-11) 증명할 수 있다.

$$U(R,t) = f(t - R\sqrt{\mu\epsilon}) \tag{6-62}$$

라고 쓰자. 이후 시간 $t + \Delta t$일 때 새로운 거리 $R + \Delta R$에서 함수는

$$U(R + \Delta R, t + \Delta t) = f[t + \Delta t - (R + \Delta R)\sqrt{\mu\epsilon}]$$

으로 만일 $\Delta t = \Delta R\sqrt{\mu\epsilon} = \Delta R/u_p$라면 $f(t - R\sqrt{\mu\epsilon})$과 같고 그 형태를 유지한다.

다음의 양

파라미터 μ와 ϵ을 갖는 매질에서 전파속도는 $1/\sqrt{\mu\epsilon}$이다

$$u_p = \frac{1}{\sqrt{\mu\epsilon}} \tag{6-63}$$

은 **전파속도**(velocity of wave propagation)로서 매질의 특성에 따른다. 대기 중에서 이것은 $c = 1/\sqrt{\mu_0\epsilon_0}$이다. 식(6-60)과 (6-62)로부터

$$V(R,t) = \frac{1}{R}f(t - R/u_p) \tag{6-64}$$

가 된다. 특정한 함수 $f(t - R/u_p)$가 무엇이 되어야 하는가 하는 것을 구하기 위해서 식(3-29)로부터 원점에 있는 정상 점전하 $\rho(t)\Delta v'$에 대해

$$\Delta V(R) = \frac{\rho_v(t)\Delta v'}{4\pi\epsilon R} \tag{6-65}$$

인 것을 주목하게 된다. 식(6-64)와 (6-65)를 비교하면 다음과 같은 사실을 확인할 수 있다.

$$\Delta f(t - R/u_p) = \frac{\rho_v(t - R/u_p)\Delta v'}{4\pi\epsilon} \tag{6-66}$$

따라서 체적 V'에 걸쳐서 전하 분포에 기인한 전위는

전하 분포로부터 지연 스칼라 전위 V를 구한다.

$$\boxed{V(R,t) = \frac{1}{4\pi\epsilon}\int_{V'}\frac{\rho_v(t - R/u_p)}{R}dv' \quad \text{(V)}.} \tag{6-67}$$

이 된다.

식(6-67)은 시간 t 에서 원천(source)으로부터 거리 R 인 곳의 스칼라 전위는 이전 시간$(t-R/u_p)$의 전하밀도 값에 의존한다는 것을 말해 주고 있다. 이와 같은 이유로 식(6-67)에서 $V(R,t)$는 **지연 스칼라 전위**(retarded scalar potential)라고 한다.

벡터 자기퍼텐셜 **A** 에 대한 비동차 파동방정식 (6-57)의 해도 V 에 대한 것과 동일한 방법으로 구할 수 있다. **A** 에 대한 벡터방정식 (6-57)은 세 개의 스칼라 방정식으로 되어 있으며 각각은 V 에 대한 식(6-58)과 유사하다. 따라서 지연 벡터퍼텐셜은

전류 분포로부터 벡터 자기퍼텐셜 A를 구한다.

$$\mathbf{A}(R,t)=\frac{\mu}{4\pi}\int_{V'}\frac{\mathbf{J}(t-R/u_p)}{R}\,dv' \qquad (\text{Wb/m}). \tag{6-68}$$

이 된다.

회로 이론에서는 시간 지연효과가 무시된다.

미분함으로써 **A** 와 V 로부터 얻을 수 있는 전계와 자계 역시 $(t-R/u_p)$의 함수가 되며 따라서 시간에 대해 지연된다. 전자파가 진행하는 데, 또한 시변 전하와 전류의 효과가 어느 정도 떨어진 점에 미치기까지는 시간이 걸린다는 것이다. 회로 이론에서는 이러한 시간 지연 효과는 무시되고 순시응답만을 취하고 있다.

연습문제 6.7 지구로부터 달로 보낸 레이다 신호가 2.562(s) 지연 시간 후에 지구로 돌아왔다. 그 순간에 지구와 달의 표면 사이의 거리는 몇 킬로미터 또는 몇 마일인가?

답 3.843×10^5(km) 또는 238,844마일

연습문제 6.8 1광년은 거리로 하면 얼마가 되는가?

답 9.46×10^{12}(km) 또는 5.88조 마일

복습문제

문 6-22 전자기학에서 지연 퍼텐셜이란 무엇인가?

문 6-23 지연 시간과 전파속도는 매질의 구성 파라미터와 어떤 관계가 있는가?

요 점

1. 변화하는 전하와 전류 분포로부터 어느 정도 떨어진 거리에서의 응답은 순시적인 것이 아니라 시간적으로 지연된다.

2. 전파속도는 매질의 특성을 나타내며 주파수에는 무관하다.

6-5 시정현계

지금까지 다루어온 Maxwell 방정식과 그들로부터 파생된 모든 방정식들은 임의의 시간 종속인 전자기량들에 대해 성립한다. 시간함수의 실제 형태는 전자기량들이 원천함수 ρ_v와 $\mathbf{J}$에 의존한다고 가정한다. 공학적으로 정현적(sinusoidal) 시간함수는 독보적인 위치를 차지한다. 그것은 발생시키기가 쉽고 ; 임의의 주기 시간함수는 정현함수 성분들의 Fourier 급수로 전개할 수 있으며 ; 과도 비주기함수는 Fourier 적분으로 표현할 수 있다. 따라서 임의의 시간 종속인 원천함수에 대해서 전기역학계(electro dynamic field)들은 원천함수의 다양한 주파수 성분들에 기인된 항으로서 구할 수 있다.

시조화계는 정현계이다.

중첩의 원리(다양한 주파수들에 기인한 결과를 더하는 것)를 적용함으로써 전체의 계를 구할 수 있다. 본 절에서는 시정현(time-harmonic)†계에 대한 관계를 살펴보도록 한다.

6-5.1 페이저의 이용-복습

시정현계에 대해서는 페이저(phasor) 표기법을 사용하면 편리하다. 여기서는 간단히 페이저의 이용에 대해서 복습해 보도록 하겠다. 개념적으로는 스칼라 페이저를 논하는 것이 더 간단하다. 전류 i와 같이 정현 스칼라량의 순시(시간 종속) 표현을 코사인이나 사인함수로 쓸 수 있다. 만일 코사인함수를 '기준'으로서 선택한다면 이로부터 구해지는 모든 결과들은 코사인함수에 관련될 것이다. 정현적인 양에 대한 특성은 세 개의 파라미터로서 특징지어진다 : 진폭, 주파수, 그리고 위상이다. 예를 들어,

$$i(t) = I_0 \cos(\omega t + \phi), \tag{6-69}$$

여기서 I_0는 진폭, ω는 각주파수(rad/s)이며 항상 $2\pi f$와 같다. f는 주파수(Hz)이고 ϕ는 코사인함수를 기준으로 한 위상각이다. 만일 원한다면 식

† 역자주 : time-harmonic은 '시간조화'로서 번역되어야 하겠으나 본서에서의 의미는 시간에 대해 정현적(sinusoidal)으로 변하는 함수에 대한 의미로 사용되었으므로 의미상의 이해를 돕기 위해 '시정현'으로 번역함

(6-69)를 사인함수로서 나타낼 수 있다 : $i(t) = I_0 \sin(\omega t + \phi')$, $\phi' = \phi + \pi/2$. 따라서 기준을 코사인으로 하는가 사인으로 하는가 결정하는 것이 시작할 때 중요하다. 그런 후에는 문제 전체를 통하여 그 결정을 끝까지 지켜 나가야 한다.

사인함수와 같은 순시 표현을 갖고 직접 작업하는 것은 $i(t)$의 미분이나 적분이 포함될 때 불편하다. 왜냐하면 그들은 사인(1 차 미분 또는 적분 결과) 또는 코사인(2 차 미분 또는 적분 결과)을 포함하게 되며 또한 사인과 코사인을 함께 섞어서 구한다는 것은 매우 지루한 작업이기 때문이다. 예를 들어, 인가전압 $v(t) = V_0 \cos \omega t$ 인 RLC 직렬회로에서 회로방정식은

$$L\frac{di}{dt} + Ri + \frac{1}{C}\int i\,dt = v(t) \tag{6-70}$$

이다. 결과적으로 나타나는 전류를 식(6-69)의 형태로 나타낸다면 식(6-70)은

$$I_0\left[-\omega L \sin(\omega t + \phi) + R\cos(\omega t + \phi) + \frac{1}{\omega C}\sin(\omega t + \phi)\right] = V_0 \cos \omega t \tag{6-71}$$

가 된다.

이 식으로부터 미지수 I_0, ϕ를 구하기 위해서는 복잡한 수학적 방법이 동원되어야 할 것이다.

인가전압을 다음과 같이 씀으로써 지수함수†로 표현하는 것이 훨씬 간단하다.

$$\begin{aligned} v(t) &= V_0 \cos \omega t = \mathcal{R}e[(V_0 e^{j0})\, e^{j\omega t}] \\ &= \mathcal{R}e(V_s e^{j\omega t}) \end{aligned} \tag{6-72}$$

식(6-69)의 $i(t)$도 다음과 같이 나타낸다.

$$\begin{aligned} i(t) &= \mathcal{R}e[(I_0 e^{j\phi})\, e^{j\omega t}] \\ &= \mathcal{R}e(I_s e^{j\omega t}) \end{aligned} \tag{6-73}$$

여기서 $\mathcal{R}e$는 '실수부'를 나타낸다. 식(6-72)와 (6-73)에서

† $e^{j\omega t} = \cos \omega t + j\sin \omega t$, $\cos \omega t = \mathcal{R}e(e^{j\omega t})$, $\sin \omega t = \mathcal{I}m(e^{j\omega t})$

$$V_s = V_0 e^{j0} = V_0 \tag{6-74}$$

$$I_s = I_0 e^{j\phi} \tag{6-75}$$

페이저 : 진폭과 위상 정보를 포함하는 복소량의 극좌표 표현

는 진폭과 위상 정보를 포함하는 그러나 시간 t에는 무관한 **스칼라 페이저** (scalar phasor)이다. 식(6-74)에서 0의 위상각을 갖는 페이저 V_s는 기준 페이저이다. 식(6-73)으로부터

$$\frac{di}{dt} = \mathcal{R}e(j\omega I_s e^{j\omega t}) \tag{6-76}$$

$$\int i\,dt = \mathcal{R}e\left(\frac{I_s}{j\omega}\, e^{j\omega t}\right) \tag{6-77}$$

가 된다. 식(6-72)부터 (6-77)까지를 식(6-70)에 대입하면

$$\left[R + j\left(\omega L - \frac{1}{\omega C}\right)\right] I_s = V_s \tag{6-78}$$

페이저를 순시 정현함수로 표현

가 된다. 이것으로부터 전류 페이저 I_s를 쉽게 구할 수 있다. 각 항에 공통적으로 포함된 시간 종속 인자 $e^{j\omega t}$은 식(6-78)에서 소거되었다. I_s가 구해진 후 순시 전류 응답 $i(t)$는 식(6-73)으로부터 I_s에 $e^{j\omega t}$를 곱하고 실수부를 취함으로써 구할 수 있게 된다.

만일 인가전압이 $v(t) = V_0 \sin\omega t$와 같은 사인함수로서 주어졌다면 직렬 RLC 회로 문제는 동일한 방법으로 페이저 형태로서 구해질 수 있다. 다만 순시 표현을 구할 때 페이저와 $e^{j\omega t}$의 곱으로부터 '허수부'를 취하는 것만 다를 뿐이다. 복소 페이저는 시정현 문제에 있어서 물리량의 크기와 위상천이를 나타낸다.

예 제 6-7

코사인 기준으로 다음 전류함수의 페이저 표현 I_s를 나타내라.

(a) $i(t) = -I_0 \cos(\omega t - 30°)$

(b) $i(t) = I_0 \sin(\omega t + 0.2\pi)$

해

코사인 기준으로 쓰면

$$i(t) = \mathcal{R}e(I_s e^{j\omega t})$$

a)

$$i(t) = -I_0\cos(\omega t - 30°)$$
$$= \mathcal{R}e[(-I_0 e^{-j30°})\, e^{j\omega t}].$$

따라서, $I_s = -I_0 e^{-j30°} = -I_0 e^{-j\pi/6} = I_0 e^{j5\pi/6}$

b)

$$i(t) = I_0\sin(\omega t + 0.2\pi)$$
$$= \mathcal{R}e[(I_0 e^{j0.2\pi})\, e^{-j\pi/2} \cdot e^{j\omega t}]$$

여기서 $\sin\omega t$ 의 위상은 $\cos\omega t$ 보다 90° 늦기 때문에 $e^{-j\pi/2}$가 필요하다.

$$I_s = (I_0 e^{j0.2\pi})\, e^{-j\pi/2} = I_0 e^{-j0.3\pi}$$

■ **연습문제 6.9** 사인 기준으로 $i(t) = \mathcal{I}m(I_s' e^{j\omega t})$ 예제 6-7 에 있는 전류함수에 대한 페이저 표현 I_s'을 구하라.

답 (a) $-I_0 e^{j\pi/3}$ 또는 $I_0 e^{-j2\pi/3}$ (b) $I_0 e^{j0.2\pi}$

예 제 6-8

코사인 기준으로 다음의 페이저를 순시 표현 $v(t)$로 나타내라.

a) $V_s = V_0 e^{j\pi/4}$

b) $V_s = 3 - j4$

해

a)

$$v(t) = \mathcal{R}e[V_s e^{j\omega t}]$$
$$= \mathcal{R}e[(V_0 e^{j\pi/4})\, e^{j\omega t}]$$
$$= V_0\cos(\omega t + \pi/4)$$

b)

$$V_s = 3 - j4 = \sqrt{3^2 + 4^2}\, e^{j\tan^{-1}(-4/3)}$$
$$= 5e^{-j53.1°}$$

따라서

$$v(t) = \mathcal{R}e[(5e^{-j53.1°})\, e^{j\omega t}]$$
$$= 5\cos(\omega t - 53.1°)$$

■ **연습문제 6.10** 전압 $v(t)=10\cos(\omega t-45°)$에 대한 페이저 표현 V_s를 써라.

답 $10e^{-j\pi/4}$

■ **연습문제 6.11** 코사인 기준으로 페이저 $V_s=4+j3$에 대한 순시 표현을 써라.

답 $5\cos(\omega t+36.9°)$

■ **연습문제 6.10** 사인 기준으로 페이저 $V_s=4+j3$에 대한 순시 표현을 써라.

답 $5\sin(\omega t+126.9°)$

복습문제 문 6-24 페이저란 무엇인가? 페이저는 t의 함수인가? ω의 함수인가?

문 6-25 페이저와 벡터의 차이점은 무엇인가?

요 점

1. 페이저는 정현함수의 크기와 위상을 나타내는(극좌표 형태로 표현된) 복소량이다.
2. 위상각은 라디안 또는 각도로 표현할 수 있다. 각도로 표현할 때는 각도 부호 °를 잊지 말라.
3. j를 포함하는 항을 순시함수와 함께 섞어 사용하지 말라. $j\cos\omega t$, $e^{j\phi}\sin\omega t$, $(1-j)\,i(t)$ 등은 잘못된 표현이다.

6-5.2 시정현 전자기학

공간좌표에 따라 변하고 시간에 대해 정현함수인 계의 벡터들은 공간좌표에는 의존하고 시간에 독립적인 벡터 페이저로 표현할 수 있다. 예로서 $\cos\omega t$를 기준으로 해서† 시정현 **E** 계를 나타내면

$$\mathbf{E}(x,y,z\,;t)=\mathcal{R}e\left[\mathbf{E}(x,y,z)\,e^{j\omega t}\right], \tag{6-79}$$

가 된다. 여기서 $\mathbf{E}(x,y,z)$가 방향, 크기, 위상 정보를 포함하는 **벡터 페이저**이다. 식(6-76)과 (6-77)로부터 알 수 있는 것은 만일 $\mathbf{E}(x,y,z\,;t)$가 벡터 페이저 $\mathbf{E}(x,y,z)$로 표현된다면 그때 $\partial\mathbf{E}(x,y,z\,;t)/\partial t$와 $\int\mathbf{E}(x,$

† 시간 기준에 대해 특별히 언급하지 않는다면 관례대로 $\cos\omega t$를 취하는 것으로 함.

$y, z; t)\,dt$ 는 각각 벡터 페이저 $j\omega\mathbf{E}(x, y, z)$와 $\mathbf{E}(x, y, z)/j\omega$로 나타낼 수 있다. 시간 t에 대한 고차 미분과 적분은 페이저 $\mathbf{E}(x, y, z)$에 $j\omega$의 고차 멱승(powers)으로 나타낼 수 있다.

이제 시정현 Maxwell 방정식(6-45 a, b, c, d)을 단순 매질(선형, 등방성이며 균질한)에서 벡터 계(field) 페이저($\mathbf{E}$, $\mathbf{H}$)와 원천(source) 페이저(ρ_v, $\mathbf{J}$)의 형태로 쓰면 다음과 같다.

페이저 형태로 나타낸 시정현 Maxwell 방정식

$$\nabla \times \mathbf{E} = -j\omega\mu\mathbf{H}, \tag{6-80a}$$

$$\nabla \times \mathbf{H} = \mathbf{J} + j\omega\epsilon\mathbf{E}, \tag{6-80b}$$

$$\nabla \cdot \mathbf{E} = \rho_v/\epsilon, \tag{6-80c}$$

$$\nabla \cdot \mathbf{H} = 0. \tag{6-80d}$$

공간좌표 변수와 페이저를 나타내는 첨자 s는 간단히 하기 위해 생략하였다. 시간 종속량들에 대해 사용했던 것과 같이 페이저에 대해서도 같은 기호로 표시하여도 본서의 나머지 부분에서 시정현계에 대해서는 특별히 취급할 것이기 때문에 혼동은 별로 없을 것이다. 페이저와 순시량을 구별할 필요가 있을 때에는 변수에 t를 포함시켜서 순시량의 시간 종속을 분명히 나타내도록 할 것이다.

복습문제 문 6-26 전자기학에서 페이저를 사용하는 장점을 말해 보라.

요 점

1. 페이저량은 시간 t의 함수가 아니다.
2. 순시함수는 복소수를 포함할 수 없다.
3. j를 포함하는 전자기학 표현은 반드시 페이저의 관계로 되어 있어야 한다.

페이저 형태로 스칼라 전위 V에 대한 시정현 파동방정식(6-58)을 나타내면 다음과 같다.

$$\nabla^2 V - \mu\epsilon(j\omega)^2 V = -\frac{\rho_v}{\epsilon}$$

즉

스칼라 전위 V에 대한 Helmholtz 방정식

$$\nabla^2 V + k^2 V = -\frac{\rho_v}{\epsilon}. \tag{6-81}$$

이 된다. 여기서 k는

$$k = \omega\sqrt{\mu\epsilon} = \frac{\omega}{u_p} \tag{6-82a}$$

또는

파수의 정의

$$k = \frac{2\pi f}{u_p} = \frac{2\pi}{\lambda} \tag{6-82b}$$

로서 **파수(wavenumber)**라고 하며 한 사이클 내에 파장의 수를 나타낸다. 이와 비슷하게 벡터퍼텐셜 $\mathbf{A}$에 대한 시정현 파동방정식 (6-57)의 페이저 형태는

$$\nabla^2\mathbf{A} + k^2\mathbf{A} = -\mu\mathbf{J}. \tag{6-83}$$

이 된다. 식(6-81)과 (6-83)을 비동차 Helmholtz 방정식이라고 부른다.

■ **연습문제 6.13** 퍼텐셜에 관한 Lorentz 조건 식(6-56)의 페이저 형식을 써라.

복습문제 문 6-27 파수를 정의하라. 그것의 SI 단위는 무엇인가?

요 점

1. Helmholtz 방정식은 페이저 형태로 표현한 시정현 파동방정식이다.
2. 파수는 매질의 특성뿐만 아니라 파동의 주파수에 의존한다. 그러나 항상 2π를 파장으로 나눈 것과 같다.

V에 대한 비동차 Helmholtz 방정식(6-81)의 해는 식(6-67)로부터 구할 수 있다. 전위 $V(R, t)$는 ρ_v에 대해서 시간 진행 R/u_p을 포함한다. 이것은 $\omega(R/u_p)$ 또는 kR 만큼의 앞선 위상과 동일하다. 페이저 표기에서 이것은 e^{-jkR}을 곱하는 것으로 나타나게 된다. 따라서 식(6-67)에 대한 페

이저 형태는

지연 스칼라 전위에 대한 페이저 형태

$$V(R)=\frac{1}{4\pi\epsilon}\int_{V'}\frac{\rho_v e^{-jkR}}{R}dv' \quad (\text{V}). \tag{6-84}$$

이 된다. 이와 비슷하게 **A** 에 대한 식(6-83)의 페이저 해는

지연 벡터퍼텐셜에 대한 페이저 형태

$$\mathbf{A}(R)=\frac{\mu}{4\pi}\int_{V'}\frac{\mathbf{J}e^{-jkR}}{R}dv' \quad (\text{Wb/m}). \tag{6-85}$$

이 된다. 이것들은 시정현 원천들에 기인한 지연된 스칼라와 벡터 퍼텐셜에 대한 표현이다. 이제 지수인자 e^{-jkR}에 대해 Taylor 급수로 전개해 보면

$$e^{-jkR}=1-jkR+\frac{k^2R^2}{2}+\cdots \tag{6-86}$$

이 되므로 만일

$$kR=2\pi\frac{R}{\lambda}\ll 1 \tag{6-87}$$

이면 즉, 거리 R이 파장 λ에 비해 매우 작으면 e^{-jkR}은 1로 근사시킬 수 있다. 그러면 식(6-84)와 (6-85)는 각각 식(3-39)와 (5-22)와 같은 정상상태 표현식으로 간단히 줄어든다.

시정현 전계와 자계를 구하는 과정

시정현 전하와 전류 분포에 기인한 전계와 자계를 구하는 과정은 다음과 같다.

1. 식(6-84)와 (6-85)로부터 페이저 $V(R)$과 $\mathbf{A}(R)$을 구한다.
2. 페이저 $\mathbf{E}(R)=-\nabla V-j\omega\mathbf{A}$ 와 $\mathbf{B}(R)=\nabla\times\mathbf{A}$를 구한다.
3. 코사인 기준으로 순시함수 $\mathbf{E}(R,t)=\mathcal{R}e[\mathbf{E}(R)e^{j\omega t}]$와 $\mathbf{B}(R,t)=\mathcal{R}e[\mathbf{B}(R)e^{j\omega t}]$를 구한다.

문제를 푸는 데 있어서 어려운 정도는 과정 1에서 적분이 얼마나 어려운가 하는 것에 달려 있다. 이들 과정은 10장에서 안테나의 방사 특성을 구하는 데 이용할 것이다.

예 제 6-9

유전율이 $\epsilon=9\epsilon_0$이고 투자율이 μ_0인 비도전 유전체에서 전자파의 전계

강도가 다음과 같이 주어졌다.

$$\mathbf{E}(z,\ t) = \mathbf{a}_y 5\cos(10^9 t - \beta z) \qquad (\mathrm{V/m}) \tag{6-88}$$

자계강도 **H** 와 β 값을 구하라.

해

식(6-88)에서 주어진 $\mathbf{E}(z,\ t)$는 각주파수 $\omega = 10^9(\mathrm{rad/s})$인 시정현함수이다. 코사인 기준인 페이저를 이용하면

$$\mathbf{E}(z) = \mathbf{a}_y 5 e^{-j\beta z} \tag{6-89}$$

가 된다. 자계강도는 식(6-80a)로부터 계산될 수 있다.

$$\begin{aligned}
\mathbf{H}(z) &= -\frac{1}{j\omega\mu_0}\nabla\times\mathbf{E} \\
&= -\frac{1}{j\omega\mu_0}\begin{vmatrix} \mathbf{a}_x & \mathbf{a}_y & \mathbf{a}_z \\ \dfrac{\partial}{\partial x} & \dfrac{\partial}{\partial y} & \dfrac{\partial}{\partial z} \\ 0 & 5e^{-j\beta z} & 0 \end{vmatrix} = -\frac{1}{j\omega\mu_0}\left(-\mathbf{a}_x\frac{\partial}{\partial z}E_y\right) \\
&= -\frac{1}{j\omega\mu_0}(\mathbf{a}_x j\beta 5 e^{-j\beta z}) = -\mathbf{a}_x\frac{\beta}{\omega\mu_0}5e^{-j\beta z}
\end{aligned} \tag{6-90}$$

β를 구하기 위해서 식(6-80 b)를 이용한다. 비도전 매질에서 $\sigma = 0$, $\mathbf{J} = 0$ 이므로

$$\begin{aligned}
\mathbf{E}(z) &= \frac{1}{j\omega\epsilon}\nabla\times\mathbf{H} = \frac{1}{j\omega\epsilon}\left(\mathbf{a}_y\frac{\partial}{\partial z}H_x\right) \\
&= \mathbf{a}_y\frac{\beta^2}{\omega^2\mu_0\epsilon}5e^{-j\beta z}
\end{aligned} \tag{6-91}$$

가 된다. 식(6-89)와 (6-91)을 같다고 놓으면

$$\begin{aligned}
\beta &= \omega\sqrt{\mu_0\epsilon} = 3\omega\sqrt{\mu_0\epsilon_0} = \frac{3\omega}{c} \\
&= \frac{3\times10^9}{3\times10^8} = 10 \qquad (\mathrm{rad/m})
\end{aligned}$$

이 된다. 식(6-90)으로부터

$$\mathbf{H}(z) = -\mathbf{a}_x \frac{5(10)}{(10^9)(4\pi 10^{-7})} e^{-j10z}$$
$$= -\mathbf{a}_x 0.0398 e^{-j10z} \tag{6-92}$$

가 된다. 식(6-92)에서 페이저 $\mathbf{H}(z)$는 다음의 순시함수에 해당한다.

$$\mathbf{H}(z, t) = -\mathbf{a}_x 0.0398 \cos(10^9 t - 10z) \qquad (\text{A/m}) \tag{6-93}$$

복습문제 문 6-28 전하분포 ρ_v의 형태로 스칼라 전위 $V(R)$의 페이저 표현을 써라.

문 6-29 전류분포 $\mathbf{J}$의 형태로 벡터 자기퍼텐셜 $\mathbf{A}(R)$의 페이저 표현을 써라.

요 점

주어진 매질에서 전자파의 전계와 자계 강도 사이에는 명확한 관계가 있다. 그들은 Maxwell 방정식을 만족해야 하며 그들의 진폭과 위상을 독립적으로 말할 수는 없다.

6-5.3 전자기파 스펙트럼

ϵ과 μ인 무원천 비도전(source-free nonconducting) 매질($\sigma=0$)에서 Maxwell 방정식(6-45 a, b, c, d)는 다음과 같이 줄여진다.

무원천 비도전 매질에서 Maxwell 방정식

$$\nabla \times \mathbf{E} = -\mu \frac{\partial \mathbf{H}}{\partial t} \tag{6-94a}$$

$$\nabla \times \mathbf{H} = \epsilon \frac{\partial \mathbf{E}}{\partial t} \tag{6-94b}$$

$$\nabla \cdot \mathbf{E} = 0 \tag{6-94c}$$

$$\nabla \cdot \mathbf{H} = 0 \tag{6-94d}$$

방정식들(6-94 a, b, c, d)은 두 변수 $\mathbf{E}$와 $\mathbf{H}$로 된 1차 미분방정식이다. 그들을 $\mathbf{E}$ 또는 $\mathbf{H}$만의 2차 미분방정식으로 결합시킬 수 있다. 이를 위해서, 식(6-94a)에 회전을 취하고 식(6-94b)를 이용하면

$$\nabla \times \nabla \times \mathbf{E} = -\mu \frac{\partial}{\partial t}(\nabla \times \mathbf{H}) = -\mu\epsilon \frac{\partial^2 \mathbf{E}}{\partial t^2}$$

가 된다. $\nabla\times\nabla\times\mathbf{E}=\nabla(\nabla\cdot\mathbf{E})-\nabla^2\mathbf{E}=-\nabla^2\mathbf{E}$ 이므로(식 6-94c 로부터)

$$\nabla^2\mathbf{E}-\mu\epsilon\frac{\partial^2\mathbf{E}}{\partial t^2}=0 \tag{6-95}$$

이 된다. 또는 $u_p=1/\sqrt{\mu\epsilon}$ 이므로 다음과 같이 쓸 수 있다.

E에 대한 동차 파동 방정식

$$\boxed{\nabla^2\mathbf{E}-\frac{1}{u_p^2}\frac{\partial^2\mathbf{E}}{\partial t^2}=0.} \tag{6-96}$$

동일한 방법으로 **H** 에 대한 방정식도 얻을 수 있다.

H에 대한 동차 파동 방정식

$$\boxed{\nabla^2\mathbf{H}-\frac{1}{u_p^2}\frac{\partial^2\mathbf{H}}{\partial t^2}=0.} \tag{6-97}$$

식(6-96)과 식(6-97)은 **동차 벡터 파동방정식**(homogeneous vector wave equation)이다. 직각좌표계에서 식(6-96)과 (6-97)은 각각 세 개의 1차원 동차 스칼라 파동방정식으로 분해할 수 있다. **E** 와 **H** 의 각 성분들은 식(6-61)과 똑같은 방정식을 만족할 것이며 그들의 해는 파동을 나타낸다. 다음 장에서는 다양한 환경하에서 파동의 특성에 대해 심도있게 논의하게 될 것이다.

시정현계에서는 페이저를 이용하는 것이 편리하다. 따라서 식(6-96)은

$$\nabla^2\mathbf{E}_s+\frac{\omega^2}{u_p^2}\mathbf{E}_s=0$$

또는 식(6-82 a)의 관계로부터

페이저 $\mathbf{E}_s$에 대한 동차 Helmholtz 방정식

$$\boxed{\nabla^2\mathbf{E}_s+k^2\mathbf{E}_s=0,} \tag{6-98}$$ †

이 된다. 이와 비슷하게 식(6-97)은

페이저 $\mathbf{H}_s$에 대한 동차 Helmholtz 방정식

$$\boxed{\nabla^2\mathbf{H}_s+k^2\mathbf{H}_s=0,} \tag{6-99}$$ †

† 첨자는 $\mathbf{E}_s$와 $\mathbf{H}_s$가 페이저라는 것을 강조하기 위해 붙였다. 이것은 식(6-96)과 (6-97)의 시간종속함수 **E**, **H** 와는 다르다.

이 된다. 식(6-98)과 (6-99)의 해는 전파하는 파동을 나타내며 이에 대한 자세한 내용은 다음 장에서 다루게 될 것이다.

복습문제 문 6-30 무원천 영역에서 전계와 자계에 대한 0이 되지 않는 해가 존재할 수 있는가 설명하라.

요 점

1. 무원천 비도전 매질에서 **E**와 **H**는 식(6-96)과 (6-97)과 같은 동차 파동방정식을 만족한다.
2. 무원천 매질에서 시정현파에 대한 페이저 $\mathbf{E}_s$와 $\mathbf{H}_s$는 식(6-98)과 (6-99)와 같은 동차 Helmholtz 방정식을 만족한다.
3. Maxwell 방정식, 그러므로 파동방정식과 Helmholtz 방정식은 파동의 주파수에 제한을 갖지 않음을 암시하고 있다.

전자기파 스펙트럼과 그 응용

실험적으로 연구되어 온 전자기파 스펙트럼은 매우 낮은 전력 주파수로부터 라디오, 텔레비전, 마이크로파, 적외선, 가시광선, 자외선, X선, 감마선까지 넓게 펼쳐져 있다. 그림 6-8은 전자기 스펙트럼이 그들의 응용에 따라서 주파수와 파장 범위들로 나뉘어짐을 보여 준다.

가시광 스펙트럼

'마이크로파'라는 용어는 다소 모호하며 정확한 것은 아니다; 그것은 주파수 1(GHz) 위부터 UHF, SHF, EHF와 밀리미터파를 포함하는 적외선 밑의 영역을 의미할 수 있다. 가시광(visible light)의 파장 범위는 720(nm)의 빨강으로부터 380(nm)의 보라까지이다. 즉 0.72(μm)부터 0.38(μm)까지로서 4.2×10^{14}(Hz)에서 7.9×10^{14}(Hz)의 주파수에 해당한다. 레이다, 위성통신, 항법장치, 텔레비전, FM·AM 라디오, 시민 휴대용 무선통신대역, 초음파 등에 사용되는 주파수 대역이 표시되었다. VLF 영역 아래의 주파수는 전파를 보내기에는 안테나의 크기가 매우 커야 하며 저주파수에서 저속 데이터율 때문에 무선 통신에는 거의 사용되지 않는다. 바다에서 잠수함과의 전략적 통신용으로 사용되기도 한다. 레이다에서는 마이크로파 주파수 대역(band)에 다른 알파벳 이름을 부여함으로써 편리함을 도모하고 있다.

다음 장에서 평면 전자파의 특성을 논의하고 불연속 경계에서의 특성등을 살펴보도록 하겠다.

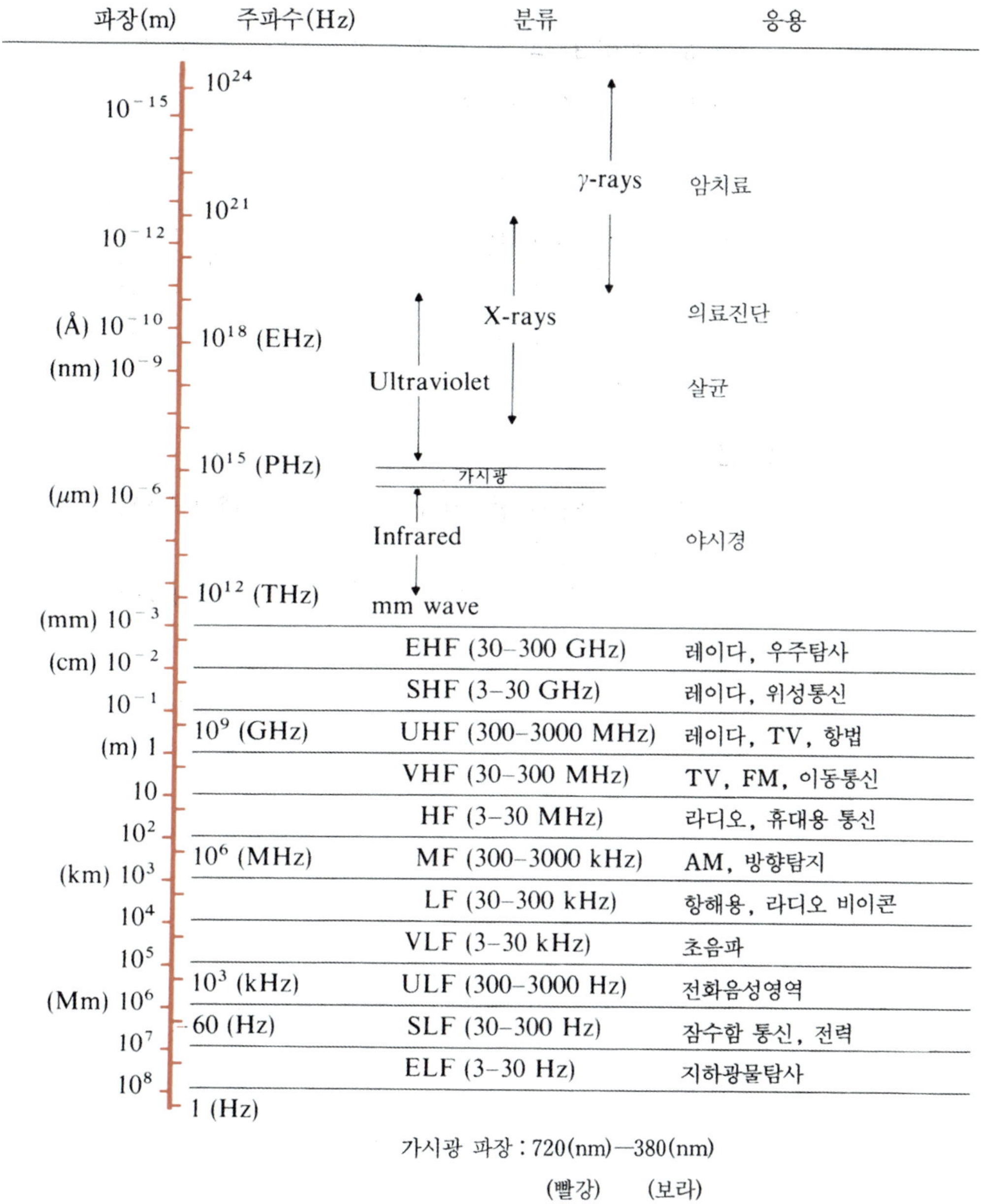

그림 6-8 전자기파 스펙트럼

복습문제 문 6-31 가시광의 파장범위는?

문 6-32 왜 VLF 영역 아래의 주파수들은 무선 통신에 잘 사용되지 않는가?

표 6-4 마이크로파 주파수에 대한 레이다 대역 명칭

대역	주파수 범위(GHz)	파장범위(cm)
U	40−60	0.75−0.50
Ka	26.5−40	1.13−0.75
K	18−26.5	1.67−1.13
Ku	12.4−18	2.42−1.67
X	8−12.4	3.75−2.42
C	4−8	7.5−3.75
S	2−4	15−7.5
L	1−2	30−15

요 점

1. 모든 주파수의 전자기파는 주어진 매질에서 동일한 속도 $u_p = 1/\sqrt{\mu\epsilon}$ 로서 전파한다.
2. 마이크로파 오븐의 사용 주파수는 약 2.45(GHz)이다.

요 약

시변 상황에서 전계와 자계는 결합되며 정상계에 대해 이전에 정의하였던 가정들은 더 이상 성립되지 않는다. 본 장에서는 다음과 같은 내용들을 살펴보았다.

- 전자기 유도에 대한 기본 가정들을 추가하였다.
- 회로에 유도된 기전력은 정량적으로 자속의 시간 변화율에 관련된다.
- 유도기전력을 두 부분으로 나누어 설명하였다: 변압기 기전력과 운동(자속절단) 기전력
- 이상적인 변압기의 특성을 언급하였다.
- 네 개의 Maxwell 방정식(두 개의 발산식과 두 개의 회전식)을 얻었다. 이것은 연속방정식을 만족하는 것이다.
- 다른 파라미터를 갖는 인접한 매질의 경계면에서 벡터계에 대한 일반적인

경계 조건을 설명하였다.

- 스칼라 전위함수 V 와 벡터 자기퍼텐셜 $\mathbf{A}$ 의 형태로 전계와 자계를 나타내었다.
- V 와 $\mathbf{A}$ 에 대한 비동차 파동방정식을 유도하였다.
- 지연 퍼텐셜의 개념을 소개하였다.
- 파동방정식을 시변계에 대한 Helmholtz 방정식으로 변환하였다.
- 무원천 공간에서 전자기 스펙트럼에 대해 설명하였다.

문 제

문 6-1 시변 벡터퍼텐셜 $\mathbf{A}$ 의 형태로서 정지 루프에 유도된 변압기 기전력을 나타내라.

문 6-2 그림 6-9 에서 회로가 자계 내에 놓여 있다

$$\mathbf{B} = \mathbf{a}_x 3\cos(5\pi 10^7 t - \frac{1}{3}\pi y) \qquad (\mu\mathrm{T})$$

이다. $R = 15(\Omega)$이라면 전류 i 를 구하라.

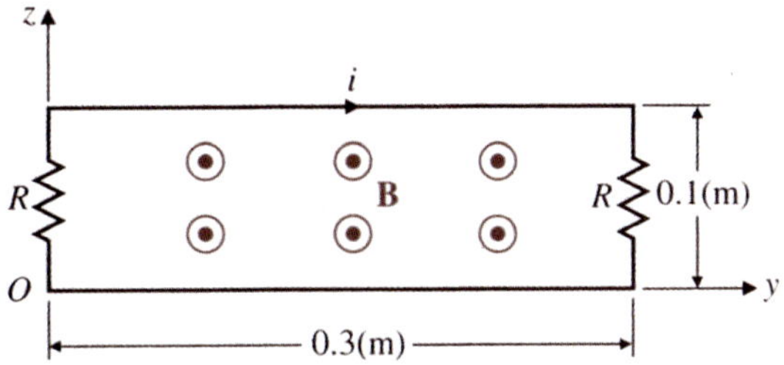

그림 6-9 시변 자계에 놓여 있는 회로(문 6-2)

문 6-3 넓이 w, 높이 h 인 직사각형 도전 루프가 그림 6-10 과 같이 전류 i_1 이 흐르는 매우 긴 도선 가까이 놓여 있다. $i_1 = I_1 \sin \omega t$ 이고 직사각형 루프의 자기유도용량이 L 이라면 루프에서 유도된 전류 i_2 를 구하라.
힌트 : 페이저를 이용하라.

문 6-4 그림 6-10 에서 일정한 전류 $i = I_0$가 흐른다. 그러나 직사각형 루프는 일정한 속도 $\mathbf{u} = \mathbf{a}_y u_0$ 로서 멀어져 간다고 할 때 그림에 보인 위치에서 i_2 를 구하라.

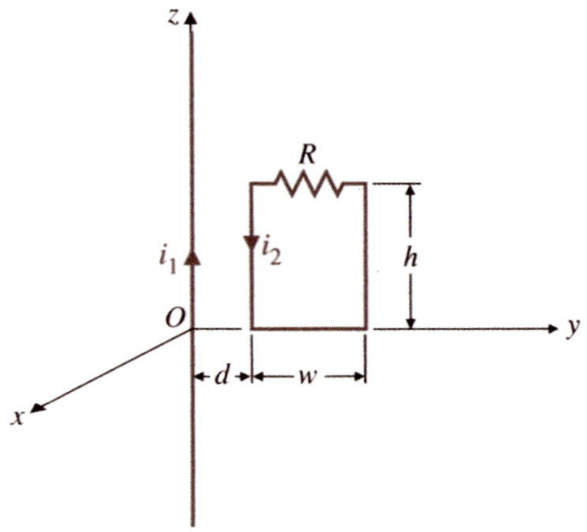

그림 6-10 긴 도선 가까이 놓인 직사각형 루프(문 6-3, 6-4)

문 6-5 $R=0.5(\Omega)$의 저항을 갖는 10(cm) × 10(cm) 정사각형 도선 루프가 균일한 자계 $\mathbf{B}=\mathbf{a}_y 0.04$(T)에서 각주파수 $\omega=100\pi$(rad/s)로서 그림 6-11과 같이 회전하고 있다. 루프는 초기에는 xz 평면에 놓여 있었다고 가정하면 다음과 같은 조건에서 유도전류 i를 구하라.

a) 만일 루프의 자기유도용량을 무시한다면?

b) 만일 루프의 자기유도용량이 3.5(mH)이라면?

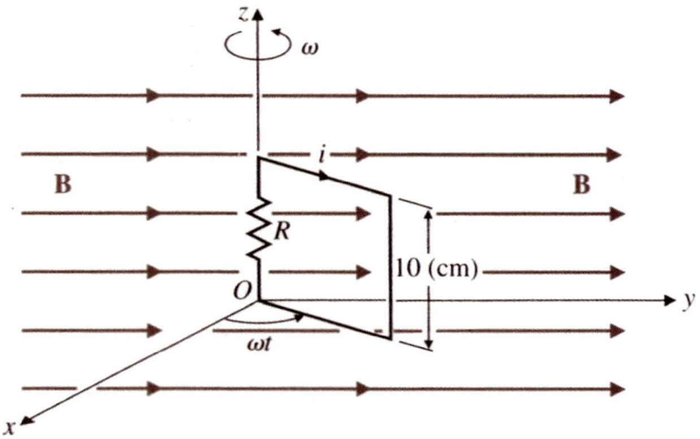

그림 6-11 균일한 자계에 있는 회전하는 정사각형 루프(문 6-5)

문 6-6 정현적으로 변화하는 자계

$$\mathbf{B} = \mathbf{a}_z 5 \cos \omega t \qquad (\text{mT})$$

내에서 두 개의 평행한 도체 레일 위에 그림 6-12 와 같이 미끄러지는 도체 막대기가 이동하고 있다. 미끄러지는 막대기의 위치는 $x = 0.35(1-\cos \omega t)$ (m)로 주어졌고 저항 $R = 0.2(\Omega)$으로 종단되어 있다면 i를 구하라.

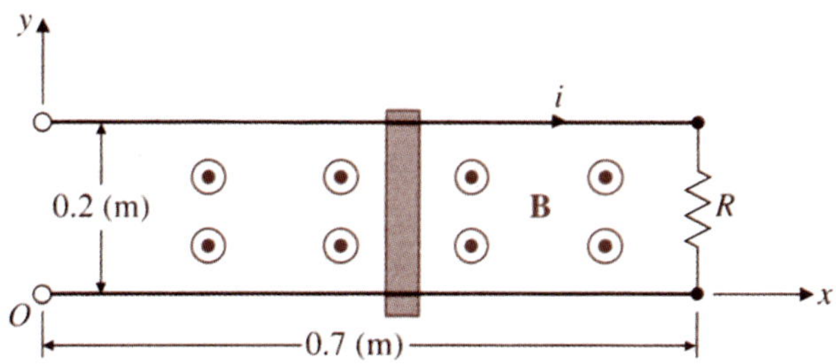

그림 6-12 시변 자계 내에서 평행 레일 위로 미끄러지는 도체 막대기(문 6-6)

문 6-7 다음과 같은 매질에서 시정현 전계강도가 전도전류밀도와 같은 크기의 변위전류밀도를 일으키게 하는 주파수를 구하라.

a) $\epsilon_r = 72$ 이고, $\sigma = 4$(S/m)인 바닷물에서

b) $\epsilon_r = 2.5$ 이고, $\sigma = 10^{-3}$(S/m)인 습기 있는 땅에서

문 6-8 양도체에서 전류의 전자기 효과에 대한 계산은 대개 변위전류를 무시한다(마이크로파 주파수에서도).

a) 구리에 대해서 $\epsilon_r = 1$, $\sigma = 5.70 \times 10^7$(S/m)이라면 100(GHz)에서 변위전류밀도의 크기와 전도전류밀도의 크기를 비교하라.

b) 무원천 양도체에서 자계강도 **H**에 대해 성립하는 미분방정식을 써라.

문 6-9 xy 평면과 일치하게 놓인 무한대의 전류판 $\mathbf{J} = \mathbf{a}_x 5$(A/m)이 공기(영역 1, $z > 0$)와 $\mu_{r2} = 2$(영역 2, $z < 0$)인 매질을 분리하고 있다. $\mathbf{H}_1 = \mathbf{a}_x 30 + \mathbf{a}_y 40 + \mathbf{a}_z 20$(A/m)이라면 다음을 구하라.

a) $\mathbf{H}_2$

b) $\mathbf{B}_2$

c) z 축과 $\mathbf{B}_1$이 이루는 각도 α_1

d) z 축과 $\mathbf{B}_2$가 이루는 각도 α_2

문 6-10 자유공간과 무한대(근사적으로)의 투자율을 갖는 자성체 사이의 경계면에 존재하는 경계 조건을 구하라.

문 6-11 임의의 함수$(t - R\sqrt{\mu\epsilon})$의 두 번 미분한 것은 식(6-61)의 동차 파동방정식의 해가 됨을 직접 대입함으로써 증명하라.

문 6-12 네 개의 Maxwell 방정식(6-80 a, b, c, d)에 대한 아래 각 성분의 스칼라 방정식을 써라

a) 계의 페이저가 z 만의 함수라면 직각좌표계로

b) 계의 페이저가 R 만의 함수라면 구좌표계로

문 6-13 공기 중에서 $E(z, t) = 50\cos(2\pi 10^9 t - kz)$ (V/m)라면 다음의 파형을 그리고 가로축을 표시하라.

a) $z = 100.125\lambda$에서 $E(t)$ 대 t, 여기서 λ는 파장

b) $z = -100.125\lambda$에서 $E(t)$대 z

c) $t = T/4$일 때 $E(z)$ 대 z, 여기서 T는 파의 주기

문 6-14 전자파의 전계

$$\mathbf{E}(z, t) = \mathbf{a}_x E_0 \cos\left[10^8\pi\left(t - \frac{z}{c}\right) + \Psi\right] \qquad \text{(V/m)}$$

는 다음 두 함수의 합이다.

$$\mathbf{E}_1(z, t) = \mathbf{a}_x 0.03 \sin 10^8\pi\left(t - \frac{z}{c}\right) \qquad \text{(V/m)}$$

$$\mathbf{E}_2(z, t) = \mathbf{a}_x 0.04 \cos\left[10^8\pi\left(t - \frac{z}{c}\right) - \frac{\pi}{3}\right] \qquad \text{(V/m)}$$

E_0와 Ψ를 구하라.

문 6-15 전자파의 자계강도

$$\mathbf{H}(R, t) = \mathbf{a}_\phi H_0 \cos(\omega t - kR) \qquad \text{(A/m)}$$

는 다음 두 함수의 합이다.

$$\mathbf{H}_1(R, t) = \mathbf{a}_\phi 10^{-4} \sin(\omega t - kR) \qquad \text{(A/m)}$$
$$\mathbf{H}_2(R, t) = \mathbf{a}_\phi 2 \times 10^{-4} \cos(\omega t - kR + \alpha) \qquad \text{(A/m)}$$

H_0와 α를 구하라.

문 6-16 시정현 전하와 전류분포를 갖는 단순 매질에서 Maxwell 방정식의 페이저 형식 (6-80 a, b, c, d)로부터 출발해서 다음을 구하라.

a) **E**에 대한 비동차 Helmholtz 방정식

b) **H**에 대한 비동차 Helmholtz 방정식

문 6-17 시정현 전류가 흐르는 단락 도선이 전자파의 원천이다. z 축을 따라서

매우 짧은 도선 $d\ell$에 균일한 전류 $i(t) = I_0 \cos \omega t$가 흐를 때

a) 거리 R만큼 떨어진 곳에서 지연 벡터퍼텐셜 $\mathbf{A}$의 페이저를 구좌표계에서 구하라.

b) $\mathbf{A}$로부터 자계강도 $\mathbf{H}$를 구하라.

문 6-18 내부 도체 반경이 a이고 외부 도체의 안쪽 반경이 b인 공기유전체 동축 케이블에 60(MHz)의 전자파가 존재한다. 완전도체를 가정하고 전계강도의 페이저는

$$\mathbf{E} = \mathbf{a}_r \frac{E_0}{r} e^{-jkz} \qquad (\mathrm{V/m}), \qquad a < r < b$$

이다.

a) k를 구하라.

b) $\nabla \times \mathbf{E}$로부터 $\mathbf{H}$를 구하라.

c) 내부와 외부 도체 위의 표면전류밀도를 구하라.

문 6-19 자유공간에서 구면파(spherical wave)의 전계강도가 다음과 같다.

$$\mathbf{E}(R, \theta ; t) = \mathbf{a}_\theta \frac{10^{-3}}{R} \sin \theta \cos (2\pi 10^9 t - kR) \qquad (\mathrm{V/m})$$

자계강도 $\mathbf{H}(R, \theta ; t)$와 k를 구하라.

문 6-20 대기 중에서 $\mathbf{E}(x, z ; t) = \mathbf{a}_y 0.1 \sin(10\pi x) \cos (6\pi 10^9 t - \beta z) \quad (\mathrm{V/m})$이다. $\mathbf{H}(x, z ; t)$와 β를 구하라.

문 6-21 대기 중에서 $\mathbf{H}(x, z ; t) = \mathbf{a}_y 2 \cos(15\pi x) \sin (6\pi 10^9 t - \beta z) \quad (\mathrm{A/m})$이다. $\mathbf{E}(x, z ; t)$와 β를 구하라.

제 7 장 평면 전자파

7-1 개 요 6-5 절에서 우리는 전자계원이 없는 단순 부도체 매질에서 Maxwell 방정식을 서로 결합하여 전계 **E** 와 자계 **H** 로 표현되는 동차(homogeneous) 벡터 파동방정식을 얻을 수 있음을 보였다. 식(6-96)과 (6-97)에 나타난 두 개의 방정식은 정확히 같은 형태이다. 예를 들어, 전계 **E** 에 대한 파원이 없는 파동방정식은

$$\nabla^2\mathbf{E} - \frac{1}{u_p^2}\frac{\partial^2\mathbf{E}}{\partial t^2} = 0 \qquad (6\text{-}96)\,(7\text{-}1)$$

이다. 직각좌표계에서 식(7-1)은 세 개의 동차 1차원 스칼라 파동방정식으로 분해하여 쓸 수 있다. 각각의 공간 축에 대한 방정식은 식(6-61)의 형태가 되는데, 이 식의 해는

$$u_p = \frac{1}{\sqrt{\mu\epsilon}} \qquad (6\text{-}63)\,(7\text{-}2)$$

의 속도로 그 매질에서 전파하는 파동을 나타낸다. 시변 전계 **E** 와 자계 **H** 는 식(6-94a)와 식(6-94b)에 나타난 Maxwell 의 회전(curl) 방정식에 의해 결합되므로, 그 결과는 어떤 특정 거리에서 전자계의 현상을 설명하기 위해 사용한 전자파이다. 공간적으로 일차원 좌표에 대해 파의 특성과 성질

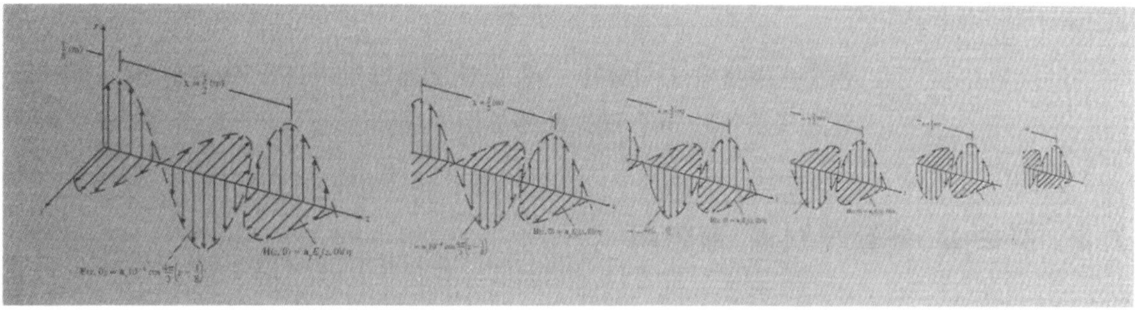

Plane Electromagnetic Waves

을 연구하는 것이 본 장의 주요 관심분야이다.

먼저, 무한한 균질(homogeneous) 매질에서의 시정현파 전파 특성을 연구하고, 매질의 제 정수, 예를 들어, 특성 임피던스, 감쇄상수, 그리고 위상상수 등을 소개하겠다. 또한 양도체를 투과할 수 있는 두께를 나타내는 파의 **표피두께**의 의미를 설명하겠다. 전자파는 그 자체가 전력을 전달한다. 이러한 전력유속밀도를 나타내는 Poynting 벡터의 개념에 대해 논하겠다.

평면 경계면에 경사각을 갖고 입사하는 평편파의 특성에 대해 연구하며 평면파의 반사와 굴절에 관계되는 법칙과 무반사와 전반사에 대한 조건들에 대해 조사하겠다.

균일 평면파의 정의

균일(uniform) 평면파는 전계 **E**에 대한 Maxwell 방정식의 특수해로서 진행방향에 수직인 무한 평면에서 같은 방향과 같은 크기, 그리고 같은 위상을 갖는다.(자계 **H**에 대해서도 같은 방법으로 정의된다.) 엄격히 말하면, 균일 평면파는 실질적으로는 존재하지 않는다. 왜냐하면 이러한 균일 평면파를 발생시킬 수 있는 전자파원은 무한히 커야 하며 실질적으로는 그 크기가 유한하기 때문이다. 그러나 파원으로부터 충분히 멀리 떨어져 있으면 **파면**(wavefront : 일정 위상의 면)은 거의 구가 되고 이러한 거대한 구의 표면의 아주 작은 부분은 거의 평면이 되는 것이다. 균일 평면파는 그

파면의 정의

특성이 특별히 간단하여 이에 대한 연구는 근본적인 이론 연구는 물론 실질적인 응용에도 아주 중요한 역할을 한다.

7-2 무손실 매질에서의 평면파

본 장과 다음의 장에서는 정현정상상태(sinusoidal steady state)에서의 파의 진행 특성에 대해 알아보겠다. 설명을 간단히 하기 위해 정현적인 양은 첨자 s를 생략한 위상으로 표시하며, 순시적인 시간함수가 논의되는 상황에서는 부호 t를 사용하여 그 상황에 해당하는 양이 시간에 관한 함수임을 명백히 밝히도록 하겠다. 전자파원이 없는 단순 비전도 매질에서의 파동방정식은 동차 벡터 Helmholtz 방정식 (식(6-98))이 된다:

단순 비전도 매질에서 전계 E에 대한 동차 벡터 Helmholtz 방정식

$$\nabla^2\mathbf{E} + k^2\mathbf{E} = 0. \tag{7-3}$$

여기서 k는 파수이다. 유전율과 투자율이 각각 ϵ과 μ인 매질에서는 식(6-82a)로부터

$$k = \omega\sqrt{\mu\epsilon} = \frac{\omega}{u_p} \quad \text{(rad/m)} \tag{7-4}$$

가 된다.

직각좌표계에서 식(7-3)은 E_x, E_y, E_z 각각에 대한 3개의 스칼라 Helmholtz 방정식과 같다. E_x 성분에 대해 쓰면

$$\left(\frac{\partial^2}{\partial x^2} + \frac{\partial^2}{\partial y^2} + \frac{\partial^2}{\partial z^2} + k^2\right)E_x = 0 \tag{7-5}$$

이 된다. z축에 수직인 평면에서 E_x 성분이 균일한 평면파(균일 크기와 상수 위상)를 고려하면

$$\frac{\partial^2 E_x}{\partial x^2} = 0 \quad \text{그리고} \quad \frac{\partial^2 E_x}{\partial y^2} = 0$$

이 된다. 식(7-5)는

$$\frac{d^2E_x}{dz^2} + k^2E_x = 0 \tag{7-6}$$

으로 단순화되어 페이저 E_x는 z만의 함수이므로 상미분방정식이 된다. 식(7-6)의 해는

$$\begin{aligned} E_x(z) &= E_x^+(z) + E_x^-(z) \\ &= E_0^+e^{-jkz} + E_0^-e^{jkz} \end{aligned} \tag{7-7}$$

가 됨을 알 수 있는데, 여기서 E_0^+와 E_0^-는 경계 조건으로부터 결정되는 임의의 상수이다.

식(7-7)의 우변의 첫번째 페이저 항을 살펴보면

$$\mathbf{E}(z) = \mathbf{a}_xE_x^+(z) = \mathbf{a}_xE_0^+e^{-jkz} \tag{7-8}$$

로 쓸 수 있다. cosine 항으로 나타내면, 식(7-8)에 있는 $\mathbf{E}$에 대한 순시식은

$$\begin{aligned} \mathbf{E}(z, t) &= \mathbf{a}_xE_x^+(z, t) = \mathbf{a}_x\mathcal{R}e[E_x^+(z)e^{j\omega t}] \\ &= \mathbf{a}_x\mathcal{R}e[E_0^+e^{j(\omega t-kz)}] = \mathbf{a}_xE_0^+\cos(\omega t - kz) \end{aligned} \tag{7-9}$$

가 된다. t의 몇 가지 값에 대하여 식(7-9)를 그림 7-1에 나타내었다.

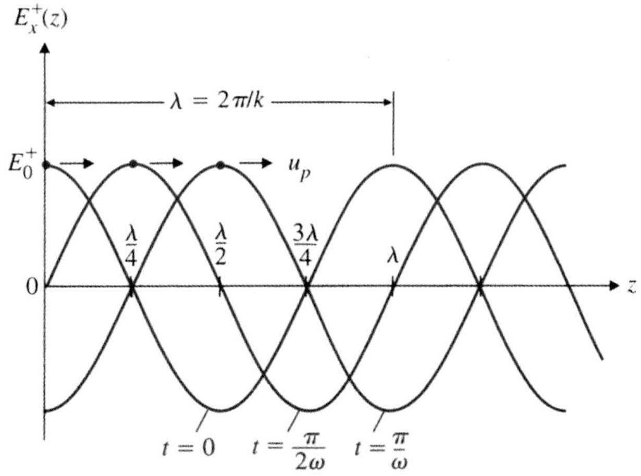

그림 7-1 양의 z 방향으로 진행하는 전자파 $E_x^+(z, t) = E_0^+\cos(\omega t - kz)$. t의 몇 가지 값에 대해 도식하였다.

진행파의 특성

$t=0$ 일 때 $E_x^+(z,0)=E_0^+\cos kz$ 는 크기가 E_0^+ 인 cosine 커브이다. t 가 증가하면 이 커브는 양의 z 방향으로 실질적으로 진행한다. 이것이 **진행파**이다. 만약 이 파의 특정 점(특정 위상의 한 점)을 고려하면 $\cos(\omega t - kz)=$ 상수로 놓을 수 있다. 혹은

$$\omega t - kz = \text{상수위상}$$

으로 놓을 수 있는데, 이 식으로부터

$$u_p=\frac{dz}{dt}=\frac{\omega}{k}=\frac{1}{\sqrt{\mu\epsilon}} \tag{7-10}$$

위상속도의 정의

를 얻을 수 있다. 식(7-10)으로 알 수 있는 것은 동위상면의 전파속도(**위상속도**)는 빛의 속도와 같다는 것이다. 파수 k 는 식(6-82a)와 (6-82b)에 나타난 바와 같이 파장에 대해 다음과 같은 관계식을 갖는다 :

$$\boxed{k=\omega\sqrt{\mu\epsilon}=\frac{2\pi}{\lambda}.} \tag{7-11}$$

식(7-7)의 오른쪽에 있는 두번째 페이저 항 $E_0^- e^{jkz}$ 는 다시 나타낼 필요 없이 $-z$ 방향으로 같은 속도 u_p 로 진행하는 정현파를 나타낸다. $+z$ 방향으로 진행하는 파에만 관심이 있을 경우 $E_0^-=0$ 으로 놓으면 된다. 그러나 매질 내에서 불연속점이 있으면, 본 장의 뒷부분에서 알게 되듯이, 반대 방향으로 진행하는 반사파도 고려해야 한다.

앞에서 구한 전계 $\mathbf{E}$ 에 연관되는 자계 $\mathbf{H}$ 는 식(6-80a)에 주어진 $\nabla\times\mathbf{E}$ 로부터 구할 수 있다 :

$$\nabla\times\mathbf{E}=\begin{vmatrix}\mathbf{a}_x & \mathbf{a}_y & \mathbf{a}_z\\ 0 & 0 & \dfrac{\partial}{\partial z}\\ E_x^+(z) & 0 & 0\end{vmatrix}=-j\omega\mu(\mathbf{a}_x\mathbf{H}_x^+ + \mathbf{a}_y\mathbf{H}_y^+ + \mathbf{a}_z\mathbf{H}_z^+).$$

이 식으로부터

$$H_x^+=0 \tag{7-12a}$$

$$H_y^+=\frac{1}{-j\omega\mu}\frac{\partial E_x^+(z)}{\partial z} \tag{7-12b}$$

$$H_z^+=0 \tag{7-12c}$$

이 된다. 따라서 H_y^+ 만이 식(7-8)에 주어진 전계 **E**에 해당하는 0이 아닌 자계 **H**의 성분이다. 또한

$$\frac{\partial E_x^+(z)}{\partial z} = \frac{\partial}{\partial z}(E_0^+ e^{-jkz}) = -jkE_x^+(z)$$

이므로, 식(7-12b)는

$$\mathbf{H} = \mathbf{a}_y H_y^+(z) = \mathbf{a}_y \frac{k}{\omega\mu} E_x^+(z)$$
$$= \mathbf{a}_y \frac{1}{\eta} E_x^+(z) \qquad (7\text{-}13)$$

가 된다. 이 식에는 새로운 상수 $\eta = \omega\mu/k$ 혹은

$$\boxed{\eta = \sqrt{\frac{\mu}{\epsilon}} \quad (\Omega)} \qquad (7\text{-}14)$$

매질의 특성 임피던스

이 도입되었는데, 이것을 그 매질의 **특성 임피던스**라 한다. 공기 중에서는 $\eta_0 = \sqrt{\mu_0/\epsilon_0} = 120\pi = 377\,\Omega$ 이다. $H_y^+(z)$는 $E_x^+(z)$와 동위상이며 **H**에 대한 순시식은

$$\mathbf{H}(z, t) = \mathbf{a}_y H_y^+(z, t) = \mathbf{a}_y \mathcal{R}e[\mathrm{H}_y^+(z)\mathrm{e}^{j\omega t}]$$
$$= \mathbf{a}_y \frac{E_0^+}{\eta} \cos(\omega t - kz) \qquad (7\text{-}15)$$

와 같이 쓸 수 있다.

■ 연습문제 7.1 $-z$ 방향으로 진행하는 균일 평면파에 대한 위상식 $\mathbf{E} = \mathbf{a}_x E_x^-(z) = \mathbf{a}_x E_0^- e^{jkz}$로부터 출발하여, 이에 해당하는 $\mathbf{H} = \mathbf{a}_y H_y^-(z)$를 구하고 $E_x^-(z)/H_y^-(z)$를 계산하라.

답 $E_x^-/H_y^- = -\eta$

복습문제

문 7-1 균일 평면파의 정의를 써라.

문 7-2 파면이란 무엇인가?

문 7-3 진행파란 무엇인가?

문 7-4 위상속도의 정의를 써라.

문 7-5 어떤 매질의 특성 임피던스를 정의하라. 자유공간의 특성 임피던스의 값은 얼마인가?

요 점

1. 무손실 매질에서의 전자파의 위상속도는 주파수와 진행방향에 무관하다.
2. 균일 평면파에 대한 **E** 와 **H** 의 크기의 비는 그 매질의 특성 임피던스이다.
3. 전계 **E** 의 방향과 자계 **H** 의 방향의 크로스(외적) 방향이 파의 전파방향이며 이 세 개의 방향은 서로 직교한다.

예 제 7-1

$\mathbf{E}=\mathbf{a}_xE_x$인 균일 평면파가 무손실 단순 매질($\epsilon_r=4$, $\mu_r=1$, $\sigma=0$)에서 $+z$ 방향으로 진행하고 있다. E_x가 주파수 100(MHz)를 갖고 $t=0$과 $z=\dfrac{1}{8}$(m)에서 최대치 $+10^{-4}$(V/m)를 갖는 정현파라고 가정하자.

a) 모든 t와 z에 대한 **E** 의 순시식을 써라.

b) **H** 의 순시식을 써라.

c) $t=10^{-8}$(s)일 때 E_x가 양의 최대치를 갖는 위치를 계산하라.

해

먼저 k를 계산한다:

$$k=\omega\sqrt{\mu\epsilon}=\frac{\omega}{c}\sqrt{\mu_r\epsilon_r}$$

$$=\frac{2\pi 10^8}{3\times 10^8}\sqrt{4}=\frac{4\pi}{3}\quad(\text{rad/m}).$$

a) $\cos\omega t$를 기준으로 사용하면 **E** 에 대한 순시식은

$$\mathbf{E}(z,t)=\mathbf{a}_xE_x=\mathbf{a}_x10^{-4}\cos(2\pi\cdot10^8t-kz+\psi)$$

이 된다. cosine 함수의 편각이 0일 때 즉,

$$2\pi10^8t-kz+\psi=0$$

일 때 E_x는 10^{-4}과 같아지므로 $t=0$과 $z=\dfrac{1}{8}$에서

$$\phi = kz = \left(\frac{4\pi}{3}\right)\left(\frac{1}{8}\right) = \frac{\pi}{6} \quad \text{(rad)}$$

이 된다. 따라서

$$\mathbf{E}(z, t) = \mathbf{a}_x \times 10^{-4}\cos\left(2\pi 10^8 t - \frac{4\pi}{3}z + \frac{\pi}{6}\right)$$
$$= \mathbf{a}_x 10^{-4}\cos\left[2\pi 10^8 t - \frac{4\pi}{3}\left(z - \frac{1}{8}\right)\right] \qquad \text{(V/m)}$$

가 된다. 이 식으로부터 알 수 있는 것은 $+z$ 방향으로 $\frac{1}{8}$(m) 만큼 이동되었다는 것이며 원래의 문제로부터 직접 쓸 수도 있다.

b) **H** 에 관한 순시식은

$$\mathbf{H} = \mathbf{a}_y H_y = \mathbf{a}_y \frac{E_x}{\eta}$$

이며, 여기서

$$\eta = \sqrt{\frac{\mu}{\varepsilon}} = \frac{\eta_0}{\sqrt{\varepsilon_r}} = 60\pi \qquad (\Omega)$$

이다. 따라서

$$\mathbf{H}(z, t) = \mathbf{a}_y \frac{10^{-4}}{60\pi}\cos\left[2\pi 10^8 t - \frac{4\pi}{3}\left(z - \frac{1}{8}\right)\right] \qquad \text{(A/m)}$$

가 된다.

c) $t = 10^{-8}$에서 E_x가 최대치가 되기 위해 cosine 함수의 편각을 $\pm 2n\pi$와 같게 놓으면

$$2\pi 10^8(10^{-8}) - \frac{4\pi}{3}\left(z_m - \frac{1}{8}\right) = \pm 2n\pi$$

가 되며, 이 식으로부터

$$z_m = \frac{13}{8} \pm \frac{3}{2}n \quad \text{(m)}, \qquad n = 0, 1, 2, \cdots; \qquad z_m > 0$$

을 얻는다. 이 결과를 보다 자세히 관찰하면 주어진 매질에서의 파장은

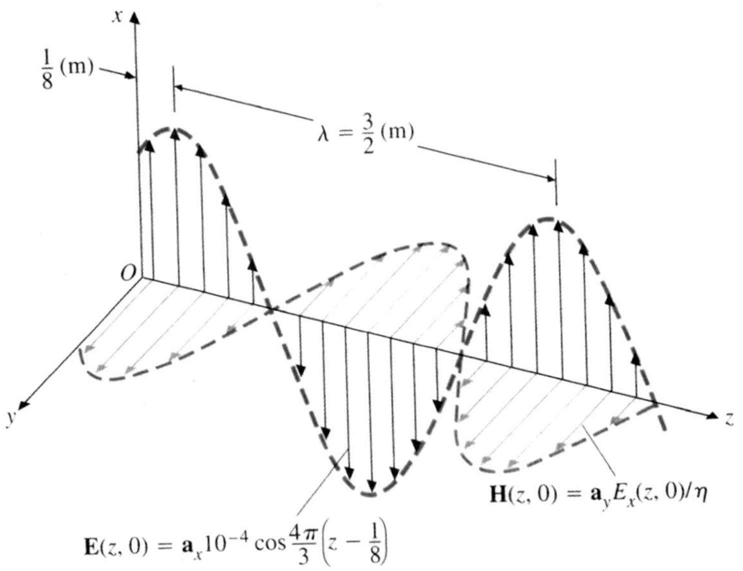

그림 7-2 $t=0$ 에서의 균일 평면파의 전계 **E** 와 자계 **H**(예제 7-1).

$$\lambda=\frac{2\pi}{k}=\frac{3}{2} \qquad \text{(m)}$$

임을 알 수 있다. 따라서 E_x의 양의 최대치는

$$z_m=\frac{13}{8}\pm n\lambda \qquad \text{(m)}$$

에서 나타난다. 기준 시간 $t=0$ 에 대한 z 의 함수로서의 전계 **E** 와 자계 **H** 를 그림 7-2 에 나타내었다.

7-2.1 Doppler 효과

Doppler 효과의 의미

시정현파원과 수신단 사이에 상대적인 움직임이 있을 때 수신단에서 감지되는 파의 주파수는 파원으로부터 방사되는 주파수와는 다르다. 이 현상이 **Doppler 효과**† 이다. Doppler 효과는 음향에서 뿐만 아니라 전자파에도 나

†C. Doppler(1803-1853)

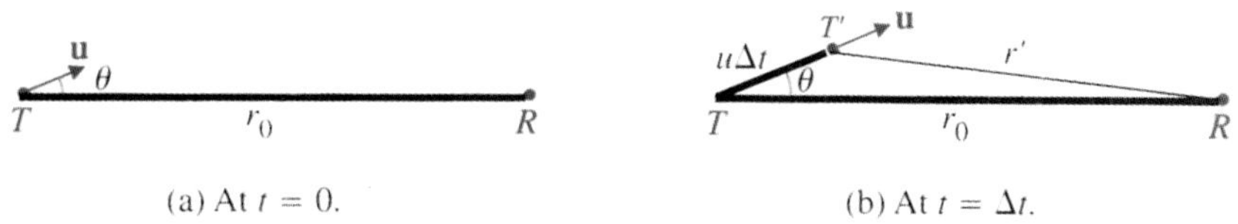

그림 7-3 Doppler 효과를 설명하는 예.

타난다. 아마도 독자들은 빠른 속도로 달리는 기관차의 기적소리의 음조의 변화를 경험했을 것이다. 본 절에서는 Doppler 효과에 대해 설명하겠다.

그림 7-3(a)에 보인 바와 같이 주파수 f 를 갖는 시정현파원(송신기) T 가 정지해 있는 수신기 R 과의 직선에 대해 상대각 θ 의 방향으로 속도 $\mathbf{u}$ 를 갖고 움직인다고 가정하자. 기준 시간 $t=0$ 일 때 자유공간에서 T 에 의해 방사되는 전자파는

$$t_1 = \frac{r_0}{c} \tag{7-16}$$

시간에 R 에 도착한다. 이보다 늦은 시간 $t = \Delta t$ 에서 T 는 새로운 위치 T' 으로 이동하였고 이 시간에 T' 에 의해 방사되는 파는

$$\begin{aligned} t_2 &= \Delta t + \frac{r'}{c} \\ &= \Delta t + \frac{1}{c}\left[r_0^2 - 2r_0(u\,\Delta t)\cos\theta + (u\,\Delta t)^2\right]^{1/2} \end{aligned} \tag{7-17}$$

시간에 R 에 도착한다. 만약 $(u\,\Delta t)^2 \ll r_0^2$ 라고 하면 식(7-17)은

$$t_2 \simeq \Delta t + \frac{r_0}{c}\left(1 - \frac{u\,\Delta t}{r_0}\cos\theta\right)$$

가 된다. 따라서 T 에서의 Δt 에 해당하는 R 에서의 경과시간 $\Delta t'$ 은

$$\begin{aligned} \Delta t' &= t_2 - t_1 \\ &= \Delta t\left(1 - \frac{u}{c}\cos\theta\right) \end{aligned} \tag{7-18}$$

로서 Δt 와는 같지 않다.

만약 Δt 가 시정현파원의 주기를 나타낸다면, 즉 $\Delta t = 1/f$ 이면 R 에서

수신된 파의 주파수 f'은

$$f' = \frac{1}{\Delta t'} = \frac{f}{\left(1 - \frac{u}{c}\cos\theta\right)}$$
$$\cong f\left(1 + \frac{u}{c}\cos\theta\right) \tag{7-19}$$

가 된다. 여기서 근사식은 $(u/c)^2 \ll 1$인 일반적인 경우를 가정하여 얻은 것이다. 식(7-19)로 알 수 있는 것은 수신단 R에서 인지하는 주파수는 방사된 주파수보다 T가 R 방향으로 움직일 때 더 높다는 것이다. 거꾸로 T가 R로부터 멀어지면 인지된 주파수는 방사된 주파수보다 낮아진다. R이 움직이고 T가 정지되어 있을 때도 유사한 결과를 얻을 수 있다.

속도측정 레이다의 동작원리

Doppler 효과는 움직이는 자동차의 속도를 알아내기 위해 경찰이 사용하는 (Doppler)레이다의 동작의 기본 원리이다. 움직이는 물체에 반사되어 수신된 파의 주파수 천이는 그 물체의 속도에 비례하므로 이를 감지하여 손에 든 스피드 건에 표시하면 된다. Doppler 효과는 또한 천문학에서 멀리 떨어진 별이 점점 멀어지면서 방출하는 빛의 스펙트럼의 **적색천이(red shift)**의 원인이 된다. 천체의 별이 지구 위의 관찰자로부터 빠른 속도로 멀어짐에 따라 수신된 주파수는 스펙트럼의 끝인 낮은 주파수(적색) 방향으로 천이하게 된다.

천문학에서의 적색천이 현상

연습문제 7.2 시선으로부터 20°의 각도를 갖고 130(km/hr)의 속도로 관찰자 방향으로 진행하는 기차가 800 Hz의 기적소리를 낸다고 하면 이 관찰자가 인지하는 주파수는 얼마인가? (소리의 속도는 약 340 m/s 이다.)

답 880(Hz)

복습문제 문 7-6 Doppler 효과란 무엇인가?

요 점

수신단에서 감지하는 파의 주파수는 송신단이 방사하는 파의 주파수보다 그 송신단이 수신단 쪽으로 가까이(멀어져) 갈 때 더 높아(낮아)진다.

7-2.2 횡방향 전자파

TEM 파

우리는 $+z$ 방향으로 전파하는 전계 $\mathbf{E}=\mathbf{a}_x E_x$로 특정지워지는 균일 평면파는 이와 연관된 자계 $\mathbf{H}=\mathbf{a}_y H_y$가 존재함을 알고 있다. $\mathbf{E}$와 $\mathbf{H}$는 서로 수직이며 전파방향에 대해 두 개 모두 횡방향 성분만을 갖고 있다. 이것이 **횡방향 전자파(TEM)**의 특별한 경우이다. 이제 우리는 좌표축과는 반드시 일치하지는 않는 임의의 방향으로의 균일 평면파의 전파에 대해 알아보겠다.

식(7-8)에 주어진 $\mathbf{E}(z)$ 대신 $+x$와 $+z$ 양쪽 방향으로 진행하는 균일 평면파의 y 방향 전계강도를 나타내는 새로운 평면파

$$\mathbf{E}(x, z)=\mathbf{a}_y E_0 e^{-jk_x x-jk_z z} \tag{7-20}$$

를 고려하자. **파수벡터**(wavenumber vector) $\mathbf{k}$를

직각좌표계에서의 파수 벡터의 식

$$\mathbf{k}=\mathbf{a}_x k_x+\mathbf{a}_z k_z=\mathbf{a}_k k \tag{7-21}$$

로 정의하고, 원점으로부터 임의의 점까지의 반경벡터 $\mathbf{R}$을

$$\mathbf{R}=\mathbf{a}_x x+\mathbf{a}_y y+\mathbf{a}_z z \tag{7-22}$$

로 정의하면 식(7-20)은

$$\mathbf{E}=\mathbf{a}_y E_0 e^{-j\mathbf{k}\cdot\mathbf{R}}=\mathbf{a}_y E_0 e^{-jk\mathbf{a}_k\cdot\mathbf{R}} \tag{7-23}$$

로 간결하게 쓸 수 있다. 그림 7-4에 이 상황이 예시되어 있다. 관계식

$$\mathbf{a}_k\cdot\mathbf{R}=\text{길이 }\overline{OP}\qquad(\text{상수})$$

는 전파방향 $\mathbf{a}_k$에 수직인 평면(반경벡터 $\mathbf{R}$의 끝점의 궤적)의 방정식이며 일정 위상 평면이고 파의 균일 진폭 평면이다.

식(7-23)에 주어진 전계와 연관된 자계 $\mathbf{H}$는 식(6-80a)로부터

$$\mathbf{H}=-\frac{1}{j\omega\mu}\nabla\times\mathbf{E}=\frac{E_0}{\omega\mu}(-\mathbf{a}_x k_z+\mathbf{a}_z k_x)\,e^{-jk_x x-jk_z z} \tag{7-24}$$

가 된다. 식(7-24)는 다음과 같은 보다 일반적인 형태로 쓸 수 있다:

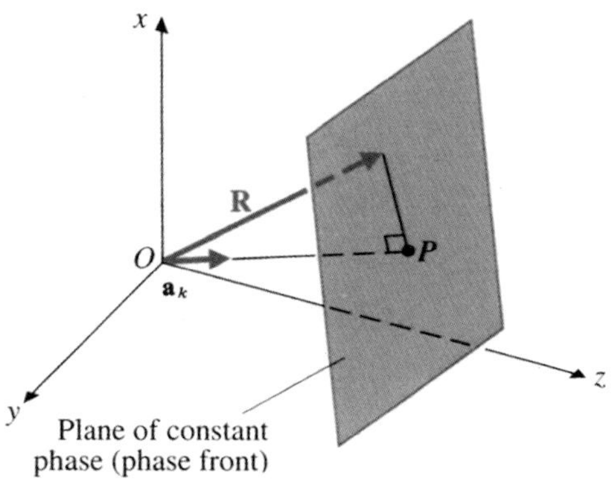

그림 7-4 반경 벡터와 균일 평면파의 상수위상 평면에 수직인 파.

균일 평면파의 E로부터 H를 구하는 법

$$\mathbf{H} = \frac{k}{\omega\mu}\mathbf{a}_k \times \mathbf{E} = \frac{1}{\eta}\mathbf{a}_k \times \mathbf{E}. \tag{7-25}$$

따라서 어떤 주어진 방향으로 진행하는 균일 평면파의 전계 $\mathbf{E}$를 알면 이와 연관된 자계 $\mathbf{H}$는 식(7-25)로부터 쉽게 구할 수 있다.

연습문제 7.3 a) 공기 중에서 $-y$ 방향으로 진행하는 진폭 E_0, 주파수 f를 갖는 균일 평면파의 z 방향 전계의 페이저식을 쓰시오.
b) 이와 연관된 자계식을 쓰시오.

답 (a) $\mathbf{E} = \mathbf{a}_z E_0 e^{j2\pi fy/c}$

7-2.3 평면파의 편파

균일 평면파의 편파의 의미

균일 평면파의 **편파**(polarization)는 공간상의 한 점에서 전계강도벡터가 시간에 따라 변하는 특성을 설명해 준다. 예를 들어 평면파의 $\mathbf{E}$벡터가 x방향으로 고정되어 있으면($\mathbf{E} = \mathbf{a}_x E_x$이고 E_x는 양 혹은 음의 값을 갖는다.) 이 파는 x방향으로 **선형편파**되었다고 말한다. 자계의 특성에 대한 별도의 설명은 필요하지 않다. 왜냐하면 $\mathbf{H}$의 방향은 $\mathbf{E}$의 방향에 직접 연관되기 때문이다.

공간상의 한 점에서 평면파의 전계 $\mathbf{E}$ 의 방향은 시간에 따라 변하는 경우가 있다. x 방향으로 선형편파된 파와 y 방향으로 시간 위상이 $90°(\pi/2$ 라디안) 지연되어 편파된 두 개의 선형편파된 파가 중첩되었다고 하자. 위상식을 이용하면

$$\begin{aligned}\mathbf{E}(z) &= \mathbf{a}_x E_1(z) + \mathbf{a}_y E_2(z)\\ &= \mathbf{a}_x E_{10} e^{-jkz} - \mathbf{a}_y j E_{20} e^{-jkz}\end{aligned} \tag{7-26}$$

로 쓸 수 있다. 여기서 E_{10} 와 E_{20} 는 두 개의 선형편파된 파의 진폭을 나타내는 실수이다. $\mathbf{E}$ 에 대한 순시식은

$$\begin{aligned}\mathbf{E}(z, t) &= \mathcal{R}e\{[\mathbf{a}_x E_1(z) + \mathbf{a}_y E_2(z)]e^{j\omega t}\}\\ &= \mathbf{a}_x E_{10} \cos(\omega t - kz) + \mathbf{a}_y E_{20} \cos\left(\omega t - kz - \frac{\pi}{2}\right)\end{aligned}$$

가 된다. t 가 변화함에 따라 공간상의 한 점에서의 $\mathbf{E}$ 의 방향 변화를 연구하는 데는 $z = 0$ 으로 놓는 것이 편리하다. 따라서

$$\begin{aligned}\mathbf{E}(0, t) &= \mathbf{a}_x E_1(0, t) + \mathbf{a}_y E_2(0, t)\\ &= \mathbf{a}_x E_{10} \cos \omega t + \mathbf{a}_y E_{20} \sin \omega t\end{aligned} \tag{7-27}$$

가 되는데, ωt 가 0 에서부터 증가하여 $\pi/2$ 를 거쳐 π, $\frac{3}{2}\pi$, 그리고 2π 까지 한 주기를 완성함에 따라 벡터 $\mathbf{E}(0, t)$의 끝은 반시계방향으로 타원형 궤적을 그리며 진행하게 된다. 해석적으로 설명하면

$$\cos \omega t = \frac{E_1(0, t)}{E_{10}}$$

가 되고

$$\begin{aligned}\sin \omega t &= \frac{E_2(0, t)}{E_{20}}\\ &= \sqrt{1 - \cos^2 \omega t} = \sqrt{1 - \left[\frac{E_1(0, t)}{E_{10}}\right]^2}\end{aligned}$$

가 되어 다음과 같은 타원식이 나온다 :

$$\left[\frac{E_2(0, t)}{E_{20}}\right]^2 + \left[\frac{E_1(0, t)}{E_{10}}\right]^2 = 1 . \tag{7-28}$$

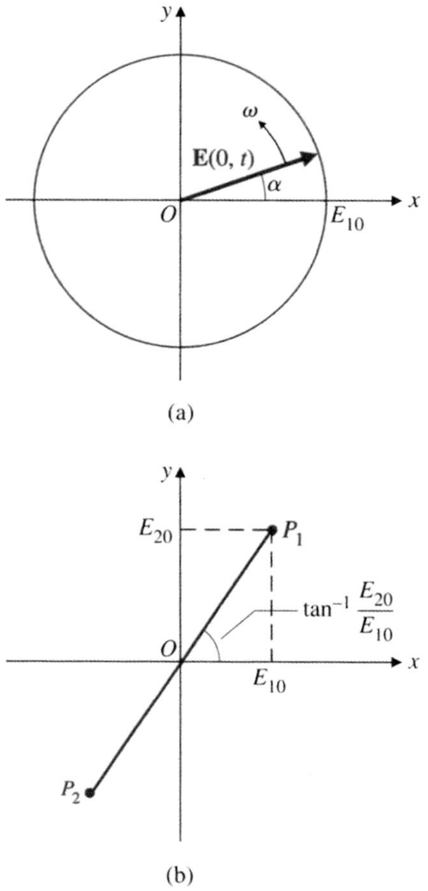

그림 7-5 $z=0$ 에서 공간 4.4 분면에 있는 두 개의 선형편파의 합에 대한 편파도. (a) 원형편파, $\mathbf{E}(0,\ t)=E_{10}(\mathbf{a}_x\cos\omega t+\mathbf{a}_y\sin\omega t)$; (b) 선형편파, $\mathbf{E}(0,\ t)=(\mathbf{a}_xE_{10}+\mathbf{a}_yE_{20})\cos\omega t$.

타원편파와 원형편파의 의미

따라서, 공간과 시간 4·4 분면에서의 두 개의 선형편파의 합 $\mathbf{E}$ 는 $E_{20}\neq E_{10}$ 이면 **타원편파**가 되고 $E_{20}=E_{10}$ 이면 **원형편파**가 된다. 전형적인 편파원이 그림 7-5(a)에 나타나 있다.

$E_{20}=E_{10}$ 일 때 $z=0$ 에서 $\mathbf{E}$ 가 x 축과 이루는 순시각 α 는

$$\alpha=\tan^{-1}\frac{E_2(0,\ t)}{E_1(0,\ t)}=\omega t \tag{7-29}$$

가 되는데, 이것은 $\mathbf{E}$ 가 반시계방향으로 일정한 각속도 ω 로 회전한다는 것

을 의미한다. 오른손의 손가락들이 **E**의 회전방향이라면 엄지손가락은 그 파의 진행방향을 나타낸다. 이것이 **오른손** 혹은 **양의 원형편파**이다.

오른손(혹은 양의) 원형편파

만약 시간 위상에서 $E_1(z)$보다 90°($\pi/2$ 라디안) 앞서는 $E_2(z)$로 출발한다면 식(7-26)과 식(7-27)은 각각

$$\mathbf{E}(z) = \mathbf{a}_x E_{10} e^{-jkz} + \mathbf{a}_y jE_{20} e^{-jkz} \quad (7\text{-}30)$$

$$\mathbf{E}(0, t) = \mathbf{a}_x E_{10} \cos \omega t - \mathbf{a}_y E_{20} \sin \omega t \quad (7\text{-}31)$$

가 된다. 식(7-31)과 식(7-27)을 비교해 보면 **E**는 여전히 타원편파되어 있음을 알 수 있다. 만약 $E_{20} = E_{10}$이면 **E**는 원형편파되어 있으며 $z = 0$에서 x축으로부터 측정된 각은 $-\omega t$가 되어 **E**는 시계방향으로 각속도 ω로 회전하고 있음을 나타낸다. 이것이 **왼손** 혹은 **음의 원형편파**이다.

왼손(혹은 음의) 원형편파

만약 $E_2(z)$와 $E_1(z)$가 공간 4·4분면에서 시간 위상이 일치한다면 $z = 0$에서 **E**에 대한 순시식은

선형편파

$$\mathbf{E}(0, t) = (\mathbf{a}_x E_{10} + \mathbf{a}_y E_{20}) \cos \omega t \quad (7\text{-}32)$$

가 된다. $\mathbf{E}(0, t)$의 끝은 그림 7-5(b)에 있는 한 점 P_1에 있게 되며 그 크기는 ωt가 증가하여 $\pi/2$로 갈 때 0으로 감소하며 이후 반대방향으로 다시 증가하기 시작하여 $\omega t = \pi$ 일 때 P_2점에 도달한다. 이와 같은 편파의 합 **E**는 x축과 $\tan^{-1}(E_{20}/E_{10})$의 각을 이루는 선을 따라 선형편파되었다고 한다.

일반적으로 공간 4·4분면에 있는 $E_2(z)$와 $E_1(z)$는 그 크기가 다르고 ($E_{20} \neq E_{10}$) 임의의 위상 차이가 날 수 있기 때문에(0이 아니거나 $\pi/2$의 정수배) 그 합 **E**는 타원편파되어 있다.

예 제 7-2

선형편파된 파는 같은 크기를 갖는 오른손 원형편파와 왼손 원형편파로 분해될 수 있음을 증명하라.

해

$+z$ 방향으로 진행하는 선형편파 **E**가 x방향으로 편파되었다고 가정하면 (이러한 가정은 일반성을 잃지 않는다) 페이저 표기법을 사용할 경우

$$\mathbf{E}(z) = \mathbf{a}_x E_0 e^{-jkz} \quad (7\text{-}33)$$

로 쓸 수 있지만, 다시 쓰면

$$\mathbf{E}(z) = \mathbf{E}_{rc}(z) + \mathbf{E}_{lc}(z) \quad (7\text{-}34)$$

가 되는데, 여기서

$$\mathbf{E}_{rc}(z) = \frac{E_0}{2}(\mathbf{a}_x - j\mathbf{a}_y)\, e^{-jkz} \quad (7\text{-}34a)$$

$$\mathbf{E}_{\ell c}(z) = \frac{E_0}{2}(\mathbf{a}_x + j\mathbf{a}_y)\, e^{-jkz} \quad (7\text{-}34b)$$

선형편파된 평면파는 같은 진폭을 갖는 두 개의 원형편파로 분해될 수 있다.

이다. 식(7-34a)의 $\mathbf{E}_{rc}(z)$와 식(97-34b)의 $\mathbf{E}_{\ell c}(z)$는 각각 크기 $E_0/2$를 갖는 오른손 및 왼손 원형편파이다. 이것이 본 문제의 증명이며, 거꾸로 같은 크기를 갖고 서로 반대방향으로 회전하는 두 개의 원형편파의 합은 선형편파가 된다.

연습문제 7.4 전계강도가 $\mathbf{E}(x, t) = (\mathbf{a}_y E_{10} - \mathbf{a}_z E_{20})\sin(\omega t - kx)$로 나타나는 파의 편파 특성에 대해 설명하라.

복습문제

문 7-7 TEM 파란 무엇인가?

문 7-8 무손실 매질의 특성 임피던스는 주파수의 함수인가? 설명하라.

문 7-9 파의 편파란 무엇을 의미하는가? 언제 선형편파되며 언제 원형편파되는가?

문 7-10 같은 주파수를 갖는 두 개의 선형편파가 직교하여 합쳐졌다. 어떤 조건 하에서 (a) 또 다른 선형편파되는지 (b) 원형편파되는지 (c) 타원편파되는지를 설명하라.

요 점

1. 무한한 무손실 매질에서 TEM 파는, (a) **E**와 **H**가 같은 위상이고, (b) $|\mathbf{E}| = \eta|\mathbf{H}|$이다.

2. AM 방송국으로부터 나오는 전계 **E**는 지상과 수직방향으로 선형편파

되어 있다. 최대 수신감도를 위해서는 수신 안테나가 수직방향으로 위치해 있어야 한다.

3. 텔레비전 신호의 전계 **E**는 수평방향으로 선형편파되어 있다. 지붕 끝에 있는 TV 수신 안테나의 수평방향 위치를 참고하라.

4. FM 방송국으로부터 방사되는 파는 일반적으로 원형편파되어 있다.

7-3 손실 매질에서의 평면파

여태까지 우리는 전자계원이 없는($\rho_v = 0$, $\mathbf{J} = 0$) 무손실 단순 매질에서의 파의 전파에 대해 논의하였다. 만약 어떤 매질이 도체라면($\sigma \neq 0$), 전계 **E**가 존재하므로 전류 $\mathbf{J} = \sigma\mathbf{E}$가 흐를 것이다. 따라서 식(6-80b)에 주어진 시정현 방정식 $\nabla \times \mathbf{H}$는

$$\nabla \times \mathbf{H} = (\sigma + j\omega\varepsilon)\mathbf{E} = j\omega\left(\varepsilon + \frac{\sigma}{j\omega}\right)\mathbf{E}$$
$$= j\omega\varepsilon_c\mathbf{E} \qquad (7\text{-}35)$$

로 바뀌어야 한다. 여기서

손실 매질의 복소 유전율

$$\varepsilon_c = \varepsilon - j\frac{\sigma}{\omega} \qquad (\text{F/m}) \qquad (7\text{-}36)$$

이다. 다른 세 개의 방정식(6-80a, c 그리고 d)은 변하지 않는다. 따라서 부도체 매질에 대한 앞의 모든 방정식은 식(7-36)에 주어진 **복소 유전율** (complex permittivity) ε_c로 ε이 바뀌면 도체 매질에 그대로 적용된다.

3-6.2절에서 이미 논의하였듯이 외부의 시변 전계가 물체에 가해질 때 구속 전하의 작은 변위가 발생하여 체적편파밀도가 야기된다. 이 편파벡터는 가해진 전계와 같은 주파수로 변화한다. 주파수가 증가함에 따라, 대전된 입자의 관성력으로 인해 입자의 변위는 전계의 변화와 같은 위상이 될 수 없게 되어 마찰력과 같은 감쇄구조가 야기되는데, 감쇄력을 극복하기 위해서는 일이 행해져야 하므로 전력 손실이 일어난다. 편파의 이러한 위상차이 현상은 복수 전기 감수율(conplex electric susceptibility)과 복소 유전

율로 특정지어질 수 있다. 더구나 그 물체나 매질이 도체 내의 전자나 반도체 내의 전자와 정공, 혹은 전해물의 이온과 같은 인지할 만한 자유전하 캐리어를 갖고 있다면 여기에는 저항성 손실도 발생할 것이다. 이러한 매질을 다루는 데에는 통례상 복소 유전율 ε_c의 허수부에 감쇄 손실과 저항성 손실의 효과 모두를 포함시킨다 :

$$\varepsilon_c = \varepsilon' - j\varepsilon'' \qquad \text{(F/m)} \tag{7-37}$$

여기서 ε'과 ε''는 주파수의 함수일 수 있다. 다른 방법으로, 모든 손실을 나타내는 등가 도전율을 정의하여

$$\sigma = \omega\varepsilon'' \qquad \text{(S/m)} \tag{7-38}$$

로 쓰면 식(7-37)과 (7-38)을 합할 때 식(7-36)이 됨을 알 수 있다.

손실 매질의 손실 탄젠트

비율 $\varepsilon''/\varepsilon'$은 그 매질에서의 전력 손실의 척도이므로 **손실 탄젠트(loss tangent)**라고 부른다 :

$$\tan\delta_c = \frac{\varepsilon''}{\varepsilon'} \cong \frac{\sigma}{\omega\varepsilon} \tag{7-39}$$

식(7-39)에 주어진 양 δ_c는 **손실각(loss angle)**이라고 부른다.

양도체와 양절연체의 차이

만약 $\sigma \gg \omega\varepsilon$이면 그 매질은 **양도체**라고 하고 $\omega\varepsilon \gg \sigma$이면 **양절연체**이다. 따라서 어떤 물질은 낮은 주파수에서는 양도체이지만 아주 높은 주파수에서는 손실이 있는 절연체의 특성을 가질 수도 있다. 예를 들어, 습기가 있는 땅은 유전상수 ε_r이 10 근처에 있고 도전율 σ가 10^{-2}(S/m) 근처에 있다. 이 습기찬 땅의 손실 탄젠트 $\sigma/\omega\varepsilon$는 1 kHz에서 1.8×10^4이 되어 상대적으로 양도체가 된다. 한편, 10 GHz에서는 $\sigma/\omega\varepsilon$이 1.8×10^{-3}이 되어 습기찬 땅은 절연체의 특성을 갖게 된다.

예 제 7-3

상대 유전율이 2.5이고 손실 탄젠트가 0.001인 유전체 매질에 진폭이 250(V/m)이고 주파수가 1(GHz)인 시정현 전계가 존재한다. 이 매질 내에서 단위입방미터당 소모되는 평균 전력을 계산하라.

해

먼저 이 손실 매질의 유효 도전율을 계산해야 한다 :

$$\tan\delta_c = 0.001 = \frac{\sigma}{\omega\varepsilon_0\varepsilon_r}$$

$$\sigma = 0.001(2\pi 10^9)\left(\frac{10^{-9}}{36\pi}\right)(2.5)$$

$$= 1.39 \times 10^{-4}(\mathrm{S/m})\ .$$

단위체적당 소모되는 평균 전력은

$$p = \frac{1}{2}JE = \frac{1}{2}\sigma E^2$$

$$= \frac{1}{2} \times (1.39 \times 10^{-4}) \times 250^2 = 4.34 \qquad (\mathrm{W/m^3})$$

이다.

연습문제 7.5 마이크로웨이브 오븐은 마그네트론에 의해 발생하는 초고주파의 전력을 음식에 쪼여 줌으로써 요리를 하는 것이다. 동작주파수 2.45(GHz)에서 비프 스테이크의 유전상수가 40 이고 손실 탄젠트가 0.35 일 때 예제 7-3 에 주어진 전계강도를 이용하여 입방미터당 평균 전력을 계산하라.(7-3.2 절에서 논의될 **표피효과**는 무시하라)

답 59.6(kW/m³)

지금까지의 이론 전개를 통해 알 수 있는 것은 손실 매질에서의 시정현 특성은 식(7-3)의 실수값 k 를 복소수 파수 k_c 로 바꾸면 해석될 수 있다 :

$$k_c = \omega\sqrt{\mu\varepsilon_c}\ . \tag{7-40}$$

다음과 같은 균질 Helmholtz 방정식을 연구해 보자 :

$$\nabla^2\mathbf{E} + k_c^2\mathbf{E} = 0\ . \tag{7-41}$$

전송 선로 이론에서 사용되는 종래의 표기법을 따르기 위해서는 보편적으로 **전파상수** γ 를

전파상수와 파수의 관계

$$\boxed{\gamma = jk_c = j\omega\sqrt{\mu\epsilon_c}\ \ (\mathrm{m^{-1}}).} \tag{7-42}$$

로 정의한다. γ가 복소수이므로 식(7-36)을 이용하면

$$\gamma = \alpha + j\beta = j\omega\sqrt{\mu\varepsilon}\left(1 + \frac{\sigma}{j\omega\varepsilon}\right)^{1/2} \tag{7-43}$$

가 되고 식(7-37)을 이용하면

$$\gamma = \alpha + j\beta = j\omega\sqrt{\mu\varepsilon'}\left(1 - j\frac{\varepsilon''}{\varepsilon'}\right)^{1/2} \tag{7-44}$$

가 된다. 여기서 α와 β는 각각 γ의 실수부와 허수부로서 그 물리적 중요성은 곧 설명하겠다. 무손실 매질에서 $\sigma = 0(\varepsilon'' = 0,\ \varepsilon = \varepsilon')$이고 $\alpha = 0$이며 $\beta = k = \omega\sqrt{\mu\varepsilon}$이다.

식(7-42)를 이용하면 식(7-41)은

$$\nabla^2\mathbf{E} - \gamma^2\mathbf{E} = 0 \tag{7-45a}$$

가 된다. $+z$ 방향으로 전파하며 $\mathbf{E} = \mathbf{a}_x E_x$와 $\mathbf{H} = \mathbf{a}_y H_y$로 특징지어지는 균일 평면파에 있어서 식(7-45a)는

$$\frac{d^2E_x}{dz^2} = \gamma^2 E_x \tag{7-45b}$$

가 된다. 식(7-45b)의 해는

$$E_x = E_0 e^{-\gamma z} = E_0 e^{-\alpha z} e^{-j\beta z} \tag{7-46}$$

감쇄상수와 그 SI 단위

가 되는데, 여기서 α와 β는 양의 수이다. 첫번째 인자 $e^{-\alpha z}$는 z가 증가함에 따라 감소하므로 감쇄인자이며 α는 **감쇄상수**(attenuation constant)라고 부른다. 감쇄상수의 단위는 미터당 네퍼(Np/m)[†]이다. 두번째 인자 $e^{-j\beta z}$는 위상인자이고 β는 **위상상수**(phase constant)라 불리며 미터당 라디안 (rad/m)으로 표시된다. 위상상수는 전자파가 1미터 진행할 때 발생하는 위상천이의 양을 나타낸다.

위상상수와 그 SI 단위

연습문제 7.6 어떤 손실 매질에서 전파하는 평면파의 전계 진폭이 P_1에서 1(mV/m)이고 그로부터 50(m) 떨어진 P_2에서 0.8(mV/m)일 때

a) P_1과 P_2 사이의 전체 감쇄를 네퍼와 데시벨 모두의 형태로 구하고

† 네퍼는 단위가 없는 양이다. 만약 $\alpha = 1$(Np/m)이면 진폭이 1인 전자파가 1m 진행할 때 그 크기가 $e^{-1}(=0.368)$로 감소한다. 1(Np/m)의 감쇄는 $20\log_{10}e = 8.69$(dB/m)에 해당한다.

b) 감쇄상수 α를 (Np/m)와 (dB/m)로 계산하라.

답 (a) 0.223(Np), 1.94(dB)
(b) 0.00446(Np/m), 0.0388(dB/m)

7-3.1 저손실 유전체

손실 유전체의 전파상수

저손실 유전체는 $\epsilon'' \ll \epsilon'$이거나 $\sigma/\omega\epsilon \ll 1$인 0이 아닌 등가 도전율을 갖는 양호하지만 불완전한 절연체이다. 이러한 조건하에서 식(7-44)에 주어진 γ는 이항 전개식을 사용하면

$$\gamma = \alpha + j\beta \cong j\omega\sqrt{\mu\epsilon'}\left[1 - j\frac{\epsilon''}{2\epsilon'} + \frac{1}{8}\left(\frac{\epsilon''}{\epsilon'}\right)^2\right]$$

로 근사화시킬 수 있는데, 이 식으로부터 감쇄상수

$$\alpha = \mathcal{R}e(\gamma) \cong \frac{\omega\epsilon''}{2}\sqrt{\frac{\mu}{\epsilon'}} \quad \text{(Np/m)} \tag{7-47}$$

와 위상상수

$$\beta = \mathcal{I}m(\gamma) \cong \omega\sqrt{\mu\epsilon'}\left[1 + \frac{1}{8}\left(\frac{\epsilon''}{\epsilon'}\right)^2\right] \quad \text{(rad/m)} \tag{7-48}$$

을 얻을 수 있다. 식(7-47)로부터 저손실 유전체의 감쇄상수는 양의 수이며 근사적으로 주파수에 비례함을 알 수 있다. 식(7-48)에 주어진 위상상수는 완전한(무손실) 유전체에 대한 위상상수 $\omega\sqrt{\mu\epsilon}$에 비해 매우 조금만 차이가 난다.

저손실 유전체의 특성 임피던스는 복소 양이다:

손실 유전체의 특성 임피던스

$$\begin{aligned}\eta_c &= \sqrt{\frac{\mu}{\epsilon'}}\left(1 - j\frac{\epsilon''}{\epsilon'}\right)^{-1/2} \\ &\cong \sqrt{\frac{\mu}{\epsilon'}}\left(1 + j\frac{\epsilon''}{2\epsilon'}\right) \quad (\Omega).\end{aligned} \tag{7-49}$$

특성 임피던스는 균일 평면파에 대한 E_x와 H_y의 비이므로 손실 유전체에서의 전계와 자계의 강도는 무손실 매질에서처럼 위상이 일치하지 않는다.

위상속도 u_p는 비 ω/β로부터 구한다. 식(7-48)을 사용하면

$$u_p = \frac{\omega}{\beta} = \frac{1}{\sqrt{\mu\epsilon'}}\left[1 - \frac{1}{8}\left(\frac{\epsilon''}{\epsilon'}\right)^2\right] \quad (\text{m/s}) \tag{7-50}$$

가 되는데 이것은 무손실 매질일 때의 값보다 약간 낮다.

복습문제 문 7-11 유전체 매질의 유전율을 복소수로 만들어 주는 것은 무엇인가?

문 7-12 어떤 매질의 손실 탄젠트를 정의하라.

문 7-13 전파상수와 파수의 관계는 무엇인가?

문 7-14 어떤 매질에서 전파하는 전자파의 감쇄상수와 위상상수를 정의하라. 이들의 SI 단위는 무엇인가?

요 점

1. 어떤 손실 매질에서의 균일 평면파에 대한 전계와 자계는 공간 4·4 분면에 존재하며 서로 다른 시간위상을 갖고 있다.
2. α와 β는 모두 실수이며 일반적으로 주파수의 함수이다.
3. 네퍼로 표현되는 전자파의 진폭의 감쇄는 출발점과 끝점의 진폭의 비의 자연로그 값이다.
4. 1(Np) = 8.69(dB).

7-3.2 양도체

양도체의 전파상수

양도체란 $\sigma/\omega\varepsilon \gg 1$인 특성을 갖는 매질이다. 이러한 조건하에서는 식(7-43)에서 $\sigma/\omega\varepsilon$과 비교하여 1을 무시하면 편리하다. 즉

$$\gamma \cong j\omega\sqrt{\mu\varepsilon}\sqrt{\frac{\sigma}{j\omega\varepsilon}} = \sqrt{j}\sqrt{\omega\mu\sigma} = \frac{1+j}{\sqrt{2}}\sqrt{\omega\mu\sigma}$$

혹은

$$\gamma = \alpha + j\beta \cong (1+j)\sqrt{\pi f\mu\sigma} \tag{7-51}$$

가 되는데, 여기서 $\omega = 2\pi f$ 이고

$$\sqrt{j} = (e^{j\pi/2})^{1/2} = e^{j\pi/4} = (1+j)/\sqrt{2}$$

인 관계식을 사용하였다. 식(7-51)로부터 알 수 있는 것은 양도체인 경우 α와 β가 거의 같고 모두가 $\sqrt{f}$와 $\sqrt{\sigma}$에 비례하여 증가한다는 것이다. 식으로 쓰면

양도체의 감쇄상수와 위상상수는 같다.

$$\boxed{\alpha = \beta = \sqrt{\pi f \mu \sigma}.} \tag{7-52}$$

가 된다. 양도체의 특성 임피던스는

양도체의 특성 임피던스와 감쇄상수 사이의 관계

$$\eta_c = \sqrt{\frac{\mu}{\epsilon_c}} = \sqrt{\frac{j\omega\mu}{\sigma}} = (1+j)\sqrt{\frac{\pi f \mu}{\sigma}} = (1+j)\frac{\alpha}{\sigma} \quad (\Omega) \tag{7-53}$$

인데, 이것은 위상각이 45° 임을 나타낸다. 따라서 자계의 세기는 전계에 비해 45° 만큼 지연된다.

양도체 내에서의 위상속도

양도체 내에서의 위상속도는

$$u_p = \frac{\omega}{\beta} = \sqrt{\frac{2\omega}{\mu\sigma}} \quad (\text{m/s}) \tag{7-54}$$

이며 $\sqrt{f}$와 $1/\sqrt{\sigma}$에 비례한다. 구리를 예로 들면, 3 MHz 에서

$$\sigma = 5.80 \times 10^7 \quad (\text{S/m})$$
$$\mu = 4\pi \times 10^{-7} \quad (\text{H/m})$$
$$u_p = 720 \quad (\text{m/s})$$

양도체 내에서의 파장

가 되어 양도체 내의 위상속도는 공기 중의 빛의 속도보다 매우 낮음을 알 수 있다. 양도체에서의 평면파의 파장은

$$\lambda = \frac{2\pi}{\beta} = \frac{u_p}{f} = 2\sqrt{\frac{\pi}{f\mu\sigma}} \quad (\text{m}) \tag{7-55}$$

이다. 구리의 경우, 3 MHz 에서 $\lambda = 0.24$ mm 가 된다. 공기 중에서 3 MHz 의 전자파는 그 파장이 100 m 이다.

매우 높은 주파수에서 양도체의 감쇄상수 α는 식(7-52)에 주어진 바와 같이 매우 커진다. 구리의 경우, 3 MHz 에서

$$\alpha = \sqrt{\pi(3\times10^6)(4\pi\times10^{-7})(5.80\times10^7)} = 2.62\times10^4 \quad (\text{Np/m})$$

이다. 감쇄인자가 $e^{-\alpha z}$이므로 이 전자파의 진폭은 $\delta = 1/\alpha$의 거리를 진행

할 때 $e^{-1}=0.368$ 만큼 감쇄될 것이다. 구리의 경우, 3 MHz 에서 이 거리는 $(1/2.62)\times 10^{-4}$(m) 혹은 0.038(mm)가 되며, 10 GHz 에서 0.66(μm) 밖에 되지 않는다. 따라서 높은 주파수의 전자파는 양도체에서 진행할 때 매우 급격히 감쇄한다. 진행 평면파의 진폭이 e^{-1} 혹은 0.368 만큼 감쇄하는 거리 δ를 **표피두께**(skin depth) 혹은 도체의 **침투두께**(depth of penetration)라고 한다:

표피두께

도체의 전도율과 투자율, 그리고 주파수로부터 표피두께를 계산하는 법

$$\boxed{\delta=\frac{1}{\alpha}=\frac{1}{\sqrt{\pi f\mu\sigma}} \quad \text{(m)}.} \tag{7-56}$$

양도체인 경우 $\alpha=\beta$이므로 δ는

$$\boxed{\delta=\frac{1}{\beta}=\frac{\lambda}{2\pi} \quad \text{(m)}} \tag{7-57}$$

로 쓸 수 있다. 초고주파 대역에서 양도체의 표피두께 혹은 침투두께는 너무나 작아서 대부분의 실질적인 경우 전자계와 전류는 도체 표면의 매우 얇은 층(즉, 표피)에 갇혀 있는 것으로 간주해도 무방하다.

예 제 7-4

바닷물에서 $+z$ 방향으로 전파하는 선형편파된 균일 평면파의 전계강도는 $z=0$ 에서 $\mathbf{E}=\mathbf{a}_x 100\cos(10^7\pi t)$ (V/m)이다. 바닷물의 제 상수를 $\varepsilon_r=72$, $\mu_r=1$, 그리고 $\sigma=4$(S/m)라 할 때

a) 전파상수, 위상상수, 특성 임피던스, 위상속도, 파장, 그리고 표피두께를 계산하라.

b) $\mathbf{E}$ 의 진폭이 $z=0$ 에서의 값의 1%가 되는 거리를 구하라.

c) $z=0.8$(m)에서 $\mathbf{E}(z, t)$와 $\mathbf{H}(z, t)$의 시간의 함수식을 써라.

해

$$\omega=10^7\pi \qquad \text{(rad/s)}$$

$$f=\frac{\omega}{2\pi}=5\times 10^6\text{(Hz)}=5 \qquad \text{(MHz)}$$

$$\frac{\sigma}{\omega\varepsilon}=\frac{\sigma}{\omega\varepsilon_0\varepsilon_r} \quad \frac{4}{10^7\,\pi\left(\dfrac{1}{36\pi}\times 10^{-9}\right)\cdot 72}=200\gg 1$$

따라서 양도체식을 사용할 수 있다.

a) 감쇄상수 :

$$\alpha=\sqrt{\pi f\mu\sigma}=\sqrt{5\pi 10^6(4\pi 10^{-7})4}=8.89 \qquad (\text{Np/m}).$$

위상상수 :

$$\beta=\sqrt{\pi f\mu\sigma}=8.89 \qquad (\text{rad/m}).$$

특성 임피던스 :

$$\eta_c=(1+j)\sqrt{\frac{\pi f\mu}{\sigma}}$$

$$=(1+j)\sqrt{\frac{\pi(5\times 10^6)(4\pi\times 10^{-7})}{4}}=\pi e^{j\pi/4} \qquad (\Omega).$$

위상속도 :

$$u_p=\frac{\omega}{\beta}=\frac{10^7\pi}{8.89}=3.53\times 10^6 \qquad (\text{m/s}).$$

파장 :

$$\lambda=\frac{2\pi}{\beta}=\frac{2\pi}{8.89}=0.707 \qquad (\text{m}).$$

표피두께 :

$$\delta=\frac{1}{\alpha}=\frac{1}{8.89}=0.112 \qquad (\text{m}).$$

b) 전자파의 진폭이 $z=0$ 일 때의 값이 1%로 감소하는 거리 z_1 :

$$e^{-\alpha z_1}=0.01 \quad \text{혹은} \quad e^{\alpha z_1}=\frac{1}{0.01}=100,$$

$$z_1=\frac{1}{\alpha}\ln 100=\frac{4.605}{8.89}=0.518 \qquad (\text{m}).$$

c) 페이저 표기법으로 쓰면

$$\mathbf{E}(z)=\mathbf{a}_x 100 e^{-\alpha z}e^{-j\beta z}$$

이고 **E** 에 대한 순시식은

$$\mathbf{E}(z,t)=\mathcal{R}e[\mathbf{E}(z)e^{j\omega t}]$$

$$= \mathcal{R}e[\mathbf{a}_x 100 e^{-\alpha z} e^{j(\omega t - \beta z)}] = \mathbf{a}_x 100 e^{-\alpha z} \cos(\omega t - \beta z)$$

이다. $z = 0.8$(m)에서

$$\begin{aligned} \mathbf{E}(0.8, t) &= \mathbf{a}_x 100 e^{-0.8\alpha} \cos(10^7 \pi t - 0.8\beta) \\ &= \mathbf{a}_x 0.082 \cos(10^7 \pi t - 7.11) \\ &= \mathbf{a}_x 0.082 \cos(10^7 \pi t - 47.5°)^{\dagger} \qquad (\text{V/m}) \end{aligned}$$

가 된다. 균일 평면파는 전계와 자계가 서로 직교하며 또한 파의 진행방향 $\mathbf{a}_z$에 대해서도 모두 직교하는 TEM 파이므로 $\mathbf{H} = \mathbf{a}_y H_y$이다. 시간 t의 함수로서의 $\mathbf{H}$의 순시식인 $\mathbf{H}(z, t)$를 구할 때 $H_y(z, t) = E_x(z, t)/\eta_c$의 관계식을 이용하면 안 된다. 왜냐하면 이것은 실수시간함수 $E_x(z, t)$와 $H_z(z, t)$를 복소수 η_c와 혼합시키는 것이기 때문이다. 페이저 양 $E_x(z)$와 $H_y(z)$를 사용해야 하는데 그 관계식은

$$H_y(z) = \frac{E_x(z)}{\eta_c}$$

가 되어, 이로부터 순시식 사이의 관계를 구하면

$$H_y(z, t) = \mathcal{R}e\left[\frac{E_x(z)}{\eta_c} e^{j\omega t}\right]$$

가 된다. 본 문제에서 페이저 형태로 쓰면

$$H_y(0.8) = \frac{100 e^{-0.8\alpha} e^{-j0.8\beta}}{\pi e^{j\pi 4}} = \frac{0.082 e^{-j7.11}}{\pi e^{j\pi/4}} = 0.026 e^{-j1.61}$$

가 된다. 두 개의 각은 서로 결합되기 전에 라디안으로 바뀌어야 한다. 따라서 $z = 0.8$(m)에서 $\mathbf{H}$에 대한 순시식은

$$\begin{aligned} \mathbf{H}(0.8, t) &= \mathbf{a}_y 0.026 \cos(10^7 \pi t - 1.61) \\ &= \mathbf{a}_y 0.026 \cos(10^7 \pi t - 92.3°) \quad (\text{A/m}) \end{aligned}$$

가 된다.

이 예제로부터 알 수 있는 것은 5(MHz)의 평면파는 바닷물 속에서

† 7.11 (rad) $= 7.11 \times (180/\pi) = 407.4°$이며 위상식으로 쓰면 이것은 $407.4° - 360° = 47.5°$와 같다.

매우 급격히 감쇄하며 전자계원으로부터 아주 가까운 거리에서 무시해도 좋을 정도로 그 진폭은 약해짐을 알 수 있다.(두께 0.8(m)에서의 전자계 진폭은 그 표면에서의 값으로부터 0.082/100 = 0.00082 배로 줄어든다.) 매우 낮은 주파수에서조차 잠수함과의 장거리 통신은 어려운 실정이다.

연습문제 7.7 바닷물에서의 표피두께가 10 m 가 되는 주파수를 구하고, 이에 해당하는 파장을 구하여 공기 중의 파장과 비교하라.

답 633(Hz), 62.8(m), 474(km)

복습문제 문 7-15 주어진 주파수에서 양도체와 양절연체를 구별시켜 주는 것은 무엇인가?
문 7-16 도체의 표피두께란 무엇을 의미하는가?

요 점

1. 양도체의 감쇄상수와 위상상수는 수치적으로 같다.
2. 양도체의 특성 임피던스의 위상각은 45°이다.
3. 양도체의 표피두께는 수치적으로 감쇄상수의 역수와 같으며 $\sqrt{f}$와 $\sqrt{\sigma}$에 반비례한다.
4. 양도체의 표피두께는 10(GHz)에서 1(μm) 보다 작다.

7-4 군속도

위상속도의 정의

식(7-10)에 정의된 단일 주파수 평면파의 위상속도 u_p는 동위상 표면의 전파속도이다. u_p와 위상상수 β 사이의 관계는

$$u_p = \frac{\omega}{\beta} \quad (\text{m/s}) \tag{7-58}$$

이다. 무손실 매질 내의 평면파에 있어서 $\beta = k = \omega\sqrt{\mu\epsilon}$은 ω의 선형함수이다. 결과적으로, 위상속도 $u_p = 1/\sqrt{\mu\epsilon}$은 주파수에 무관한 상수임을 알

수 있다. 그러나, 앞에서 설명했듯이, 손실 유전체에서의 전파나 전송 선로를 따라서 혹은 도파관 내에서의 전파와 같은 경우에는 위상상수가 ω의 선형 함수가 아니므로 다른 주파수를 갖는 파는 다른 위상속도로 전파할 것이다. 정보를 싣고 있는 모든 신호는 특정 대역의 다른 주파수로 구성되어 있으므로 다른 주파수 성분을 갖는 파는 다른 위상속도로 진행하여 신호 파형에 왜곡이 생긴다. 이 경우 신호가 "분산"된다고 하는데 이와 같이 주파수에 대한 위상속도의 변화에 의해 야기되는 신호 왜곡 현상을 **분산**(dispersion)이라 한다. 식(7-50)과 (7-39)로부터 우리는 손실 유전체가 **분산성 매질**(dispersive medium)임을 알 수 있다.

분산

정보를 싣고 있는 신호는 보통 높은 반송 주파수 주위로 주파수가 약간 퍼져 있다. 이러한 신호는 여러 개의 주파수를 갖는 "군(group)"으로 이루어져 있어서 파의 다발을 형성한다. **군속도**(group velocity)란 이러한 파의 다발의 포락선이 진행하는 속도이다.

군속도의 정의

진폭이 같고 약간 다른 각주파수 $\omega_0 + \Delta\omega$와 $\omega_0 - \Delta\omega(\Delta\omega \ll \omega_0)$를 갖는 두 개의 진행파로 구성된 파의 다발의 간단한 경우를 고려해 보자. 주파수의 함수인 위상상수 또한 약간 다를 것이다. 두 개의 주파수에 해당하는 위상상수를 $\beta_0 + \Delta\beta$와 $\beta_0 - \Delta\beta$라 하면

$$\begin{aligned} E(z,t) &= E_0\cos[\omega_0 + \Delta\omega)t - (\beta_0 + \Delta\beta)z] \\ &\quad + E_0\cos[\omega_0 - \Delta\omega)t - (\beta_0 - \Delta\beta)z] \\ &= 2E_0\cos(t\,\Delta\omega - z\,\Delta\beta)\cos(\omega_0 t - \beta_0 z) \end{aligned} \tag{7-59}$$

가 된다. $\Delta\omega \ll \omega_0$이므로 식(7-59)는 각주파수 ω_0로 급속히 진동하는 파와 각주파수 $\Delta\omega$로 천천히 변하는 파의 곱을 나타낸다. 이러한 파의 형태가 그림 7-6에 도시되어 있다.

포락선 안쪽의 파는 $\omega_0 t - \beta_0 z =$ 상수로 놓고 구해진 위상상수로 전파한다:

$$u_p = \frac{dz}{dt} = \frac{\omega_0}{\beta_0}\ .$$

포락선의 속도(군속도 u_g)는 식(7-58)의 첫번째 cosine 인자의 내각을 상수로 놓으면 구할 수 있다:

$$t\,\Delta\omega - z\,\Delta\beta = \text{상수}\ .$$

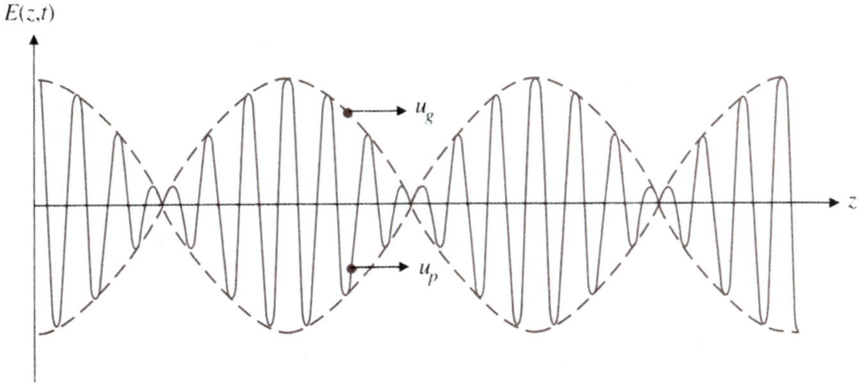

그림 7-6 주어진 시간 t에서 진폭은 서로 같고 주파수가 약간 다른 두 개의 시정현 진행파의 합.

이 식으로부터

$$u_g = \frac{dz}{dt} = \frac{\Delta\omega}{\Delta\beta} = \frac{1}{\Delta\beta/\Delta\omega}$$

가 되는데, $\Delta\omega \to 0$의 극한을 취하면 분산성 매질에서의 군속도를 계산할 수 있는 식을 얻을 수 있다:

분산 매질에서의 군속도 공식

$$u_g = \frac{1}{d\beta/d\omega} \quad (\mathrm{m/s}) \,. \tag{7-60}$$

이것이 그림 7-6에 보인 바와 같이 파의 다발의 포락선상의 한 점의 속도이며 협대역 신호의 속도와 같다. 분산성 매질에서의 군속도는 위상속도보다 클 수도 있고 작을 수도 있다. 만약 $u_g < u_p$이면 이 매질은 정규 분산형 매질이고 $u_g > u_p$이면 이상 분산형 매질이다. $u_g = u_p$이면 분산이 존재하지 않는다.

복습문제

문 7-17 신호의 분산이란 무엇을 의미하는가? 분산 매질의 한 예를 들어라.

문 7-18 군속도를 정의하고 어떤 방법으로 군속도가 위상속도와 달라지는지를 설명하라.

요 점

1. 정보를 담고 있는 신호는 비분산성 매질에서만 왜곡 없이 전달된다.

2. β가 ω의 선형함수(비례식)일 때 그 매질은 분산이 없다.

7-5 전자파의 전력의 흐름과 Poynting 벡터

전자파는 자체적으로 전력을 수반한다. 에너지는 전자파에 의해 공간을 통하여 멀리 떨어져 있는 수신점까지 전달된다. 본 절에서는 진행하는 전자파와 관련하여 이러한 에너지의 전송률과 전계 및 자계 강도와의 관계를 유도하겠다. 다음의 컬 방정식

$$\nabla\times\mathbf{E}=-\frac{\partial\mathbf{B}}{\partial t} \qquad \text{(6-45a) (7-61)}$$

$$\nabla\times\mathbf{H}=\mathbf{J}+\frac{\partial\mathbf{D}}{\partial t} \qquad \text{(6-45b) (7-62)}$$

로부터 직각좌표계를 이용하면 다음의 벡터 연산 항등식을 얻을 수 있다 :

$$\nabla\cdot(\mathbf{E}\times\mathbf{H})=\mathbf{H}\cdot(\nabla\times\mathbf{E})-\mathbf{E}(\nabla\times\mathbf{H})\,. \qquad \text{(7-63)}$$

식(7-61)과 식(7-63)에 대입하면

$$\nabla\cdot(\mathbf{E}\times\mathbf{H})=-\mathbf{H}\cdot\frac{\partial\mathbf{B}}{\partial t}-\mathbf{E}\cdot\frac{\partial\mathbf{D}}{\partial t}-\mathbf{E}\cdot\mathbf{J} \qquad \text{(7-64)}$$

를 얻는다. 제 정수 ϵ, μ 그리고 σ가 시간에 따라 변하지 않는 단순 매질에서는

$$\mathbf{H}\cdot\frac{\partial\mathbf{B}}{\partial t}=\mathbf{H}\cdot\frac{\partial(\mu\mathbf{H})}{\partial t}=\frac{1}{2}\frac{\partial(\mu\mathbf{H}\cdot\mathbf{H})}{\partial t}=\frac{\partial}{\partial t}\left(\frac{1}{2}\mu H^2\right)$$

$$\mathbf{E}\cdot\frac{\partial\mathbf{D}}{\partial t}=\mathbf{E}\cdot\frac{\partial(\epsilon\mathbf{E})}{\partial t}=\frac{1}{2}\frac{\partial(\epsilon\mathbf{E}\cdot\mathbf{E})}{\partial t}=\frac{\partial}{\partial t}\left(\frac{1}{2}\epsilon E^2\right)$$

$$\mathbf{E}\cdot\mathbf{J}=\mathbf{E}\cdot(6\mathbf{E})=\sigma E^2$$

가 되어, 식(7-64)는

$$\nabla\cdot(\mathbf{E}\times\mathbf{H})=-\frac{\partial}{\partial t}\left(\frac{1}{2}\epsilon E^2+\frac{1}{2}\mu H^2\right)-\sigma E^2 \qquad \text{(7-65)}$$

가 되는데, 이것은 점함수 관계식(point-function relationship)이다. 식(7-65)의 적분식은 양변을 원하는 체적에 대해 적분하면 된다 :

$$\oint_S (\mathbf{E} \times \mathbf{H}) \cdot d\mathbf{s} = -\frac{\partial}{\partial t}\int_V \left(\frac{1}{2}\epsilon E^2 + \frac{1}{2}\mu H^2\right) dv - \int_V \sigma E^2 dv. \quad (7\text{-}66)$$

이 식에서 $\nabla \circ (\mathbf{E} \times \mathbf{H})$의 체적적분을 $\mathbf{E} \times \mathbf{H}$의 닫힌 표면적분으로 바꾸기 위하여 발산 정리를 사용하였다.

식(7-66)의 우변에 있는 첫번째 항과 두번째 항은 각각 전계와 자계에 저장되어 있는 에너지의 시간 변화율이다. [식(3-106)과 (5-106)을 비교하라.] 마지막 항은 전계 $\mathbf{E}$가 존재할 때 전도전류밀도 $\sigma\mathbf{E}$가 흐름으로 인하여 이 체적 내에서 소모되는 저항성 전력이다. 따라서 식(7-66)의 우변은 저장된 전계와 자계 에너지의 감소율에서 체적 V에서 열로 발산되는 저항성 전력을 뺀 것으로 해석할 수 있다. 에너지 보존법칙과 일치하려면 이것은 그 표면을 통하여 어떤 체적을 빠져나가는 전력(에너지의 율)과 같아야 한다. 따라서 $\mathbf{E} \times \mathbf{H}$는 단위면적당 이동하는 전력을 나타내는 벡터이다.

$$\boxed{\mathcal{P} = \mathbf{E} \times \mathbf{H} \quad (\mathrm{W/m^2}).} \quad (7\text{-}67)$$

Poynting 벡터의 정의

Poynting 정리

로 정의하면, $\mathcal{P}$는 Poynting 벡터로서 전자계의 전력밀도벡터이다. 식(7-66)의 좌변에 주어진 바와 같이, 닫힌 표면에 대해 $\mathcal{P}$를 표면적분한 값은 닫힌 체적을 빠져나가는 전력과 같다는 것이 **Poynting 정리**이다. 이 정리는 평면파에만 국한되지는 않는다. 식(7-66)은 다른 형태로 쓰면

$$-\oint_S \mathcal{P} \cdot d\mathbf{s} = \frac{\partial}{\partial t}\int_V (w_e + w_m)\, dv + \int_V p_\sigma dv \quad (7\text{-}68)$$

가 되는데, 여기서

$$w_e = \frac{1}{2} \in E^2 = \frac{1}{2}\epsilon \mathbf{E} \cdot \mathbf{E}^* = \text{전기에너지밀도} \quad (7\text{-}69)$$

$$w_m = \frac{1}{2}\mu \mathrm{H}^2 = \frac{1}{2}\mu \mathbf{H} \cdot \mathbf{H}^* = \text{자기에너지밀도} \quad (7\text{-}70)$$

$$p_\sigma = \sigma E^2 = J^2/\sigma = \sigma \mathbf{E} \cdot \mathbf{E}^* = \mathbf{J} \cdot \mathbf{J}^*/\sigma = \text{저항성 전력밀도} \quad (7\text{-}71)$$

이다. 말로 설명하면, 식(7-68)이 의미하는 것은, 어느 순간에 닫힌 표면 안으로 흘러들어오는 전체 전력은 저장된 전계 및 자계 에너지의 증가율과 그 닫힌 체적 내에서 소모하는 저항성 전력의 합과 같다는 것이다. 수식에 나타난 별표는 그 양의 공액복소수를 의미한다.

예 제 7-5

반경이 b 이고 도전율이 σ인 긴 전선에 직류전류 I가 흐를 때, 그 표면에서의 Poynting 벡터를 구하고 Poynting 정리를 증명하라.

해

직류전류가 흐르므로 전선의 단면적에 균일하게 전류가 분포되어 있다. 그림 7-7에 보인 바와 같이 긴 전선 중에서 길이가 ℓ인 부분만 떼어낸 상황에서 전선축이 z 축과 같다고 하면

$$\mathbf{J} = \mathbf{a}_z \frac{I}{\pi b^2}$$

이 되고

$$\mathbf{E} = \frac{\mathbf{J}}{\sigma} = \mathbf{a}_z \frac{I}{\sigma \pi b^2}$$

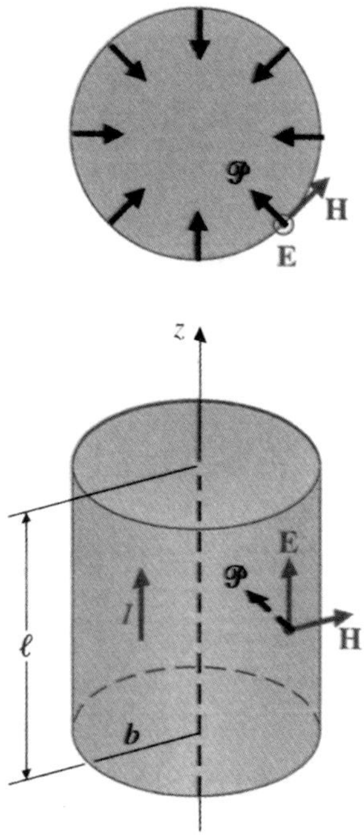

그림 7-7 Poynting 정리를 예시하는 그림(예제 7-5)

이 된다. 전선의 표면에서

$$\mathbf{H} = \mathbf{a}_\phi \frac{I}{2\pi b}$$

이므로 전선의 표면에서의 Poynting 벡터는

$$\mathcal{P} = \mathbf{E} \times \mathbf{H} = (\mathbf{a}_z \times \mathbf{a}_\phi) \frac{I^2}{2\sigma\pi^2 b^3}$$
$$= -\mathbf{a}_r \frac{I^2}{2\sigma\pi^2 b^3}$$

이 되어 도선 표면의 모든 점에서 안쪽으로 향하게 된다.

Poynting 정리를 증명하기 위해, 그림 7-7의 전선의 단면 벽을 따라 $\mathcal{P}$를 적분하면

$$-\oint_S \mathcal{P} \cdot d\mathbf{a} = -\oint_S \mathcal{P} \cdot \mathbf{a}_r ds = \left(\frac{I^2}{2\sigma\pi^2 b^3}\right) 2\pi b\ell$$
$$= I^2\left(\frac{\ell}{\sigma\pi b^2}\right) = I^2 R$$

이 되는데, 여기서 식(4-16)에 주어진 직선 도선의 저항 공식 $R = \ell/\sigma s$를 사용하였다. 위의 결과로부터 알 수 있는 것은 Poynting 벡터의 음의 표면적분이 이 도선에서 소모되는 저항성 전력 I^2R과 정확히 같다는 것이다.

7-5.1 순시 및 평균 전력밀도

전자파를 다루는 데 있어서 페이저 표기법을 사용하는 것이 편리하다는 것은 앞에서 이미 논의하였다. 어떤 물리적인 양의 순시치는 $\cos \omega t$가 기준으로 사용되었을 때에는 그 페이저 양을 곱한 결과에 실수부를 취한 것이다. 예를 들어서, 페이저

$$\mathbf{E}(z) = \mathbf{a}_x E_x(z) = \mathbf{a}_x E_0 e^{-(\alpha + j\beta)z} \tag{7-72}$$

의 순시식은

페이저로부터 순시식을 쓰는 법

$$\mathbf{E}(z, t) = \mathcal{R}e[\mathbf{E}(z) e^{j\omega t}] = \mathbf{a}_x E_0 e^{-\alpha z} \mathcal{R}e[e^{j(\omega t - \beta z)}]$$
$$= \mathbf{a}_x E_0 e^{-\alpha z} \cos(\omega t - \beta z) \tag{7-73}$$

이다. 손실 매질에서 $+z$ 방향으로 진행하는 균일 평면파의 자계강도 페이저는

$$\mathbf{H}(z) = \mathbf{a}_y H_y(z) = \mathbf{a}_y \frac{E_0}{|\eta_c|} e^{-\alpha z} e^{-j(\beta z + \theta_\eta)} \tag{7-74}$$

이다. 여기서 θ_η는 그 매질의 특성 임피던스 $\eta_c = |\eta_c| e^{j\theta_\eta}$의 위상각이다. $\mathbf{H}(z)$에 대한 순시식은 따라서

$$\mathbf{H}(z, t) = \mathcal{R}e[\mathbf{H}(z) e^{j\omega t}] = \mathbf{a}_y \frac{E_0}{|\eta_c|} e^{-\alpha z} \cos(\omega t - \beta z - \theta_\eta) \tag{7-75}$$

이며, 이로부터 식(7-72)와 (7-74)를 이용하여 Poynting 벡터 혹은 전력밀도벡터의 순시식은

$$\begin{aligned}\mathcal{P}(z, t) &= \mathbf{E}(z, t) \times \mathbf{H}(z, t) = \mathcal{R}e[\mathbf{E}(z) e^{j\omega t}] \times \mathcal{R}e[\mathbf{H}(z) e^{j\omega t}] \\ &= \mathbf{a}_z \frac{E_0^2}{|\eta_c|} e^{-2\alpha z} \cos(\omega t - \beta z) \cos(\omega t - \beta z - \theta\eta) \\ &= \mathbf{a}_z \frac{E_0^2}{2|\eta_c|} e^{-2\alpha z} [\cos \theta_\eta + \cos(2\omega t - 2\beta z - \theta_\eta)]\end{aligned} \tag{7-76}$$

이 된다.

전자파에 의해 송출되는 전력에 관한 한 그 평균값이 순시값보다 중요하다. 식(7-76)으로부터 시평균 Poynting 벡터 $\mathcal{P}_{av}(z)$를 구하면

균일 평면파에 의해 z 방향으로 전송되는 평균 전력밀도

$$\mathcal{P}_{av}(z) = \frac{1}{T} \int_0^T \mathcal{P}(z, t)\, dt = \mathbf{a}_z \frac{E_0^2}{2|\eta_c|} e^{-2\alpha z} \cos \theta_\eta \quad (\mathrm{W/m^2}) \tag{7-77}$$

가 되는데, 여기서 $T = 2\pi/\omega$는 그 파의 시간주기이다. 식(7-76)의 우변에 있는 두번째 항은 주파수가 두 배인 cosine 함수로서 그 평균은 기본 주기에 대해 0이 된다. 무손실 매질에서 파가 진행할 때는 $\eta_c \to \eta$가 실수이고 $\sigma = 0$이며 $\theta_\eta = 0$이므로 식(7-77)은

$$\mathcal{P}_{av}(z) = \mathbf{a}_z \frac{E_0^2}{2\eta} \quad (\mathrm{W/m^2}) \tag{7-78}$$

로 줄어든다. 전자파가 z 방향으로 진행하지 않는 일반적인 경우에는

진행파에 있어서 평균 전력밀도에 대한 일반식

$$\mathcal{P}_{av} = \frac{1}{2}\mathcal{R}e(\mathbf{E}\times\mathbf{H}^*) \quad (\mathrm{W/m^2}) \tag{7-79}$$

로 나타나며, 이것이 진행하는 전자파의 평균 전력밀도를 계산하는 일반적인 공식이다.

■ **연습문제 7.8** 식(7-72)와 (7-74)에 의해 주어진 $\mathbf{E}(z)$와 $\mathbf{H}(z)$의 위상식을 식(7-79)에 대입하여 식(7-77)에 주어진 $\mathcal{P}_{av}$를 증명하라.

예 제 7-6

자유공간상에서 원형 좌표계의 원점에 작은 수직 전류원 $Id\ell$이 있고 이로부터 원거리 R만큼 떨어진 위치에서의 전자계에 대한 위상식은

$$\mathbf{E}(R,\theta) = \mathbf{a}_\theta E_\theta(R,\theta) = \mathbf{a}_\theta\left(j\frac{60\pi Id\ell}{\lambda R}\sin\theta\right)e^{-j\beta R} \quad (\mathrm{V/m}) \tag{7-80}$$

이고

$$\mathbf{H}(R,\theta) = \mathbf{a}_\phi\frac{E_\theta(R,\theta)}{\eta_0} = \mathbf{a}_\phi\left(j\frac{Id\ell}{2\lambda R}\sin\theta\right)e^{-j\beta R} \quad (\mathrm{A/m}) \tag{7-81}$$

이다. 여기서 $\lambda = 2\pi/\beta$는 파장이다.

a) 순시 Poynting 벡터에 대한 식을 써라.

b) 이 전류원에 의해 방사되는 전체 평균 전력을 계산하라.

해

a) 공기중의 특성 임피던스는 $E_\theta/H_\phi = \eta_0 = 120\pi(\Omega)$ 이므로 순시 Poynting 벡터는

$$\begin{aligned}\mathcal{P}(R,\theta\,;\,t) &= \mathcal{R}e[\mathbf{E}(R,\theta)\,e^{j\omega t}]\times\mathcal{R}e[\mathbf{H}(R,\theta)\,e^{j\omega t}]\\ &= (\mathbf{a}_\theta\times\mathbf{a}_\phi)\,30\pi\left(\frac{Id\ell}{\lambda R}\right)^2\sin^2\theta\sin^2(\omega t-\beta R)\\ &= \mathbf{a}_R 15\pi\left(\frac{Id\ell}{\lambda R}\right)^2\sin^2\theta[1-\cos 2(\omega t-\beta R)] \quad (\mathrm{W/m^2})\end{aligned}$$

가 된다.

b) 식(7-79)로부터 평균 전력밀도벡터는

$$\mathcal{P}_{av}(R, \theta) = \mathbf{a}_R 15\pi\left(\frac{Id\ell}{\lambda R}\right)^2 \sin^2\theta \tag{7-82}$$

가 되어, 위의 (a)번에서 구한 $\mathcal{P}(R, \theta\,;\,t)$의 시-평균값과 같음을 알 수 있다. 방사되는 전체 평균 전력은 반경 R인 구의 표면에 대해 $\mathcal{P}_{av}(R, \theta)$를 적분하면 된다 :

$$\begin{aligned}\text{전체 } \mathcal{P}_{av} &= \oint_S \mathcal{P}_{av}(R, \theta) \cdot d\mathbf{s} \\ &= \int_0^{2\pi}\int_0^{\pi}\left[15\pi\left(\frac{Id\ell}{\lambda R}\right)^2 \sin^2\theta\right] R^2 \sin\theta\, d\theta\, d\phi \\ &= 40\pi^2\left(\frac{d\ell}{\lambda}\right)^2 I^2 \quad \text{(W)}.\end{aligned} \tag{7-83}$$

여기서 I는 $d\ell$에서의 정현전류의 진폭(실효치의 $\sqrt{2}$배)이다.

■ **연습문제 7.9** 예제 7-6을 참조하여, $I = 5$(A)이고 $d\ell = \lambda/20$일 때, 9m 떨어진 원거리 전자계에서 $80° \leq \theta \leq 100°$이고 $0° \leq \phi \leq 20°$로 정의되며 전류원을 향하는 구 표면에 의해 차단되는 전력을 계산하라.

답 0.354(W)

복습문제

문 7.19 Poynting 벡터를 정의하라. 이 벡터의 SI 단위는 무엇인가?

문 7.20 Poynting 정리를 설명하라.

문 7.21 시-정현 전자계 식을 (a) 순시 Poynting 벡터와 (b) 시-평균 Poynting 벡터에 대한 전계 및 자계 강도로 나타내어라.

요 점

1. Poynting 벡터 $\mathcal{P}$는 $\mathbf{E}$와 $\mathbf{H}$ 모두의 수직인 방향에 있다.
2. Poynting 정리는 에너지 보존 법칙의 한 명시(manifestation)이다.
3. $$\begin{aligned}\mathcal{P}(z, t) &= \mathcal{R}e\left[\mathbf{E}(z)\, e^{j\omega t}\right] \times \mathcal{R}e\left[\mathbf{H}(z)\, e^{j\omega t}\right] \\ &\neq \mathcal{R}e\left[\mathbf{E}(z) \times \mathbf{H}(z)\right] e^{j\omega t}\end{aligned}$$

   임에 유의하라. 즉 $\mathbf{E}$와 $\mathbf{H}$를 먼저 곱하고 그 곱의 실수부를 취하는 것은 옳지 않다.

7.6 평면경계면에서 평면파의 직각 입사

지금까지 우리는 무한한 균질 매질에서의 균일 평면파의 전파에 대해 알아 보았다. 실질적으로 파는 몇 개의 매질로 구성된 제한된 영역에서 전파하는데, 이러한 매질의 제 상수들은 보통 서로 다르다. 어떤 전자파가 하나의 매질에서 진행하다가 다른 특성 임피던스를 갖고 있는 다른 매질로 들어갈 때에는 반사파가 발생한다. 두번째 매질이 완전한 도체가 아니면 입사된 전력의 일부는 두번째 매질로 전달된다. 본 절에서는 평면 경계면에서 균일 평면파의 직각 입사의 간단한 경우를 고려하였으며, 보다 일반적인 경사 입사의 경우는 다음 절에서 연구될 것이다.

그림 7-8에 보인 바와 같이, ϵ_1과 μ_1을 갖는 매질 1에서 입사하는 전자파 $\mathbf{E}_i$, $\mathbf{H}_i$가 ϵ_2와 μ_2를 갖는 매질 2 방향으로 좌표축 z축 방향으로 진행한다고 하자. 경계 표면은 $z=0$인 평면이고 두 매질 모두 무손실 매질로 가정하자. 입사된 전자계 강도 페이저는($\mathbf{a}_{ki}=\mathbf{a}_z$)

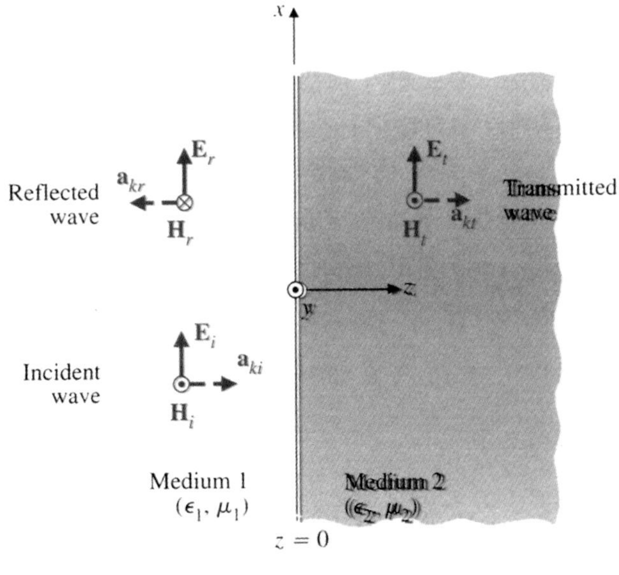

그림 7-8 평면 유전체 경계면으로 직각으로 입사한 평면파

$$\mathbf{E}_i(z) = \mathbf{a}_x E_{i0} e^{-j\beta_1 z} \tag{7-84}$$

$$\mathbf{H}_i(z) = \mathbf{a}_y \frac{E_{i0}}{\eta_1} e^{-j\beta_1 z} \tag{7-85}$$

이다.

$z=0$ 에서의 매질의 불연속성 때문에 입사파의 한 부분은 매질 1로 반사되어 되돌아가고 또 한 부분은 매질 2로 투과된다. 수식으로 나타내면

a) 반사파($\mathbf{E}_r$, $\mathbf{H}_r$)에 대해서는 : $\mathbf{a}_{kr} = -\mathbf{a}_z$

$$\mathbf{E}_r(z) = \mathbf{a}_x E_{r0} e^{j\beta_1 z} \tag{7-86}$$

$$\mathbf{H}_r(z) = (-\mathbf{a}_z) \times \frac{1}{\eta_1}\mathbf{E}_r(z) = -\mathbf{a}_y \frac{E_{r0}}{\eta_1} e^{j\beta_1 z} \tag{7-87}$$

b) 투과파($\mathbf{E}_t$, $\mathbf{H}_t$)에 대해서는 : $\mathbf{a}_{kt} = \mathbf{a}_z$

$$\mathbf{E}_t(z) = \mathbf{a}_x E_{t0} e^{-j\beta_2 z} \tag{7-88}$$

$$\mathbf{H}_t(z) = \mathbf{a}_z \times \frac{1}{\eta_2}\mathbf{E}_t(z) = \mathbf{a}_y \frac{E_{t0}}{\eta_2} e^{-j\beta_2 z} \tag{7-89}$$

로 쓸 수 있다. 여기서 E_{t0}는 $z=0$ 에서 $\mathbf{E}_t$의 크기이고 β_2와 η_2는 각각 매질 2의 위상상수와 특성 임피던스이다. 경계를 구성하는 두 매질의 제정수의 상대적인 크기에 따라 E_{r0}와 E_{t0}가 그 자체적으로 양수일 수도 있고 음수일 수도 있기 때문에, 그림 7-8에 주어진 $\mathbf{E}_r$과 $\mathbf{E}_t$의 화살표의 방향은 임의로 표시하였다.

이 두 개의 방정식은 두 개의 미지의 크기 E_{r0}와 E_{t0}를 구하는 데 필요하며 전계와 자계가 만족시켜야 하는 경계 조건이 수반된다. 유전체의 접합면인 $z=0$ 에서는 전계와 자계 강도의 접선 성분(x 성분)이 연속이어야 하므로

$$\mathbf{E}_i(0) + \mathbf{E}_r(0) = \mathbf{E}_t(0) \quad \text{혹은} \quad E_{i0} + E_{r0} = E_{t0} \tag{7-90}$$

이고

$$\mathbf{H}_i(0) + \mathbf{H}_r(0) = \mathbf{H}_t(0) \quad \text{혹은} \quad \frac{1}{\eta_1}(E_{i0} - E_{r0}) = \frac{E_{t0}}{\eta_2} \tag{7-91}$$

가 된다. 식(7-90)과 (7-91)을 풀면

$$E_{r0} = \frac{\eta_2 - \eta_1}{\eta_2 + \eta_1} E_{i0} \tag{7-92}$$

$$E_{t0} = \frac{2\eta_2}{\eta_2 + \eta_1} E_{i0} \tag{7-93}$$

반사 및 투과 계수

가 되는데, 비례식 E_{r0}/E_{i0}를 **반사계수**(reflection coefficient)라 하고 E_{t0}/E_{i0}를 **투과계수**(transmission coefficient)라 한다. 특성 임피던스로 쓰면

$$\Gamma = \frac{E_{r0}}{E_{i0}} = \frac{\eta_2 - \eta_1}{\eta_2 + \eta_1} \quad \text{(직각 입사)} \tag{7-94}$$

와

$$\tau = \frac{E_{t0}}{E_{i0}} = \frac{2\eta_2}{\eta_2 + \eta_1} \quad \text{(직각 입사)} \tag{7-95}$$

가 된다.

식(7-94)와 (7-95)에 주어진 Γ와 τ의 정의는 손실 매질, 즉 η_1과/혹은 η_2가 복소수일 때에도 적용된다. 따라서 Γ와 τ는 일반적으로 복소수이며 반사계수와 투과계수는 다음과 같은 관계식을 갖는다 :

직각 입사시의 반사계수와 투과계수와의 관계

$$1 + \Gamma = \tau \quad \text{(직각 입사)}. \tag{7-96}$$

매질 1에서의 전체 전자계 $\mathbf{E}_1$과 $\mathbf{H}_1$은 입사파와 반사파의 합이므로 식(7-84)와 (7-86)으로부터

입사파 + 반사파 → 정재파

$$\mathbf{E}_1(z) = \mathbf{a}_x E_{i0} e^{-j\beta_1 z}(1 + \Gamma e^{j2\beta_1 z}) \tag{7-97}$$

가 된다. 이것은 z의 함수로서 인자$(1 + \Gamma e^{j2\beta_1 z})$가 최대값과 최소값이 되는 곳에서 $|\mathbf{E}_1(z)|$는 각각 최대값과 최소값을 갖는다($e^{j2\beta_1 z}$의 크기는 1이다.). 물리적인 현상으로 설명하면 매질 1에서 정재파가 형성된 것이다.

정재파비

어떤 정재파의 전계강도의 최소치에 대한 최대치의 비를 **정재파비**(SWR : standing-wave ratio) S라고 한다.

$$S = \frac{|E|_{\max}}{|E|_{\min}} = \frac{1 + |\Gamma|}{1 - |\Gamma|} \quad \text{(단위 없음)}. \tag{7-98}$$

식(7-98)의 역 관계식은

정재파비로부터 반사계수의 크기를 구하는 법

$$|\Gamma| = \frac{S-1}{S+1} \quad (\text{단위 없음}) \tag{7-99}$$

$|\Gamma|$의 영역 : 0과 1 사이

S의 영역 : 1과 ∞사이

이다. Γ의 값은 −1과 1사이의 값을 갖는 반면 S의 값은 1와 ∞ 사이의 값을 갖는다. 보통 S는 로그 스케일로 표시하며, 데시벨로 나타낸 정재파비는 $20\log_{10}S$이다. 따라서 $S=2$이면 정재파 비는 $20\log_{10}2 = 6.02$(dB)이고 $|\Gamma| = \frac{2-1}{2+1} = \frac{1}{3}$이 된다. 정재파비가 2(dB)이면 $S=1.26$이고 $|\Gamma| = 0.115$이다.

연습문제 7.10

a) $\Gamma = 0.20$을 dB로 표현한 S로 변환하라.

b) $S=3$(dB)일 때 반사계수 $|\Gamma|$는 얼마인가?

답 (a) 3.52(dB) (b) 0.17

매질 1에서의 자계강도는 식(7-85)와 (7-87)에 각각 주어진 $\mathbf{H}_i(z)$와 $\mathbf{H}_r(z)$를 결합하면 구할 수 있다:

$$\mathbf{H}_1(z) = \mathbf{a}_y \frac{E_{i0}}{\eta_1}(e^{-j\beta_1 z} - \Gamma e^{j\beta_1 z})$$
$$= \mathbf{a}_y \frac{E_{i0}}{\eta_1} e^{-j\beta_1 z}(1 - \Gamma e^{j2\beta_1 z}) \tag{7-100}$$

이 식을 식(7-97)에 주어진 $\mathbf{E}_1(z)$와 비교해 보라. 무손실 매질에서 Γ는 실수이고 $|\mathbf{H}_1(z)|$는 $|\mathbf{E}_1(z)|$가 최대값을 갖는 z의 위치에서 최소값을 갖고 $|\mathbf{E}_1(z)|$가 최소값을 갖는 z의 위치에서 최대값을 갖는다.

매질 2에서는 $\mathbf{E}_t$와 $\mathbf{H}_t$는 $+z$ 방향으로 진행하는 투과파를 형성한다. 식(7-88)과 (7-95)로부터

$$\mathbf{E}_t(z) = \mathbf{a}_x \tau E_{i0} e^{-j\beta_2 z} \tag{7-101}$$

가 되고 식(7-89)로부터

$$\mathbf{H}_t(z) = \mathbf{a}_y \frac{\tau}{\eta_2} E_{i0} e^{-j\beta_2 z} \tag{7-102}$$

가 된다.

예 제 7-7

특성 임피던스 η_1을 갖는 무손실 매질에서 특성 임피던스 η_2를 갖는 다른 무손실 매질로 어떤 균일 평면파가 평면 경계면을 통하여 직각으로 입사하였다.

a) 양쪽 매질에서의 시평균 전력밀도식을 구하라.

b) $\eta_2 = 2\eta_1$일 때 매질 1에서의 정재파비를 구하라.

해

a) 식(7-79)는 시평균 전력밀도와 시평균 Poynting 벡터를 계산하는 데 사용하는 식이다:

$$\mathcal{P}_{av} = \frac{1}{2}\mathcal{R}e(\mathbf{E} \times \mathbf{H}^*) \tag{7-103}$$

매질 1에서 식(7-97)과 (7-100)을 사용하면

$$\begin{aligned}(\mathcal{P}_{av})_1 &= \mathbf{a}_z \frac{E_{i0}^2}{2\eta_1}\mathcal{R}e[(1+\Gamma e^{j2\beta_1 z})(1-\Gamma e^{-j2\beta_1 z})] \\ &= \mathbf{a}_z \frac{E_{i0}^2}{2\eta_1}\mathcal{R}e[(1-\Gamma^2)+\Gamma(e^{j2\beta_1 z}-e^{-j2\beta_1 z})] \\ &= \mathbf{a}_z \frac{E_{i0}^2}{2\eta_1}\mathcal{R}e[(1-\Gamma^2)+j2\Gamma\sin 2\beta_1 z] \\ &= \mathbf{a}_z \frac{E_{i0}^2}{2\eta_1}(1-\Gamma^2) \quad (\text{W/m}^2)\end{aligned} \tag{7-104}$$

가 되는데, 여기서 양쪽 모두 무손실 매질이므로 Γ는 실수이다. 매질 2에서 식(7-101)과 (7-102)를 사용하면

$$(\mathcal{P}_{av})_2 = \mathbf{a}_z \frac{E_{i0}^2}{2\eta_2}\tau^2 \quad (\text{W/m}^2) \tag{7-105}$$

가 된다.

무손실 매질이므로 매질 1과 매질 2에서의 전력의 흐름은 같아야 한다. 즉

$$(\mathcal{P}_{av})_1 = (\mathcal{P}_{av})_2 \tag{7-106}$$

혹은

$$\boxed{1-\Gamma^2=\frac{\eta_1}{\eta_2}\tau^2} \tag{7-107}$$

가 되는데, 식(7-94)와 (7-95)를 이용하면 식(7-107)의 타당성은 바로 증명할 수 있다.

b) 만약 $\eta_2=2\eta_1$ 이면

$$\Gamma=\frac{\eta_2-\eta_1}{\eta_2+\eta_1}=\frac{1}{3}$$

이므로 식(7-98)로부터

$$S=\frac{1+1/3}{1-1/3}=2$$

가 되며, 데시벨로 표시하면 $S=20\log_{10}2=6.02(\text{dB})$가 된다.

7-6.1 양도체로의 직각 입사

지금까지는 무손실 매질에서 평면파의 평면 경계면으로의 직각 입사에 대해 논하였다. 그러나 실질적으로 하나의 매질이 양도체($\sigma/\omega\epsilon \gg 1$)인 경우도 종종 나타나게 된다. 금속 반사체와 금속 도파관이 그 예가 될 것이다. 이러한 조건에서 완전도체 근사조건($\sigma\to\infty$)을 사용할 수 있으며, 또한 좋은 결과를 얻을 수 있으므로, 우리들이 유도한 공식들이 간단해지게 된다.

식(7-84)와 (7-85)에 주어진 입사파의 벡터 페이저는

$$\mathbf{E}_i(z)=\mathbf{a}_xE_{i0}e^{-j\beta_1 z} \tag*{(7-84) (7-108)}$$

$$\mathbf{H}_i(z)=\mathbf{a}_y\frac{E_{i0}}{\eta_1}e^{-j\beta_1 z} \tag*{(7-85) (7-109)}$$

평면 도체 경계면으로의 직각 입사 : $\Gamma=-1$, $\tau=0$

이며, 이 파가 $z=0$에 존재하는 완전도체 평면 경계면에 입사했다고 하자. 식(7-53)의 σ에 ∞를 대입하면 $\eta_2=0$이 된다. 이것은 이미 기대했던 결과로서 전도체 경계면은 단락회로로 작용하는 것이다. 식(7-94)와 (7-95)

로부터 $\Gamma=-1$이고 $\tau=0$이 되어 결과적으로 $E_{r0}=\Gamma E_{i0}=-E_{i0}$가 되고 $E_{t0}=\tau E_{i0}=0$이 된다. 입사파는 위상 반전과 함께 완전 반사되며 완전 도체 경계면을 통해 투과되는 전력은 없다. 따라서

$$\mathbf{E}_r(z)=-\mathbf{a}_x E_{i0} e^{j\beta_1 z} \tag{7-110}$$

$$\mathbf{H}_r(z)=-\mathbf{a}_y \times \frac{\mathbf{E}_r(z)}{\eta_1}=\mathbf{a}_y \frac{E_{i0}}{\eta_1} e^{j\beta_1 z} \tag{7-111}$$

이고

$$\begin{aligned}\mathbf{E}_1(z)&=\mathbf{E}_i(z)+\mathbf{E}_r(z)=\mathbf{a}_x E_{i0}(e^{-j\beta_1 z}-e^{j\beta_1 z})\\&=-\mathbf{a}_x j2E_{i0}\sin\beta_1 z\end{aligned} \tag{7-112}$$

$$\begin{aligned}\mathbf{H}_1(z)&=\mathbf{H}_i(z)+\mathbf{H}_r(z)=\mathbf{a}_y \frac{E_{i0}}{\eta_1}(e^{-j\beta_1 z}+e^{j\beta_1 z})\\&=\mathbf{a}_y 2\frac{E_{i0}}{\eta_1}\cos\beta_1 z\end{aligned} \tag{7-113}$$

가 된다. 식(7-112)와 (7-113)으로부터 알 수 있는 것은 $\mathbf{E}_1(z)$와 $\mathbf{H}_1(z)$가 시간적으로 서로 90°의 위상차가 난다는 것이다. ($-j$ 인자에 의해 $\mathbf{E}_1$은 $\mathbf{H}_1$에 대해 90° 만큼 위상이 늦어진다.) $\mathbf{E}_1$과 $\mathbf{H}_1$ 모두 정재파이며 식(7-79)로부터 내릴 수 있는 결론은 매질 1에서의 전체 전자파와 관련된 평균 전력은 없다는 것이다.

매질 1에서의 전체 전자파의 시-공간 특성을 파악하기 위해서는 먼저 식(7-112)와 (7-113)에서 구한 전계 및 자계 강도 페이저에 해당하는 순시식부터 나타내야 한다:

어떤 평면 도체 경계면에 직각으로 입사하면 전체 전자계 $\mathbf{E}_1$와 $\mathbf{H}_1$는 정재파가 된다.

$$\mathbf{E}_1(z,t)=\mathcal{R}e[\mathbf{E}_1(z)e^{j\omega t}]=\mathbf{a}_x 2E_{i0}\sin\beta_1 z\sin\omega t \tag{7-114}$$

$$\mathbf{H}_1(z,t)=\mathcal{R}e[\mathbf{H}_1(z)e^{j\omega t}]=\mathbf{a}_y 2\frac{E_{i0}}{\eta_1}\cos\beta_1 z\cos\omega t. \tag{7-115}$$

$\mathbf{E}_1(z,t)$와 $\mathbf{H}_1(z,t)$ 모두 모든 시간 t에 대해 도전체 경계면으로부터 정해진 위치에 0과 최대값을 갖고 있다. 주어진 t에 대해 $\mathbf{E}_1$과 $\mathbf{H}_1$ 모두 경계평면으로부터 측정된 거리에 따라 정현적으로 변한다.(매질 1에서 z는 음수이다.) ωt의 몇 가지 값에 대한 정재파 $\mathbf{E}_1=\mathbf{a}_x E_1$와 $\mathbf{H}_1=\mathbf{a}_y H_1$이 그림 7-9에 나타나 있다. $\mathbf{E}_1$은 무한 전도체 경계면에서는 0이 되며 그 경계면으로부터 $\lambda_1/2$의 정수배 되는 위치에서 0이 된다. $\mathbf{H}_1$의 정재파는 $\mathbf{E}_1$과 비

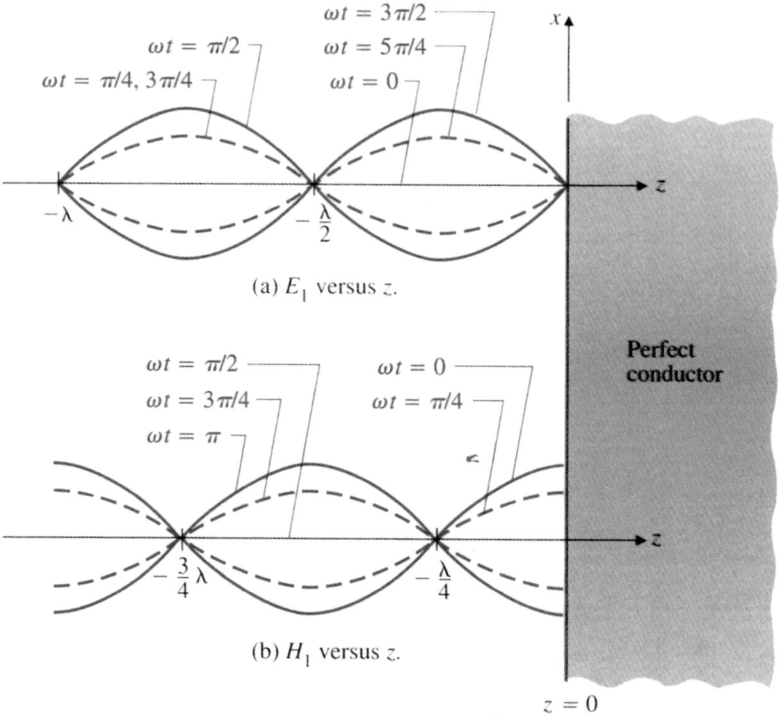

그림 7-9 몇 가지 ωt 값에 대한 정재파들 $\mathbf{E}_1 = \mathbf{a}_x E_1$과 $\mathbf{H}_1 = \mathbf{a}_y H_1$

교해 볼 때 $\frac{1}{4}$파장$(\lambda_1/4)$만큼 이동해 있다.

예 제 7-8

주파수 100(MHz)를 갖는 y 축 편파된 균일 평면파 $(\mathbf{E}_i, \mathbf{H}_i)$가 공기 중에서 $+x$ 방향으로 진행하여 $x = 0$에 위치하는 완전도체 평면에 직각으로 입사하였다. $\mathbf{E}_i$의 진폭이 6(mV/m)로 가정하고

a) 입사파 $\mathbf{E}_i$와 $\mathbf{H}_i$

b) 반사파 $\mathbf{E}_r$과 $\mathbf{H}_r$

c) 공기 중의 전체 전자파 $\mathbf{E}_1$과 $\mathbf{H}_1$

에 대한 페이저와 순시식을 써라.

해

주어진 주파수 100(MHz)에서

$$\omega = 2\pi f = 2\pi \times 10^8 \quad \text{(rad/s)}$$

$$\beta_1 = k_0 = \frac{\omega}{c} = \frac{2\pi \times 10^8}{3 \times 10^8} = \frac{2\pi}{3} \quad \text{(rad/m)}$$

$$\eta_1 = \eta_0 = \sqrt{\frac{\mu_0}{\epsilon_0}} = 120\pi \quad (\Omega)$$

이다.

a) 입사파(진행파)의 경우 :

i) 페이저 식

$$\mathbf{E}_i(x) = \mathbf{a}_y 6 \times 10^{-3} e^{-j2\pi x/3} \quad \text{(V/m)}$$

$$\mathbf{H}_i(x) = \frac{1}{\eta_1}\mathbf{a}_x \times \mathbf{E}_i(x) = \mathbf{a}_z \frac{10^{-4}}{2\pi} e^{-j2\pi x/3} \quad \text{(A/m)}$$

ii) 순시식

$$\mathbf{E}_i(x, t) = \mathcal{R}e[\mathbf{E}_i(x)\, e^{j\omega t}]$$

$$= \mathbf{a}_y 6 \times 10^{-3} \cos\left(2\pi \times 10^8 t - \frac{2\pi}{3}x\right) \quad \text{(V/m)}$$

$$\mathbf{H}_i(x, t) = \mathbf{a}_z \frac{10^{-4}}{2\pi} \cos\left(2\pi \times 10^8 t - \frac{2\pi}{3}x\right) \quad \text{(A/m)}$$

b) 반사파(진행파)의 경우 :

i) 페이저 식

$$\mathbf{E}_r(x) = -\mathbf{a}_y 6 \times 10^{-3} e^{j2\pi x/3} \quad \text{(V/m)}$$

$$\mathbf{H}_r(x) = \frac{1}{\eta_1}(-\mathbf{a}_x) \times \mathbf{E}_r(x) = \mathbf{a}_z \frac{10^{-4}}{2\pi} e^{j2\pi x/3} \quad \text{(A/m)}$$

ii) 순시식

$$\mathbf{E}_r(x, t) = \mathcal{R}\mathbf{e}[\mathbf{E}_r(x)\, e^{j\omega t}]$$

$$= -\mathbf{a}_y 6 \times 10^{-3} \cos\left(2\pi \times 10^8 t + \frac{2\pi}{3}x\right) \quad \text{(V/m)}$$

$$\mathbf{H}_r(x, t) = \mathbf{a}_z \frac{10^{-4}}{2\pi} \cos\left(2\pi \times 10^8 t + \frac{2\pi}{3}x\right) \quad \text{(A/m)}$$

c) 전체 전자파(정재파)의 경우 :

i) 페이저 식

$$\mathbf{E}_1(x) = \mathbf{E}_i(x) + \mathbf{E}_r(x) = -\mathbf{a}_y j12 \times 10^{-3}\sin\left(\frac{2\pi}{3}x\right) \quad (\text{V/m})$$

$$\mathbf{H}_1(x) = \mathbf{H}_i(x) + \mathbf{H}_r(x) = \mathbf{a}_z\frac{10^{-4}}{\pi}\cos\left(\frac{2\pi}{3}x\right) \quad (\text{A/m})$$

ii) 순시식

$$\mathbf{E}_1(x, t) = \mathcal{R}e[\mathbf{E}_1(x)\, e^{j\omega t}]$$

$$= \mathbf{a}_y 12 \times 10^{-3}\sin\left(\frac{2\pi}{3}x\right)\sin(2\pi \times 10^8 t) \quad (\text{V/m})$$

$$\mathbf{H}_1(x, t) = \mathbf{a}_z\frac{10^{-4}}{\pi}\cos\left(\frac{2\pi}{3}x\right)\cos(2\pi \times 10^8 t) \quad (\text{A/m})$$

가 된다.

연습문제 7.12 예제 7-8 의 문제에서 $|E_1|_{max}$와 $|H_1|_{max}$의 위치를 구하라.

답 $n = 0, 1, 2, \cdots$에 대해 $x = -(2n+1)3/4$(m)에서 $|\mathbf{E}_1|_{max}$가 나타나고, $x = -3n/2$(m)에서 $|\mathbf{H}_1|_{max}$가 나타난다.

복습문제

문 7-22 반사계수와 투과계수를 정의하고 직각 입사시 이들의 관계식을 써라.

문 7-23 완전도체 경계면에서의 반사계수와 투과계수의 값은 얼마인가?

문 7-24 정재파란 무엇인가?

문 7-25 정재파비를 정의하고 반사계수와의 관계식을 써라.

문 7-26 완전도체 경계면에 수직으로 입사하는 파와 그 반사파의 합으로 이루어지는 파의 정재파비는 얼마인가?

요 점

1. 무손실 매질에서 Γ와 τ는 실수이다. Γ는 양수일 수도 있고 음수일 수도 있지만 τ는 음수일 수가 없다.
2. 손실 매질에서 Γ와 τ는 복소수이며 이것은 반사와 투과가 발생할 때 경계면에서 위상천이가 야기되는 것을 의미한다.
3. 정재파란 입사파와 반사파의 중첩의 결과이다.
4. Γ와 S는 단위가 없으며 $0 \le |\Gamma| \le 1$이고 $1 \le S \le \infty$이다.
5. $\eta_2 < \eta_1$ $(\Gamma < 0)$일 때 경계면에서 $|\mathbf{E}_1|$의 최소값이 존재하며, $\eta_2 > \eta_1$ $(\Gamma > 0)$일 때 $|\mathbf{E}_1|$은 경계면에서 최대값을 갖는다.

7-7 평면 경계면에서 평면파의 경사 입사

본 절에서는 균일 평면파가 평면 경계면에 경사각을 갖고 입사하는 보다 일반적인 경우에 대해 알아보겠다. 그림 7-10 에 매질 1(ϵ_2, μ_1)과 매질 2 (ϵ_2, μ_2) 사이의 경계면이 $z=0$ 평면에 놓인 상황을 도식하였다. 경계 표면에 수직인 평면과 파수벡터 $\mathbf{a}_k$를 포함하는 평면을 **입사평면**이라고 한다. 경계면에 수직인 평면과 만드는 3 개의 각이 나타나는데 **입사각** θ_i, **반사각** θ_r, 그리고 **굴절각**(혹은 **투과각**) θ_t가 그것이다. 선 AO, $O'A'$, 그리고 $O'B$는 각각 입사평면에 대한 입사파와 반사파, 그리고 투과파의 파면(상수위상 평면)의 교점이다. 입사파와 반사파는 모두 같은 위상속도 u_{p1}을 갖고 매질 1 에서 전파되므로 거리 $\overline{OA'}$과 $\overline{AO'}$은 같아야 한다. 따라서

입사평면

모든 각은 경계면에서 대해 수직인 선으로부터 측정한 것이다.

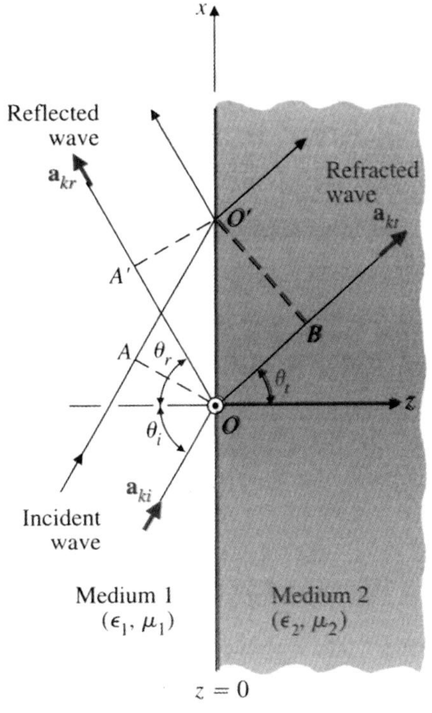

그림 7-10 평면 유전체 경계면에 경사각을 갖고 입사하는 균일 평면파

$$\overline{OO'}\sin\theta_r = \overline{OO'}\sin\theta_i$$

혹은

$$\boxed{\theta_r = \theta_i} \tag{7-116}$$

Snell 의 반사의 법칙

가 된다. 식(7-116)은 **반사각이 입사각과 같다**는 Snell 의 **반사의 법칙**을 나타낸다.

매질 2 에서, 투과파가 O 로부터 B 까지 진행하는 데 걸리는 시간은 입사파가 A 로부터 O' 까지 가는 데 걸리는 시간과 같다. 따라서

$$\frac{\overline{OB}}{u_{p2}} = \frac{\overline{AO'}}{u_{p1}}$$

$$\frac{\overline{OB}}{\overline{AO'}} = \frac{\overline{OO'}\sin\theta_t}{\overline{OO'}\sin\theta_i} = \frac{u_{p2}}{u_{p1}}$$

이 되어, 이로부터

Snell 의 굴절의 법칙

$$\boxed{\frac{\sin\theta_t}{\sin\theta_i} = \frac{u_{p2}}{u_{p1}} = \frac{\beta_1}{\beta_2} = \frac{n_1}{n_2}} \tag{7-117}$$

어떤 매질의 굴절률

를 얻는다. 여기서 n_1과 n_2는 각각 매질 1과 매질 2 에서의 **굴절률**이다. 어떤 매질의 굴절률은 두 매질 내에서의 빛(전자파)의 속도에 대한 자유공간에서의 빛(전자파)의 속도의 비이다. 즉 $n = c/u_p$이다. 식(7-117)에 주어진 관계식이 **Snell 의 굴절의 법칙**이다.

같은 투자율을 갖는 매질($\mu_1 = \mu_2$)에서 식(7-117)은

$\mu_1 = \mu_2$일 때 Snell 의 굴절의 법칙

$$\boxed{\frac{\sin\theta_t}{\sin\theta_i} = \frac{n_1}{n_2} = \frac{\eta_2}{\eta_1} = \sqrt{\frac{\epsilon_1}{\epsilon_2}} = \sqrt{\frac{\epsilon_{r1}}{\epsilon_{r2}}} \quad (\mu_1 = \mu_2)} \tag{7-118}$$

가 되는데 여기서 η_1과 η_2는 그 매질에서의 특성 임피던스이다.

지금까지 우리는 무한 표면에서 입사파와 반사파, 그리고 굴절파의 경로를 고려하여 Snell 의 반사의 법칙과 굴절의 법칙을 유도하였다. 그 파의 편파의 상태에 대해서는 아무런 언급이 없었으므로 Snell 의 법칙들은 파의 편파와는 무관하다.

7-7.1 전반사

$\varepsilon_2 < \varepsilon_1$ 일 때의 전반사 현상

어떤 파가 매질 1에서 밀도가 낮은 매질 2로 입사할 때, 즉 $\epsilon_1 > \epsilon_2$ 인 경우에 식(7-118)에 주어진 Snell의 법칙을 조사해 보자. 이 경우 $\theta_t > \theta_i$ 가 되고 θ_i 가 증가하면 θ_t 가 증가하므로, $\theta_t = \pi/2$ 가 될 때는 재미있는 현상이 발생한다. 즉 굴절파는 경계면을 따라 미끌어지게 되며 θ_i 가 더욱 증가하면 굴절파는 없어지게 되고 입사파는 모두 반사하게 된다. **전반사**(total reflection)의 경계값 $\theta_t = \pi/2$ 에 해당하는 입사각 θ_c 를 **임계각**(critical angle)이라고 한다. 식(7-118)에서 $\theta_t = \pi/2$ 로 놓으면

임계각

$$\sin\theta_c = \sqrt{\frac{\epsilon_2}{\epsilon_1}} \tag{7-119}$$

혹은

임계각의 공식

$$\boxed{\theta_c = \sin^{-1}\sqrt{\frac{\epsilon_2}{\epsilon_1}} = \sin^{-1}\left(\frac{n_2}{n_1}\right) \quad (\mu_1 = \mu_2)} \tag{7-120}$$

가 된다. 이 상황을 그림 7-11에 나타내었는데, 여기서 $\mathbf{a}_{ki}$, $\mathbf{a}_{kr}$ 그리고 $\mathbf{a}_{kt}$ 는 각각 입사파와 반사파, 그리고 투과파의 진행방향을 나타내는 단위벡터이다.

θ_i 가 임계각 θ_c 보다 크면 $(\sin\theta_i > \sin\theta_c = \sqrt{\epsilon_2/\epsilon_1})$ 수학적으로 어떻게 될까? 식(7-118)로부터

$$\sin\theta_t = \sqrt{\frac{\epsilon_1}{\epsilon_2}}\sin\theta_i > 1 \tag{7-121}$$

가 되어 θ_t 에 대한 실수 해는 존재하지 않는다. 식(7-121)의 $\sin\theta_t$ 는 여전히 실수이지만 $\cos\theta_t$ 는 $\sin\theta_t > 1$ 일 때는 허수가 된다:

$$\cos\theta_t = \sqrt{1-\sin^2\theta_t} = \pm j\sqrt{\frac{\epsilon_1}{\epsilon_2}\sin^2\theta_i - 1}\,. \tag{7-122}$$

그림 7-10에 보인 바와 같이 매질 2에서 전형적인 투과파(굴절파)의 진행방향을 나타내는 단위벡터 $\mathbf{a}_{kt}$ 는

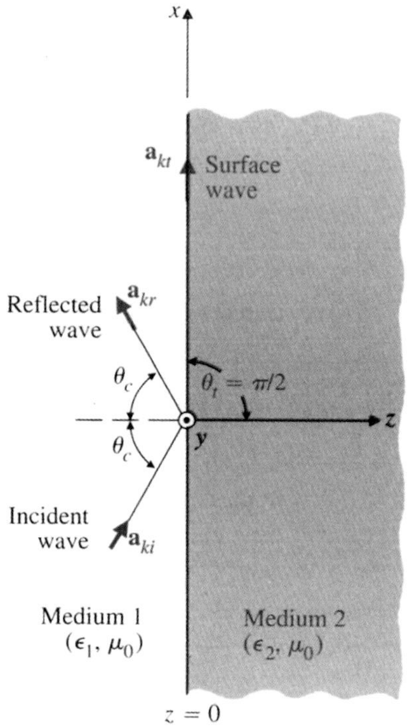

그림 7-11 $\epsilon_1 > \epsilon_2$인 두 매질의 경계면으로 경사각을 갖고 입사한 평면파.

$$\mathbf{a}_{kt} = \mathbf{a}_x \sin\theta_t + \mathbf{a}_z \cos\theta_t \tag{7-123}$$

이다.

$\mathbf{E}_t$와 $\mathbf{H}_t$ 모두 다음과 같은 인자에 따라 공간적으로 변화한다 :

$$e^{-j\beta_2 \mathbf{a}_{kt}\cdot\mathbf{R}} = e^{-j\beta_2(x\sin\theta_t + z\cos\theta_t)} \tag{7-124}$$

여기서 $\mathbf{R}$은 식(7-22)에 주어진 반경벡터이다. $\theta_i > \theta_c$일 때 식(7-118)과 (7-119)을 사용하면, 식(7-124)는

$$e^{-\alpha_2 z} e^{-j\beta_{2x} x} \tag{7-125}$$

가 되는데, 여기서

$$\alpha_2 = \beta_2 \sqrt{(\epsilon_1/\epsilon_2)\sin^2\theta_i - 1} \tag{7-125a}$$

이고

$$\beta_{2x} = \beta_2\sqrt{\epsilon_1/\epsilon_2}\sin\theta_i \tag{7-125b}$$

이다. 식(7-122)의 위의 부호(+)는 z가 증가함에 따라 전자계강도가 함께 증가하는 불가능한 상황을 야기시키므로 제외되었다. 식(7-125)로부터 내릴 수 있는 결론은, $\theta_i > \theta_c$ 일 때 매질 2의 수직방향(z 축방향)으로 지수함수적으로(급격히) 감쇄되는 **소멸파**(evanescent wave)가 경계면을 따라(x 축 방향으로) 존재한다는 것이다. 이 파는 경계면에 단단히 구속되어 있으며 **표면파**(surface wave)라고 한다. 그림 7-11에 나타난 이 표면파는 비균일 평면파이며 이러한 조건에서는 매질 2로 투과되는 전력은 없다(문제 7-27을 보라).

소멸파와 표면파

예 제 7-9

빛의 주파수에서 물의 유전율은 $1.75\epsilon_0$이다. 수면으로부터 거리 d인 곳에 등방성 광원이 있으며 반경 5(m)의 원형 면적을 비추고 있을 때 d를 구하라.

해

물의 굴절률은 $n_w = \sqrt{1.75} = 1.32$이다. 그림 7-12를 참조하면, 조광영역의 반경 $O'P = 5(\text{m})$는 다음의 임계각

$$\theta_c = \sin^{-1}\left(\frac{1}{n_w}\right) = \sin^{-1}\left(\frac{1}{1.32}\right) = 49.2°$$

에 해당한다. 따라서

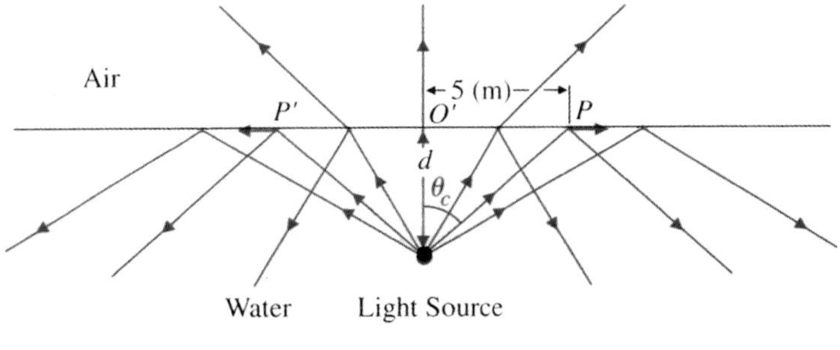

그림 7-12 수면 밑의 어떤 광원(예제 7-9)

$$d=\frac{\overline{O'P}}{\tan\theta_c}=\frac{5}{\tan 49.2°}=4.32 \quad (\text{m})$$

가 된다. 그림 7-12 에 나타난 바와 같이 P 점에서 $\theta_i=\theta_c$로 입사하는 빛은 반사도 하고 표면을 따라 진행하기도 한다. $\theta_i<\theta_c$인 각도로 입사한 빛은 부분적으로 물속으로 반사하고 부분적으로는 위의 공기로 굴절하며, $\theta_i>\theta_c$인 각도로 입사한 빛은 모두 반사된다.(소멸파는 나타내지 않았다.)

예 제 7-10

투명한 물질로 만든 유전체 봉(막대기)이나 광섬유는 전반사 조건하에서 빛이나 전자파를 유도하는 데 사용될 수 있다. 이 도파 매질의 한 쪽 끝에서 어떤 각도로 입사한 파가 다른 끝으로 나올 때까지 이 봉 안에 가두어 둘 수 있는 이 매질의 최소 유전상수를 구하라.

해

그림 7-13 을 참조하면, 전반사를 위해서 θ_1은 이 유전체 도파 매질의 임계각보다 크거나 같아야 한다. 즉

$$\sin\theta_1\geq\sin\theta_c . \tag{7-126}$$

$\theta_1=\pi/2-\theta_t$이므로, 식(7-126)은

$$\cos\theta_t\geq\sin\theta_c \tag{7-127}$$

가 되며, 식(7-118)에 주어진 Snell 의 굴절의 법칙에 의해

$$\sin\theta_t=\frac{1}{\sqrt{\epsilon_{r1}}}\sin\theta_i \tag{7-128}$$

가 된다.(그림 7-13 의 ϵ_1과 ϵ_2의 역할은 그림 7-10 의 역할과 서로 바뀌었음에 유의) 식(7-128)을 식(7-127)에 대입하고 식(7-119)를 이용하면

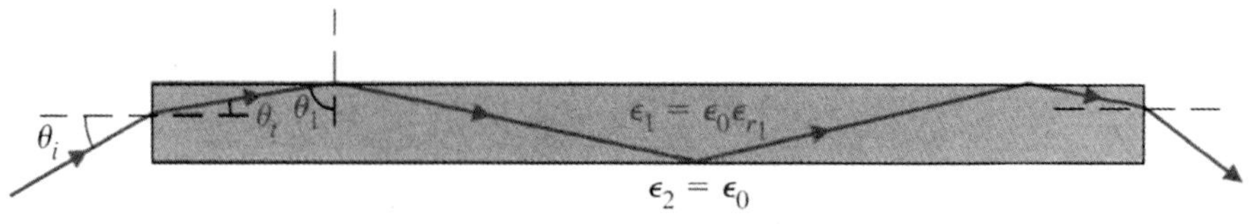

그림 7-13 전반사에 의해 전자파를 유도하는 유전체 봉 혹은 광섬유

$$\sqrt{1-\frac{1}{\epsilon_{r1}}\sin^2\theta_i} \geq \sin\theta_c = \sqrt{\frac{\epsilon_0}{\epsilon_1}} = \frac{1}{\sqrt{\epsilon_{r1}}}$$

이 되어

$$\epsilon_{r1} \geq 1+\sin^2\theta_i \tag{7-129}$$

가 되어야 한다.

식(7-129)의 우변은 $\theta_i = \pi/2$일 때 최대값이 되므로 이 도파 매질의 유전상수는 적어도 2보다는 커야 하는데, 이것은 굴절률 $n_1 = \sqrt{2}$에 해당한다. 굴절률이 $\sqrt{2}$보다 큰 매질로는 유리와 석영 등이 있다.

연습문제 7.13 주파수가 30(MHz)인 균일 평면파가 무손실 유전 매질($\epsilon = 2.25\epsilon_0$, $\mu = \mu_0$)로 부터 $z=0$에 놓인 평면 경계면을 통하여 공기로 입사하고 그 입사각이 30°일 때 굴절각과 각각의 매질(유전체와 공기)에서의 위상상수를 구하라.

답 48.6°, 0.94(rad/m), 0.63(rad/m)

연습문제 7.14 연습문제 7.13에서의 임계각을 구하고 입사각이 60°일 때의 공기에서의 감쇄와 위상상수를 구하라.

복습문제

- 문 7-27 입사평면을 정의하라.
- 문 7-28 Snell의 반사의 법칙을 설명하라.
- 문 7-29 Snell의 굴절의 법칙을 두 개의 인접하는 비자성 매질의 굴절률과 특성 임피던스로 설명하라.
- 문 7-30 임계각을 정의하라. 전반사란 무엇을 의미하는가?
- 문 7-31 표면파를 정의하라.

요 점

1. Snell의 법칙은 파의 편파에 무관하다.
2. Snell의 법칙은 매질의 제 정수가 주파수에 무관하면 파의 주파수에도 무관하다.
3. Snell의 법칙에 나타나는 모든 각은 경계면에 대해 수직인 선으로부터 측정한 것이다.
4. 전반사는 $\epsilon_2 < \epsilon_1$일 때만 가능하다.
5. $\theta_i > \theta_c$일 때는 경계면을 통해 투과하는 전력은 없다.

7-7.2 전리층

전리층의 구성

지구의 대기권에는 높이가 약 50(km)에서 500(km)되는 곳에 **전리층**(ionosphere)이라고 불리는 이온화된 가스층이 있다. 전리층은 태양으로부터의 자외선 복사가 대기권에 있는 원자와 분자들에 의해 흡수될 때 발생하는 자유전자와 양의 이온들로 구성되어 있으며, 대전된 입자들은 지구의 자기장에 의해 구속되어 있다. 전리층의 높이와 특성은 태양 복사의 성질과 대기권의 구성에 따라 달라진다. 또한 태양의 흑점 주기, 계절, 그리고 그 날의 시간에 따라 매우 복잡한 방법으로 변화한다. 각각의 전리층에 있는 전자와 이온의 밀도는 근본적으로 같으며 이러한 같은 전자와 이온 농도를 갖는 이온화된 가스를 **플라즈마**(plasma)라고 한다.

전리층은 전자파의 전파에 매우 중요한 역할을 하며 통신에도 영향을 준다. 전자는 양이온보다 훨씬 가볍기 때문에 전리층을 통과하는 전자파의 전계에 의해 더 많이 가속된다. 이론적인 해석에 의하면 전자파의 전파에 대한 전리층(혹은 플라즈마)의 영향은 실효 유전율 ϵ_p를 이용하면 파악할 수 있다:

플라즈마의 실효 유전율

$$\epsilon_p = \epsilon_0\left(1 - \frac{\omega_p^2}{\omega^2}\right) = \epsilon_0\left(1 - \frac{f_p^2}{f^2}\right) \quad (\text{F/m}) . \tag{7-130}$$

여기서 ω_p는 **플라즈마 각주파수**(plasma angular freguency)이며

$$\omega_p = 2\pi f_p = \sqrt{\frac{Ne^2}{m\epsilon_0}} \tag{7-131}$$

이다. 식(7-131)의 N은 단위체적당 전자의 수이고 e와 m은 각각 전자의 전하와 질량이다. 식(7-42)와 (7-130)으로부터 전파상수를 구해 보면

$$\gamma = \alpha + j\beta = j\omega\sqrt{\mu\epsilon_0}\sqrt{1 - \left(\frac{f_p}{f}\right)^2} \tag{7-132}$$

가 된다.

$f < f_p$이면 γ는 실수가 되어 전파되지 못하고 감쇄함을 의미한다. 한편, $f > f_p$이면 γ는 순허수가 되어 전자파는 전리층에서 감쇄없이 전파하게 된

다.(충돌에 의한 손실은 무시할 정도로 작은 것으로 가정하였다.)

식(7-131)에 e와 m 그리고 ϵ_0의 값을 대입하면 플라즈마(차단) 주파수에 대한 매우 간단한 공식을 얻는다:

플라즈마 주파수에 대한 공식

$$f_p \simeq 9\sqrt{N} \quad (\text{Hz}) . \tag{7-133}$$

앞에서 이미 언급했듯이 어떤 주어진 고도에서 N은 상수가 아니며 그 날의 시간과 계절, 그리고 다른 여러 가지 인자에 따라 변한다. 전리층의 전자밀도는 가장 낮은 층에서는 $10^{10}/\text{m}^3$에서 가장 높은 층에서는 $10^{12}/\text{m}^3$까지 퍼져 있다. 이러한 N의 값을 식(7-133)에 사용하면 f_p는 0.9(MHz)에서 9(MHz)까지 변하게 된다. 따라서 전리층 위에 있는 인공위성이나 우주정거장과 교신하려면 전자파가 어떤 각도로 입사하든 가장 큰 N 값을 갖는 층을 통과할 수 있도록 9(MHz)보다 훨씬 높은 주파수를 사용해야 한다. 0.9(MHz)보다 낮은 주파수를 갖는 신호는 전리층의 가장 낮은 층도 통과할 수는 없지만 전리층의 경계와 지구 표면을 여러 번 반사하면서 아주 멀리까지 지구 주위를 따라 전파할 수 있다. 0.9(MHz)와 9(MHz) 사이의 주파수를 갖는 신호는 낮은 전리층을 부분적으로 투과할 수는 있지만 N이 큰 곳에서는 궁극적으로 되돌아 오게 된다.

예 제 7-11

우주선이 지구의 대기권으로 되돌아 올 때에는 그 속도와 온도에 의해 주위의 원자와 분자들이 이온화되고 플라즈마가 발생한다. 추정에 의하면 전자밀도는 m^3당 2×10^8 근처에 있다고 한다. 우주선과 지상 제어국 사이의 무선통신에 있어서 주파수 사용에 대한 플라즈마의 영향에 대해 논하라.

해

$$N = 2 \times 10^8/(\text{cm}^3)$$
$$= 2 \times 10^{14}/(\text{m}^3)$$

이므로 식(7-133)에 대입하면 $f_p = 9 \times \sqrt{2 \times 10^{14}} = 12.7 \times 10^7(\text{Hz})$ 혹은 127(MHz)가 된다. 따라서 무선통신을 하려면 127(MHz)보다 낮은 주파수를 사용할 수 없다.

복습문제 문 7-32 전리층은 무엇으로 구성되어 있는가?
문 7-33 플라즈마 주파수의 중요성은 무엇인가?

앞에서 우리는 Snell 의 법칙과 전반사에 대한 임계각이 입사파의 편파와는 무관하다는 사실을 언급하였다. 그러나 반사계수와 투과계수에 대한 공식은 편파상태에 따라 달라진다. 다음의 두 절에서는 수직편파와 수평편파의 특성에 대해 따로 논하겠다.

7-7.3 수직편파

수직편파의 의미

그림 7-14 에 보인 바와 같이, 수직편파된 파가 경사각을 갖고 입사하면 $\mathbf{E}_i$ 는 입사평면에 대해 수직이다.

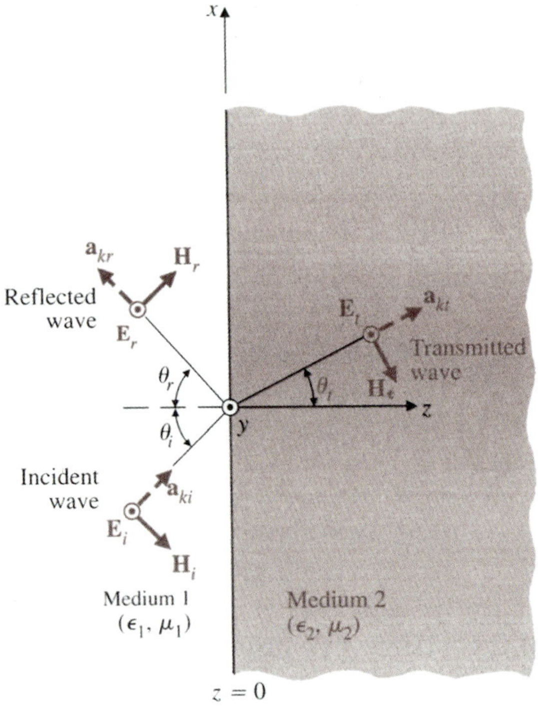

그림 7-14 유전체 경계평면에 경사각을 갖고 입사하는 평면파 (수직편파)

$$\mathbf{a}_{ki} = \mathbf{a}_x \sin\theta_i + \mathbf{a}_z \cos\theta_i \tag{7-134}$$

이므로, 식(7-23)과 (7-25)로부터

$$\mathbf{E}_i(x, z) = \mathbf{a}_y E_{i0} e^{-j\beta_1(x\sin\theta_i + z\cos\theta_i)} \tag{7-135}$$

$$\mathbf{H}_i(x, z) = \frac{E_{i0}}{\eta_1}(-\mathbf{a}_x \cos\theta_i + \mathbf{a}_z \sin\theta_i)\, e^{-j\beta_1(x\sin\theta_i + z\cos\theta_i)} \tag{7-136}$$

가 되는데, 여기서 β_1은 무손실 매질에서 k_1 대신 사용되었다. 반사파에 대해서는

$$\mathbf{a}_{kr} = \mathbf{a}_x \sin\theta_r - \mathbf{a}_z \cos\theta_r \tag{7-137}$$

이므로, 반사된 전계와 자계는

$$\mathbf{E}_r(x, z) = \mathbf{a}_y E_{r0} e^{-j\beta_1(x\sin\theta_r - z\cos\theta_r)} \tag{7-138}$$

$$\mathbf{H}_r(x, z) = \frac{E_{r0}}{\eta_1}(\mathbf{a}_x \cos\theta_r + \mathbf{a}_z \sin\theta_r)\, e^{-j\beta_1(x\sin\theta_r - z\cos\theta_r)} \tag{7-139}$$

가 된다. 투과파에 대해서는

$$\mathbf{a}_{kt} = \mathbf{a}_x \sin\theta_t + \mathbf{a}_z \cos\theta_t \tag{7-140}$$

이므로

$$\mathbf{E}_t(x, z) = \mathbf{a}_y E_{t0} e^{-j\beta_2(x\sin\theta_t + z\cos\theta_t)} \tag{7-141}$$

$$\mathbf{H}_t(x, z) = \frac{E_{t0}}{\eta_2}(-\mathbf{a}_x \cos\theta_t + \mathbf{a}_z \sin\theta_t)\, e^{-j\beta_2(x\sin\theta_t + z\cos\theta_t)} \tag{7-142}$$

가 된다.

위의 수식에는 E_{r0}, E_{t0}, θ_r, 그리고 θ_t 등 네 가지의 미지수가 있다. 경계면 $z=0$에서 $\mathbf{E}$와 $\mathbf{H}$의 접선 성분이 서로 같아야 한다는 조건으로부터 이러한 미지수들을 구할 수 있다. $E_{iy}(x, 0) + E_{ry}(x, 0) = E_{ty}(x, 0)$로부터

$$E_{i0} e^{-j\beta_1 x\sin\theta_i} + E_{r0} e^{-j\beta_1 x\sin\theta_r} = E_{t0} e^{-j\beta_2 x\sin\theta_t} \tag{7-143}$$

를 얻을 수 있고, $H_{ix}(x, 0) + H_{rx}(x, 0) = H_{tx}(x, 0)$로부터

$$\frac{1}{\eta_1}(-E_{i0}\cos\theta_i e^{-j\beta_1 x\sin\theta_i} + E_{r0}\cos\theta_r e^{-j\beta_1 x\sin\theta_r}) = -\frac{E_{t0}}{\eta_2}\cos\theta_t e^{-j\beta_2 x\sin\theta_t} \tag{7-144}$$

를 얻을 수 있다. 식(7-143)과 (7-144)는 모든 x에 대해 만족해야 하므로, x의 함수인 3개의 모든 지수함수 인자는 같아야 한다(위상 정합). 따라서,

$$\beta_1 x \sin\theta_i = \beta_1 x \sin\theta_r = \beta_2 x \sin\theta_t$$

가 되어 Snell의 반사의 법칙($\theta_r = \theta_i$)이 유도되고 Snell의 굴절의 법칙 ($\sin\theta_t / \sin\theta_i = \beta_1/\beta_2 = n_1/n_2$)도 유도된다. 식(7-143)과 (7-144)는

$$E_{i0} + E_{r0} = E_{t0} \tag{7-145}$$

와

$$\frac{1}{\eta_1}(E_{i0} - E_{r0})\cos\theta_i = \frac{E_{t0}}{\eta_2}\cos\theta_t \tag{7-146}$$

로 간단히 쓸 수 있으며 이로부터 E_{i0}에 의한 E_{r0}와 E_{t0}를 구할 수 있다. 반사와 투과 계수는

수직편파에 대한 반사계수

$$\Gamma_\perp = \frac{E_{r0}}{E_{i0}} = \frac{\eta_2\cos\theta_i - \eta_1\cos\theta_t}{\eta_2\cos\theta_i + \eta_1\cos\theta_t} \tag{7-147}$$ †

와

수직편파에 대한 투과계수

$$\tau_\perp = \frac{E_{t0}}{E_{i0}} = \frac{2\eta_2\cos\theta_i}{\eta_2\cos\theta_i + \eta_1\cos\theta_t} \tag{7-148}$$ †

가 된다. $\theta_i = 0$이면 $\theta_r = \theta_t = 0$이 되어, 이 수식들은 식(7-94)와 (7-95)에 주어진 직각 입사의 공식과 같아진다. 더구나 $\Gamma_\perp$와 $\tau_\perp$는

수직편파에 있어서 반사계수와 투과계수 사이의 관계

$$1 + \Gamma_\perp = \tau_\perp \tag{7-149}$$

의 관계식을 만족하여 직각 입사 때의 식(7-96)과 유사하다.

만약 매질 2가 완전도체이면 $\eta_2 = 0$이 되어 $\Gamma_\perp = -1(E_{r0} = -E_{i0})$이 되고 $\tau_\perp = 0(E_{t0} = 0)$이 된다. 도체 표면의 **E**의 접선 성분은 0이 되며, 완전도체 경계면을 통과하는 에너지는 존재하지 않는다.

† 이 식들은 Fresnel의 식이라고도 한다.

예 제 7-12

공기 중에서 균일 평면파의 전계에 대한 순시식은

$$\mathbf{E}_i(x, z ; t) = \mathbf{a}_y 10\cos(\omega t + 3x - 4z) \quad (\mathrm{V/m})$$

이다. 이 파가 $z = 0$ 에 있는 완전도체 경계평면에 입사하였다.

a) 위상상수 β_1, 각주파수 ω, 그리고 입사각 θ_i 를 구하라.

b) $\mathbf{E}_r(x, z)$ 를 구하라.

c) $\mathbf{E}_1(x, z, t)$ 의 특성에 대해 논하라.

해

a) $\mathbf{E}_i$ 에 대한 페이저 식은

$$\mathbf{E}_i(x, z) = \mathbf{a}_y 10 e^{j3x - j4z}$$

로서 $-x$ 와 $+z$ 방향으로 진행하는 수직편파된 파를 나타낸다. 식(7-20)과 (7-21)을 관찰하면

$$\mathbf{k}_i = \mathbf{a}_{ki} k_i = -\mathbf{a}_x(\beta_1 \sin\theta_i) + \mathbf{a}_z(\beta_1 \cos\theta_i)$$

가 되는데, 여기서 우리는 무손실 매질에서 $k_i = \beta_1$ 을 이용하였다. 따라서

$$\beta_1 \sin\theta_i = 3, \text{ 그리고 } \beta_1 \cos\theta_i = 4$$

가 되어

$$\beta_1 = \sqrt{3^2 + 4^2} = 5 \quad (\mathrm{rad/m})$$

$$\theta_i = \tan^{-1}\frac{3}{4} = 36.9°$$

가 된다. 또한 $\beta_1 = \omega / c$ 이므로 $\omega = \beta_1 c = 5 \times (3 \times 10^8) = 1.5 \times 10^9$ (rad/s)가 된다.

b) 완전도체 경계면이므로 $\Gamma_\perp = -1$, $E_{r0} = -E_{i0} = -10$, 그리고 $\mathbf{E}_r(x, z) = -\mathbf{a}_y 10 e^{j3x + j4z}$ 가 되어 $-x$ 와 $-z$ 방향으로 전파한다.

c) $\mathbf{E}_1(x, z) = \mathbf{E}_i(x, z) + \mathbf{E}_r(x, z)$

$$= \mathbf{a}_y 10(e^{-j4z} - e^{j4z})\, e^{j3x}$$
$$= -\mathbf{a}_y 20j(\sin 4z)\, e^{j3x}$$

가 되어, 이의 순시식은

$$\mathbf{E}_1(x, z\,;\, t) = \mathbf{a}_y 20(\sin 4z)\cos(1.5\times 10^9 t + 3x - \pi/2)$$

가 된다. 따라서 $\mathbf{E}_1(x, z\,;\, t)$는 $-x$ 방향으로 진행하는 파와 $-z$ 방향으로의 정재파로 구성되어 있다. 정재파는 $4z = n\pi$, 혹은 $z = n\pi/4$ 에서 0 의 값을 가지며, 진행파는 그 진폭이 z 방향으로 상수가 아니므로 비균일 평면파이다.

7-7.4 평행편파

평행편파의 의미

그림 7-15 에 보인 바와 같이 평행편파된 균일 평면파가 경계평면으로 경

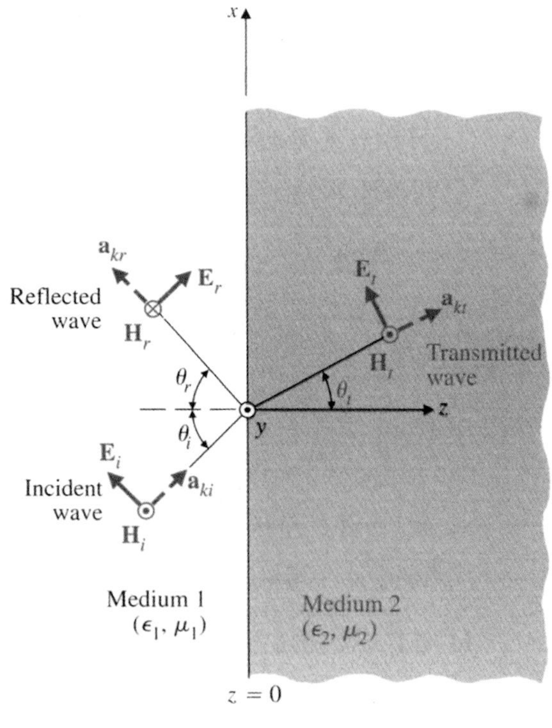

그림 7-15 유전체 경계평면에 경사각을 갖고 입사하는 평면파 (평행편파)

사각을 갖고 입사하면 $\mathbf{E}_i$는 입사평면에 평행으로 놓여 있게 된다.($\mathbf{H}_i$는 입사평면에 수직이다.) 매질 1에서의 입사 및 반사의 전계 및 자계 강도 페이저는

$$\mathbf{E}_i(x,z)=E_{i0}(\mathbf{a}_x\cos\theta_i-\mathbf{a}_z\sin\theta_i)\,e^{-j\beta_1(x\sin\theta_i+z\cos\theta_i)} \tag{7-150}$$

$$\mathbf{H}_i(x,z)=\mathbf{a}_y\frac{E_{i0}}{\eta_1}e^{-j\beta_1(x\sin\theta_i+z\cos\theta_i)} \tag{7-151}$$

$$\mathbf{E}_r(x,z)=E_{r0}(\mathbf{a}_x\cos\theta_r+\mathbf{a}_z\sin\theta_r)\,e^{-j\beta_1(x\sin\theta_r-z\cos\theta_r)} \tag{7-152}$$

$$\mathbf{H}_r(x,z)=-\mathbf{a}_y\frac{E_{r0}}{\eta_1}e^{-j\beta_1(x\sin\theta_r-z\cos\theta_r)} \tag{7-153}$$

이다. 매질 2로 투과된 전계 및 자계 강도 페이저는

$$\mathbf{E}_t(x,z)=E_{t0}(\mathbf{a}_x\cos\theta_t-\mathbf{a}_z\sin\theta_t)\,e^{-j\beta_2(x\sin\theta_t+z\cos\theta_t)} \tag{7-154}$$

$$\mathbf{H}_t(x,z)=\mathbf{a}_y\frac{E_{t0}}{\eta_2}e^{-j\beta_2(x\sin\theta_t+z\cos\theta_t)} \tag{7-155}$$

이다. $z=0$에서 $\mathbf{E}$와 $\mathbf{H}$의 접선 성분의 연속조건으로부터 Snell의 반사의 법칙과 굴절의 법칙이 유도되며, 다음의 두 개의 방정식을 얻을 수 있다:

$$(E_{i0}+E_{r0})\cos\theta_i=E_{t0}\cos\theta_t \tag{7-156}$$

$$\frac{1}{\eta_1}(E_{i0}-E_{r0})=\frac{1}{\eta_2}E_{t0}. \tag{7-157}$$

E_{i0}에 의해 E_{r0}와 E_{t0}를 풀면

평행편파에 대한 반사계수

$$\Gamma_{\parallel}=\frac{E_{r0}}{E_{i0}}=\frac{\eta_2\cos\theta_t-\eta_1\cos\theta_i}{\eta_2\cos\theta_t+\eta_1\cos\theta_i} \tag{7-158}^{\dagger}$$

와

평행편파에 대한 투과계수

$$\tau_{\parallel}=\frac{E_{t0}}{E_{i0}}=\frac{2\eta_2\cos\theta_i}{\eta_2\cos\theta_t+\eta_1\cos\theta_i} \tag{7-159}^{\dagger}$$

를 얻을 수 있다. 또한

† 이 수식들 또한 Fresnel의 공식이라고도 한다.

평행편파에 있어서 반사계수와 투과계수 사이의 관계

$$1+\Gamma_{\parallel}=\tau_{\parallel}\left(\frac{\cos\theta_t}{\cos\theta_i}\right) \tag{7-160}$$

가 되어, $\theta_i=\theta_t=0$인 직각 입사의 경우를 제외하고는 식(7-160)은 수직편파의 경우인 식(7-149)와 다르다.

만약 매질 2가 완전도체($\eta_2=0$)라면 식(7-158)과 (7-159)는 각각 $\Gamma_{\parallel}=-1$과 $\tau_{\parallel}=0$이 되어, 기대했던 바와 같이, 도체 표면의 전체 전계 $\mathbf{E}$의 접선 성분은 0이 된다. 그림 7-14와 7-15에 주어진 $\mathbf{E}_r$과 $\mathbf{H}_r$의 기준 방향의 선택은 임의로 정할 수 있음에 유의하라. $\mathbf{E}_r$과 $\mathbf{H}_r$의 실제적인 방향은 식(7-147)에 주어진 $\Gamma_{\perp}$와 식(7-158)에 주어진 $\Gamma_{\parallel}$이 각각 양수냐 음수냐에 따라 그림에 보여진 것과 같을 수도 있고 다를 수도 있다.

태양의 섬광을 줄여 주는 폴라로이드 썬글래스의 원리

θ_i에 대해 $|\Gamma_{\perp}|^2$과 $|\Gamma_{\parallel}|^2$를 그림으로 나타내 보면 $\theta_i=0$일 때만 같고 그 이외에는 $|\Gamma_{\perp}|^2$가 $|\Gamma_{\parallel}|^2$보다 항상 크다. 이것은 편파되지 않은 파가 평면 유전체 경계면으로 입사할 때 수직편파 성분을 갖는 반사파가 평행편파된 반사파보다 더 많은 전력을 보유하고 있음을 의미한다. 이러한 사실의 아주 좋은 응용으로는 태양의 섬광을 줄여 주는 폴라로이드 썬글래스의 설계를 들 수 있다. 눈으로 들어오는 대부분의 태양광은 지구의 수평 표면으로부터 반사된다. $|\Gamma_{\perp}|^2>|\Gamma_{\parallel}|^2$이므로, 눈에 도착하는 빛은 반사평면(입사평면과 같음)에 대해 수직이 되고 따라서 전계는 지구 표면에 평행하다. 폴라로이드 썬글래스는 이러한 성분을 제거하도록 설계되었다.

7-7.5 반사가 일어나지 않는 Brewster 각도

우리는 식(7-158)에 주어진 반사계수 식으로부터 분자는 두 항의 차이임을 알 수 있다. 이것은 η_1, η_2 그리고 θ_i를 적절히 선택하면, $\Gamma_{\parallel}=0$으로 만들어 반사가 일어날 수 없게 할 수 있음을 의미한다. 이 특별한 각 θ_i를 $\theta_{B\parallel}$로 표시하면

$$\eta_2\cos\theta_t=\eta_1\cos\theta_{B\parallel} \tag{7-161}$$

이 되는데, 이 식의 양변을 제곱하고 식(7-117)을 이용하면

$$\sin^2\theta_{B\parallel}=\frac{1-(\eta_2/\eta_1)^2}{1-(\eta_2\beta_1/\eta_1\beta_2)^2}$$

혹은

반사가 일어나지 않는 Brewster 각도

$$\sin^2\theta_{B\parallel}=\frac{1-\mu_2\epsilon_1/\mu_1\epsilon_2}{1-(\epsilon_1/\epsilon_2)^2} \qquad (7\text{-}162)$$

를 얻을 수 있다. 각 $\theta_{B\parallel}$은 평행편파인 경우에 대해 반사가 일어나지 않게 해 주는 Brewster 각도이다 :

Brewster 각도의 공식

$$\sin\theta_{B\parallel}=\frac{1}{\sqrt{1+(\epsilon_1/\epsilon_2)}}, \quad (\mu_1=\mu_2). \qquad (7\text{-}163)$$

식(7-163)에 대한 다른 형태는

Brewster 각도에 대한 또 다른 공식

$$\theta_{B\parallel}=\tan^{-1}\sqrt{\frac{\epsilon_2}{\epsilon_1}}=\tan^{-1}\left(\frac{n_2}{n_1}\right), \quad (\mu_1=\mu_2) \qquad (7\text{-}164)$$

이다.

■ 연습문제 7.15 식(7-163)과 (7-164)는 서로 같음을 증명하라.

이 시점에서 독자는 수직편파에 있어서 반사가 일어나지 않는 Brewster 각도에 대해서는 왜 조사하지 않는지에 대해 의아해 할 것이다. 수학적으로는 $\Gamma_\perp$를 0으로 만드는 입사각 θ_i 즉 $\theta_{B\perp}$에 대한 식을 찾을 수 있다. 식(7-147)의 분자를 0으로 놓으면

$$\eta_2\cos\theta_{B\perp}=\eta_2\cos\theta_t \qquad (7\text{-}166)$$

와 식(7-117)에 주어진 Snell의 반사의 법칙을 이용하여

$$\sin^2\theta_{B\perp}=\frac{1-\mu_1\epsilon_2/\mu_2\epsilon_1}{1-(\mu_1/\mu_2)^2} \qquad (7\text{-}166)$$

를 구할 수 있다. 대부분의 전자파의 매질인 경우 $\mu_1=\mu_2$이고 $\mu_1=\mu_2$이면 $\theta_{B\perp}$는 존재하지 않으므로 이 경우를 다루지 않는 이유를 독자들은 명확히 이해할 것이다.

수직편파와 평행편파에 대한 Brewster 각도 식이 서로 다르기 때문에 우리는 편파되지 않은 파에서 이 두 종류의 편파를 분리시킬 수 있다. 랜덤

광과 같은 편파되지 않은 파가 식(7-164)에 주어진 Brewster 각도 $\theta_{B\parallel}$로 경계면에 입사하면 수직편파 성분만 반사될 것이다. 따라서 Brewster 각도는 **편파각도**(polarizing angle)라고도 한다. 이 원리를 이용하여 레이저 관의 한 쪽 끝에 Brewster 각도로 맞추어 놓은 석영 창을 놓으면 방출되는 빛의 편파상태를 제어할 수 있다.

예 제 7-13

어떤 전자파가 공기로부터 유전상수 80의 물의 표면으로 입사하였다.

a) 평행편파에 대한 Brewster 각도 $\theta_{B\parallel}$와 이에 해당하는 투과각을 구하라.

b) 이 파가 수직편파되었고 $\theta_i = \theta_{B\parallel}$의 각도를 갖고 물의 표면으로 입사하였다고 할 때, 반사 및 투과 계수를 구하라.

해

a) 평행편파에 있어서 반사가 일어나지 않는 Brewster 각도는 식(7-163)으로부터 직접 구할 수 있다:

$$\theta_{B\parallel} = \sin^{-1}\frac{1}{\sqrt{1+(1/\epsilon_{r2})}}$$

$$= \sin^{-1}\frac{1}{\sqrt{1+(1/80)}} = 81.0^\circ .$$

식(7-118)로부터, 이에 해당하는 투과각을 구해 보면

$$\theta_t = \sin^{-1}\left(\frac{\sin\theta_{B\parallel}}{\sqrt{\epsilon_{r2}}}\right) = \sin^{-1}\left(\frac{1}{\sqrt{\epsilon_{r2}+1}}\right)$$

$$= \sin^{-1}\left(\frac{1}{\sqrt{81}}\right) = 6.38^\circ$$

가 된다.

b) 수직편파된 입사파에 대해 식(7-147)과 (7-148)을 사용하면 $\theta_i = 81.0^\circ$와 $\theta_t = 6.38^\circ$에서 $\Gamma_\perp$와 $\tau_\perp$를 구할 수 있다.($\eta_1 = 377\ \Omega$, $\eta_2 = 377/\sqrt{\epsilon_{r2}} = 40.1\,\Omega$)

$$\Gamma_\perp = \frac{40.1\cos 81^\circ - 377\cos 6.38^\circ}{40.1\cos 81^\circ + 377\cos 6.38^\circ} = -0.967$$

$$\tau_\perp = \frac{2\times 377\times\cos 81°}{40.1\cos 81° + 377\cos 6.38°} = 0.033\ .$$

식(7-149)에 주어진 $\Gamma_\perp$ 와 $\tau_\perp$ 사이의 관계가 위의 결과에 대해서도 만족함에 유의하라.

복습문제 문 7-34 경사각을 갖고 경계 평면에 입사하는 평면파에 있어서 수직편파와 평행편파를 정의하라.

문 7-35 어떤 조건하에서 수직편파에 대한 반사 및 투과 계수가 평행편파에 대한 반사 및 투과 계수와 같아지는가?

문 7-36 Brewster 각도를 정의하라. 두 개의 비자성 매질의 경계면에서 Brewster 각도가 존재할 때는 언제인가?

문 7-37 Brewster 각도가 편파각도로도 불리는 이유는 무엇인가?

요 점

1. 어떤 경계면에서의 반사 및 투과 계수는 입사파의 편파상태 뿐만 아니라 입사각과 그 매질의 제 정수에 의해서도 좌우된다.
2. $\epsilon_2 > \epsilon_1$일 때만 존재하는 전반사의 임계각과는 달리, 평행편파에 있어서 반사가 일어나지 않는 Brewster 각도는 $\epsilon_2 < \epsilon_1$ 이건 $\epsilon_2 > \epsilon_1$ 이건 상관없이 두 개의 비자성 매질에 대해서는 항상 존재한다.

요 약

전자파를 발생시키는 어떤 유한한 전자계원으로부터 매우 멀리 떨어져 있는 곳에서는 그 파면의 한 작은 부분은 거의 평면에 가깝다. 따라서 균일 평면파의 연구는 특별히 중요한 것이다. 본 장에서는

- 손실 및 무손실 매질에서의 균일 평면파의 특성을 조사하였고,
- 시정현 전자계원과 수신자 사이에 상대적인 움직임이 있을 때 Doppler 효과를 설명하였으며,
- 평면파의 편파에 대해 논하였고, 선형편파와 원형편파의 관계를 보였으며,
- 손실 매질에서의 복소 파수와 복소 전파상수의 중요성을 설명하였고,

- 도체에서의 표피효과를 연구하여 표피두께에 대한 공식을 구했으며,
- 신호 분산의 개념을 도입하였고, 위상속도와 군속도의 차이점을 설명하였으며,
- 전자파의 전력의 흐름과 Poynting 정리에 대해 논하였고,
- 직각 입사와 경사 입사에 대한 경계평면에서의 전자파의 반사와 굴절을 연구하였으며,
- Snell 의 반사의 법칙과 굴절의 법칙을 유도하였고,
- 전리층의 전자파 전파에 대한 영향을 설명하였으며,
- 전반사와 무반사에 대한 조건들을 조사하였다.

문 제

문 7-1 (a) 전자계원이 없고 제 정수 ϵ, μ 그리고 σ를 갖는 도체 매질에서 $\mathbf{E}$와 $\mathbf{H}$를 지배하는 파동방정식을 구하라. (b) 시정현 전자계에 대한 (a)의 Helmholtz 방정식을 구하라.

문 7-2 다가오는 비행기의 위치와 속도를 파악하기 위해 지상에 1(GHz)용 도플러 레이다가 사용되고 있다. 고도각 15.5°에 있는 비행기로부터 반사된 신호의 시간 지연이 0.3(ms)이고 주파수 편이가 2.64(KHz)일 때 그 비행기의 거리와 높이, 그리고 속도를 계산하라.

문 7-3 $\mathbf{R}$을 반경벡터라고 할 때 TEM 파의 페이저 $\mathbf{H}(\mathbf{R})$과 그 매질의 특성 임피던스로 표현되는 $\mathbf{E}(\mathbf{R})$의 일반식을 구하라.

문 7-4 공기 중에서 $+y$ 방향으로 진행하는 균일 평면파의 자기장의 강도에 대한 순시식이

$$\mathbf{H}=\mathbf{a}_z 4\times10^{-6}\cos\left(10^7\pi t-k_0 y+\frac{\pi}{4}\right)\quad(\mathrm{A/m})$$

일 때

a) k_0와 $t=3(\mathrm{ms})$에서 H_z가 0이 되는 위치를 구하라.

b) $\mathbf{E}$에 대한 순시식을 써라.

문 7-5 어떤 유전체 매질에서 진행하는 균일 평면파의 전계 $\mathbf{E}$는

$$\mathbf{E}(t,z)=\mathbf{a}_x 2\cos(10^8 t-z/\sqrt{3})-\mathbf{a}_y\sin(10^8 t-z/\sqrt{3})\quad(\mathrm{V/m})$$

로 주어져 있다.

a) 이 파의 주파수와 파장을 구하라.

b) 이 매질의 유전상수는 얼마인가?

c) 이 파의 편파상태에 대해 설명하라.

d) 이에 해당하는 자계 **H** 를 구하라.

문 7-6 다음과 같은 전계에 대한 순시식

$$\mathbf{E}(z, t) = \mathbf{a}_x E_{10} \sin(\omega t - kz) + \mathbf{a}_y E_{20} \sin(\omega t - kz + \psi)$$

을 갖는 평면파는 타원편파되어 있음을 보여라.

문 7-7 주파수가 3(GHz)이고 y 편파된 균일 평면파가 유전상수 2.5 그리고 손실 탄젠트 0.05를 갖는 비자성 매질에서 $+x$ 방향으로 전파하고 있다.

a) 이 진행파의 진폭이 반으로 떨어지는 거리를 계산하라.

b) 이 매질에서의 파의 특성 임피던스, 파장, 위상속도, 그리고 군속도를 구하라.

c) $x = 0$ 에서 $\mathbf{E} = \mathbf{a}_y 50 \sin(6\pi 10^9 t + \pi/3)$ (V/m)라고 가정하고, 모든 t 와 x 에 대한 **H** 의 순시식을 써라.

문 7-8 다음의 주파수, (a) 1(MHz)와, (b) 1(GHz)에서 구리 [$\sigma_{cu} = 5.80 \times 10^7$(S/m)]와 황동[$\sigma_{br} = 1.59 \times 10^7$(S/m)]의 특성 임피던스, 감쇄상수 ($N_p$/m 와 dB/m 모두의 단위로), 그리고 표피두께를 각각 구하고 서로 비교하라.

문 7-9 100(MHz)에서 흑연의 표피두께는 0.16(mm)라고 할 때, (a) 흑연의 도전율과, (b) 1(GHz)의 파가 흑연 내를 전파할 때 그 전계강도가 30 (dB) 만큼 줄어드는 거리를 계산하라.

문 7-10 인체에 대한 전자파 복사의 위험성에 대해 그 논란이 계속되고 있다. 다음을 계산하면 정확하지는 않지만 적당한 비교 자료는 될 것이다.

a) 초고주파 환경에서 개인의 안전에 대한 미국의 기준은 전력밀도가 10(mW/cm²)보다 작게 한다는 것이다. 자계강도와 전계강도에 의한 이에 해당하는 기준을 계산하라.

b) 화창한 날 지구는 태양으로부터 약 1.3(kW/m²)의 비율로 복사 에너지를 받는 것으로 추정된다. 단일 파장 평면파라고 가정하고(사실은 그렇지 않음) 전계와 자계 강도벡터의 등가 진폭을 계산하라.

문 7-11 무손실 매질에서 진행하는 원형편파된 평면파의 포인팅벡터는 시간과 거리에 무관한 상수임을 보여라.

문 7-12 어떤 안테나 시스템의 복사 전계강도가

$$\mathbf{E} = \mathbf{a}_\theta E_\theta + \mathbf{a}_\phi E_\phi$$

라고 가정할 때, 단위면적당 바깥으로 빠져 나오는 평균 전력에 대한 식을 구하라.

문 7-13 전자기학 관점에서 보았을 때 무손실 동축 케이블에 의해 전송되는 전력은 내부 도체와 외장 사이에 있는 유전체 매질 안의 Poynting 벡터에 의해 도출해 낼 수 있다. 내부 도체(반경 a)와 외장(내 반경 b) 사이에 가해진 직류전압 V_0에 의해 전류 I가 부하 저항에 흐른다고 가정할 때 유전체 매질의 단면적에 대해 포인팅 벡터를 적분하면 부하에 전송되는 전력 $V_0 I$가 같아짐을 증명하라.

문 7-14 공기 중에서 $\mathbf{E}_i(x, t) = \mathbf{a}_y 50\sin(10^8 t - \beta x)$ (V/m)인 균일 평면파가 $x \geq 0$인 영역에서 무손실 매질($\epsilon_r = 2$, $\mu_r = 8$, $\sigma = 0$)로 직각으로 입사하였다.

a) $\mathbf{E}_r$과 $\mathbf{H}_r$

b) Γ, τ 그리고 S

c) $\mathbf{E}_t$와 $\mathbf{H}_t$

를 계산하라.

문 7-15 어떤 균일 평면파가 $+z$(아래쪽) 방향으로 전파하여 바다($\epsilon_r = 72$, $\mu_r = 1$, $\sigma = 4$S/m)로 입사하였다. 해면($z = 0$)에서의 자계는 $\mathbf{H}(0, t) = \mathbf{a}_y 0.3\cos 10^8 t$ (A/m)이다.

a) 바닷물의 표피두께와 특성 임피던스를 구하라.

b) 바다에서의 $\mathbf{E}(z, t)$와 $\mathbf{H}(z, t)$의 식을 구하라.

c) 바다에서의 단위면적당 평균 전력 손실을 z의 함수로 계산하라.

문 7-16 매질 1에서 매질 2와의 경계평면에 직각 입사한 균일 평면파에 대해

a) H_{r0}/H_{i0}를 구하고 식(7-94)에 주어진 반사계수와 비교하라.

b) H_{t0}/H_{i0}를 구하고 식(7-95)에 주어진 투과계수와 비교하라.

문 7-17 페이저 식

$$\mathbf{E}(z) = E_0(\mathbf{a}_x - j\mathbf{a}_y)\, e^{-j\beta z}$$

로 표현되는 오른손방향으로 회전하는 원형편파된 평면파가 $z = 0$에 놓인 완전도체 벽면에 수직으로 입사하였다.

a) 반사파의 편파상태를 설명하라.

b) 도체 벽면에 유기되는 전류를 구하라.

c) cosine 시간 기준에 근거하여 전체 전계강도의 순시식을 구하라.

문 7-18 두 개의 무손실 유전체 매질 사이의 경계면에 수직으로 입사하는 균일 평면파에 있어서 반사계수와 투과계수의 크기가 같아지는 조건을 구하

라. 이 조건하에서 dB 로 구한 정재파비는 얼마인가?

문 7-19 공기 중에서 $\mathbf{E}_i(z) = \mathbf{a}_x 10e^{-j6z}$(V/m)인 균일 평면파가 $z=0$ 에 놓인 경계면을 통해 유전상수 2.25 와 손실 탄젠트 0.3 을 갖는 손실 매질로 직각으로 입사하였다. 다음을 구하라.

a) $\mathbf{E}_r(z)$, $\mathbf{H}_r(z)$, $\mathbf{E}_t(z)$ 그리고 $\mathbf{H}_t(z)$에 대한 페이저 식

b) 공기 중에서 이 파의 정재파비

c) 공기와 이 손실 매질에서의 시평균 Poynting 벡터에 대한 식

문 7-20 공기 중에서 전계강도에 대한 페이저 식이

$$\mathbf{E}_i(x, z) = \mathbf{a}_y 10e^{-j(6x+8z)} \quad \text{(V/m)}$$

로 주어지는 균일 정현 평면파가 $z=0$ 에 놓인 완전도체로 입사하였다.

a) 이 파의 주파수와 파장을 구하라.

b) $\mathbf{E}_i(x, z\,;\,t)$와 $\mathbf{H}_i(x, z\,;\,t)$에 대한 순시식을 써라.

c) 입사각을 구하라.

d) 반사파 $\mathbf{E}_r(x, z)$와 $\mathbf{H}_r(x, z)$를 구하라.

e) 공기 중에서의 전체 전자계 $\mathbf{E}_1(x, z)$와 $\mathbf{H}_1(x, z)$를 구하라.

문 7-21 그림 7-14 에 보인 바와 같이, 수직편파된 평면파가 $\epsilon_1 = \epsilon_0$, $\epsilon_2 = 2.25\epsilon_0$, $\mu_1 = \mu_2 = \mu_0$인 경계평면으로 경사각을 가지고 입사하였다. $E_{i0} = 20$(V/m), $f = 100$(MHz), $\theta_i = 30°$라고 가정하고

a) 반사 및 투과 계수를 구하라.

b) $\mathbf{E}_t(x, z\,;\,t)$와 $\mathbf{H}_t(x, z\,;\,t)$에 대한 순시식을 써라.

문 7-22 그림 7-15 에 보인 바와 같이, 평행편파된 평면파가 $\epsilon_1 = \epsilon_0$, $\epsilon_2 = 2.25\epsilon_0$, $\mu_1 = \mu_2 = \mu_0$인 경계 평면으로 경사각을 갖고 입사하였다. $H_{i0} = 0.053$(A/m), $f = 100$(MHz), $\theta_i = 30°$라고 가정하고

a) 반사 및 투과 계수를 구하라.

b) $\mathbf{E}_t(x, z\,;\,t)$와 $\mathbf{H}_t(x, z\,;\,t)$에 대한 순시식을 써라.

문 7-23 **a)** 전리층에서 최대 전자밀도를 측정할 수 있는 방법을 제시하라.

b) 입방미터당 $N_{max} = 8 \times 10^{11}$로 가정하고 전리층 밖에 있는 우주 정거장과 통신하기 위해 사용할 수 있는 가장 낮은 주파수의 선택에 대해 논하라.

c) 이보다 낮은 주파수를 사용하였을 경우 전리층에 경사각을 갖고 입사하면 어떻게 되는가?

문 7-24 어떤 균일 평면파가 입사각 $\theta_i = 60°$로 전리층에 입사하였다. 전리층의 전자밀도가 일정하고 전자파의 주파수가 전리층의 플라즈마 주파수의

반이라고 가정할 때 다음을 계산하라.

a) $\Gamma_\perp$와 $\tau_\perp$

b) $\Gamma_\parallel$와 $\tau_\parallel$

이 값들이 복소수가 되는 중요성에 대해 설명하라.

문 7-25 공기 중에서 평행편파된 주파수 10(KHz)의 전자파가 입사각 $\theta_i = 88°$로 해면으로 입사하였다. 바닷물의 제 정수가 $\epsilon_r = 81$, $\mu_r = 1$, $\sigma = 4$(S/m)라고 할 때, (a) 굴절각 θ_t, (b) 투과계수 $\tau_\parallel$ 그리고 (c) 전자계 강도가 30(dB)만큼 감소하는 해면으로부터의 거리를 계산하라.

문 7-26 그림 7-16에 보인 바와 같이, 어떤 빛이 공기로부터 굴절률이 n이고 두께가 d인 투명한 판 위로 경사각을 갖고 입사하였다. 입사각을 θ_i라고 할 때 (a) θ_t, (b) 빛이 이 투명판을 떠나는 점까지의 거리 ℓ_1, 그리고 (c) 이 빛이 이 판을 떠날 때의 측면 거리 ℓ_2를 계산하라.

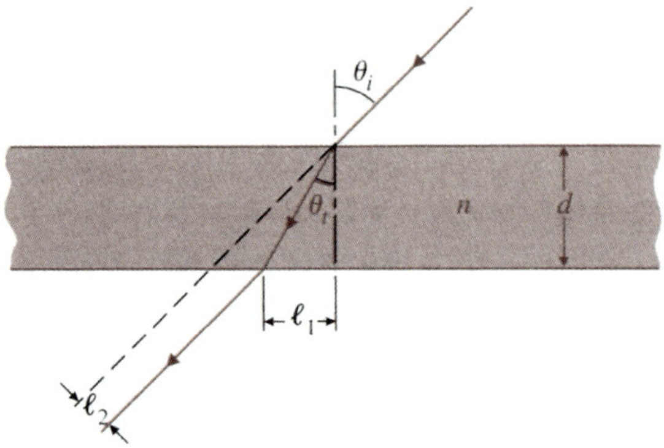

그림 7-16 굴절률이 n인 투명판에 경사각을 갖고 입사하는 광선(문 7-26)

문 7-27 그림 7-14에 보인 바와 같이, 식(7-135)와 (7-136)으로 표현되는 수직편파된 균일 평면파가 $z = 0$에서 경계평면으로 입사하였다. $\epsilon_2 < \epsilon_1$이고 $\theta_i > \theta_c$라고 가정할 때, (a) 투과파($\mathbf{E}_t$, $\mathbf{H}_t$)에 대한 페이저 식을 구하고, (b) 매질 2로 투과된 평균 전력은 0임을 증명하라.

문 7-28 굴절률 n_1인 매질 1에서 각주파수 ω를 갖는 균일 평면파가 $z = 0$에서 경계면을 이루는 굴절률 $n_2(< n_1)$인 매질 2로 임계각도로 입사하였다. E_{i0}와 E_{t0}를 각각 입사파와 굴절파의 전계강도의 진폭이라고 할 때

a) 수직편파에 대한 비 E_{t0}/E_{i0}를 구하라.

b) 평행편파에 대한 비 E_{t0}/E_{i0}를 구하라.

c) 파라미터 ω, n_1, n_2, θ_i 그리고 E_{i0}로 수직편파에 대한 $\mathbf{E}_i(x, z, t)$와 $\mathbf{E}_t(x, z ; t)$의 순시식을 써라.

문 7-29 수직편파된 전자파가 입사각 $\theta_i = 20°$로 물속으로부터 물-공기 경계면으로 입사하였다. 깨끗한 물일 경우 $\epsilon_r = 81$, $\mu_r = 1$이라고 할 때, (a) 임계각 θ_c, (b) 반사계수 $\Gamma_\perp$, (c) 투과계수 $\tau_\perp$, 그리고 (d) dB로 나타낸 공기 중에서의 각 파장에 대한 감쇄를 구하라.

문 7-30 그림 7-17에 보인 유리로 만든 이등변삼각형 프리즘은 광학 계측용으로 사용된다. 유리의 유전상수 $\epsilon_r = 4$라고 할 때, 이 프리즘에 의해 반사되는 입사광의 전력의 비를 구하라.

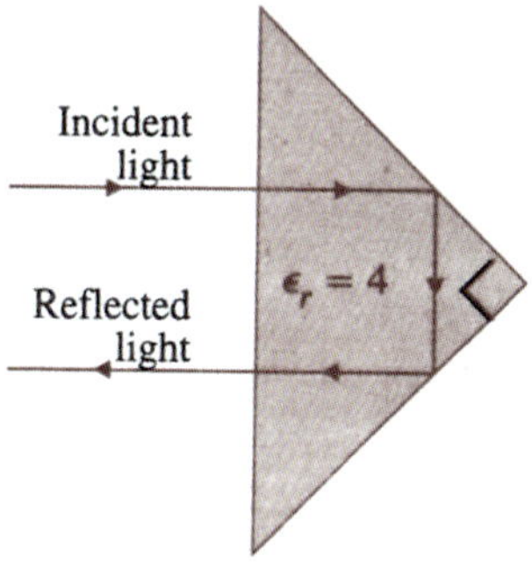

그림 7-17 직각 이등변 삼각형 프리즘에 의한 빛의 반사(문 7-30)

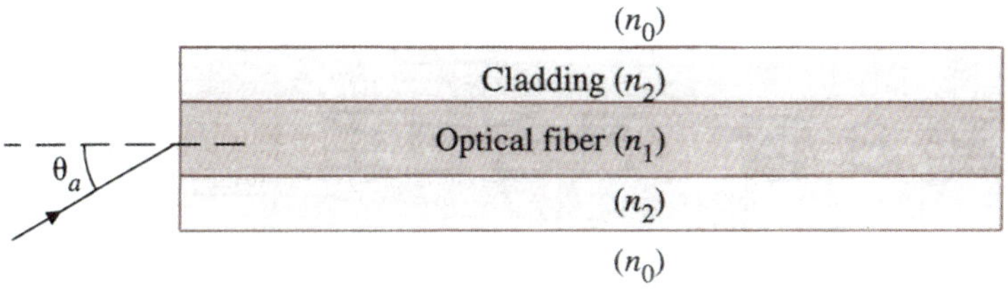

그림 7-18 클래드와 코어로 구성된 광섬유(문 7-31)

문 7-31 그림 7-18에 보인 바와 같이, 이웃한 광섬유를 따라 진행하는 광파의 간섭을 막고 기계적으로 광섬유를 보호하기 위해 각각의 광섬유는 보통보다 낮은 굴절률을 갖는 물질로 싸여 있다. 여기서 $n_2 < n_1$이다.

a) 코어의 한 쪽 끝면에서 입사한 광섬유 축을 통과하는 빛(머리디오널 레이)이 전반사에 의해 광섬유 내에 갇혀 있기 위한 최대 입사각 θ_a를 n_0와 n_1 그리고 n_2의 함수로 표시하라.(머리디오널 레이(Meridional ray)란 광섬유 축을 통과하는 빛을 말한다. 각 θ_a는 수광각이라고 하고 $\sin\theta_a$는 이 광섬유의 개구수(Numerical Aperture : N.A)라고 한다.

b) $n_1 = 2$, $n_2 = 1.74$ 그리고 $n_0 = 1$일 때 θ_a와 N.A를 구하라.

문 7-32 경계면에서의 무반사 조건하에서

a) 수직편파($\mu_1 \neq \mu_2$)와

b) 평행편파($\epsilon_1 \neq \epsilon_2$)

에 대해 Brewster 각과 굴절각의 합이 $\pi/2$가 됨을 증명하라.

문 7-33 평행편파된 입사파에 대해 같은 투자율을 갖는 두 개의 인접 매질에서의 Brewster 각도 $\theta_{B\parallel}$와 임계각 θ_c 사이의 관계를 구하라.

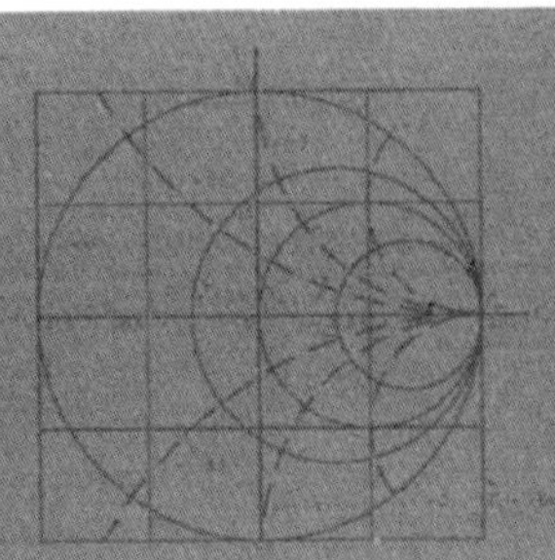

제 8 장 전송선로

방사를 통한 전력 전송은 매우 비효율적이다.

가장 일반적인 3가지 형태의 전송 선로

8-1 개 요 전자기 모델에 따르면 시간에 따라 변하는 전하와 전류는 전자계와 전자파의 공급원이 된다. 파는 전자기 전력을 실어 빛의 속도로 주위의 매질로 전파된다. 수신기에 미치는 파의 영향은 다른 여러 가지 요소 중에서도 수신기가 위치한 곳에서의 파의 평균 전력밀도에 따라 가장 크게 영향을 받는다. 아주 먼 거리에서 이러한 전력밀도(단위면적당 전력)는 공급원을 중심으로 하는 커다란 구의 전체 면적이 아주 크기 때문에 아주 낮다. 따라서 방사성의 전자계 공급원에서 수신기까지의 전력 전송은 매우 비효율적이다. 한 공급원이 방향성 안테나로 방사할 때조차도 그것의 전력은 먼거리에서는 아주 넓은 지역으로 여전히 퍼지기 때문이다.

전력과 정보의 효과적인 포인트-투-포인트 전송을 위해서는 공급원의 에너지가 잘 유도(guide)되어야 한다. 본 장에서는 전송 선로에 의해 유도되는 횡전자파(TEM 파)를 공부한다. 전송 선로에 의해 유도되는 TEM 파의 많은 특성들은 7장에서 토론한 경계가 없는 유전체 매질에서 전파하는 평면파의 특성들과 같다는 사실을 알게 될 것이다.

TEM 파가 존재할 수 있는 두 도체 전송 선로의 가장 일반적인 3가지 형태는 다음과 같다 :

a) 평행판 전송 선로 이러한 형태의 전송선로는 균일한 두께의 유전체

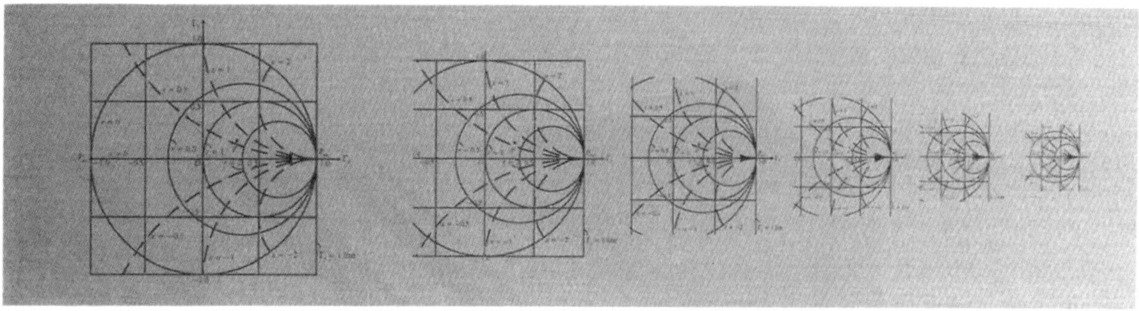

Transmission Lines

판에 의해 분리된 두 개의 평행 도체판으로 이루어진다[그림 8-1(a)]. 마이크로파 주파수에서 평행판 전송 선로는 인쇄회로 기술을 이용하는 유전체 기판상에서 값싸게 제조될 수 있다. 그들은 종종 **스트립 선로**(striplines)라 불린다. 두 가지 형태의 스트립 선로를 보여 주는 다이어그램은 그림 8-3 에서 주어져 있다.

b) 2선 전송 선로 이러한 전송 선로는 균일한 거리로 떨어져 있는 한 쌍의 평행한 도선으로 이루어져 있다[그림 8-1(b)]. 예를 들면, 시골지역의 도처에 편재해 있는 가공 전력선, 전화선과 지붕 꼭대기의 안테나에서 TV 수신기에 이르는 평평한 도입선들이다.

c) 동축 전송 선로 이것은 내부 도체와 유전체 매질로 분리된 동축 외부 도체외장으로 이루어진다[그림 8-1(c)]. 이러한 구조는 전체 유전체 내에서 전계와 자계를 구속시키는 데 대단한 이점을 가지며, 외부적인 간섭은 선로와 거의 결합되지 않는다. 예를 들면, 전화와 TV 케이블, 고주파 정확도를 측정하는 장치의 입력 케이블들이다.

일반적인 전송 선로 방정식들은 선로의 단위길이당 저항, 인덕턴스, 컨덕턴스, 커패시턴스에 대한 회로 모델로부터 유도될 수 있다. 선로를 따라 진

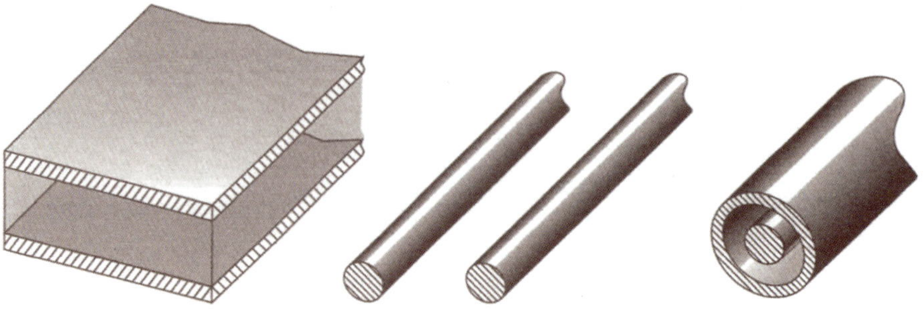

(a) Parallel-plate transmission line. (b) Two-wire transmission line. (c) Coaxial transmission line.

그림 8-1 일반적인 형태의 전송 선로

행하는 전파의 모든 특성은 전송 선로 방정식으로부터 유도되고 연구되어질 수 있다.

전송 선로의 시정현 정상상태 특성은, 그래프적인 도표를 사용하면, 반복되는 복소수 계산이 필요없게 되어 매우 쉽게 파악할 수 있다. 가장 잘 알려져 있고 널리 사용되는 그래프적인 도표는 Smith 도표이다. 전송 선로상의 전파 특성 결정과 임피던스 정합에 대해 Smith 도표의 사용이 논의될 것이다.

연습문제 8-1 반파장 안테나가 다음 신호를 전송하는 데 사용되었다.

a) 800(MHZ)에서 UHF-TV 신호
b) 60(MHZ)에서 VHF-TV 신호
c) 95(MHZ)에서 FM 신호
d) 100(KHZ)에서 무선항해 신호

수신 안테나 길이는 각각 얼마이어야 하는가?

답 (a) 18.75(cm) (d) 1,500(m)

복습문제

문 8-1 TEM 파가 존재할 수 있는 도파구조의 가장 일반적인 3가지 형태는 무엇인가?

문 8-2 동축 케이블과 2선 전송 선로의 장단점을 비교하라.

8-2 일반적인 전송 선로 방정식

두 개의 평행한 완전도체로 이루어진 균일한 전송 선로를 생각해 보자. 도체들 사이의 격리된 거리는 동작 파장에 비해 작다. **E**와 **H**의 횡파 성분에 대한 Maxwell 방정식을 씀으로써 분석은 시작된 수 있다. 횡파 좌표에 대한 이러한 계 성분의 의존도는 전자파원이 없는 시 불변 전자파의 경우와 같다. 따라서 전송 선로의 제 정수들은 시 불변인 조건하에서 이용되는 방법들에 의해 결정될 수 있다. 도체 사이의 전압과 선로상의 전류는 식(3-28)과 (5-63)을 통해 얻을 수 있으며, **E**와 **H**의 횡방향 성분들은 상대적으로 밀접하게 관련되어 있다. 결국, TEM 파를 전송하는 두 도체의 전송 선로 동작 특성은 전압파와 전류파를 이용하여 파악할 수 있다.

보통의 전기 회로망은 동작파장보다 훨씬 더 작은 물리적 크기를 가지며 분리된 집중회로 변수로 나타내어질 수 있다.

전송 선로는 보통 파장의 측면에선 길고, 분포회로 변수로 나타내어진다.

이 절에서는 일반적인 두 도체의 균일한 전송 선로에 적용되는 방정식을 유도하기 위해서 회로 모델을 사용한다. 전송 선로는 한 가지 근본적인 특징에 있어서 보통의 전기회로망과는 다르다. 회로망의 물리적인 크기는 동작 파장보다 훨씬 작은 반면, 전송 선로는 흔히 거의 한 파장이거나 수 파장일 수도 있다. 보통의 회로망에서 회로 요소들은 분리되어져 있고, 그러한 이유에서 집중회로 변수에 의해 기술되어질 수 있다. 집중회로소자에서 흐르는 전류는 그 소자들 주위에서 공간적으로 변하지 않고 어떠한 정재파로 존재하지 않는 것으로 가정한다. 반면에, 전송 선로는 분포 변수 회로망이며, 길이의 전체에 걸쳐 분포되어 있는 회로 변수에 의해 기술되어져야 한다. 정합 조건(이후에 이 장에서 설명된다)하에 있는 것을 제외하고, 정재파는 전송 선로 상에 존재한다.

다음 4가지 변수로 기술되는 전송 선로의 미소 길이 Δz를 생각해 보자.

R, 단위길이당 저항(양쪽의 도체), Ω/m
L, 단위길이당 인덕턴스(양쪽의 도체), H/m
G, 단위길이당 컨덕턴스, S/m
C, 단위길이당 커패시턴스, F/m

R과 L은 직렬소자이고, G와 C는 병렬소자임에 주의하라. 그림 8-2는 이러한 선로의 한 부분의 등가 회로를 보여 준다. $v(z, t)$와 $v(z+\Delta z,$

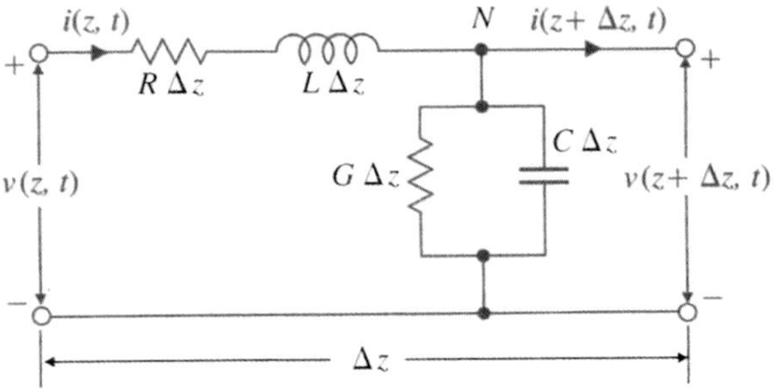

그림 8-2 두 도체 전송 선로에서 미소 길이 Δz 의 등가 회로

t)의 양은 각각 z 와 $z+\Delta z$ 에서 순시전압을 나타낸다. 비슷하게, $i(z, t)$ 와 $i(z+\Delta z, t)$는 각각 z 와 $z+\Delta z$ 에서 순시전류를 나타낸다. Kirchhoff 의 전압법칙을 적용하면

$$v(z, t) - R\,\Delta z i(z, t) - L\,\Delta z \frac{\partial i(z, t)}{\partial t} - v(z+\Delta z, t) = 0 \quad (8\text{-}1)$$

를 구할 수 있고, 이 식을 정리하면

$$-\frac{v(z+\Delta z, t) - v(z, t)}{\Delta z} = Ri(z, t) + L\frac{\partial i(z, t)}{\partial t} \quad (8\text{-}2)$$

가 된다. $\Delta z \to 0$ 로 극한을 취하면, 식(8-2)는 다음과 같이 된다:

식(8-3)과 (8-5) : 순시 전압과 전류함수에서 한 쌍의 결합 편미분 전송 선로 방정식

$$-\frac{\partial v(z, t)}{\partial z} = Ri(z, t) + L\frac{\partial i(z, t)}{\partial t}. \quad (8\text{-}3)$$

비슷하게, 그림 8-2 에서 노드 N 에 Kirchhoff 의 전류법칙을 적용하면

$$i(z, t) - G\,\Delta z v(z+\Delta z, t) - C\,\Delta z \frac{\partial v(z+\Delta z, t)}{\partial t} - i(z+\Delta z, t) = 0 \quad (8\text{-}4)$$

가 되고, Δz 로 나누고 Δz 를 영으로 접근시키면, 식(8-4)는 다음과 같이 된다:

$$-\frac{\partial i(z, t)}{\partial z} = Gv(z, t) + C\frac{\partial v(z, t)}{\partial t}. \quad (8\text{-}5)$$

식(8-3)과 (8-5)는 $v(z, t)$와 $i(z, t)$에서 한 쌍의 1차 편미분 방정식이고 **일반적인 전송 선로의 방정식**이다.

정현파인 경우 페이저를 이용하면 전송 선로 방정식은 상미분방정식으로 간단해진다. 코사인을 기준으로 하면

$$v(z, t) = \mathcal{R}e[V(z)e^{j\omega t}] \tag{8-6}$$

$$i(z, t) = \mathcal{R}e[I(z)e^{j\omega t}] \tag{8-7}$$

로 쓸 수 있는데, 여기서 페이저 $V(z)$와 $I(z)$는 공간좌표 z만의 함수이고, 둘 다 복소수일 수 있다. 식(8-3)과 (8-5)에서 식(8-6)과 (8-7)로 대체하면 페이저 $V(z)$와 $I(z)$에 대해 다음의 상미분방정식을 얻는다:

페이저 전압과 전류함수에서 한 쌍의 결합 일반 미분 전송 선로 방정식

$$-\frac{dV(z)}{dz} = (R + j\omega L)I(z), \tag{8-8}$$

$$-\frac{dI(z)}{dz} = (G + j\omega C)V(z). \tag{8-9}$$

식(8-8)과 (8-9)는 서로 결합되어 **정현파 전송 선로 방정식**이 된다. 이 방정식을 풀면 $V(z)$와 $I(z)$를 구할 수 있으며, 다음의 1원 2차 상미분방정식

페이저 전압에 대한 2차 일반 미분 전송 선로 방정식

$$\frac{d^2V(z)}{dz^2} = \gamma^2 V(z) \tag{8-10}$$

와

페이저 전류에 대한 2차 미분 전송 선로 방정식

$$\frac{d^2I(z)}{dz^2} = \gamma^2 I(z) \tag{8-11}$$

를 얻는다. 여기서

$$\gamma = \alpha + j\beta = \sqrt{(R + j\omega L)(G + j\omega C)} \quad (\mathrm{m}^{-1}) \tag{8-12}$$

전송 선로의 전파상수, 감쇄상수, 위상상수

는 전파상수이며, 이 전파상수의 실수와 허수 부분 α, β는 각각 선로의 **감쇄상수**(Np/m)와 **위상상수**(rad/m)이다. 여기서 명명법은 7-3절에서 정의

평면파 전파에 대한 **E**, **H**와 전송 선로에서의 *V*, *I* 사이의 밀접한 유사성

된 손실 매질에서의 평면파 전파에 대한 것과 비슷하다. 이러한 양들은 실제적으로 하나의 값으로 정해진 상수는 아니다. 왜냐하면 일반적으로 이들은 복잡한 방법으로 ω에 의존한다. 식(8-10)과 (8-11)은 기본 방정식이고 이들로부터 무한한 전송 선로나 유한한 전송 선로의 모든 정현파 특성을 유도한다. 식(8-10)과 (8-11) 그리고 식(7-45b) 사이의 유사성을 확인함으로써 우리는 평면파 전파에 대한 7장에서의 **E**와 **H**에 관해 얻어진 관계들이 전송 선로상에서 전압파와 전류파 $V(z)$와 $I(z)$에 또한 적용할 수 있음을 결론지을 수 있다.

8-3 전송 선로 변수

주어진 주파수에서 전송 선로의 전기적 특성은 분포회로 변수 R, L, G 그리고 C에 의해 완전히 특정지어진다. 이 절에서는 물리적 크기의 측면에서의 이러한 변수들과 전송 선로의 3가지 기본 형태에 대한 매질의 구성 성분의 제 정수들을 열거하고자 한다.

기본적인 전제는 전송 선로에서 도체의 도전율은 보통 너무 높아서 전파상수의 계산에서 직렬저항의 영향은 무시하고, 선로상의 파는 근사적으로 TEM 파라는 것이다. 식(8-12)로부터 R을 소거하면 다음과 같이 쓸 수 있다:

$$\gamma = j\omega\sqrt{LC}\left(1+\frac{G}{j\omega C}\right)^{1/2}. \tag{8-13}$$

식(7-43)으로부터 구성 제 정수(μ, ϵ, σ)를 갖는 매질에서 TEM 파의 전파상수는 다음과 같다:

$$\gamma = j\omega\sqrt{\mu\epsilon}\left(1+\frac{\sigma}{j\omega\epsilon}\right)^{1/2} \tag{8-14}$$

그러나, 식(4-38)에 의해

$$\frac{G}{C} = \frac{\sigma}{\epsilon} \tag{8-15}$$

이므로 식(8-13)과 (8-14)를 비교하면 다음을 얻는다:

전송 선로와 매질 변수 L 과 C 사이의 관계

$$\boxed{LC = \mu\epsilon.} \tag{8-16}$$

식(8-16)은 아주 유용한 관계식이다. 왜냐하면 주어진 매질로 구성된 전송 선로의 L 값을 알면 C 를 구할 수 있고, 반대로 C 를 알면 L 을 구할 수 있기 때문이다. C 를 알면 식(8-15)로부터 G 를 알 수 있다. 직렬저항 R 은 도체 내의 전력 손실로부터 구할 수 있다.

A. 평행판 전송 선로

두 평행 도체판은 폭이 w 이고 두께가 d 인 유전체 매질(ϵ, μ)에 의해 분리되어 있다. 식(3-87)로부터 가장자리의 영향을 무시하면 다음을 얻는다:

$$\boxed{C = \epsilon\frac{w}{d} \quad (\mathrm{F/m}).} \quad \text{(평행판 선로)} \tag{8-17}$$

식(8-16)과 (8-15)에 식(8-17)을 사용하면,

$$\boxed{L = \mu\frac{d}{w} \quad (\mathrm{H/m})} \quad \text{(평행판 선로)} \tag{8-18}$$

와

$$\boxed{G = \sigma\frac{w}{d} \quad (\mathrm{S/m})} \quad \text{(평행판 선로)} \tag{8-19}$$

를 얻는다.

단위길이당 직렬저항 R 을 결정한다는 것은 금속판의 전도율이 무한대가 아님을 암시한다. 전계의 접선 성분은 영이 되지 않으며 손실이 있는 전송 선로상의 전파는 엄격히 TEM 파가 아니다. 충분히 높은 주파수에서 양도체에 대해 표피두께는 아주 작다. 도체의 전체 전류가 표피두께 δ 내에서 균일하게 분포되어 있다고 가정하면 R 에 대한 근사식을 구할 수 있다. σ_c 와 μ_c 를 각각 도체의 도전율과 투자율이라고 하면, 폭 w 와 두께 δ 인 매질의 단위길이의 저항은 식(4-16)으로부터

$$R = \frac{1}{\sigma_c S} \tag{8-20}$$

가 되는데, 여기서 $S = w\delta$이다. 두 개의 평판 도체인 경우

$$R = \frac{1}{\sigma_c w\delta} \tag{8-21}$$

가 되는데, 이것은 식(7-56)을 이용하면

$$\boxed{R = \frac{2}{w}\sqrt{\frac{\pi f \mu_c}{\sigma_c}} \quad (\Omega/\text{m})} \quad \text{(평행판 선로)} \tag{8-22}$$

가 된다.

B. 2선 전송 선로

반경이 각각 a인 두 개의 도선이 유전체 매질(ϵ, μ)에서 거리 D 만큼 떨어져 있다.

식(3-165)로부터

$$\boxed{C = \frac{\pi\epsilon}{\cos\text{h}^{-1}(D/2a)} \quad (\text{F/m})} \quad \text{(2선 선로)} \tag{8-23}$$ †

가 된다. 식(8-16)과 (8-15)에 식(8-23)을 사용하면,

$$\boxed{L = \frac{\mu}{\pi}\cos\text{h}^{-1}\left(\frac{D}{2a}\right) \quad (\text{H/m})} \quad \text{(2선 선로)} \tag{8-24}$$ †

와

$$\boxed{G = \frac{\pi\sigma}{\cos\text{h}^{-1}(D/2a)} \quad (\text{S/m})} \quad \text{(2선 선로)} \tag{8-25}$$ †

가 된다. 식(8-20)을 이용하면 R을 구할 수 있다. 표피두께 δ인 각 도선에서 전류가 흐르는 영역의 단면적은 근사적으로 $2\pi a\delta$이므로, 2선인 경우

$$R = \frac{1}{\sigma_c(\pi a\delta)} \tag{8-26}$$

† $\cos\text{h}^{-1}(D/2a) \cong \ln(D/a)$ if $(D/2a)^2 \gg 1$.

또는

$$R=\frac{1}{\pi a}\sqrt{\frac{\pi f\mu_c}{\sigma_c}}\quad(\Omega/\mathrm{m})\qquad(2\text{선 선로})\tag{8-27}$$

가 된다.

C. 동축 전송 선로

반경이 a인 내부 도체가 내부 반경이 b인 동심원의 외부 도체 튜브로 싸여져 있고, 그 사이를 유전체 매질(ϵ,μ)로 채운 전송 선로를 동축 전송 선로라 한다.

식(3-90)으로부터

$$C=\frac{2\pi\epsilon}{\ln(b/a)}\quad(\mathrm{F/m})\qquad(\text{동축 선로})\tag{8-28}$$

가 되는데, 식(8-16)과 (8-15)를 이용하면

$$L=\frac{\mu}{2\pi}\ln\frac{b}{a}\quad(\mathrm{H/m})\qquad(\text{동축 선로})\tag{8-29}$$

와

$$G=\frac{2\pi\sigma}{\ln(b/a)}\quad(\mathrm{S/m})\qquad(\text{동축 선로})\tag{8-30}$$

가 된다. 높은 주파수에서 전류는 표피두께 δ인 내부와 외부 도체에 균일하게 흐른다고 가정하면, 내부 도체에서 전류가 흐르는 영역의 단면적은 $S_i=2\pi a\delta$이고, 외부 도체에서 전류가 흐르는 영역의 단면적은 $S_o=2\pi b\delta$이므로, 식(8-20)은

$$R=\frac{1}{\sigma_c S_i}+\frac{1}{\sigma_c S_o}=\frac{1}{2\pi\sigma_c\delta}\left(\frac{1}{a}+\frac{1}{b}\right)\tag{8-31}$$

또는

$$R=\frac{1}{2\pi}\left(\frac{1}{a}+\frac{1}{b}\right)\sqrt{\frac{\pi f\mu_c}{\sigma_c}}\quad(\Omega/\mathrm{m})\qquad(\text{동축 선로})\tag{8-32}$$

가 된다.

3 가지 형태의 전송 선로에 대한 R, L, G 그리고 C 의 제 정수들은 표 8-1 에 나타나 있다. 여기서 R_s는 식(7-53)에 주어진 도체의 특성 임피던스 $\eta_c = R_s + jX_s = (1+j)\sqrt{\pi f \mu_c / \delta_c}$ 의 실수 부분이다. 예제 5-10 과 5-11 에 논의한 도체의 내부 자기 인덕턴스는 제 정수 L 값에 포함되지 않았다. 이 예제들에서는 도체의 전체 단면적에 직류 전류가 균일하게 분포되었다고 가정하고 계산하였지만, 높은 주파수에서는 표피 효과에 의해 전류가 표면 쪽으로 이동하게 되어, 내부 인덕턴스는 무시할 수 있을 정도로 줄어들기 때문이다.

연습문제 8.2 다음 각각의 전송 선로의 단위길이당 저항에 대한 저주파 공식을 구하라.

a) 각각의 반경이 a 인 2 선 선로

b) 내부 도체의 반경이 a 이고 외부 도체의 안쪽 반경이 b 이며 바깥쪽 반경이 d 인 동축 케이블

힌트 : 직류 전류의 저항 공식을 사용하라.

답 (a) $\dfrac{2}{\sigma_c \pi a^2}$, (b) $\dfrac{1}{\sigma_c \pi}\left(\dfrac{1}{a^2} + \dfrac{1}{d^2 - b^2}\right)$

복습문제 문 8-3 전송 선로와 일반 전기회로망 사이의 근본적인 차이점은 무엇인가?

문 8-4 손실이 있는 전송 선로상의 전파는 왜 단순히 TEM 파일 수가 없는지를 설명하라.

문 8-5 전송 선로 방정식 (8-8)로부터 (8-11)까지의 식은 펄스 형태의 전압과 전류에 대해서도 유효한가?

전송 선로의 분포회로 제 정수

표 8-1 평행판, 2 선 그리고 동축 전송 선로의 분포회로 제 정수

제 정수	평행판 선로	2 선 선로	동축 선로	단위
R	$\dfrac{2}{w}R_s$	$\dfrac{R_s}{\pi a}$	$\dfrac{R_s}{2\pi}\left(\dfrac{1}{a}+\dfrac{1}{b}\right)$	Ω/m
L	$\mu\dfrac{d}{w}$	$\dfrac{\mu}{\pi}\cosh^{-1}\left(\dfrac{D}{2a}\right)$	$\dfrac{\mu}{2\pi}\ln\dfrac{b}{a}$	H/m
G	$\sigma\dfrac{w}{d}$	$\dfrac{\pi\sigma}{\cosh^{-1}(D/2a)}$	$\dfrac{2\pi\sigma}{\ln(b/a)}$	S/m
C	$\epsilon\dfrac{w}{d}$	$\dfrac{\pi\epsilon}{\cosh^{-1}(D/2a)}$	$\dfrac{2\pi\epsilon}{\ln(b/a)}$	F/m

주의 : $R_s = \sqrt{\pi f \mu_c / \sigma_c}$; $\cosh^{-1}(D/2a) \cong \ln(D/2a)^2 \gg 1$ 내부 인덕턴스는 포함되지 않았음.

요 약

1. 평면파의 전파에 대한 **E**와 **H**의 특성과 전송 선로상의 $V(z)$와 $I(z)$의 특성 사이에는 밀접한 유사성이 있다.
2. 전파상수 γ는 $\gamma = \alpha + j\beta$이며 선로상의 감쇄상수 α와 위상상수 β는 모두 다 복잡한 형태로 주파수에 의존한다.
3. 도체의 μ_c와 σ_c, 그리고 유전체 매질의 μ와 σ를 구별하는 것은 중요하다.
4. 전송 선로의 직렬저항 R은 병렬 컨덕턴스 G의 역이 아니다.

8-3.1 마이크로스트립 선로

스트립 선로는 평행판 전송 선로의 수정된 형태이다.

고체상태 마이크로파 디바이스와 시스템의 발전으로 마이크로스트립 선로 혹은 간단히 **스트립 선로**라 불리는 평행판 전송 선로의 형태가 널리 이용되고 있다. 스트립 선로는 보통 그림 8-3(a)에 보인 바와 같이 기판의 윗면에 얇고 좁은 금속 스트립을 갖는 접지된 도체 평면상의 유전체 기판으로 이루어진다. 인쇄회로 기판 기술의 발전으로 스트립 선로는 제작이 쉬우며 다른 회로소자와의 집적도 쉽다. 그러나 평행판 전송 선로에 대해 유도했던 결과

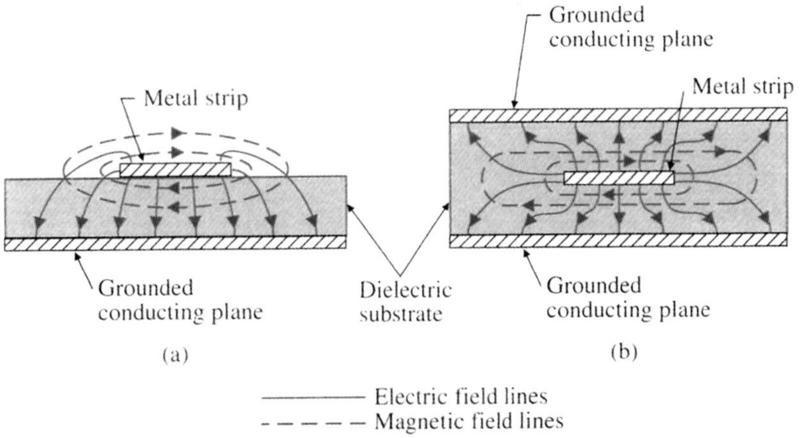

그림 8-3 두 가지 형태의 마이크로스트립 선로

는 같은 폭의 두 개의 넓은 도체판(무시할 정도의 가장자리 효과를 갖는)에 대한 가정을 기초로 했기 때문에, 마이크로스트립 선로에 적용했을 경우 정확한 결과를 기대할 수는 없다. 금속 스트립의 폭이 기판 두께보다 훨씬 크면 보다 나은 근사치를 얻을 수 있다.

기판이 높은 유전체 상수를 가질 때, TEM 파 근사치는 대단히 만족스러워진다. 그림 8-3(a)에 보인 스트립 선로에서 모든 경계조건을 만족시키는 정확한 해석적 해를 구하는 것은 어려운 문제이다. 모든 계가 유전체 기판에서 한정되어 있는 것은 아니다 : 어떤 계는 이웃 회로와 간섭을 일으키는 윗쪽 스트립에서 스트립의 바깥쪽으로 벗어나 있다. 분포회로 정수와 특성 임피던스의 공식에 대한 약간의 경험적 수정이 더 정확한 계산에 대해 필요하다. 모든 이러한 양들은 주파수에 의존하며, 따라서 스트립 선로는 분산성 매질이다.

트리플레이트 선로는 탈선계(stray field)를 최소로 한다.

스트립 선로의 탈선계를 감소시키기 위한 한 가지 방법은 유전체 기판의 양쪽 면에 접지된 도체면을 갖고 그림 8-3(b)에서처럼 중앙에 얇은 금속 스트립을 놓는 것이다. 이러한 배열은 **트리플레이트 선로(triplate line)**라고 한다. 트리플레이트 선로는 제작하기가 어렵고 비싸며 트리플레이트 선로의 특성 임피던스는 동일한 스트립 선로 특성 임피던스의 반이다.

8-4 무한한 전송 선로의 전파 특성

8-2 절에서는 전송 선로의 시정현 $V(z)$와 $I(z)$에 대한 지배적인 방정식 (8-10)과 (8-11)을 유도하였다. 무한 선로의 특성들을 조사하면 식(8-10)과 (8-11)의 해는 다음과 같다 :

$$\begin{aligned} V(z) &= V^+(z) + V^-(z) \\ &= V_0^+ e^{-\gamma z} + V_0^- e^{\gamma z} \end{aligned} \tag{8-33}$$

$$\begin{aligned} I(z) &= I^+(z) + I^-(z) \\ &= I_0^+ e^{-\gamma z} + I_0^- e^{\gamma z} \end{aligned} \tag{8-34}$$

여기서 플러스와 마이너스 윗첨자는 $+z$와 $-z$ 방향으로 진행하는 파를 표시한다. 파의 진폭 (V_0^+, I_0^+)와 (V_0^-, I_0^-)는 식(8-8)과 (8-9)에 의해 관련지어지고 다음의 식을 연습문제 8.3에서 증명할 수 있다 :

$$\frac{V_0^+}{I_0^+} = -\frac{V_0^-}{I_0^-} = \frac{R + j\omega L}{\gamma} \quad . \tag{8-35}$$

무한 선로(실제로 왼쪽 끝에서 공급원을 갖는 반무한 선로)에 대해 $e^{\gamma z}$인자를 포함하는 항은 없어져야 한다. 왜냐하면 z가 증가함에 따라 무한대로 커지게 되어 물리적으로 불가능하기 때문이다. 어떠한 반사파도 존재하지 않으며 단지 $+z$ 방향으로 진행하는 파만이 존재한다. 따라서

$$V(z) = V^+(z) = V_0^+ e^{-\gamma z} \tag{8-36}$$

$$I(z) = I^+(z) = I_0^+ e^{-\gamma z} \tag{8-37}$$

가 된다. 무한히 긴 선로의 임의의 z에서 전압과 전류의 비 $V^+(z)/I^+(z) = V_0^+/I_0^+$는 z에 대해 독립적이고 선로의 **특성 임피던스**라 부른다.

전송 선로의 특성 임피던스

$$Z_0 = \frac{R + j\omega L}{\gamma} = \frac{\gamma}{G + j\omega C} = \sqrt{\frac{R + j\omega L}{G + j\omega C}} \quad (\Omega). \tag{8-38}$$

γ와 Z_0는 선로가 무한히 길든지 아니든지 간에 전송 선로의 고유 특성임을 주목하라. 그들은 선로의 길이에 따라 변하지 않고 R, L, G, C 그리고 ω에 의존한다.

■ **연습문제 8.3** 식(8-33)과 (8-34)를 식(8-8)에 대입하여 식(8-35)에 주어진 관계식을 증명하라.

식(8-12)에 주어진 γ와 식(8-38)에 주어진 Z_0의 두 가지 특수한 경우는 특별히 중요하다.

1. 무손실 선로($R = 0$, $G = 0$)

무손실 선로는 0값의 α와 X_0, 그리고 상수값의 u_p와 R_0를 갖는다.

a) 전파상수 :

$$\gamma = \alpha + j\beta = j\omega\sqrt{LC}\,; \tag{8-39}$$

$$\alpha = 0 \tag{8-40}$$

$$\beta = \omega\sqrt{LC} \quad (\omega\text{의 선형 함수}) \tag{8-41}$$

b) 위상속도 :

$$u_p = \frac{\omega}{\beta} = \frac{1}{\sqrt{LC}} \quad (\text{상수}) \tag{8-42}$$

식(8-16)로부터, 손실이 없는 전송 선로상의 파의 위상 속도는 유도되지 않는 평면파의 전파 속도 $1/\sqrt{\mu\epsilon}$ 와 같음을 알 수 있다.

c) 특성 임피던스 :

$$Z_0 = R_0 + jX_0 = \sqrt{\frac{L}{C}}\,; \tag{8-43}$$

$$R_0 = \sqrt{\frac{L}{C}} \quad (\text{상수}) \tag{8-44}$$

$$X_0 = 0 \tag{8-45}$$

2. 무왜곡 선로($R/L = G/C$)

다음 식

무왜곡 전송 선로의 조건

$$\boxed{\frac{R}{L} = \frac{G}{C}} \tag{8-46}$$

을 만족한다면, γ와 z 의 수식은 간략해진다.

a) 전파상수 :

$$\gamma = \alpha + j\beta = \sqrt{(R + j\omega L)\left(\frac{RC}{L} + j\omega C\right)}$$

$$= \sqrt{\frac{C}{L}}(R + j\omega L)\,; \tag{8-47}$$

$$\alpha = R\sqrt{\frac{C}{L}} \tag{8-48}$$

$$\beta = \omega\sqrt{LC} \quad (\omega\text{의 선형함수}) \tag{8-49}$$

손실이 있는 무왜곡 선로는 영이 아닌 감쇄상수를 제외하고, 무손실 선로의 것과 같은 특성을 갖는다.

b) 위상속도 :

$$u_p = \frac{\omega}{\beta} = \frac{1}{\sqrt{LC}} \quad (\text{상수}) \tag{8-50}$$

c) 특성 임피던스 :

$$Z_0 = R_0 + jX_0 = \sqrt{\frac{R + j\omega L}{(RC/L) + j\omega C}} = \sqrt{\frac{L}{C}}\,; \tag{8-51}$$

$$R_0 = \sqrt{\frac{L}{C}} \quad (\text{상수}) \tag{8-52}$$

$$X_0 = 0 \tag{8-53}$$

따라서, 0이 아닌 감쇄상수를 제외하고 무왜곡 선로의 특성은 무손실 선로의 특성과 같다. 즉, 위상속도($u_p = 1/\sqrt{LC}$)와 실수 특성 임피던스($Z_0 = R_0 = \sqrt{L/C}$)는 모두 상수이다.

위상속도가 상수인 것은 위상상수 β의 ω에 대한 선형 의존성의 직접적인 결과이다. 신호는 보통 주파수 대역으로 이루어지므로, 다른 주파수 성분들은 왜곡을 피하기 위해 같은 속도로 전송 선로를 따라 진행한다. 무손실 선로는 이러한 조건을 만족하며, 손실이 매우 작은 선로는 무손실 선로로 근사화된다. 손실이 있는 선로의 경우 파의 진폭은 감쇄하며, 다른 주파수 성분들이 같은 속도로 진행하더라도 감쇄되는 정도가 주파수에 따라 다르면 왜곡이 생긴다. 식(8-46)에 주어진 조건으로 인하여 α와 u_p 모두 상수가 되며, 따라서 **무왜곡 선로**라는 이름으로 불리는 것이다.

신호 왜곡(분산)은 위상상수가 주파수에 비례하지 않을 때 발생한다.

손실이 있는 전송 선로의 위상상수는 식(8-12)에 주어진 γ에 대한 수식을 확장함으로써 구할 수 있다. 일반적으로 위상상수는 ω의 선형함수가 아니며, 따라서 위상속도 u_p는 주파수에 따라 달라진다. 어떤 신호의 다른 주파수 성분은 선로를 따라 다른 속도로 전파하기 때문에 이 신호의 왜곡 혹은 분산현상이 일어나는 것이다. 따라서, 손실이 있는 일반적인 전송 선로는 손실이 있는 유전체와 마찬가지로 분산성 매질이 된다.

예 제 8-1

손실과 가장자리 효과를 무시하고, 두께가 0.4(mm)이고 유전상수 2.25를 갖는 스트립 선로의 기판을 가정할 때, (a) 스트립 선로가 50(Ω)의 고유 저항을 갖기 위한 금속 스트립의 필요한 폭 w를 결정하라. (b) 선로의 L과 C를 결정하라. (c) 선로의 u_p를 결정하라. (d) 75(Ω)의 고유저항에 대해 (a), (b), (c)를 반복하라.

해

a) w를 알기 위해 식(8-43)에 식(8-17)과 (8-18)를 이용한다.

$$w = \frac{d}{Z_0}\sqrt{\frac{\mu}{\epsilon}} = \frac{0.4 \times 10^{-3}}{50}\frac{\eta_0}{\sqrt{\epsilon_r}}$$

$$= \frac{0.4 \times 10^{-3} \times 377}{50\sqrt{2.25}} = 2 \times 10^{-3}(\text{m}) \text{ 또는 } 2(\text{mm})$$

b) $L = \mu\frac{d}{w} = 4\pi 10^{-7} \times \frac{0.4}{2} = 2.51 \times 10^{-7}(\text{H/m})$ 또는 $0.251(\mu\text{H/m})$

$C = \epsilon_0\epsilon_r\frac{w}{d} = \frac{10^{-9}}{36\pi} \times 2.25 \times \frac{2}{0.4} = 99.5 \times 10^{-12}(\text{F/m})$ 또는 $99.5(\text{pF/m})$

c) $u_p = \frac{1}{\sqrt{LC}} = \frac{1}{\sqrt{\mu\epsilon}} = \frac{c}{\sqrt{\epsilon_r}} = \frac{c}{\sqrt{2.25}} = \frac{c}{1.5} = 2 \times 10^8(\text{m/s})$

d) w 는 Z_0와 역비례하므로 $Z_0' = 75(\Omega)$에 대해 다음을 얻는다.

$$w' = \left(\frac{Z_0}{Z_0'}\right)w = \frac{50}{75} \times 2 = 1.33(\text{mm})$$

$$L' = \left(\frac{w}{w'}\right)L = \left(\frac{2}{1.33}\right) \times 0.251 = 0.377(\mu\text{H/m})$$

$$C' = \left(\frac{w'}{w}\right)C = \left(\frac{1.33}{2}\right) \times 99.5 = 66.2(\text{pF/m})$$

$$u_p' = u_p = 2 \times 10^8(\text{m/s}) .$$

8-4.1 전력 관계로부터의 감쇄상수

전송 선로에서 진행파의 감쇄상수는 전파상수의 실수부이다. 즉, 그것은 식(8-12)의 기본 정의로부터 결정될 수 있다. 또한 감쇄상수는 전력 관계로부터 구할 수 있으며 식(8-36)과 (8-37)을 이용해서, 다음과 같이 쓸 수 있다.(간결성을 위해 + 윗첨자 생략).

$$V(z) = V_0 e^{-(\alpha+j\beta)z} \tag{8-54}$$

$$I(z) = \frac{V_0}{Z_0}e^{-(\alpha+j\beta)z} . \tag{8-55}$$

어떤 점 z 에서 전송 선로를 따라 전파된 시평균 전력은

$$P(z) = \frac{1}{2}\mathcal{R}e[V(z)I^*(z)]$$

$$= \frac{V_0^2}{2|Z_0|^2}R_0 e^{-2\alpha z} \tag{8-56}$$

이다. 에너지 보존 법칙에 의해 전송 선로를 따라 나타나는 $P(z)$의 감소율은 단위 길이당 시평균 전력 손실 P_L과 같다. 그러므로,

$$-\frac{\partial P(z)}{\partial z} = P_L(z) = 2\alpha P(z),$$

가 되며, 이로부터 우리는 다음의 공식을 얻을 수 있다:

전력 관계로부터의 감쇄상수 결정

$$\alpha = \frac{P_L(z)}{2P(z)} \quad (\text{Np/m}) \tag{8-57}$$

예 제 8-2

a) 식(8-57)을 이용하여, 분포 정수 R, L, G, C를 갖는 손실성 전송 선로의 감쇄상수를 구하라.

b) a)의 결과를 구체화하여 저손실 선로와 무왜곡 선로의 감쇄상수를 구하라.

해

a) 손실성 전송 선로의 단위길이당 시평균 전력 손실은

$$P_L(z) = \frac{1}{2}[|I(z)|^2R + |V(z)|^2G] = \frac{V_0^2}{2|Z_0|^2}(R + G|Z_0|^2)\,e^{-2\alpha z} \tag{8-58}$$

이다. 식(8-57)에 식(8-56)과 (8-58)을 대입하면

손실성 전송 선로의 감쇄상수

$$\alpha = \frac{1}{2R_0}(R + G|Z_0|^2) \quad (\text{Np/m}) \tag{8-59}$$

를 얻는다.

b) 저손실 선로의 경우 $Z_0 \cong R_0 = \sqrt{L/C}$ 이고, 식(8-59)는 다음과 같이 된다.

$$\alpha \cong \frac{1}{2}\left(\frac{R}{R_0} + GR_0\right)$$

$$= \frac{1}{2}\left(R\sqrt{\frac{C}{L}} + G\sqrt{\frac{L}{C}}\right) . \tag{8-60}$$

무왜곡 선로의 경우, 식(8-52)는 $Z_0 = R_0 = \sqrt{L/C}$ 가 된다. 그러므로 식(8-60)을 응용하면 다음과 같은 결과를 얻는다. 즉,

$$\alpha = \frac{1}{2}R\sqrt{\frac{C}{L}}\left(1 + \frac{G}{R}\frac{L}{C}\right)$$

이고, 이것은 식(8-46)의 조건에서

$$\alpha = R\sqrt{\frac{C}{L}} \tag{8-61}$$

로 단순화 된다.

연습문제 8.4 평행판 전송 선로는 유전상수 ϵ_r 인 무손실 유전체에 의해 두께 d 만큼 분리된 넓이 w 의 도체판들로 구성된다. 가장자리 효과는 무시하고, 단 하나의 변수만을 변화시켜 특성 임피던스의 두 배를 만족시키려면 다음을 어떻게 변화시켜야 하는지 설명하라 : (a) w, (b) d, (c) ϵ_r

연습문제 8.5 무왜곡 동축 전송 선로의 10(MHz)에서 감쇄상수는 0.1(dB/Km)이다. 다음의 경우 감쇄상수를 구하라.

a) 50(MHz)에서,

b) 절연체의 유전상수가 두 배일 때 10(MHz)에서

답 (a) 0.224(dB/Km), (b) 0.141(dB/Km)

복습문제

문 8-6 전송 선로의 전파상수(propagation constant)와 특성 임피던스(characteristic impedance)를 정의하고, 정현파 여기에 대해 R, L, G, C 를 이용하여 일반식을 써라.

문 8-7 스트립 선로(striplines)란 무엇인가?

문 8-8 3중판 선로(triplate line)란 무엇인가? 3중판 선로의 특성 임피던스는 스트립 선로의 특성 임피던스와 어떻게 비교되는지 설명하라.

문 8-9 "무손실 선로"가 의미하는 것은 무엇인가? 무왜곡 선로가 되기 위해서는 분포 변수가 어떤 관계를 가져야 하는가?

문 8-10 전송 선로에 감쇄상수와 전력 손실은 어떤 관련이 있는가?

요 점

1. 무손실, 무왜곡 전송 선로상의 파의 전파속도는 유전체 내에서 유도되지 않은 평면파의 전파속도 $1/\sqrt{\mu\epsilon}$ 과 같다.
2. 마이크로스트립 선로의 분포 변수와 특성 임피던스를 정확히 결정하는 것은 매우 어렵다. 보통 반경험적인 공식들을 사용한다.
3. 무손실 선로는 무왜곡 선로이다. 그러나 무왜곡 선로는 손실이 있을 수 있다.
4. 일반적으로 손실성 선로는 식(8-46)을 만족하지 않으면 분산성을 가진다.

8-5 유한 전송 선로의 전파 특성

8-2 절에서 우리는 전송 선로의 1 차원 Helmholtz 시정현 파동방정식은 식(8-10)과 (8-11)로 주어짐을 보였으며, 이에 대한 일반해는 8-4 절에 주어진 바와 같이

$$V(z) = V_0^+ e^{-\gamma z} + V_0^- e^{\gamma z} \tag{8-62}$$

와

$$I(z) = I_0^+ e^{-\gamma z} + I_0^- e^{\gamma z} \tag{8-63}$$

가 된다. 여기서

$$\frac{V_0^+}{I_0^+} = -\frac{V_0^-}{I_0^-} = Z_0 \tag{8-64}$$

이다. 무한 길이 선로의 $z=0$ 에서 발진되는 파는 $+z$ 방향으로만 진행하며, 따라서 식(8-62)와 (8-63)의 오른쪽 두번째 항은 반사파로서 점차 사라진다.

특성 임피던스 Z_0인 유한 전송 선로가 그림 8-4 처럼 임의의 부하 임피던스 Z_L에 종단되어 있는 일반적인 경우를 고려하자. 선로의 길이는 ℓ이다

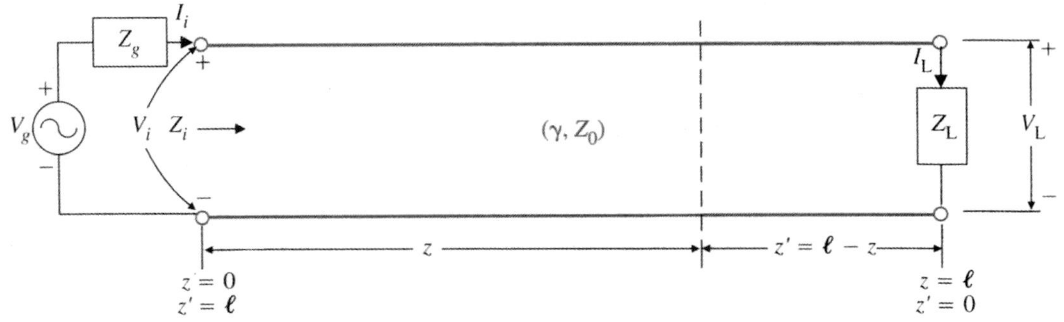

그림 8-4 부하 임피던스 Z_L로 종단된 유한 전송 선로

내부 임피던스가 Z_g인 정현파 전압원 $V_g \angle 0°$가 $z=0$에서 선로와 접속되어 있다. 이러한 경우에는

$$\left(\frac{V}{I}\right)_{z=\ell} = \frac{V_L}{I_L} = Z_L \tag{8-65}$$

이고, 이것은 $Z_L = Z_0$이 아니면 식(8-62)와 식(8-63)의 오른쪽 두번째 항 없이는 만족될 수 없다.

길이가 ℓ이고 전파상수가 γ이며 특성 임피던스가 Z_0인 전송 선로는 식 (8-62)와 (8-63)에서는 네 개의 미지수 V_0^+, V_0^-, I_0^+, I_0^-가 존재한다. 그러나 이 네 가지 미지수들은 $z=0$과 $z=\ell$에서의 관계식으로 연관되어 있으므로 모두가 독립적인 변수들은 아니다.

식(8-62)와 (8-63)에서 $z=\ell$이라 하고 식(8-64)를 사용하면

$$V_L = V_0^+ e^{-\gamma\ell} + V_0^- e^{\gamma\ell} \tag{8-66}$$

$$I_L = \frac{V_0^+}{Z_0} e^{-\gamma\ell} - \frac{V_0^-}{Z_0} e^{\gamma\ell} \tag{8-67}$$

을 얻는다. 식(8-66)과 (8-67)을 V_0^+와 V_0^-에 대해 풀면

$$V_0^+ = \frac{1}{2}(V_L + I_L Z_0)\, e^{\gamma\ell} = \frac{I_L}{2}(Z_L + Z_0)\, e^{\gamma\ell} \tag{8-68}$$

$$V_0^- = \frac{1}{2}(V_L - I_L Z_0)\, e^{-\gamma\ell} = \frac{I_L}{2}(Z_L - Z_0)^{-\gamma\ell} \tag{8-69}$$

가 된다. 식(8-68)과 (8-69)를 (8-62)와 (8-63)에 사용하면

$$V(z) = \frac{I_L}{2}[(Z_L + Z_0)e^{\gamma(\ell - z)} + (Z_L - Z_0)e^{-\gamma(\ell - z)}] \tag{8-70}$$

$$I(z) = \frac{I_L}{2Z_0}[(Z_L + Z_0)e^{\gamma(\ell - z)} - (Z_L - Z_0)e^{-\gamma(\ell - z)}] \tag{8-71}$$

을 얻는다.

ℓ과 z가 $(\ell - z)$로 함께 나타나기 때문에, 새로운 변수 $z' = \ell - z$를 도입하는 것이 편리하며, 이것은 부하로부터 후방에서 측정된 거리이다. 그러면 식(8-70)과 (8-71)은

$$V(z') = \frac{I_L}{2}[(Z_L + Z_0)e^{\gamma z'} + (Z_L - Z_0)e^{-\gamma z'}] \tag{8-72}$$

$$I(z') = \frac{I_L}{2Z_0}[(Z_L + Z_0)e^{\gamma z'} - (Z_L - Z_0)e^{-\gamma z'}] \tag{8-73}$$

이 된다.

쌍곡선함수를 사용하면 위의 방정식들이 간략화된다.

$$e^{\gamma z'} + e^{-\gamma z'} = 2\cosh\gamma z' \quad \text{그리고} \quad e^{\gamma z'} - e^{-\gamma z'} = 2\sinh\gamma z'$$

의 관계를 이용하면 식(8-72)와 (8-73)을 다음과 같이 쓸 수 있다:

γ, Z_0, Z_L, I_L과 z'항들로 이루어진 유한 선로의 $V(z')$과 $I(z')$

$$V(z') = I_L(Z_L\cosh\gamma z' + Z_0\sinh\gamma z'), \tag{8-74}$$

$$I(z') = \frac{I_L}{Z_0}(Z_L\sinh\gamma z' + Z_0\cosh\gamma z'). \tag{8-75}$$

이 식들은 I_L, Z_L, γ, Z_0의 항으로 전송 선로 위의 임의의 점에서 전압과 전류를 구하는 데 사용할 수 있다.

$V(z')/I(z')$은 부하로부터 거리 z'인 지점에서 그 선로의 부하단을 바라보았을 때의 임피던스이다.

$$Z(z') = \frac{V(z')}{I(z')} = Z_0\frac{Z_L\cosh\gamma z' + Z_0\sinh\gamma z'}{Z_L\sinh\gamma z' + Z_0\cosh\gamma z'} \tag{8-76}$$

또는

γ, Z_0, Z_L과 z'항으로 이루어진 임피던스 $Z(z')$

$$Z(z') = Z_0\frac{Z_L + Z_0\tanh\gamma z'}{Z_0 + Z_L\tanh\gamma z'} \quad (\Omega) \tag{8-77}$$

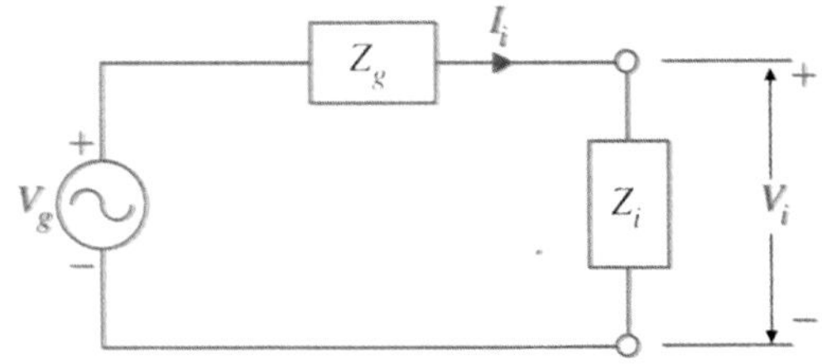

그림 8-5 발진기 종단에서 그림 8-4 의 유한 전송 선로에 대한 등가회로

이다. 그 선로의 원천(source)소스단 $z'=\ell$에서 그 선로를 들여다본 발전기 측에서의 **입력 임피던스** Z_i는

길이 ℓ인 선로의 입력 임피던스 Z_i에 대한 일반식

$$Z_i = (Z)_{\substack{z=0\\ z'=\ell}} = Z_0 \frac{Z_L + Z_0 \tanh \gamma\ell}{Z_0 + Z_L \tanh \gamma\ell} \quad (\Omega) \tag{8-78}$$

이다. 발전기 측에서의 조건들만 고려하면, 종단된 유한 전송 선로는 그림 8-5 에 보여진 것처럼 Z_i로 대치시킬 수 있다. 그림 8-4 에서 입력전압 V_i와 입력전류 I_i는 그림 8-5 의 등가회로로부터 쉽게 구할 수 있다.

$Z_L = Z_0$일 때 전송 선로는 정합된다.

$Z_L = Z_0$일 때, 선로의 길이 ℓ에 관계없이 식(8-78)로부터 $Z_i = Z_0$가 된다. 이런 조건하에서 그 선로는 정합(matched)되었다고 한다. 후에 이 조건에 대해 더 고찰할 것이다.

대부분의 경우에서 전송 선로 각 부분들은 무손실성이라 생각할 수 있다. 즉 $\gamma = j\beta$, $Z_0 = R_0$이고 $\tanh \gamma\ell = \tanh(j\beta\ell) = j\tan \beta\ell$이다. 식(8-78)을 이용해서 길이 ℓ인 무손실 선로가 Z_L에 종단되었을 때의 입력 임피던스 Z_i를 유도하면

길이 ℓ인 무손실 선로의 입력 임피던스 Z_i식

$$Z_i = R_0 \frac{Z_L + jR_0 \tan \beta\ell}{R_0 + jZ_L \tan \beta\ell} \quad (\Omega) \ (\text{무손실 선로}) \tag{8-79}$$

가 된다.

8-5.1 개방회로와 단락회로 선로

전송 선로는 한 지점에서 다른 지점으로 전력과 정보를 전송하는 도파로

뿐만 아니라 극초고주파(UHF) − 300(MHz) ~ 3(GHz) − 에서도 회로소자로서 사용되기도 한다. 이 주파수에서 인덕턴스와 커패시턴스와 같은 회로소자를 한 덩어리로 만드는 것은 어려우며, 탈선계는 중요해진다. 개방된 회로소자와 단락회로소자는 인덕턴스 와/또는 커패시턴스로서 작동한다. UHF 범위 이상의 주파수에서 전송회로 선로의 물리적인 크기는 매우 작아지며 이것은 다음 장에서 토의할 전파유도소자를 사용하는 데 도움이 된다.

A. 개방회로 선로($Z_L \to \infty$)

식(8-79)로부터

무손실 개방회로 선로의 입력 임피던스

$$Z_{io} = jX_{io} = -\frac{jR_0}{\tan\beta\ell} = -jR_0\cot\beta\ell \tag{8-80}$$

을 얻는다. 식(8-80)은 개방회로 무손실 선로의 입력 임피던스가 순수하게 리액턴스 성분임을 보여 준다. 그러나 그 전송 선로는 함수 cos $\beta\ell$이 $\beta\ell(=2\pi\ell/\lambda)$의 값에 따라 양(+) 또는 음(−)일 수 있기 때문에 용량성 또는 유도성일 수도 있다.

개방회로 선로의 길이가 파장에 비해 매우 짧다($\beta\ell \ll 1$)면, tan $\beta\ell \cong \beta\ell$이라 보고 용량성 리액턴스에 대한 매우 간단한 식을 얻을 수 있다. 식(8-80)으로부터

매우 짧은 개방회로 선로의 입력 임피던스는 순수한 용량성이다.

$$Z_{io} = jX_{io} \cong -j\frac{R_0}{\beta\ell} = -j\frac{\sqrt{L/C}}{\omega\sqrt{LC}\,\ell} = -j\frac{1}{\omega C\ell} \tag{8-81}$$

을 얻으며 이것은 $C\ell$ 패럿(farads)의 용량성 임피던스이다.

개방회로 선로는 회로소자로는 거의 사용되지 않는다.

실질적으로, 전송 선로의 종단, 특히 고주파에서 무한한 부하 임피던스를 얻기는 불가능하며, 이는 물체 근처의 결합과 개방단으로부터의 방사 때문이다.

무손실 단락회로 선로의 입력 임피던스

B. 단락회로 선로($Z_L = 0$)

이 경우에는, 식(8-79)는

$$Z_{is} = jX_{is} = jR_0\tan\beta\ell \tag{8-82}$$

단락회로 1/4 파장 선로는 좋은 개방회로이다.

로 줄어드는데, 이는 tan $\beta\ell$이 $-\infty$에서 $+\infty$의 범위인 때문이며 무손실 단락회로 선로의 입력 임피던스는 $\beta\ell$의 값에 따라 순수한 유도성

또는 순수한 용량성일 수 있다. 특히 식(8-82)에서 $\beta\ell = \pi/2$ 또는 $\ell = \lambda/4$ 이면 무한 임피던스가 된다. 그러므로 단락회로 1/4 파장 전송 선로는 매우 좋은 개방회로이다.

만약 단락 회선의 길이가 파장에 비해 매우 짧다면($\beta\ell \ll 1$), 식(8-82)는 근사적으로

매우 짧은 단락회로 선로의 입력 임피던스는 순수한 유도성이다.

$$Z_{is} = jX_{is} \cong jR_0\beta\ell = j\sqrt{\frac{L}{C}}\omega\sqrt{LC}\,\ell = j\omega L\ell \tag{8-83}$$

이 되고 이것은 $L\ell$ 헨리(henry)인 유도성 임피던스이다.

■ **연습문제 8-6** 1/4 파장 무손실 선로는 특성 저항의 제곱을 부하 임피던스로 나누면 입력단의 부하 임피던스가 됨을 증명하라. 즉 $Z_i = R_0^2/Z_L$ 이다.

■ **연습문제 8-7** 반파장 선로는 부하 임피던스가 변화없이 입력단으로 전달한다. 이를 증명하라.

8-5.2 입력 측정에 의한 특성 임피던스와 전파상수

개방회로와 단락회로 조건하에서 선로 구간의 입력 임피던스를 측정하면 전송 선로의 특성 임피던스와 전파상수를 결정할 수 있다. 다음 식은 식(8-78)로부터 직접 유도된다.

$$\text{개방회로 선로, } Z_L \to \infty: \quad Z_{io} = Z_0 \coth \gamma\ell \tag{8-84a}$$

$$\text{단락회로 선로, } Z_L = 0: \quad Z_{is} = Z_0 \tanh \gamma\ell\ . \tag{8-84b}$$

식(8-84a)와 (8-84b)로부터

개방회로와 단락회로 조건하에서 측정한 입력 임피던스로 선로의 Z_0 와 γ 계산하기

$$\boxed{Z_0 = \sqrt{Z_{io}Z_{is}} \quad (\Omega)} \tag{8-85}$$

와

$$\boxed{\gamma = \frac{1}{\ell}\tanh^{-1}\sqrt{\frac{Z_{is}}{Z_{io}}} \quad (\text{m}^{-1})} \tag{8-86}$$

을 얻는다. 식(8-85)와 (8-86)은 쉽게 계산된다.

예 제 8-3

입력저항 1(Ω)인 신호 발진기와 개방회로 전압 $V_g(t) = 0.3\cos 2\pi 10^8 t$ (V)가 50(Ω) 무손실 전송 선로에 접속되어 있다. 선로의 길이는 4(m)이고, 선로에서 파의 전파속도는 2.5×10^8(m/s)이다. 정합된 부하에 대하여, (a) 선로의 임의의 위치에서 전압과 전류의 순시치, (b) 부하에서 전압과 전류의 순시치, (c) 부하에 전달된 평균 전력을 구하라.

해

a) 선로의 임의의 위치에서 전압과 전류를 구하기 위해서, 우선 입력단 ($z=0$, $z'=\ell$)에서의 전압과 전류를 구해야 한다. 주어진 양은 다음과 같다.

$\mathrm{V}_g = 0.3\,\underline{/0^\circ}$ (V), cosine 관련 페이저

$Z_g = R_g = 1$ (Ω)

$Z_0 = R_0 = 50$ (Ω)

$\omega = 2\pi \times 10^8$ (rad/s)

$u_p = 2.5 \times 10^8$ (m/s)

$\ell = 4$ (m)

선로는 정합된 부하와 종단되었으므로, $Z_i = Z_0 = 50$(Ω)이다. 입력단에서 전압과 전류는 그림 8-5의 등가회로에서 검토될 수 있다. 즉,

$$V_i = \frac{Z_i}{Z_g + Z_i} V_g = \frac{50}{1+50} \times 0.3\,\underline{/0^\circ} = 0.294\,\underline{/0^\circ} \quad (\mathrm{V})$$

$$I_i = \frac{V_g}{Z_g + Z_i} = \frac{0.3\,\underline{/0^\circ}}{1+50} = 0.0059\,\underline{/0^\circ} \quad (\mathrm{A}).$$

정합된 선로에는 진행파만이 존재하므로, 임의의 위치에서 전압과 전류를 위해 식(8-54)와 (8-55)를 사용한다. 주어진 선로에서 $\alpha = 0$이고

$$\beta = \frac{\omega}{u_p} = \frac{2\pi \times 10^8}{2.5 \times 10^8} = 0.8\pi \quad (\mathrm{rad/m})$$

이므로

$$V(z) = 0.294 e^{-j0.8\pi z} \quad (\mathrm{V})$$

$$I(z) = 0.0059e^{-j0.8\pi z} \quad \text{(A)}$$

이고, 이들은 페이저식이다. 대응되는 순시식은 식(8-6)과 (8-7)로부터

$$v(z, t) = \mathcal{R}e[0.294e^{j(2\pi 10^8 t - 0.8\pi z)}]$$
$$= 0.294\cos(2\pi 10^8 t - 0.8\pi z) \quad \text{(V)}$$
$$i(z, t) = \mathcal{R}e[0.0059e^{j(2\pi 10^8 t - 0.8\pi z)}]$$
$$= 0.0059\cos(2\pi 10^8 t - 0.8\pi z)](\text{A})$$

가 된다.

b) $z = \ell = 4$(m)에 있는 부하에서는

$$v(4, t) = 0.294\cos(2\pi 10^8 t - 3.2\pi) \quad \text{(V)}$$
$$i(4, t) = 0.0059\cos(2\pi 10^8 t - 3.2\pi) \quad \text{(A)}$$

이다.

c) 무손실 선로의 부하에 전달된 평균 전력은 입력단에서의 평균 전력과 같다.

$$(P_{\text{av}})_{\text{L}} = (P_{\text{av}})_i = \frac{1}{2}\mathcal{R}e[V(z)I^*(z)]$$
$$= \frac{1}{2}(0.294 \times 0.0059) = 8.7 \times 10^{-4}(\text{W})$$
$$= 0.87 \quad (\text{mW}).$$

예 제 8-4

개방회로와 단락회로 임피던스가 1/4 파장보다 작은 길이 1.5(m)의 무손실 전송 선로의 입력단에서 각각 $-j54.6(\Omega)$과 $j103(\Omega)$으로 측정되었다.

a) 선로의 Z_0와 γ를 구하라.

b) 주어진 길이의 2배인 단락회로 선로의 입력 임피던스를 구하라. 단, 동작주파수는 동일하다.

c) 입력단에서 개방회로처럼 보이기 위해서는 단락회로 선로가 얼마나 길어야 하는가?

해

주어진 양은

$$Z_{io} = -j54.6,\ Z_{is} = j103,\ \ell = 1.5$$

이다.

a) 식(8-85)와 (8-86)을 이용하면,

$$Z_0 = \sqrt{-j54.6(j103)} = 75(\Omega)$$
$$\gamma = \frac{1}{1.5}\tanh^{-1}\sqrt{\frac{j103}{-j54.6}} = \frac{j}{1.5}\tan^{-1}1.373 = j0.628(\text{rad/m})$$

가 된다.

b) 길이 2배, 즉 $\ell = 3.0(\text{m})$의 단락회로 선로에 대해

$$\gamma\ell = j0.628 \times 3.0 = j1.884(\text{rad})$$

이고 입력 임피던스는 식(8-84b)로부터,

$$Z_{is} = 75\tanh(j1.884) = j75\tan 108°$$
$$= j75(-3.08) = -j231(\Omega)$$

이다. 3(m) 단락된 선로의 Z_{is}는 용량성 리액턴스인 반면, 주어진 1.5 (m) 단락선로의 Z_{is}는 유도성 리액턴스임을 주목하라.

c) 입력단에서 단락회로 선로가 개방회로처럼 보이기 위해서는 1/4 파장 길이의 홀수곱 길이가 되어야 하며 이것은 식(8-82)에서 $\tan\beta\ell \to \infty$가 된다.

$$\lambda = \frac{2\pi}{\beta} = \frac{2\pi}{0.628} = 10(\text{m})\ .$$

그러므로 요구되는 선로의 길이는

$$\ell = \frac{\lambda}{4} + (n-1)\frac{\lambda}{2}$$
$$= 2.5 + 5(n-1)(\text{m}),\ n = 1,\ 2,\ 3,\cdots$$

이다.

복습문제 문 8-11 "정합된 전송 선로"란 무엇인가?

문 8-12 전송 선로의 입력 임피던스는 무슨 요인에 의존하는가?

문 8-13 선로의 길이가 (a) $\lambda/4$, (b) $\lambda/2$, (c) $3\lambda/4$ 일 때 개방회로 무손실 전송 선로의 입력 임피던스를 구하라.

문 8-14 선로의 길이가 (a) $\lambda/4$, (b) $\lambda/2$ (c) $3\lambda/4$ 일 때 단락회로 무손실 전송 선로의 입력 임피던스를 구하라.

문 8-15 (a) 개방회로시, (b) 단락회로시 전송 선로의 길이가 $\lambda/8$ 인 입력 리액턴스의 성분은 유도성인가, 용량성인가?

문 8-16 (a) $\ell = \lambda/2$, (b) $\ell = \lambda$일 때 부하 임피던스 Z_L에 종단된 길이 ℓ의 무손실 전송 선로의 입력 임피던스를 구하라.

문 8-17 전송 선로의 특성 임피던스와 전파상수를 결정하는 방법을 설명하라.

요 점

1. 선로의 특성 임피던스에 종단된 전송 선로의 입력 임피던스는 선로의 길이에 관계없이 특성 임피던스와 같다.
2. 무한 전송 선로의 경우처럼, 특성 임피던스로 종단된 선로에는 진행파만이 존재한다. 입력(송신)단에서, 무한 선로와 정합 선로에 대한 회로조건들은 같다.
3. 길이 ℓ인 단락회로 선로의 입력 임피던스는 $jR_0 \tan \beta\ell$이며, 이것은 유도성 또는 용량성이다.
4. 선로의 특성 임피던스와 전파상수는 그 선로의 개방시와 단락시의 입력 임피던스를 측정하여 결정할 수 있다.

8-5.3 반사계수와 정재파비

그림 8-4 와 같은 유한 전송 선로에서, 발진기로부터 부하 Z_L을 향해 진행하는 전압과 전류는, $Z_L \neq Z_0$이면 반사가 일어난다. 부하로부터 거리 $z' = \ell - z$ 인 임의점의 전압은 식(8-72)에서 이미 구했으며, 그 식에서 $e^{\gamma z'}$을 가진 항은 입사전압파를 나타내고 $e^{-\gamma z'}$을 가진 항은 반사된 전압파를 나타낸다. 식(8-72)를 다시 쓰면

$$V(z') = \frac{I_L}{2}(Z_L + Z_0)\, e^{\gamma z'}\left[1 + \frac{Z_L - Z_0}{Z_L + Z_0} e^{-2\gamma z'}\right]$$

$$= \frac{I_L}{2}(Z_L + Z_0)\, e^{\gamma z'}[1 + \Gamma e^{-2\gamma z'}] \tag{8-87}$$

가 되는데, 여기서,

부하 임피던스 Z_L일 때 전압반사계수의 정의

$$\Gamma = \frac{Z_L - Z_0}{Z_L + Z_0} = |\Gamma| e^{j\theta_\Gamma} \quad \text{(단위 없음)} \tag{8-88}$$

이고, 이것은 부하에서($z' = 0$) 반사 전압파와 입사 전압파의 진폭 복소수항의 비이며, 부하 임피던스 Z_L의 **전압반사계수(voltage reflection coefficient of the load impedance Z_L)**라고 한다. 이것은 두 유전체 사이의 평면 경계면에 수직으로 입사하는 평면파에 대한 식(7-94)에서 정의한 반사계수와 같은 형태이다. 일반적으로 이것은 크기 $|\Gamma| \le 1$인 복소량이다.

식(8-87)에서 $V(z')$에 해당하는 전류방정식은, 식(8-73)으로부터

$$I(z') = \frac{I_L}{2Z_0}(Z_L + Z_0)\, e^{\gamma z'}[1 - \Gamma e^{-2\gamma z'}] \tag{8-89}$$

전류반사계수는 전압반사계수의 음수와 같다.

이다. 부하($z' = 0$)에서 반사 전류파와 입사 전류파의 복소량비로 정의되는 전류반사계수는 식(8-64)에서 증명했듯이 전압반사계수의 음수(−)이다. 앞으로는 전압반사계수만 고려할 것이다. 전송 선로가 정합된다면 즉, $Z_L = Z_0$이면 $\Gamma = 0$이고 부하에서 반사가 일어나지 않는다. $Z_L \neq Z_0$일 때 선로의 정재 전압과 전류파는 식(8-87)과 (8-89)에 의해 존재하고, 최대값과 최소값이 나타난다. 식(7-89)에서 평면파의 경우를 유추하면, **정재파비**(standing-wave ratio : SWR) S는 종단된 유한 선로의 최대 전압과 최소 전압의 비로 정의된다.

정재파비(SWR)의 정의

$$S = \frac{|V_{max}|}{|V_{min}|} = \frac{1 + |\Gamma|}{1 - |\Gamma|} \quad \text{(단위 없음)}. \tag{8-90}$$

Z_L의 값에 의존한다면, SWR은 1($|\Gamma| = 0$, 정합된 부하)에서 ∞($|\Gamma| = 1$, 개방회로 또는 단락회로)까지의 범위를 가진다. S의 범위가 크기 때문에 상용대수 즉, $20\log_{10}S$(dB)로 표현하는 것이 관례적이다. 선로의 정재파비가 크면 전력 손실이 커지기 때문에 바람직스럽지 못하다. 식(8-90)을 역으로 전개하면

SWR 로부터 $|\Gamma|$계산

$$|\Gamma| = \frac{S-1}{S+1} \quad (\text{단위 없음}) \tag{8-91}$$

이다.

전송 선로의 SWR은 선로를 따라 미소의 크기로 자른 도막을 미세한 탐침으로 검출된 전계강도의 최대값과 최소값의 비를 취함으로써 쉽게 측정된다. 식(8-90)으로부터, $S = |V_{max}|/|V_{min}|$이 얻어지고 $|\Gamma|$는 식(8-91)을 이용하여 얻는다. 각 θ_Γ은 V_{max} 또는 V_{min}의 위치로부터 결정된다.(연속되는 전압 최대값 또는 연속되는 전압 최소값 사이의 거리는 반파장이다). $|\Gamma|$와 θ_Γ를 구하면 Z_L은 식(8-88)로부터 계산해 낼 수 있고, 예제 8-5에 예를 들 것이다. 무손실 전송 선로 $\gamma = j\beta$에 대해 식(8-87)과 (8-89)는

$$V(z') = \frac{I_L}{2}(Z_L + R_0)\, e^{j\beta z'}\left[1 + |\Gamma| e^{j(\theta_\Gamma - 2\beta z')}\right] \tag{8-92}$$

그리고

$$I(z') = \frac{I_L}{2R_0}(Z_L + R_0)\, e^{j\beta z'}\left[1 - |\Gamma| e^{j(\theta_\Gamma - 2\beta z')}\right] \tag{8-93}$$

이 된다.

예 제 8-5

미지의 부하 임피던스에 종단된 무손실 50(Ω)전송 선로의 정재파비가 3.0이며, 연속된 전압 최소값 사이의 거리는 20(cm)이고, 최초 최소값은 부하로부터 5(cm)에 위치한다. (a) 반사계수 Γ, (b) 부하 임피던스 Z_L을 구하라.

해

a) 연속된 전압 최소값 사이의 거리는 반파장이다.

$$\lambda = 2 \times 0.2 = 0.4(\text{m}), \quad \beta = \frac{2\pi}{\lambda} = \frac{2\pi}{0.4} = 5\pi(\text{rad/m})$$

주어진 SWR $S = 3$과 식(8-91)로부터 반사계수의 크기 $|\Gamma|$를 구하면

$$|\Gamma| = \frac{S-1}{S+1} = \frac{3-1}{3+1} = 0.5$$

이다. 각 θ_Γ를 결정하기 위해, 식(8-92)로부터 최초 전압 최소값은 $\theta_\Gamma - 2\beta z'_m = -\pi$일 때 발생되며 여기서 z'_m은 첫번째 최소 전압의 위치를 나타낸다.

$$\theta_\Gamma = 2\beta z'_m - \pi$$
$$= 2 \times 5\pi \times 0.05 - \pi = -0.5\pi = -\pi/2(\text{rad})$$

그러므로

$$\Gamma = |\Gamma| e^{j\theta_\Gamma} = 0.5e^{-j\pi/2} = -j0.5$$

이다.

b) 부하 임피던스 Z_L은 식(8-88)로부터 결정된다.

$$\frac{Z_L - 50}{Z_L + 50} = -j0.5,$$
$$Z_L = \frac{50 - j25}{1 + j0.5} = 30 - j40(\Omega).$$

연습문제 8.8 주파수는 동일하고 미지의 다른 부하 저항에서 동작하는 50 Ω의 무손실 전송 선로에 대하여 예제 8-5를 반복하여라. 만약 SWR이 2.5이고, 부하에 최대 전압이 걸린다면, (a) 반사계수 Γ_L과, (b) 부하 임피던스 Z_L을 구하라.

답 (a) 0.43, (b) 125.4(Ω)

식(8-87)과 (8-89)에서 부하 전류 I_L과 부하의 전압반사계수 Γ의 식으로 Z_L로 한정된 유한 전송 선로에서 전압 $V(z')$과 전류 $I(z')$을 나타내었다. 입력 또는 발생기 단자에서 어떤 조건의 언급도 없으나, I_L은 입력 단자의 조건에 의존한다. 만약 전압 발생기 V_g가 그림 8-4 처럼 입력단자에 연결되어 있다면, 다음 조건을 얻는다:

$$V_i = V_g - I_i Z_g. \tag{8-94}$$

발생원(입력)단자가 $Z_g \neq Z_0$이면 역시 반사가 발생한다.

여기서 V_i와 I_i는 각각 식(8-87)과 (8-89)에서 $z' = \ell$로 함으로써 얻어진다. 진행 중인 전압파와 관련해, 입력되는 전압 $V_i = V_g Z_0/(Z_0 + Z_g)$는 발전기가 부하의 입력단자와 연결되자마자 $u_p = \omega/\beta$의 속력으로 부하로 전달된다. 부하에서 만약 $Z_L \neq Z_0$라면, 입사파는 반사계수 Γ로 반사된다. 이 반사파는 입력단자 쪽으로 u_p와 같은 속력으로 되돌아간다. 만약 $Z_g \neq Z_0$라면 반사계수는 $\Gamma_g = (Z_g - Z_0)/(Z_g + Z_0)$로 된다. 위의 과정은 양 끝 단자에서의 반사로 계속 반복될 것이고, 정재파 $V(z')$은 양 방향으로 진행하고 있는 모든 파들의 합이다.

만약 $Z_L = Z_0$(정합된 부하), $\Gamma = 0$이라면, 발전기로부터 전달되어서 부하에서 끝나는 단자 하나의 파만이 존재할 것이다. 만약 $Z_L \neq Z_0$이고, $Z_g = Z_0$이면, 발전기로부터 부하로 전달되는 초기파(정재파)와 부하에서 시작해서 발전기에서 끝나는 하나의 반사파가 존재할 것이다.

예 제 8-6

$V_g = 10\,\underline{/0°}$(V)이고 내부 저항 50(Ω)인 100(MHz) 발전기가 길이 3.6(m), 부하 $25 + j25$(Ω)인 50(Ω) 무손실 공통선에 연결되었다. (a) 발전기로부터 z에 위치한 $V(z)$, (b) 입력 단자의 V_i와 부하의 V_L, (c) 선로의 정재파비와, (d) 부하에 전해지는 평균 전력을 구하라.

해

그림 8-4를 참고하면, 주어진 양은

$$V_g = 10\,\underline{/0°}\text{(V)},\ Z_g = 50(\Omega),\ f = 10^8\text{(Hz)}$$
$$R_0 = 50(\Omega),\ Z_L = 25 + j25 = 35.36\,\underline{/45°}(\Omega),\ \ell = 3.6\text{(m)}$$

이다. 그러므로,

$$\beta = \frac{\omega}{c} = \frac{2\pi 10^8}{3 \times 10^8} = \frac{2\pi}{3}\text{(rad/m)},\ \beta\ell = 2.4\pi\text{(rad)}$$

$$\Gamma = \frac{Z_L - Z_0}{Z_L + Z_0} = \frac{(25 + j25) - 50}{(25 + j25) + 50} = \frac{-25 + j25}{75 + j25} = \frac{35.36\,\underline{/135°}}{79.1\,\underline{/18.4°}}$$
$$= 0.44\,\underline{/116.6°} = 0.447\,\underline{/0.648\pi}$$

$\Gamma_g = 0$(단지 하나의 입력파와 하나의 반사파)

가 된다.

a) $V(z)$를 구하기 위해, 식(8-87)로부터 $V(z' = \ell) = V_i$와, 식(8-89)로

부터 $I(Z'=\ell)=I_i$을 식(8-94)에 대입하면

$$I_L(Z_L+Z_0)e^{\gamma\ell}=V_g \tag{8-95}$$

가 된다. 식(8-87)에 식(8-95)을 사용하여 다음을 얻는다 :

$$V(z)=\frac{V_g}{2}e^{-j\beta z}\left[1+\Gamma e^{-j2\beta(\ell-z)}\right]. \tag{8-96}$$

따라서

$$\begin{aligned}V(z)&=\frac{10}{2}e^{-j2\pi z/3}\left[1+0.447e^{j(0.648-4.8)\pi}e^{j4\pi z/3}\right]\\&=5\left[e^{-j2\pi z/3}+0.447e^{j(2z/3-0.152)\pi}\right](\text{V})\end{aligned}$$

이다.

b) 입력 단자에서

$$\begin{aligned}V_i=V(0)&=5(1+0.447e^{-j0.152\pi})\\&=5(1.396-j0.207)\\&=7.06\underline{/-8.43°}(\text{V})\end{aligned}$$

이고, 부하에서

$$\begin{aligned}V_L=V(3.6)&=5\left[e^{-j0.4\pi}+0.447e^{j0.248\pi}\right]\\&=5(0.627-j0.637)=4.47\underline{/-45.5°}(\text{V})\end{aligned}$$

이다.

c) 정재파비(SWR)는

$$S=\frac{1+|\Gamma|}{1-|\Gamma|}=\frac{1+0.447}{1-0.447}=2.62$$

이다.

d) 부하에 전달되는 평균 전력은

$$P_{av}=\frac{1}{2}\left|\frac{V_L}{Z_L}\right|^2 R_L=\frac{1}{2}\left(\frac{4.47}{35.36}\right)^2\times 25=0.20(\text{W})$$

이다.

연습문제 8.9 예제 8-6의 전송 선로 회로에 대해, 정합된 부하 $Z_L = Z_0 = 50 + j0(\Omega)$로 전달된 평균 전력을 구하여라. 계산된 값과 예제 (d)에서 얻어진 값과의 차이점을 설명하여라.

답 0.25(W)

복습문제

문 8-18 전압반사계수를 정의하여라. "전류반사계수"와 같음을 설명하여라.

문 8-19 정재파비를 정의하여라. 전압 · 전류 반사계수와 어떤 관계에 있는가?

문 8-20 왜 높은 정재파비가 전송 선로에서 바람직하지 못한가?

문 8-21 개방회로에서 선로에 대한 Γ와 S는 무엇인가? 단락회로(termination)에서는?

문 8-22 무손실 전송 선로에서 정재파비를 측정함으로써 어떻게 종단 저항값이 정해지는지를 설명하여라.

요 점

1. 전송 선로가 정합되지 않을 때($Z_L \neq Z_0$, $\Gamma \neq 0$), 정재파는 선로상에 존재할 것이다. 연속되는 최대 전압들(또는 연속되는 최소 전압들) 사이의 거리는 $\lambda/2$이고, 인접한 V_{max}와 V_{min}의 거리는 $\lambda/4$이다.

2. 저항 R_0에 의해 종단되어 있으며 특성 저항 R_0를 갖는 무손실 선로에 있어서, 만약 $R_L > R_0$이면 V_{max}가, $R_L < R_0$이면 V_{min}이 부하에 나타난다. 이는 식(8-92)에서 $z' = 0$로 함으로써 알 수 있고, 식(8-88)에서 $R_L > R_0$에 대해 $\theta_\Gamma = 0$, $R_L < R_0$에 대해 $\theta_\Gamma = \pi$임을 알 수 있다.

3. 그림 8-4에서 제한된 전송 선로 회로를 참고하고, $t = 0$에서 발생원이 연결된다고 가정한다. 선로의 정상상태는 다음과 같은 곳에서 나타난다: (a) $Z_L = Z_0$이면 ($Z_g = Z_0$ 이건 $Z_g \neq Z_0$ 이건 상관없이) $t_1 = \ell/u_p = \beta\ell/\omega$인 곳, 그리고 (b) $Z_L \neq Z_0$이고 $Z_g = Z_0$이면 $2t_1$인 곳.

8-6 Smith 도표

그래픽도표는 전송 선로 계산을 간단하게 한다.

전송 선로 계산은 종종 복잡한 수의 장황한 조작을 포함한다. 이 지루한 과정을 그림을 사용함으로써 경감할 수 있다. 가장 잘 알려져 있고, 가장

Smith 도표

보편적으로 사용되는 그래픽 도표는 P.H.Smith[†]에 의해 고안된 **Smith 도표**이다. Smith 도표는 반사계수 평면에 표준화된 저항과 리액턴스 함수를 도형적으로 나타낸 것이다.

어떻게 Smith 도표가 무손실 전송 선로에 대해 구성이 되는지 이해하기 위해서 식(8-88)에서 정의된 부하 임피던스의 무손실 전송 선로를 예로 들어 보자:

$$\Gamma = \frac{Z_L - R_0}{Z_L + R_0} = |\Gamma| e^{j\theta_\Gamma} . \tag{8-97}$$

부하저항 Z_L이 선로의 특성 임피던스 $R_0 = \sqrt{L/C}$로 정규화된다고 하면

$$z_L = \frac{Z_L}{R_0} = \frac{R_L}{R_0} + j\frac{X_L}{R_0} = r + jx \quad (\text{단위 없음}) \tag{8-98}$$

가 된다. 여기서 r과 x는 각각 정규화된 저항과 리액턴스이다. 식(8-97)은 다음과 같이 쓸 수 있다:

$$\Gamma = \Gamma_r + j\,\Gamma_i = \frac{z_L - 1}{z_L + 1} . \tag{8-99}$$

여기서 Γ_r과 Γ_i는 각각 전압반사계수 Γ의 실수와 허수 부분이다. 식(8-99)의 역은

$$z_L = \frac{1+\Gamma}{1-\Gamma} = \frac{1+|\Gamma| e^{j\theta_\Gamma}}{1-|\Gamma| e^{j\theta_\Gamma}} \tag{8-100}$$

이다. z_L과 Γ를 실수와 허수의 조합으로 표현하면

$$r + jx = \frac{(1+\Gamma_r) + j\,\Gamma_i}{(1-\Gamma_r) - j\,\Gamma_i} \tag{8-101}$$

가 되는데, 식(8-101)의 분자와 분모의 공액복소수를 곱하고, 실수와 허부 부분으로 나누면

$$r = \frac{1 - \Gamma_r^2 - \Gamma_i^2}{(1-\Gamma_r)^2 + \Gamma_i^2} \tag{8-102}$$

[†] P.H.Smith, "Transmission-line calculator," *Electronics*, vol. 12, p.29, January 1939; and "An improved transmission-line calculator," *Electronics*, vol. 17, p.130, January 1944.

과

$$x = \frac{2\,\Gamma_i}{(1-\Gamma_r)^2 + \Gamma_i^2} \tag{8-103}$$

가 된다. 만약 식(8-102)가 주어진 r 값에 의해 Γ_r-Γ_i 평면에 표시되면 결과로 나타나는 그래프는 r 에 대한 위치가 된다. 그 위치는 방정식이 다음과 같이 쓰일 때 알 수 있다:

Smith 도표에서 상수가 r 인 원의 방정식

$$\left(\Gamma_r - \frac{r}{1+r}\right)^2 + \Gamma_i^2 = \left(\frac{1}{1+r}\right)^2. \tag{8-104}$$

이것은 반지름이 $1/(1+r)$이고 중심점이 $\Gamma_r = r/(1+r)$과 $\Gamma_i = 0$ 인 원의 방정식이다. r 값의 변화는 Γ_r 축의 다른 위치에서 반지름이 다른 원을 만든다. r 에 의해 구성되는 원의 집합은 그림 8-6 에서와 같이 실선들로 나

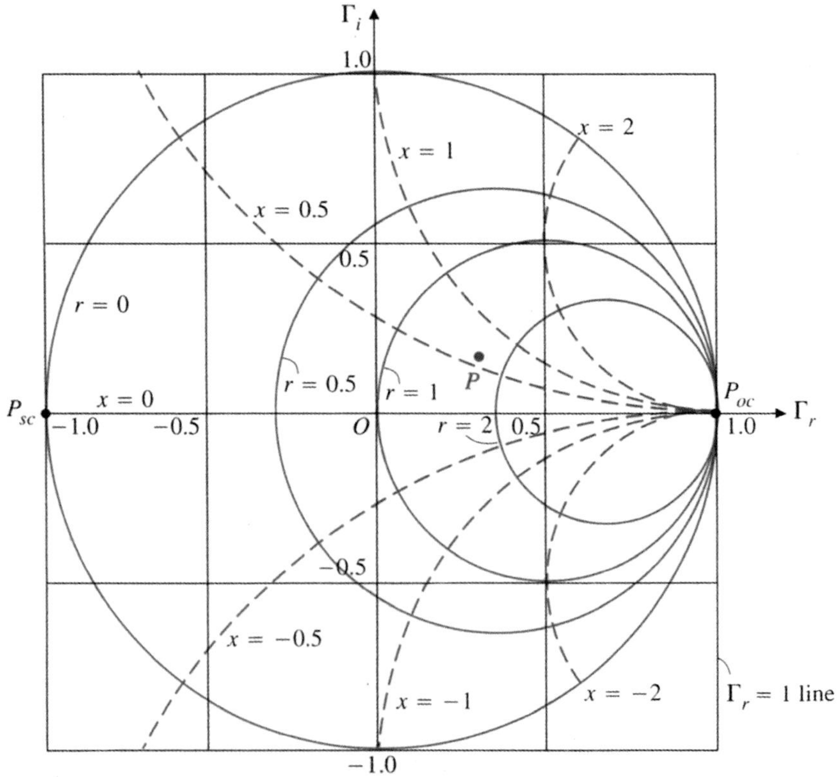

그림 8-6 직각좌표의 Smith 도표

타난다. 무손실 선로에 대해 $|\Gamma| \leq 1$이기 때문에 $\Gamma_r - \Gamma_i$ 평면의 단위원 안에 위치한 그래프의 부분만이 의미를 갖는다. 그 이외의 모든 것은 무시된다. 점(1,0)을 통과하는 모든 원들을 주목하기 바란다. 반지름이 1이고 중앙이 원점에 있는 $r = 0$인 원이 가장 큰 원이다.

Smith 도표에서 상수가 x인 원의 방정식

같은 방법으로, 식(8-103)은 다음과 같이 쓸 수도 있다.

$$(\Gamma_r - 1)^2 + \left(\Gamma_i - \frac{1}{x}\right)^2 = \left(\frac{1}{x}\right)^2 \tag{8-105}$$

이것은 반지름이 $1/|x|$이고 동심이 $\Gamma_r = 1$, $\Gamma_i = 1/x$인 원의 방정식이다. x의 값을 바꾸면 $\Gamma_r = 1$인 선상의 변환된 점을 중심으로 반지름이 변화된 원을 형성한다. $|\Gamma| = 1$의 범위 안에 있는 x-원의 부분들의 집합은 그림 8-6의 점선으로 나타난다. 모든 x-원들 역시 점(1,0)을 통과한다. 중심점은 $x > 0$(유도성 리액턴스)에서 Γ_r 축 위에 있고, $x < 0$(용량성 리액턴스)일 때 Γ_r축 아래에 있다. x-원의 반경은 $|x|$가 감소함에 따라 커지고, $x = 0$인 궤적은 Γ_r축 안으로 축퇴된다.

r과 x-원들이 항상 직교함은 증명될 수 있다. r-원과 x-원의 교점은 정규화된 부하저항 $z_L = r + jx$로 표현되는 점으로 정의된다. 실제 부하저항은 $Z_L = R_0(r + jx)$이다.

Smith 도표에서 단락회로의 점 P_{sc}와 개방회로의 점 P_{oc}

예를 들면, 그림 8-6의 점 P는 $r = 1.7$인 원과 $x = 0.6$인 원의 교점이다.(같은 점 P가 그림 8-8의 세분된 도표에서 더 정확하게 나타내어진다.) 그러므로 이 점은 $z_L = 1.7 + j0.6$으로 나타낼 수 있다. $r = 0$와 $x = 0$에 대응하는($\Gamma_r = -1$, $\Gamma_i = 0$) 점 P_{sc}는 단락회로를 나타낸다. 무한저항에 대응하는($\Gamma_r = 1$, $\Gamma_i = 0$) 점 P_{oc}는 개방회로를 나타낸다.

반사계수면에서 Smith 도표는 $\Gamma_r - \Gamma_i$의 직각좌표 또는 $|\Gamma| - \theta_\Gamma$의 극좌표로 나타낼 수 있다.

그림 8-6에 Smith 도표를 Γ_r과 Γ_i의 직각좌표로 나타내었다. 같은 형태의 차트가 Γ의 모든 점에서 크기 $|\Gamma|$와 위상각 θ_Γ로 표시된 극좌표에 의해 표시될 수 있다. 이것은 그림 8-7에서 도식적으로 나타내었고, 여기서 몇 개의 $|\Gamma|$-원들은 점선으로 나타나 있고, 몇 개의 θ_Γ-각들이 $r = 0$ 원과 같은 $|\Gamma| = 1$인 원 주위에 나타내어진다. $|\Gamma|$-원들은 일반적으로 상업적으로 유용한 Smith 도표에는 표시되지 않으나 특정 $z_L = r + jx$를 표현하는 점이 표시된다. 점을 통과하여 원점에 중심을 갖는 원을 그리는 것은 단순한 일이다. 중앙에서 점까지 얼마 안 되는 거리(단일 반지름과 도표의 끝을 비교해서)는 전압반사계수의 크기 $|\Gamma|$와 같고, 실수축에서 점까지의 선과

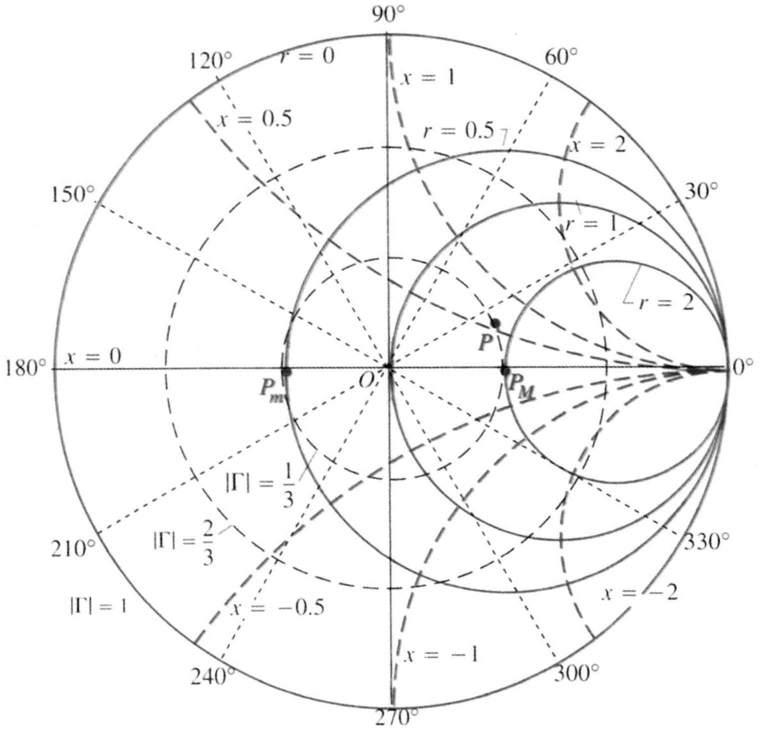

그림 8-7 극좌표로 나타낸 Smith 도표

이루는 각은 θ_Γ이다. 그래프적인 측정은 식(8-99)에 의해 Γ를 계산할 필요를 없게 한다.

Smith 도표에서 점들의 위치는 V_{max}와 V_{min}로 나타난다.

각각의 $|\Gamma|$원들은 실수축의 두 점에서 교차한다. 그림 8-7에서 양의 실수축 점을 P_M으로, 음의 실수축 점을 P_m으로 지정한다. 실수축을 따라 $x=0$이므로 P_M과 P_m은 순수한 저항부하 $Z_L = R_L$을 나타낸다. 분명히 $r_L > 1$인 P_M에서 $R_L > R_0$이고, $r_L < 1$인 P_m에서 $R_L < R_0$이다. 점 P_M과 P_m은 각각 V_{max}와 V_{min}의 위치에 해당된다.

$$\Gamma = \frac{R_L - R_0}{R_L + R_0} = \frac{r_L - 1}{r_L + 1} = \frac{S-1}{S+1}. \tag{8-106}$$

Smith 도표에서 SWR, S 구하기

그러므로 $R_L > R_0$에 대해 $S = r_L = R_L/R_0$이다. 점 P_M을 지나는 r-원의 값은 정재파비와 같다. 그림 8-7에 표시된 점 P는 $z_L = 1.7 + j0.6$이며 이 점에서 $|\Gamma| = 1/3$이고 $\theta_\Gamma = 28°$임을 알 수 있다. P_M에서 $r = S = 2.0$이며, 이 결과는 해석적으로 증명될 수 있다.

지금까지 식(8-88)에서 주어진 것처럼 부하 임피던스의 전압반사계수의 정의에 Smith 도표의 구조를 토대로 다루었다. 부하에서부터 거리 z'인 점에서 부하쪽으로 본 입력 임피던스는 $V(z')$와 $I(z')$의 비이다. 식(8-87)과 (8-89)에서 무손실 선로에 대해 γ를 $j\beta$로 쓰면

$$Z_i(z') = \frac{V(z')}{I(z')} = R_0\left[\frac{1 + \Gamma e^{-j2\beta z'}}{1 - \Gamma e^{-j2\beta z'}}\right] \tag{8-107}$$

가 된다. 정규화된 입력 임피던스는

$$\begin{aligned} z_i &= \frac{Z_i}{R_0} = \frac{1 + \Gamma e^{-j2\beta z'}}{1 - \Gamma e^{-j2\beta z'}} \\ &= \frac{1 + |\Gamma| e^{j\phi}}{1 - |\Gamma| e^{j\phi}} \end{aligned} \tag{8-108}$$

인데, 여기서

$$\phi = \theta_\Gamma - 2\beta z'. \tag{8-109}$$

Smith 도표에서 정규화된 입력 임피던스 z_i 찾기

이다. z_i와 $\Gamma e^{-j2\beta z'} = |\Gamma| e^{j\phi}$와 관련된 식(8-108)은 z_L과 $\Gamma = |\Gamma| e^{j\theta_\Gamma}$와 관련된 식(8-100)과 아주 똑 같은 형태이다. 실질적으로 후자의 식은 $z' = 0(\phi = \theta_\Gamma)$에 대한 전자의 식에 대한 특별한 경우이다. 반사계수의 크기 $|\Gamma|$와 정재파비 S는 추가되는 선로의 길이 z'에 의해 변화되지 않는다. 따라서 부하에서 주어진 z_L에 대해 $|\Gamma|$와 θ_Γ을 Smith 도표를 사용하여 찾듯이, $|\Gamma|$을 상수로 유지시키고 $2\beta z' = 4\pi z'/\lambda$와 같은 각 θ_Γ로부터 감소될 수 있다(시계방향으로 회전한다). 이것은 z_i를 결정하는 $|\Gamma| e^{j\phi}$, 특성 임피던스 R_0의 무손실 선로를 본 정규화된 입력 임피던스, 길이, z', 정규화된 부하 임피던스 z_L에 대한 점을 형성할 것이다. $\Delta z'/\lambda$에서 두 개의 추가된 크기는 선로 길이 $\Delta z'$ 때문에 생긴 각의 변화 $2\beta(\Delta z')$을 쉽게 읽기 위한 $|\Gamma| = 1$인 원이 매개변수를 따라 일반적으로 증명된다. 외부의 크기는 시계방향(z'의 증가)에서 "발전기 쪽으로의 파장"으로 표시되고 내부의 크기는 반시계방향(z'의 감소)에서 "부하쪽으로의 파장"으로 표시된다. 그림 8-8

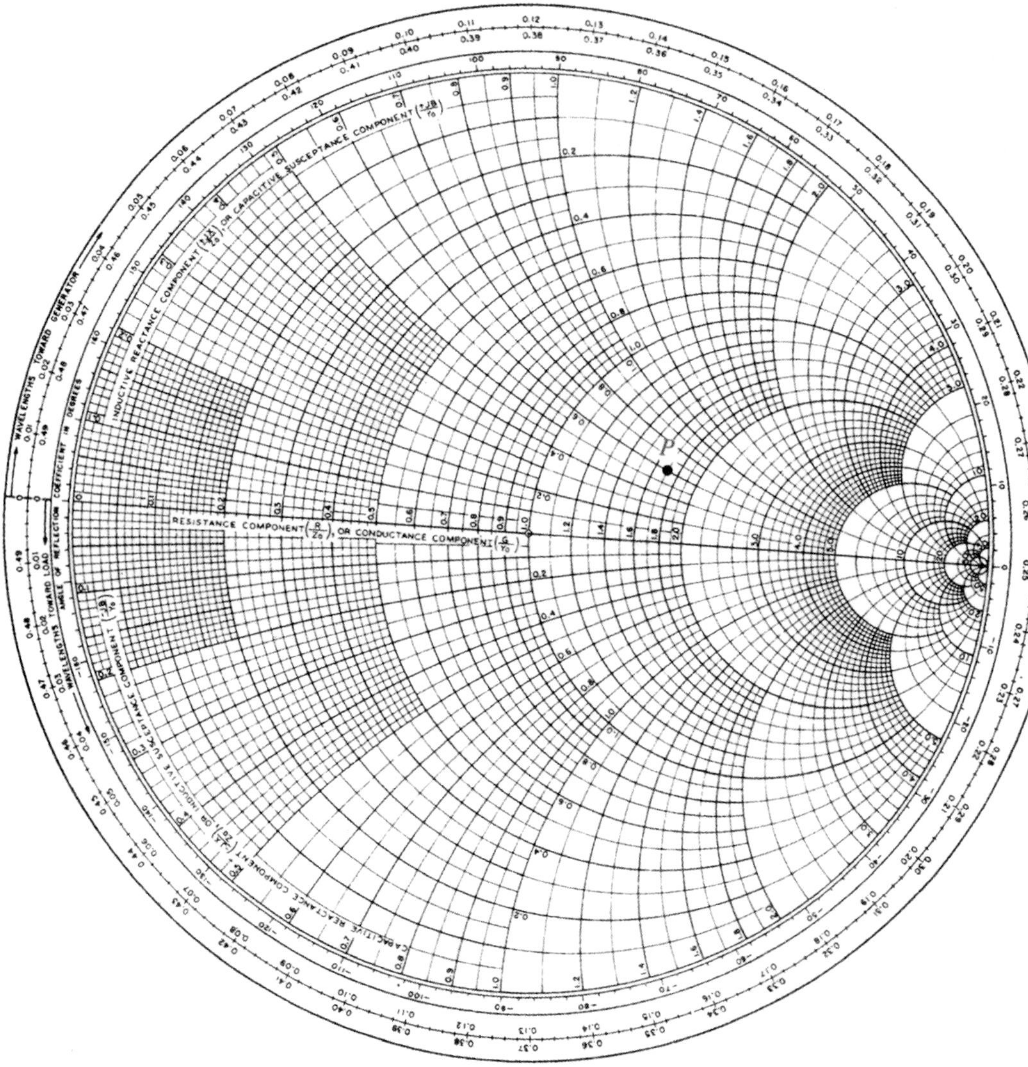

그림 8-8 Smith 도표(점 P 는 그림 8-6 과 8-7 과 같은 점이다.)

8-8 은 상업적으로 유용한 전형적인 Smith 도표이다.† 이것은 보기에는 복잡해 보이지만 실제는 단지 상수 r 과 상수 x 의 원으로 구성되어 있다. 선

† 이 책에서 이용되는 모든 Smith 도표는 Emeloid 사의 허가를 받고 인쇄되었다.

로의 길이($\Delta z' = \lambda/2$)에서 반파장의 변화는 ϕ에서 $2\beta(\Delta z') = 2\pi$의 변화에 해당함을 알아야 한다. $|\Gamma|$원 주위로의 완전한 회전은 같은 점으로 돌아오게 하고, 결과적으로 임피던스의 변화가 없음을 나타낸다.

전형적인 전송 선로 문제를 풀 때 Smith 도표를 사용하는 예를 보여 줄 것이다.

예 제 8-7

Smith 도표를 이용해서 길이가 0.1 파장이고 단락회로로 끝나는 50(Ω) 무손실 전송 선로 부분의 입력 임피던스를 구하여라.

해

주어진 값은

$$Z_L = 0$$
$$R_0 = 50(\Omega)$$
$$z' = 0.1\lambda$$

1. Smith 도표의 $r = 0$ 이고 $x = 0$ 인 교점으로 들어간다.(그림 8-9에 보이는 바와 같이 점 P_{sc}는 도표의 맨 왼쪽 끝에 있다.)
2. 시계방향으로 P_1을 향해 도표($|\Gamma| = 1$)의 매개변수를 따라 0.1 "발전기 쪽으로의 파장"에 의해 옮긴다.
3. P_1에서 $r = 0$, $x \cong 0.725$ 또는 $z_i = j0.725$를 읽는다. 그러므로 $Z_i = R_0 z_i = 50(j0.725) = j36.3(\Omega)$ (입력 임피던스는 순수 유도성이다.)
   이 값은 식(8-82)를 사용하여 나타낼 수 있다.

$$Z_i = jR_0 \tan \beta\ell = j50 \tan\left(\frac{2\pi}{\lambda}\right)0.1\lambda$$
$$= j50 \tan 36° = j36.3(\Omega)$$

연습문제 8.10 개방회로에서 75(Ω) 무손실 전송 선로의 입력 임피던스는 90(Ω)의 유도성 저항이다. Smith 도표를 이용하여 파장의 식으로 선로의 길이를 결정하여라.

답 0.11λ

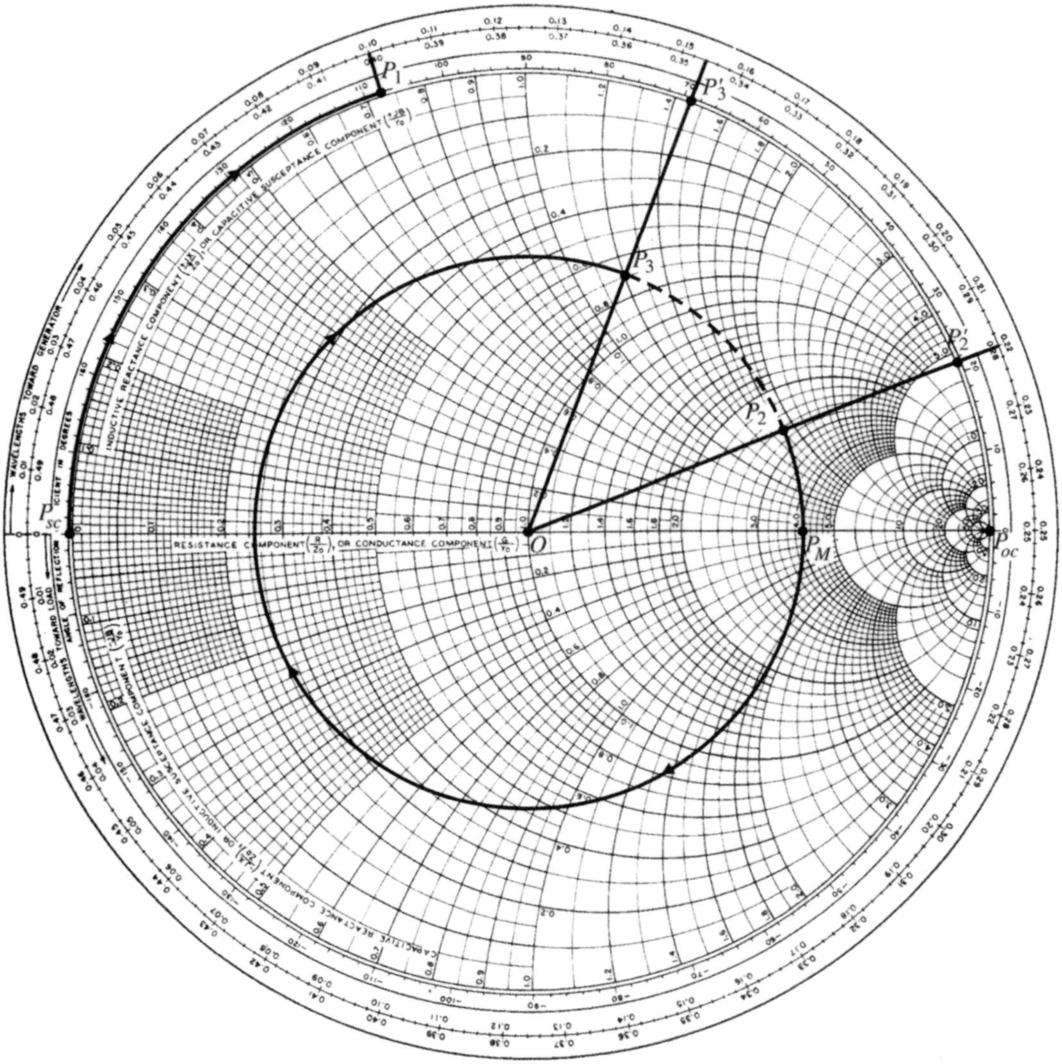

그림 8-9 예제 8-7과 8-8의 Smith 도표 계산법

예 제 8-8

길이가 0.434λ이고 특성 임피던스가 100(Ω)인 무손실 전송 선로가 임피던스 $260 + j180$(Ω)으로 종단되었다. (a) 전압반사계수, (b) 정재파비, (c) 입력 임피던스, (d) 부하에 가장 근접한 최대 전압의 위치를 구하여라.

해

주어진 값

$$z' = 0.434\lambda$$
$$R_0 = 100(\Omega)$$
$$Z_L = 260 + j180(\Omega)$$

a) 전압반사계수는 여러 가지 단계로 구할 수 있다.

1. Smith 도표에서 $z_L = Z_L/R_0 = 2.6 + j1.8$ 로 들어간다.(그림 8-9 에 있는 점 P_2)

2. 원점에서 반지름 $\overline{OP_2} = |\Gamma| = 0.60$ 의 원을 그린다.(도표의 반지름 $\overline{OP_{sc}}$ 의 크기는 1 이다.)

3. OP_2 를 지나 P_2' 을 지나는 원의 외면과 연결되는 직선을 그린다. "발전기 쪽으로의 파장" 부분에서 0.220 을 읽는다. 반사계수의 위상각 θ_Γ 은 $(0.250 - 0.220) \times 4\pi = 0.12\pi$(rad) 또는 21.6°이다. (Smith 도표에서 각은 $2\beta z'$ 또는 $4\pi z'/\lambda$ 에서 측정되므로 파장의 변화에 4π 를 곱한다.) 이 각은 역시 원의 외면에 표시된 숫자에 의해 알 수도 있다. a)의 답은

$$\Gamma = |\Gamma| e^{j\theta_\Gamma} = \underline{0.60 \angle 21.6°}$$

b) $|\Gamma| = 0.60$ 인 원은 $r = S = 4$ 에서 양의 실수축 OP_{oc} 와 교차한다. 따라서 전압 정재파비는 4 이다.

c) 입력 임피던스 값을 구하기 위해서는 다음과 같이 하여야 한다.

1. P_2' 를 0.220 에 놓고 총 0.434 만큼 "발전기 쪽으로의 파장"으로 옮긴다. 우선 0.500(0.000 과 같음)쪽으로 그리고 나서 0.154[(0.500 − 0.220) + 0.154 = 0.434]인 P_3' 쪽으로 시계방향으로 돌린다.

2. O 과 P_3' 을 직선에 의해 연결하고 이것은 P_3 에서 $|\Gamma| = 0.60$ 인 원과 교차한다.

3. P_3 에서 $r = 0.69$ 그리고 $x = 1.2$ 를 읽는다. 따라서,

$$Z_i = R_0 z_i = 100(0.69 + j1.2) = 69 + j120(\Omega)$$

d) P_2 에서 P_3 로 가는 중에 $|\Gamma| = 0.60$ 인 원은 전압이 최대인 P_M 점에서 양

의 실수측 OP_{oc}와 교차된다. 따라서 최대 전압은 부하로부터 $(0.250 - 0.220)\lambda$ 또는 0.030λ에 나타난다.

연습문제 8.11 예제 8-8에서 종단저항이 부하저항 R_L로 바뀌면서 선로의 정재파비가 4에서 2로 감소됨을 알았다. (a) R_L의 값은? (b) 입력 임피던스의 값은?

답 (a) 200(Ω), (b) $13.5 + j76$(Ω)

복습문제

문 8-23 Smith 도표란 무엇이고, 무엇 때문에 전송 선로 계산에 유용한가?

문 8-24 Smith 도표의 직각좌표는 무엇인가?

문 8-25 Smith 도표의 극좌표는 무엇인가?

문 8-26 Smith 도표에서 정합된 부하는 어느 점에 표시되는가?

문 8-27 특성 임피던스가 Z_0인 무손실 선로에서 주어진 부하 임피던스 Z_L에 대해 (a) 반사계수와 (b) 정재파비를 구하는 데 Smith 도표는 어떻게 이용되는가?

요 점

1. Smith 도표에서 r과 x-원들은 항상 서로 직교하고, 모두 점(1,0)을 지난다.
2. Smith 도표는 어떠한 특성 저항이 있는 전송 선로에도 응용할 수 있다.
3. $|\Gamma|$-원의 교점과 양의 실수축을 지나는 r-원의 값은 정재파비 S와 같다.
4. 반파장의 변화는 Smith 도표에서 완전한 회전과 관계된다.

8-6.1 Smith 도표에서의 어드미턴스

지금까지 정규화된 임피던스 $z = r + jx$와 관련하여 Smith 도표를 다뤘으나, Smith 도표는 또한 어드미턴스 계산에 사용될 수 있다. 임피던스 Z_L로 종단되는 길이 ℓ인 무손실 선로의 입력 임피던스 Z_i에 대한 공식인 식 (8-79)를 다시 써 보자.

$$Z_i = R_0 \frac{Z_L + jR_0 \tan\beta\ell}{R_0 + jZ_L \tan\beta\ell} \tag{8-79)(8-110}$$

$\ell = \lambda/4$: $\beta\ell = \pi/2$, $\tan\beta\ell \to \infty$일 때 식(8-110)은 (연습문제 8.6 참고)

1/4 과 변환기의 특성

$$\boxed{Z_i = \frac{R_0^2}{Z_L} \quad \text{(1/4 파장 변환기)}} \tag{8-111}$$

가 된다. 그러므로 1/4 파장 무손실 선로는 임피던스 변환장치처럼 동작하고, 종종 **1/4 파장 변환기**(quarter-wave transformer)가 된다.

이제 $Y_L = 1/Z_L$이 부하 어드미턴스를 표시한다고 하자. 정규화된 부하 임피던스는

$$z_L = \frac{Z_L}{R_0} = \frac{1}{R_0 Y_L} = \frac{1}{y_L} \tag{8-112}$$

인데, 여기서

$$\begin{aligned} y_L &= R_0 Y_L \\ &= Y_L / Y_0 = g + jb \quad \text{(단위 없음)} \end{aligned} \tag{8-113}$$

Smith 도표 z_L에서 y_L을, 그리고 그의 역을 찾기

은 실수부와 허수부로서 각각 정규화된 컨덕턴스 g와 정규화된 서셉턴스 b를 갖는 정규화된 부하 어드미턴스이다. 식(8-112)는 정규화된 특성 임피던스의 1/4 파장 선로는 z_L을 y_L로 변환시킬 것이고 그 역도 성립한다. Smith 도표에서는 다만 1/4 파장에 의해 $|\Gamma|$원을 따라 z_L로 표현된 점이 y_L로 표현된 점에 위치하도록 움직이면 된다. Smith 도표에서 π 라디안의 변화에 대한 선로 길이의 변화가 $\lambda/4$이므로, **z_L과 y_L을 나타내는 점들은 $|\Gamma|$원에서 서로 정반대에 있게 된다**. 이 결과는 Smith 도표에서 매우 간단한 방법으로 z_L로부터 y_L을, y_L로부터 z_L을 찾을 수 있음을 말한다.(z_L과 y_L은 모두 단위가 없음을 주의하라.)

예 제 8-9

$Z = 95 + j20(\Omega)$일 때, Smith 도표를 이용하여 Y를 구하여라.

해

이 문제는 어떤 전송 선로와도 관계가 없다. Smith 도표를 이용하기 위

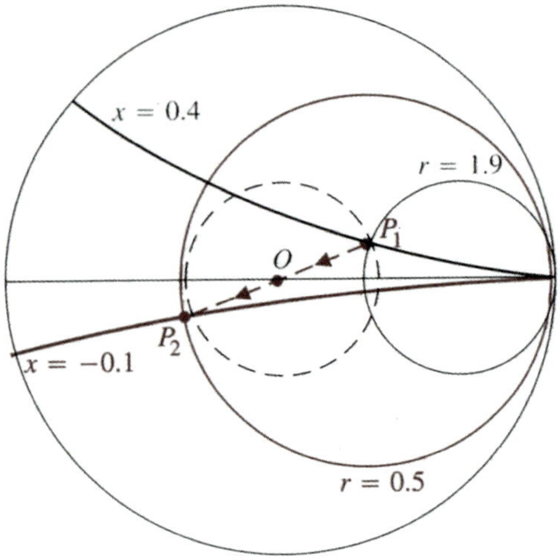

그림 8-10 임피던스로부터 어드미턴스 구하기(예제 8-9)

해 임의의 정규화 상수를 택한다. 예를 들어 $R_0 = 50(\Omega)$이라면

$$z = \frac{1}{50}(95 + j20) = 1.9 + j0.4$$

이다. 그림 8-10의 Smith 도표에서 점 P_1에 z를 집어넣는다. P_1과 O를 잇는 선의 반대쪽에 있는 점 P_2는 y를 나타낸다 : $\overline{OP_2} = \overline{OP_1}$

$$Y_i = \frac{1}{R_0}y = \frac{1}{50}(0.5 - j0.1) = 10 - j2(\text{mS}) .$$

■ **연습문제 8.12** $Y = 6 + j11(\text{mS})$라 할 때, Smith 도표를 이용하여 Z를 구하여라.

예 제 8-10

Smith 도표를 이용하여 특성 임피던스 300(Ω)과 길이 0.04λ의 개방회로 선로의 입력 어드미턴스를 구하여라.

해

1. 개방회로 선로의 경우 임피던스는 Smith 도표의 오른쪽 끝의 점 P_{oc}에

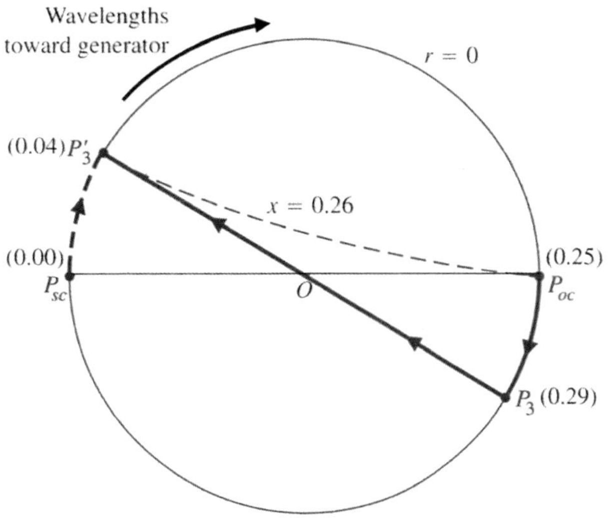

그림 8-11 개방회로 선로(예제 8-10)의 입력 임피던스 찾기

서 시작을 한다. 그림 8-11 에서는 점 P_{oc}가 0.25 이다.

2. 발전기를 향해 0.04λ정도 도표의 원둘레를 움직이면 0.29 인 점 P_3가 된다.
3. 점 P_3로부터 원점 O를 지나는 직선을 반대편 점 P_3' 까지 그려라.
4. 점 P_3' 의 값을 읽어라:

$$y_i = 0 + j0.26$$

따라서

$$Y_i = \frac{1}{300}(0 + j0.26) = j0.87(\text{mS})$$

가 된다.

Smith 도표는 임피던스 도표 또는 어드미턴스 도표로서 이용될 수 있다.

앞의 두 예제에서 Smith 도표를 임피던스 도표로 이용함으로써 어드미턴스 계산을 하였다. 또한 Smith 도표는 어드미턴스 도표로서 이용될 수 있는데, 그런 경우 원 r과 원 x는 원 g와 원 b가 될 수 있다. 개방회로와 단락회로의 종단점을 나타내는 점들을 어드미턴스 도표상에서 각각 좌측 끝이나, 우측 끝의 점이 될 것이다. 예제 8-10 의 경우 차트상의 극좌점, 즉

그림 8-11의 0.00에서 시작해서 발전기를 향해 파장이 0.04λ인 P_3'까지 똑바로 이동한다.

어드미턴스 도표로서의 Smith 도표는 실제로 평행선로를 포함하고 있는 문제들을 해결할 때 임피던스 도표로서보다 더 유용하다. 왜냐하면 어드미턴스는 병렬 연결에서 더해지기 때문이다. 이러한 내용이 다음 절에서 임피던스 정합을 논의할 때 분명해질 것이다.

8-7 전송 선로 임피던스의 정합

전송 선로상의 임피던스 정합의 중요성

전송 선로는 전력 전송과 정보 전송을 위해서 이용된다. 무선 주파수 전력 전송에서 가능한 한 많은 전력이 발전기에서 부하까지 전송되고 가능한 한 적은 전력이 전송 선로 자체에서 손실되는 것이 대단히 바람직하다. 부하가 선로의 특성 임피던스에 정합되어 선로상의 정재파비가 가능한 한 1에 가까워지는 것이 요구된다. 정보 전송에 있어서 부정합 부하와의 연결로 인한 반향(echo)이 일고, 정보 전송 신호가 왜곡될 수 있기 때문에 선로들이 정합되는 것은 필수적이다. 본 장에서는 무손실 전송 선로에서의 임피던스 정합을 위한 간단한 단일 스터브 방법을 논한다.

개방회로 대신에 단락회로 스터브가 전송 선로상에서 임피던스 정합을 위해 이용된다.

임의의 부하 임피던스는 그림 8-12에서 보여지듯이 적당한 위치에서 선로에 병렬로 단일 단락회로 스터브를 설치함으로써 전송 선로에 정합될 수 있다. 이것이 바로 부하 정합을 위한 단일 스터브 방법이다.† 병렬 연결을 다룬 이후, 어드미턴스 입장에서 그 방법을 설명하는 것이 편리하다. 단락회로 스터브들은 대개 개방회로 스터브보다 오히려 더 이용된다. 왜냐하면 무한 종단 임피던스가 영값 종단 임피던스보다 더 실현하기 어렵기 때문이다. 개방 종단에서의 방사와 근접한 물체와의 결합이 임피던스를 한정시킨다. 더욱이, 조정 가능한 길이와 일정한 특성 임피던스를 가진 단락회로 스터브는 길이가 정확하게 절단되는 개방회로 스터브보다(단락회로의 위치를 간단히 변화시킴으로써) 만들기가 훨씬 더 쉽다. 물론, 개방회로 스터브에

†An alternative method, using two stubs spaced a fixed distance apart, is also used for impedance matching—the double-stub method. (See D.K.Cheng, *Field and Wave electromagnetics*, 2/E, pp. 504-509, Addison-Wesley Publishing Co., Reading, MA, 1989.)

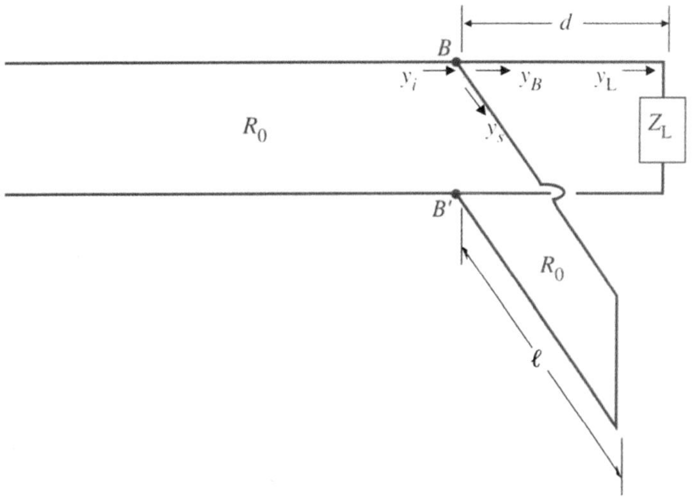

그림 8-12 단일 스터브 방법에 의한 임피던스 정합

필요한 길이와 단락회로 스터브에서의 길이 차이는 $\lambda/4$ 의 홀수배이다.

그림 8-12 에서 스터브 없이 부하쪽을 바라보는 B-B'에서의 입력 임피던스를 Y_B라고 가정할 경우, 임피던스(또는 어드미턴스) 정합 문제를 아래식이 성립하는 스터브의 위치 d 와 길이 ℓ을 결정하는 것이다.

$$Y_i = Y_0 = Y_B + Y_s \; . \tag{8-114}$$

여기에서 $Y_0 = 1/R_0$이다. 정규화된 어드미턴스에 의해서 식 8-114 는 아래와 같다 :

$$1 = y_B + y_s \; . \tag{8-115}$$

여기서 $y_B = R_0 Y_B$는 부하 부분의 식이고, $y_s = R_0 Y_s$는 단락회로 스터브에 대한 식이다. 하지만 단락회로 스터브의 입력 임피던스가 순수한 써셉티브 성분만 존재하기 때문에 y_s는 오로지 허수이다. 결과적으로 식(8-115)는 아래 경우에만 만족될 수 있다.

$$y_B = 1 + jb_B \tag{8-116}$$

$$y_s = -jb_B \tag{8-117}$$

여기에서 b_B는 양 또는 음의 값이 될 수 있다. 우리의 목적은 (1) 종단 B

-B'의 오른편을 바라보는 부하 부분 중에서 어드미턴스 y_B가 단일 실수부를 갖는 길이 d를 찾는 것이고, (2) 허수부를 없애기 위해 필요한 스터브의 길이 ℓ을 찾는 것이다.

어드미턴스 도표로서 Smith 도표를 이용할 경우 단일 스터브 정합에 대하여 다음과 같이 전개한다 :

1. 정규화된 부하 어드미턴스 y_L을 나타내는 점을 찍어라.
2. y_L에 대한 $|\Gamma|$원을 그려라. y_L은 $g=1$인 원을 두 점으로 나눈다. 그 점들은 각각 $y_{B1}=1+jb_{B1}$이고 $y_{B2}=1+jb_{B2}$이다. 두 점이 가능성이 있는 해이다.
3. y_L을 나타내는 점과 y_{B1}과 y_{B2}를 나타내는 점들 사이의 각으로부터 부하 부분의 d_1과 d_2를 결정하라.
4. 도표의 가장 오른쪽에 있는 단락회로 점 P_{sc}와 $-jb_{B1}$과 $-jb_{B2}$ 사이 각으로부터 스터브 길이 ℓ_1과 ℓ_2를 결정하라.

다음의 예제에서 필요한 단계들을 설명하였다.

예 제 8-11

50 Ω의 전송 선로가 부하 임피던스 $Z_L=35-j47.5$에 결합되어 있다. 전송 선로를 정합시키기 위해서 필요한 단락회로 스터브의 위치와 길이를 구하라.

해

$R_0=50(\Omega)$

$Z_L=35-j47.5(\Omega)$

$z_L=Z_L/R_0=0.70-j0.95$로 주어져 있으므로

1. 그림 8-13의 P_1처럼 Smith 도표상에 z_L을 찍어라.
2. 반경 $\overline{OP_1}$을 가지며 O를 중심으로 한 $|\Gamma|$원을 그려라.
3. P_1에서 O를 지나 원둘레의 점 P_2'까지 직선을 그려라. 그러면 P_2에서 $|\Gamma|$원의 교점이 생기고 나누어지고 P_2가 y_L을 나타낸다. "발전기로 향한 파장"의 척도는 P_2'에서 0.109이다.
4. $g=1$인 원을 가진 $|\Gamma|$원을 가로지르는 두 점을 적어라.

P_3에서 $y_{B1}=1+j1.2=1+jb_{B1}$이고

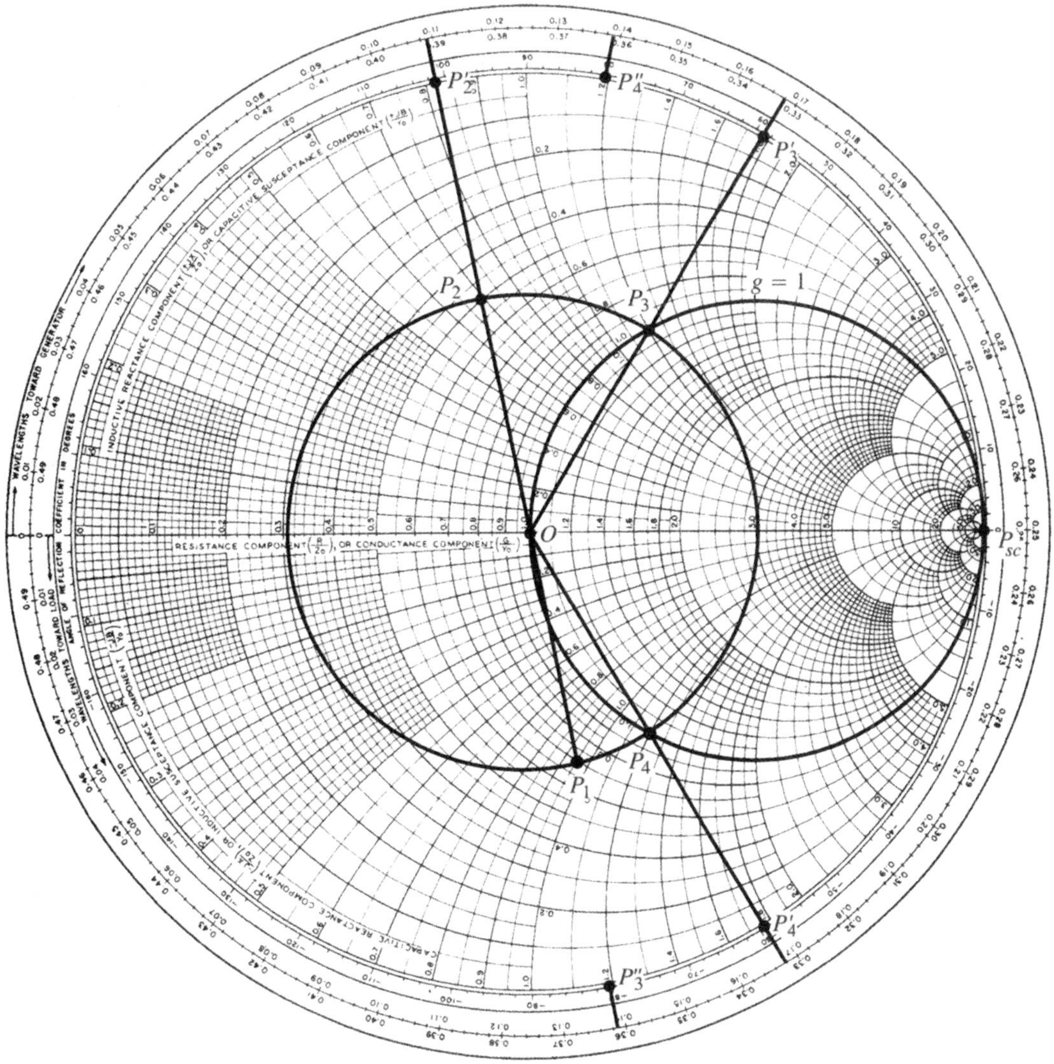

그림 8-13 예제 8-11의 Smith 어드미턴스 도표에서의 단일 스터브 정합에 대한 구성

P_4에서 $y_{B2}=1-j1.2=1+jb_{B2}$이다.

5. 스터브 위치에 대한 해

P_3(P_2' 에서 P_3' 까지)의 경우 : $d_1=(0.168-0.109)\lambda=0.059\lambda$이고

P_4(P_2' 에서 P_4' 까지)의 경우 : $d_2=(0.332-0.109)\lambda=0.223\lambda$이다.

6. $y_s = -jb_B$를 공급하는 단락회로 스터브의 길이에 대한 해

P_3(도표상의 가장 오른쪽에 있는 P_{sc}에서 $-jb_{B1} = -j1.2$인 P_3''까지)의 경우 :

$\ell_1 = (0.361 - 0.250)\lambda = 0.111\lambda$이고

P_4(P_{sc}에서 $-jb_{B2} = j1.2$인 P_4' 까지)의 경우 :

$\ell_2 = (0.139 + 0.250)\lambda = 0.389\lambda$이다.

일반적으로 다른 실제적인 규제가 없다면 더 짧은 길이를 가진 해를 취한다. 단락회로 스터브의 정확한 길이 ℓ은 실제 정합 과정에서 정밀한 조정이 필요하다. 그러므로, 짧아진 정합 부분은 때때로 **스터브 동조기**라고 불린다.

연습문제 8.13 50 Ω의 무손실 전송 선로의 측정은 바로 옆에 연속적으로 나타나는 전압 극소점들이 6(cm) 떨어져 있음을 보여 준다. 부하 저항 $Z_L = 75 + j100(\Omega)$을 단락회로 스터브에 의해서 선로에 정합시키는 것이 바람직하다.

(a) 부하에 가장 가까운 스터브의 위치를 찾아라.

(b) 가장 짧은 필요한 스터브의 길이를 구하여라.

(c) 스터브와 부하 사이 선로상의 SWR(정재파비)을 구하라.

(d) 스터브와 전원 사이 선로상의 SWR(정재파비)을 구하라.

답 (a) 2.78(cm) (b) 1.02(cm) (c) 4.62 (d) 1.00

복습문제

문 8-28 선로 길이에서 반파장의 변화가 왜 Smith 도표에서 완전한 1회전에 대응하는가?

문 8-29 임피던스 Z가 $R + jX$라고 하면, Smith 도표상에서 어드미턴스 Y가 $1/Z$임을 구하기 위해 어떤 절차를 따라야 하는가?

문 8-30 어드미턴스 Y가 $G + jB$라고 하면, 임피던스 Z가 $1/Y$임을 밝히기 위하여 Smith 도표를 어떻게 이용하는가?

문 8-31 선로가 손실이 있을 때조차 전송 선로에서 상수의 정재파비를 갖는가 설명하여라.

문 8-32 임피던스 정합 문제를 해결하기 위하여 Smith 도표를 임피던스 도표로서 이용하기보다는 어드미턴스 도표로 이용하는 것이 왜 더 편리한가?

문 8-33 왜 전송 선로상에서 임피던스 정합을 달성하는 것이 바람직한가?

문 8-34 스터브가 왜 개방회로형 대신 단락회로형의 임피던스 정합에 이용되는가?

요 점

1. Smith 도표는 임피던스 도표(단위 없는 임피던스, $z = Z/R_0$)로서 또는 어드미턴스 도표(단위 없는 어드미턴스, $y = R_0 Y$)로서 이용될 수 있다. 단락회로를 표시하는 점 P_{sc}는 Smith 도표에서 (1,0)이다.
2. 단일 스터브 임피던스 정합의 원리는 부하로부터 적당한 거리에 주선로와 병렬로 적절한 길이의 단락회로 스터브를 연결하는 것이다. 그렇게 하면 병렬 연결 정합부의 입력 어드미턴스가 $1 + j0$이 된다.
3. 전송 선로 임피던스 정합 설계는 주파수에 민감하다. 즉, 필요한 스터브 위치와 스터브 길이는 동작 주파수에 달려 있다.

요 약

전송 선로는 에너지와 정보의 효율적인 점-대-점(point-to-point) 전송에 이용된다. 본 장에서는 전송 선로에 의해 유도되는 횡전자파(TEM 파)의 분석방법과 기능을 연구하는 데 전념했다. 특히 본 장에서는

- 전송 선로의 가장 일반적인 3가지 유형의 특성을 설명했다.(평행판 선로, 2선 선로 그리고 동축 선로)
- 일반적인 전송 선로 방정식들을 유도하였다. 이 방정식들을 결합하여 시정현상태하에서 1원 2차 상미분 방정식을 이끌어 낸다.
- 무한 전송 선로에서 파형 특성을 검토하였다.
- 전파상수, 위상속도, 무손실 선로의 특성 임피던스 그리고 무왜곡 선로의 특성 임피던스를 측정하였다.
- 전력 관계에 의하여 무손실 선로에서의 진행파 감쇄상수를 설명하였다.
- 전파상수 입력 임피던스, 반사계수 그리고 정재파비에 의하여 유한 선로의 파형 특성을 분석하였다.
- 개방회로 선로와 단락회로 선로의 특성을 검토하였다.
- 전송 선로 회로의 문제를 해결하였다.
- Smith 도표의 구성 원리와 응용에 대하여 연구하였다.
- 임피던스 정합을 위한 단일 스터브 방법을 설명하였다.

문 제

문 8-1 주어진 특성 임피던스에 대해 무손실 스트립 선로 디자인에 있어서

a) 유전상수 ϵ_r이 두 배가 되면 주어진 플레이트 폭이 w인 경우 유전체 두께 d가 어떻게 변화되어야 하는가?

b) ϵ_r이 두 배가 되면 주어진 d에 대하여 w는 어떻게 변화되어야 하는가?

c) d가 두 배가 되면 주어진 ϵ_r에 대하여 w는 어떻게 변화되어야 하는가?

d) a), b), c)에서의 변화가 상술된 후, 전파속도가 원 선로의 전파속도와 같게 유지될 수 있을까? 설명하라.

문 8-2 폭이 20mm인 두 개의 평행한 황동 스트립 — $\sigma_c = 1.6 \times 10^7$(S/m) — 으로 만들어지고 2.5mm 두께의 손실을 가진 유전체 판 — $\mu = \mu_0$, $\epsilon_r = 3$, $\sigma = 10^{-3}$(S/m) — 에 의하여 분리되는 전송 선로에서 동작 주파수가 500MHz일 때

a) 단위길이당 R, L, G와 C 값을 구하여라.

b) 전계의 축방향 성분의 크기와 횡축방향 성분의 크기를 비교하라.

c) γ과 Z_0를 구하라.

문 8-3 유전체 매체로서 폴리에틸렌($\epsilon_r = 2.25$)을 이용하는 균일한 전송 선로를 구성하는 것이 바람직하다. 무시할 수 있는 손실을 가정할 때, (a) 도선의 반경이 0.6mm인 300 Ω의 2선 선로에 대하여 분리거리를 구하라. (b) 중심 도체의 반경이 0.6mm인 75 Ω의 동축 선로에 대하여 외부 도체의 내부 반경을 구하라.

문 8-4 내부 도체가 0.6mm의 반경을 가지고 외부 도체의 내부 반경이 3.91 mm인 무왜곡 구리 동축 전송 선로의 1MHz에서의 감쇄상수를 계산하여라. 중간 매개체의 유전상수는 2.25이다.

문 8-5 아래의 특성들은 100MHz에서의 손실이 있는 전송 선로에서 측정되는 값들이다.

$$Z_0 = 50 + j0(\Omega) \quad \alpha = 0.01(\text{dB/m}) \quad \beta = 0.8\pi(\text{rad/m})$$

이 선로의 R, L, G와 C를 정하여라.

문 8-6 $Z_i = Z_g^*$일 때 내부 임피던스 Z_g를 가진 전압원에서 무손실 전송 선로를 지나 부하 임피던스 Z_L까지 최대 전력이 전송되는지를 증명하여라. $Z_i = Z_g^*$인 곳에서 Z_i는 과부하된 선로를 들여다보는 저항이다. 최대 전력 전송 효율은 얼마인가?

문 8-7 전송 선로의 입력측 전압 V_i와 전류 I_i 그리고 γ와 Z_0에 의하여 $V(z)$와 $I(z)$를 (a) 지수 형태와 (b) 쌍곡선 형태로 표현하라.

문 8-8 전압 V_g와 내부 저항 R_g의 직류발전기는 단위길이당 저항 R과 콘덕턴스 G의 특성을 가진 손실 전송 선로에 연결된다.

a) 전압과 전류가 부과되는 전송 선로 방정식을 써라.

b) $V(z)$와 $I(z)$에 대한 일반해를 구하라.

c) 무한한 선로에 대하여 (b)의 질문에 대한 해를 상술하라.

d) 부하 저항 R_L로 종단되고 유한 선로 ℓ인 경우에 대하여 (b)의 질문에 대한 해를 상술하라.

문 8-9 개방회로 전압 $V_g(t) = 10\sin 8000\pi t$(V)와 내부 저항 $Z_g = 40 + j30$ (Ω)를 가진 발전기가 50 Ω의 무왜곡 선로에 연결되어 있다. 이 선로는 0.5(Ω/m)의 저항을 가지고, 선로의 손실 유전체 매개체는 0.18%의 손실 탄젠트(loss tangent)를 가진다. 이 선로는 길이가 50m 이고 정합된 부하가 선로의 끝이다.

a) 선로상의 임의의 위치에서 전압과 전류의 순시값을 구하라.

b) 부하에서의 전압 전류의 순시값을 구하라.

c) 부하에 전송되는 평균 전력을 구하라.

문 8-10 저손실 $\lambda/4$ 선로의 입력 임피던스를 구하라. $(\alpha\lambda \ll 1)$

a) 단락회로의 종단에서

b) 개방회로의 종단에서

문 8-11 50 Ω의 특성 임피던스를 갖는 2 m의 공중 전송 선로는 200 MHz의 동작 주파수에서 저항 $40 + j30$을 가지고 종단된다. 입력 임피던스를 구하여라.

문 8-12 4 m 길이의 공중 전송 선로의 입력 터미널에서 측정되는 개방회로와 단락회로는 각각 $250\,\underline{/-50^\circ}$와 $360\,\underline{/20^\circ}$이다.

a) 이 선로의 Z_0, α와 β를 정하여라.

b) R, L, G와 C를 정하여라.

문 8-13 100 KHz에서 동작하는 0.6 m 길이의 무손실 동축 케이블상의 측정치는 개방회로일 때 54(pF)의 커패시턴스, 단락회로일 때 0.3(μH)의 인덕턴스를 갖는다.

a) 절연체의 유전상수와 Z_0를 구하라.

b) 10MHz일 때 X_{io}와 X_{is}를 계산하라.

문 8-14 75 Ω의 무손실 선로는 부하 임피던스 $Z_L = R_L + jX_L$로 종단된다.

a) 선로상의 정재파비가 3이 되기 위해서 R_L과 X_L 사이의 관계는 어떻

게 되어야만 하는가?

b) $R_L = 150\ \Omega$일 경우 X_L을 구하라.

문 8-15 무손실 전송 선로를 참작하라.

a) 부하 임피던스 $40 + j30(\Omega)$에 대하여 최소 정재파비를 갖게 하도록 선로의 특성 임피던스를 구하라.

b) 최소 정재파비와 대응하는 전압 반사계수를 구하라.

c) 부하에 가장 가까운 전압 최소점을 찾아라.

문 8-16 특성 임피던스 $R_0 = 50(\Omega)$인 전송 선로는 특성 임피던스 R_0'인 또 다른 길이 ℓ'인 전송 선로를 통하여 부하 임피던스 $Z_L = 40 + j10(\Omega)$에 정합될 수 있다. 정합에 필요한 ℓ'와 R_0'를 구하라.

문 8-17 입력 임피던스가 $Z_i = R_i + jX_i$인 것처럼 특성 임피던스 R_0를 갖는 무손실 선로의 길이 ℓ과 종단 저항 R_r을 찾기 위한 공식을 유도하라.

문 8-18 미지의 부하 임피던스로 종단되는 무손실 300 Ω의 전송 선로에서 정재파비는 2.0이다. 그리고 가장 가까운 전압 최소점은 부하로부터 0.3λ 거리에 위치한다.

a) 부하의 반사계수 Γ를 구하라.

b) 미지의 부하 임피던스 Z_L을 구하라.

문 8-19 $V_g = 0.1\angle 0°(\text{V})$와 내부 저항 $50(\Omega)$을 가진 사인 곡선의 전압 발전기는 $R_0 = 50(\Omega)$의 특성 저항을 갖는 무손실 전송 선로에 연결되어 있다. 이 선로는 $\lambda/8$ 길이이고 $R_L = 25(\Omega)$인 부하 저항에서 종단된다.

a) V_i, I_i과 I_L을 구하여라.

b) 선로상의 정재파비를 구하라.

c) 부하에 전달되는 평균 전력을 구하라.

R_L이 50 Ω일 경우와 (c)의 결과를 비교하라.

문 8-20 주어진 무손실 전송 선로의 특성 임피던스는 75(Ω)이다. Smith 도표를 이용하여 200 MHz에서의 입력 임피던스를 구하여라. (a) 길이 1 m이고 개방회로인 선로, (b) 0.8 m 길이이고 단락회로인 선로, (c) (a)와 (b)의 선로에 대하여 대응하는 입력 어드미턴스를 정하여라.

문 8-21 부하 임피던스 $30 + j10(\Omega)$이 길이 0.101λ와 특성 임피던스 50 Ω의 무손실 전송 선로에 연결되어 있다. Smith 도표를 이용하여, (a) 정재파비, (b) 전압반사계수, (c) 입력 임피던스, (d) 입력 어드미턴스 그리고 (e) 선로상에서 전압 극소점의 위치를 구하여라.

문 8-22 부하 임피던스 $30 - j10(\Omega)$일 경우, 문 8-21을 반복하라.

문8-23 미지의 부하 임피던스로 종단되는 50(Ω)의 무손실 전송 선로상에 전도되는 실험실에서 정재파비가 2.0 이라는 것이 밝혀졌다. 바로 옆에 연속으로 나타나는 전압 극소점들은 25(cm) 떨어져 있고 최초의 극소점은 부하로부터 5(cm) 거리에서 일어난다. (a) 부하 임피던스, (b) 부하의 반사계수를 구하여라. (c) 단락회로가 부하를 대신하면 최초의 전압 최소점은 어느 곳이 될까?

문8-24 73(Ω)의 입력 임피던스를 가진 다이폴 안테나는 300(Ω)의 2선 전송 선로를 통하여 200 MHz 의 주파수를 공급받는다. 안테나를 300(Ω) 선로에 정합시키기 위하여 2(cm)의 여유공간을 가지는 $\lambda/4$ 의 2선 공중 선로를 설계하라.

문8-25 단일 스터브 방법을 부하 임피던스 $25+j25$(Ω)과 50(Ω)의 전송 선로를 정합시키는 데 이용한다. Smith 도표를 이용하여, 같은 크기의 저항 50(Ω)을 갖는 선로의 일부분으로 만들어진 단락회로 스터브의 필요한 길이와 위치를 구하여라.

문8-26 특성 임피던스가 75(Ω)인 선로의 일부로 만들어진 단락회로 스터브를 이용하여 문 8-25 를 반복하여라.

문8-27 특성 임피던스가 75(Ω)의 무손실 전송 선로상의 측정값은 2.4 의 정재파비를 보여 주며 부하에서 가장 가까운 두 개의 전압 극소점은 0.335(m)와 1.235(m)에 위치한다. Smith 도표를 이용하여 (a) 부하 임피던스 Z_L을 결정하여라. 그리고 (b) 전송 선로에 Z_L을 정합시키기 위해서 필요한 단락회로 스터브의 길이와 부하에 가장 근접한 위치를 찾아라.

문8-28 부하 임피던스는 그림 8-14 에서 보여지듯이 부하와 직렬로 적당한 곳에 위치한 단일 스터브를 이용하여 전송 선로에 정합될 수 있다. $Z_L=25+j25$, $R_0=50$(Ω) 그리고 $R_0'=35$(Ω)이라고 가정할 때 정합에 필요한 d 와 ℓ을 구하여라.

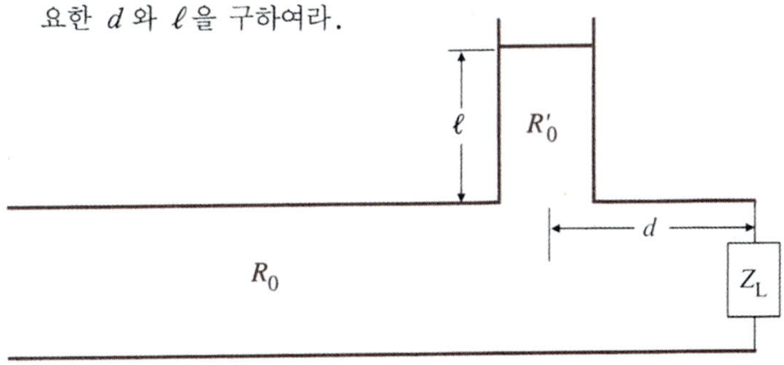

그림 8-14 직렬 스터브에 의한 임피던스 정합(문 8-28)

제 9 장　도파관과 공동 공진기

속이 빈 금속 파이프는 마이크로파 주파수로 진행하는 도파관의 일종이다.

9-1 개 요　앞장에서는 전송 선로에 의해 유도되는 횡방향 전자파(TEM)의 고유한 특성을 살펴보았다. 그러나 TEM 파가 전송 선로를 통해 전파될 수 있는 유도파들 중의 유일한 모드가 아니며, 또한 8-1 절에서 언급했던 3 가지 형태의 전송 선로(평행판, 2 선, 동축)만이 유일한 도파구조도 아니다. SHF 와 EHF($f>3$GHz, $\lambda<10$cm)이상에서는 8-1 절에서 소개된 2 선 전송 선로를 이용하는 것은 비실용적이다. 왜냐하면 도체의 유한한 도전율로 인해 생기는 선로상의 TEM 파의 감쇄상수는 선로의 단위길이당 저항 R 과 함께 증가하며, 이것은 주파수의 제곱근에 직접비례한다.(표 8-1 참고) 마이크로파 주파수에서 감쇄는 대단히 높을 것이다. 이 장에서는 속이 빈 금속 파이프 속을 전파하는 전자파의 특성들을 살펴볼 것이다. 금속 파이프는 넓은 표면적을 갖는 단 하나의 도체이기 때문에, 저항으로 인한 감쇄는 더 작을 것으로 기대된다. 속이 빈 금속 파이프는 균일한 도파구조의 한 형태로 **도파관**이라 부른다.

진행하는 전자파의 세 가지 형태 : TEM, TM 그리고 TE

먼저 임의의 단면을 갖는 균일한 도파관에서 전자파의 일반적인 움직임에 대한 분석을 보여 준다. 그 출발점은 **E** 와 **H** 에 대한 Helmholtz 벡터방정식이다. 전파방향으로 어떠한 계(field) 성분도 갖지 않는 **횡방향 전자파(TEM 파)**, 축방향 전계 성분을 갖는 **횡방향 자계파(TM 파)**와

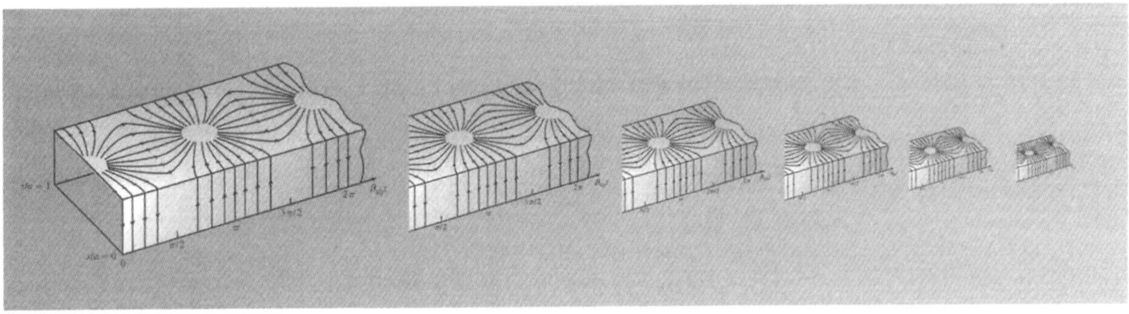

Waveguides and Cavity Resonators

축방향 자계 성분을 갖는 **횡방향 전계파(TE 파)**가 존재할 수 있음을 알게 될 것이다. 그러나 TEM 파는 속이 빈(또는 유전체로 꽉 찬) 단일 도체 도파관에서는 존재할 수 없음이 명백해질 것이다. 직사각형 도파관에서 두 TM 과 TE 모드의 특성이 자세히 고찰될 것이다.

마이크로파 주파수에서는 선로에 의해 연결된 통상의 집중 매개변수(인덕턴스나 커패시턴스와 같은)들이 회로소자나 공진회로처럼 더이상 실제적인 소자들이 아니다. 왜냐하면 그 소자들의 크기는 아주 작아야만 하고, 선로 회로의 저항이 표피 효과의 결과로 매우 크기 때문이며 또한 방사 때문이기도 하다.

공동 공진기는 끝면을 갖는 도파관의 일부이다.

적당한 크기의 속이 빈 도체상자는 아주 높은 Q를 갖는 공진 장치로서 이용될 수도 있다. 근본적으로 폐쇄된 끝면을 갖는 도파관의 일부분인 상자를 **공동 공진기**라 부른다. 여기서는 간단한 직사각형 공동 공진기 내에서 계의 다른 모드 형태들에 대해 고찰해 볼 것이다.

9-2 균일한 도파구조체에서 일반적인 파의 움직임

이 절에서는 균일한 단면과 곧게 뻗은 도파구조를 따라 진행하는 파에 대한 약간의 일반적인 특성을 조사한다. 파가 이미 결정된 전파상수 $\gamma=\alpha+j\beta$를 $+z$ 방향으로 진행한다고 가정한다. 각주파수 ω인 고조파의 시간 의존성에 대해서, 모든 계 성분에 대한 z와 t에 관한 의존도는 지수인자로 기술할 수 있다.

$$e^{-\gamma z}e^{j\omega t}=e^{(j\omega t-\gamma z)}=e^{-\alpha z}e^{j(\omega t-\beta z)} \tag{9-1}$$

한 예로서, 코사인에 대해 직각좌표계에서 전계 $\mathbf{E}$에 대한 순시 표현은 다음과 같다.

$$\mathbf{E}(x, y, z\ ;\ t)=\mathcal{R}e[\mathbf{E}^0(x, y)\,e^{(j\omega t-\gamma z)}] \tag{9-2}$$

여기서 $\mathbf{E}^0(x, y)$는 단지 횡단면의 좌표에만 의존하는 2차원 벡터 페이저이다. 따라서 계의 정량적인 값과 관련되는 방정식의 페이저 표현을 사용할 때 t와 z에 대한 편미분은 각각 $(j\omega)$와 $(-\gamma)$ 곱으로 대체할 수 있다. 인자 $e^{(j\omega t-\gamma z)}$는 생략할 수 있다.

그림 9-1에서 보여 주는 것처럼 임의의 횡단면을 갖고 z축을 따라 놓여 있는 유전체로 가득찬 금속 튜브 형태의 곧은 도파관을 생각하기로 한다.

식(6-98)와 식(6-99)에 따라 전하가 없는 유전체 내부에서 전계와 자계의 세기는 다음의 벡터 Helmholtz 동차 방정식(homogeneous equation)을 만족시킨다.

$$\nabla^2\mathbf{E}+k^2\mathbf{E}=0 \tag{9-3}$$

$$\nabla^2\mathbf{H}+k^2\mathbf{H}=0 \tag{9-4}$$

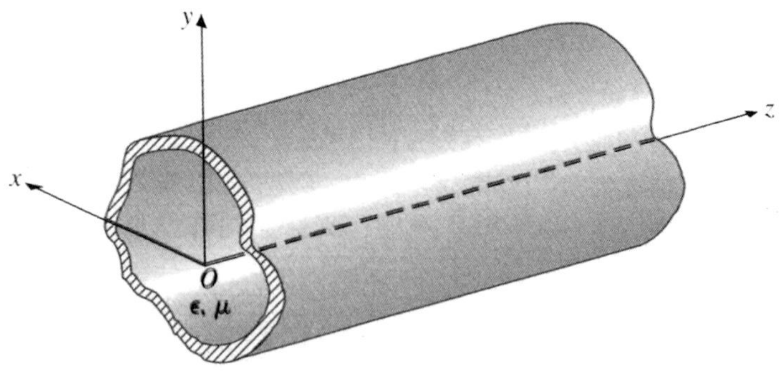

그림 9-1 임의의 단면을 갖는 균일한 도파관

여기서 $\mathbf{E}$ 와 $\mathbf{H}$ 는 3 차원 벡터 페이저이고 k 는 파수이다.

$$k = \omega\sqrt{\mu\epsilon} \tag{9-5}$$

3 차원 라플라시안 연산자 ∇^2은 두 부분으로 나눌 수 있는데, 횡단면 좌표에 대한 ∇^2_{u1u2}와 축 좌표에 대한 ∇^2_z이다. 직사각형의 횡단면을 갖는 도파관에 대해 직각좌표계를 사용한다.

$$\begin{aligned}\nabla^2\mathbf{E} &= (\nabla^2_{xy} + \nabla^2_z)\mathbf{E} = \left(\nabla^2_{xy} + \frac{\partial^2}{\partial z^2}\right)\mathbf{E} \\ &= \nabla^2_{xy}\mathbf{E} + \gamma^2\mathbf{E}\end{aligned} \tag{9-6}$$

식(9-3)과 (9-6)의 조합은 다음과 같이 주어진다.

$$\nabla^2_{xy}\mathbf{E} + (\gamma^2 + k^2)\mathbf{E} = 0 \tag{9-7}$$

비슷하게, 식(9-4)로부터 다음을 얻는다.

$$\nabla^2_{xy}\mathbf{H} + (\gamma^2 + k^2)\mathbf{H} = 0 \tag{9-8}$$

식(9-7)과 식(9-8) 각각은 3 개의 2 차 편미분 방정식이며, $\mathbf{E}$ 와 $\mathbf{H}$ 의 각 성분에 대해 한 개씩 있다. 이러한 성분 방정식의 정확한 해는 횡단면의 기하학과 경계 조건에 의존한다.(9-3 절을 보라)
물론 $\mathbf{E}$ 와 $\mathbf{H}$ 의 여러 성분들이 모두 독립적인 것이 아니므로 $\mathbf{E}$ 와 $\mathbf{H}$ 의 6 개의 성분에 대해 6 개의 2 차 편미분 방정식을 모두 푸는 것이 반드시 필요하지는 않다.

식(6-80a)와 식(6-80b)에서 $\mathbf{J} = 0$, 즉 원천이 없는 회전(curl) 방정식을 확장함으로써 직각좌표계에서 6 개의 성분 사이의 상호 관계성을 조사하여 보자.

$\nabla \times \mathbf{E} = -j\omega\mu\mathbf{H}$:		$\nabla \times \mathbf{H} = j\omega\epsilon\mathbf{E}$:	
$\frac{\partial E_z^0}{\partial y} + \gamma E_y^0 = -j\omega\mu H_x^0$	(9-9a)	$\frac{\partial H_z^0}{\partial y} + \gamma H_y^0 = j\omega\epsilon E_x^0$	(9-10a)
$-\gamma E_x^0 - \frac{\partial E_z^0}{\partial x} = -j\omega\mu H_y^0$	(9-9b)	$-\gamma H_x^0 - \frac{\partial H_z^0}{\partial x} = j\omega\epsilon E_y^0$	(9-10b)
$\frac{\partial E_y^0}{\partial x} - \frac{\partial E_x^0}{\partial y} = -j\omega\mu H_z^0$	(9-9c)	$\frac{\partial H_y^0}{\partial x} - \frac{\partial H_x^0}{\partial y} = j\omega\epsilon E_z^0$	(9-10c)

z 에 관한 편미분은 $(-\gamma)$를 곱함으로써 대체됨을 주의하라. 위의 방정식에서 모든 성분의 계의 양은 x 와 y 그리고 보통 생략되어 온 z 에 의존하는 $e^{-\gamma z}$ 인자에 의존하는 페이저이다. 이들 방정식을 곱함으로써 두 축방향 성분 E_z^0 와 H_z^0 에 측면인 횡방향으로 작용하는 계 성분 H_x^0, H_y^0 그리고 E_x^0, E_y^0 을 표현할 수 있다.

예를 들면 식(9-9a)와 식(9-10b)는 E_y^0 를 제거하고 E_z^0 와 H_z^0 로부터 H_x^0 을 얻는다. 그래서 다음 식을 얻을 수 있다.

E_z 와 H_z 에 의한 횡방향계 성분 표현

$$H_x^0 = -\frac{1}{h^2}\left(\gamma\frac{\partial H_z^0}{\partial x} - j\omega\epsilon\frac{\partial E_z^0}{\partial y}\right) \tag{9-11}$$

$$H_y^0 = -\frac{1}{h^2}\left(\gamma\frac{\partial H_z^0}{\partial y} + j\omega\epsilon\frac{\partial E_z^0}{\partial x}\right) \tag{9-12}$$

$$E_x^0 = -\frac{1}{h^2}\left(\gamma\frac{\partial E_z^0}{\partial x} + j\omega\mu\frac{\partial H_z^0}{\partial y}\right) \tag{9-13}$$

$$E_y^0 = -\frac{1}{h^2}\left(\gamma\frac{\partial E_z^0}{\partial y} - j\omega\mu\frac{\partial H_z^0}{\partial x}\right) \tag{9-14}$$

$$h^2 = \gamma^2 + k^2 \tag{9-15}$$

도파관에서 파의 움직임을 결정하기 위한 절차

도파관 내에서 파의 움직임은 요구되는 경계 조건에 따른 축방향 성분 E_z^0 와 H_z^0 에 대한 식(9-7)와 (9-8)을 풀고, 다른 성분들은 식(9-11)부터 (9-14)을 사용함으로써 분석할 수 있다.

균일한 도파관에서 3가지 형태의 진행파 정의

균일한 도파관에서 진행파를 E_z 혹은 H_z 가 존재하는지에 따라 3 종류로 분류하는 것이 편리하다.

1. 횡방향 전자파(TEM) 이 파는 어떠한 E_z 나 H_z 성분도 포함하지 않는다. 7 장에서 평면파를 이야기하면서 TEM 파를 알게 되었고 8 장에서는 전송 선로상의 파에 대해 알아보았다.
2. 횡방향 자계파(TM) E_z 는 0 이 아니고 $H_z = 0$ 인 파이다.
3. 횡방향 전계파(TE) H_z 는 0 이 아니고 $E_z = 0$ 인 파이다.

여러 종류의 파들에 대한 전파 특성은 서로 다르며, 다음 절에서 다룬다.

9-2.1 횡방향 전자파

도파관 내에서 TEM 파는 $E_z = 0$ 이고 $H_z = 0$ 이기 때문에, 식(9-11)부

터 식(9-14)까지 만일 분모의 h^2가 0이 아니라면 자명한 해(모든 계 성분은 사라진다)들로 이루어진다. 다시 말하면 TEM 파는 다음과 같을 때만 존재한다.

$$\gamma_{\text{TEM}}^2 + k^2 = 0 \tag{9-16}$$

또는

$$\gamma_{\text{TEM}} = jk = j\omega\sqrt{\mu\epsilon} \tag{9-17}$$

이 식은 구성 매개변수 ϵ와 μ로 특징지어지는 무한 매체 내의 균일 평면파에 대한 전파상수와 정확히 같은 수식이다. 식(9-17)은 또한 무손실 전송선로상의 TEM 파에 적용됨을 상기하자.

TEM 파의 전파속도(위상속도)는 다음과 같다.

TEM 파의 위상속도

$$\mu_{p(\text{TEM})} = \frac{\omega}{k} = \frac{1}{\sqrt{\mu\epsilon}} \quad (\text{m/s}). \tag{9-18}$$

E_z와 H_z를 영으로 놓음으로써 식(9-9b)와 식(9-10a)로부터 E_x^0와 H_y^0의 비율을 구할 수 있다. 이러한 비율을 **파동 임피던스**(wave impedance)라 부르며 다음과 같다.

$$Z_{\text{TEM}} = \frac{E_x^0}{H_y^0} = \frac{j\omega\mu}{\gamma_{\text{TEM}}} = \frac{\gamma_{\text{TEM}}}{j\omega\epsilon} \tag{9-19}$$

이 식은 식(9-17)로부터 다음과 같이 된다.

TEM 파에 대한 파동 임피던스

$$Z_{\text{TEM}} = \sqrt{\frac{\mu}{\epsilon}} = \eta \quad (\Omega). \tag{9-20}$$

Z_{TEM}은 식(7-14)에서 주어진 것처럼 유전체의 고유 임피던스와 같은 것이다. 식(9-18)과 (9-20)은 **TEM의 위상속도와 파동 임피던스가 파의 주파수에 대해 무관함을 나타내고 있다.**

단일 도체 도파관은 TEM 파를 지원할 수가 없다. 5-2절에서는 자속선은 항상 서로 결속되어 있음을 지적했다. 따라서 만일 TEM 파가 도파관 내에 존재한다면 **B**와 **H**의 자속선들은 횡방향 평면에서 폐루프의 형태로 이루어질 것이다. 그러나 식(6-46b)의 일반화된 Ampère의 주회 법칙은 횡방향 평면의 임의의 폐루프 주위의 자계에 대한 선적분은 그 루프를 통과하는 축방향의 도전전류와 변위전류의 합과 같다. 내부 도체가 없다면 도파관 내에 어떠한 축방향 도전전류도 없다.

단일 도체 도파관은 TEM 파를 지원할 수 없다.

정의에 의해서 TEM 파는 E_z 성분을 갖지 않는다. 그러므로 결국 변위전류도 존재하지 않는다. 도파관 내 모든 축방향의 전류가 없다라는 것은 임의의 횡방향 평면에서 자속선의 어떠한 폐루프도 존재할 수 없다는 결론에 이르게 된다. 그러므로 **TEM 파는 임의의 형태의 단일 도체인 속이 빈 (또는 유전체로 채워진) 도파관에서는 존재할 수 없다.**

9-2.2 횡방향 자계파

횡방향 자계파(TM 파)는 $H_z = 0$, 즉 진행방향에서 자계 성분을 갖지 않는다. TM 파의 움직임은 도파관의 경계 조건에 따른 E_z에 대해서 식(9-7)을 풀고 다른 성분들을 결정하기 위해 식(9-11)부터 식(9-14)를 사용함으로써 분석할 수 있다. E_z에 대해 식(9-7)을 쓰면 다음과 같다.

$$\nabla^2_{xy} E_z^0 + (\gamma^2 + k^2) E_z^0 = 0 \qquad (9\text{-}21)$$

또는

$$\boxed{\nabla^2_{xy} E_z^0 + h^2 E_z^0 = 0.} \qquad (9\text{-}22)$$

식(9-22)은 2차 편미분 방정식이고 E_z^0에 대해 풀 수 있다. 이 절에서는 단지 여러 종류의 파에 대한 일반적인 특성만을 알아보고자 한다.

식(9-22)의 실제 해는 직사각형 도파관에 대해 이야기할 다음 절에서 나타날 것이다. 일단 E_z^0가 결정되면 다른 모든 계 성분들은 $H_z^0 = 0$를 가진 식(9-11)부터 식(9-14)에서 구해질 수 있다. H_x^0와 H_y^0인 자계 세기의 횡방향 성분과 E_x^0와 E_y^0인 전계 세기의 횡방향 성분의 관계를 TM 모드에 대해 파동 임피던스 Z_{TM}로 표현할 수 있다.

TM 파에 대한 파동 임피던스

$$\boxed{Z_{TM} = \frac{E_x^0}{H_y^0} = -\frac{E_y^0}{H_x^0} = \frac{\gamma}{j\omega\epsilon} \quad (\Omega).} \qquad (9\text{-}23)$$

Z_{TM}이 $j\omega\mu/\gamma$와 같지 않다는 것을 주목해야 한다. 왜냐하면 γ_{TEM}과는 달리

TM 파의 γ는 $j\omega\sqrt{\mu\epsilon}$와 같지 않기 때문이다.

주어진 도파관의 경계 조건에 따라 2차원 Helmholtz 동차 방정식(9-22)을 풀고자 할 때, 해들은 h의 이산량에 대해서만 가능함을 알게 될 것이다. 이러한 이산량은 무제한일 수도 있지만 해는 h의 모든 값에 대해 존재하는 것이 아니다. 식(9-22)의 해가 존재하는 h의 값은 경계값 문제의 **특성치**(characteristic values) 또는 **고유치**(eigenvalues)라 부른다. 각각의 고유치는 주어진 도파관의 특별한 TM 모드의 고유한 특성을 결정한다.

특성치 또는 고유치에 대한 정의

다음 절에서 다양한 도파관 문제의 고유치가 실수임을 알게 될 것이다. 식(9-15)로부터 다음을 얻는다.

$$\gamma = \sqrt{h^2 - k^2} \tag{9-24}$$
$$= \sqrt{h^2 - \omega^2\mu\epsilon}$$

전파상수에 대한 두 개의 구별된 값의 범위가 주목된다. $\gamma = 0$인 구분점에서 다음과 같이 유도된다.

고유치 h와 차단주파수 f_c 사이의 관계

$$\omega_c^2\mu\epsilon = h^2 \tag{9-25}$$

또는

$$\boxed{f_c = \frac{h}{2\pi\sqrt{\mu\epsilon}} \quad \text{(Hz)}.} \tag{9-26}$$

$\gamma = 0$에서 주파수 f_c를 **차단주파수**(cutoff frequency)라 부른다. 도파관에서 특별한 모드의 f_c 값은 이 모드의 고유치 h에 의존한다. 식(9-26)을 사용하면, 식(9-24)를 다음과 같이 쓸 수 있다.

차단주파수 f_c의 정의

$$\gamma = h\sqrt{1 - \left(\frac{f}{f_c}\right)^2} \tag{9-27}$$

두 개의 구별된 γ의 범위는 1과 비교하여 $(f/f_c)^2$비로 정의할 수 있다.

a) $\left(\frac{f}{f_c}\right)^2 > 1$, 또는 $f > f_c$ 이 범위에서 $\omega^2\mu\epsilon > h^2$과 γ는 허수이다. 식(9-24)와 (9-26)로부터 다음을 얻는다.

$$\gamma = j\beta = jk\sqrt{1 - \left(\frac{h}{k}\right)^2} = jk\sqrt{1 - \left(\frac{f_c}{f}\right)^2} \tag{9-28}$$

이 수식은 위상상수 β를 갖는 전파모드이다.

$f > f_c$ 인 파는 전파모드이다.

$$\beta = k\sqrt{1-\left(\frac{f_c}{f}\right)^2} \quad (\text{rad/m}). \tag{9-29}$$

도파관 내의 대응하는 파장은 다음과 같다.

도파관 내의 파장은 경계가 없는 매체의 파장보다 더 길다.

$$\lambda_g = \frac{2\pi}{\beta} = \frac{\lambda}{\sqrt{1-(f_c/f)^2}}, \tag{9-30}$$

여기서

$$\lambda = \frac{2\pi}{k} = \frac{1}{f\sqrt{\mu\epsilon}} = \frac{u}{f} \tag{9-31}$$

λ는 μ와 ϵ로 특성지워지는 경계가 없는 유전체 매질에서의 주파수 f를 갖는 평면파의 파장이다. 그리고 $u = 1/\sqrt{\mu\epsilon}$은 매질에서 빛의 속도이다. 식(9-30)은 λ, 도파관파장 λ_g, 그리고 차단파장 $\lambda_c = u/f_c$과의 간단한 관계로 재정리된다.

$$\frac{1}{\lambda^2} = \frac{1}{\lambda_g^2} + \frac{1}{\lambda_c^2}. \tag{9-32}$$

도파관 내에서 진행파의 위상속도는 다음과 같다.

$$u_p = \frac{\omega}{\beta} = \frac{u}{\sqrt{1-(f_c/f)^2}} = \frac{\lambda_g}{\lambda}u > u \tag{9-33}$$

단일 도체 도파관은 분산한다.

식(9-33)으로부터 도파관 내의 위상속도는 항상 경계가 없는 매질에서보다 크며 주파수에 의존한다는 것을 알 수 있다. 비록 경계가 없는 무손실 유전체 매질은 분산되지 않지만 **단일 도체 도파관은 분산되는 전송 시스템**이다. 식(9-23)에 식(9-28)을 대입하면 다음을 얻는다.

전파하는 TM 모드의 파동 임피던스는 도파관 매질의 고유 임피던스보다 작다.

$$Z_{\text{TM}} = \eta\sqrt{1-\left(\frac{f_c}{f}\right)^2} \quad (\Omega). \tag{9-34}$$

따라서, **무손실 유전체를 갖는 도파관에서 전파하는 TM 모드의 파동 임피던스는 순수한 저항이고 항상 유전체 매질의 고유 임피던스보다 적다.**

b) $\left(\frac{f}{f_c}\right)^2 < 1$, 또는 $f < f_c$ 동작주파수가 차단주파수보다 더 작으면 γ는 실수이고 식(9-27)은 다음과 같이 쓰여진다.

$$\gamma = \alpha = h\sqrt{1-\left(\frac{f}{f_c}\right)^2}, \quad f < f_c \tag{9-35}$$

$f < f_c$이 파는 순간적으로 감쇄하고 전파되지 않는다.

도파관은 고역통과 소자이다.

여기서 γ는 사실상 감쇄상수이다. 모든 계 성분은 전파 인자 $e^{-\gamma z} = e^{-\alpha z}$를 포함하며, 파는 z에 대해 급속히 순시 감소한다. 그러므로 **도파관은 고역통과 여파기(high-pass filter)의 특성을 보여 준다**. 주어진 모드에 대해서 모드의 차단주파수보다 큰 주파수를 갖는 파만이 도파관 내로 전파할 수 있다. 식(9-23)에 식(9-35)를 넣으면 $f < f_c$에 대해 TM 모드의 허수 파동 임피던스를 얻는다. 그래서 차단주파수보다 작은 주파수에서 감쇄하는 TM 모드의 파동 임피던스는 순수한 리액턴스를 나타내며, 순시 감쇄파와 관련된 어떠한 전력의 흐름도 없음을 보여 준다.

9-2.3 횡방향 전계파

횡방향 전계파(TE 파)는 $E_z = 0$, 즉 진행방향으로 전계 성분을 갖지 않는다. TE 파의 움직임은 먼저 식(9-8)에서 H_z를 구함으로써 알 수 있다.

$$\nabla^2_{xy} H_z + h^2 H_z = 0. \tag{9-36}$$

도파관 벽에서 적당한 경계 조건이 만족되어야 한다. 그 때에 횡방향계 성분은 E_z를 영으로 하고 식(9-11)부터 식(9-14)까지 H_z를 대입함으로써 구할 수 있다. E_x^0와 E_y^0인 전계 세기의 횡방향 성분은 파동 임피던스를 통해 H_x^0와 H_y^0인 자계 세기의 횡방향 성분과 관련되어 있고, 다음과 같다.

TE 파에 대한 파동 임피던스

$$Z_{TE} = \frac{E_x^0}{H_y^0} = -\frac{E_y^0}{H_x^0} = \frac{j\omega\mu}{\gamma} \quad (\Omega). \tag{9-37}$$

식(9-37)에서 Z_{TE}는 TE 파의 γ는 γ_{TEM}의 $j\omega\sqrt{\mu\epsilon}$과 같지 않기 때문에 식(9-23)에서의 Z_{TM}과는 전혀 다르다.

γ와 h 사이의 관계는 변하지 않았기 때문에 TM 파에 관한 식(9-24)부터 식(9-33) 또한 TE 파에 적용된다. 역시 두 개의 구별된 γ의 범위가 존

재하는데 그것은 동작주파수가 식(9-26)에서 주어진 차단주파수 f_c보다 높으냐 낮으냐에 의존한다.

a) $\left(\frac{f}{f_c}\right)^2 > 1$ 또는 $f > f_c$ 이 범위에서 γ는 허수이고, 전파모드를 갖는다. γ의 수식은 식(9-28)에서 주어진 것과 같다.

$$\gamma = j\beta = jk\sqrt{1-\left(\frac{f_c}{f}\right)^2} \tag{9-38}$$

결국 식(9-29), 식(9-30) 그리고 식(9-33)의 각각에서 β, λ_g와 u_p에 대한 공식은 또한 TE 파에 대해 적용된다. 식(9-37)에 식(9-38)을 사용함으로써 다음의 식을 얻는다.

진행하는 TE 모드에 대한 파동 임피던스는 도파관 매질의 고유 임피던스보다 더 크다.

$$Z_{TE} = \frac{\eta}{\sqrt{1-(f_c/f)^2}} \quad (\Omega). \tag{9-39}$$

윗식은 식(9-34)에서 Z_{TM}에 대한 수식과는 명백히 다르다. 식(9-39)로부터 **무손실 유전체를 갖는 도파관 내를 진행하는 TE 모드의 파동 임피던스는 순수한 저항 성분이고 유전체 매질의 고유 임피던스보다 항상 더 큼을 알 수 있다.**

b) $\left(\frac{f}{f_c}\right)^2 < 1$ 또는 $f < f_c$ 이 경우 γ는 실수이며 순간적이고 전파되지 않는 모드를 얻는다.

$$\gamma = \alpha = h\sqrt{1-\left(\frac{f}{f_c}\right)^2}, \quad f < f_c \tag{9-40}$$

$f < f_c$인 파는 순간적이며, 전파되지 않는다.

식(9-40)에서 γ는 순수한 실수이기 때문에 $f < f_c$에 대해 식(9-37)에서 모드의 파동 임피던스는 다음 식과 같이 순수한 저항 성분이며, $f < f_c$에서 순간적인 파에 대해 어떠한 전력의 흐름도 존재하지 않음을 다시 언급하고 있다.

$$Z_{TE} = j\frac{\omega\mu}{h\sqrt{1-(f/f_c)^2}}, \quad f < f_c \tag{9-41}$$

연습문제 9.1 **a)** TM과 TE 모드에 대해 도파관에서 차단주파수의 두 배인 주파수에서 파동 임피던스와 도파관 파장(TEM 모드값에 대하여)을 결정하라.

b) 차단주파수의 1.5배 주파수에 대해 a)를 반복하라.

답 (a) 0.866η, 1.155λ : 1.155η, 1.155λ, (b) $-j0.276h/f_c\epsilon$; $j3.63f_c\mu/h$

연습문제 9.2 주파수 f_c와 f를 갖는 도파관에서 식(9-33)으로부터 군속도 u_g에 대한 수식을 구하고, 다음을 증명하라.

$$u_g u_p = u^2 \tag{9-42}$$

예 제 9-1

식(9-29)는 도파관에서 전파모드의 위상상수 β와 주파수 f 사이의 관계를 보여 준다. TM과 TE 모드에 대한 ω-β 그래프를 그려라. 그리고 도파관에서 진행하는 파의 위상속도와 군속도가 그래프로부터 어떻게 결정되는지를 설명하라.

해

식(9-29)는 TM과 TE 전파모드 모두에 적용된다. $k=\omega/u$이기 때문에, (여기서 $u=\dfrac{1}{\sqrt{\mu\epsilon}}$는 경계가 없는 매질에서의 파의 전파속도이다) 식(9-29)를 다음과 같이 다시 쓸 수 있다.

$$\omega=\frac{\beta u}{\sqrt{1-(\omega_c/\omega)^2}} \tag{9-43}$$

분산 다이어그램인 ω-β 그래프

분산 다이어그램(dispersion diagram)이라 불리는 ω-β 그래프가 그림 9-2에서 입체 곡선으로 그려져 있다. 그것은 $\omega=\omega_c$에서 ω축($\beta=0$)에서 교차한다.

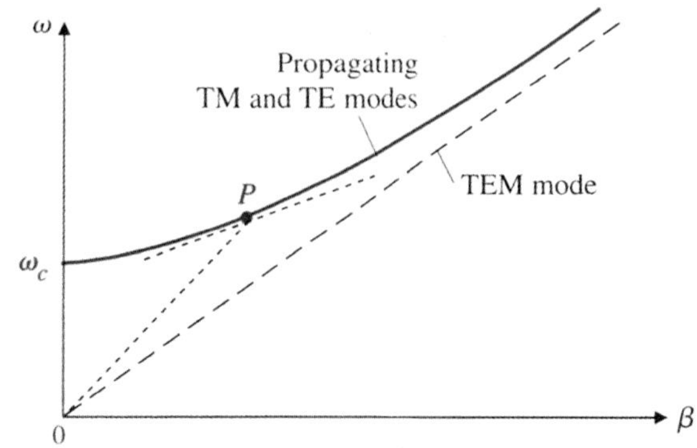

그림 9-2 예제 9-1의 도파관에 대한 ω-β 그래프

곡선상에서 원점과 임의의 P 점을 결합하는 직선의 기울기는 차단주파수 f_c 를 갖으며 특별한 주파수에서 동작하는 특별한 모드에 대해 위상속도 u_p와 같다. P 점에서 ω-β 곡선의 기울기는 군속도 u_g이다. 도파관에서 TM과 TE 파가 진행하는 것에 대해 $u_p > u$, $u_g < u$ 그리고 식(9-43)이 적용됨을 주시한다. 동작주파수가 차단주파수보다 훨씬 증가하기 때문에, u_p와 u_g 둘 다 점근적으로 u 에 접근한다.

ω_c의 정확한 값은 식(9-26)에서 고유값 h 에 의존하다. 즉, 특정의 TM 이나 TE 모드에 의존하는 것이다.

예 제 9-2

그림 9-3에서 보여진 것처럼 거리 b 떨어져 있고 구성 매개 변수(ϵ, μ)를 갖는 유전체 매질로 가득 찬 두 개의 완전 도체판인 평행판 도파관을 고려해 보라. 평행판은 x 방향의 범위에서 무한하다고 생각한다.(계는 x 방향으로 변하지 않는다)

a) 도파관에서 TM 모드에 대한 시정현형 계수식을 구하라.

b) 차단주파수를 결정하라.

해

a) 파가 z 방향으로 진행한다고 하자. $H_z = 0$인 TM 모드에 대해 시정현 의존성이 있다면 계를 세기 페이저로 다루고 $E_z(y, z)$를 $E_z^0(y)\,e^{-\gamma z}$로 쓰면 편리해진다. x 방향으로 어떠한 변화도 존재하지 않기 때문에 식(9-22)는 다음과 같이 된다.

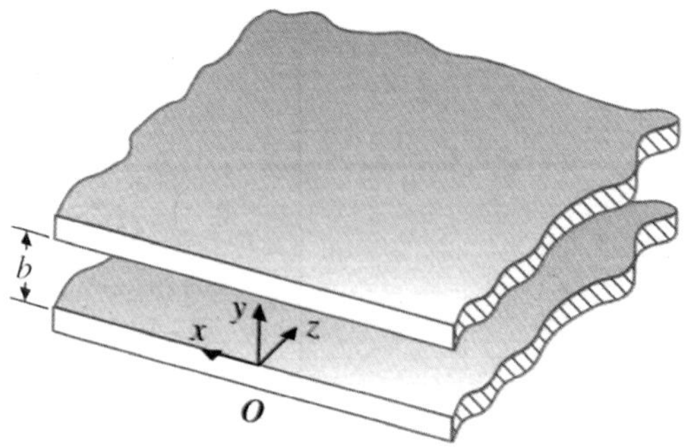

그림 9-3 무한 평행판 도파관

$$\frac{d^2E_z^0(y)}{dy^2} + h^2E_z^0(y) = 0 \tag{9-44}$$

식(9-44)의 일반해는 다음과 같다.

$$E_z^0(y) = A_n \sin hy + B_n \cos hy \tag{9-45}$$

전계의 접선 성분은 완전 도체판의 표면에서는 무시되어야 하기 때문에 다음의 경계 조건이 만족되어야만 한다.

(i) $y=0,\ E_z^0(0)=0$
(ii) $y=b,\ E_z^0(b)=0$

경계 조건 (i)는 $B_n=0$를 요구한다. 그리고 경계 조건 (ii)은 $\sin hb=0$ 또는 $hb=n\pi$를 요구하며, 이것은 고유치 h를 결정한다.

$$h=\frac{n\pi}{b}, \quad n=1,\ 2,\ 3, \ldots \tag{9-46}$$

따라서 식(9-45)에서 $E_z^0(y)$는 다음의 형태이어야만 한다.

$$E_z^0(y) = A_n \sin\left(\frac{n\pi y}{b}\right), \tag{9-47}$$

여기서 크기 A_n은 특정한 TM파 여기의 세기에 의존한다. 다른 유일한 영이 아닌 계 성분은 식(9-11)과 식(9-14)로부터 얻어지며 $H_z{}^0=0$이고 $\frac{\partial E_z^0}{\partial x}=0$ 임을 명심해야 한다.

$$H_x^0(y) = \frac{j\omega\epsilon}{h}A_n \cos\left(\frac{n\pi y}{b}\right) \tag{9-48}$$

$$E_y^0(y) = -\frac{\gamma}{h}A_n \cos\left(\frac{n\pi y}{b}\right) \tag{9-49}$$

식(9-49)에서 γ는 식(9-24)로부터 결정되는 전파상수이다.

$$\gamma=\sqrt{\left(\frac{n\pi}{b}\right)^2-\omega^2\mu\epsilon} \tag{9-50}$$

b) 차단주파수는 $\gamma=0$일 때이다.

평행판 도파관의 차단 주파수

$$\boxed{f_c=\frac{n}{2b\sqrt{\mu\epsilon}} \quad (\text{Hz}).} \tag{9-51}$$

물론 윗식은 식(9-26)과 비교된다. $f > f_c$인 파는 식(9-29)에서 주어진 위상상수 β로 전파한다. $f \leq f_c$인 파는 순간적이며 전파하지 못한다.

n 값에 의존하면 다른 고유치 h에 따른 다른 TM 전파모드가 가능하다. 그래서 차단주파수 $(f_c)_1 = 1/2b\sqrt{\mu\epsilon}$인 TM_1 모드($n=1$), $(f_c)_2 = 1/b\sqrt{\mu\epsilon}$인 TM_2 모드($n=2$) 등이 존재한다.

각 모드는 자신의 특성을 갖는다. $n=0$일 때 $E_z=0$이고 단지 횡방향 성분 H_x와 E_y만이 존재한다. 따라서 TM_0 모드는 $f_c=0$인 특별한 경우의 TEM 모드이다.

복습문제

문 9-1 TEM 모드에서 전송 선로의 일반적 형태는 마이크로파 주파수에서 장거리 신호 전송에 대해 왜 유용하지 못한가?

문 9-2 회선으로 연결된 집중 매개변수 소자들은 마이크로파 주파수에서 공진회로로서 왜 유용하지 못한가?

문 9-3 균일한 도파관에서 진행파의 기본적인 3가지 형태는 무엇인가?

문 9-4 단일 도체의 속이 빈 혹은 유전체로 가득찬 도파관은 왜 TEM 파를 지원할 수 없는지 이유를 설명하라.

문 9-5 파동 임피던스를 정의하라.

문 9-6 도파관에서 파동 임피던스는 어떤 식으로 주파수에 의존하는가?

- **a)** 진행하는 TEM 파
- **b)** 진행하는 TM 파
- **c)** 진행하는 TE 파

문 9-7 경계치 문제의 고유치란 무엇인가?

문 9-8 도파관에서 차단주파수는 무엇을 의미하는가?

문 9-9 도파관은 하나의 차단주파수보다 더 많을 수 있는가? 도파관의 차단주파수는 어떤 요소에 대해 의존하는가?

문 9-10 도파관에서 진행하는 파의 도파관 파장은 대응하는 경계가 없는 유전체 매질에서의 파장보다 더 긴가 더 짧은가?

문 9-11 순시감쇄모드(evanescent mode)란 무엇인가?

요 점

1. 도파관은 고역통과 여파기의 특성을 보여 주며, 이는 차단주파수보다 더 높은 주파수만을 통과시킨다.

2. TM와 TE 전파모드에 대한 파동 임피던스는 무손실 도파관에서 순

수한 실수이고 (f_c/f)의 비율로 변한다. 감쇄모드에 대한 파동 임피던스는 순수한 허수이다.

3. 도파관에서 TM과 TE 모드에 대한 파장(λ_g)과 위상속도(u_p)는 경계가 없는 매질에서의 파장(λ)과 위상속도(u) 보다 더 크다.
4. 도파관에서 진행파의 군속도(u_g)는 $f\lambda_g$와 같지 않지만 위상속도(u_p)는 같다.
5. 단일 도체 도파관은 분산하는 전송 시스템이다.(u_p는 f와 비례하지 않는다.)
6. 평행판 도파관의 차단주파수는 평판의 분리된 거리에 반비례한다.

9-3 직사각형 도파관

예제 **9-2**에서 검토된 평행판 도파관은 평판이 횡방향의 x 방향으로 무한한 범위로 있다고 가정했다. 즉, 계는 x로는 변하지 않는다. 실제로는 평판은 항상 유한한 폭을 가지며, 가장자리 부분에 소용돌이 계(fringing field)가 생긴다. 전자기 에너지는 도파관의 양쪽면에서 누설되고 다른 회로와 시스템에 바람직하지 못한 산란적 결합을 일으킬 수 있다. 그래서 실제 도파관은 항상 에워싸인 단면을 갖는 균일한 구조이다. 이 절에서는 속이 빈 직사각형 도파관에서 파의 움직임을 검토할 것이다.

다음 논의에서는 균일한 도파관 구조에 따라 일반적인 파의 움직임에 관한 9-2절에서의 매질을 이용한다. 전파상수 λ를 갖고 $+z$ 방향으로 진행하는 시정현파의 전파를 고려할 것이다. TM과 TE 모드가 각각 토론될 것이다. 이전에 서술했듯이 TEM 파는 단일 도체 속이 빈 혹은 유전체로 가득 찬 도파관에서는 존재할 수 없다.

9-3.1 직사각형 도파관에서의 TM 파

그림 9-4에서 면 a와 b의 직사각형 단면을 갖는 도파관을 생각해 보라. 둘러싸인 유전체 매질은 구성 매개 변수 ϵ와 μ를 갖는다고 가정한다. TM 파에 대해 $H_z=0$이고 E_z는 식(9-22)로부터 구해진다. $E_z(x, y, z)$을 다

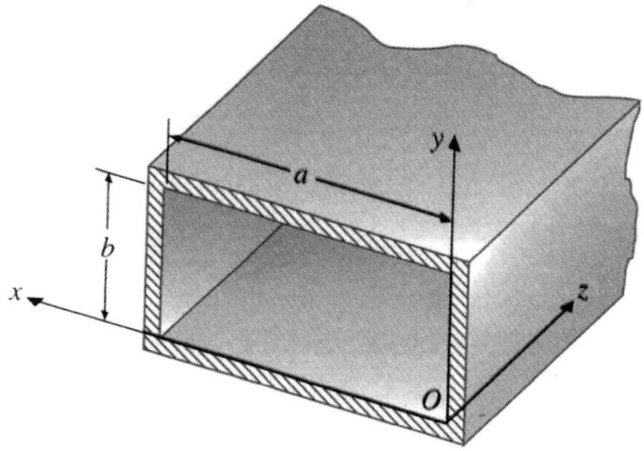

그림 9-4 직사각형 도파관

음과 같이 쓸 수 있다.

$$E_z(x, y, z) = E_z^0(x, y)\, e^{-\gamma z} \tag{9-52}$$

다음의 2 차 편미분 방정식을 풀어야 한다.

$$\left(\frac{\partial^2}{\partial x^2} + \frac{\partial^2}{\partial y^2} + h^2\right) E_z^0(x, y) = 0 \tag{9-53}$$

해 $E_z^0(x, y)$는 x에만 의존하는 함수 $X(x)$와 y에만 의존하는 함수 $Y(y)$의 적으로써 표현될 수 있다.

$$E_z^0(x, y) = X(x)\, Y(y) \tag{9-54}$$

변수 분리 방법

3-11.5 절의 유일성 이론에 의하면, 식(9-54)의 해가 문제의 경계 조건만 만족한다면 가능한 해를 알 수 있다. 식(9-54)에서처럼 곱하기 해를 가정함으로써 변수 분리법을 따른다. 식(9-53)에 식(9-54)를 대치하고 $X(x)\,Y(y)$에 의한 결과식을 나눈다면, 다음의 식을 얻는다.

$$-\frac{1}{X(x)}\frac{d^2X(x)}{dx^2} = \frac{1}{Y(y)}\frac{d^2Y(y)}{dy^2} + h^2 \tag{9-55}$$

식(9-55)의 왼쪽 편은 x만의 함수이고 오른쪽 편은 y만의 함수이기 때문에 양쪽면 모두 방정식이 모든 x와 y의 값에 대해 적용하기 위해서는 상수이어야만 한다. 이러한 상수(분리상수)를 k_x^2라 부르면, 두 개의 분리된 일반 미분방정식을 얻는다.

$$\frac{d^2X(x)}{dx^2} + k_x^2 X(x) = 0 \tag{9-56}$$

$$\frac{d^2Y(y)}{dy^2} + k_y^2 Y(y) = 0 \tag{9-57}$$

여기서

$$k_y^2 = h^2 - k_x^2 \tag{9-58}$$

식(9-56)과 식(9-57)의 일반해는 다음과 같다.

$$X(x) = A_1 \sin k_x x + A_2 \cos k_x x \tag{9-59}$$

$$Y(y) = B_1 \sin k_y y + B_2 \cos k_y y \tag{9-60}$$

$X(x)$와 $Y(y)$ 대해 선택되는 적당한 형태는 식(9-54)에서의 곱셈이 다음의 경계 조건을 만족하기 위한 것임엔 틀림이 없다.

1. x 방향에서

$$E_z^0(0, y) = 0 \tag{9-61}$$

$$E_z^0(a, y) = 0 \tag{9-62}$$

2. y 방향에서

$$E_z^0(x, 0) = 0 \tag{9-63}$$

$$E_z^0(x, b) = 0 \tag{9-64}$$

확실히, 다음을 선택해야 한다.

$\sin k_x x$ 형태의 $X(x)$

$$k_x = \frac{m\pi}{a}, \quad m = 1, 2, 3, \ldots$$

$\sin k_y y$ 형태의 $Y(y)$

$$k_y = \frac{n\pi}{b}, \quad n = 1, 2, 3, \ldots$$

그리고 $E_z^0(x, y)$에 대한 적당한 해는 다음과 같다.

$$E_z^0(x, y) = E_0 \sin\left(\frac{m\pi}{a}x\right)\sin\left(\frac{n\pi}{b}y\right) \quad (\text{V/m}), \tag{9-65}$$

여기서 E_0는 A_1B_1의 곱으로 쓰여 있고, A_1B_1은 도파관의 여기 조건으로부터 결정된다. 다른 계 성분은 $H_z^0 = 0$ 으로 놓음으로써 식(9-11)부터 식(9-14)을 이용하여 얻어진다.

고유치 h와 전파상수 γ는 식(9-58)과 식(9-24)에 의해 k_x와 k_y와 연관되어진다.

$$h^2 = \left(\frac{m\pi}{a}\right)^2 + \left(\frac{n\pi}{b}\right)^2, \tag{9-66}$$

$$\gamma = j\beta = j\sqrt{k^2 - h^2} = j\sqrt{\omega^2\mu\epsilon - \left(\frac{m\pi}{a}\right)^2 - \left(\frac{n\pi}{b}\right)^2}. \tag{9-67}$$

정수 m과 n의 모든 조합은 TM_{mn} 모드로 표시될 수 있는 가능한 모드로 정의된다. 그래서 TM 모드는 두 배의 무한한 수가 존재한다.

첫번째 첨자는 x 방향으로의 계의 반 사이클 변화의 수를 가리키고 두번째 첨자는 y 방향으로의 계의 반 사이클 변화의 수를 가리킨다. 특별한 차단모드는 γ값이 사라지는 조건이다. TM_{mn} 모드에 대해 차단주파수는 식(9-26)으로부터 얻어진다.

TM_{mn} 모드의 차단주파수

$$(f_c)_{mn} = \frac{h}{2\pi\sqrt{\mu\epsilon}} = \frac{1}{2\sqrt{\mu\epsilon}}\sqrt{\left(\frac{m}{a}\right)^2 + \left(\frac{n}{b}\right)^2} \quad (\text{Hz}). \tag{9-68}$$

또는 다음과 같이 쓸 수도 있다. $\lambda_c = u/f_c = 2\pi/h$

TM_{mn} 모드의 차단파장

$$(\lambda_c)_{mn} = \frac{2}{\sqrt{\left(\frac{m}{a}\right)^2 + \left(\frac{n}{b}\right)^2}} \quad (\text{m}). \tag{9-69}$$

여기서 λ_c는 **차단파장**이다.

직사각형 도파관에서 TM 모드에 대해 m 혹은 n 어느 것도 영이 아니다. 그렇지 않다면 식(9-65)에서 $E_z^0(x, y)$와 모든 다른 계 성분은 무시되어진다. 따라서 TM_{11} 모드는 직사각형 도파관에서 가장 작은 차단주파수를 갖는다. 식(9-29)와 식(9-34)에 전파모드의 위상상수 β와 파동 임피던스 Z_{TM}에 대해 각각 직접 적용된다.

예 제 9-3

내부의 치수가 $a=2.3$(cm)이고 $b=1.0$(cm)인 직사각형 도파관은 $\epsilon_r=2.25$, $\mu_r=1$인 매질로 가득 차 있다.

a) TM_{11} 모드에 대한 h, f_c와 λ_c를 구하라.

b) 동작주파수가 차단주파수보다 15% 더 높다면 $(Z)_{TM_{11}}$, $(\beta)_{TM_{11}}$ 그리고 $(\lambda_g)_{TM_{11}}$을 구하라. 전파모드에 대해 무손실인 도파관을 생각해 보라.

해

a) TM_{11} 모드에 대해서는 식(9-66), 식(9-68), 식(9-69)에 $m=n=1$을 사용한다.

$$(h)_{TM_{11}}=\sqrt{\left(\frac{\pi}{2.3\times10^{-2}}\right)^2+\left(\frac{\pi}{1.0\times10^{-2}}\right)^2}=342.6(\mathrm{m}^{-1})$$

$$(f_c)_{TM_{11}}=\frac{h}{2\pi\sqrt{\mu\epsilon}}=\frac{hc}{2\pi\sqrt{\epsilon_r}}=\frac{342.6\times(3\times10^8)}{2\pi\sqrt{2.25}}=10.9(\mathrm{GHz})$$

$$(\lambda_c)_{TM_{11}}=\frac{2\pi}{h}=\frac{2\pi}{342.6}=1.83(\mathrm{cm})$$

b) $f=1.15f_c=1.15\times10.9=12.54$(GHz)에서 TM_{11}은 전파모드이다. 식(9-34), (9-29) 그리고 (9-30)에서 Z_{TM}, β와 λ_g에 대한 수식은 모두 인자 $\sqrt{1-(f_c/f)^2}=\sqrt{1-(1/1.15)^2}=0.494$를 포함한다.

$$(Z)_{TM_{11}}=\eta\sqrt{1-\left(\frac{f_c}{f}\right)^2}=\frac{377}{\sqrt{2.25}}\times0.494=124.2(\Omega)$$

$$(\beta)_{TM_{11}}=\omega\sqrt{\mu\epsilon}\sqrt{1-\left(\frac{f_c}{f}\right)^2}=\frac{2\pi\times(12.54\times10^9)\sqrt{2.25}}{3\times10^8}\times0.494$$

$$=194.5(\mathrm{rad/m})$$

$$(\lambda_g)_{TM_{11}}=\frac{2\pi}{(\beta)_{TM_{11}}}=\frac{2\pi}{194.5}=0.0323(\mathrm{m})=3.23(\mathrm{cm})$$

■ **연습문제 9-3** $f < (f_c)_{TM_{11}}$에 대해 TM_{11}은 감쇄모드이다. $f = 0.85f_c$에서 예제 9-3 도파관의 TM_{11} 모드에 대한 감쇄상수를 구하라. 계의 크기가 인자 e^{-1} 혹은 36.8%로 감소되는 도파관에서의 거리는 얼마인가?

답 180.5(Np/m), 5.5(mm)

■ **연습문제 9-4** 예제 9-3에서 도파관에 대한 TM_{12}와 TM_{21}의 차단주파수를 구하라.

답 20.5(GHz), 13.3(GHz)

9-3.2 직사각형 도파관에서 TE 파

$E_z = 0$인 횡방향 전계파에 대해 식(9-36)을 H_z에 대해 풀면 다음과 같이 쓸 수 있다.

$$H_z(x, y, z) = H_z^0(x, y)e^{-\gamma z} \tag{9-70}$$

여기서 $H_z^0(x, z)$는 2차 편미분 방정식을 만족한다.

$$\left(\frac{\partial^2}{\partial x^2} + \frac{\partial^2}{\partial y^2} + h^2\right)H_z^0(x, y) = 0 \tag{9-71}$$

식(9-71)은 정확히 식(9-53)과 같은 형태이다. $H_z^0(x, y)$에 대한 해는 다음의 경계조건을 만족해야만 한다.

1. x 방향에서

$$x = 0 \text{에서} \quad \frac{\partial H_z^0}{\partial x} = 0(E_y = 0) \tag{9-72}$$

$$x = a \text{에서} \quad \frac{\partial H_z^0}{\partial x} = 0(E_y = 0) \tag{9-73}$$

2. y 방향에서

$$y = 0 \text{에서} \quad \frac{\partial H_z^0}{\partial y} = 0(E_x = 0) \tag{9-74}$$

$$y = b \text{에서} \quad \frac{\partial H_z^0}{\partial y} = 0(E_x = 0) \tag{9-75}$$

$H_z^0(x, y)$에 대한 적당한 해는 다음과 같이 바로 입증된다.

$$H_z^0(x, y) = H_0 \cos\left(\frac{m\pi}{a}x\right)\cos\left(\frac{n\pi}{b}y\right) \quad (\text{A/m}). \tag{9-76}$$

다른 계 성분은 식(9-11)에서 식(9-14)까지에서 얻어진다.

$$E_x^0(x, y) = \frac{j\omega\mu}{h^2}\left(\frac{n\pi}{b}\right)H_0 \cos\left(\frac{m\pi}{a}x\right)\sin\left(\frac{n\pi}{b}y\right) \tag{9-77}$$

$$E_y^0(x, y) = -\frac{j\omega\mu}{h^2}\left(\frac{m\pi}{a}\right)H_0 \sin\left(\frac{m\pi}{a}x\right)\cos\left(\frac{n\pi}{b}y\right) \tag{9-78}$$

$$H_x^0(x, y) = \frac{\gamma}{h^2}\left(\frac{m\pi}{a}\right)H_0 \sin\left(\frac{m\pi}{a}x\right)\cos\left(\frac{n\pi}{b}y\right) \tag{9-79}$$

$$H_y^0(x, y) = \frac{\gamma}{h^2}\left(\frac{n\pi}{b}\right)H_0 \cos\left(\frac{m\pi}{a}x\right)\sin\left(\frac{n\pi}{b}y\right) \tag{9-80}$$

여기서 h와 γ는 식(9-66)과 식(9-67)에서처럼 TM 모드에 대해 같은 수식을 갖는다.

TE_{10} 모드는 $a > b$인 직사각형 도파관에서 모든 TE 모드 중에서 가장 낮은 차단주파수를 갖는다.

차단주파수에 대해 식(9-68)이 여기서도 적용된다. TE 모드에 대해 m이나 n 중 하나(둘 모두가 아닌)는 0일 수 있다. 만일 $a > b$이면 $h = \pi/a$이 가장 작은 고유치이고 차단주파수는 $m = 1$이고 $n = 0$일 때 가장 낮다.

$$(f_c)_{TE_{10}} = \frac{1}{2a\sqrt{\mu\epsilon}} = \frac{u}{2a} \quad (\text{Hz}). \tag{9-81}$$

대응되는 차단파장은 다음과 같다.

TE_{10} 모드의 차단파장

$$(\lambda_c)_{TE_{10}} = 2a \quad (\text{m}). \tag{9-82}$$

기본 모드

직사각형 도파관에서 TE_{10} 모드의 중요성

가장 작은 차단주파수(가장 긴 차단파장)를 갖는 모드를 **기본 모드(dominant mode)**라 부른다. 따라서 TE_{10} 모드는 $a > b$인 직사각형 도파관의 기본 모드이다. TE_{10} 모드가 직사각형 도파관에서 모든 모드들 중에서 가장 작은 감쇄를 갖고 그것의 전계는 모든 곳에서 한 방향으로 명백히 분극되기 때문에 그것은 특별한 중요성을 갖는다. 이 장 이후에 그러한 계 구조와 다른 특성들을 더 상세히 알게 될 것이다.

■ 연습문제 9-5 (**a**) 만일 $a < b$이면 $a \times b$ 직사각형 도파관의 기본 모드는 무엇인가? 이것의 차

단파장은 어떻게 되는가?

(b) TM_{11}, TE_{20}, 그리고 TE_{02} 모드에 대해 정사각형 도파관($a=b$)에서 차단주파수는 얼마인가?

답 (a) $2b$ (b) $1/a\sqrt{2\mu\epsilon}$

예 제 9-4

10(GHz)에서 TE_{10}는 내부 치수가 $a=1.5$(cm)와 $b=0.6$(cm)인 직사각형 도파관 내로 전파하며, 직사각형 도파관은 폴리에틸렌($\epsilon_r=2.25$, $\mu_r=1$)으로 가득 차 있다. (a) 위상상수 (b) 도파파장 (c) 위상속도, 그리고 (d) 파동 임피던스를 결정하라.

해

$f=10^{10}$(Hz)에서 경계가 없는 폴리에틸렌에서의 파장은 다음과 같다.

$$\lambda=\frac{u}{f}=\frac{3\times10^8}{\sqrt{2.25}\times10^{10}}=\frac{2\times10^8}{10^{10}}=0.02(\text{m})$$

식(9-81)으로부터 TE_{10} 모드에 대한 차단주파수는 다음과 같다.

$$f_c=\frac{u}{2a}=\frac{2\times10^8}{2\times(1.5\times10^{-2})}=0.667\times10^{10}(\text{Hz})$$

a) 식(9-38)으로부터의 위상상수

$$\beta=\frac{\omega}{u}\sqrt{1-\left(\frac{f_c}{f}\right)^2}=\frac{2\pi10^{10}}{2\times10^8}\sqrt{1-0.667^2}$$
$$=74.5\pi=234(\text{rad/m})$$

b) 식(9-30)으로부터의 도파파장

$$\lambda_g=\frac{\lambda}{\sqrt{1-(f_c/f)^2}}=\frac{0.02}{0.745}=0.0268(\text{m})$$

c) 식(9-33)으로부터의 위상속도

$$u_p=\frac{u}{\sqrt{1-(f_c/f)^2}}=\frac{2\times10^8}{0.745}=2.68\times10^8(\text{m/s})$$

d) 식(9-39)로부터의 파동 임피던스

$$(Z_{TE})_{10} = \frac{\sqrt{\mu/\epsilon}}{\sqrt{1-(f_c/f)^2}} = \frac{377/\sqrt{2.25}}{0.745} = 337.4(\Omega)$$

연습문제 9-6 만일 동작주파수가 19(GHz)라면 예제 9-4에서 폴리에틸렌으로 가득 찬 직사각형 도파관에서 어느 TM과 TE 모드가 전파할 수 있는가? 그들의 차단주파수는 얼마인가?

답 TE_{10}, TE_{20}, TE_{01}, TE_{11}, TM_{11}.
차단주파수 : 6.67, 13.3, 16.7, 17.9, 17.9(GHz)

예 제 9-5

(a) a와 b면을 갖는 직사각형 도파관에서 TE_{10} 모드에 대한 순시 계의 식을 써라. (b) 전형적인 xy, yz, xz 평면에서 전기력선과 자력선을 그려라. (c) 도파관 벽에서의 표면 전류를 그려라.

해

a) 기본 TE_{10} 모드에 대한 순시 계의 식은 식(9-76)부터 식(9-80)에서의 페이저 수식에 $e^{j(\omega t-\beta z)}$를 곱하고, 그 때 그 곱셈의 실수 부분을 취함으로써 얻어진다. $m=1$과 $n=0(h_{10}=\pi/a)$에 대해 다음을 얻는다.

$$E_x(x, y, z; t) = 0 \tag{9-83}$$

$$E_y(x, y, z; t) = \frac{\omega\mu a}{\pi} H_0 \sin\left(\frac{\pi}{a}x\right)\sin(\omega t - \beta_{10}z) \tag{9-84}$$

$$E_z(x, y, z; t) = 0 \tag{9-85}$$

$$H_x(x, y, z; t) = -\frac{\beta_{10}a}{\pi} H_0 \sin\left(\frac{\pi}{a}x\right)\sin(\omega t - \beta_{10}z) \tag{9-86}$$

$$H_y(x, y, z; t) = 0 \tag{9-87}$$

$$H_z(x, y, z; t) = H_0 \cos\left(\frac{\pi}{a}x\right)\cos(\omega t - \beta_{10}z) \tag{9-88}$$

$$\beta = \sqrt{k^2 - h^2} = \sqrt{\omega^2\mu\epsilon - \left(\frac{\pi}{a}\right)^2} \tag{9-89}$$

b) 식(9-83)부터 식(9-88)까지의 식을 통해, TE_{10} 모드는 단지 3개의 영이

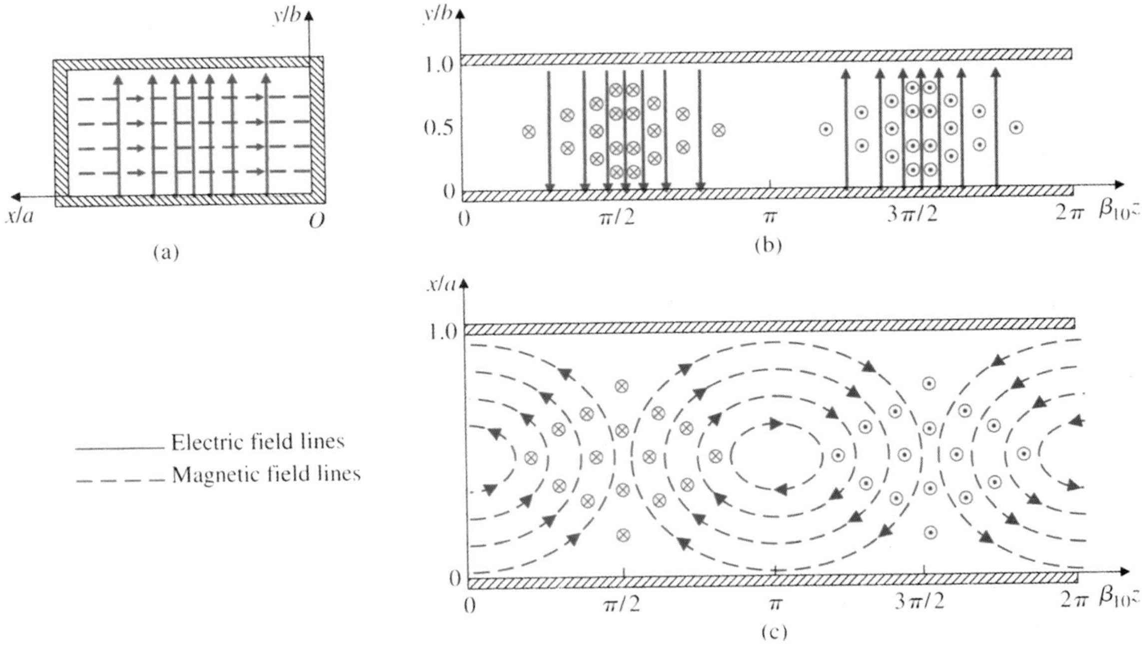

그림 9-5 직사각형 도파관에서 TE_{10} 모드의 계(field)선

아닌 계 성분 E_y, H_x, H_z를 갖는다는 것을 알 수 있다. 즉, 전형적인 xy 평면에서, $\sin(\omega t - \beta z) = 1$일 때 E_y와 H_x는 $\sin(\pi x/a)$로 변하고 그림 9-5(a)에서처럼 y에 대해 독립이다. 전형적인 yz 평면에서 예를 들어, $x = a/2$ 혹은 $\sin(\pi x/a) = 1$, $\cos(\pi x/a) = 0$에서 E_y와 H_x를 가지며 둘 모두 βz에 대해 정현적으로 변한다. $t = 0$에서 E_y와 H_x의 모양은 그림 9-5(b)에 있다.

xz 평면 그림에서 영이 아닌 3개의 계 성분 E_y, H_x, H_z를 보여 줄 것이다. $t = 0$에서 **H** 선의 기울기는 다음의 수식에 의해 통제된다.

$$\left(\frac{dx}{dz}\right)_{\mathrm{H}} = \frac{\beta}{h^2}\left(\frac{\pi}{a}\right)\tan\left(\frac{\pi}{a}x\right)\tan\beta z \tag{9-90}$$

이 수식은 그림 9-5(c)에서 **H** 선을 그리는 데 사용될 수 있다. 이 선들은 y에 대해 독립이다.

c) 도파관 벽에서 표면전류밀도 $\mathbf{J}_s$는 식(6-47b)에 의해 자계강도와 관련지어진다.

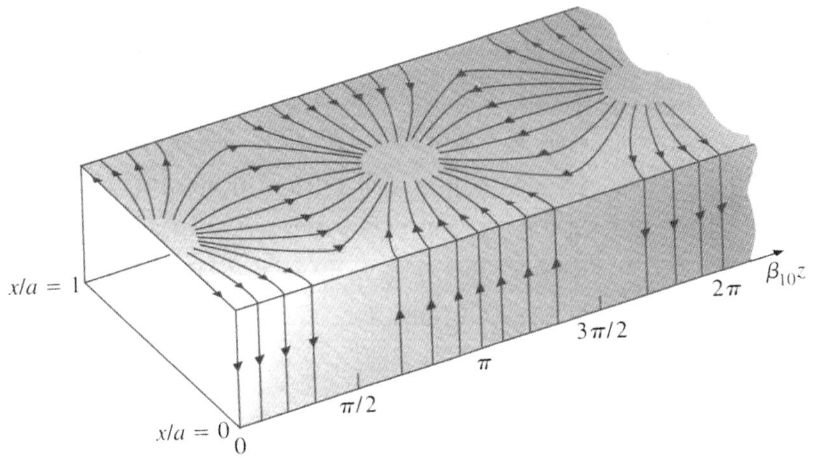

그림 9-6 직사각형 도파관에서 도파관 벽에 흐르는 TE_{10} 모드의 표면전류

$$\mathbf{J}_s = \mathbf{a}_n \times \mathbf{H} \tag{9-91}$$

여기서 $\mathbf{a}_n$은 벽면에서 바깥으로 향하는 법선이고 $\mathbf{H}$는 벽에서의 자계강도이다. $t=0$에서 다음의 식을 얻는다.

$$\mathbf{J}_s(x=0) = -\mathbf{a}_y H_z(0, y, z; 0) = -\mathbf{a}_y H_0 \cos\beta z \tag{9-92}$$

$$\mathbf{J}_s(x=a) = \mathbf{a}_y H_z(a, y, z; 0) = \mathbf{J}_s(x=0) \tag{9-93}$$

$$\mathbf{J}_s(y=0) = \mathbf{a}_x H_z(x, 0, z; 0) - \mathbf{a}_z H_x(x, 0, z; 0) \tag{9-94}$$

$$= \mathbf{a}_x H_0 \cos\left(\frac{\pi}{a}x\right)\cos\beta z - \mathbf{a}_z \frac{\beta}{h^2}\left(\frac{\pi}{a}\right) H_0 \sin\left(\frac{\pi}{a}x\right)\sin\beta z$$

$$\mathbf{J}_s(y=b) = -\mathbf{J}_s(y=0) \tag{9-95}$$

$x=0$이고 $y=b$인 내부 벽면에서의 표면전류가 그림 9-6에 그려져 있다.

■ **연습문제 9-7** 파가 도파관을 따라 진행할 때 전하는 그 벽의 내부면에 모여 있다. 표면전하 분포에 대한 수식을 구하라.

a) 윗면과 바닥면의 중앙선을 따라

b) $t=0$에서 TE_{10} 모드에 대해 양쪽면을 따라

답 (a) 윗면에서 $\rho_s = (\omega\mu\epsilon a/\pi) H_0 \sin\beta_{10} z\,(\mathrm{C/m^2})$, (b) 0

예 제 9-6

공기로 가득 찬 표준 직사각형 도파관은 표 6-4 에서 소개된 radar 대역에 대해 설계되어진다. X 대역 응용에 적당한 도파관의 내부 치수는 $a=2.29$cm(0.90in), $b=1.02$cm(0.40in)이다. 만일 도파관이 기본 TE_{10} 모드에서만 동작하고 동작주파수가 적어도 TE_{10} 모드의 차단주파수보다 25% 높고 인접한 더 높은 차단주파수의 95%보다 더 높지 않다면 허용 동작주파수 범위는 얼마인가?

해

$a=2.29\times10^{-2}$(m)와 $b=1.02\times10^{-2}$(m)에 대해 가장 작은 차단주파수를 갖는 두 모드는 TE_{10}과 TE_{20}이다. 식(9-68)을 사용하면 다음을 얻는다.

$$(f_c)_{10}=\frac{c}{2a}=\frac{3\times10^{8}}{2\times2.29\times10^{-2}}=6.55\times10^{9}(\text{Hz})$$

$$(f_c)_{20}=\frac{c}{a}=13.10\times10^{9}(\text{Hz})$$

지정된 조건하에서 허용 동작주파수 범위는 다음과 같다.

$$1.25(f_c)_{TE_{10}}\leq f\leq 0.95(f_c)_{TE_{10}}$$
$$8.19(\text{GHz})\leq f\leq 12.45(\text{GHz})$$

9-3.3 직사각형 도파관에서의 감쇄

도파관에서의 감쇄의 원인

도파관에서의 감쇄는 두 가지 원인 즉, 손실이 있는 유전체와 불완전한 도전면으로부터 발생한다. 손실은 도파관 내에서 전계와 자계를 변화시키고, 정확한 해를 얻는 것을 어렵게 한다. 그러나 실제 도파관에서 손실은 보통 아주 작으며, 전파모드의 횡방향 계는 손실에 의해 감지할 수 있을 정도의 영향을 주지는 않는다. 전파상수의 실수 부분은 감쇄상수로 나타나며, 그것은 전력 손실을 야기한다. 감쇄상수는 두 부분으로 되어 있다.

$$\alpha=\alpha_d+\alpha_c \tag{9-96}$$

여기서 α_d는 유전체에서 손실에 기인한 감쇄상수이고 α_c는 불완전한 도체 면에서의 저항성 전력 손실에 기인한 것이다.

α_d와 α_c의 해석적 결정은 어느 정도 귀찮은 일이다. 여기서는 단지 그들을 결정하는 데 있어서 일반적인 절차의 윤곽만을 잡을 것이다.

$$\epsilon_d = \epsilon' - j\epsilon'' \\ = \epsilon' - j\frac{\sigma_d}{\omega} \tag{9-97}$$

손실 유전체에 기인한 감쇄는 유전체의 도전율과 주파수에 따라 증가한다.

여기서 $\epsilon''/\epsilon' = \sigma_d/\omega\epsilon'$는 손실 탄젠트(loss tangent), σ_d는 유전체의 등가 도전율이다. 식(9-24)에서 ϵ대신 ϵ_d의 사용은 복소 전파상수 γ를 낳게 할 것이며, 그것의 실수 부분이 α_d이다. α_d는 σ_d에 직접 비례하고 (f_c/f) 비로 감소하게 될 것이다.

α_c를 구하기 위해서는 식(8-57)을 이용하고 에너지 보존 법칙으로부터 유도된다.

$$\alpha_c = \frac{P_L(z)}{2P(z)} \tag{9-98}$$

유한한 벽면의 도전율에 기인한 감쇄는 벽면 도전율의 제곱근에 반비례하고 모드와 주파수에도 의존한다.

여기서 $P(z)$는 z 방향 도파관을 따라 전파되는 시평균 전력이고 $P_L(z)$는 z에서 단위길이당 시평균 전력 손실이다. $P(z)$은 식(7-79)를 이용한 횡방향 전계강도와 자계강도로부터 구하여질 수 있다. $P_L(z)$를 계산하기 위해서는 유한한 도전율 σ_c에 기인한 전체 4개의 도파면에서 전력 손실을 생각하는 것이 필요하다. 그 벽은 단위길이당 내부 표면에 대한 $|J_s|^2R_s$의 적분을 요구한다. 여기서 J_s와 R_s는 그 도체 벽의 표면전류밀도와 고유 저항(식 7-53을 보라)을 나타낸다. TM_{mn}과 TE_{mn}에 대한 α_c의 수식은 다른 전류 분포 때문에 다르다. 그들은 도파관 크기와 여러 가지 경로에서의 (f_c/f)비에 의존한다. 모든 전파모드에 대해 α_c는 직접 R_s에 비례하며 차례로 벽면의 도전율 σ_c의 제곱근에 반비례한다. 만일 도파관 벽이 무한한 도전성($\sigma_c \to \infty$)을 갖는다면 α_c는 당연히 영이다(전력 손실이 없다)

TE_{10} 모드는 도파관에서 가장 작은 감쇄를 갖는다.

그림 9-7에 2.29(cm) × 1.02(cm) 직사각형 구리 도파관에서 TE_{10}과 TM_{11} 모드에 대한 동작주파수의 함수로써 전형적인 α_c 곡선이 그려져 있다. 식(9-68)로부터 $(f_c)_{10} = 6.55$(GHz)이고 $(f_c)_{11} = 16.10$(GHz)이다. 그 곡선의 감쇄상수는 동작주파수가 차단주파수에 접근함에 따라 급속히 무한

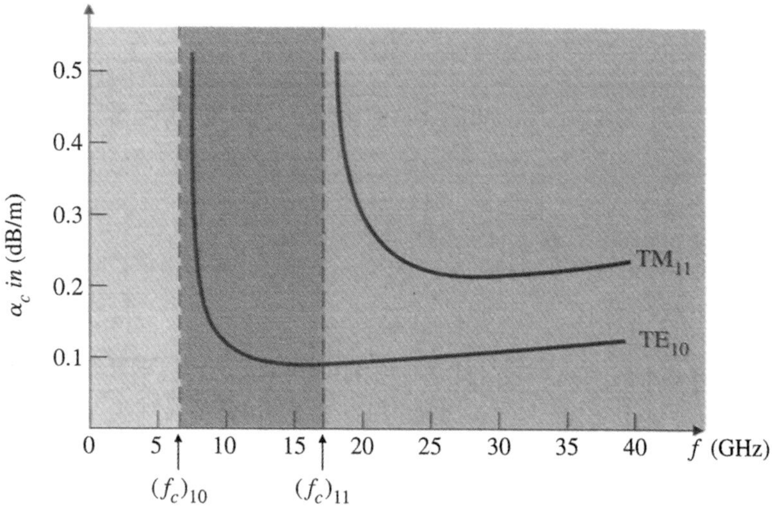

그림 9-7 TE_{10}과 TM_{11} 모드의 직사각형 구리 도파관에서 도파관벽 손실에 기인한 감쇄, $a = 2.29$(cm), $b = 1.02$(cm)

대로 증가함을 보여 준다. 동작 범위($f > f_c$)에서 곡선들은 광범한 최소값을 소유한다. TE_{10} 모드의 감쇄상수는 어느 곳에서나 TM_{11} 모드의 것보다 더 작다. 이러한 사실들은 동작모드와 주파수의 선택에 있어서 직접적인 관련성을 갖는다.

예 제 9-7

공기로 가득 찬 5.0(cm) × 2.5(cm) 직사각형 도파관이 길이는 0.8(m)이고 4.5(GHz)에서 정합된 부하에 1.2(kW)를 전달한다. 감쇄상수 0.05 (dB/m)를 가정하면 (a) 도파관에 요구되는 평균 입력 전력, (b) 도파관의 벽면에서의 손실 전력, (c) 도파관 내에서 전계강도의 최대치를 구하라.

해

$a = 5.0 \times 10^{-2}$(m), $b = 2.5 \times 10^{-2}$(m)

$$\text{기본 모드}(f_c)_{10} = \frac{c}{2a} = \frac{3 \times 10^8}{2 \times 5.0 \times 10^{-2}}$$
$$= 3 \times 10^9(\text{Hz}) = 3(\text{GHz})$$

인접한 더 높은 모드는 TE_{20}과 TE_{01}이고 이들 둘 다 4.5(GHz)보다 6

(GHz)의 차단주파수를 갖는다. 그래서 4.5(GHz)에서 유일한 전파모드는 TE_{10} 모드뿐이다.

a) $\alpha = 5 \times 10^{-2}(\text{dB/m}) = 5.75 \times 10^{-3}(\text{Np/m})$

$$P_{\text{in}} = P_{\text{load}} e^{2\alpha\ell} = 1.2 \times 10^3 e^{2\times(5.75\times10^{-3})\times0.8}$$
$$= 1.2 \times 10^3 e^{0.0092} = 1,211(\text{W})$$

b) 손실 전력 $= P_{\text{in}} - P_{\text{load}}$
$$= 1,211 - 1,200 = 11(\text{W})$$

c) TE_{10} 모드에 대한 횡방향계 성분의 페이저 수식은 식(9-84)와 식(9-86)로부터 다음과 같이 쓰여질 수 있다.

$$E_y^0 = E_0 \sin\left(\frac{\pi}{a}\right)x \tag{9-99}$$

$$H_x^0 = -\frac{E_0}{\eta_0}\sqrt{1-\left(\frac{f_c}{f}\right)^2}\sin\left(\frac{\pi}{a}x\right) \tag{9-100}$$

여기서 $\eta_0 = \sqrt{\mu_0/\epsilon_0}$, 그리고 식(9-86)에서 β_{10}는 $\omega\sqrt{\mu_0\epsilon_0}\sqrt{1-(f_c/f)^2}$ (식 9-38 참조)로 쓰여질 수 있다. 계의 최대치는 입력 부분의 끝에서 발생하기 때문에 식(7-79)로부터 다음을 얻는다.

$$P_{\text{in}} = -\frac{1}{2}\int_0^b\int_0^a E_y^0 H_x^0\, dxdy$$
$$= \frac{E_0^2 ab}{4\eta_0}\sqrt{1-\left(\frac{f_c}{f}\right)^2} \qquad (9\text{-}101)^\dagger$$

식(9-101)에 값을 대입하면 다음을 얻는다.

$$1,211 = \frac{E_0^2(5.0\times10^{-2})(2.5\times10^{-2})}{4\times377}\sqrt{1-\left(\frac{3}{4.5}\right)^2}$$

이것으로 부터 다음을 얻는다.

$$E_0 = 44,283(\text{V/m})$$

† 식(7-79)로부터

$$P_{in} = \frac{1}{2}\int_0^b\int_o^a \mathcal{R}e(\mathbf{E}\times\mathbf{H}^*)\cdot\mathbf{a}_z dxdy$$

여기서 $\mathbf{E} = \mathbf{a}_y E_y^0$와 $\mathbf{H} = \mathbf{a}_x H_x^0 + \mathbf{a}_z H_z^0$이다. 따라서 $\mathcal{R}e(\mathbf{E}\times\mathbf{H}^*) = -\mathbf{a}_z E_y^0 H_x^0$, H_z^0는 E_y^0와 90° 위상차(out of phase)이고 그들의 곱은 실수값이 아니다.

복습문제

문 9-12 편미분 방정식을 풀기 위한 변수 분리법을 설명하라.

문 9-13 도파관의 기본 모드는 무엇을 의미하는가? 평행판 도파관의 기본 모드는 무엇인가?

문 9-14 직사각형 도파관에서 TM 파에 대한 E_z를 만족시키는 경계 조건을 서술하라.

문 9-15 직사각형 도파관에서 모든 TM 모드들 중에서 어느 TM 모드가 가장 낮은 차단주파수를 갖는가?

문 9-16 직사각형 도파관에서 TE 파에 대한 H_z을 만족시키는 경계조건을 서술하라.

문 9-17 만일 (a) $a > b$, (b) $a < b$, (c) $a = b$ 라면 직사각형 도파관에서 기본 모드는 무엇인가?

문 9-18 $a > b$ 이면 직사각형 도파관에서 TE_{10} 모드의 차단파장은 얼마인가?

문 9-19 직사각형 도파관에서 TE_{10} 모드에 대해 영이 아닌 계 성분은 어느 것인가?

문 9-20 직사각형 도파관에서 TE_{10} 모드가 특별히 중요한 이유는?

문 9-21 도파관이 VHF 와 더 낮은 주파수 영역에서 사용되지 않는 이유는?

연습문제 9-8 항복(breakdown)이 없는 TE_{10} 모드에서 공기로 가득 찬 $a = 2.25$(cm), $b = 1.00$(cm)의 직사각형 도파관을 통해 전송될 수 있는 10(GHz) 평균 전력의 최대값을 구하라.

요 점

1. 도파관에서 TM 과 TE 모드의 두 배인 무한한 모드 수가 존재한다.
2. 직사각형 도파관에서 TM 과 TE 모드의 고유치는 이산적인 실수값들이다.
3. TM_{mn}과 TE_{mn}에 대한 차단주파수는 같다.
4. 차단주파수는 유전체 매질의 $\sqrt{\epsilon_r}$에 반비례한다.
5. 직사각형 도파관에서 가장 낮은 차수의 TM 모드는 TM_{11}이다.
6. $a > b$ 인 직사각형 도파관에서 기본 모드는 TE_{10}이다. 그것의 차단파장은 $2a$ 이다.
7. 직사각형 도파관에서 TE_{10} 모드는 벽면의 손실에 기인한 가장 적은 감쇄상수를 갖는다.
8. 도파관에서 벽면의 손실에 기인한 감쇄상수는 벽면 도전율의 제곱근에 반비례한다.

9-4 다른 종류의 도파관

9-2 절로부터 균일한 도파관을 따라 파의 움직임을 분석하기 위해 사용된 절차는 도파관 단면의 평면에서 벡터 Helmholtz 의 동차 방정식의 해로 시작했음을 상기하고자 한다. 완전 해는 단면의 형태와 크기에 의존한다. 이러한 절차에 따라 9-3 절에서 직사각형 도파관의 동작 특성을 얻었다. 이 절에서는 역시 실제적 응용을 하는 다른 도파관 형태를 간략히 이야기한다.

먼저 속이 빈 원형의 도파관을 언급하는데, 사실 그것은 둥근 금속 파이프이다. 원형 도파관에서의 파의 움직임에 대한 완전한 분석은 극좌표계(r, ϕ)로 도파관의 원형 단면에서 2 차원 Helmholtz 의 방정식 해를 구하여야 한다. 또한 Bessel 미분방정식과 Bessel 함수의 지식을 요한다. 직사각형 도파관에서처럼 해를 구하는 것은 하지 않겠다.

특성 차단주파수를 갖는 TM 과 TE 모드가 존재할 수 있다. 도전 벽면이 없는 유전체 판과 막대도 역시 근본적으로 유전체 매질에 제한된 TM 과 TE 의 도파모드를 지원할 수 있다. 도파관 매질의 바깥쪽에서 계는 지수함수적으로 떨어진다. 이것들은 산란적인 계이고 인접 회로와 간섭 문제를 야기시킬 수 있다. 광 주파수에 대해 특별히 중요한 도파관 형태는 조금 작은 굴절률을 갖는 유전체 물질로 피복된, 즉 유리 같은 물질인 아주 얇은 섬유로 구성된다. 그러한 광학적 도파관을 **광섬유**(optical fibers)라 부른다. 피복된 광섬유의 설명은 그림 7-18 에서 보여졌다. 광섬유의 동작은 내부 전반사의 관점에서 그림 7-13 에 대한 예제 7-10 과 같이 설명될 수 있다. 광섬유 코어의 직경은 보통 25 에서 100(μm)의 범위 내에 있으며, 1/4(dB/km)만큼 작은 감쇄를 적외선 주파수에서 얻을 수 있다.

광섬유는 광주파수에서의 도파관이다. 이것은 구부리기 쉽고 아주 작은 감쇄와 넓은 대역폭을 갖는다.

속이 빈 금속 도파관이 30(dB/km), 일반 동축 케이블이 수백(dB/km) 감쇄를 갖는 것과 비교하면 이러한 저 감쇄 현상은 광섬유의 큰 장점이다. 게다가 적외선 주파수에서 허용 대역폭은 단일 광섬유회로가 2 천만 개의 전화 채널 혹은 2 만의 TV 채널을 다룰 수 있다. 광섬유는 머리카락처럼 얇고 쉽게 구부려진다. 그리고 수천 개의 광섬유가 다발로 묶여져서 내시경, 기관지, 대장, 방광 등등의 공간이 있는 신체 내부를 조사하는 의학 기구의 중요한 부분을 형성한다. 영상은 광도파관을 통해 효과적으로 전송된다.

9-5 공동 공진기

공동 공진기는 사방이 막힌 금속상자이다.

먼저 마이크로파 주파수에서 통상의 R, L, C 와 같은 집중회로 소자는 만들기가 어렵고 산란적인 계가 중요시된다고 지적했다. 동작 파장과 비슷한 크기를 갖는 회로는 유효한 방사체가 되고 다른 회로나 시스템에 간섭을 일으킨다. 보통의 회선 회로는 방사를 통한 에너지 손실과 표피효과의 결과로서 높은 유효저항을 갖는 경향이 있다. UHF 와 더 높은 주파수에서 공진회로를 만들기 위해서는 완전히 도전벽으로 둘러싸여 있는 울타리(공동)로 구성된다. 그러한 차폐된 울타리는 내부의 전자계를 제한하고 전류 흐름에 대해 큰 영역을 제공하며, 그래서 방사와 높은 저항 효과를 제거한다. 이러한 울타리는 자연 공진주파수와 아주 높은 Q(양호도(quality factor))를 가지며 **공동 공진기(cavity resonators)** 라 불린다.

전자계는 상자 안에서 제한되어지고, 방사와 높은 저항 특성은 제거되어 매우 높은 Q 를 갖는다.

9-5.1 직사각형 공동 공진기

양쪽 끝이 도전벽으로 닫혀진 직사각형 도파관을 생각해 보자. 공동의 내부 크기는 그림 9-8 에서 a, b 그리고 d 이다. 잠시 그림의 탐침 여기 부분을 무시해 보자. 직사각형 도파관에서는 TM 과 TE 모드 둘 다 존재하기 때문에 직사각형 공진기에도 역시 TM 과 TE 모드를 기대한다. 그러나 공

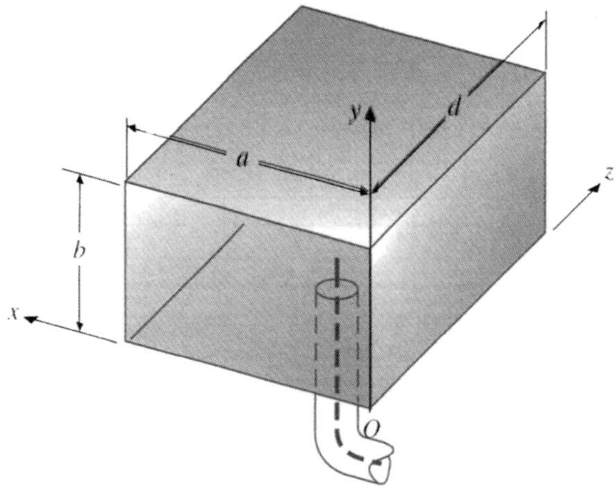

(a) Probe excitation.

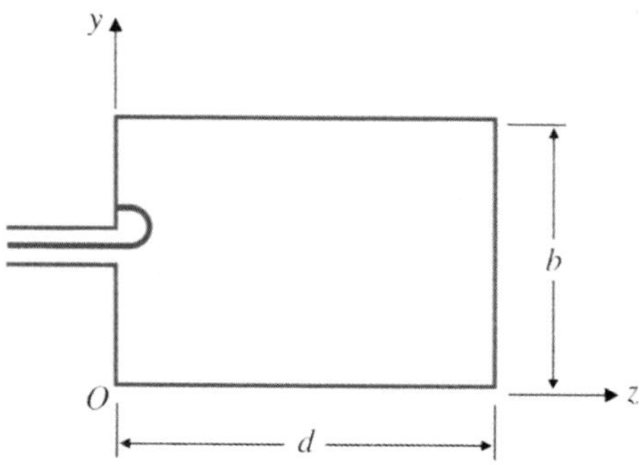

(b) Loop excitation.

그림 9-8 동축선에 의한 공동모드의 여기

진기에서 TM과 TE 모드의 지정은 전파의 방향으로서 x축, y축 혹은 z축을 선택하기에 자유롭기 때문에 유일하지 못하다. 즉, 어떤 유일한 축 방향이 존재하지 않는다. 예를 들면, z축에 관해 TE 모드가 y축에 관해 TM 모드일 수가 있다. 우리의 목적을 위해 기준 전파방향으로 z축을 선택한다. 실제상으로 $z=0$와 $z=d$에서 도전성 끝벽의 존재는 배수의 반사를 일으키고 정재파를 만든다. 어떠한 파도 폐쇄된 공동에서는 전파하지 않는다. 3가지 심볼 첨자(***mnp***)가 공동 공진기에서 TM 혹은 TE 정재파 형태를 지정하기 위해 필요하다.

A. TM_{mnp} 모드

도파관에서 TM_{mn} 모드가 식(9-52)와 식(9-65)에 주어지기 때문에 유일한 축상의 성분에 대한 페이저 수식은 $E_z(x, y, z) = E_z^0(x, y)e^{-\gamma z}$이다. z 방향으로 진행하는 파에 대한 축상의 변화가 인자 $e^{-\gamma z}$ 혹은 $e^{-j\beta z}$에 의해 기술되어짐을 주의하라.

이 파는 $z=d$에서의 끝벽에 의해 반사될 것이다. $-z$ 방향으로 가는 반사파는 인자 $e^{j\beta z}$에 의해 표현된다. $e^{-j\beta z}$를 가진 부분과 같은 크기의 $e^{j\beta z}$ 부분과의 중첩은 $\sin\beta z$나 $\cos\beta z$ 형태의 정재파를 발생시킨다. 그것은 무엇일까? 질문에 대한 답은 특정한 계 성분에 의존한다.

횡방향 성분 $E_y(x, y, z)$을 생각해 보라. 도전 면에서의 경계 조건은 $z=0$와 $z=d$에서 영이어야 한다. 이것은, (1) z 의존성이 $\sin\beta z$ 형태이어야만 하고, (2) $\beta = p\pi/d$이어야만 한다는 것을 의미한다. 같은 논증이 다른 횡방향 전계 성분 $E_x(x, y, z)$에 적용된다. 횡방향 성분 E_x^0, E_y^0 그리고 E_z^0 사이의 관계는 식(9-13)과 식(9-14)에 주어져 있다. 그곳에서 H_z^0는 TM 모드에 대해 무시한다. 식(9-13)과 식(9-14)에서 인자$(-\gamma)$의 나타남은 그에 관한 미분의 결과이다. 그래서 만일 $E_y(x, y, z)$가 $\sin\beta z$에 의존한다면 인자$(-\gamma)$를 포함하는 식(9-14)로부터 $E_z(x, y, z)$는 $\cos\beta z$로 변해야만 한다는 것을 결론지을 수 있다. TM_{mnp} 모드에 대해 다음을 얻는다.

TM_{mnp} 모드에 대해 $m \neq 0,\ n \neq 0$

$$E_z(x, y, z) = E_z^0(x, y)\cos\left(\frac{p\pi}{d}z\right)$$

$$= E_0 \sin\left(\frac{m\pi}{a}x\right)\sin\left(\frac{n\pi}{b}y\right)\cos\left(\frac{p\pi}{d}z\right) \qquad (9\text{-}102)$$

모든 다른 계 성분은 식(9-11)에서부터 식(9-14)까지 사용하여 얻을 수 있고, $(-\gamma)$를 곱하는 것은 z에 관한 편미분을 의미한다.

식(9-67)에 $\beta = p\pi/d$ 를 대치하면 TM_{mnp} 모드($u = 1/\sqrt{\mu\epsilon}$)에 대한 공진주파수를 얻는다.

공동 공진기의 공진 주파수

$$f_{mnp} = \frac{u}{2}\sqrt{\left(\frac{m}{a}\right)^2 + \left(\frac{n}{b}\right)^2 + \left(\frac{p}{d}\right)^2} \quad (\mathrm{Hz}). \tag{9-103}$$

식(9-103)에서 공진주파수는 모드의 차수가 높아짐에 따라 증가한다는 명백한 사실을 알 수 있다.

B. TE_{mnp} 모드

TE_{mnp} 모드($E_z = 0$)에 대해 정재파 계 성분의 페이저 수식은 식(9-80)을 통해 식(9-76)와 식(9-77)로부터 쓰여질 수 있다. TM_{mnp} 모드에 대해 사용했던 것처럼 같은 규칙을 따른다. 즉, (1) 횡방향의(접선의) 전계 성분은 $z = 0$ 와 $z = d$ 에서 무시되어야만 한다. (2) 인자 γ 는 z 에 관한 부(−)의 편미분을 가리킨다.

첫번째 규칙은 $H_z(x, y, z)$에서뿐만 아니라 $E_x(x, y, z)$와 $E_y(x, y, z)$에 $\sin(p\pi z/d)$인자를 요구한다. 그리고 두번째 규칙은 $H_x(x, y, z)$와 $H_y(x, y, z)$에서 $\cos(p\pi z/d)$인자를 요구하며 다음과 같다.

TE_{mnp} 모드에 대해 $p \neq 0$: m과 n은 둘 다 영은 아니다.

$$\begin{aligned} H_z(x, y, z) &= H_z^0(x, y)\sin\left(\frac{p\pi}{d}z\right) \\ &= H_0\cos\left(\frac{m\pi}{a}x\right)\cos\left(\frac{n\pi}{b}y\right)\sin\left(\frac{p\pi}{d}z\right) \end{aligned} \tag{9-104}$$

모든 다른 계 성분은 식(9-11)부터 식(9-14)까지 H_z를 사용하고 $(-\gamma)$의 적이 z 에 관한 편미분을 의미한다.

축퇴모드

공진주파수 f_{mnp}에 대한 수식은 식(9-103)에서 TM_{mnp} 모드에 대해 얻어진 것과 여전히 같은 것이다. 같은 공진주파수를 갖는 다른 모드를 **축퇴모드(degenerate mode)**라 부른다. 그래서 TM_{mnp}와 TE_{mnp} 모드는 모드색인(mode indices)중 어느 것도 0이 아니라면 항상 축퇴된다. 주어진 공진기 크기에 대해 가장 낮은 주파수를 갖는 모드를 **기본모드(dominant mode)**(예제 9-8 참조)라 한다.

공동 공진기는 작은 탐침이나 루프에 의해 여기되어질 수 있다.

공동 공진기(혹은 도파관)에서 특별한 모드는 작은 탐침 혹은 루프 안테나에 의해서 동축선으로부터 여기될 수 있다. 그림 9-8(a)에서 탐침은 동축 케이블의 내부 도체의 끝임을 보여 준다. 그것은 원하는 모드에서 계가 최대가 되는 공동내 위치로 들어가 있다. 사실상 탐침은 공동기 안에서 전자기 에너지를 결합시키는 안테나이다. 다른 형태의 공동 공진기는 원하는 모드의 자속이 최대가 되는 곳에서 작은 루프의 도입을 통해 여기될 수 있다. 그림 9-8(b)는 이러한 배치를 설명하고 있다. 물론 동축선으로부터의 원천(source) 주파수는 공동에서 원하는 모드의 공진주파수와 같은 것이어야만 한다.

예로서 $a \times b \times d$ 직사각형 공동에서는 TE_{101} 모드에 대해 단지 3개의 0이 아닌 계 성분만이 존재한다.

$$E_y = -\frac{j\omega\mu a}{\pi} H_0 \sin\left(\frac{\pi}{a}x\right)\sin\left(\frac{\pi}{d}z\right) \tag{9-105}$$

$$H_x = -\frac{a}{d} H_0 \sin\left(\frac{\pi}{a}x\right)\cos\left(\frac{\pi}{d}z\right) \tag{9-106}$$

$$H_z = H_0 \cos\left(\frac{\pi}{a}x\right)\sin\left(\frac{\pi}{d}z\right) \tag{9-107}$$

이 모드는 그림 9-8(a)에서 보여진 것처럼 E_y가 최대인 윗면과 아랫면의 중심 영역에 삽입된 탐침에 의해 여기될 수 있다. 혹은 그림 9-8(b)에서 보여진 것처럼 앞면과 뒷면에 놓여 있는 최대 H_x와 결합하는 루프에 의해 여기될 수 있다. 탐침과 루프의 최상의 위치는 공진기의 일부분인 마이크로파 회로의 임피던스 정합 요구 조건에 의해 영향을 받는다.

공동 공진기는 또한 조리개를 통해 여기되어질 수 있다.

도파관에서 공동 공진기로 에너지를 결합시키는 방법으로 공동 벽안의 적당한 위치에 있는 구멍이나 조리개를 사용하는 것이다. 공진기에서 원하는 모드를 여기시키는 좋은 방법으로 도파관에 구멍을 뚫어 사용한다.

예 제 9-8

(a) $a > b > d$, (b) $a > d > b$ (c) $a = b = d$에 대해 공기로 가득 찬 직사각형 공동 공진기에서 기본 모드와 그들의 주파수를 결정하라. 여기서 a, b, d는 x, y, z 방향에서의 크기이다.

해

일반적으로 전파방향의 기준으로 z축을 선택한다. TM_{mnp} 모드에 대해 식(9-102)는 m과 n이 0이 아님을 보여 준다. 그러나 p는 0일 수 있다.

TE_{mnp} 모드에 대해 식(9-104)에서 p 가 0이 아니라면 비록 m 과 n 둘 다 0일지라도 H_z 는 무시되지 않음을 지적하고 있다. 그러나 H_z 가 x 와 y 에 대해 독립이라면 식(9-11)부터 식(9-14)는 횡방향 계 성분이 전혀 없음을 보여 준다. 그래서 TE_{mnp} 모드에 대해 p 는 0일 수가 없고 m 과 n 중 어느 하나(둘 다는 아니고)는 0일 수 있다. 직사각형 공동 공진기에서 가장 낮은 차수의 모드는 다음과 같다.

$$TM_{110}, \quad TE_{011}, \quad TE_{101}$$

TM 과 TE 모드에 대한 공진주파수는 식(9-103)에 의해 주어진다.

a) $a > b > d$ 에 대한 가장 낮은 공진주파수

$$f_{110} = \frac{c}{2}\sqrt{\frac{1}{a^2} + \frac{1}{b^2}} \tag{9-108}$$

여기서 c 는 자유공간에서의 빛의 속도이다. 그러므로 TM_{110} 가 기본 모드이다.

b) $a > d > b$ 에 대한 가장 낮은 공진주파수

$$f_{101} = \frac{c}{2}\sqrt{\frac{1}{a^2} + \frac{1}{d^2}} \tag{9-109}$$

TE_{101} 가 기본 모드이다.

c) $a = b = d$ 에 대해 3개의 낮은 차수의 모드(즉, TM_{110}, TE_{011}, TE_{101}) 모두는 같은 계 형태를 갖는다. 이러한 축퇴모드의 공진주파수는 다음과 같다.

$$f_{110} = \frac{c}{\sqrt{2}a} \tag{9-110}$$

연습문제 9-9 공기로 가득 찬 2.5(cm) × 1.5(cm) × 5.0(cm) 직사각형 공동 공진기의 4개의 가장 낮은 공진주파수를 결정하고 그들의 모드를 식별하라.

답 6.71, 8.49, 10.44, 11.66(GHz)

9-5.2 공동 공진기의 양호도

공동 공진기는 임의의 특정 모드 형태에 대해 전계와 자계 내에 에너지를

저장한다. 임의의 특정 공진기에서 벽은 유한한 도전율을 갖고(0이 아닌 표면저항) 결과적으로 발생하는 전력 손실은 저장된 에너지의 감소를 야기시킨다.

공진회로에서와 같이 공진기의 **양호도**(quality factor) Q는 공진기 대역폭을 측정하는 도구이고 다음과 같이 정의된다.

공진기의 Q에 대한 정의

$$Q = 2\pi \frac{\text{공진주파수에서 저장된 시평균 에너지}}{\text{공진주파수의 한 주기 동안에 손실된 에너지}} \quad (\text{무차원}). \tag{9-111}$$

W를 공동 공진기의 전체 시평균 에너지라고 하자.

$$W = W_e + W_m \tag{9-112}$$

여기서 W_e와 W_m은 전계와 자계에 각각 저장된 에너지를 가리킨다. P_L이 공진기에서 손실된 시평균 전력이라면 한 주기 동안에 손실된 에너지는 P_L을 주파수로 나누는 것이고 식(9-111)과 같이 쓸 수 있다.

공동 공진기의 Q를 계산하기 위한 공식

$$Q = \frac{\omega W}{P_L} \quad (\text{무차원}). \tag{9-113}$$

공진주파수에서 공동의 Q를 결정할 때 손실이 없는 계 형태의 사용을 허용할 만큼 손실이 적다는 것을 가정하는 것이 관례이다.

식(9-105), 식(9-106) 그리고 식(9-107)에서 주어진 3개의 0이 아닌 계성분을 갖는 TE_{101} 모드에 대해 $a \times b \times d$ 공동기의 Q를 알게 될 것이다. 전계 에너지를 저장한 시평균은 다음과 같다.

$$\begin{aligned} W_e &= \frac{\epsilon_0}{4}\int |E_y|^2 dv \\ &= \frac{\epsilon_0 \omega_{101}^2 \mu_0^2 a^2}{4\pi^2} H_0^2 \int_0^d \int_0^b \int_0^a \sin^2\left(\frac{\pi}{a}x\right)\sin^2\left(\frac{\pi}{d}z\right) dx dy dz \\ &= \frac{\epsilon_0 \omega_{101}^2 \mu_0^2 a^2}{4\pi^2} H_0^2 \left(\frac{a}{2}\right) b \left(\frac{d}{2}\right) = \frac{1}{4}\,\epsilon_0 \mu_0^2 a^3 b d f_{101}^2\, H_0^2 \end{aligned} \tag{9-114}$$

자계 에너지에 저장된 전체 시평균은 다음과 같다.

$$W_m = \frac{\mu_0}{4}\int \{|H_x|^2 + |H_z|^2\} dv$$

$$= \frac{\mu_0}{4} H_0^2 \int_0^d \int_0^b \int_0^a \left\{ \frac{a^2}{d^2} \sin^2\left(\frac{\pi}{a}x\right)\cos^2\left(\frac{\pi}{d}z\right) + \cos^2\left(\frac{\pi}{a}x\right)\sin^2\left(\frac{\pi}{d}z\right)\right\} dxdydz$$

$$= \frac{\mu_0}{4} H_0^2 \left\{ \frac{a^2}{d^2}\left(\frac{a}{2}\right) b\left(\frac{d}{2}\right) + \left(\frac{a}{2}\right) b\left(\frac{d}{2}\right)\right\} = \frac{\mu_0}{16} abd\left(\frac{a^2}{d^2}+1\right) H_0^2 \qquad (9\text{-}115)$$

식(9-103)으로부터 TE_{101} 모드에 대한 공진주파수는 다음과 같다.

$$f_{101} = \frac{1}{2\sqrt{\mu_0 \epsilon_0}} \sqrt{\frac{1}{a^2} + \frac{1}{d^2}} \qquad (9\text{-}116)$$

식(9-114)에 식(9-116)의 f_{101}을 대입하면 공진주파수에서 $W_e = W_m$ 임을 증명할 수 있다. 그래서

$$W = 2W_e = 2W_m = \frac{\mu_0 H_0^2}{8} abd\left(\frac{a^2}{d^2}+1\right) \qquad (9\text{-}117)$$

P_L을 찾기 위한 단위면적당 전력 손실은 다음과 같다.

$$\mathcal{P}_{av} = \tfrac{1}{2}|J_s|^2 R_s = \tfrac{1}{2}|H_t|^2 R_s \qquad (9\text{-}118)$$

여기서 $|H_t|$는 공동벽에서 자계의 접선 성분의 크기를 가리킨다. $z=d$(뒷)에서 전력 손실은 $z=0$(앞) 벽에서 전력 손실과 같다. 비슷하게 $x=a$(왼쪽) 벽에서 전력 손실은 $x=0$(오른쪽) 벽에서와 같다. 그리고 $y=b$(위) 벽에서 전력 손실은 $y=0$(아래) 벽에서와 같다.

$$P_L = \oint \mathcal{P}_{av} ds = R_s \left\{ \int_0^b \int_0^a |H_x(z=0)|^2 dxdy + \int_0^d \int_0^b |H_z(x=0)|^2 dydz + \int_0^d \int_0^a |H_x|^2 dxdz + \int_0^d \int_0^a |H_z|^2 dxdz \right\}$$

$$= \frac{R_s H_0^2}{2} \left\{ \frac{a^2}{d}\left(\frac{b}{d}+\frac{1}{2}\right) + d\left(\frac{b}{a}+\frac{1}{2}\right)\right\} \qquad (9\text{-}119)$$

식(9-113)에서 식(9-117)과 식(9-119)를 사용하면 다음의 식을 얻는다.

$$Q_{101} = \frac{\pi f_{101} \mu_0 abd(a^2+d^2)}{R_s[2b(a^3+d^3)+ad(a^2+d^2)]} \quad (TE_{101}\ \text{모드}) \qquad (9\text{-}120)$$

여기서 f_{101}은 식(9-116)에서 주어진다.

연습문제 9-10 손실이 있는 공동기에서 전체 저장된 에너지 W는 $e^{-2\alpha t}$에 따라 지수함수적으로 감소하고 시간에 따른 W의 변화율은 공동 벽에서 손실된 전력 P_L과 같다. 감쇄상수 $\alpha = \omega/2Q$가 공동 Q와 관련이 있음을 보여라.

예 제 9-9

a) 속이 빈 구리로 만들어진 육방형 공동기가 10(GHz)의 기본 공진주파수를 갖기 위해 공동기의 크기는 얼마인가?

b) 그 주파수에서 Q 를 구하라.

해

a) $a=b=d$ 인 육방형 공동기에 대해서 예제 9-8(c)로부터 TM_{110}, TE_{011} 그리고 TE_{101} 은 같은 계 형태를 갖는 축퇴 기본 모드임을 안다.

$$f_{101}=\frac{3\times10^8}{\sqrt{2}a}=10^{10}(\mathrm{Hz})$$

그러므로

$$a=\frac{3\times10^8}{\sqrt{2}\times10^{10}}=2.12\times10^{-2}(\mathrm{m})$$
$$=21.2(\mathrm{mm})$$

b) 육방형 공동기에 대해 식(9-120)의 Q 에 대한 수식은 다음과 같이 간략해진다.

$$Q_{101}=\frac{\pi f_{101}\mu_0 a}{3R_s}=\frac{a}{3}\sqrt{\pi f_{101}\mu_0\sigma} \tag{9-121}$$

$\sigma=5.80\times10^7(\mathrm{S/m})$인 구리에 대해 다음을 얻는다.

$$Q_{101}=\left(\frac{2.12}{3}\times10^{-2}\right)\sqrt{\pi10^{10}(4\pi10^{-7})(5.80\times10^7)}=10,693$$

공동 공진기의 Q 는 집중 L-C 공진회로로부터 얻을 수 있는 Q 와 비교해 볼 때 대단히 높다. 실제로는 앞에서의 값보다 여기 형태와 표면의 불규칙성으로 인해 어느 정도 낮다.

높은 Q 공동 공진기는 매우 좁은 대역폭을 갖는다.

회로 이론으로부터 알 수 있듯이 공진회로에서의 응답 변수(전압 혹은 전류)는 공진주파수에서 최대이고 주파수가 공진주파수로부터 멀어지면 높은 Q 를 갖는 회로에서 급격히 벗어난다. 그래서 높은 Q 의 공동 공진기는 매우 선택적이고 좁은 대역폭을 갖는다.

연습문제 9-11 예제 9-9에서 육방형 공동기가 황동으로 만들어지고 손실이 없는 유전체 매질($\epsilon_r=3$, $\mu_r=1$)로 가득 차 있다고 가정할 때 다음을 결정하라.

a) 가장 낮은 공진주파수

b) 양호도 Q

답 (a) 5.78(GHz) (b) 4,230

복습문제 문 9-22 공동 공진기란 무엇인가? 그들의 가장 바람직한 특성은 무엇인가?

문 9-23 공동 공진기에서 계 형태는 진행파인가? 정재파인가?

문 9-24 z 축을 기준으로 하면 다음 모드들 중 어느 것이 직사각형 공동 공진기에서 존재할 수 없는가? : TM_{011}, TM_{101}, TM_{110}, TE_{011}, TE_{101}, TE_{110}? 설명하라.

문 9-25 축퇴모드는 무엇을 의미하는가?

문 9-26 공진기의 양호도 Q를 정의하라.

문 9-27 공동 공진기의 Q에 대한 공식의 유도에서 기본적인 가정이 무엇인가?

문 9-28 공동 공진기에서 측정된 Q가 계산된 값보다 더 낮은 이유를 설명하라.

요 점

1. 직사각형 공진기에서 TM_{mnp}와 TE_{mnp} 모드(m, n, $p \neq 0$)는 같은 공진주파수를 갖는다.
2. 첨자 m, n 그리고 p는 각각 x, y, z 방향에서 계의 변화에 대한 반파장 수를 표시한다.
3. 공동 공진기 Q는 벽 도전율의 제곱근에 정비례한다.

요 약

이 장에서는 도파관과 공동 공진기에 대해 다음을 살펴보았다.

- 벡터 Helmholtz 동차 방정식을 풀어서의 균일한 도파 구조 분석방법
- TM 과 TE 파의 일반적 특성
- 도파관의 차단과 고역 통과(high-pass) 특성
- 직사각형 도파관에서 기본 TE_{10} 모드의 계와 전류 분포
- 직사각형 도파관에서 전파모드의 감쇄상수를 결정하는 방법과 주파수의 함수로서 전형적인 α_c 곡선
- 파의 모드, 공진주파수, 직사각형 공동 공진기의 높은 Q 특성

문 제

문 9-1 (a) TM 과 TE 모드에 대해 공기로 가득 찬 도파관 대 (f/f_c)에 대한 파

동 임피던스를 나타내어라. (b) $f=1.1f_c$와 $2.2f_c$에서 Z_{TM}과 Z_{TE}의 값을 비교하라.

문 9-2 균일한 도파관에 대해 9-2 절에서의 적당한 관계를 사용하라.

a) u_g/u와 f_c/f에 관한 일반적인 다이어그램이 단위반경을 갖는 1/4 원임을 증명하라.

b) λ_g/λ 대 f/f_c의 일반적인 그래프를 그려라.

c) $f=1.25f_c$에서 u_g/u, λ_g/λ, 그리고 u_p/u를 찾아라.

문 9-3 주파수 f의 TE 파는 그림 9-3 에서 평행판 도파관 내에서 z 방향으로 발진된다고 가정한다. 평판 사이의 유전체 매질은 구성 매개변수 ϵ와 μ를 갖는다. (a) $H_z^0(y)$에 대한 페이저 수식을 찾아라. (b) TE_1 모드에 대한 차단주파수를 찾아라. (c) TE_1 모드의 모든 계 성분에 대한 순시 수식을 써라.

문 9-4 그림 9-3 에서 공기로 가득 찬 평행판 도파관에 대해

a) TE 모드에 대한 모든 계 성분의 페이저 수식을 얻어라.

b) TE_n 모드에 대해 차단주파수를 결정하라.

c) 도체판상의 표면전류밀도를 구하라. 두 평판상의 전류는 같은 방향으로 흐르는가? 다른 방향으로 흐르는가?

문 9-5 도파관 파장과 임피던스는 도파관의 슬롯(slot) 면을 따라 이동하는 탐침에 붙어 있는 검출기에 의해 측정될 수 있다. 짧은 도체판이 TE_{10} 모드에서 동작하는 손실이 없는 속이 빈 2.50(cm) × 1.25(cm) 직사각형 도파관의 부하 끝에 위치한다고 가정하면 인접한 전압의 최소값들 사이가 2.65(cm) 떨어져 있다. 짧은 판을 부하로 대치하면 SWR은 2.0이고 전압 최소값 거리가 0.80(cm)로 부하방향으로 이동되어 있음을 발견하게 된다. (a) 동작주파수 (b) 부하 임피던스 (c) 10(W)의 입력 전력에 대한 부하에 걸린 전력을 구하여라.

문 9-6 TM_{11} 내에서 주파수 f로 동작하는 공기로 가득찬 $a\times b$ 직사각형 도파관에 대해 (a) 모든 계 성분에 대해 페이저 수식을 써라. (b) f_c, λ_c와 λ_g를 구하라.

문 9-7 공기로 가득 찬 S 대역 표준 직사각형 도파관은 크기가 $a=7.21$(cm)와 $b=3.40$(cm)이다. 다음의 파장을 갖는 전자파를 전송하기 위해서는 어떠한 모드 형태가 사용되어질 수 있는가?

a) $\lambda=10$(cm) **b)** $\lambda=5$(cm)

문 9-8 다음의 모드에 대해 $a\times b$ 직사각형 도파관의 차단주파수(기본 모드의 차단주파수 측면에서)를 계산하고 오름차순으로 나열하라. TE_{01}, TE_{10},

TE_{11}, TE_{02}, TE_{20}, TM_{11}, TM_{12}, TM_{22}

a) $a=2b$, **b)** $a=b$

문 9-9 공기로 가득 찬 $a \times b(b<a<2b)$ 직사각형 도파관은 기본 모드에서 3(GHz)로 동작하는 구조로 이루어져 있다. 기본 모드의 차단주파수보다 적어도 20% 더 높고 그 다음의 고차모드보다 적어도 20% 이하인 동작 주파수를 원한다.

a) 크기가 a와 b인 경우 전형적인 설계를 제시하여 보라.

b) 동작주파수에서의 β, u_p, λ_g와 파동 임피던스를 계산하라.

문 9-10 7.5(GHz)에서 동작하는 2.5(cm) × 1.5(cm) 직사각형 도파관에 대해 β, u_p, u_g, λ_g 그리고 $Z_{TM_{10}}$의 값들을 계산하고 비교하라.

a) 만일 도파관의 속이 비었다면,

b) 만일 도파관이 $\epsilon_r=2$, $\mu_r=1$ 그리고 $\sigma=0$에 의해 특징지어지는 유전체 매질로 채워져 있다면,

문 9-11 식(9-65)로부터 시작해서

a) TM_{11} 모드에 대한 $E_x^0(x, y)$, $E_y^0(x, y)$, $H_x^0(x, y)$ 그리고 $H_y^0(x, y)$의 수식을 구하라.

b) $a \times b$의 도파관을 따라 전송되는 평균 전력 P_{av}에 대한 공식을 구하라.

문 9-12 공기로 가득 찬 5.0(cm) × 2.5(cm)의 직사각형 도파관에서 TM 모드의 E_z에 대한 순시 수식은 다음과 같다.

$$E_z = E_0 \sin(100\pi x)\sin(100\pi y)\cos(2\pi 10^{10} t - \beta z)\ (\text{V/m})$$

a) 동작모드는 무엇인가?

b) f_c, β, Z_{TM}, λ_g를 구하라.

문 9-13 공기로 가득 찬 2.5(cm) × 2.5(cm) 정사각형 도파관에서 TE 모드의 H_z에 대한 순시 수식은 다음과 같다.

$$H_z = 0.3\cos(80\pi y)\cos(\omega t - 280z)\ (\text{A/m})$$

a) 동작모드는 무엇인가?

b) f_c, f, Z_{TE}, 그리고 λ_g를 계산하라.

c) 손실을 무시한다면 도파관 내의 평균 전력을 계산하라.

문 9-14 손실 유전체에 기인하는 도파관에서 전파모드의 감쇄는 식(9-97)에서 보여 준 복소 유전율 ϵ_d와 등가 도전율 σ_d의 측면에서 연구될 수 있다.

a) f_c/f 비에 대한 손실이 있는 유전체의 감쇄상수 α_d에 대한 공식을 얻기 위해 식(9-24)에 식(9-97)을 대치하라.

b) 40(GHz)에서 동작하는 2.50(cm) × 1.25(cm) 직사각형 도파관에서 α_d를 계산하라. 유전체 매질은 유전체상수 4와 등가 도전율 3×10^{-5}(S/m)를 갖는다.

문 9-15 전자파는 기본 모드에서 공기로 가득 찬 $a\times b$의 직사각형 도파관을 따라 전파하는 것이다. $a=2.50$(cm)이고, $1.15(f_c)_{10}$와 다음 고차 모드의 차단주파수 15% 이하 사이에 존재하는 사용 가능한 대역폭을 가정하라.

a) $b=0.25a$, $b=0.50a$, 그리고 $b=0.75a$에 대해 허용할 수 있는 대역폭을 계산하고 비교하라.

b) 만일 최대 전계강도가 10(Kv/m)이라면 7(GHz)에 (a)부분에서 세 개의 도파관을 따라 전송되는 평균 전력을 계산하고 비교하라. 손실은 무시하라.

문 9-16 크기가 8(cm) × 6(cm) × 5(cm)를 갖는 공기로 가득 찬 손실이 없는 직사각형 공동 공진기가 주어진다면 먼저 8개의 저차모드와 그들의 공진주파수를 구하라.

문 9-17 황동 벽을 갖는 공기로 가득 찬 직사각형 공동기는(ϵ_0, μ_0, $\sigma=1.57\times 10^7$(S/m)) 다음의 크기를 갖는다 : $a=4$(cm) $b=3$(cm), $d=5$(cm)

a) 이 공동기에 대한 기본 모드와 공진주파수를 결정하라.

b) H_0가 0.1(A/m)라고 가정하면 공진주파수에서 전계와 자계 에너지가 저장된 Q와 시평균을 구하라.

문 9-19 식(9-121)는 육방형 공진 공동기($a=b=d$)에서 TE_{101} 모드에 대해 양호도 Q_{101}을 다음과 같이 나타낸다.

$$Q_{101}=\frac{a}{3\delta} \qquad (9\text{-}122)$$

δ는 공동기 벽의 표피두께이다.

a) 만일 공동기가 황동으로 만들어진다면 6,500의 양호도를 얻기 위한 a를 결정하라.

b) 공진주파수를 구하라.

c) 만일 공동이 구리로 만들어진다면 Q_{101}은 얼마인가?

문 9-20 공기로 가득 찬 직사각형 구리 공동 공진기에 대해

a) 만일 그것의 크기가 $a=d=1.8b=3.6$(cm)라면 TE_{101} 모드에 대해 Q를 계산하라.

b) Q가 20% 더 높아지기 위해서는 b가 얼마나 증가되어야 하는지를 결정하라.

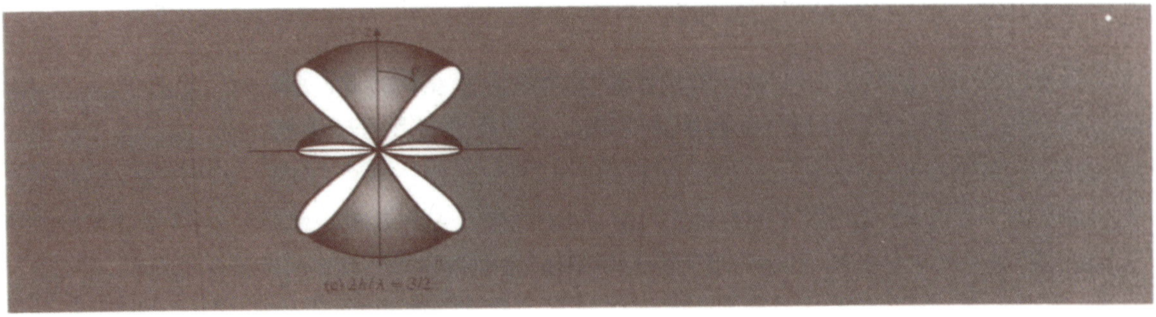

제 10 장 안테나와 안테나 배열

안테나의 기능들

10-1 개 요

7장에서는 파가 어떻게 발생되는지를 고려하지 않고 원천이 없는(source-free) 매체에서 평면 전자파의 전파 특성들을 살펴보았다. 물론, 그 파는 원천에서 생겨야 하고, 용어사전에 의하면 시간에 따라 전하와 전류가 변하는 것이다. 전자기적 에너지를 원하는 방향으로 효과적으로 방사하기 위해서, 전하와 전류는 특별한 방식으로 분포되어야 한다. **안테나(antennas)**는 전자계 에너지를 규정된 방식으로 효과적으로 송수신하기 위해 고안된 구조체이다. 각 안테나는 각각의 특성 입력 임피던스를 가지며, 급전선이나 도파관을 주변 매체의 고유 임피던스와 정합시키기 위한 변환기(transducer)로 볼 수 있다. 효율적인 안테나가 없다면, 전자계 에너지는 좁은 지역에 국한될 것이고, 정보의 장거리 무선 전송도 불가능할 것이다.

이 장에서는 먼저 기본적인 전기쌍극 안테나의 고유 특성과 방사계를 살펴볼 것이다. 이때 유한한 길이를 갖는 가는(thin) 선형 안테나를 고려하는데 반파장 쌍극 안테나는 이러한 안테나에 있어서 중요하고도 특별한 경우이다. 선형 안테나의 방사 특성들은 안테나 길이, 여기 방법에 따라 대부분 결정된다. 지향성이 좋고 여러 만족할 만한 특성들을 얻기 위해서 많은 안테나를 정렬시켜 **안테나 배열(antenna array)**을 형성한다. 간단한 배열의

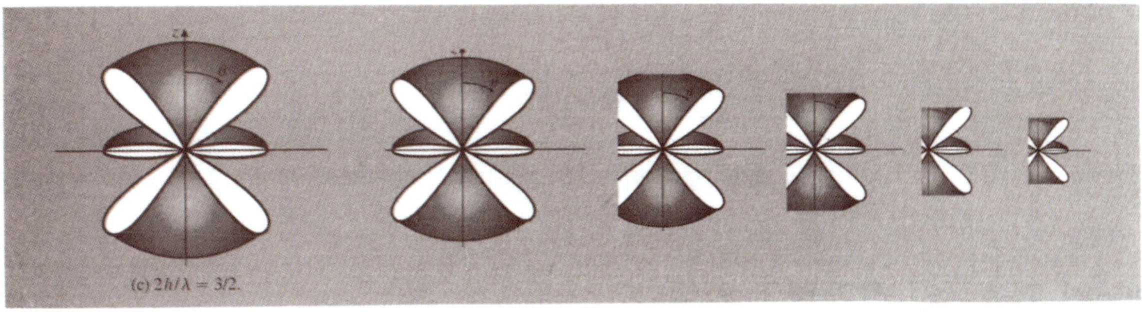

Antennas and Antenna Arrays

몇 가지 기본적인 특성들도 살펴볼 것이며, 수신 안테나의 유효면적 개념들과 산란기의 후방 산란기 단면적도 논할 것이다. 또한 레이다 방정식은 물론 송신 안테나와 수신 안테나 사이의 전력 송신 관계도 검토할 것이다.

안테나의 방사 특성 결정 절차

일반적으로, 안테나의 방사 특성 해석은 다음 3 단계 절차에 따른다.

1. 안테나의 이미 알고 있거나 가정된 전류 분포 **J** 로부터 자위(magnetic potential) **H** 를 결정한다. 정현파의 시간 의존성에 대해, 페이저 지연 백터 전위는 식(6-85)로부터 다음과 같다.

$$\mathbf{A} = \frac{\mu}{4\pi}\int_{V'} \frac{\mathbf{J}e^{-jkR}}{R}\,dv' \tag{10-1}$$

여기서 $k = \omega\sqrt{\mu\epsilon} = 2\pi/\lambda$는 파수이다.

2. **A** 로부터 자계강도 **H** 를 구한다.(식(6-50)참조)

$$\mathbf{H} = \frac{1}{\mu}\nabla \times \mathbf{A} \tag{10-2}$$

3. **H** 로부터 전계강도 **E** 를 구한다. 식(6-80b)의 자유공간에서 $\mathbf{J} = 0$ 이므로

$$\mathbf{E} = \frac{1}{j\omega\epsilon} \nabla \times \mathbf{H} \tag{10-3}$$

E 와 **H** 를 알게 되면, 그 안테나의 모든 방사 특성들을 결정할 수 있다.

10-2 기본적인 전기쌍극 안테나

먼저 그림 10-1 에서 보여 준 것처럼 시정현 전류를 운반하는 매우 짧고(동작 파장에 비해) 얇은 길이 $d\ell$ 인 도선의 방사 특성을 검토해 보자.

$$i(t) = I\cos\omega t = \mathfrak{Re}[Ie^{j\omega t}] \tag{10-4}$$

Hertzian 쌍극자는 매우 짧은 방사 전류소이다.

이와 같은 전류소(current element)는 선형 안테나의 기본 구성체이고 이를 **Hertzian 쌍극자(Hertzian dipole)**라 한다. Hertzian 쌍극 안테나의 전자계를 결정하려면, 10-1 절에서 윤곽을 잡은 3 단계 절차를 따른다.

단계 1. 지연 벡터 자위 **A** 의 페이저 표현식을 구한다. 식(10-1)로부터

$$\mathbf{A} = \mathbf{a}_z \frac{\mu_0 I d\ell}{4\pi}\left(\frac{e^{-j\beta R}}{R}\right) \tag{10-5}$$

$\beta = k_0 = \omega/c = 2\pi/\lambda$ 이다.(식 2-47 참조)

$$\mathbf{a}_z = \mathbf{a}_R\cos\theta - \mathbf{a}_\theta\sin\theta \tag{10-6}$$

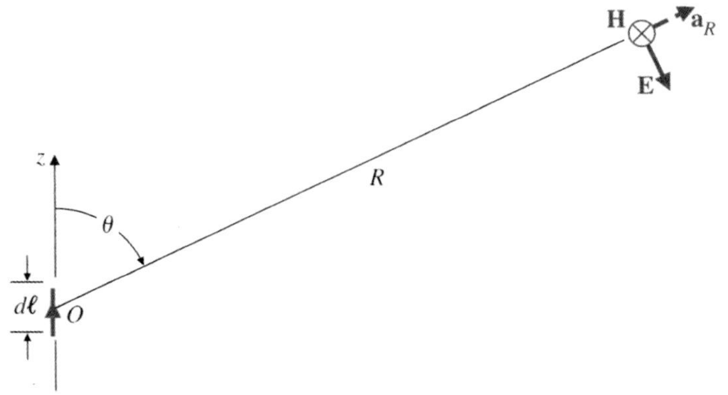

그림 10-1 Hertzian 쌍극자

$\mathbf{A}=\mathbf{a}_R A_R+\mathbf{a}_\theta A_\theta+\mathbf{a}_\phi A_\phi$의 구성분은

$$A_R=A_z\cos\theta=\frac{\mu_0 Id\ell}{4\pi}\left(\frac{e^{-j\beta R}}{R}\right)\cos\theta \tag{10-6a}$$

$$A_\theta=-A_z\sin\theta=-\frac{\mu_0 Id\ell}{4\pi}\left(\frac{e^{-j\beta R}}{R}\right)\sin\theta \tag{10-6b}$$

$$A_\phi=0 \tag{10-6c}$$

이다.

단계 2. **A** 로부터 **H** 를 구한다. 그림 10-1 에서 좌표 ϕ에 관한 변화는 없다.

식(2-99)로부터

$$\begin{aligned}\mathbf{H}&=\frac{1}{\mu_0}\nabla\times\mathbf{A}=\mathbf{a}_\phi\frac{1}{\mu_0 R}\left[\frac{\partial}{\partial R}(RA_\theta)-\frac{\partial A_R}{\partial\theta}\right]\\&=-\mathbf{a}_\phi\frac{Id\ell}{4\pi}\beta^2\sin\theta\left[\frac{1}{j\beta R}+\frac{1}{(j\beta R)^2}\right]e^{-j\beta R}\end{aligned} \tag{10-7}$$

을 얻는다.

단계 3. **H** 로부터 **E** 를 구하라.

$$\begin{aligned}\mathbf{E}&=\frac{1}{j\omega\epsilon_0}\nabla\times\mathbf{H}\\&=\frac{1}{j\omega\epsilon_0}\left[\mathbf{a}_R\frac{1}{R\sin\theta}\frac{\partial}{\partial\theta}(H_\phi\sin\theta)-\mathbf{a}_\theta\frac{1}{R}\frac{\partial}{\partial R}(RH_\phi)\right]\end{aligned} \tag{10-8}$$

윗식에서

$$E_R=-\frac{Id\ell}{4\pi}\eta_0\beta^2 2\cos\theta\left[\frac{1}{(j\beta R)^2}+\frac{1}{(j\beta R)^3}\right]e^{-j\beta R} \tag{10-8a}$$

$$E_\theta=-\frac{Id\ell}{4\pi}\eta_0\beta^2\sin\theta\left[\frac{1}{j\beta R}+\frac{1}{(j\beta R)^2}+\frac{1}{(j\beta R)^3}\right]e^{-j\beta R} \tag{10-8b}$$

$$E_\phi=0 \tag{10-8c}$$

이며 $\eta_0=\sqrt{\mu_0/\epsilon_0}\cong 120\pi(\Omega)$이다.

원거리(far zone)

식(10-7)과 (10-8)은 Hertzian 쌍극 안테나의 전자계를 구성하며 이들 표현식은 매우 복잡하다. 그러나 안테나를 다루는 데 있어 주로 안테나로부

방사장은 멀리 있는 장이다.

터 매우 먼 지점의 전자계에 관심을 가진다 ; 즉, $R \gg \lambda/2\pi$, 또는 $\beta R = 2\pi R/\lambda \gg 1$ 인 지점이다. 이와 같은 상태(먼 지점)에서 $1/(\beta R)^2$과 $1/(\beta R)^3$의 항은 무시할 수 있고 기본적인 전기쌍극 안테나의 **원거리 계**(far field) 또는 **방사장**(radiation field)이라 지칭하고

Hertzian 쌍극 안테나의 원 장(far field)

$$H_\phi = j\frac{Id\ell}{4\pi}\left(\frac{e^{-j\beta R}}{R}\right)\beta\sin\theta \quad (\text{A/m}), \tag{10-9}$$

$$E_\theta = j\frac{Id\ell}{4\pi}\left(\frac{e^{-j\beta R}}{R}\right)\eta_0\,\beta\sin\theta = \eta_0 H_\phi \quad (\text{V/m}). \tag{10-10}$$

로 나타낸다.

다른 계의 성분들은 무시할 수 있다.

복습문제

문 10-1 안테나의 필수적인 기능들을 열거하라.

문 10-2 가정된 시정현 전류 분포에 의해 안테나 구조물의 전자계를 알아내는 절차를 열거하라.

문 10-3 Hertzian 쌍극 안테나란 무엇인가 설명하라.

문 10-4 안테나의 원거리(far zone)를 정의하라.

문 10-5 안테나의 방사장은 무엇을 의미하는지 설명하라.

요 점

1. 수직 Hertzian 쌍극 안테나의 방사장은 H_ϕ와 $E_\theta = \eta_0 H_\phi$로 이루어져 있다.
2. E_θ와 H_ϕ는 공간에서 수직이고 동위상이며 쌍극자로부터 멀어지는 거리에 반비례한다.

10-3 안테나 패턴과 지향성

안테나의 방사 패턴, 안테나 패턴

자유공간의 모든 방향으로 동일하게 방사를 하는 안테나는 실제로 없다. 안테나로부터 고정된 거리, 상대적으로 원거리의 계 강도 대 방향을 표현하

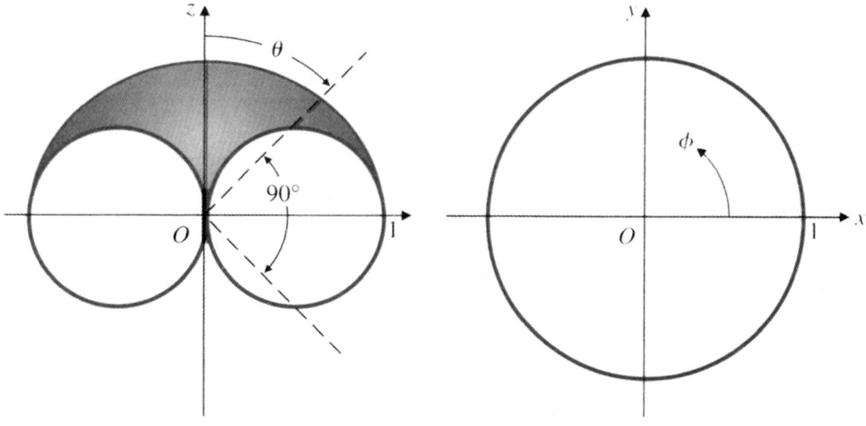

(a) E-plane pattern. (b) H-plane pattern.

그림 10-2 Hertzian 쌍극 안테나의 방사 패턴

E-평면과 H-평면 방사 패턴

는 그래프를 그 안테나의 **방사 패턴**(radiation pattern) 또는 간단히 **안테나 패턴**(antenna pattern)이라 지칭한다. 일반적으로, 안테나 패턴은 3차원이며, 구좌표계에서 θ와 ϕ 모두가 변화한다. 3차원 구성에 있어서의 어려움은 상수 ϕ에 대해 정규화된 장강도†의 크기(첨두값에 관하여) 대 θ에 관하여(**E-평면 패턴**), $\theta = \pi/2$에 대해 정규화된 장강도의 크기 대 ϕ에 관하여(**H-평면 패턴**), 분리하여 작도하면 해결할 수 있다.

예 제 10-1

Hertzian 쌍극 안테나의 E-평면과 H-평면 방사 패턴을 작도하라.

해

먼 거리에서 E_θ와 H_ϕ는 서로 비례하기 때문에, E_θ의 정규화된 크기만 고려하면 된다.

a) E-평면 패턴 주어진 R에서, E_θ는 ϕ와 무관하다; 식(10-10)으로부터 E_θ의 정규화된 크기를 구하면

† 역자주 : 장강도는 원서의 field strength이며 field에 대한 우리말 번역은 내용에 따라 계(界) 또는 장(場)으로 번역이 되어 있고, 이 장에서는 안테나의 반사 팬턴과 관련하여 계보다는 장으로 번역하였음.

패턴 함수는 안테나 패턴을 나타내는 정규화된 전계강도 함수이다.

$$|E_\theta| = |\sin\theta| \tag{10-11}$$

이다.

이것은 Hertzian 쌍극 안테나의 E-평면 **패턴 함수**(pattern function)이다. ϕ가 주어지면 식(10-11)은 그림 10-2(a)에서와 같은 한 쌍의 원을 의미한다.

b) H-평면 패턴　　주어진 R에서 $\theta = \frac{\pi}{2}$에 대한 E_θ의 정규화된 크기는 $|\sin\theta| = 1$이다. H-평면 패턴은 그림 10-2(b)와 같이 z-방향 쌍극 안테나에 중점을 가진 단일 반경의 원이다.

방사 강도 정의와 SI 단위

주어진 방향으로 방사전력을 나타내며 안테나의 전반적인 능력을 평가하기 위한 매개 변수가 **지향성 이득**(directive gain)이며, 이는 방사강도란 용어로도 정의될 수 있다. **방사강도**(radiation intensity)는 단위입체각당 시평균 전력이다. 방사강도에 대한 SI계 단위는 와트/스테라디안(W/sr)이다. 각각의 단위입체각에 대한 구 표면적 R^2이기 때문에 방사강도 U는 단위면적당 시평균 전력에 R^2을 곱하거나 시평균 포인팅 벡터의 $\mathcal{P}_{av}$ 크기에 R^2을 곱한 것과 같다. 즉,

$$U = R^2 \mathcal{P}_{av} \quad (\mathrm{W/sr}) \tag{10-12}$$

방사된 총 시평균 전력은

$$P_r = \oint \mathcal{P}_{av} \cdot d\mathbf{s} = \oint U \, d\Omega \quad (\mathrm{W}) \tag{10-13}$$

이다. 여기서 $d\Omega$은 미분 입체각으로 $d\Omega = \sin\theta d\theta d\phi$이다.

안테나 패턴의 **지향성 이득** $G_D(\theta, \phi)$는 방향(θ, ϕ)에서의 방사강도와 평균 방사강도의 비이다. 즉,

지향성 이득

$$G_D(\theta, \phi) = \frac{U(\theta, \phi)}{P_r/4\pi} = \frac{4\pi U(\theta, \phi)}{\oint U \, d\Omega} \tag{10-14}$$

등방성 또는 전방향성 안테나는 실존하지 않는다.

이다. 분명히, 등방성 또는 전방향성 안테나(모든 방향으로 동일하게 방사하는 안테나)의 지향성 이득은 일정하다. 그러나 등방성 안테나는 실제로 존재하지 않는다.

안테나 지향성

안테나의 최대 지향성 이득을 그 안테나의 **지향성**(directivity)이라 한다.

지향성은 최대 방사강도와 평균 방사강도의 비이고 보통 D 로 적는다. 즉

$$D=\frac{U_{\max}}{U_{av}}=\frac{4\pi U_{\max}}{P_r} \quad (\text{무차원}). \tag{10-15}$$

전계강도의 용어로 D 는

원거리 전계강도로부터의 지향성 계산

$$D=\frac{4\pi|E_{\max}|^2}{\int_0^{2\pi}\int_0^{\pi}|E(\theta,\phi)|^2\sin\theta\, d\theta d\phi} \quad (\text{무차원}). \tag{10-16}$$

로 표현할 수 있다. 지향성의 단위는 종종 데시벨을 사용한다.

예 제 10-2

Hertzian 쌍극 안테나의 지향성 이득과 지향성을 구하라.

해

Hertzian 쌍극 안테나에서 시평균 Poynting 벡터 크기는

$$\mathcal{P}_{av}=\frac{1}{2}\mathcal{R}e|\mathbf{E}\times\mathbf{H}^*|=\frac{1}{2}|E_\theta||H_\phi| \tag{10-17}$$

이다. 식(10-9), (10-10), (10-12)로부터

$$U=\frac{(Id\ell)^2}{32\pi^2}\eta_0\beta^2\sin^2\theta \tag{10-18}$$

지향성 이득은 식(10-14)로부터 구할 수 있다. 즉,

$$\begin{aligned}G_D(\theta,\phi)&=\frac{4\pi\sin^2\theta}{\int_0^{2\pi}\int_0^{\pi}(\sin^2\theta)\sin\theta\, d\theta\, d\phi}\\&=\frac{3}{2}\sin^2\theta\end{aligned} \tag{10-19}$$

이다. 지향성은 $G_D(\theta,\phi)$의 최대치이다. 즉

$$D=G_D\left(\frac{\pi}{2},\ \phi\right)=1.5$$

이며, 이것을 dB 로 표현하면 $10\log_{10}1.5=1.76$(dB)이다.

안테나 이득의 정의

안테나 효율 측정은 곧 **전력 이득**이다. 등방성 원천(source) 안테나의 **전력 이득**(power gain) 또는 간단히 이득(gain), G_p는 그 안테나의 최대 방사강도와 동일한 전력 입력을 가지는 무손실 등방성 원천 방사강도의 비이다. 식(10-14)에 정의된 것처럼 지향성 이득은 방사 전력 P_r에 기초하고 있다. 접지를 포함한 손실 구조체뿐만 아니라 안테나 자체에서의 저항성 전력 손실 P_ℓ 때문에 P_r은 총 입력전력 P_i보다 적다. 그러므로

$$P_i = P_r + P_\ell \tag{10-20}$$

이다. 곧 안테나의 전력 이득은

방사효율의 정의

$$\boxed{G_p = \frac{4\pi U_{\max}}{P_i} \quad (\text{무차원}).} \tag{10-21}$$

이다. 안테나의 이득과 지향성의 비가 **방사효율**(radiation efficiency) ζ_r이다.

$$\boxed{\zeta_r = \frac{G_p}{D} = \frac{P_r}{P_i} \quad (\text{무차원}).} \tag{10-22}$$

정상적으로 잘 만든 안테나의 효율은 100%에 매우 근접한다.

안테나 방사저항

안테나가 방사한 전력량을 유용하게 측정하는 방법이 방사저항이다. 안테나의 **방사저항**(radiation resistance)은 가상적인 저항값이며, 이는 저항에서의 전류가 안테나에 흐르는 최대 전류와 같을 때 방사전력 P_r과 동일한 전력을 낭비하게 된다. 높은 방사저항은 안테나의 좋은 특성을 나타낸다.

예 제 10-3

Hertzian 쌍극 안테나의 방사저항을 구하라.

해

저항성 손실이 없다고 가정하면, 크기 I의 입력 시정현 전류를 위한 Hertzian 쌍극 안테나의 시평균 방사전력은

$$P_r = \frac{1}{2}\int_0^{2\pi}\int_0^{\pi} E_\theta H_\phi^* R^2 \sin\theta \, d\theta \, d\phi \tag{10-23}$$

이다.

식(10-9)와 (10-10)에 원거리 장을 사용한다면

$$P_r = \frac{I^2(d\ell)^2}{32\pi^2}\eta_0\beta^2\int_0^{2\pi}\int_0^{\pi}\sin^3\theta\, d\theta d\phi$$
$$= \frac{I^2(d\ell)^2}{12\pi}\eta_0\beta^2 = \frac{I^2}{2}\left[80\pi^2\left(\frac{d\ell}{\lambda}\right)^2\right] \tag{10-24}$$

가 됨을 알 수 있다. 이 식에서 자유공간의 고유 저항은 120π를 사용했고 β는 $2\pi/\lambda$로 대치시켰다.

짧은 Hertzian 쌍극 안테나에 흐르는 전류는 일정하기 때문에, 방사저항 R_r에서 낭비된 전력은 I와 관계된다. $I^2R_r/2$와 P_r를 등식화 해서 풀면

Hertzian 쌍극 안테나의 방사저항

$$R_r = 80\pi^2\left(\frac{d\ell}{\lambda}\right)^2 \quad (\Omega). \tag{10-25}$$

를 얻는다.

예를 들어, $d\ell = 0.01\lambda$이면 R_r은 약 0.08(Ω)으로 굉장히 작은 값이 된다. 그러므로 짧은 쌍극 안테나는 전자계 전력을 잘 방사하지 못한다. 그러나, 쌍극 안테나의 방사저항이 그 길이의 제곱에 따라 증가한다고 무조건 말하는 것은 그릇된 것이다. 그러므로 식(10-24)는 $d\ell \ll \lambda$인 경우에만 국한된다.

예 제 10-4

반경 a, 길이 d, 도전율 σ인 금속선으로 만든 절연된 Hertzian 쌍극 안테나의 방사효율을 구하라.

해

손실 저항 R_ℓ인 선(wire) 쌍극 안테나 전류의 크기를 I라고 하자. 저항성 전력 손실은

$$P_\ell = \frac{1}{2}I^2R_\ell \tag{10-26}$$

이 된다. 방사저항 R_r일 때 방사전력은

$$P_r = \frac{1}{2} I^2 R_r \tag{10-27}$$

식(10-20)와 (10-22)로부터

$$\zeta_r = \frac{P_r}{P_r + P_\ell} = \frac{R_r}{R_r + R_\ell}$$

$$= \frac{1}{1 + (R_\ell / R_r)} \tag{10-28}$$

을 얻는다. 여기서 R_r은 식(10-25)로부터 알 수 있다. 금속선의 손실 저항 R_ℓ은 표면저항 R_s의 항을 포함해 표현될 수 있다. 즉,

$$R_\ell = R_s \left(\frac{d\ell}{2\pi a} \right) \tag{10-29}$$

여기서 식(7-53)에 주어진 것처럼

$$R_s = \sqrt{\frac{\pi f \mu_0}{\sigma}} \tag{10-30}$$

이다.

식(10-28)에 식(10-25)와 (10-29)를 적용하여 절연된 Hertzian 쌍극 안테나의 방사효율을 구할 수 있다. 즉,

$$\zeta_r = \frac{1}{1 + \dfrac{R_s}{160\pi^3} \left(\dfrac{\lambda}{a} \right) \left(\dfrac{\lambda}{d\ell} \right)} \tag{10-31}$$

여기서 $a = 1.8$ (mm), $d\ell = 2$ (m), 동작주파수 $f = 1.5$ (MHz), σ(구리) $= 5.80 \times 10^7$ (S/m)라 가정하면

$$\lambda = \frac{c}{f} = \frac{3 \times 10^8}{1.5 \times 10^6} = 200 \text{(m)}$$

$$R_s = \sqrt{\frac{\pi \times (1.50 \times 10^6) \times (4\pi 10^{-7})}{5.80 \times 10^7}} = 3.20 \times 10^{-4} (\Omega)$$

$$R_\ell = 3.20 \times 10^{-4} \times \left(\frac{2}{2\pi 1.8 \times 10^{-3}} \right) = 0.057 (\Omega)$$

$$R_r = 80\pi^2 \left(\frac{2}{200} \right)^2 = 0.079 (\Omega)$$

$$\zeta_r = \frac{0.079}{0.079 + 0.057} = 58\%$$

임을 알 수 있는데 이것은 매우 낮은 효율이다. 식(10-31)은 (a/λ)와 $(d\ell/\lambda)$의 값이 작아질수록 방사효율도 더 낮아짐을 보여 준다.

연습문제 10.1 지표 평면에 수직인 안테나의 E-평면에서 정규화된 패턴함수는 $\sqrt{\sin\theta}$, $(0 \le \theta \le \pi/2,\ 0 \le \phi \le 2\pi)$이다.

a) 지향성 이득의 표현식을 구하라.

b) 지향성을 계산하라.

답 (a) $(8/\pi)\sin\theta$, (b) 2.55 또는 4.06(dB)

복습문제

문 10-6 안테나 패턴을 정의하라.

문 10-7 Hertzian 쌍극 안테나의 E-평면 패턴과 H-평면 패턴을 기술하라.

문 10-8 방사강도를 정의하라.

문 10-9 안테나의 지향성 이득과 지향성을 정의하라.

문 10-10 안테나의 전력 이득과 방사 효율을 정의하라.

문 10-11 안테나의 방사저항을 정의하라.

요 점

1. 안테나의 방사강도 패턴(또는 전력 패턴)은 일정 거리에서 장강도의 제곱을 θ 또는 ϕ에 대해 그린다.
2. 지향성 이득은 전력 이득과 같지 않다.
3. 지향성은 방사효율과 같지 않다.
4. 방사저항이 입력 임피던스의 실수부와 같지 않다.

10-4 가는 선형 안테나

선형 쌍극 안테나

짧은 쌍극 안테나는 낮은 방사저항과 방사효율 때문에 전자장의 좋은 방사기는 되지 못한다고 이미 배웠다. 지금부터 그림 10-3과 같은, 파장과 비교될 만한 길이의 중앙-급전(center-fed) 가는 선 안테나의 방사 특성을 검토하자. 이런 안테나를 **선형 쌍극 안테나**(linear dipole antenna)라 칭한다. 안테나에 흐르는 전류 분포를 알고 있다면, 총 안테나에 대한 기본적인

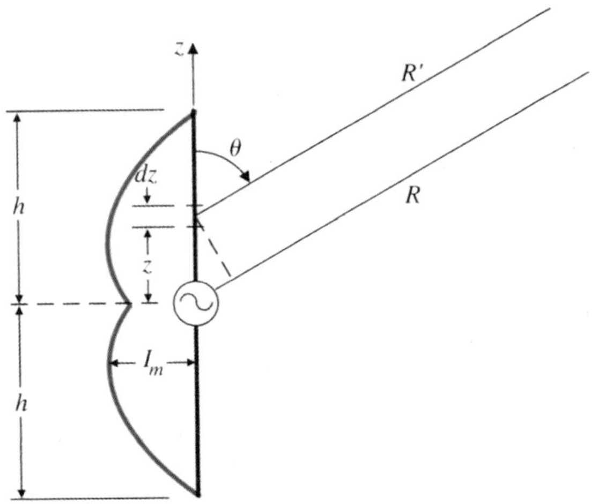

그림 10-3 정현파 전류 분포의 중앙-급전 선형 쌍극 안테나

쌍극 안테나에 기초하여 방사장을 적분하므로 그 안테나의 방사장을 구할 수 있다.

그러나 외관상 단순한 기학학적 구성(유한 반경의 곧은 선)에 대해서 정확한 전류 분포를 결정하고자 할 때, 경계값 문제에 부딪치게 된다. 목적 달성을 위해, 매우 가늘고 곧은 쌍극 안테나의 전류가 정현파적으로 공간적으로 변화한다고 가정하자. 그러한 전류 분포는 그림 10-3 처럼 쌍극 안테나에 대한 정재파를 만들어 낸다. 즉, 그것은 훌륭한 접근이다.

쌍극 안테나는 중앙에서 구동되므로, 중앙에서 양쪽 1/2 식에 흐르는 전류는 서로 대칭이며 끝단에서는 0 이 된다. 전류 페이저는

$$\begin{aligned} I(z) &= I_m \sin\beta(h-|z|) \\ &= \begin{cases} I_m \sin\beta(h-z), & z>0 \\ I_m \sin\beta(h+z), & z<0 \end{cases} \end{aligned} \tag{10-32}$$

로 나타낸다. 여기서는 원거리 장에만 관심을 가진다. 미소 전류소 Idz 로부터 원거리에서의 영향은 식(10-9)와 (10-10)으로부터

$$dE_\theta = \eta_0 dH_\phi = j\frac{Idz}{4\pi}\left(\frac{e^{-j\beta R'}}{R'}\right)\eta_0\beta\sin\theta \tag{10-33}$$

이다.

식(10-33)에서 R'는 구좌표계의 원점에서 R까지 거리와 약간 다르며, 원점은 쌍극 안테나의 중점과 일치한다. $R \gg h$인 원거리에서

$$R' \cong R - z\cos\theta \tag{10-34}$$

이다. $1/R'$과 $1/R$의 크기 차는 별로 중요치 않으나 식(10-34)의 대략적인 식에서 위 사항은 꼭 있어야 한다.

$$\begin{aligned} E_\theta &= \eta_0 H_\phi \\ &= j\frac{I_m\eta_0\beta\sin\theta}{4\pi R}e^{-j\beta R}\int_{-h}^{h}\sin\beta(h-|z|)\,e^{j\beta z\cos\theta}dz \end{aligned} \tag{10-35}$$

를 얻는다. 식(10-35)에서 적분항은 우함수인 z와, $\sin\beta\ (h-|z|)$의 곱이다.

$$e^{j\beta z\cos\theta} = \cos(\beta z\cos\theta) + j\sin(\beta z\cos\theta)$$

여기서 $\sin(\beta z\cos\theta)$는 z의 기함수이다. $-h$에서 h까지의 대칭 적분은 z에 대한 두 개의 우함수 곱과 $\sin\beta(h-|z|)\cos(\beta z\cos\theta)$를 가진 적분항만 알면 0이 아닌 값을 구할 수 있다. 그러면 식(10-35)는

$$\begin{aligned} E_\theta &= \eta_0 H_\phi = j\frac{I_m\eta_0\beta\sin\theta}{2\pi R}e^{-j\beta R}\int_0^h \sin\beta(h-z)\cos(\beta z\cos\theta)\,dz \\ &= \frac{j60I_m}{R}e^{-j\beta R}F(\theta) \end{aligned} \tag{10-36}$$

으로 간략화되며, 여기서

반-길이 h를 갖는 선형 쌍극 안테나의 패턴 함수

$$\boxed{F(\theta) = \frac{\cos(\beta h\cos\theta) - \cos\beta h}{\sin\theta}.} \tag{10-37}$$

이다.

인자 $|F(\theta)|$는 선형 쌍극 안테나의 E-평면 **패턴 함수**(pattern function)이다. 식(10-37)에서 $|F(\theta)|$에 의한 방사 패턴의 정확한 형태는 $\beta h = 2\pi h/\lambda$에 의존하고 미소 길이 안테나와는 상당한 차이가 있다. 그러나, 방사 패턴은 $\theta = \pi/2$ 평면에 관하여 항상 대칭이나 그림 10-4는 파장이 다른 4개의 미소 길이 쌍극 안테나의 E-평면 패턴을 나타낸 것이다 : 즉 $\frac{2h}{\lambda} = \frac{1}{2}$, 1, $\frac{3}{2}$, 2이다. H-평면 패턴은 $F(\theta)$가 ϕ에 무관하므로 원이

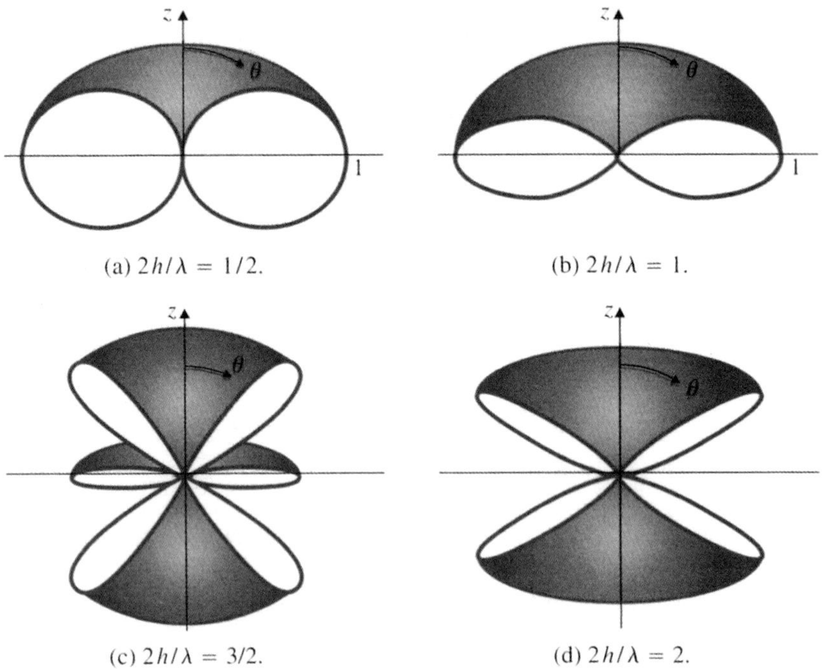

그림 10-4 중앙-급전 쌍극 안테나의 E-평면 방사 패턴

다. 그림 10-4의 패턴들로부터 쌍극 안테나의 길이가 $3\lambda/2$에 근접할 때 최대 방사방향은 $\theta = 90°$로부터 멀어지고 있음을 알 수 있다. $2h = 2\lambda$인 안테나는 $\theta = 90°$인 평면에서 방사가 일어나지 않는다.

10-4.1 반파장 쌍극 안테나

$2h = \lambda/2$ 길이의 반파장 쌍극 안테나는 실질적으로 대단히 중요하다. 왜냐하면 이 안테나의 패턴과 임피던스 특성이 양호하기 때문이다. 식(10-37)에 $\beta h = 2\pi h/\lambda = \pi/2$를 적용시키면

반파장 쌍극 안테나의 패턴 함수

$$F(\theta) = \frac{\cos[(\pi/2)\cos\theta]}{\sin\theta}. \tag{10-38}$$

이 된다. 이 함수는 $\theta = 90°$에서 최대값을 가지며 $\theta = 0°$와 $180°$에서 0

(zero) 값을 가진다. 일치하는 E-평면 방사 패턴은 그림 10-4(a)에 나타내었다.

식(10-36)으로부터 원거리 페이저는

$$E_\theta = \eta_0 H_\phi = \frac{j60I_m}{R}e^{-j\beta R}\left\{\frac{\cos\left[(\pi/2)\cos\theta\right]}{\sin\theta}\right\} \tag{10-39}$$

이다. 시평균 Poynting 벡터의 크기는

$$\mathcal{P}_{av}(\theta) = \frac{1}{2}E_\theta H_\phi^* = \frac{15I_m^2}{\pi R^2}\left\{\frac{\cos\left[(\pi/2)\cos\theta\right]}{\sin\theta}\right\}^2 \tag{10-40}$$

이다. 반파장 쌍극 안테나의 총 방사전력은 $\mathcal{P}_{av}$를 전체 구 표면을 따라 적분하여 얻는다. 즉,

$$\begin{aligned} P_r &= \int_0^{2\pi}\int_0^{\pi}\mathcal{P}_{av}(\theta)\,R^2\sin\theta\,d\theta\,d\phi \\ &= 30I_m^2\int_0^{\pi}\frac{\cos^2\left[(\pi/2)\cos\theta\right]}{\sin\theta}d\theta. \end{aligned} \tag{10-41}$$

식(10-41)에서 적분값은 1.218로 평가된다. 그러므로

$$P_r = 36.54I_m^2\ (\mathrm{W}) \tag{10-42}$$

이며, 이 식으로부터 자유-정재(free-standing) 반파장 쌍극 안테나의 방사저항을 얻을 수 있다. 즉,

반파장 쌍극 안테나의 방사 저항

$$R_r = \frac{2P_r}{I_m^2} = 73.1(\Omega) \tag{10.43}$$

이다. 손실을 무시하면, 가는 반파장 쌍극 안테나의 입력저항은 73.1(Ω)이고 입력 리액턴스는 쌍극 안테나 길이를 $\lambda/2$ 보다 조금 짧게 교정하여 만들면 사라질 수 있는 적은 양수임을 알 수 있다.(이전에 언급했듯이, 실제의 입력 임피던스 계산은 장황하며 이 책의 범위를 벗어난다.) 반파장 쌍극 안테나의 지향성은 식(10-15)를 이용하여 구할 수 있다.

식(10-12)와 (10-40)으로부터,

$$U_{\max} = R^2\mathcal{P}_{av}(90°) = \frac{15}{\pi}I_m^2 \tag{10-44}$$

와

반파장 쌍극 안테나의 지향성

$$D = \frac{4\pi U_{max}}{P_r} = \frac{60}{36.54} = 1.64 \tag{10-45}$$

를 얻는다. 이것은 전방향성 방사기와 참조하여, $10\log_{10} 1.64 = 2.15$(dB)의 지향성을 갖는다.

예 제 10-5

완전한 유도성으로 접지된 가는 1/4 파장 수직 안테나가 바닥에서 시정현 원천에 의해 여기된다. 방사 패턴, 방사저항, 지향성을 구하라.

해

전류는 전하의 흐름이므로, 3-11.5 절에서 언급한 영상법을 사용하여 유도성 접지를 수직 안테나의 영상으로 대체시킨다. 전류 I가 흐르는 수직 안테나의 영상은 지하에 있는 또 다른 동일 길이의 수직 안테나임을 쉽게 알 수 있다. 영상 안테나는 본래의 안테나처럼 동일 방향에 동일한 전류를 운반한다. 그러므로 그림 10-5(a)의 1/4 파장 수직 안테나에 기인하는 상단의 반공간에서 전자계는 그림 10-5(b)의 반파장 안테나 전자계와 같다. 식 (10-38)에 패턴함수 $0 \le \theta \le \pi/2$ 대해 적용되고 그림 10-5(b)의 점선으로 나타난 방사 패턴은 그림 10-4(a)에 상단부의 반이다. 식(10-40)에서 시평균 Poynting 벡터의 크기, $\mathcal{P}_{av}$는 $0 \le \theta \le \pi/2$에서 성립한다. 1/4 파장

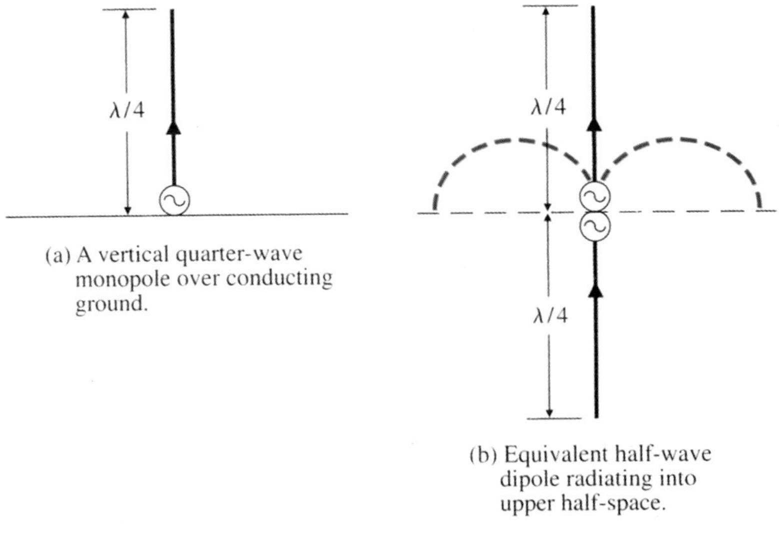

그림 10-5 유도성 접지의 1/4 파장 단극 안테나와 등가 반파장 쌍극 안테나

단극 안테나(monopole)는 상단부 반에서만 방사하므로, 총 방사전력으로 식(10-42)의 1/2 이다. 즉,

$$P_r = 18.27 I_m^2 \text{ (W)}$$

결과적으로, 방사저항은

$$R_r = \frac{2P_r}{I_m^2} = 36.54(\Omega) \tag{10-46}$$

이며, 이것은 자유공간에 있는 반파장 안테나 방사저항의 1/2 이다.

지향성을 계산하기 위해 최대 방사강도 $U_{\max}$와 평균 방사강도 $P_r/2\pi$가 반파 쌍극 안테나와 마찬가지이다. 그러므로

1/4 파장 단극 안테나의 지향성

$$D = \frac{U_{\max}}{U_{\text{av}}} = \frac{U_{\max}}{P_r/2\pi} = 1.64 \tag{10.47}$$

이며, 반파장 안테나의 지향성과 같다. 이 안테나는 **1/4 파장 단극 안테나(quarter-wave monopole)**라 칭한다.

연습문제 10-2 길이 25(cm), 동작주파수 600(MHz)의 중앙-급전 쌍극 안테나가 총 평균전력 475(W)를 방사한다. 점 $P(100\text{m}, \pi/2, 0)$에서 전계강도와 자계강도의 크기를 구하라.

답 2.17(V/m), 5.75(mA/m)

복습문제

문 10-12 반파장 쌍극 안테나의 E-평면과 H-평면 방사 패턴을 기술하라.

문 10-13 반파장 쌍극 안테나의 방사저항과 지향성을 설명하라.

문 10-14 유도성 접지에 대한 수직 1/4 파장 단극 안테나의 방사저항과 지향성을 설명하라.

문 10-15 유도성 접지에 대한 수평 쌍극 안테나의 영상(image)에 대하여 설명하라.

요 점

1. 중앙-급전되는 가는 선형 안테나의 시정현 전류는 끝단에서 정현 정재파가 사라지는 분포를 갖는다.
2. 수직 안테나의 원거리 장강도는 E_θ와 H_ϕ 성분뿐이다.
3. 중앙-급전 선형 반파장 쌍극 안테나의 방사저항과 지향성은 각각 73.1 (Ω), 1.64 이다.

10-5 안테나 배열

안테나 배열

이미 알고 있듯이, 단일 소자 선형 안테나는 방사 패턴에서 광역 빔으로 방사전력을 퍼지게 하는 경향이 있다. 이와 같은 안테나는 지향성이 낮고 중심빔이 일정한 방향을 가리킨다. 이러한 제약들을 극복하기 위해 원하는 방사 특성이 되도록 적당한 크기와 위상 관계를 가진 여러 가지 형태(직선, 원, 삼각형 등)로 여러 안테나 소자들을 하나의 묶음으로 배열한다. 이처럼 안테나 소자들을 정렬한 것을 **안테나 배열**(antenna arrays)이라고 한다. 이 절에서는 선형 안테나 배열(곧은 선에 따라 정렬된 방사 소자들)의 기초적인 이론과 특성들을 검토한다. 먼저 두 소자 배열의 아주 간단한 경우를 고찰하고, 이것들로부터 경험을 쌓은 후 많은 수의 동일한 소자로 만든 균등한 선형 배열의 기본적인 특성들을 검토하자.

10-5.1 두 소자 배열

가장 간단한 배열은 두 개의 동일한 방사 소자(안테나)를 일정 간격을 유지하도록 구성한 것이다. 그림 10-6 에 이런 배열을 그려 놓았다. 간략하게 하기 위해, 안테나가 x 축을 따라 선을 이룬다고 가정하고 θ 방향에서 각 안테나의 원거리 장을 검토해 보자. 두 안테나는 같은 양의 전류로 여기되

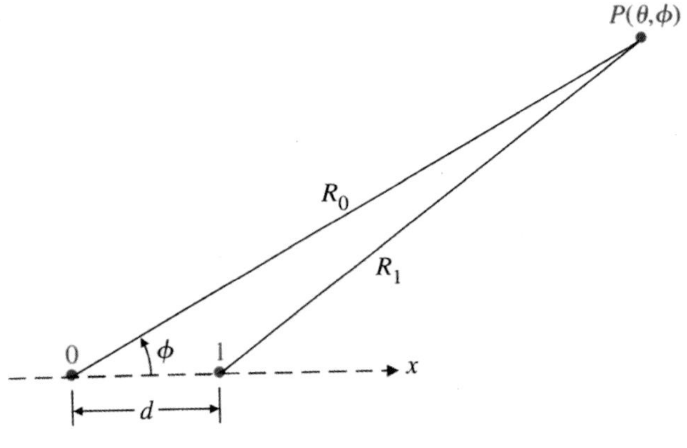

그림 10-6 두 소자 배열

나 안테나 1 에서의 위상이 각도 ζ 만큼 안테나 0 보다 앞선다.

점 $P(\theta, \phi)$에서

$$E_0 = E_m F(\theta, \phi) \frac{e^{-j\beta R_0}}{R_0} \tag{10-48}$$

$$E_1 = E_m F(\theta, \phi) \frac{e^{j\xi} e^{-j\beta R_1}}{R_1} \tag{10-49}$$

$$E = E_0 + E_1 = E_m F(\theta, \phi) \left[\frac{e^{-j\beta R_0}}{R_0} + \frac{e^{j\xi} e^{-j\beta R_1}}{R_1} \right] \tag{10-50}$$

이다.

$R_0 \gg d/2$ 인 원거리에서 인자 $1/R_1$ 크기는 대략 $1/R_0$로 대치할 수 있다. 그러나 지수부에서 R_0와 R_1의 작은 차이가 큰 위상차를 낼 수 있으므로 더 나은 간략화가 이루어져야 한다. 장(field)점 P와 두 안테나가 만나는 선이 거의 평행이므로, 다음과 같이 표현될 수 있다.

$$R_1 \cong R_0 - d \sin\theta \cos\phi \tag{10-51}$$

식(10-50)에 식(10-51)을 대입하면 다음과 같은 결과가 나온다.

$$\begin{aligned} E &= E_m \frac{F(\theta, \phi)}{R_0} e^{-j\beta R_0} [1 + e^{j\beta d \sin\theta \cos\phi} e^{j\xi}] \\ &= E_m \frac{F(\theta, \phi)}{R_0} e^{-j\beta R_0} e^{j\psi/2} \left(2 \cos \frac{\psi}{2} \right) \end{aligned} \tag{10-52}$$

여기서

$$\psi = \beta d \sin\theta \cos\phi + \zeta \tag{10-53}$$

이다. 배열의 전계강도는

$$|E| = \frac{2E_m}{R_0} |F(\theta, \phi)| \left| \cos \frac{\psi}{2} \right| \tag{10-54}$$

이며, 여기서 $|F(\theta, \phi)|$는 **소자 인자**(element factor)라 하고, $|\cos(\psi/2)|$는 정규화될 **배열 인자**(array factor)라 한다. 소자 인자는 각 방사 소자의 패턴 함수 크기이고 배열 인자는 그 소자에 상대 진폭과 여기 위상에 관계할 뿐만 아니라 배열구조에도 의존한다.(특별한 경우로 여기 진폭은 같다.)

패턴 곱의 원리

식(10-54)로부터, **동일 소자 배열의 패턴 함수는 소자 인자와 배열 인자의 곱으로 표현할** 수 있다. 이와 같은 특성을 **패턴 곱의 원리**(principle of pattern multiplication)라 한다.

예 제 10-6

다음 두 경우에 대해 두 평행 쌍극 안테나의 H-평면 방사 패턴을 그려라.
(a) $d=\lambda/2$, $\zeta=0$ (b) $d=\lambda/4$, $\zeta=-\pi/2$

해

쌍극 안테나가 그림 10-6 과 같이 z-방향화되고 x축을 따라 놓여 있다고 하자. H-평면($\theta=\pi/2$)에서, 각 쌍극 안테나는 전(全) 방향성이고 정규화한 패턴 함수는 정규화한 배열 인자 $|A(\phi)|$와 같다.

$$|A(\phi)|=\left|\cos\frac{\psi}{2}\right|=\left|\cos\frac{1}{2}(\beta d\cos\phi+\zeta)\right|$$

a) $d=\lambda/2(\beta d=\pi)$, $\zeta=0$ 이면

$$|A(\phi)|=\left|\cos\left(\frac{\pi}{2}\cos\phi\right)\right| \qquad (10\text{-}55)$$

이다.

broadside 배열

패턴 함수는 $\phi_0=\pm\pi/2$ 즉, z 축방향에서 최대값을 갖는다. 이것은 **브로드사이드 배열**(broadside array) 패턴이며 그림 10-7(a)에 나타내었다. 두 쌍극 안테나에서 여기는 동위상이므로, 두 전계는 면방향 측

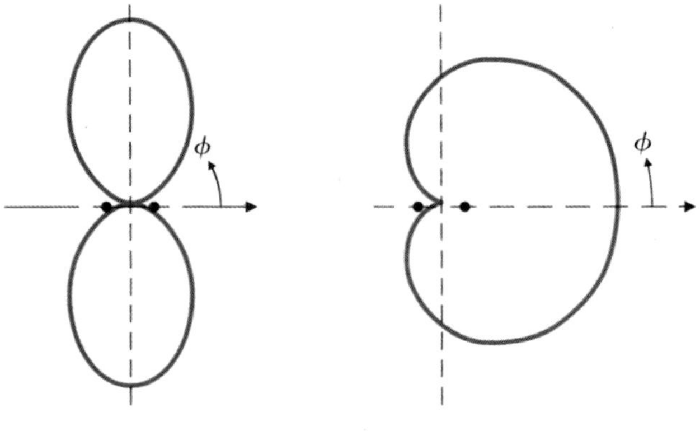

(a) $d=\lambda/2$, $\xi=0$. (b) $d=\lambda/4$, $\xi=-\pi/2$.

그림 10-7 평행한 두 소자 쌍극 안테나 배열의 H-평면 방사 패턴

$\phi = \pm\pi/2$ 에서 더해진다. $\phi = 0$ 와 π 에서 전계는 서로 상쇄되는데 이는 $\lambda/2$ 분리가 180°의 위상차를 낳기 때문이다.

b) $d = \lambda/4(\beta d = \pi/2)$, $\zeta = -\pi/2$ 이면

$$|A(\phi)| = \left|\cos\frac{\pi}{4}(\cos\phi - 1)\right| \tag{10-56}$$

endfire 배열

이며 이 식은 $\phi_0 = 0$ 에서 최대값을 가지며 $\phi = \pi$ 에서 값이 없다. 최대 방사 패턴은 배열의 선과 같은 방향에서 존재하고 두 쌍극 안테나는 **endfire 배열**을 구성한다. 그림 10-7(b)는 endfire 배열을 그린 것이다. 이 경우 오른편 쌍극 안테나에서 위상이 $\pi/2$ 만큼 지연되며 전계는 왼편 쌍극 안테나의 전계보다 1/4 주기만큼 빨리 $\phi = 0$ 에 도달하여 정확히 보상한다.

결론적으로 $\phi = 0$ 방향에서 전계가 더해진다. $\phi = \pi$ 방향에서, 오른편 쌍극 안테나의 지연된 위상 $\pi/2$ 에 1/4 주기 지연된 것이 더해져 완전한 상쇄가 일어난다.

예 제 10-7

3개의 등방성 원천이 $\lambda/2$ 만큼 떨어진 선형 배열의 방사 패턴을 설명하라. 원천에서 여기는 동위상이고 크기의 비는 1 : 2 : 1 이다.

해

세 원천 배열은 그림 10-8에 묘사한 것처럼 두 소자 배열을 각 소자로부터 $\lambda/2$ 만큼 떨어진 위치에 대치시킨 것과 등가이다. 각 두 소자 배열은 식(10-55)와 배열 인자에 의해 주어진 것처럼 소자 인자를 가진 방사원천으로 간

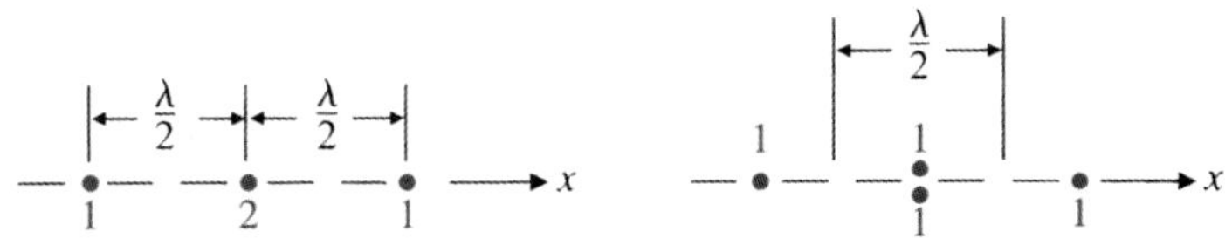

(a) Three-element binomial array.
(b) Two displaced two-element arrays.

그림 10-8 세 소자 배열과 두 소자 배열로 대치된 등가쌍

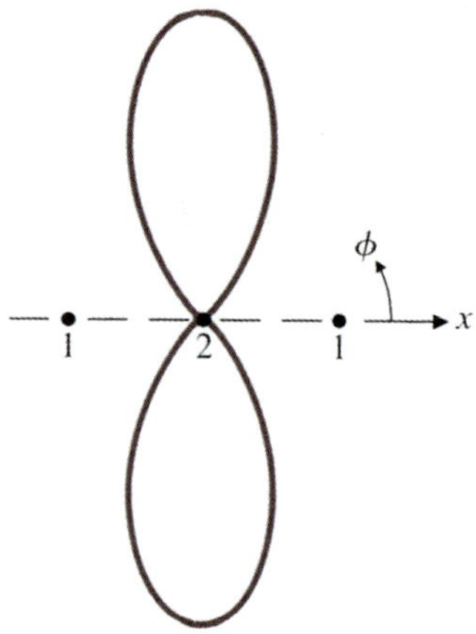

그림 10-9 세 소자 broadside 이항 배열의 방사 패턴

주할 수 있다. 패턴 곱 원리에 의해 다음과 같은 식을 얻는다.

$$|E| = \frac{4E_m}{R_0}\left|\cos\left(\frac{\pi}{2}\cos\phi\right)\right|^2 = \frac{4E_m}{R_0}|A(\phi)| \tag{10-57}$$

정규화한 배열함수 $|A(\phi)| = |\cos[(\pi/2)\cos\phi]|^2$ 으로 표현되는 방사 패턴은 그림 10-9 에 나타냈다. 그림 10-7(a)에 있는 동일한 두 소자 배열의 패턴과 비교하면 이 세 소자 broadside 배열이 감도가 더 좋다(지향성이 더 좋다). 두 패턴 모두 측면 로브가 없는 주빔이다.

이항 배열

세 소자 broadside 배열은 **이항 배열(binomial arrays)**이라 칭하는 측면 로브가 없는(sidelobeless) 부류의 특별한 경우이다. N 소자 이항식 배열에서 배열 인자는 이항 함수$(1+e^{j\psi})^{N-1}$이고 여기 진폭은 이항 계수$\binom{N-1}{n}$, $n=0, 1, 2, \cdots, N-1$에 따라 변화한다. $N=3$일 때 상대 여기 진폭은 예제 10-7 에서처럼 $\binom{2}{0}=1$, $\binom{2}{1}=2$ 이고 $\binom{2}{2}=1$ 이다. 측면 로브가 없는 지향성 패턴을 얻기 위해서는, 이항 배열의 d 가 $\lambda/2$ 로 제한되어야 한다.

연습문제 10-3

a) $\lambda/3$ 의 일정한 거리를 유지하는 4 등방 동위상 원천인 이항 배열의 상대 여기 진폭을 구하라.

b) 원천이 y 축을 따라 위치한다 가정하고, $\theta=\pi/2$ 평면에서 정규화한 배열 인자를 구하라.

답 (a) 1 : 3 : 3 : 1, (b) $\left|\cos\left(\frac{\pi}{3}\cos\phi\right)\right|^3$

10-5.2 일반적인 균일 선형 배열

이제부터는 곧은 선을 따라 동일한 간격을 유지하는 두 동일 소자의 안테나보다 더 많은 배열을 검토해 보자. 안테나는 같은 양의 전류를 급전시키고 선을 따라 균일하게 진행하는 위상천이를 가진다. 그러한 배열을 **균일 선형 배열**(uniform linear array)이라 지칭한다. 그림 10-10에 나타난 예에서 N 안테나 소자는 x 축을 따라 정렬시킨다. 배열 소자들이 동일하기 때문에, 배열 패턴 함수는 소자 인자와 배열 인자의 곱으로 나타난다. xy-평면에서 정규화한 배열 인자는

$$|A(\psi)| = \frac{1}{N}\left|1 + e^{j\psi} + e^{j2\psi} + \cdots + e^{j(N-1)\psi}\right| \tag{10-58}$$

이며, 여기에서

$$\psi = \beta d \cos\phi + \zeta \tag{10-59}$$

이다. 식(10-58)의 우측 다항식은 기하학적 수열이며 다음 식의 형태로 나타낼 수 있다.

$$|A(\psi)| = \frac{1}{N}\left|\frac{1 - e^{jN\psi}}{1 - e^{j\psi}}\right|$$

또는

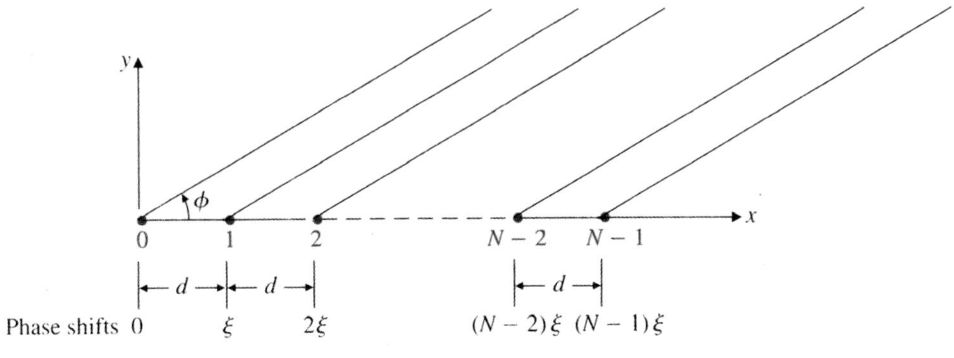

그림 10-10 일반적인 균일 선형 배열

N-소자 균일 선형 배열의 배열 인자

$$|A(\psi)| = \frac{1}{N}\left|\frac{\sin(N\psi/2)}{\sin(\psi/2)}\right| \quad (\text{무차원}). \tag{10-60}$$

전방향성 H-평면 패턴을 동일 소자 배열이라고 가정하면 식(10-60)의 $|A(\psi)|$로부터 여러 가지 중요한 특성을 추론할 수 있다.

$\psi=0$에서 주빔이 발생한다.

1. 주빔의 방향　$|A(\psi)|$의 최대값은 $\psi=0$ 또는 $\beta d\cos\phi_0+\zeta=0$일 때 발생하며, 이 식으로부터

$$\cos\phi_0 = -\frac{\zeta}{\beta d} \tag{10-61}$$

을 얻는며, 두 개의 특별한 경우는 특히 중요하다.

a) Broadside 배열　broadside 배열에 대한 최대 방사는 배열선과 직각을 이루는 방향, 즉 $\phi_0=\pm\pi/2$에서 발생한다.
이것은 $\zeta=0$이어야 하며 선형 broadside 배열의 모든 소자들이 예제 10-6(a)처럼 동위상에서 여기되어야 한다.

b) Endfire 배열　endfire 배열에 대한 최대 방사는 $\phi_0=0$에서 일어난다. 식(10-61)을 정리하면 다음 식을 얻는다.

$$\zeta = -\beta d\cos\phi_0 = -\beta d$$

위상 배열

균일 선형 배열의 주빔은 진행 위상천이에 따라 변화(소멸)할 수 있다는 것에 주목하라. 주빔을 전기적으로 조정하기 위해 위상천이기를 갖춘 안테나 배열을 위상 배열(phased arrays)이라 칭한다.

측면로브

2. 측면 로브의 위치　측면 로브는 식(10-60) 우측항의 분자가 최대값, 즉 $|\sin(N\psi/2)|=1$ 또는

$$\frac{N\psi}{2} = \pm(2m+1)\frac{\pi}{2},\quad m=1,\ 2,\ 3,\cdots$$

일 때 발생하는 비교적 심각하지 않은 최대값들이다.
최초 측면 로브는

$$\frac{N\psi}{2} = \pm\frac{3}{2}\pi,\quad (m=1) \tag{10-62}$$

일 때 발생한다.

$N\psi/2 = \pm\pi/2(m=0)$가 측면 로브의 위치를 나타내는 것이 아님을 주목하라. 왜냐하면 이 측면 로브는 주빔 지역 내에 있기 때문이다.

3. 최초 측면 로브의 레벨　배열 방사 패턴의 중요한 특성은 주빔 레벨과 비교한 최초 측면 로브의 레벨인데, 그 이유는 최초 측면 레벨이 모든 측면 로브 중 가장 높기 때문이다. 방사전력이 주빔방향에 대부분 집중되고 측면방향으로는 가능한 낮게 유지시켜야 한다. 식(10-59)에 식(10-62)를 적용시키면 최초 측면 로브의 크기는, N이 클 때

$$\frac{1}{N}\left|\frac{1}{\sin(3\pi/2N)}\right| \cong \frac{1}{N}\left|\frac{1}{3\pi/2N}\right| = \frac{2}{3\pi} = 0.212$$

임을 알 수 있다.

여기 진폭을 점차 줄이면 배열 측면 로브가 감소한다.

다수 소자로 된 균일 선형 안테나 배열의 최초 측면 로브를 상용대수로 표현하면 $20\log_{10}(1/0.212)$ 또는 중심 최대값에서 13.5(dB) 감쇄로 나타난다. 이 수치는 N이 크다면 N에는 거의 무관하다(측면 로브 레벨은 작은 N에 대해 높다). 선형 배열의 방사 패턴에서 측면 로브 레벨을 감소시키는 한 가지 방법은 배열 소자들에서 전류 분포를 점차 줄이는 것이다. 즉, 배열 중심부 소자의 여기 진폭을 끝단 소자의 여기 진폭보다 더 크게 하는 것이다.(문제 10-14)

■ **연습문제 10-8**　$d=\lambda/2$인 5-소자 선형 배열의 배열 패턴에서 다음 a)와 b)에 대한 최초 측면 로브의 레벨과 위치를 구하라.

a) broadside에서 동작할 때

b) endfire에서 동작할 때

답　(a) $\phi = \pm 53.1°$은 $\pm 126.9°$에서 -12.1(dB), (b) $\phi = \pm 66.4°$에서 -12.1(dB)

예 제 10-8

$\lambda/2$ 간격의 5 소자 균일 선형 배열에 대해, (a) broadside에서 동작할 때, (b) endfire에서 동작할 때 주빔의 폭을 구하라.

해

주빔의 폭은 최대 방사방향의 한 쪽 측면에서 최초 제로값들 사이의 패턴

영역이다. 배열 패턴의 최초 제로값들은 ψ_{01}에서 발생하고

$$\frac{N\psi_{01}}{2} = \pm\pi \tag{10-63}$$

을 만든다(식 10-60 참조)
예에서 $\psi_{01} = \pm 2\pi/5 = \pm 0.4\pi$이다. ϕ에서 대응하는 제로 위치들은 ψ에 함축된 ζ의 값이 다르기 때문에 broadside와 endfire 배열에서 다르게 나타난다.

a) Broadside 동작 : $\zeta = 0$, $\psi = \beta d \cos\phi = \pi\cos\phi$. 처음 제로값에서 $\pi \cos\phi_{01} = \pm 0.4\pi$. 다시 이로부터

$$\phi_{01} = \cos^{-1}(\pm 0.4)$$

양(+)부호를 취하면 $\phi_{01} = \pm 66.4°$를 음(−)부호를 취하면 $\phi_{01} = \pm 113.6°$를 얻는다. broadside 배열의 주빔은 $\phi_0 = \pm 90°$에서 broadside 방향에 집중한다. 그러므로 주빔의 폭은 $113.6° - 66.4° = 47.2°$이다.

b) Endfire 동작 : $\zeta = -\beta d$, $\psi = \beta d(\cos\phi - 1) = \pi(\cos\phi - 1)$. 처음 제로에서 $\pi(\cos\phi_{01} - 1) = -0.4\pi^{\dagger}$로부터 $\phi_{01} = \cos^{-1}0.6 = \pm 53.1°$를 얻는다. 그러므로 $\phi_0 = 0°$에서 주빔 폭은 $2 \times 53.1° = 106.2°$이다. endfire 배열의 주빔은 대응하는 broadside 배열의 주빔보다 훨씬 더 넓은 것을 알았다.

endfire 배열 주빔 폭은 대응 broadside 배열의 주빔 폭보다 더 넓다.

식(10-60)에서 정규화한 배열 인자의 전형적인 그래프를 그림 10-11에 나타내었다($N = 5$). 이 그림은 $|A(\psi)|$대 ψ의 직사각형 구성이다. 방위각 $\phi = 0$에서 2π(**가시 영역**)까지 범위에 대한 실제의 정규화한 배열 패턴은 ψ와 ϕ 사이의 관계에 의존한다.

위에서 보았듯이

a) broadside 배열 $\quad \phi_0 = \pm\pi/2$, $\zeta = \beta d\cos\phi$ (10-64a)

b) endfire 배열 $\quad \phi_0 = 0$, $\zeta = \beta d(\cos\phi - 1)$ (10-64b)

† $\cos\phi_{01} = 1.4$은 불가능한 상황이기 때문에 식(10-63)에서 양부호는 이곳에서 적용하지 않았음을 주목하라.

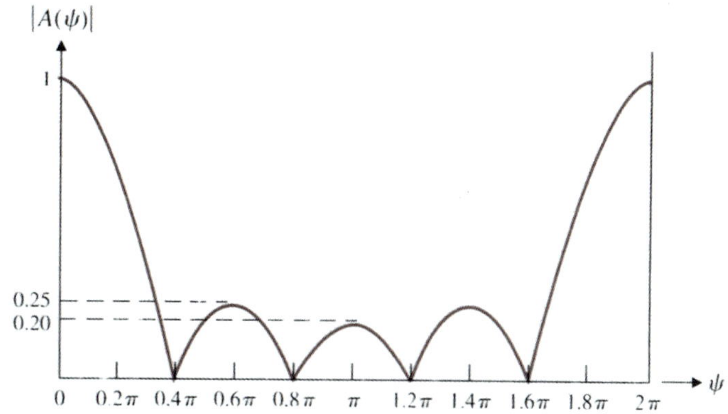

그림 10-11 5-소자 균일 선형 배열의 정규화된 배열 인자

이다. 식(10-64a)와 (10-64b)에서의 다른 변환은 같은 배열 인자에 대해 배열 패턴 대 ϕ의 다른 결과를 낳는다.

■ 연습문제 10-5 그림 10-11을 이용하여 폭 $d=\lambda/2$인 5-소자 균일 broadside 배열에 대한 0에서 π까지의 정규화된 배열 패턴 $|A(\phi)|$를 스케치하라.

a) 직각좌표계로

b) 극좌표계로

■ 연습문제 10-6 그림 10-11을 이용하여 폭 $d=\lambda/2$인 5-소자 균일 endfire 배열에 대한 $-\pi/2$에서 $+\pi/2$까지의 정규화된 배열 패턴 $|A(\phi)|$를 스케치하라.

a) 직각좌표계로

b) 극좌표계로

복습문제

문 10-16 동일한 입력전력의 단일 소자 안테나에 비해 안테나 배열의 주요한 장점들을 열거하라.

문 10-17 안테나 배열의 정규화된 배열 인자는 무엇을 의미하는가? 또 각 안테나의 패턴함수와 어떻게 다른가?

문 10-18 패턴 곱의 원리를 설명하라.

문 10-19 broadside 배열과 endfire 배열의 차이점을 설명하라.

문 10-20 이항 배열이란 무엇인가? 6-소자 이항 배열의 상대 여기 진폭이란 무엇인가?

문 10-21 측면 로브가 없는 모든 선형 이항 배열의 방사 패턴을 설명하라.

문 10-22 균일 선형 배열이 무엇인지 설명하라.

문 10-23 위상 배열이란 무엇인가?

문 10-24 다소자 균일 선형 배열의 방사 패턴에서 중심 패턴값에서 몇 데시벨이 감소하여 최초 측면 로브가 나타나는가?

요 점

1. 패턴 곱의 원리는 동일 소자들로 구성된 배열에만 적용된다.
2. broadside 배열에서 방사 소자들은 동위상으로 급전된다.
3. endfire 배열에서 방사 소자의 위상은 $(2\pi/\lambda)$에 거리를 곱한 것만큼 지연되며 그 소자는 최대 방사방향을 갖게 된다.†
4. broadside 배열은 이에 대응하는 endfire 배열보다 주빔 폭은 더 좁으며 지향성은 더 크다.
5. 진폭이 감소되는 분포를 가지는 선형 배열 방사 패턴의 측면 로브 레벨은 이에 대응하는 균일 진폭 분포를 가지는 배열보다 낮다.

10-6 실효면적과 후방산란기 단면

지금까지의 안테나와 안테나 배열의 검토에서 이들은 전송모드에서 동작되고 있음을 내포해 왔다. 전송모드에서 전압원은 안테나의 입력단을 이용하여 안테나 구조체에 전류와 전하를 공급한다. 시변 전류와 전하는 교대로 전자파를 방사하며 이는 에너지와 혹은 정보를 운반된다. 전송 안테나는 원천(발진기)의 에너지를 전자파와 관련된 에너지로 변형시키는 장치로 볼 수 있다. 한편, 수신 안테나는 입사 전자파로부터 에너지를 뽑아 부하에 전달한다. 이와 같은 상호 관련성에 의해 다음과 같은 결론을 내릴 수 있다.

송·수신모드에서 안테나에 대한 상호 관련성

1. 수신모드에 있는 안테나의 등가 발진기 임피던스는 송신모드에 있는 안테나의 입력 임피던스와 같다.

† endfire배열의 여기위상은 배열지향성을 높이기 위해 특별한 방식으로 교정될 수 있다.(참고, D.K.Cheng and P.D.Raymond Jr., "Optimization of array directivity by phase adjustments," *Electronics Letters*, Vol. 7, pp.552-553, September 9, 1971)

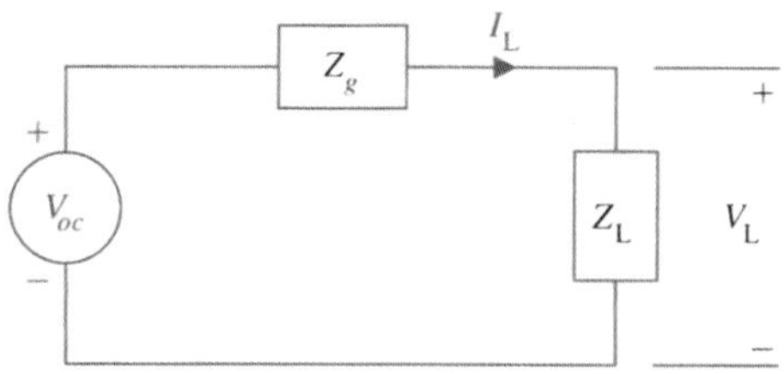

그림 10-12 부하를 가진 수신 안테나의 Thévenin 등가회로

2. 수신을 위한 안테나의 방향성 패턴은 송신을 위한 안테나의 방향성 패턴과 동일하다.

다음과 같은 결론을 받아들이게 된다.

전송 원천에 미약하게 결합된 수신 안테나의 간략화한 수신단 Thévenin 등가회로를 그림 10-12에 나타내었다. 여기서 V_{oc}는 개방회로 전압이며 수신 안테나에서 유도되고 Z_g는 수신모드(송신모드의 입력 임피던스와 동일) 안테나의 등가 발진기 내부 임피던스이고, Z_L은 부하 임피던스이다. 수신 안테나의 성능을 알아보기 위해 이 등가회로를 이용한다.

10-6.1 실효면적

수신 안테나의 실효면적

수신 안테나에서 **실효면적**(effective area)†이라 지칭하는 양을 정의하면 편리하다. 수신 안테나의 실효면적 A_e는 정합된 부하에 전달되는 평균전력 P_L과 입사 전자파의 시평균 전력밀도 $\mathcal{P}_{av}$의 비이다. 즉,

$$A_e = \frac{P_L}{\mathcal{P}_{av}} (\mathrm{m}^2) \tag{10-65}$$

로 쓸 수 있다. 이런 정합된 조건하에서

$$Z_L = Z_g^* = Z_i^* \tag{10-66}$$

이다.

손실을 무시하면, 송신모드에 있는 안테나 입력 임피던스 Z_i는

† 실효개구(effective aperture) 또는 수신 단면적(receiving cross section)이라고도 부른다.

$$Z_i = R_r + jX_i \tag{10-67}$$

과 같이 적을 수 있고, 여기서 R_r은 복사저항을 나타낸다. 식(10-66)과 (10-67)에서 그림 10-12에 유도된 개방회로 전압 V_{oc}는 총 저항 $2R_r$과 교차하여 나타나고, 정합된 부하에 전달되는 평균 전력은

$$P_L = \frac{1}{2}\left\{\frac{|V_{oc}|}{2R_r}\right\}^2 R_r = \frac{|V_{oc}|^2}{8R_r} \tag{10-68}$$

이다.

E_i는 수신 안테나에서 전계강도의 크기를 뜻한다. 그러면 수신측에서의 시평균 전력밀도는

$$\mathcal{P}_{av} = \frac{E_i^2}{2\eta_0} = \frac{E_i^2}{240\pi} \tag{10-69}$$

이다. 실효면적은 P_L과 $\mathcal{P}_{av}$의 비이다.

예 제 10-9

파장 λ의 입사평면 전자파를 수신하기 위해 사용되는, 길이 $d\ell(\ll\lambda)$인 기본적인 전기쌍극 안테나의 실효면적 $A_e(\theta)$를 구하라. 단, 쌍극 안테나 축이 입사 전자파의 방향과 θ의 각을 이룬다고 가정한다.

해

E_i는 쌍극 안테나에서 전계강도의 진폭이라 하자. 그러면 유도된 개방회로 전압은

$$V_{oc} = E_i d\ell \sin\theta \tag{10-70}$$

이고, 기본적인 전기쌍극 안테나의 복사저항은 식(10-25)로부터

$$R_r = 80\pi^2\left(\frac{d\ell}{\lambda}\right)^2 \tag{10-71}$$

을 얻는다.

식(10-68)에 식(10-70)으로부터 V_{oc}와 식(10-71)로부터 R_r을 적용하면

$$P_L = \frac{E_i^2}{640\pi^2}(\lambda\sin\theta)^2 \tag{10-72}$$

를 얻는다.

Hertzian 쌍극 안테나의 실효면적

식(10-65)에 식(10-69)와 (10-72)로 대치시키면, 기본적인 전기쌍극 안테나(Hertzian) 쌍극 안테나의 실효면적을 얻을 수 있다:

$$A_e = \frac{3}{8\pi}(\lambda \sin\theta)^2 \tag{10-73}$$

예제 10-2에서 Hertzian 쌍극 안테나의 지향성 이득이

$$G_D(\theta, \phi) = \frac{3}{2}\sin^2\theta \tag{10-74}$$

인것을 식(10-19)로부터 생각해 낼 수 있다. 임피던스가 정합된 조건하에서 안테나에 대해 다음 관계식을 적을 수 있다:

안테나의 실효면적과 지향성 이득의 관계

$$\boxed{A_e(\theta, \phi) = \frac{\lambda^2}{4\pi}G_D(\theta, \phi) \quad (\mathrm{m}^2).} \tag{10-75}$$

식(10-75)에서 A_e와 G_D 사이의 관계가 일반적으로 어느 안테나에서도 성립함을 증명할 수 있다.

■ **연습문제 10.7** 3(GHz)의 주파수로 운용되는 Hertzian 쌍극 안테나의 최대 실효면적을 계산하라.

답 11.9(cm^2)

10-6.2 후방 산란기 단면적

후방 산란기 단면적(레이다 단면적)

앞절에서 보았듯이, 실효면적의 개념은 주어진 입사 전력밀도에 대해 수신 안테나의 정합된 부하가 이용할 수 있는 전력과 관계한다. 입사파에서 에너지를 뽑아 내는 것이 아니라 그 양을 **후방 산란기 단면적**(backscatter cross section) 또는 **레이다 단면적**(radar cross section)이라 정의하는 것이 적합하다. 만약 안테나가 모든 방향으로 균일하게(등방성) 산란된다면 수신단에서 산란 전력밀도를 만들어 내기 위해 입사전력의 양을 차단하는 등가면적이 그 안테나의 후방 산란기 단면적이다.

$\mathcal{P}_i$ = 안테나의 시평균 입사전력밀도(W/m²)

$\mathcal{P}_s$ = 수신단의 시평균 산란전력밀도(W/m²)

σ_{bs} = 후방 산란기 단면적(m²)

r = 산란기와 수신기 사이의 거리(m)

이라 하면

$$\frac{\sigma_{bs}\mathcal{P}_i}{4\pi r^2} = \mathcal{P}_s$$

이거나

$$\boxed{\sigma_{bs} = 4\pi r^2 \frac{\mathcal{P}_s}{\mathcal{P}_i}(\mathrm{m}^2)\,.} \tag{10-76}$$

이 된다.

$\mathcal{P}_s$는 큰 r에 대해 r^2에 반비례하고 σ_{bs}는 r과 무관하다는 것에 주의하라.

레이다

후방 산란기 단면적은 **레이다**(radio detection and ranging)에 의해 표적을 탐지할 수 있는 능력을 알아 내는 수단이다. 즉 레이다 단면적이다. 이것은 표적의 결합구조, 방위, 구성 성분, 표면상태, 복잡한 방법으로 입사파의 주파수와 분극을 복합 측정한 것이다. 스텔스기의 디자인은 후방 산란기 단면적 또는 레이다 유효반사 면적이 대단히 적은 것임에 틀림없다.

10-7 Friis 전송공식과 레이다 방정식

지금부터는 송신 안테나와 수신 안테나 사이의 전력 전송 관계에 대해 알아본다. 실효면적 A_{e1}과 A_{e2}의 안테나를 사용하는 기지국(station) 1과 2 사이에 통신 링크가 이루어져 있다고 가정하자. 안테나들은 거리 r만큼 떨어져 있다. 여기에서는 송신전력과 수신전력 사이의 관계를 알아본다.

지향성 이득 G_{D1}인 안테나 1이 방사하는 총전력을 P_t라 하자. 안테나 2에서의 평균전력밀도 $\mathcal{P}_{av}$는 거리 r만큼 떨어진 곳에서

$$\mathcal{P}_{av} = \frac{P_t}{4\pi r^2} G_{D1} \tag{10-77}$$

이다.

안테나 2의 실효면적이 A_{e2}이면 정합된 부하(식 10-65 참조)에서 전력 P_L을 수신할 것이다. 즉

$$P_L = A_{e2}\mathcal{P}_{av} \tag{10-78}$$

식(10-75)를 이용하여 식(10-77)과 (10-78)을 조합하면,

$$\frac{P_L}{P_t} = \left(\frac{A_{e2}}{4\pi r^2}\right)G_{D1} = \left(\frac{A_{e2}}{4\pi r^2}\right)\left(\frac{4\pi A_{e1}}{\lambda^2}\right)$$

또는

Friis 전송공식

$$\boxed{\frac{P_L}{P_t} = \frac{A_{e1}A_{e2}}{r^2\lambda^2}.} \tag{10-79}$$

를 얻는다.

식(10-79)에서의 관계를 Friis **전송공식**(Friis transmission formula)이라 한다. 전송전력이 주어지면, 수신전력은 송수신 안테나의 실효면적들의 곱에 비례하고, 떨어진 거리와 파장 곱의 제곱에 반비례한다.

식(10-75)가 없다면, 다음과 같은 형태의 Friis 전송공식을 이용할 수도 있다.

Friis 전송 공식의 또다른 형태

$$\boxed{\frac{P_L}{P_t} = \frac{G_{D1}G_{D2}\lambda^2}{(4\pi r)^2}.} \tag{10-80}$$

식(10-79)와 (10-80)에서 수신전력 P_L은 정합된 상태라 가정하고, 안테나 자체에서 손실된 전력은 무시하며, 또한 송·수신 안테나들은 서로 각각 원거리 상태에 있다고 가정한다.

그러면 지금부터는 그림 10-13†에 있는 것처럼 시정현파 복사의 짧은 펄스를 전송하고 목표물로부터 되돌아온 산란파를 수신하기 위해 하나의 안테나를 사용하는 레이다 시스템을 고려해 보자. 전송된 전력 P_t에 대해 거리 r만큼 떨어진 표적에서의 전력밀도는(식 10-77 참조)

† 한 기지에서 송·수신 공용 안테나를 사용하고 하나의 T/R(송신/수신) 스위치를 사용하는 레이다 시스템을 단정 레이다라고 부른다.

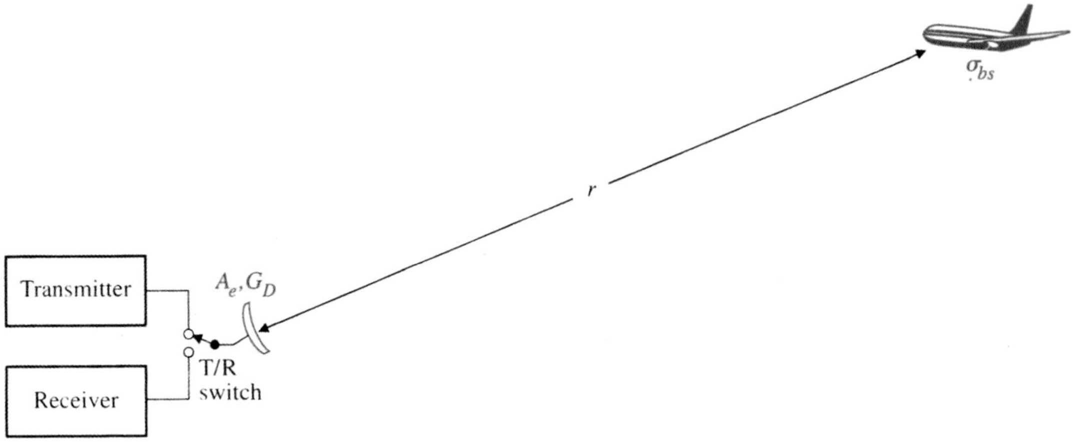

그림 10-13 단정(monostatic) 레이다 시스템

$$\mathcal{P}_{av} = \frac{P_t}{4\pi r^2} G_D(\theta,\ \phi) \tag{10-81}$$

여기서 $G_D(\theta, \phi)$는 목표를 방향으로의 안테나의 지향성 이득이다. 만약 σ_{bs}가 목표물의 후방 산란기나 레이다 단면적을 나타낸다면, 등방성으로 산란된 등가 전압은 $\sigma_{bs}\mathcal{P}_{av}$이고, 이것은 안테나에서 $\sigma_{bs}\mathcal{P}_{av}/4\pi r^2$의 전력밀도로 나타난다. 수신된 전력은 다음과 같이 표현된다.

$$\begin{aligned} P_L &= A_e \sigma_{bs} \frac{\mathcal{P}_{av}}{4\pi r^2} \\ &= A_e \sigma_{bs} \frac{P_t}{(4\pi r^2)^2} G_D(\theta, \phi) \end{aligned} \tag{10-82}$$

식(10-75)를 이용하면, 식(10-82)는

$$\boxed{\frac{P_L}{P_t} = \frac{\sigma_{bs} \lambda^2}{(4\pi)^3 r^4} G_D^2(\theta, \phi).} \tag{10-83}$$

레이다 방정식

이며, 이 식을 **레이다 방정식(radar equation)**이라 한다. 안테나에 지향성 이득 $G_D(\theta, \phi)$ 대신 실효면적 A_e를 이용하면, 레이다 방정식은 다음과 같이 쓸 수 있다.

레이다 방정식의 또다른 형태

$$\frac{P_L}{P_t} = \frac{\sigma_{bs}}{4\pi}\left(\frac{A_e}{\lambda r^2}\right)^2. \tag{10-84}$$

레이다 신호가 안테나에서 표적까지 왕복 여행을 하고 안테나로 되돌아오기 때문에 수신전력은 안테나에서 표적까지의 거리 r의 4제곱에 반비례한다. 실질적으로, 수신 안테나에 도달하는 표적에서 산란된 전력의 일부는 반사되거나 재방사된다. 그러므로 P_D은 식(10-84)에 주어진 것보다 다소 낮아지게 된다.

정지위성

위성통신 시스템은 지구의 적도면 궤도를 따라 도는 인공위성을 이용한다. 위성의 속도와 궤도의 반경은 지구를 도는 위성의 회전주기이며 이는 곧 지구의 회전주기이다. 그러므로 위성은 지표에 대하여 정지된 것처럼 보이며 이를 정지위성이라고 한다. 정지궤도 반경은 42,300(km)이다. 지구 반경이 6380(km)이므로 위성은 지표로부터 약 36,000(km) 떨어져 있다.

신호는 지구국에서 위성을 향해 고이득 안테나로 전송되고, 위성이 신호를 받아 증폭하고 다른 주파수로 지구국을 향해 거꾸로 재전송한다. 정지궤도상에 3개의 위성이 같은 간격을 유지하면 극지방(문제 10-21 참조)을 제외한 모든 지상을 커버할 수 있다. 위성 통신에 관한 전력과 안테나 이득 관계의 정량 분석에는 Friis 전송공식을 두 번 이용하여야 한다. 즉, 상향 링크(지구국에서 위성으로)시와 하향 링크(위성에서 지구국으로)시에 필요하다.

예 제 10-10

동작주파수 300(MHz), 거리 10 miles에 대해 마이크로파 링크가 구성되어 있다. 두 개의 동일한 파라볼릭 안테나를 사용하며 각각의 지향성 이득은 30(dB)이고 전송 안테나는 500(W)의 전력을 방사한다. 손실을 무시하고 (a) 수신된 전력, (b) 수신 안테나에서의 전계강도를 구하라.

해

a) 먼저, 30(dB)의 대수 지향성 이득을 수치로 바꾸자.

$$10\log_{10}(G_D) = 30(\text{dB})$$

$$G_D = 10^3 = 1,000$$

$$r = 10 \times 1609 = 1.609 \times 10^4(\text{m}), \quad \lambda = \frac{3 \times 10^8}{300 \times 10^6} = 1(\text{m})$$

식(10-80)를 이용하면

$$P_L = P_t\left(\frac{G_D\lambda}{4\pi r}\right)^2$$
$$= 500\left(\frac{1000 \times 1}{4\pi \times 1.609 \times 10^4}\right)^2$$
$$= 12.23 \times 10^{-3}(\text{W}) = 12.23(\text{mW})$$

를 얻는다.

b) 식(10-77)과 (10-69)로부터

$$\mathcal{P}_{av} = \frac{P_t G_D}{4\pi r^2} = \frac{E_i^2}{240\pi}$$

그러므로

$$E_i = \frac{1}{r}\sqrt{60 P_t G_D}$$
$$= \frac{1}{1.609 \times 10^4}\sqrt{60 \times 500 \times 1000} = 0.341(\text{V/m})$$

예 제 10-11

3(GHz)에서 동작하는 레이다 시스템의 안테나에 50(kW)가 공급된다고 가정하자. 안테나의 실효면적은 4(m^2), 복사 효율은 90%이다. 최소 검파 신호전력(수신 시스템의 고유잡음과 주변상태로부터)은 1.5(pW)이고, 수신에 대한 안테나의 전력반사계수는 0.05이다. 레이다 유효반사 면적이 1(m^2)일 때 표적을 탐지할 수 있는 레이다의 최대 사용 가능 범위를 구하라.

해

$f = 3 \times 10^9(\text{Hz})$, $\lambda = 0.1(\text{m})$에서

$$A_e = 4(\text{m}^2)$$
$$P_t = 0.90 \times 5 \times 10^4 = 4.5 \times 10^4(\text{W})$$
$$P_L = 1.5 \times 10^{-12}\left(\frac{1}{1 - 0.05}\right) = 1.58 \times 10^{-12}(\text{W})$$

$$\sigma_{bs} = 1(\text{m}^2)$$

이다. 식(10-84)로부터,

$$r^4 = \frac{\sigma_{bs} A_e^2}{4\pi\lambda^2}\left(\frac{P_t}{P_L}\right)$$

이고

$$r = 4.20 \times 10^4(\text{m}) = 42(\text{km})$$

이다.

연습문제 10.8 예제 10-11의 레이다 시스템에 대해 다음을 계산하라.

a) 후방 산란기 단면적이 0.2(m²)일 때 표적을 탐지할 수 있는 최대 범위

b) 42(km) 거리에 있는 새로운 표적을 검출하기 위해 요구되는 새 안테나의 지향성(dB)

c) 최초의 경우에 있어 총 전송 손실(dB)

답 (a) 28.1(km), (b) 40.5(dB), (c) 155.2(dB)

복습문제

문 10-25 송·수신모드에서 운용되는 안테나와 관련된 상호 관계성의 중요한 결론은 무엇인가?

문 10-26 안테나의 실효면적을 정의하라.

문 10-27 표적의 후방 산란기 단면적을 정의하라.

문 10-28 레이다의 원리를 설명하라.

문 10-29 Friis 전송공식은 안테나의 실효면적에 관하여 무엇을 말하는 것인가?

요 점

1. 안테나의 실효면적과 지향성 이득의 비는 보편적으로 상수 $\lambda^2/4\pi$와 같다.
2. 주어진 입사전력밀도에 대해 정합된 부하에 전달되는 전력은 안테나의 실효면적(지향성 이득)에 비례한다.
3. 실효면적은 안테나의 특성이고, 후방 산란기(레이다) 단면적은 수동적인 표적의 특성이다.
4. 주어진 전송 전력에 대해, 단정 레이다 시스템에 수신된 전력은 표적의 후방 산란기 단면적에 비례하고, 안테나 지향성 이득과 동작 파장 곱의 제곱에 비례한다. 반면에 표적까지 거리의 4 제곱에 반비례한다.

요 약

안테나와 안테나 배열은 의도한 곳으로 전자 에너지를 효율적으로 방사하거나 수신하기 위해 사용된다. 이 장에서는

- 가정한 전류 분포 안테나가 방사하는 전자계를 결정하기 위한 일반적 절차를 알아보았다.
- 기본적인 전기(Hertzian) 쌍극 안테나가 방사하는 원거리 전계와 자계 강도를 찾아보았다.
- 안테나의 필수적인 방사 특성들(지향성 이득, 지향성, 전력 이득, 복사저항, 복사효율)을 정의하였다.
- 일반적인 선형 안테나, 반파 쌍극 안테나, 1/4 파장 단극 안테나의 패턴 함수들을 검토하였다.
- 동일 소자 안테나 배열에 대한 패턴 곱의 원리를 설명하였다.
- 이항 배열의 독특한 특징을 지적하였다.
- broadside 안테나 배열과 endfire 안테나 배열에 대해 배열계수들의 일반적인 특징들을 특별히 강조해서 기술하였다.
- 실효면적과 후방 산란기 단면적의 개념에 대해 설명하였다.
- Friis 전송공식과 레이다 방정식을 도출하였다.

문 제

문 10-1 입력전력 15(kW), 복사효율 70%인 Hertzian 쌍극 안테나로부터 10(km) 떨어진 지점에서의 최대 전계강도와 자계강도를 구하라.

문 10-2 안테나의 방사강도가 다음과 같을 때

$$U(\theta,\ \phi) = \begin{cases} 50\sin^2\theta\cos\phi\,; & 0 \le \theta \le \pi,\ -\pi/2 \le \phi \le \pi/2 \\ 0\,; & \text{그외 경우} \end{cases}$$

(a) 지향성, (b) 입력전류 2(A)이고 손실을 무시할 때, 안테나의 복사저항을 구하라.

문 10-3 (a) 매우 가는 중앙-급전 반파 쌍극 안테나에 대해 전류의 공간적 분포가 z-축에 $I_0\cos 2\pi z$ 가 되도록 놓여 있다 가정하자. 쌍극 안테나의 전하 분포와 파장을 구하라. (b) $I(z) = I_0(1-4|z|)$의 삼각함수인 쌍극 안테나를 따라 전류 분포가 놓여 있다고 가정하고 (a)를 반복하라.

문 10-4 1(MHz) 균일 전류가 길이 15(m)의 수직 안테나에 흐른다. 안테나는 반경 2(cm)의 중앙-급전 구리로 만들어졌다. 다음을 구하라.

a) 복사저항,

b) 복사효율

c) 안테나 방사 전력이 1.6(kw)일 때 20(km) 떨어진 지점에서의 최대 전계강도

문 10-5 동작주파수 100(MHz), 길이 1.5(m)의 중앙-급전 쌍극 안테나의 복사효율을 구하라. 쌍극 안테나는 황동으로 만들어졌으며 반경은 1(mm)이다.

문 10-6 길이 $2h(h \ll \lambda)$의 중앙-급전식 짧은 쌍극 안테나에 대한 시정현 전류분포의 진폭이 다음과 같은 삼각함수로 간략화된다.

$$I(z) = I_0\left(1 - \frac{|z|}{h}\right)$$

(a) 원거리 전계강도와 자계강도, (b) 복사저항, (c) 지향성을 구하라.

문 10-7 무선 운항 시스템의 송신 안테나는 수직의 금속 계류주로 지상 40(m) 높이에서 격리되어 있다. 180(kHz) 소스가 계류주로 100(A)의 전류를 보낸다. 안테나의 전류 진폭은 계류주 꼭대기와 완전 전도면인 지상에서 0으로 선형적으로 감소할 때, 다음을 구하라.

a) 안테나로부터(160km) 지점에서의 최대 전자계강도,

b) 시평균 복사전력

c) 복사저항

문 10-8 **a)** 그림 10-4(c)와 10-4(d)의 중앙-급전 안테나가 각각 $2h/\lambda = 3/2$ 와 $2h/\lambda = 2$ 일 때 E-평면 극 방사 지향 특성을 입증하라.

b) 이들의 지향성을 θ에 대해 $\mathbf{F}(\theta)$을 직각좌표형으로 그려라.

c) 이 패턴들이 최대값을 나타내는 각 θ_0를 구하라.

문 10-9 안테나 방사 패턴 중 주빔의 반전력 점들 사이의 각을 종종 그 패턴의 빔폭(beam width)이라고 한다.(반전력 점은 장강도가 최대 복사방향에서의 크기의 $1/\sqrt{2}$인 지점이다) 다음의 E-평면 지향 특성의 빔폭을 구하라. (a) Hertzian 쌍극 안테나 (b) 반파 쌍극 안테나

문 10-10 총 길이 $2h = 1.25\lambda$인 가는 쌍극 안테나에 대해서, θ에 대한 극 복사 패턴을 그려라. 최초 영이 되는 지점 사이에서 주빔폭을 구하라.

문 10-11 두 개의 기본적인 쌍극 안테나들이 각각의 길이는 $2h(h \ll \lambda)$, 각각의 중심에서 거리 $d(d > 2h)$만큼 떨어져 z 축을 따라 서로 선형적으로 정

렬되어 있다. 두 안테나의 여기들은 진폭과 위상이 서로 같다.

a) 두 소자 선형 배열의 원거리 전계의 일반식을 써라.

b) $d=\lambda/2$ 인 정규화한 E-평면 지향 특성을 그려라.

c) $d=\lambda$일 때 b)를 반복하라.

문 10-12 다음의 경우에 두 평행한 쌍극 안테나의 H-평면 극 방사 지향 특성을 그려라.

a) $d=\lambda/4$, $\zeta=\pi/2$

b) $d=3\lambda/4$, $\zeta=\pi/2$

문 10-13 5-소자 broadside 이항 배열에 대한

a) 배열 소자들에서 상대 여기 진폭을 구하라.

b) $d=\lambda/2$ 일 때 배열 인자를 그려라.

c) 반전력 빔폭을 구하고 소자 간격이 같은 5-소자 균일 배열의 반전력 빔폭과 비교하라.

문 10-14 5-소자의 $\lambda/2$ 간격을 유지하고 여기 진폭비는 1 : 2 : 3 : 2 : 1인 등방성 broadside 안테나 배열의 배열계수를 구하고 정규화한 복사 지향 특성을 그려라. 최초 측면 로브 레벨을 5-소자 균일 배열의 최초 측면 로브 레벨과 비교하라.

문 10-15 $N_1 \times N_2$ 평행 반파장 쌍극 안테나에 대한 균일하게 여기된 직사각형 배열의 지향 특성함수를 구하라. 쌍극 안테나들은 z 축에 평행이고 이들의 중심은 x 와 y 축에 대해 각각 d_1, d_2 만큼 떨어져 있다고 가정한다.

문 10-16 가는 선형 안테나를 다루는 데 있어, 안테나의 실효길이 ℓ_e를 정의하면 종종 편리하며 이는 급전점에서의 전류로 정규화한 전류 순시치이다. 반 길이 h 인 중앙-급전 쌍극자에 대해 최대 실효길이($\theta=\pi/2$ 에서)는

$$\ell_e(\pi/2)=\frac{1}{I(0)}\int_{-h}^{+h} I(z)\,dz \tag{10-85}$$

이다. 다음의 실효길이를 구하라.

a) 길이 $d\ell$인 Hertzian 쌍극 안테나

b) 사인파 전류 분포가 $I_0\cos\beta z$ 인 반파장 쌍극 안테나

c) 삼각 전류 분포가 $I_0(1-4|z|/\lambda)$인 반파장 쌍극 안테나

문 10-17 식(10-85)에 정의된 것과 같은 실효길이 ℓ_e의 안테나가 쌍극 안테나에 평행한 입사전계 E_i를 수신하기 위해 사용되면, $|E_i\ell_e|$는 수신회로에 유도된 개방회로 전압 $|V_{oc}|$와 같아진다. 반파장 쌍극 안테나는 300

(MHz)에서 2(kW)를 방사하고 두번째 반파 쌍극 안테나는 첫 안테나와 150(m) 떨어져 평행하고, 수신 안테나로 사용된다고 가정하자. 손실을 무시하고, (a) 등가 수신회로에서의 $|V_{oc}|$, (b) 정합된 부하에 수신된 전력을 구하라.

문 10-18 (a) 두 개의 평행한 반파장 쌍극 안테나가 150(m) 떨어져 있다. 송신 안테나는 300(MHz)에서 2(kW)를 방사한다. 식(10-80)을 이용해서 수신 안테나에 수신된 전력을 구하라. (b) 두 안테나 모두 Hertzian 쌍극 안테나라고 가정하고 (a)를 반복하라.

문 10-19 반길이 $\lambda/4$ 의 대칭형 쌍극 안테나가 있다.

a) 실효면적, $A_e(\theta)$의 표현식을 구하라.

b) 100(MHz)에서 A_e의 최대값을 계산하라.

c) 200(MHz)에서 A_e의 최대값을 계산하라. 이 계산값이 b)에서의 얻은 값보다 작은 이유는 무엇인가?

문 10-20 동작주파수 3(GHz)인 120(kW) 단정 레이다 안테나의 지향성 이득이 20(dB)이다. 8(km) 떨어진 표적을 추적하고 있고 후방 산란기 단면적이 15(m^2)라 가정하고 다음을 구하라.

a) 표적에서 전계강도의 크기

b) 표적에 의해 저지된 전력량

c) 레이다에서 안테나에 의해 흡수된 반사 전력량

문 10-21 (a) 적도면 정지궤도에 같은 간격으로 있는 3개의 인공위성이 지구 표면을 거의 완전히 커버할 수 있다는 것을 입증하라. 극지방을 커버하지 못하는 이유를 설명하라. (b) 위성 안테나 방사 지향 특성의 주빔이 원뿔형이고 지구를 과잉 커버하지 않는다고 할 때, 주 로브 빔폭과 안테나의 지향성 이득 사이의 관계식을 구하라.

문 10-22 14(GHz)에서 이득이 55(dB)인 위성통신 링크의 지구국 안테나가 36500(km) 떨어진 정지위성을 향하고 있다. 위성 안테나는 12(GHz)로 지구국으로 되돌려 보내고 이득은 35(dB)이다. 최소 이용 가능한 신호는 8(pW)이다.

a) 안테나의 저항성 손실과 부정합 손실을 무시하고, 요구되는 위성 송전력의 최소치를 구하라.

b) 수동 표적으로서 위성을 검출하기 위해 지구국에서 필요한 첨두 전송 펄스 전력을 구하라. 단, 태양 전지판을 포함한 위성의 후방 산란기 단면적은 25(m^2)이고 최소의 검출 가능한 귀환 펄스 전력은 0.5(pW)라 가정한다.

Appendix A

SYMBOLS AND UNITS

Quantity	Symbol	Unit	Abbreviation
Length	ℓ	meter	m
Mass	m	kilogram	kg
Time	t	second	s
Current	I, i	ampere	A

[†]Besides the MKSA system for the units of length, mass, time, and current, the SI adopted by the International Committee on Weights and Measures consists of two other fundamental units. They are Kelvin degree (K) for thermodynamic temperature and candela (cd) for luminous intensity.

A-2 Derived Quantities

Quantity	Symbol	Unit	Abbreviation
Admittance	Y	siemens	S
Angular frequency	ω	radian/second	rad/s
Attenuation constant	α	neper/meter	Np/m
Capacitance	C	farad	F
Charge	Q, q	coulomb	C
Charge density (linear)	ρ_ℓ	coulomb/meter	C/m
Charge density (surface)	ρ_s	coulomb/meter^2	C/m^2
Charge density (volume)	ρ_v	coulomb/meter^3	C/m^3
Conductance	G	siemens	S
Conductivity	σ	siemens/meter	S/m
Current density (surface)	$\mathbf{J}_s$	ampere/meter	A/m
Current density (volume)	$\mathbf{J}$	ampere/meter^2	A/m^2
Dielectric constant (relative permittivity)	ϵ_r	(dimensionless)	—
Directivity	D	(dimensionless)	—
Electric dipole moment	$\mathbf{p}$	coulomb-meter	C·m
Electric displacement (Electric flux density)	$\mathbf{D}$	coulomb/meter^2	C/m^2
Electric field intensity	$\mathbf{E}$	volt/meter	V/m
Electric potential	V	volt	V
Electric susceptibility	χ_e	(dimensionless)	—
Electromotive force	$\mathcal{V}$	volt	V
Energy (work)	W	joule	J
Energy density	w	joule/meter^3	J/m^3
Force	$\mathbf{F}$	newton	N
Frequency	f	hertz	Hz
Impedance	Z, η	ohm	Ω
Inductance	L	henry	H
Magnetic dipole moment	$\mathbf{m}$	ampere-meter^2	A·m^2
Magnetic field intensity	$\mathbf{H}$	ampere/meter	A/m

Quantity	Symbol	Unit	Abbreviation
Magnetic flux	Φ	weber	Wb
Magnetic flux density	$\mathbf{B}$	tesla	T
Magnetic potential (vector)	$\mathbf{A}$	weber/meter	Wb/m
Magnetic susceptibility	χ_m	(dimensionless)	—
Magnetization	$\mathbf{M}$	ampere/meter	A/m
Magnetomotive force	$\mathscr{V}_m$	ampere	A
Permeability	μ, μ_0	henry/meter	H/m
Permittivity	ϵ, ϵ_0	farad/meter	F/m
Phase	ϕ	radian	rad
Phase constant	β	radian/meter	rad/m
Polarization vector	$\mathbf{P}$	coulomb/meter^2	C/m^2
Power	P	watt	W
Poynting vector (power density)	$\mathscr{P}$	watt/meter^2	W/m^2
Propagation constant	γ	meter^{-1}	m^{-1}
Radiation intensity	U	watt/steradian	W/sr
Reactance	X	ohm	Ω
Relative permeability	μ_r	(dimensionless)	—
Relative permittivity (dielectric constant)	ϵ_r	(dimensionless)	—
Reluctance	$\mathscr{R}$	henry^{-1}	H^{-1}
Resistance	R	ohm	Ω
Susceptance	B	siemens	S
Torque	T	newton-meter	N·m
Velocity	u	meter/second	m/s
Voltage	V	volt	V
Wavelength	λ	meter	m
Wavenumber	k	radian/meter	rad/m
Work (energy)	W	joule	J

A-3 MULTIPLES AND SUBMULTIPLES OF UNITS

Factor by Which Unit Is Multiplied	Prefix	Symbol
1 000 000 000 000 000 000 = 10^{18}	exa	E
1 000 000 000 000 000 = 10^{15}	peta	P
1 000 000 000 000 = 10^{12}	tera	T
1 000 000 000 = 10^{9}	giga	G
1 000 000 = 10^{6}	mega	M
1 000 = 10^{3}	kilo	k
100 = 10^{2}	hecto†	h
10 = 10^{1}	deka†	da
0.1 = 10^{-1}	deci†	d
0.01 = 10^{-2}	centi†	c
0.001 = 10^{-3}	milli	m
0.000 001 = 10^{-6}	micro	μ
0.000 000 001 = 10^{-9}	nano	n
0.000 000 000 001 = 10^{-12}	pico	p
0.000 000 000 000 001 = 10^{-15}	femto	f
0.000 000 000 000 000 001 = 10^{-18}	atto	a

†These prefixes are generally not used except for measurements of length, area, and volume.

Appendix B

SOME USEFUL MATERIAL CONSTANTS

B-1 CONSTANTS OF FREE SPACE

Constant	Symbol	Value
Velocity of light	c	$\sim 3 \times 10^8$ (m/s)
Permittivity	ϵ_0	$\sim \frac{1}{36\pi} \times 10^{-9}$ (F/m)
Permeability	μ_0	$4\pi \times 10^{-7}$ (H/m)
Intrinsic impedance	η_0	$\sim 120\pi$ or 377 (Ω)

B-2 PHYSICAL CONSTANTS OF ELECTRON AND PROTON

Constant	Symbol	Value
Rest mass of electron	m_e	9.107×10^{-31} (kg)
Charge of electron	$-e$	-1.602×10^{-19} (C)
Charge-to-mass ratio of electron	$-e/m_e$	-1.759×10^{11} (C/kg)
Radius of electron	R_e	2.81×10^{-15} (m)
Rest mass of proton	m_p	1.673×10^{-27} (kg)

B-3 RELATIVE PERMITTIVITIES (DIELECTRIC CONSTANTS)†

Material	Relative Permittivity, ϵ_r
Air	1.0
Bakelite	5.0
Glass	4–10
Mica	6.0
Oil	2.3
Paper	2–4
Paraffin wax	2.2
Plexiglass	3.4
Polyethylene	2.3
Polystyrene	2.6
Porcelain	5.7
Rubber	2.3–4.0
Soil (dry)	3–4
Teflon	2.1
Water (distilled)	80
Seawater	72

B-4 CONDUCTIVITIES†

Material	Conductivity, σ(S/m)	Material	Conductivity, σ(S/m)
Silver	6.17×10^7	Fresh water	10^{-3}
Copper	5.80×10^7	Distilled water	2×10^{-4}
Gold	4.10×10^7	Dry soil	10^{-5}
Aluminum	3.54×10^7	Transformer oil	10^{-11}
Brass	1.57×10^7	Glass	10^{-12}
Bronze	10^7	Porcelain	2×10^{-13}
Iron	10^7	Rubber	10^{-15}
Seawater	4	Fused quartz	10^{-17}

† Note that the constitutive parameters of some of the materials are frequency and temperature dependent. The listed constants are average low-frequency values at room temperature.

B-5 RELATIVE PERMEABILITIES[†]

Material	Relative Permeability, μ_r
Ferromagnetic (nonlinear)	
Nickel	250
Cobalt	600
Iron (pure)	4,000
Mumetal	100,000
Paramagnetic	
Aluminum	1.000021
Magnesium	1.000012
Palladium	1.00082
Titanium	1.00018
Diamagnetic	
Bismuth	0.99983
Gold	0.99996
Silver	0.99998
Copper	0.99999

[†]Note that the constitutive parameters of some of the materials are frequency and temperature dependent. The listed constants are average low-frequency values at room temperature.

Bibliography

The following books on electromagnetic fields and waves at a comparable level have been found useful as references. They are listed alphabetically by the names of the first authors.

Bewley, L. V., *Two Dimensional Fields in Electrical Engineering*, Dover Publications, New York, 1963.

Cheng, D. K., *Field and Wave Electromagnetics*, 2nd ed., Addison-Wesley, Reading, Mass., 1989.

Collin, R. E., *Antennas and Radiowave Propagation*, McGraw-Hill, New York, 1985.

Crowley, J. M., *Fundamentals of Applied Electrostatics*, Wiley, New York, 1986.

Feynman, R. P.; Leighton, R. O.; and Sands, M., *Lectures on Physics*, vol. 2, Addison-Wesley, Reading, Mass., 1964.

Javid, M., and Brown, P. M., *Field Analysis and Electromagnetics*, McGraw-Hill, New York, 1963.

Jordan, E. C., and Balmain, K. G., *Electromagnetic Waves and Radiating Systems*, 2nd ed., Prentice-Hall, Englewood Cliffs, N.J., 1968.

Kraus, J. D., *Electromagnetics*, 4th ed., McGraw-Hill, New York, 1992.

Lorrain, P., and Corson, D., *Electromagnetic Fields and Waves*, 2nd ed., Freeman, San Franscisco, Calif., 1970.

Neff, H. P., Jr., *Introductory Electromagnetics*, Wiley, New York, 1991.

Paris, D. T., and Hurd, F. K., *Basic Electromagnetic Theory*, McGraw-Hill, New York, 1969.

Parton, J. E.; Owen, S. J. T.; and Raven, M. S., *Applied Electromagnetics*, 2nd ed., Macmillan, London, 1986.

Paul, C. R., and Nasar, S. A., *Introduction to Electromagnetic Fields*, McGraw-Hill, New York, 1987.

Plonsey, R., and Collin, R. E., *Principles and Applications of Electromagnetic Fields*, 2nd ed., McGraw-Hill, New York, 1982.

Plonus, M. A., *Applied Electromagnetics*, McGraw-Hill, New York, 1978.

Popović, B. D., *Introductory Engineering Electromagnetics*, Addison-Wesley, Reading, Mass., 1971.

Pozar, D. M., *Microwave Engineering*, Addison-Wesley, Reading, Mass., 1990.

Ramo, S.; Whinnery, J. R.; and Van Duzer, T., *Fields and Waves in Communication Electronics*, 2nd ed., Wiley, New York, 1984.

Sander, K. F., and Reed, G. A. L., *Transmission and Propagation of Electromagnetic Waves*, 2nd ed., Cambridge University Press, Cambridge, England, 1986.

Seshadri, S. R., *Fundamentals of Transmission Lines and Electromagnetic Fields*, Addison-Wesley, Reading, Mass., 1971.

Shen, L. C., and Kong, J. A., *Applied Electromagnetism*, 2nd ed., PWS Engineering, Boston, Mass., 1987.

Zahn, M., *Electromagnetic Field Theory*, Wiley, New York, 1979.

Answers to Odd-Numbered Problems

CHAPTER 2

P.2-3 **a)** $(\mathbf{a}_x 2 - \mathbf{a}_y 3 + \mathbf{a}_z 6)/7$. **b)** 17.1. **c)** -1.71. **d)** -24. **e)** -3.43. **f)** $104.2°$. **g)** $-\mathbf{a}_x 4 - \mathbf{a}_y 3 - \mathbf{a}_z 10$. **h)** -118.

P.2-5 **a)** Right angle at P_1. **b)** 15.3.

P.2-7 **a)** $(\mathbf{a}_x 5 - \mathbf{a}_y 2 + \mathbf{a}_z)/\sqrt{30}$. **b)** $(\mathbf{a}_x 2 + \mathbf{a}_y 5)/\sqrt{29}$.

P.2-11 **a)** $(-3/2, -3\sqrt{3}/2, -4)$. **b)** $(5, 143.1°, 240°)$.

P.2-13 **a)** $A_x \cos\phi_1 + A_y \sin\phi_1$. **b)** $A_R(r_1/\sqrt{r_1^2 + z_1^2}) + A_\theta(z_1/\sqrt{r_1^2 + z_1^2})$.

P.2-15 **a)** $\mathbf{a}_R 2$; $-4/3$. **b)** $112.4°$.

P.2-17 **a)** $-(\mathbf{a}_x x + \mathbf{a}_y y + \mathbf{a}_z z)/R^3$. **b)** $-\mathbf{a}_R(1/R^2)$.

P.2-19 **a)** $\mathbf{a}_\phi$; $-\mathbf{a}_r$.

P.2-21 **a)** 3/2. **b)** $y + z + x$.

P.2-23 **a)** $2\pi R^3/3$. **b)** 1.

P.2-27 **a)** 1/2. **b)** $\mathbf{a}_z(3r - 5)\cos\phi$. **c)** 1/2.

CHAPTER 3

P.3-1 **a)** $\dfrac{m}{e}\left(\dfrac{u_0 h}{w}\right)^2$. **b)** $\dfrac{1}{2}\left(w + \dfrac{m u_0^2 D h}{e w V_{\max}}\right)$.

P.3-3 **a)** $Q_1/Q_2 = 4/3$. **b)** $Q_1/Q_2 = 3/4$.

P.3-5 $z = 8.66b$.

P.3-7 Assuming the semicircular line charge around the origin to lie in the upper half of xy-plane, $\mathbf{E} = -\mathbf{a}_y \rho_l / 2\pi\epsilon_0 b$.

P.3-9 **a)** $E_r = 0,\ r < a;\ E_r = a\rho_{sa}/\epsilon_0 r,\ a < r < b;\ E_r = (a\rho_{sa} + b\rho_{sb})/\epsilon_0 r,\ r > b.$

b) $b/a = -\rho_{sa}/\rho_{sb}.$

P.3-11 **a)** $-30\,(\mu J).$ **b)** $-60\,(\mu J).$

P.3-13 **a)** $\rho_{ps} = P_0 L/2$ on all six faces; $\rho_{pv} = -3P_0.$

P.3-15 **a)** $\rho_{ps} = P_0 r_o(3 + \sin^2\phi),\ r = r_o;\ \rho_{ps} = -P_0 r_i(3 + \sin^2\phi),\ r = r_i;\ \rho_{pv} = -7P_0.$

P.3-17 **a)** $150\,(kV).$ **b)** $1{,}000\,(kV).$ **c)** $130\,(kV).$

P.3-19 $\epsilon_{r2} = 1.667.$

P.3-21 **a)** $\mathbf{a}_r V_0/a \ln(b/a).$

b) $a = b/e = b/2.718.$

c) $eV_0/b.$

d) $2\pi\epsilon(\mathrm{F/m}).$

P.3-23 $4\pi\epsilon \bigg/ \left(\dfrac{1}{R_i} - \dfrac{1}{R_o}\right).$

P.3-25 **a)** $27\,(nJ).$ **b)** $27\,(nJ).$

P.3-27 $\mathbf{a}_x(\epsilon - \epsilon_0)V_0^2 w/2d.$

P.3-29 $V = c_1 \ln r + c_2 - Ar/\epsilon;\ c_1 = [A(b-a)/\epsilon - V_0]/\ln(b/a),$

$c_2 = [V_0 \ln b + A(a \ln b - b \ln a)/\epsilon]/\ln(b/a).$

P.3-31 **a)** $V(\theta) = V_0 \dfrac{\ln\left(\tan\dfrac{\theta}{2}\right)}{\ln\left(\tan\dfrac{\alpha}{2}\right)}.$

b) $\mathbf{E}(\theta) = -\mathbf{a}_\theta \dfrac{V_0}{R \ln[\tan(\alpha/2)] \sin\theta}.$

P.3-35 **a)** $d_i = 0.46\,(mm).$ **b)** $2.96\,(nF/m).$ **c)** $|\mathbf{E}| = 111.9\,(V/m).$

CHAPTER 4

P.4-1 **a)** $3.54 \times 10^7 (\mathrm{S/m}).$

b) $6 \times 10^{-3} (\mathrm{V/m}).$

c) $1(\mathrm{W}).$

d) $8.4 \times 10^{-6} (\mathrm{m/s}).$

P.4-3 **a)** $\mathbf{a}_R\ 7.5 \times 10^9 Re^{-9.42 \times 10^{11} t}(\mathrm{V/m}),\ R < b;\ \mathbf{a}_R(9/R^2) \times 10^6(\mathrm{V/m}),\ R > b.$

b) $\mathbf{a}_R\ 7.5 \times 10^{10} Re^{-9.42 \times 10^{11} t}(\mathrm{A/m^2}),\ R < b;\ 0,\ R > b.$

P.4-5 $P_{R_1} = 3.33(\mathrm{mW}),\ P_{R_2} = 8.00(\mathrm{mW}),\ P_{R_3} = 5.31(\mathrm{mW}),$

$P_{R_4} = 8.87(\mathrm{mW}),\ P_{R_5} = 44.5(\mathrm{mW}).$ Total resistance $= 7(\Omega).$

P.4-7 **a)** $\dfrac{d}{(\sigma_2 - \sigma_1)S} \ln\left(\dfrac{\sigma_2}{\sigma_1}\right).$

b) $\dfrac{\epsilon_0(\sigma_2 - \sigma_1)V_0}{\sigma_2 d \ln(\sigma_2/\sigma_1)},\ y = d.$

P.4-9 a) $C_i = \dfrac{2\pi\epsilon_1 L}{\ln(c/a)}$, $G_i = \dfrac{2\pi\sigma_1 L}{\ln(c/a)}$,

$C_o = \dfrac{2\pi\epsilon_2 L}{\ln(b/c)}$, $G_o = \dfrac{2\pi\sigma_2 L}{\ln(b/c)}$.

b) $J_i = J_o = \dfrac{\sigma_1\sigma_2 V_0}{r[\sigma_1 \ln(b/c) + \sigma_2 \ln(c/a)]}$

P.4-11 $R = \dfrac{2}{\pi\sigma h}\ln(b/a)$.

CHAPTER 5

P.5-1 $\mathbf{E} = u_0(\mathbf{a}_y B_z - \mathbf{a}_z B_y)$.

P.5-5 $\mathbf{B}_{P_2} = -\mathbf{a}_z \dfrac{\mu_0 I}{2\pi w}\ln\left(1 + \dfrac{w}{d_2}\right)$.

P.5-7 Assuming the current I to flow in the counterclockwise direction in a triangle lying in the xy-plane, $\mathbf{B} = \mathbf{a}_z \dfrac{9\mu_0 I}{2\pi w}$.

P.5-9 a) $\mathbf{A} = \mathbf{a}_z \dfrac{\mu_0 I}{2\pi}\ln\left(\dfrac{r_o}{r}\right)$.

b) $2.34(\mu Wb)$.

P.5-11 a) $\mathbf{a}_z\mu_0 H_0/\mu$.

b) $\mathbf{a}_z(H_0 - M_i)$.

P.5-13 a) $\mathbf{J}_{mv} = 0$, $\mathbf{J}_{ms} = \mathbf{a}_\phi M_0 \sin\theta$.

b) $(2/3)\mu_0\mathbf{M}_0$.

P.5-15 $L = \mu_0 N^2(r_o - \sqrt{r_o^2 - b^2})$, $L \cong \mu_0 N^2 b^2/2r_o$.

P.5-17 $L_{12} = \dfrac{\mu_0 h_2}{2\pi}\ln\dfrac{(w_1 + d)(w_2 + d)}{d(w_1 + w_2 + d)}$.

P.5-19 $\mathbf{f} = \mathbf{a}_x \dfrac{\mu_0 I^2}{\pi w}\tan^{-1}\left(\dfrac{w}{2D}\right)$.

P.5-21 $\mathbf{T} = -\mathbf{a}_x 0.1(\mathrm{N\cdot m})$.

CHAPTER 6

P.6-1 $\mathscr{V} = -\oint_C \dfrac{\partial \mathbf{A}}{\partial t}\cdot d\boldsymbol{\ell}$.

P.6-3 $i_2(t) = -\dfrac{\omega\mu_0 I_1 h}{2\pi\sqrt{R^2 + \omega^2 L^2}}\ln\left(1 + \dfrac{w}{d}\right)\sin\left(\omega t + \tan^{-1}\dfrac{R}{\omega L}\right)$.

P.6-5 a) $i = 0.251 \sin 100\pi t\,(\mathrm{A})$.

b) $i = 0.104 \sin(100\pi t - 65.6°)\,(\mathrm{A})$.

P.6-7 a) 1 (GHz). **b)** 7.2 (MHz).

P.6-9 a) $\mathbf{H}_2 = \mathbf{a}_x 30 + \mathbf{a}_y 45 + \mathbf{a}_z 10\,(\mathrm{A/m})$.

b) $\mathbf{B}_2 = 2\mu_0\mathbf{H}_2$. **c)** $\alpha_1 = 68.2°$. **d)** $\alpha_2 = 79.5°$.

P.6-15 $\alpha = \pi/6$, $H_0 = 1.73 \times 10^{-4}\,(\mathrm{A/m})$.

P.6-17 **a)** $\mathbf{A} = \mathbf{a}_R A_R + \mathbf{a}_\theta A_\theta + \mathbf{a}_\phi A_\phi$, where

$$A_R = A_z \cos\theta = \frac{\mu_0 I\, d\ell}{4\pi}\left(\frac{e^{-j\beta R}}{R}\right)\cos\theta,$$

$$A_\theta = -A_z \sin\theta = -\frac{\mu_0 I\, d\ell}{4\pi}\left(\frac{e^{-j\beta R}}{R}\right)\sin\theta,$$

$$A_\phi = 0.$$

b) $\mathbf{H} = -\mathbf{a}_\phi \dfrac{I\, d\ell}{4\pi}\beta^2 \sin\theta\left[\dfrac{1}{j\beta R} + \dfrac{1}{(j\beta R)^2}\right]e^{-j\beta R}.$

P.6-19 $k = 20\pi/3$ (rad/m).

$$\mathbf{H}(R, \theta; t) = \mathbf{a}_\phi \frac{10^{-3}}{120\pi R}\sin\theta\cos(2\pi 10^9 t - 20\pi R/3)\ \text{(A/m)}.$$

P.6-21 $\beta = 13.2\pi = 41.6$ (rad/m).

$$\mathbf{E}(x, z; t) = \mathbf{a}_x 496\cos(15\pi x)\sin(6\pi 10^9 t - 41.6z) + \mathbf{a}_z 565\sin(15\pi x)\cos(6\pi 10^9 t - 41.6z).$$

CHAPTER 7

P.7-1 **a)** $\nabla^2\mathbf{E} - \mu\sigma\dfrac{\partial E}{\partial t} - \mu\epsilon\dfrac{\partial^2 E}{\partial t^2} = 0.$

b) $\nabla^2\mathbf{E} - j\omega\mu\sigma\mathbf{E} + k^2\mathbf{E} = 0.$

P.7-3 $\mathbf{E}(\mathbf{R}) = -\eta\mathbf{a}_k \times \mathbf{H}(\mathbf{R}).$

P.7-5 **a)** $f = 1.59 \times 10^7$(Hz), $\lambda = 10.88$ (m).

b) $\epsilon_r = 3.$

c) Left-hand elliptically polarized.

d) $\mathbf{H}(z, t) = \dfrac{\sqrt{3}}{120\pi}[\mathbf{a}_x\sin(10^8 t - z/\sqrt{3}) + \mathbf{a}_y 2\cos(10^8 t - z/\sqrt{3})]$ (A/m).

P.7-7 **a)** 0.279 (m).

b) $\eta_c = 238\underline{/1.43°}$, $\lambda = 0.063$ (m), $u_p = 1.897 \times 10^8$(m/s),

$u_g = 1.898 \times 10^8$ (m/s).

c) $\mathbf{H}(x, t) = \mathbf{a}_z 0.21e^{-2.48x}\sin(6\pi \times 10^9 t - 31.6\pi x + 0.325\pi)$ (A/m).

P.7-9 **a)** $\sigma = 9.9 \times 10^4$ (S/m). **b)** 0.175 (mm).

P.7-11 For $\mathbf{E}(z, t) = \mathbf{a}_x E_0\cos(\omega t - kz + \phi) + \mathbf{a}_y E_0\sin(\omega t - kz + \phi)$,

$\mathscr{P} = \mathbf{a}_z E_0^2/\eta$, which is independent of t and z.

P.7-15 **a)** $\delta = 6.3$ (cm), $\eta_c = 3.96 + j3.96$ (Ω).

b) $\mathbf{E}(z, t) = \mathbf{a}_x 1.68e^{-15.85z}\cos(10^8 t - 15.85z + 0.25\pi)$ (V/m),

$\mathbf{H}(z, t) = \mathbf{a}_y 0.3e^{-15.85z}\cos(10^8 t - 15.85z)$ (A/m).

c) $\mathscr{P}_{av} = \mathbf{a}_z 0.178e^{-31.9z}$ (W/m²).

P.7-17 **a)** $\mathbf{E}_r(z) = E_0(-\mathbf{a}_x + j\mathbf{a}_y)e^{j\beta z}$, a left-hand circularly polarized wave in $-z$ direction.

b) $\mathbf{J}_s = \dfrac{2E_0}{\eta_0}(\mathbf{a}_x - j\mathbf{a}_y).$

c) $\mathbf{E}_1(z, t) = 2E_0\sin\beta z\,(\mathbf{a}_x\sin\omega t - \mathbf{a}_y\cos\omega t).$

P.7-19 **a)** $\mathbf{E}_r(z) = \mathbf{a}_x 2.08e^{j(6z+159.7°)}$ (V/m),

$\mathbf{H}_r(z) = -\mathbf{a}_y 0.0055e^{j(6z+159.7°)}$ (A/m),

$\mathbf{E}_t(z) = \mathbf{a}_x 8.08e^{-1.35z}e^{-j(9.10x-5.1°)}$ (V/m),

$\mathbf{H}_t(z) = \mathbf{a}_y 0.032e^{-1.35z}e^{-j(9.10x+3.4°)}$ (A/m).

b) $S = 1.53$.

c) $(\mathscr{P}_{av})_1 = \mathbf{a}_z 0.127(\text{W/m}^2)$, $(\mathscr{P}_{av})_2 = \mathbf{a}_z 0.127e^{-2.70z}(\text{W/m}^2)$.

P.7-21 **a)** $\Gamma = -0.241$, $\tau = 0.759$.

b) $\mathbf{E}_t(x, z; t) = \mathbf{a}_y 15.2\cos(2\pi 10^8 t - 1.05x - 2.96z)$ (V/m),

$\mathbf{H}_t(x, z; t) = 0.06(-\mathbf{a}_x 0.943 + \mathbf{a}_z 0.333)\cos(2\pi 10^8 t - 1.05x - 2.96z)$ (A/m).

P.7-25 **a)** $\theta_t = 0.03°$. **b)** $\Gamma_{\parallel} \cong 0.0151(1 + j)$. **c)** 8.69 (m).

P.7-27 **a)** $\mathbf{E}_t(x, z) = \mathbf{a}_y E_{t0}\, e^{-\alpha_2 z} e^{-j\beta_{2x}x}$,

$$\mathbf{H}_t(x, z) = \frac{E_{t0}}{\eta_2}\left(\mathbf{a}_x j\alpha_2 + \mathbf{a}_z\sqrt{\frac{\epsilon_1}{\epsilon_2}}\sin\theta_i\right)e^{-\alpha_2 z}e^{-j\beta_{2x}x},$$

where $\beta_{2x} = \beta_2\sqrt{\dfrac{\epsilon_1}{\epsilon_2}}\sin\theta_i$, $\alpha_2 = \beta_2\sqrt{\left(\dfrac{\epsilon_1}{\epsilon_2}\right)\sin^2\theta_i - 1}$,

and $E_{t0} = \dfrac{2\eta_2\cos\theta_i E_{i0}}{\eta_2\cos\theta_i - j\eta_1\sqrt{\left(\dfrac{\epsilon_1}{\epsilon_2}\right)\sin^2\theta_i - 1}}$.

P.7-29 **a)** 6.38°. **b)** $e^{j0.66}$. **c)** $1.89e^{j0.33}$. **d)** 159 (dB).

P.7-31 **a)** $\theta_a = \sin^{-1}\left(\dfrac{1}{n_0}\sqrt{n_1^2 - n_2^2}\right)$. **b)** 80.4°.

P.7-33 $\sin\theta_c = \tan\theta_{B\parallel}$.

CHAPTER 8

P.8-1 **a)** $d' = \sqrt{2}d$. **b)** $w' = w/\sqrt{2}$. **c)** $w' = 2w$.

d) $u_p' = u_p/\sqrt{2}$ for case **a** and **b**; $u_p' = u_p$ for case **c**.

P.8-3 **a)** 2.55 (cm). **b)** 3.91 (mm).

P.8-5 $R = 0.058\,(\Omega/\text{m})$, $L = 0.20(\mu\text{H/m})$, $C = 80(\text{pF/m})$, $G = 23(\mu\text{S/m})$.

P.8-7 **b)** $V(z) = V_i\cosh\gamma z - I_i Z_0\sinh\gamma z$,

$I(z) = I_i\cosh\gamma z - \dfrac{V_i}{Z_0}\sinh\gamma z$.

P.8-9 **a)** $V(z, t) = 5.27e^{-0.01z}\sin(8000\pi t - 5.55z - 0.322)$ (V),

$I(z, t) = 0.105e^{-0.01z}\sin(8000\pi t - 5.55z - 0.322)$ (A).

b) $V(50, t) = 3.20\sin(8000\pi t - 0.432\pi)$ (V),

$I(50, t) = 0.064\sin(8000\pi t - 0.432\pi)$ (A).

c) 0.102 (W).

P.8-11 $Z_i = 26.3 - j9.87\,(\Omega)$.

P.8-13 **a)** $R_0 = 74.5(\Omega)$, $\epsilon_r = 4.05$.

b) $X_{io} = -290\,(\Omega)$, $X_{is} = 19.2\,(\Omega)$.

P.8-15 **a)** $Z_0 = 50\,(\Omega)$. **b)** Min. $S = 2$.

P.8-17 $\dfrac{R_L}{R_0} = \dfrac{1}{2r_i}\left[(1+r_i^2+x_i^2) \pm \sqrt{(1+r_i^2+x_i^2)^2 - 4r_i^2}\right]$; $r_i = \dfrac{R_i}{R_0}$, $x_i = \dfrac{X_i}{R_0}$,

$l = \dfrac{\lambda}{2\pi}\tan^{-1} t$; $t = \dfrac{1}{2x_i}\left\{-[1-(r_i^2+x_i^2)] \pm \sqrt{(1-r_i^2-x_i^2)^2 + 4x_i^2}\right\}$.

P.8-19 **a)** $V_i = 0.0527\angle 18.4°$ (V), $I_i = 1.05\angle -18.4°$ (mA),

$V_L = 0.033\angle -45°$ (V), $I_L = 1.33\angle -45°$ (mA).

b) $S = 2$.

c) 0.022 (mW); 0.025 (mW), if $R_L = 50(\Omega)$.

P.8-21 **a)** $S = 1.77$. **b)** $\Gamma = 0.28e^{j146°} = 0.28e^{j2.55}$.

c) $Z_i = 50 + j29.5\,(\Omega)$. **d)** $Y_i = 0.015 - j0.009$ (S).

e) No voltage minimum on line, but $V_L < V_i$.

P.8-23 **a)** $Z_L = 33.75 - j23.75\,(\Omega)$. **b)** $\Gamma = \frac{1}{3}e^{j252.5°} = \frac{1}{3}e^{j4.41}$.

c) At 25 (cm) from the short-circuit.

P.8-25 $d_1 = 0$ and $l_1 = 0.375\lambda$; or $d_2 = 0.324\lambda$ and $l_2 = 0.125\lambda$.

P.8-27 **a)** $Z_L = 104.3 - j73.5\,(\Omega)$.

b) $d = 0.173$ (m), $l = 0.238$ (m).

CHAPTER 9

P.9-1 **b)** At $f = 1.1f_c$: $Z_{TM} = 157\,(\Omega)$, $Z_{TE} = 904\,(\Omega)$.

At $f = 2.2f_c$: $Z_{TM} = 336\,(\Omega)$, $Z_{TE} = 423\,(\Omega)$.

P.9-3 **a)** $H_z^0(y) = B_n \cos\left(\dfrac{n\pi y}{b}\right)$.

b) $(f_c)_{TE_1} = \dfrac{1}{2b\sqrt{\mu\epsilon}}$.

c) $H_z(y, z; t) = B_1 \cos\left(\dfrac{\pi y}{b}\right)\cos(\omega t - \beta_1 z)$,

$$H_y(y, z; t) = -\frac{\beta_1 b}{\pi} B_1 \sin\left(\frac{\pi y}{b}\right)\sin(\omega t - \beta_1 z),$$

$$E_x(y, z; t) = -\frac{\omega\mu b}{\pi} B_n \sin\left(\frac{\pi y}{b}\right)\sin(\omega t - \beta_1 z),$$

$$\beta_1 = \omega\sqrt{\mu\epsilon}\sqrt{1 - \left(\frac{f_c}{f}\right)^2}.$$

P.9-5 **a)** 8.25 (GHz). **b)** $544 + j390$. **c)** 8.89 (W).

P.9-7 **a)** TE_{10}. **b)** TE_{10}, TE_{20}, TE_{01}, TE_{11}, and TM_{11}.

P.9-9 **a)** A typical design: $a = 6.5$ (cm), $b = 3.5$ (cm).

b) $u_p = 4.70 \times 10^8$ (m/s), $\lambda_g = 15.7$ (cm),

$\beta = 40.1$ (rad/m), $(Z_{TE})_{10} = 590\,(\Omega)$.

P.9-11 a) $E_x^0(x, y) = -\frac{j\beta_{11}}{h^2}\left(\frac{\pi}{a}\right) E_0 \cos\left(\frac{\pi x}{a}\right) \sin\left(\frac{\pi y}{b}\right),$

$E_y^0(x, y) = -\frac{j\beta_{11}}{h^1}\left(\frac{\pi}{b}\right) E_0 \sin\left(\frac{\pi x}{a}\right) \cos\left(\frac{\pi y}{b}\right),$

$H_x^0(x, y) = \frac{j\omega\epsilon}{h^2}\left(\frac{\pi}{b}\right) E_0 \sin\left(\frac{\pi x}{a}\right) \cos\left(\frac{\pi y}{b}\right),$

$H_y^0(x, y) = -\frac{j\omega\epsilon}{h^2}\left(\frac{\pi}{a}\right) E_0 \cos\left(\frac{\pi x}{a}\right) \sin\left(\frac{\pi y}{b}\right).$

$\beta_{11} = \omega\sqrt{\mu\epsilon}\sqrt{1-\left(\frac{f_c}{f}\right)^2},\ h^2 = \omega_c^2\,\mu\epsilon,$

$f_c = \frac{1}{2\sqrt{\mu\epsilon}}\sqrt{\frac{1}{a^2}+\frac{1}{b^2}}.$

b) $P_{av}(z) = \frac{\omega\epsilon\beta_{11}\epsilon_0^2 ab}{8\left[\left(\frac{\pi}{a}\right)^2+\left(\frac{\pi}{b}\right)^2\right]}.$

P.9-13 a) TE_{02} mode.

b) $(f_c)_{02} = 12\,(\text{GHz})$, $f = 18\,(\text{GHz})$, $Z_{TE} = 506\,(\Omega)$, $\lambda_g = 2.24\,(\text{cm})$.

c) $P_{av} = 280\,(\text{W})$.

P.9-15 a) 3.3 (GHz); 3.3 (GHz); none.

b) 5.3 (W); 10.7 (W).

P.9-17 a) TE_{101} mode, $f_{101} = 4.802$ (GHz).

b) $Q_{101} = 6{,}869$. $W_e = W_m = 0.0773$ (pJ).

P.9-19 a) 2.89 (cm). **b)** 7.34 (GHz). **c)** 12,493.

CHAPTER 10

P10-1 $E_0 = 97.2$ (mV/m), $H_0 = 0.258$ (mA/m).

P.10-3 a) $\rho_l = -j(I_0/c)\sin 2\pi z$, $\lambda = 1$ (m).

b) $\rho_l = \begin{cases} -j2I_0/\pi c & \text{for } z > 0, \\ +j2I_0/\pi c & \text{for } z < 0. \end{cases}$

P.10-5 $\zeta_r = 99.2\%$.

P.10-7 a) $|E_\theta|_{max} = 2.82$ (mV/m).

b) $P_r = 1.14$ (kW).

c) $R_r = 0.227\,(\Omega)$.

P.10-9 a) 90°. **b)** 78°.

P.10-11 a) $E_\theta = \frac{j120Ih}{R}\beta e^{-j\beta(R-d/2\cos\theta)}F(\theta),$

where $F(\theta) = \sin\theta\cos\left(\frac{\beta d}{2}\cos\theta\right).$

P.10-11 **a)** $E_\theta = \dfrac{j120Ih}{R}\beta e^{-j\beta(R-d/2\cos\theta)}F(\theta)$,

where $F(\theta) = \sin\theta\cos\left(\dfrac{\beta d}{2}\cos\theta\right)$.

P.10-13 **a)** 1:4:6:4:1.

b) $|A(\phi)| = \left|\cos\left(\dfrac{\pi}{2}\cos\phi\right)\right|^4$.

c) 30.28° versus 20.78°.

P.10-15 $$|F(\theta,\phi)| = \frac{1}{N_1 N_2}\left|\frac{\cos\left(\dfrac{\pi}{2}\cos\theta\right)}{\sin\theta}\;\frac{\sin\left(\dfrac{N_1\psi_x}{2}\right)\sin\left(\dfrac{N_2\psi_y}{2}\right)}{\sin\left(\dfrac{\psi_x}{2}\right)\sin\left(\dfrac{\psi_y}{2}\right)}\right|,$$

where $\psi_x = \dfrac{\beta d_1}{2}\sin\theta\cos\phi$, and

$\psi_y = \dfrac{\beta d_2}{2}\sin\theta\cos\phi$.

P.10-17 **a)** $|V_{oc}| = 0.942$ (V). **b)** $P_L = 1.52$ (mW).

P.10-19 **a)** $$A_e(\theta) = 0.13\lambda^2\left[\frac{\cos\left(\dfrac{\pi}{2}\cos\theta\right)}{\sin\theta}\right]^2.$$

b) 1.17 (m^2). **c)** 0.29 (m^2).

P.10-21 **b)** Main-lobe beamwidth $= 4/\sqrt{G_D}$.

찾아보기(1)

ㄱ

ㄴ

ㄷ

ㄹ

ㅁ

ㅂ

찾아보기(2)

F

G

H

I

J

K

L

M

N

O

P

Q

R

S

T

U

V

W

Some Useful Vector Identities

$$\mathbf{A}\cdot\mathbf{B}\times\mathbf{C} = \mathbf{B}\cdot\mathbf{C}\times\mathbf{A} = \mathbf{C}\cdot\mathbf{A}\times\mathbf{B}$$

$$\mathbf{A}\times(\mathbf{B}\times\mathbf{C}) = \mathbf{B}(\mathbf{A}\cdot\mathbf{C}) - \mathbf{C}(\mathbf{A}\cdot\mathbf{B})$$

$$\nabla(\psi V) = \psi\nabla V + V\nabla\psi$$

$$\nabla\cdot(\psi\mathbf{A}) = \psi\nabla\cdot\mathbf{A} + \mathbf{A}\cdot\nabla\psi$$

$$\nabla\times(\psi\mathbf{A}) = \psi\nabla\times\mathbf{A} + \nabla\psi\times\mathbf{A}$$

$$\nabla\cdot(\mathbf{A}\times\mathbf{B}) = \mathbf{B}\cdot(\nabla\times\mathbf{A}) - \mathbf{A}\cdot(\nabla\times\mathbf{B})$$

$$\nabla\cdot\nabla V = \nabla^2 V$$

$$\nabla\times\nabla\times\mathbf{A} = \nabla(\nabla\cdot\mathbf{A}) - \nabla^2\mathbf{A}$$

$$\nabla\times\nabla V = 0$$

$$\nabla\cdot(\nabla\times\mathbf{A}) = 0$$

$$\int_V \nabla\cdot\mathbf{A}\,dv = \oint_S \mathbf{A}\cdot d\mathbf{s} \qquad \text{(Divergence theorem)}$$

$$\int_S \nabla\times\mathbf{A}\cdot d\mathbf{s} = \oint_C \mathbf{A}\cdot d\boldsymbol{\ell} \qquad \text{(Stokes's theorem)}$$

Gradient, Divergence, Curl, and Laplacian Operations

Cartesian Coordinates (x, y, z)

$$\nabla V = \mathbf{a}_x\frac{\partial V}{\partial x} + \mathbf{a}_y\frac{\partial V}{\partial y} + \mathbf{a}_z\frac{\partial V}{\partial z}$$

$$\nabla\cdot\mathbf{A} = \frac{\partial A_x}{\partial x} + \frac{\partial A_y}{\partial y} + \frac{\partial A_z}{\partial z}$$

$$\nabla\times\mathbf{A} = \begin{vmatrix} \mathbf{a}_x & \mathbf{a}_y & \mathbf{a}_z \\ \dfrac{\partial}{\partial x} & \dfrac{\partial}{\partial y} & \dfrac{\partial}{\partial z} \\ A_x & A_y & A_z \end{vmatrix} = \mathbf{a}_x\left(\frac{\partial A_z}{\partial y} - \frac{\partial A_y}{\partial z}\right) + \mathbf{a}_y\left(\frac{\partial A_x}{\partial z} - \frac{\partial A_z}{\partial x}\right) + \mathbf{a}_z\left(\frac{\partial A_y}{\partial x} - \frac{\partial A_x}{\partial y}\right)$$

$$\nabla^2 V = \frac{\partial^2 V}{\partial x^2} + \frac{\partial^2 V}{\partial y^2} + \frac{\partial^2 V}{\partial z^2}$$